城镇燃气应用专业论文选编

中国土木工程学会燃气分会应用专业委员会、燃气供热专业委员会
中国市政工程华北设计研究总院有限公司
国家燃气用具质量监督检验中心

中国建筑工业出版社

图书在版编目（CIP）数据

城镇燃气应用专业论文选编/中国土木工程学会燃气分会应用专业委员会、燃气供热专业委员会，中国市政工程华北设计研究总院有限公司，国家燃气用具质量监督检验中心. —北京：中国建筑工业出版社，2016.7

ISBN 978-7-112-19383-7

Ⅰ.①城… Ⅱ.①中…②中…③国… Ⅲ.①城市燃气-文集 Ⅳ.①TU996-53

中国版本图书馆 CIP 数据核字（2016）第 087036 号

本书收集了 72 篇城镇燃气应用专业论文，分 5 部分：燃气燃烧及燃气具理论研究；燃气具开发研究；燃气具零部件研究；标准与检测；其他。

城镇燃气是我国城镇的重要能源，其应用涉及民用与商用灶具、生活热水供应、直燃式吸收制冷、热泵式制冷与制热、锅炉与壁挂炉供热、工业炉、发电（蒸汽发电、燃气轮机发电、联合循环发电、燃料电池发电）等方面。城镇燃气应用水平的高低对于满足不同用户需求、降低污染物排放、节约能源具有重要的意义。

本书可供从事燃气分户供热应用技术工程的设计、施工、管理、维护人员使用。也可供相关专业人员参考使用。

* * *

责任编辑：胡明安

责任校对：陈晶晶　李欣慰

城镇燃气应用专业论文选编

中国土木工程学会燃气分会应用专业委员会、燃气供热专业委员会
中国市政工程华北设计研究总院有限公司
国家燃气用具质量监督检验中心

*

中国建筑工业出版社出版、发行（北京西郊百万庄）
各地新华书店、建筑书店经销
北京科地亚盟排版公司制版
廊坊市海涛印刷有限公司印刷

*

开本：787×1092 毫米　1/16　印张：32　字数：776 千字
2016 年 8 月第一版　2016 年 8 月第一次印刷
定价：**88.00** 元
ISBN 978-7-112-19383-7
（28611）

前　　言

　　城镇燃气是我国城镇的重要能源，其应用涉及民用与商用灶具、生活热水供应、直燃式吸收制冷、热泵式制冷与制热、锅炉与壁挂炉供热、工业炉、发电（蒸汽发电、燃气轮机发电、联合循环发电、燃料电池发电）等方面。城镇燃气应用水平的高低对于满足不同用户需求、降低污染物排放、节约能源具有重要的意义。

　　从 20 世纪末以来，随着天然气事业的大发展，我国城镇燃气应用技术发展迅速，城镇燃气行业广大科技人员进行了广泛和深入的理论研究和技术开发等工作。在中国城市燃气学会应用专业委员会的主导下，研究成果陆续发布在每年举行一次的学术交流会上，自 2004 年至 2015 年间，学术交流论文已达数百篇，对于本专业学术水平的提高和技术的发展起到了重要的作用。其中许多论文尚未正式公开发表，为了提高城镇燃气应用专业学术论文的完整性和系统性，扩大论文的读者范围和影响力，更好地发挥其作用，在广大作者的大力支持下，中国土木工程学会燃气分会应用专业委员会、中国土木工程学会燃气分会燃气供热专业委员会组织有关人员对学术交流会发表的论文进行了系统整理，将筛选出的 70 余篇优秀论文，进行分类编辑，汇集成"城镇燃气应用专业论文选编"，现由学会与中国建筑工业出版社合作出版。

　　由于论文涉及内容较广，难免有不当之处，恳请读者不吝指正。

中国土木工程学会燃气分会应用专业委员会、燃气供热专业委员会
中国市政工程华北设计研究总院有限公司　　　　　　　王启
国家燃气用具质量监督检验中心

目　录

燃气燃烧及燃气具理论研究

燃气具开发研究

标准与检测

其　他

燃气燃烧及燃气具理论研究

金属纤维燃烧器的燃烧特性研究[*]

要大荣，傅忠诚，潘树源，艾效逸

（北京建筑大学）

摘　要： 本文介绍了一种新型的燃烧器—金属纤维燃烧器。它不同于普通的燃烧器，具有升温快、冷却快，燃烧效率高、污染物排放量低等特点。本文分析了金属纤维燃烧器在不同工况下的燃烧特性和排放性能，为金属纤维燃烧器的应用提供了基础数据。

关键词： 金属纤维燃烧器；低 NO_x 燃烧；火焰稳定性；燃烧特性

1　引言

金属纤维燃烧器头部是由极细金属纤维制成。金属纤维既可烧结在一起，形成刚性而多孔的板材，也可通过纺织过程制成柔软的织物。两种结构均能提供透气性强的均匀介质，既可在热辐射模式下燃烧又可在蓝焰模式下燃烧，并且能在两种模式下实现燃烧平移转换。

金属纤维燃烧器具有良好的抗腐蚀性和抗氧化性，使得燃烧器的使用寿命长。当燃烧器在封闭的环境中，表面温度和辐射效率将会提高。金属纤维燃烧器的长期工作高温度为 1100℃[1]。

金属纤维燃烧器由于是金属材质，能耐热冲击。水泼在燃烧器的表面上被蒸发后，不会在燃烧器表面留下任何损坏的痕迹。此外，金属纤维燃烧器还具有良好的抗机械冲击性能、逆火安全性能和快速冷却性能。

金属纤维燃烧器有柔性，燃烧器的头部可以做成扁平形、圆筒形、圆锥形、凹形、球形等形状。

金属纤维燃烧器红外辐射的特性和低污染排放的特点，可用于家用烤箱、工业炉、食品、纺织、汽车、玻璃、钢铁铸造等行业。

2　金属纤维燃烧器工作原理

金属纤维燃烧器属于预混气体表面燃烧。预先混合均匀的燃气空气混合物流向燃烧器头部，在透气性均匀的金属纤维织物表面层进行燃烧。燃烧方式有红外热辐射方式和蓝焰方式两种[2]。红外热辐射方式是可燃混合物在织物内部燃烧，金属纤维织物被加热至白炽状态，一部分热量以辐射方式释放。蓝焰方式是可燃混合物在织物上方燃烧，火焰呈蓝色

* 选自中国土木工程学会燃气分会应用专业委员会 2004 年会论文集 p13-p18

浮在表面上，热量以对流方式释放。

由于金属纤维织物的均匀透气性和燃气与空气的均匀预混，燃烧十分稳定和温度分布均匀，不会存在局部高温，因此抑制了 NO_x 的生成。预混又有足够的空气供给，故 CO 的排放也低。

3 金属纤维燃烧器的燃烧实验

3.1 金属纤维燃烧器在敞开空间的燃烧实验

金属纤维燃烧器在敞开的大气环境中燃烧，研究在不同空气系数下，NO_x、CO 排放量随火孔热强度的变化规律。实验数据见表 1、表 2。

3.2 金属纤维燃烧器在燃烧室内的燃烧实验

把燃烧器头部面积为 $1950mm^2$、型号为 KZ/30/1.7/6（纤维直径为 $30\mu m$，单位重量为 1.7kg/m，厚度为 6mm）的长方形金属纤维织物燃烧器在封闭的环境下进行燃烧稳定性实验。实验在两种状态下进行，首先进行下烧（燃烧器头部朝下），烟气从下部排出，然后进行对比实验——上烧（燃烧器头部朝上），烟气从上部排出，实验结果见表 3。

不同火孔热强度、不同一次空气系数的 CO 排放量 表 1

一次空气系数 $\alpha=1.1$										
火孔热强度（W/mm^2）	0.604	0.691	0.753	0.878	0.998	1.128	1.367	1.427	1.508	1.581	1.719
$CO_{(\alpha=1)}$（ppm）	30.5	30.9	32.1	32.0	37.0	36.7	37.2	35.6	40.2	41.7	42.1
一次空气系数 $\alpha=1.2$										
火孔热强度（W/mm^2）	0.604	0.691	0.753	0.878	0.998	1.128	1.367	1.427	1.508	1.581	1.719
$CO_{(\alpha=1)}$（ppm）	21.3	21.8	22.0	25.0	26.0	26.7	27.8	29.2	25.6	26.9	30.1
一次空气系数 $\alpha=1.3$										
火孔热强度（W/mm^2）	0.604	0.691	0.753	0.878	0.998	1.128	1.367	1.427	1.508	1.581	1.719
$CO_{(\alpha=1)}$（ppm）	13.8	15.6	15.9	16.0	20.0	20.1	21.5	19.8	20.1	20.5	17.6

不同火孔热强度、不同一次空气系数的 NO_x 排放量 表 2

一次空气系数 $\alpha=1.1$										
火孔热强度（W/mm^2）	0.604	0.691	0.753	0.878	0.998	1.128	1.367	1.427	1.508	1.581	1.719
$NO_{x(\alpha=1)}$（ppm）	68.1	92.5	92.9	96.0	112.0	121.0	125.0	128.0	132.0	136.0	142.0
一次空气系数 $\alpha=1.2$										
火孔热强度（W/mm^2）	0.604	0.691	0.753	0.878	0.998	1.128	1.367	1.427	1.508	1.581	1.719
$NO_{x(\alpha=1)}$（ppm）	57.2	59.0	59.3	61.0	63.0	63.9	65.1	67.3	72.1	80.1	89.5
一次空气系数 $\alpha=1.3$										
火孔热强度（W/mm^2）	0.604	0.691	0.753	0.878	0.998	1.128	1.367	1.427	1.508	1.581	1.719
$NO_{x(\alpha=1)}$（ppm）	36.3	40.1	41.2	45.0	49.0	50.7	51.5	47.2	36.2	39.2	42.7

金属纤维燃烧器（上烧式）脱火数据										
火孔热强度（W/mm^2）	4.085	3.851	3.335	2.921	2.624	2.298	2.128	1.670	1.480	1.013	4.085
一次空气系数 α	1.408	1.428	1.439	1.457	1.526	1.527	1.533	1.544	1.57	1.604	1.408
金属纤维燃烧器（下烧式）脱火数据										
火孔热强度（W/mm^2）	4.148	3.822	3.588	3.242	2.814	2.507	2.118	1.723	1.456	1.124	4.148
一次空气系数 α	1.486	1.516	1.519	1.52	1.529	1.534	1.54	1.547	1.556	1.593	1.486

为便于比较，将金属纤维燃烧器的上烧式和下烧式脱火曲线比较数据绘制于图1中。

4　结论

（1）上烧式和下烧式金属纤维燃烧器在 $q=1.0\sim4.0W/mm^2$ 及 $\alpha=1.4\sim1.6$，均未发生回火现象。

（2）在同一火孔热强度下，下烧式燃烧脱火的一次空气系数较上烧式略大，这说明下烧式更不容易脱火，燃烧比较稳定。

（3）由于金属纤维燃烧器具有燃烧稳定性好，负荷调节范围大，热效率高，燃烧污染物（NO_x、CO）排放低等优点，它可广泛应用于气体燃料的燃烧。

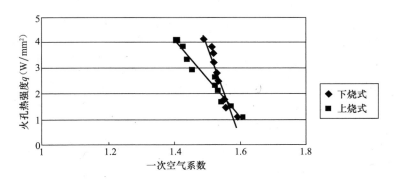

图1　金属纤维燃烧器上烧式和下烧式脱火曲线比较

参考文献

[1]　COTECH Advanced combustion technology Metal Fibre Burner

[2]　COTECH Advanced combustion technology Metal Fibre Burner Applications

[3]　傅忠诚等. 燃气燃烧新装置［M］. 北京：中国建筑工业出版社，1984

[4]　日本煤气协会. 煤气应用手册［M］. 北京：中国建筑工业出版社，1989

[5]　Fenimore, C. P., Thirteenth Symposium on Combustion, The Combustion Institute, 1972, p373

[6]　同济大学等. 燃气燃烧与应用（第二版）［M］. 北京：中国建筑工业出版社，1988

[7]　BoWman, C. T., Kinetics of Pollutant Formation and Destruction in Combustion, Prog. Energy Combust. Sci., 1975, 1, p33～p45

[8]　金志刚. 燃气测试技术手册［M］. 天津：天津大学出版社，1994

[9]　周承禧. 煤气红外线辐射器［M］. 北京：中国建筑工业出版社，1982

[10]　金志刚等. 开发金属纤维燃烧器—提高天然气的应用技术［J］. 城市管理与公用科技，2002

[11] Infrared technology and applications XXVI [J]. 30 July-3 August 2000，San Diego，USA

[12] Infrared detector/by A. Rogalski. _ Amsterdam：Gordon and Breach Science Pub，2000

[13] 傅忠诚等. 燃气热水器氮氧化物排放标准的探讨 [J]. 煤气与热力，2003.4

[14] 傅忠诚等. 制定燃具氮氧化物排放标准的必要性 [J]. 煤气与热力，2003.2

[15] 徐鹏等. 条缝式火孔预混燃烧稳定性的实验研究 [J]. 工业加热，2002.6

燃气热水器换热片上温度分布数值计算[*]

叶远璋，夏昭知，钟益明

（广东万和新电气股份有限公司节能环保燃气具研发中心）

摘　要：随着计算流体力学的发展，数值计算已经在多个领域得到了广泛的使用。本文运用 CFD 软件对 5L/min 家用燃气热水器换热器的工作过程进行数值计算，得出了换热片间烟气的温度分布和速度分布特征，计算得到的排烟温度、换热片吸热量同实验或设计基本一致，数值计算的研究方法可为燃气热水器换热器的设计提供一定的理论指导。

关键词：燃气热水器；换热器；数值计算

1　引言

家用燃气快速热水器在中国已发展了二十多年，在二十多年中，不但涌现了一大批优秀的燃气热水器生产企业，从而也为国家培养了一大批燃气具科研工作者和优秀的企业产品开发人才。然而，在信息时代的今天，应采用何种较有效的研究方法才能更利于家用燃气热水器的发展，更有效地提高新产品研发速度，值得我们进一步的研究。

众所周知，热交换器是燃气热水器上的关键部件，对热效率和使用寿命都起着关键作用。而热交换器上所使用的肋片（俗称换热片）和水管子的设计又对热交换器结构和性能起关键作用，因此，研究热交换器上使用的肋片管换热器结构对强化热交换，提高换热效率，缩小换热器的外形尺寸起了重要作用。

生产厂家在换热器设计时十分希望能知道换热片上的温度分布（由此可计算出换热器的吸热量），以便寻找出合理的换热片形状、厚度间距、水管外径、布置形式……等因素对热交换器吸热量的影响，实现用较少的材料而能吸收热水器所需的热量，这个任务依靠常规的实物实验方法来完成是十分困难的，且将花费大量的人力与物力，占用大量的时间。所以，至今还没见到任何一家国内外生产厂家或科研单位公布有关的测试数据或科研成果。

功能强大的计算机的出现为解决这类难题提供了新的思路，从 20 世纪 70 年代起，著名学者 D. B. Spalding 与 S. V. Patankar 为代表创建并发展了传热与流动过程的数值计算方法，实现了把经典的传热与流动微分方程用于解决实际工程问题的最终目的，对层流、紊流边界层内的热传导与流动过程，借助功能强大的计算机，用数值计算方法可以得到与实际工程问题相似的数值解。这种方法现已成为研究、解决重大工程问题的有效

* 选自中国土木工程学会燃气分会应用专业委员会 2004 年会论文集 p109-119

手段。在航天、能源、化工等领域得到广泛使用并获得一致认可。现在，对流动、换热过程进行计算时普遍使用的商用计算软件已较成熟也较多，计算软件已从科研成果进入商业使用，由此说明此种科学方法已经成熟、可靠、具有实用价值。但由于多种原因，在家用燃具（灶、热水器、加热炉等）的研发上还很少有人采用此种方法，留下一个空白。

下面介绍万和公司与某大学合作使用计算流体力学（Computational Fluid Dynamics，简称CFD：）的方法，运用商业CFD软件对5L/min家用燃气热水器的换热器进行温度场计算的一些结果，并与实际运行进行了比较。从而肯定了数值计算在民用燃具研发上的实用价值与指导意义。

2 数值计算模拟对象的建立

图1为热水器对流换热器的布置图，此种结构是目前国内最常见的燃气快速热水器换热器结构形式。观察对流换热器内高温烟气对换热片的加热以及肋片管对水的加热过程，其中进入对流换热器的烟温为 t_1，烟气流速为 u_0，换热器出口烟温（排烟温度）为 t_y。

图2为换热片（5L/min 热水器）示意图，吸热水管内水温分别为 t_2，t_3，t_4，热交换片为紫铜（T2），厚度0.3mm，换热片间烟气流道厚度为3mm。

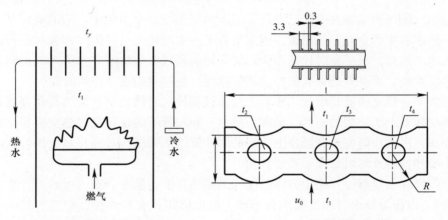

图1 热水器对流换热器   图2 热水器换热片

根据对流换热器的结构原理以及换热器上换热片结构，可设计出数值模拟计算时研究对象的物理模型，并给出了换热器数值模拟的计算区域示意图3。

图3中虚线框内的区域表示数值模拟计算域。紫铜的导热性能非常好，其导热系数达到350W/(m·K)，沿图示的Z向的温度梯度很小，为此，将铜肋片的一半纳入计算域。数值模拟技术要求对换热器的入口与出口进行扩展，图3所示的"入口段扩展烟气区"和"出口段扩展烟气区"，就是为了提高数值模拟计算准确度而增加的扩展区域，其中出口段扩展烟气区的高度根据如下因素确定：计算域出口端面不存在回流。

图4为铜管内水流动与传热的模拟对象示意图，直管段长200mm，直径14mm，弯头半径15mm，为所研究的换热器铜管内水流动与传热的简化模型，取内壁面为热流边界条件。假设管内有足够大的压力，在此压力下水不会出现沸腾现象。

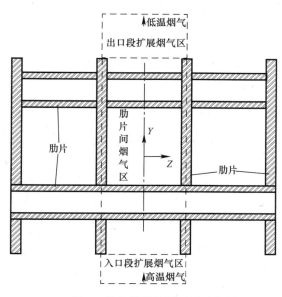

图 3 数值模拟计算区域示意图　　　　图 4 铜管内水流动与传热模拟对象

3　离散化方程的建立

根据以上所建立的物理模型，我们可以建立离散化数学方程，图 5 是计算采用的控制容积（$\Delta X = \Delta Y = \Delta Z = 0.3\text{mm}$），计算区域的网格结点是 1，2，3，4，5，6 及中心结点 P……任一网格结点假定是 P，它四周的 6 个相邻结点是 1，2，3，4，5，6。

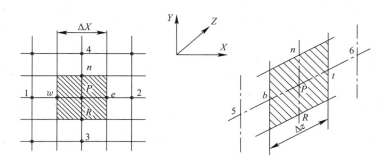

图 5　控制容积

下面说明采用控制容积方法如何从热传导微分方程推导出我们需要的离散化方程。三维、稳态、无内热源、有流动的传导微分方程为：

$$\frac{\partial}{\partial X}\left(C_p uT - \lambda\frac{\partial T}{\partial X}\right) + \frac{\partial}{\partial Y}\left(C_p vT - \lambda\frac{\partial T}{\partial Y}\right) + \frac{\partial}{\partial Z}\left(C_p wT - \lambda\frac{\partial T}{\partial Z}\right) = 0 \tag{1}$$

对图 5 所示控制容积内，对方程（1）进行积分：

$$\int_w^e \frac{\partial}{\partial X}\left(C_p uT - \lambda\frac{\partial T}{\partial X}\right)dX + \int_r^n \frac{\partial}{\partial Y}\left(C_p vT - \lambda\frac{\partial T}{\partial Y}\right)dY + \int_b^t \frac{\partial}{\partial Z}\left(C_p wT - \lambda\frac{\partial T}{\partial Z}\right)dz = 0 \tag{2}$$

C_p 定压比热，u，v，w 为烟气在 X，Y，Z 方向的流动分速度，λ 为导热系数。对上式每项逐一进行计算：

$$\int_w^e \frac{\partial}{\partial x}\left(C_p u T - \lambda \frac{\partial T}{\partial X}\right)\mathrm{d}X = \left[C_p u T - \lambda \frac{\partial T}{\partial X}\right]_e - \left[C_p u T - \lambda \frac{\partial T}{\partial X}\right]_w$$

在界面 e 上的 $\left(\frac{\partial T}{\partial X}\right)_e = \frac{T_2 - T_P}{\Delta X}$，$(T)_e = \frac{1}{2}(T_P + T_2)$

在界面 w 上的 $\left(\frac{\partial T}{\partial X}\right)_w = \frac{T_P - T_1}{\Delta X}$，$(T)_w = \frac{1}{2}(T_P + T_1)$

代入：$\int_w^e \frac{\partial}{\partial x}\left(C_p u T - \lambda \frac{\partial T}{\partial X}\right)\mathrm{d}X = (C_p u)_e \frac{T_P + T_2}{2} - \lambda_e \frac{T_2 - T_P}{\Delta X} - (C_p u)_w \frac{T_P + T_1}{2} + \lambda_w \frac{T_P - T_1}{\Delta X}$

同样：$\int_r^t \frac{\partial}{\partial Y}\left(C_p v T - \lambda \frac{\partial T}{\partial Y}\right)\mathrm{d}Y = (C_p v)_n \frac{T_P + T_4}{2} - \lambda_n \frac{T_4 - T_P}{\Delta Y} - (C_p v)_r \frac{T_P + T_3}{2} + \lambda_r \frac{T_P - T_3}{\Delta Y}$

$$\int_b^t \frac{\partial}{\partial Z}\left(C_p w T - \lambda \frac{\partial T}{\partial Z}\right)\mathrm{d}Z = -\lambda_t \frac{T_6 - T_P}{\Delta Z} + \lambda_b \frac{T_P - T_5}{\Delta Z}$$

烟气在换热片间流动时没有 Z 方向的分速度，即 $w = 0$，将上面结果代入式（2），得到：

$$a_p T_P = a_1 T_1 + a_2 T_2 + a_3 T_3 + a_4 T_4 + a_5 T_5 + a_6 T_6 \tag{3}$$

式中　$a_1 = (\lambda_w / \Delta X) \times \Delta Y \Delta Z + (C_p u)_w \Delta Y \Delta Z \cdot \beta$

$a_2 = (\lambda_e / \Delta X) \times \Delta Y \Delta Z + (C_p u)_e \Delta Y \Delta Z \cdot \alpha$

$a_3 = (\lambda_r / \Delta Y) \times \Delta X \Delta Z + (C_p v)_r \Delta x \Delta Z \cdot \beta'$

$a_4 = (\lambda_n / \Delta Y) \times \Delta X \Delta Z + (C_p v)_n \Delta x \Delta Z \cdot \alpha'$

$a_5 = (\lambda_b / \Delta Z) \times \Delta X \Delta Y$

$a_6 = (\lambda_t / \Delta Z) \times \Delta X \Delta Y$

$a_p = a_1 + a_2 + a_3 + a_4 + a_5 + a_6$

式（3）便是计算所需要的离散化方程。必须说明几点：

（1）烟气在换热片间流动时，其速度分布 u，v 需要由相关的运动方程来求解，只有计算出各网格结点上的分速度值 u，v 后，才能计算出各结点上的温度分布。速度场的求解涉及很多内容，本文暂不讨论。

（2）在计算域的某些地方（如水管的背风面）会出现回流（即 u，v 会呈现负值），使计算无法收敛。为此，引进系数 α，β。当 $u > 0$ 时，$\beta = 1$，$\alpha = 0$；$u < 0$ 时 $\beta = 0$，$\alpha = 1$。同样，当 $v > 0$ 时，$\beta' = 1$，$\alpha' = 0$；$v < 0$ 时 $\beta' = 0$，$\alpha' = 1$。引进 α，β 的物理含义是认为来自上游的温度信息会由流动带给计算点，从而对计算点的温度产生明显的影响。下游的温度信息则不会由流动带给计算点。这便是众所周知的"上风方案"。

（3）方程（3）是一个可以线性化的代数方程，它表明了任意网格结点上的温度与它 6 个相邻结点温度之间的关系。只要知道相应的边界条件，起始条件之后便可根据式（3），用迭代方法求解出所有网格结点上的温度。

（4）对 5L/min 热水器，我们划分的网格结点约有 30 万个（计算网格的划分可自行决定，一般说来网格越细，解的准确度越高）。对每个结点均可写出方程式（3），将这 30 万个线性代数方程联立起来并求解，便可得到计算区域内温度在结点上的离散分布。

4　主要参数的选取

（1）换热器入口烟温 t_1 与烟速 u_0

假定燃气与空气带入燃烧室的热焓为 I_0。（包括燃气燃烧释放的热量与空气的物理热焓）。根据经验，燃烧室四壁的吸热与散热约占 I_0 的 20％，则燃烧室出口（换热器入口）的烟气热焓 I_1 取作 $0.8I_0$，根据温焓表便可查出与热焓 I_1 对应的烟温 t_1。当然，烟温 t_1 也可由实验测定得出。出口烟温 t_y 由计算得出，不能设定，根据烟温 t_2 下的总烟气量与流道切面尺寸便可计算出流速 u_0。

（2）水温的选取

不同位置的换热片所处的水温不同，计算时可取几个典型位置上的换热。比如入口端的换热片，t_2 可以取作冷水温度 $+5℃$，t_4 可取作热水温度，t_3 近似取作 $0.5(t_2+t_4)$。当水管内设置有扰流片时，水侧对流换热系数 α 可另外选取。

（3）换热片

换热片为紫铜，其导热系数入取 $350W/(m·K)$，换热片厚为 0.3mm，换热片间净距离一般取 $2\sim5mm$（直排与烟道式热水器），强排热水器上可稍缩小。当计算的网格结点处于换热片内，速度分量 u，v，w 均为零，热量在换热片内传递，呈现为单纯的导热问题。

（4）烟气参数

高温烟气沿换热片间的狭长通道流动，以对流方式加热换热片（在换热片内热量以导热方式向水管方向传递，在水管内壁面热量以对流方式传递给水，把水加热到所需温度）。由于烟道通道很薄，烟气流动的雷诺数 Re 较小，只有 200 左右，流动属层流工况。

烟气对换热片的加热可简化为层流边界层内的导热问题，烟气导热系数 λ 很小，在 $100℃$ 下只有 $3.13\times10^{-2}W/(m·K)$。比较紫铜与烟气的导热系数可以看出，紫铜的导热系数比烟气高 10^4 倍左右。所以，烟气在换热片间流动时，在厚度方向有明显的温降，但在换热片内沿厚度方向降温几乎为零。烟气定压比热 C_p 近似取作 $1.43\times10^3 W/(Nm^3·K)$。烟气流速 u，v（$w=0$）由相关的运动方程解出。当控制容积的表面处于换热片与烟气的交界面上时，界面上的导热系数取作两种介质的调和平均值：

$$\lambda = \left(\frac{1-f}{\lambda_1}+\frac{f}{\lambda_2}\right)^{-1} \tag{4}$$

λ_1 为换热片导热系数，λ_2 为烟气导热系数，f 为修正系数（若控制容器的边长 $\Delta X = \Delta Y = \Delta Z$ 时，系数 $f=0.5$）；当 $\lambda_1 \gg \lambda_2$ 时，上式可近似为：

$$\lambda = 2\lambda_2 \tag{5}$$

（5）换热片表面的对流换热系数

高温烟气在换热片间流动时，由于雷诺数 Re 只有 200 左右，属层流运动。在层流边界层内，对流换热系数 α 可表达为：

$$\alpha = \lambda/\delta \tag{6}$$

式中 λ——烟气导热系数；

　　　δ——层流边界厚度（由流动计算得出）。试验指出，烟气流速增大，对流换热系数 α 随之增大，换热加强。

5 迭代计算

对图 2 所示换热片的吸热工况进行了计算。参数选取如下：烟气入口温度 $t_1 =$

1080℃，烟气入口流速 $u_0 = 1.3 \mathrm{m/s}$，换热高 $h = 27 \mathrm{mm}$，宽 $l = 90 \mathrm{mm}$，圆弧 $R = 15 \mathrm{mm}$，吸热水管内径 $\phi = 9 \mathrm{mm}$，水温 $t_2 = 25℃$，$t_3 = 35℃$，$t_4 = 45℃$，换热片厚 $0.3 \mathrm{mm}$，换热片间净距离为 $3 \mathrm{mm}$。为计算方便取控制容积尺寸 $\Delta X = \Delta Y = \Delta Z$，$\Delta X = \Delta Y = 0.3 \mathrm{mm}$。迭代计算过程如下：

（1）先给计算区域内所有网格结点上赋一个相同的温度值 $t(0)$，即初值（本文取 100）。

（2）沿烟气流动方向，由烟气入口端往出口端进行迭代计算，以便将入口温度信息较快的传递到计算区域内各网格结点上，以加快计算收敛速度。

（3）为提高计算准确度，计算区域的范围要比换热片实际尺寸大，要把水管后形成的回流区包含在内（如图 3）。

（4）离散化方程（3），从最下一排网格结点开始。先计算出系数值 α_1，α_2，α_3，α_4，α_5，α_6，然后计算各结点的温度 t_p。从下往上，一直到最上一排结点。从而得到全部网格结点上的第一次温度迭代值 $t(1)$。

（5）第一次迭代值 $t(1)$ 取代初值 $t(0)$，照同样的方法进行第二次迭代计算并得到网格结点上新的一组迭代值 $t(2)$，用 $t(2)$ 取代 $t(1)$ 再进行第三次迭代，以此类推，直到收敛为止。

（6）文采用的收敛判据为 $|[t(n+1) - t(n)]/t(n)| \leqslant 10^{-3}$，即第 $n+1$ 次迭代计算得到的温度值 $t(n+1)$ 与第 n 次迭代计算得到的温度值 $t(n)$ 的相对变化，在全部网格结点上均小于千分之一。

（7）计算区域的范围依照计算内容而定，本文把一个热换片与其两侧的高温烟气层作为计算区域，计算区域内的网格结点总数共 297×10^3 个。

6 计算结果及讨论

（1）烟温分布

换热片间烟气层中心断面上的温度分布示于图 6。计算指出，高温烟气从换热片入口到水管中心线高温烟气从换热片入口到水管中心线，烟气温度共下降 680℃；而从水管中心线到换热片出口，烟气温度只下降 180℃。说明烟气对换热片的加热主要集中在换热片的下半部区域。计算同时指出，在水管背风面有一个明显的等温区，其温度值是烟气的最低温度。这是由于烟气流过水管后产生流动脱体，出现回流区所致。在回流区内烟气温度

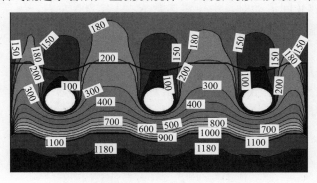

图 6 烟气温度分布（温度单位为℃）

几乎不变，烟气对换热片的加热也微乎其微，回流区是热交换时几乎不起作用的区域。图4也表明换热片出口烟气温度是不均匀的，在水管正上风烟温最低（只有100℃），而在水管之间的位置出口烟温上升到210℃，按热熔计算的真实排烟温度为160℃（5L/min热水器上排烟温度的实测值为140～150℃）。

沿图6垂直水管（圆形）剖开，剖面上烟温分布示于图7，计算表明由于烟气导热系数很低，沿烟气厚度方向（烟层厚度仅3mm）出现了明显的温度变化，较大的温度梯度。而换热片导热系数很高（约为烟气的10^4倍）沿换热片厚度方向（换热片厚度3mm）温度几乎不变，温度的明显变化只出现在沿高度方向。

烟气入口温度t_1是一个很重要的设计运行参数，它对换热片的吸热量有重大的影响。t_1升高吸热量增大，热效率上升。影响t_1变化有两个主要因素：一是热水器运行的热负荷。当热水器在高负荷下运行时，烟温t_1增高，而当热水器在低负荷下运行时，烟温t_1降低。二是热水器运行的空气系数α。α增大，烟温t_1下降，α减小，烟温t_1上升，所以，为获得高的热效率，希望α尽可能接近于1.0（在低氧运行中$\alpha=1.02\sim1.05$）。但这对燃烧系统提出了很高的要求。同时它必须指出，烟气入口温度t_1过高会给换热器的安全运行造成威胁，应慎重选取。

（2）烟气流速

换热片间烟气层中心断面上的烟气速度分布示于图8。计算表明在水管背风面出现了范围较大的低速度回流区，回流区的范围已超过换热片的顶端。同时，计算也指出烟气沿换热片流动过程中由于烟气温度急剧下降（被冷却），相应烟气流速也降低，烟温与烟速的共同变化将对换热过程产生明显影响。烟气流速升高（热负荷增大），对流换热器加强，换热片吸热量增大（也引起换热器流动阻力增大）。

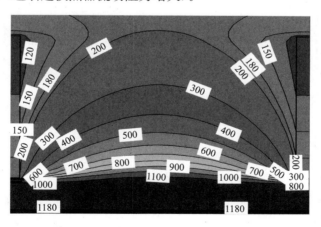

图7　烟层内温度断面图（温度单位为℃）

（3）换热片温度分布

由于换热片导热系数很高，换热片又很薄（仅0.3mm），以近似认为（工程计算中）沿其厚度方向温度不变化。图9示出了换热片表面温度的分布。

计算说明换热片表面温度变化不大，最高变化温度点出现高温烟气入口端，约200℃，最低温度点在烟气出口端，约100℃，温度变化约100℃，比烟温变化小很多。同时，换热片表面温度比烟气温度低很多。计算出换热片的最高工作温度是很有意义的，在热水器设计时这个温度必须受到限制。现在大多数热水器生产厂家在制作换热器时是采用浸铅工艺，在换热片表面有一层很薄的保护铅层。铅的熔化温度约300℃，一旦换热片最高温度达到此温度，铅层便熔化并出现急剧的氧化、烧损、脱落，失去对换热片的保护作用，使换热片在高温烟气中的氧化，烧损加剧。因此，换热片最高温度不能超过表面保护层的熔点。此最高温度主要受换热片导热系数，烟气入口温度 t_1，烟气流速 U_0，以及外圆弧尺寸 R（见图2）的影响。

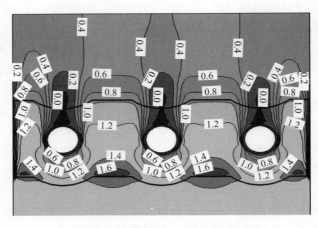

图 8　换热片间烟气速度分布

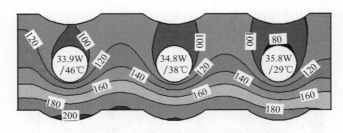

图 9　换热片表面温度分布图（温度单位为℃）

　　换热片的最高工作温度不能只考虑设计工况（基准气，额定压力，淋浴水温）下的值，还必须考虑热水器最不利的工作条件：即输出热水是在最高水温（可取 85℃），燃气压力是在最大工作压力，燃气华白数是在最大值。以液化石油气为例：燃气额定压力为 2800Pa，最大压力为 3400Pa（由此引起热负荷增加 10.2%）。基准（20Y）华白数 79.64MJ/Nm³。底瓶气（22Y）华白数 87.53MJ/Nm³（由此引起热负荷增加 9.9%）。因此，最不利工作条件是热水温度 85℃，121%设计负荷下（由此定出烟气入口温度 t_1 与流速 u_0）计算出的最高换热片工作温度。燃气用天然气时，最不利工作条件是热水温度 85℃，123%设计负荷下，计算出的最高换热片工作温度。对 5L/min 热水器，在最不利工作条件下，换热片的最高工作温度计算值将升高到 300℃附近。

　　热片导热系数 λ 的大小，对其最高工作温度也有明显影响，当换热片从紫铜改为黄铜 H62 时［导热系数 λ＝109W/(m·K)，热容 c_p＝385J/(kg·K)］，换热片最高工作温度的计算值会升到 350℃左右，在最不利工作条件下此计算值会达到 400℃以上。换热片工作温度的升高会引起氧化，烧损明显加剧，给安全运行造成威胁。同时，换热片温度升高，其蓄热量增大。在热水器停止工作后，此热量传递给水管内静止的水，使其升温局部汽化，喷出蒸汽，给安全使用造成威胁。

表1为不同材料换热片材料时的导热系数和热容。

不同材料的导热系数和热容   表1

类型	导热系数 $[W/(m \cdot K)]$	热容 $[J/(kg \cdot K)]$
紫铜	380	385
脱氧铜	360	385
黄铜 H96	245	387
黄铜 H62	109	385
不锈钢 18-8	16	502

（4）换热片表面热流分布

高温烟气把热量传递给换热片，换热片把吸收的热量再传递给水，这个过程中换热片的吸热最为关键。计算指出，换热片下半部分的吸热强度很高，而上半部分的吸热强度很低（在吸热的过程中没有充分发挥作用）。这个结论与图6，图9的计算结果吻合。计算得出，换热片传递给三根水管的热量分别为 32.6W，33.5W，32W（中间水管吸热最强，出水管吸热最小），铜管表面吸热 1.5W，总共吸热 99.6W/片。5L/min 热水器需要的吸热量是 8723W，其中燃烧室四周的盘管吸热 20%，对流换热器吸热 80%（即 6978W），因此在 5L/min 热水器上应布置换热片 70 片（生产厂家实际叠用 76 片左右）。计算结果与实际基本符合。计算结果表明，凡是烟气温度与烟气流速高的区域也就是吸热强烈（换热片表面热流大）的区域。

（5）工况计算

利用计算软件可以进行一些有价值的变工况计算。如改变换热片厚度、换热片间净距离、换热片形状、水管直径与布置（如吸水管数量的变化）等因素对换热片吸热量的影响，以便寻找出更为合理，吸热效率更高的换热片结构。

7 结论

对 5L/min 换热器所做的理论计算其主要结论（排烟温度，换热片吸热量）与实际基本一致。说明计算原理，计算方法，商用计算软件已经成熟，且正确，可靠，可以在民用燃具的开发中推广使用，从而提高生产厂的科研水平，加快研发速度。

必须指出，理论计算不可能完全反映实物的全部真实情况，如热水器运行工况的波动而引起烟气入口温度与流速的变化、烟气入口温度分布不均匀、换热片表面的玷污、浸铅工艺的不稳定、制作误差等因素，在计算中均作了简化处理。因此，计算结果与真实情况之间存在一定的差异是自然的，工程中可以接受的。对流动，热交换，进而对燃烧过程进行数值计算是当今取得的一个重大高新科技成果，这种高科技方法在民用燃具范围内推广必然是大势所趋，大有前途。

参考文献

[1] Chung T. J. Computational Fluid Dynamics［M］. New York：Cambridge University Press，2002

[2] 杨世铭，陶文铨. 传热学［M］. 北京：高等教育出版社，2000

[3] （美）帕坦卡（Patankar，S. V.）著. 传热与流体流动的数值计算［M］，张政译. ［M］. 北京：科学出版社，2000

[4] 陈义良. 湍流计算模型［M］. 合肥：中国科学技术大学出版社，1991

[5] 刘超群. 多重网格法及其在计算流体力学中的应用［M］. 北京：清华大学出版社，1995

[6] 钱颂文等译. （美）库潘（T. Kuppan）著，换热器设计手册［M］. 北京：中国石化出版社，2004

[7] 黄卫星，陈文梅. 工程流体力学［M］. 北京：化学工业出版社，2001

浓淡燃烧组合火焰 NO_x 生成因素正交模拟分析 *

孙　晖，周庆芳，全惠君，杨庆泉

（同济大学机械学院，上海　200092）

摘　要： 本文提出了影响浓淡燃烧组合火焰 NO_x 生成的五个主要因素，并通过正交试验和数值模拟分析的方法对这五个因素进行了相对重要性分析，找到主要因素，同时给出了各个因素的最佳配置。

关键词： 氮氧化物；浓淡燃烧；正交分析；燃料浓淡比；一次空气系数；空气系数

1　主要影响因素分析

　　浓淡燃烧组合火焰简称组合火焰，其基本构成见图 1[1]，整个火焰由 3 部分组成，中间是淡火焰，根据燃烧器火孔热强度的大小、燃料的性质、一次空气系数的大小等因素，淡火焰的火焰数量将有所不同；在淡火焰的外侧是浓火焰，每侧各一个；最外侧是二次空气气流。组合火焰能够降低氮氧化物的主要原因：组合火焰中实现了贫燃燃烧，也即中间的淡火焰在远大于化学计量比情况下燃烧，从而使得火焰的总体氮氧化物产量降低，而浓火焰则主要对淡火焰起到稳定作用。

　　众所周知，影响氮氧化物产生的主要因素包括燃烧温度、一次空气系数、燃料种类、燃烧器热负荷等，这些因素同样影响着组合火焰的氮氧化物生成，但是作为一种特殊的燃烧方式，其自身的固有特点决定了其具有的一些影响氮氧化物产生量的因素，这些因素包括火焰的燃料浓淡比、浓火焰一次空气系数、淡火焰一次空气系数、组合火焰的总一次空气系数、组合火焰的空气系数（即实际供给空气量与理论空气量之比）等。

　　燃料的浓淡比例决定了组合火焰的主要负荷由哪一部分火焰来承担，由于组合火焰降低氮氧化物的主要原因在于淡火焰的贫燃燃烧，因而浓淡比是影响组合火焰的氮氧化物产生量的重要因素，较小的浓淡比，意味着组合火焰中，浓火焰承担的负荷小，淡火焰承担的负荷大，从而有利于氮氧化物的降低。

　　浓火焰一次空气系数决定了浓火焰的氮氧化物的

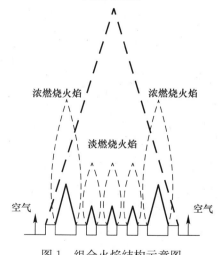

图 1　组合火焰结构示意图

---

　　* 选自中国土木工程学会燃气分会应用专业委员会 2005 年会论文集 p193-p198

产生量，以往的研究表明，部分预混火焰的一次空气系数在某一范围内变动时，其火焰中产生的氮氧化物较少，当超出这一范围时，氮氧化物含量将急剧增加。因而，浓火焰一次空气系数影响了组合火焰的氮氧化物产生量，但并非浓火焰的一次空气系数越小越好，浓火焰的一次空气系数大小需要综合考虑燃烧的稳定性与氮氧化物产量两个因素。

淡火焰一次空气系数决定了淡火焰的氮氧化物的产生量，由图2可知[2]，预混火焰的一次空气系数越大，则燃烧产物中的氮氧化物产量越低，因此，在火焰稳定的情况下，应尽量增大淡火焰的一次空气系数。

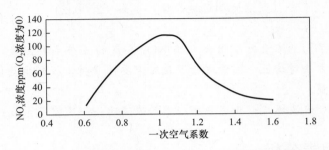

图2　氮氧化物生成量与一次空气系数关系图

淡火焰一次空气系数决定了淡火焰的氮氧化物的生成量。由图2可知[2]，预混火焰的一次空气系数大于1以后，则燃烧产物中氮氧化物的浓度随着一次空气系数的增加而降低，因此，在火焰稳定的情况下，应尽量增大淡火焰的一次空气系数。

燃料浓淡比、浓火焰一次空气系数、淡火焰一次空气系数等三个因素共同决定了组合火焰的总一次空气系数，一般要求总一次空气系数越大越好，但是在相同的总一次空气系数下，组合火焰的氮氧化物产生量的影响可能不同，这主要是因为总一次空气系数由燃料浓淡比、浓火焰一次空气系数、淡火焰一次空气系数三个量决定，而每个量对减少氮氧化物产量的贡献不同。

组合火焰的空气系数反映了燃烧反应中的氧气过剩程度，较大的空气系数有利于污染物的控制，但是空气系数并不是控制组合火焰氮氧化物产生量的主要因素，这主要是由于空气中的一部分空气是由二次空气供应的，这部分空气对燃烧的影响取决于二次空气与烟气的混合程度，一般情况下，由于二次空气主要是以扩散的方式参加燃烧反应，因而对燃烧以及氮氧化物的生成影响较小。

通过上述分析可知，影响组合火焰的氮氧化物生成量的因素有多个，但是为了找到一个控制氮氧化物的最佳渠道，我们还需要分清哪个是主要因素、哪个是次要因素，这可以通过正交试验的方法来解决。

2　组合火焰的正交模拟

在实际问题的解决当中，我们经常遇到一个问题受多个因素影响的状况，在这种情况下，我们需要知道哪些因素重要，哪些因素不重要；每个因素取哪个水平为好；各个因素依什么样的水平搭配起来会得到比较好的结果，在这种情况下，应用正交试验法将使问题变得比较简单而易于解决。正交试验法也叫正交试验设计法，它是用"正交表"来安排和分析多因素问题试验的一种数理统计方法。这种方法的优点是试验次数少、效果好、方法简单、使用方便、效率高[3]。正交试验法已经是一套很成熟的理论方法，在此不对具体内容展开讨论。下文将在正交试验方法的基础上讨论影响氮氧化物生成的各因素，以区分这些因素对组合火焰氮氧化物产量影响作用的大小，找到主要因素，同时寻求各个因素的最佳配置。本文主要用到了正交试验法的极差分析法、方差分析法。

在影响组合火焰氮氧化物产生的五个因素当中，组合火焰的总一次空气系数为燃料浓淡比、浓火焰一次空气系数、淡火焰一次空气系数所控制，是一个非独立变量，因而在模拟试验中予以去除，这样在正交模拟试验中有四个影响因素，即燃料浓淡比、浓火焰一次空气系数、淡火焰一次空气系数、组合火焰的空气系数，对这四个因素进行三水平正交数值模拟试验，得到 $L_9 (3^4)$ 正交表。正交试验各因素的水平如表1，经过模拟试验得出表2。

正交试验因素及其水平取值 表1

		1	2	3
浓淡配比	A	2∶8	5∶5	8∶2
淡一次空气系数	B	1.3	1.5	1.7
浓一次空气系数	C	0.4	0.6	0.8
过剩空气系数	D	1.6	1.8	2.0

正交试验极差分析表 表2

表头设计	A	B	C	D	试验结果
列号 试验号	1	2	3	4	NO 浓度（ppm）
1	1	1	1	1	13.17
2	1	2	2	2	0.87
3	1	3	3	3	0.12
4	2	1	2	3	28.54
5	2	2	3	1	12.86
6	2	3	1	2	6.03
7	3	1	3	2	35.10
8	3	2	1	3	10.21
9	3	3	2	1	19.76
K_1	14.16	76.81	29.41	45.79	
K_2	47.43	23.95	49.16	42.00	
K_3	65.08	25.91	48.08	38.87	
k_1	4.72	25.60	9.80	15.26	Σ＝126.66
k_2	15.81	7.98	16.39	14.00	
k_3	21.69	8.64	16.03	12.96	
R	16.97	17.62	6.58	2.31	

2.1 极差分析

通过表2我们可以得出如下结论：

（1）因素的主次关系：通过比较极差 R 的大小，可以得出因素对指标影响大小的主次关系，极差的大小关系为 $R_B > R_A > R_C > R_D$，可以看出，影响组合火焰的氮氧化物产量的主要因素是淡火焰一次空气系数和燃料浓淡比，两者极差差距很小，几乎在实验误差范围内，因此，可以说他们两者是影响组合火焰氮氧化物产量的主要因素；而浓火焰一次空气系数对组合火焰氮氧化物产量的影响较小，其极差只有淡火焰一次空气系数和燃料浓淡比的 40％左右，是影响组合火焰氮氧化物产量的次要因素；过剩空气系数的极差最小，最有淡火焰一次空气系数和燃料浓淡比的 10％，是最次因素，因而在燃烧器的设计中可以忽略过剩空气系数对组合火焰氮氧化物产量的影响。

（2）较优水平组合：由于我们要求试验的结果中，氮氧化物产量越小越好，因而，我们可以确定较优水平组合为 $A_1B_3C_1D_3$，由于试验 $A_1B_3C_1D_3$ 不在表 2 中，因而需要验证，通过模拟计算可得此时的氮氧化物产量为 0.11ppm，与上述分析相符。

（3）极差分析图：为了直观起见，将表 2 结果做成因子—指标分析图，将每个因子的 k_1、k_2、k_3，在图上表出来，根据每个因子的 3 个数据点的高低相差程度，可以直观的比较个因子对指标的影响程度：点子高低相差大，表明该因子的改变对目标的影响作用大，即该因子比较重要；若坐标点高低相差小，表明该因子的水平改变引起指标变化的差异小，即该因子比较次要。指标分析图如图 3。

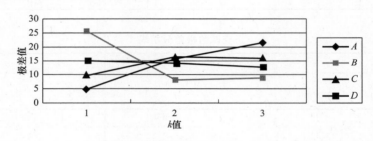

图 3　极差分析图

通过改图可以看出 B 淡一次空气系数、A 浓淡配比的三个数据点相差极大，而 C 浓一次空气系数、D 空气系数相差较小。这表明 B、A 的改变对氮氧化物生成的影响很大。这与前面的分析一致。

2.2　方差分析

方差分析结果如表 3，该表中每列的变差平方和已经求出并列于表中，由于正交表中的所有列都被因子占满了，所以随机误差要经过重复试验来获得，但是通过对表 3 的观察可知因素 D 的变差平方和非常小，因而根据"可以用各列中偏差平方和最小者来代替误差平方和"的原则，选用因素 D 这一列的变差平方和的一半代替随机误差，这样得到表 4。

通过表 3 的贡献率可以看出，燃料浓淡比、淡火焰一次空气系数的变动对组合火焰氮氧化物产量变动的影响是绝对的，其影响率分别为 39.3％和 52.8％，而浓火焰的一次空气系数和组合火焰的过剩空气系数对氮氧化物产量的影响很小，尤其是组合火焰的过剩空气系数，其贡献率只有 0.7％，对氮氧化物的产量变动几乎不起作用，这从数量上再次印证了极差分析中结果。

对因素 A、B、C、D 做显著性检验，查 F 检验表可得：$F_{0.01}(2, 2) = 99.0$，$F_{0.05}$

$(2，2)=19.0$，$F_{0.10}(2，2)=9.00$。通过比较 F 检验表中查的数据与表 4 中的 F 值，可得表 5 显著性程度表。该表表明：燃料浓淡比、淡火焰一次空气系数是影响组合火焰氮氧化物产量的主要因素，组合火焰的过剩空气系数大小对氮氧化物的产生影响不大。

试验结果以及变差平方和   表 3

表头设计 列号 试验号	A 1	B 2	C 3	D 4	试验结果 NO 浓度（ppm）
1	1	1	1	1	13.17
2	1	2	2	2	0.87
3	1	3	3	3	0.12
4	2	1	2	3	28.54
5	2	2	3	1	12.86
6	2	3	1	2	6.03
7	3	1	3	2	35.10
8	3	2	1	3	10.21
9	3	3	2	1	19.76
K_1	14.16	76.81	29.41	45.79	
K_2	47.43	23.95	49.16	42.00	$\Sigma=126.66$
K_3	65.08	25.91	48.08	38.87	
S	445.69	598.91	82.20	8.02	
ρ	0.393	0.528	0.072	0.007	

$L_9(3^4)$ 正交表方差分析表   表 4

方差来源	平方和	自由度	均方和	F 值
因素 A	$S_A=445.69$	2	$MS_A=222.84$	$F_A=111.19$
因素 B	$S_B=598.91$	2	$MS_B=299.45$	$F_B=149.41$
因素 C	$S_C=82.20$	2	$MS_C=41.10$	$F_C=20.51$
因素 D	$S_D=8.02$	2	$MS_D=4.01$	$F_D=2.00$
总和	$S_T=1134.82$	8		

显著性程度表   表 5

影响因素	A	B	C	D
显著性程度	☆☆☆	☆☆☆	☆	不显著

3 结论

通过正交试验的极差分析、分差分析，我们可以得出这样的结论：燃料浓淡比、淡火焰一次空气系数是影响组合火焰氮氧化物产量的主要因素；浓火焰一次空气系数对组合火焰的氮氧化物产生量也有一定影响，但是作用有限；组合火焰的空气系数大小对氮氧化物的产生影响不大，其作用可以忽略。这里需要特别说明的是，这里组合火焰的空气系数增大与缩小是通过二次空气的增大与缩小来实现的，所以这里的组合火焰的空气系数主要用于表征组合火焰的二次空气的作用。

参考文献

[1] 金良超编著. 正交设计与多指标分析 ［M］. 北京：中国铁道出版社. 1988

二甲醚热值测定方法的研究[*]

严荣松[1]，王　启[2]，张金环[2]，渠艳红[2]

（1. 天津天津城市建设学院；2. 中国国家燃气用具质量监督检验中心）

摘　要：二甲醚和甲烷溶解于水的差别大，二甲醚用湿式流量计计量有较大的误差。在现有燃气热值测定方法的基础上，研究了采用称重法计量的二甲醚燃气的热值测定方法。

关键词：二甲醚；溶解度；热值；称重法

1　引言

随着世界经济的飞速发展，石油等能源资源日益短缺，而且环境也不断恶化，人们竞相寻求清洁能源。二甲醚可以由煤、天然气等多种资源制取，二甲醚燃烧的污染少，与液化石油气一样便于液化储存与输送，用作民用燃具燃料的燃烧负荷特性与天然气相近，是一种新的城市燃气，有着广阔的市场应用前景。

二甲醚作为一种新型民用燃料，其热值高低不仅反映二甲醚燃烧放热的多少，也是燃气分类的重要指标，在燃气的替换方面有着重要指导作用。因此，如何准确测定二甲醚的热值是非常重要的问题。

2　用现有方法测定二甲醚热值存在的问题

根据《城市燃气热值测定方法》GB 12206 中规定，城镇煤气的热值测定的基本原理和方法是：将冷水引入热量计，点燃本生灯使之正常燃烧，待水温稳定并在热量计下有冷凝水流出时，系统达到稳定状态。根据测得的燃气量和热平衡原则计算出燃气的热值。现有燃气热值测定方法见图1[1,2]。

现有燃气热值测定方法测定时，燃气流量采用湿式流量计测定，对天然气测定非常准确。但是二甲醚的物理性质与天然气有差别，二甲醚和甲烷的化学、物理性质参数见表1。表1的数据表明，在常温常压下，二甲醚在水中溶解度约为天然气在水中溶解度的近3000倍。而在现有规定的实验系统中，计量气体流量的仪器是湿式流量计，当二甲醚通过湿式流量计时，有大量的二甲醚溶解于湿式流量计的水中，使得流量计量失准，测得的热值也就不准。

在常温常压下，向水溶液中缓慢通入二甲醚时，溶解百分数与时间的关系见图2。通过图2可以定性的分析出，用湿式流量计测定热值时，需要若干小时才能达到饱和平衡，在实际测定中是无法实现的。因此二甲醚的热值测定系统中不能采用湿式流量计。

---

　*　选自中国土木工程学会燃气分会应用专业委员会 2006 年会论文集 p190-p195

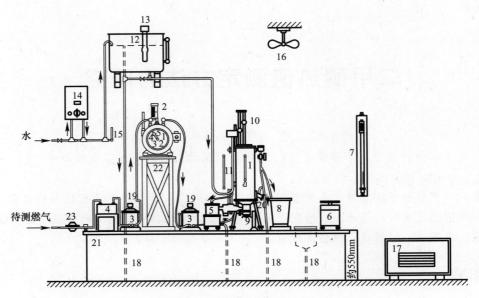

图 1　热值的测定系统

1—热量计；2—燃气表；3—湿式燃气调压器；4—燃气加湿器；5—空气加湿器；6—电子称；7—大气压力计；
8—水桶；9—量筒；10—测水流温度用温度计；11—测室温用温度计；12—水箱；13—搅拌机；14—水温调节器；
15—水温调节用温度计；16—风扇；17—室温调节器；18—排水口；19—砝码；20—排烟口；
21—测试台；22—燃气表支架；23——次压力调节器

二甲醚和甲烷的化学、物理性质参数[3,5]　　　　　　　　　　　表 1

名称	二甲醚	甲烷
分子式	CH_3OCH_3	CH_4
分子量	46.07	16.04
气态密度（kg/m³）	2.06	0.664
15℃饱和蒸气压力（MPa）	0.45	—
沸点（℃）	−25	−161.49
20℃水中溶解度（g/100mL）	6.9	2.3×10^{-3}

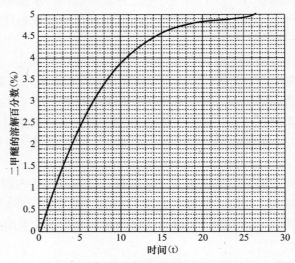

图 2　二甲醚的溶解百分数

3 热值测定方法的改进

为了确保二甲醚热值测量的准确性，重点是对湿式流量计进行替换。从简单、实用和准确的原则出发，考虑有称重法和干式流量计两种方法。

3.1 称重法

在测定时用称重法相对简单，计算时不用考虑体积的修正，只计重量，因此，计算比较简单。但是由于称重法涉及天平的称重，因此，天平的灵敏度、最小量程会影响实验数据的精度，同时由于灵敏度的提高，对系统设备的位置，仪器相互连接方式都有要求；抗干扰的能力较弱，实验的精度较低。用称重法测定热值时可以按式（1）～式（3）计算：

（1）高热值计算

$$H_i = 4.1868 \times \frac{w \times \Delta t}{m} \tag{1}$$

$$H_g = \frac{\sum\limits_{i=1}^{3} H_i}{3} \times \frac{1}{f_2} \tag{2}$$

式中 H_i——每一次测得的热值，kJ/kg；

H_g——燃气的高热值，kJ/kg；

w——每一次测得的水量，g；

Δt——每一次测得的热量计进出口水温度的平均温差，K。

m——每一次测得的二甲醚量，g；

f_2——燃气热量计的修正系数。

（2）低热值计算

$$H_d = H_g - \frac{2.5 \times W'}{m'} \tag{3}$$

式中 H_d——燃气的低热值，kJ/kg；

W'——燃烧 m'（g）燃气生成的冷凝水量，g；

m'——与 W' 对应的燃气耗量，g；

冷凝水的凝结潜热，2.5kJ/g。

用称重法测定和计算出热值的数据结果见表2。

称重法与现有热值测量方法数据 表2

序号	测试用水量（g）	测试耗气量	进水温度（℃）	出水温度（℃）	冷凝水量（mL）	高热值（MJ/Nm³）	低热值（MJ/Nm³）
1	14.19	20g	17.33	27.73	21.83	63.65	58.77
2	13.26	20g	17.66	28.78	21.73	63.49	58.69
3	10.22	10L	15.38	26.13	17.4	51.40	46.26
4	10.72	10L	14.67	25.22	17.2	52.47	47.36

注：1、2——称重法数据；3、4——现有热值方法测定。

从资料中二甲醚的低热值为 57.99MJ/Nm³[6]，用表中数据可以算出，用称重法测出的热值与资料值偏差为 2% 左右，而用湿式流量计所测定的热值与资料值偏差为 22%，因此，称重法在测定二甲醚热值时有一定的准确性。

3.2 干式流量计测定法

系统连接只是用干式流量计替换原有的湿式流量计，而且计算方法只是在现有热值测定方法的基础上，减少了原有的燃气温度条件下的水蒸气饱和分压对燃气的体积进行修正一项，更能体现测定精确性和实用性。采用干式流量计测量二甲醚可以按式（4）～式（8）计算：

（1）燃气体积修正系数

$$f_1 = \frac{273.15}{273.15 + t_g} \times \frac{B_0 + p}{101.325} \times f \tag{4}$$

$$B_0 = B - \alpha$$

式中　f_1——计量参比条件下干燃气的体积换算系数；

　　　t_g——燃气温度，℃；

　　　B_0——大气压力温充修正值，kPa；

　　　B——实验室内大气压力，kPa；

　　　p——燃气压力，kPa；

　　　α——大气压力温度修正值，kPa；

　　　f——干式燃气表的校正系数，根据标准计量瓶对燃气表读数的校正，标准值与测得值的比值。

（2）换算系数

$$F = f_1 \times f_2 \tag{5}$$

式中　F——热值换算系数；

　　　f_2——燃气热量计的修正系数。

（3）热值计算

每一次测得的热值，可按下式计算：

$$H_i = 4.1868 \times \frac{W \times \Delta t}{V} \tag{6}$$

式中　H_i——每一次测得的热值，kJ/m³；

　　　W——每一次测得的水量，g；

　　　V——每一次测得的燃气量，L；

　　　Δt——每一次测得的热量计进出口水温度的平均温度。要求对每个温度计做本身误差校正及温度计露点校正，℃。

（4）燃气高热值计算

$$H_g = \frac{\sum_{i=1}^{3} H_i}{3} \times \frac{1}{F} \tag{7}$$

式中　H_g——燃气高位热值，kJ/m³；

其他符号同前。

（5）燃气的低位热值计算

$$H_d = H_g - \frac{l_q \times W' \times 1000}{V' \times f_1}$$（8）

式中　H_d——燃气低位热值，kJ/m^3；

　　　W'——燃烧 V'（L）燃气生成的冷凝水量，mL；

　　　V'——与 W' 对应的燃气耗量，L；

　　　l_q——冷凝水的凝结潜热，2.5kJ/g；

其他符号同前。

用干式流量计替代湿式流量计测定和计算出的二甲醚热值与资料值的偏差也在误差范围内，因此干式流量计测定二甲醚热值也是可取的。

4　结论

（1）实验数据的分析表明现有的热值的测定方法不能满足对二甲醚的准确测定。在对二甲醚物性参数分析后表明，原测定方法中湿式流量计是影响测量结果的重要因素。

（2）实验证明，称重法和干式流量计法在正常情况下都能保证热值测定的准确性。采用干式流量计方法，与原来的湿式流量计方法操作比较接近，容易被大家接受。所以，建议使用干式流量计测量二甲醚的热值。

参考文献

[1] 金志刚主编. 燃气测试技术手册 [M]. 天津：天津大学出版社，1994

[2] 中华人民共和国国家质量监督检验检疫总局.《城镇燃气热值和相对密度测定方法》GB/T 12206—2006 [S]. 北京：中国标准出版社，2007

[3] 中华人民共和国国家质量监督检验检疫总局.《城市燃气分类》GB/T 13611—92 [S]. 北京：中国标准出版社，1992

[4] 黄建彬主编. 工业气体手册 [M]. 北京：化学工业出版社，2001

[5] 同济大学等编. 燃气燃烧与应用 [M]. 北京：中国建筑工业出版社，2001

[6] Sorenson S C. Dimethyl Ether in Diesel Engines：Progress and Perspectives [J]. J. Eng. Gas Turbines Power，2000，123（3）：652-658

多孔介质中甲烷预混燃烧特性二元温度法求解[*]

侯根富，吴 婧

（福建工程学院 环境与设备工程系，福州 350007）

摘 要： 本文采用二元温度近似分析法求解燃气空气混合物在多孔介质中的火焰燃烧传播特性。多孔介质与气相之间存在剧烈的热交换，固相界面会将其吸收的热量的一部分热量传递给未燃气体。本文涉及的多孔介质颗粒床是由三种不同的区域构成：预热区、反应区和燃尽的烟气区。针对该三个不同的区域，分别计算出了火焰波中温度分布、燃气浓度的分布，以及燃烧速度和反应区焰面厚度解析表达式。通过一个甲烷-空气预混混合物（甲烷浓度很小，在爆炸下限附近）算例的计算，结果显示，反应区厚度不能忽略。

关键词： 燃烧；多孔介质；解析解；燃烧速度

1 引言

多孔介质燃烧技术在提高燃烧效率、扩展可燃极限、节约燃料、改善环境以及处理各类垃圾和废弃物等方面具有其他燃烧技术不可比拟的优越性，被誉为划时代的燃烧技术[1-3]。多孔介质燃烧器的换热以高温固体介质的辐射为主，大大提高了换热效率。与传统的大气式燃烧相比具有突出的特点：燃烧速度更快、火焰稳定性好、系统的燃烧效率高、可燃用非常低热值的燃气、污染物排放量极少。该项技术可以应用于工业和民用诸多领域，诸如：石油冶炼、红外线无焰燃烧设备、辐射式加热器、陶瓷材料合成、多孔催化剂燃烧、空气中有机挥发物去除、多孔介质内衬内燃机、燃气轮机、污染物控制等环保与燃烧领域[4-7]。从而满足或达到节能和环保的要求。

文献[3,8-9]研究表明，可燃混合物在多孔介质中的燃烧焰面出现向上、下游移动的情况，其移动的方向通常取决于气、固两相的物性参数和可燃混合物的初始速度、初始温度以及空气系数。当这些参数改变时，焰面出现上下移动，不过其移动的速度远小于气流速度。对温度分布的研究表明，在反应区的温度非常高（比正常的绝热燃烧温度高），Weinberg[10]首次用超绝热燃烧（又称过焓燃烧）的概念来解释这一高温现象。多位学者[3,11-15]对超绝热燃烧进行了更为细致全面的理论研究，均采用一维一步反应模型研究流速、传热系数、多孔介质厚度等对这种过焓燃烧特性的影响。研究表明，对有限的多孔介质厚度，存在一个维持稳定燃烧的临界气流速度。超过该临界速度，火焰就熄灭。这个临界速度主要与固相的厚度和热损失有关。

Yoshizawa 等人[16]采用一维解析模型分析固体辐射对火焰燃烧速度及火焰结构的重要

---

* 选自中国土木工程学会燃气分会应用专业委员会 2008 年会论文集 p8-p15

影响。使用一维分析模型，分别对三个不同区进行求解，即预热区、燃烧区、烟气区。每个区的物性参数假设为定值，燃烧反应采用一步反应模型，能量方程考虑气体、固体的导热、固体的辐射、气固之间的对流换热，火焰位置设为固定不动。结果表明，在预热区，固相温度比气相温度高；在高温烟气区，刚好相反。同时得出对过熔燃烧的影响，固体的辐射比其导热显著得多。

文献[17]假定热损失相对较小，采用对流模型或导热模型，得出了绝热和非绝热两种条件下温度分布、成分分布以及火焰焰面移动速度的解析表达式。而文献[18]采用一元温度近似法得出分析解。这种方法忽略了气固界面的换热系数及其对火焰特性的影响。

本文对多孔介质颗粒床采用二元温度近似分析法，一维一步反应模型，每个区的物性参数假设为定值，推导燃气浓度分布、温度分布解析表达式，同时要建立预测燃烧速度、反应区厚度的解析式。

2 多孔介质里燃气空气预混燃烧数学物理模型

2.1 物理模型

物理模型如图 1 所示，直径为 D 的石英玻璃管内装满了用矾土做成的耐火固体实心球，球体的直径为 d_p。石英玻璃管进口为燃气与空气、出口为烟气。石英玻璃管内分成三部分：预热区 Ⅰ 为完全预混的燃气-空气混合物的预热区，长度为 L；反应区 Ⅱ 为燃烧反应区，其厚度为 σ；换热区 Ⅲ 为燃尽的高温烟气与固体颗粒换热区。

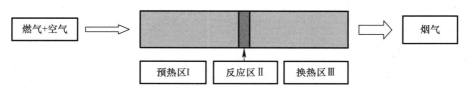

图 1　多孔介质物理模型

一定流速（u_g）的可燃混合物在多孔介质颗粒床入口处附近点燃后，由于较冷的固体吸热，焰面会逐渐右移抵达到 $Z=L$ 处。然后由于固体温度逐渐升高，出现固体辐射换热加热未燃混合物，使得焰面左移，焰面向左移动的速度 S_n 可认为等于常数，且远远小于可燃混合物的流速。当焰面上移到某位置时就达到一种平衡，焰面驻定不动。当气流速度改变，或散热条件改变，焰面驻定不动的位置将发生改变。

焰面厚度 σ 在本文中是这样定义的，即从石英玻璃管内温度等于燃气-空气混合物的着火温度某截面算起，到甲烷的质量成分等于入口处质量成分的千分之一时的那个截面为止，两截面之间的垂直距离就是焰面厚度 σ。

2.2 数学模型

石英玻璃管与外界之间的有效传热系数可写为：

$$\alpha_v = \frac{4}{D}\Big(h + \varepsilon_s \sigma \varepsilon_{qt} \frac{T^4 - T_0^4}{T - T_0}\Big) \tag{1}$$

式中　α_v——与环境之间的传热系数；

h——对流传热系数；

ε_s——固体球的发射率；

ε_{qt}——石英玻璃管的透射率；

σ——波尔兹曼常数；

D——石英玻璃管的外径。

化学反应按一步反应模型，以甲烷为例，则有：

$$CH_4 + \phi \times 2 \times (O_2 + 3.76 \times N_2) \longrightarrow CO_2 + 2 \times H_2O + 2 \times (\phi - 1) \times O_2 + 2 \times 3.76 \times \phi \times N_2 \tag{2}$$

式中　ϕ——入口处空气量与理论空气量之比。

燃气的燃烧反应热为：Δh_c，化学反应的活化能为 E，初始平衡常数为 k_0。

多孔介质的有效导热系数可写成以下形式：

$$\lambda_{eff} = (1 - \varphi)\lambda_s + \frac{32\sigma d_p \varphi T_s^3}{9(1 - \varphi)} \tag{3}$$

式中　φ——多孔介质空隙率；

λ_s——多孔介质固相导热系数；

d_p——固体球的直径；

T_s——固体的表面温度。

气、固界面传热系数可按文献[11]给出的形式：

$$\alpha = \frac{6\lambda_s(1 - \varphi)}{d_p^2}\Big[2.0 + 1.1 \Pr^{\frac{1}{3}} \Big(\frac{\varphi \rho_g u_g d_p}{\mu_g}\Big)^{0.6}\Big] \tag{4}$$

燃烧过程在常压下进行，所以忽略气体的可压缩性，燃气空气混合物可按理想气体处理。

气相能量方程可写成：

$$\varphi(\rho C_p)_g\Big(\frac{\partial T_g}{\partial \tau} + u_g \frac{\partial T_g}{\partial z}\Big) = -\alpha(T_g - T_s) + \Delta h_c k_0 y \varphi \rho_g e^{-E/RT_g} \tag{5}$$

固相能量方程可写成：

$$(1 - \varphi)(\rho C_p)_s \frac{\partial T_s}{\partial \tau} = \frac{\partial}{\partial z}\Big(\lambda_{eff} \frac{\partial T_s}{\partial z}\Big) + \alpha(T_g - T_s) - \alpha_v(T_s - T_0) \tag{6}$$

具有化学反应的连续性方程可写为：

$$\frac{\partial y}{\partial \tau} + u_g \frac{\partial y}{\partial z} = \frac{\partial}{\partial z}\Big(\frac{\lambda_g}{C_{pg}} \frac{\partial y}{\partial z}\Big) - k_0 y e^{-E/RT_g} \tag{7}$$

式中　y——燃气的质量成分（容积成分）。

初始条件：

$$\tau = 0: T_g = T_s = T_0, y = y_0 \tag{8}$$

边界条件：

$$z = 0: T_g = T_s = T_0, u_g = u_0, y = y_0 \tag{9}$$

$$z \to \infty: T_g' = T_s' = y = 0$$

本文的主要工作目的是要求出该物理数学模型下的解析解的表达式：温度分布、燃气质量成分分布，以及反应区火焰移动速度 S_n、燃烧火焰的厚度 σ。

3 分析法求解过程

首先，方程式进行无量纲化处理。为了消除时间项，我们把时间与火焰的位置之间建立如下的关系式：$\bar{z} = z - S_n\tau$，$S_n \ll u_g$，且 $S_n = \text{const}$

另外，假设方程式（7）中的扩散项仅在反应区存在，则方程式（5）、（6）、（7）可转变为如下的无因次方程式：

$$\overline{y'} = a_1 \overline{y''} - a_2 \bar{y} \tag{10}$$

$$\theta'_g = a_3(\theta_s - \theta_g) - a_4 \overline{y'} \tag{11}$$

$$a_5\theta'_s = \theta''_s + a_3(\theta_g - \theta_s) - a_6\theta_s \tag{12}$$

式中 $\quad \bar{y} = \dfrac{y}{y_0}$，$a_1 = \dfrac{\lambda_g \varphi \rho_g}{\lambda_{\text{eff}}}$

$$a_2 = \frac{k_0 \lambda_{\text{eff}} e^{-E/RT_g}}{\varphi \rho_g u_g^2 C_{pg}}$$

$$\theta_g = \frac{T_g - T_0}{T_{ig} - T_0}, \quad \theta_s = \frac{T_s - T_0}{T_{ig} - T_0}$$

$$\theta_g = \frac{T_g - T_0}{T_{ig} - T_0}, \quad \theta_s = \frac{T_s - T_0}{T_{ig} - T_0}$$

$$a_3 = \frac{\alpha\lambda_{\text{eff}}}{(\rho_g C_{pg} u_g \varphi)^2}, \quad a_4 = \frac{y_0 \Delta h_c}{C_{pg}(T_{ig} - T_0)}$$

$$a_5 = \frac{\rho_s C_{ps}(1-\varphi)S_n}{\rho_g C_{pg} u_g \varphi}, \quad a_6 = \frac{\alpha_v \lambda_{\text{eff}}}{(\rho_g C_{pg} u_g \varphi)^2} \tag{13}$$

引入无因次尺寸：

$$x = \frac{\bar{z}}{Z_c}, \quad Z_c = \frac{\lambda_{\text{eff}}}{\varphi \rho_g C_{pg} u_g} \tag{14}$$

$$\delta_L = \frac{L}{Z_c}, \quad \delta = \frac{\Delta}{Z_c}$$

在式（13）中，系数 a_2 是个变量，与气体的温度有关。为了便于求解，假定每个区的温度为定值，这样式（10）的积分就不受式（11））、式（12）的制约，可单独积分。

根据经验知道，在多孔介质中的气体、固体的温度梯度几乎相等，即存在：$\theta'_g \approx \theta'_s$

式（11）、式（12）可简化为一个公式：

$$\theta''_s - (1+a_5)\theta'_s - a_4 \overline{y'} - a_6\theta_s = 0 \tag{15}$$

可用式（10）、式（12）、式（13）、式（14）、式（15）构建一套分析解方程组。对三个区分别积分求解，边界条件为：

$$
\begin{aligned}
&x = -\delta_L : \theta_{s,\mathrm{I}} = 0, \quad \bar{y}_{\mathrm{I}} = 1 \\
&x = 0 : \theta_{s,\mathrm{I}} = \theta_{s,\mathrm{II}} = 1, \quad \bar{y}_{\mathrm{I}} = y_{\mathrm{II}} \\
&x = \delta : \theta_{s,\mathrm{II}} = \theta_{s,\mathrm{III}}, \quad \theta'_{s,\mathrm{II}} = \theta'_{s,\mathrm{III}}, \bar{y} = c \\
&x \to \infty : \theta_{s,\mathrm{III}} = 0, \quad \bar{y} = 0
\end{aligned} \tag{16}
$$

然后对方程式组进行积分求解。

第一步，对预热区 I 积分求解。在预热区，化学反应可忽略不计，式（10）中的扩散项忽略，系数 a_2 中的气体温度设为定值，其大小等于甲烷-空气混合物着火温度与初始温度算术平均值。对式（15）、式（16）分别积分，考虑到边界条件：$x=-\delta_L$ 时 $\bar{y}=1$，$\theta_{s,I}=0$ 以及 $x=0$ 时 $\theta_{s,I}=1$，我们可以得到：

$$\bar{y}_I = e^{-a_{2,I}(x+\delta_L)}, a_{2,I} = \frac{k_0\lambda_{eff}}{\varphi\rho_g u_g^2 C_{pg}} e^{\frac{2E}{R(T_{ig}+T_0)}} \tag{17}$$

$$\theta_{s,I} = c_3 e^{k_3 x} + c_4 e^{k_4 x}$$

$$c_3 = -\frac{e^{(k_3-k_4)\delta_L}}{1-e^{(k_3-k_4)\delta_L}}, c_4 = \frac{1}{1-e^{(k_3-k_4)\delta_L}}$$

$$k_3 = \left(\frac{1+a_5}{2}\right)\left(1+\sqrt{1+4a_6/(1+a_5)^2}\right)$$

$$k_4 = \left(\frac{1+a_5}{2}\right)\left(1-\sqrt{1+4a_6/(1+a_5)^2}\right) \tag{18}$$

$$\theta_{g,I} = c_9 c_3 e^{k_3 x} + c_{10} c_4 e^{k_4 x}$$

$$c_9 = \frac{a_5 k_3 - k_3^2 + a_3 + a_6}{a_3}$$

$$c_{10} = \frac{a_5 k_4 - k_4^2 + a_3 + a_6}{a_3} \tag{19}$$

第二步对反应区 II 进行求解。

对具有化学反应的连续性方程式（10）进行积分时，假设系数 a_2 中的温度项不变且等于甲烷的着火温度 T_{ig}，则积分后可得到：

$$\bar{y}_{II} = e^{k_2 x - b}, k_{1,2} = \frac{1\pm\sqrt{1+4a_1 a_{2,II}}}{2a_1}$$

$$b = a_{2,I}\delta_L, a_{2,II} = \frac{k_0\lambda_{eff}e^{-E/RT_{ig}}}{\varphi C_{pg}\rho_g u_g^2} \tag{20}$$

对于燃烧反应区，在物理模型中已经明确指出：它是始于气体温度等于着火温度的截面，在这个地方，$\theta_{g,II}=1$，结束于 $x=\delta$，在这里燃料质量成分趋近于 0，即 $x\to\delta$，$\bar{y}\to\zeta$，这里我们一般取 $\zeta=0.001$。所以，代入式（20），可得其中一种解为：

$$\delta = \frac{\ln\zeta + b}{k_2} \tag{21}$$

求出 δ 的值后，那么，火焰层的厚度即可计算得出：

$$\sigma = \delta Z_c = \frac{\delta\lambda_{eff}}{\varphi\rho_g C_{pg} u_g} \tag{22}$$

然后对式（15）积分求解，将式（20）中的 $\bar{y}_{II}$ 求导数后代入式（15）中，用拉格朗日展开式求解，可得：

$$\theta_{s,II} = e^{k_3 x}(c_5 + c_5(x)) + e^{k_4 x}(c_6 + c_6(x))$$

$$c_5(x) = \frac{a_4 k_2 e^{-b}}{(k_3-k_4)(k_2-k_3)} e^{(k_2-k_4)x} \tag{23}$$

$$c_6(x) = \frac{a_4 k_2 e^{-b}}{(k_4-k_3)(k_2-k_4)} e^{(k_2-k_4)x}$$

$$c_5 = -c_5(\delta), c_6 = 1 - c_5(0) - c_6(0) + c_5(\delta) \tag{24}$$

在反应区中气相的温度可由式（12）求得：

$$\theta_{g,II} = c_9 e^{k_3 x}(c_5 + c_5(x)) + c_{10} e^{k_4 x}(c_6 + c_6(x)) - \frac{a_4}{a_3} \bar{y}'_{II} \tag{25}$$

第三步，对高温烟气区Ⅲ积分求解。

在该区，可认为燃料已完全燃尽，即存在：$\bar{y} = 0$，$\bar{y}' = 0$，连同边界条件：$x \to \infty$，$\theta_{s,III} = 0$，这是对式（14）、式（12）分别积分求解，可得：

$$\theta_{s,III} = c_8 e^{k_4 x}, \theta_{g,III} = c_{10} c_8 e^{k_4 x} \tag{26}$$

$$c_8 = c_6 + c_6(\delta) \tag{27}$$

最后，我们可求出焰面在多孔介质中的移动速度 S_n 以及燃气可燃混合物在多孔介质中的着火温度。

在多孔介质中的着火温度可看成是燃气空气混合物在气穴内热力爆燃时的温度，可由 Frank-Kamenetki 理论得出一个近似的超越方程解析式：

$$\frac{e^{E/RT_{ig}-1}}{(E/RT_{ig})^{7/3}} = \left(\frac{\Delta h_c^2 y_0^2 R^5}{2\pi^2 C_{pg}^2 E^2} \right) \cdot \left(\frac{d_p \varphi T_0 k_0}{u_g} \right) \tag{28}$$

采用试算法就可求出某特定条件下的多孔介质燃气预混燃烧的着火温度。

多孔介质中焰面移动速度可由边界条件：$x = 0$，$\theta_{g,II} = 1$ 进行求解得出：

$$S_n = \left(\frac{\rho_g C_{pg}}{\rho_s C_{ps}} \right) u_g \left[1 - \frac{1}{1 + \frac{4\alpha_v(T_{ig} - T_0)}{\rho_g y_0 \Delta h_c k_0} e^{E/RT_{ig}}} \right] + \frac{k_0 \lambda_s}{4 u_g \rho_s C_{ps} e^{E/RT_{ig}}} \tag{29}$$

4　以甲烷空气混合物为算例的计算结果

设石英玻璃管的直径为 $D = 100\text{mm}$ 内装满了用矾土做成的耐火固体实心球，球体的直径为 $d_p = 5.6\text{mm}$，空隙率为 0.4，耐火矾土球的密度为 3987kg/m^3，发射率为 0.45。

比热为 $C_{ps} = 29.567 + 2.61177 T_s - 0.00171 T_s^2 + 3.382 \times 10^{-7} T_s^3$

热导率为 $\lambda_s = -0.21844539 + 0.00174653 T_s + 8.2266 \times 10^{-8} T_s^2$

预混的甲烷-空气混合物的空气系数为 5.88，初始温度为 300K，流速为 1.075m/s，密度为 1.13kg/m^3，比热为 $C_{pg} = 947 e^{0.000183 T_g}$ $[\text{J/(kg·K)}]$，动力黏度为 $\mu_g = 3.37 \times 10^{-7} T_g^{0.7}$ (kg/ms)，热导率为 $\lambda_g = 4.82 \times 10^{-7} C_{pg} T_g^{0.7}$ $[\text{W/(m·K)}]$。

石英玻璃管与外界的对流传热系数设为定值，为 $10\text{W/(m}^2\text{·K)}$。

甲烷的反应热为：$\Delta h_c = 50150000\text{J/m}^3$，其化学反应符合阿基里乌斯定律，活化能为 $E = 129999.97\text{J/mol}$，初始平衡常数 $k_0 = 2.6 \times 10^8 \text{s}^{-1}$。

将上述的已知条件代入到前面所推倒的解析解表达式中，可求得：

着火温度等于 1150K；焰面厚度 σ 为 9.16mm。

5　结论

通过对多孔介质燃气预混燃烧的理论研究，采用二元温度近似法可以得到一系列简单的解析解代数关系式，把多孔介质颗粒床人为分为三颗不同的区，即预热区、反应区和燃尽的烟气区，这样推导出了燃气浓度分布、温度分布，同时还建立了预测燃烧速度、反应区焰面厚度的解析式。通过一个空气量很大的甲烷-空气预混混合物的算例的计算，其结果显示，反应区厚度不能忽略。该研究结果有助于指导分析多孔介质预混燃烧火焰特性，以便得到广泛的技术应用。

参考文献

[1] Howell J R，Hall M J，Ellzey J L. Combustion of hydrocarbon fuels within porous inert media [J]. Progress in Energy and Combustion Science，1996，22：122-145

[2] 施明恒，虞维平，王补宣. 多孔介质传热传质研究的现状和展望 [J]. 东南大学学报，1994，24（增刊）：1-7

[3] Oliveira A A M，Kaviany M. Nonequilibrium in the transport of heat and reactants in combustion in porous media [J]. Progress in Energy and Combustion Science，2001，27：523-545

[4] Bouma P H，De Goey L H. Premixed combustion on ceramic foam burners [J]. Combustion and Flame，1999，119：133-143

[5] Trimis D，Durst F. Combustion in a porous medium-advances and applications [J]. Combustion Science and Technology，1996，121：153-168

[6] Liu F J，Hsieh H W. Experimental investigation of combustion in porous heating burners [J]，Combustion and Flame，2004，138：295-303

[7] di Marea L，Mihalik T A，Continillo G，et al. Experimental and numerical study of flammability limits of gaseous mixtures in porous media [J]，Experimental Thermal and Fluid Science，2000，21：117-123

[8] Zhdanok S，Lawrence A，Koester G. Superadiabatic combustion of methane air mixtures under filtration in a packed bed [J]. Combustion and Flame，1995，110：221-231

[9] Sumrerng Jugjai，Anantachai Sawananon，The surface combustor-heater with cyclic flow reversal combustion embedded with water tube bank [J]. Fuel，2004，83：2369-2379

[10] Weinberg F J. Combustion temperature：The future [J]. Nature，1971，233：239-241

[11] Mathis W M，Ellzey J L. Flame stabilization，operating range，and emissions for methane/air porous burner [J]，Combustion Science and Technology，2003，155：825-839

[12] Aldushin A P，Rumanov I E. Maximal energy accumulation in a superadiabatic filtration combustion wave [J]，Combustion and Flame，1999，118：76-90

[13] Hsu P F，Evens W D，Howell J R. Experimental and numerical study of premixed combustion within nonhomogeneous porous media [J]. Combustion Science and Technology，1993，90：149-172

[14] Henneke M R，Ellzey J L. Modelling of filtration combustion in a packed bed，Combustion and Flame，1999，117：832-840

[15] Hashimoto T，Yamasaki S. An excess enthalpy flame stabilized in ceramic tubes [J]. In Prog.：In Astro and Aero，1983，88：57-77

[16] Yoshizawa Y，Sasaki K，Echigo R. Analytical study of the structure of radiation controlled flame [J]. International Journal of Heat and Mass Transfer，1988，31（2）：311-319

[17] Akkutlu I Y，Yortos Y C. The dynamics of in-situ combustion fronts in porous media [J]，Combustion and Flame，2003，134：229-247

[18] Dobrego K V，Kozlov I M，Bubnovich V I，et al. Dynamics of filtration combustion front perturbation in the tubular porous media burner [J]，International Journal of Heat and Mass Transfer，2003，46：3279-3289

燃气预混空气燃烧过程 NO_x 及 CO 生成条件分析[*]

范慧芳[1]，刘　立[1]，金志刚[2]

(1. 北京科技大学；2. 天津大学)

摘　要： 本文根据国内外有关资料结合我们的经验体会阐述了预混部分空气燃烧及全一次空气预混燃烧下的 NO_x 和 CO 生成的条件。提出在设计预混部分空气燃烧器时，不能单一地追求降低 CO，即使在没有标准要求时也要采取措施降低 NO_x。为了使 CO、NO_x 同步降低，最好的方法是采用全一次空气预混燃烧器。

关键词： 低氮燃烧；低污染燃具；NO 生成条件

1　引言

在 20 世纪 80 年代，主要是控制民用燃气用具燃烧产物中的 CO。但是随着人民生活水平的提高，科学技术的发展，人们越来越重视 NO_x 的危害。为此国内外开始对 NO_x 的生成机理以控制方法，作了大量的研究与实践，在这方面北京建筑大学的工作是持续的，成绩是显著的。过去生产预混部分空气燃烧器的厂家，只着重采取降低 CO 的措施。现在虽然标准还没有制定，生产厂家已经开始注意到"低氮燃烧技术"。在目前还是普遍应用的预混部分空气的燃烧过程中，控制 NO_x 与 CO 有一定矛盾。也就是说，采取措施使 CO 降低了，但 NO_x 却升高了。反之亦然。本文是在国内外的研究基础上，对预混部分空气及全一次预混燃烧方法过程中生成 CO 及 NO_x 的条件阐述自己的认识，并对今后燃气用具的发展提出自己的意见，不当之处恳请指正。

2　NO_x 生成机理

在燃气燃烧过程中，N 与 O 有可能反应生成氮的氧化物。在开始的氮的氧化物中绝大多数是 NO。但 NO 很不稳定，它很容易氧化形成 NO_2，因此就以 NO_x 代表＋NO 与 NO_2 之合。在燃气燃烧过程中生成 NO 有三种途径：

（1）温度型（T—NO）

这是由捷尔多维奇（Zeldovich）提出的。在高温下，氮与氧可以生成 NO。其反应为：

$$O + N_2 \Longrightarrow NO + N$$

$$N + O_2 \Longrightarrow NO + O$$

---

*　选自中国土木工程学会燃气分会应用专业委员会 2008 年会论文集 p29-p35

因为生成 NO 的反应需要很高的活化能。而燃烧反应需要的活化能低于生成 NO 需要的。因此在含有可燃气与空气的混合物中，O_2 首先与可燃气体反应，产生热量，并加热燃烧产物。在高温下，活化分子动能增加到一定程度后，才产生 NO，并且温度越高，分子运动动能越大，产生的 NO 越多。因此 T—NO 型的 NO 一般产生在燃烧层下游的高温带。在燃气空气混合物中氧含量逐渐增加时，氧的浓度提高，NO 生成速度加快。当空气系数稍大于 1 时，NO 生成速度达到最大。如果空气系数再大时，燃烧温度会降低，NO 生成速度会因温度降低而减少。此外，含有多余的氮和氧的烟气在高温区停留的时间越长，生成的 NO 就越多。

（2）速度型（P—NO）

在碳氢化合物的燃烧反应中，当温度低于 2000K 时，也会生成 NO，这就是 P—NO。它与燃料类型、混合方式、停留时间关系不大。至于其生成机理还没有得到统一的认识。比较容易解释的是：碳氢化合物在燃烧的连锁反应中会产生中间物 CH_2、HCN 等，从而促使 NO 的生成。

（3）燃料型（F—NO）

当燃料中含有氮氧化物时，在燃烧过程中，容易产生氮原子 N，N 与 O、OH、O_2 再反应就会生成 NO。它的生成温度很低，只有 600～900℃。当可燃气体混合物中氧含量很低时，会抑制 F—NO 的生成。在城市燃气中很少含有氮化物，因此不予考虑。

3 预混部分空气燃烧过程中 NO 的生成

国外对预混部分空气火焰各个位置的温度、NO_x 及 CO 等成分生成情况作了较详细的实验分析[1]。实验为了保证层流燃烧，是采用直径为 17mm，820mm 长的"长管"，并在"长管"的外围安置控制二次空气的稳定气流的装置。可燃气体是 CH_4 与空气的混合物，采用 3 个燃料当量比 F（为单位燃料量的理论空气量与单位燃料量的预混空气量之比），分别为 $F_1=1.38$；$F_2=1.52$；$F_3=1.70$。F 值高表示预先混合的空气少。不同 F 下的内焰高度分别为：42mm、55mm、78mm。

在气流出口上面的不同的高度取 3 个截面，分别为：Z1＝21mm；50mm；90mm（见图 1）。

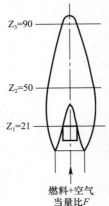

取 $F=1.38$，分别在 Z_1、Z_2、Z_3 截面上检测了燃烧温度及各种燃烧产物（包括中间产物）浓度的径向分布场。

为了分析不同混合比的影响，还分别检测了在 F_1、F_2、F_3 混合条件下的燃烧温度及各种燃烧产物的轴向分布场。

传统测试技术，如热电偶和气体采样管，虽然对某些实验很有用，因为其干扰性，对火焰测试还是有限制的。除了扰动流场，热电偶需要辐射修正，因而产生了温度测定的不确定性。气体采样管不能确定活跃的燃烧中间产物，如 OH，OH 是碳氢化合物氧化中的最主要燃烧反应的成分：

$$CO + OH \longrightarrow CO_2 + H$$

在少量预混空气火焰中，采样管能对一氧化碳测试带来误差。因

图 1　实验简图

为一氧化氮的有毒性和污染性，今年来对一氧化氮的准确测量愈来愈引起重视。以前 Bachmeirer 用采样管技术测试预混碳氢燃料的火焰。最近 Thore 等人对高压少量预混空气火焰用无干扰方法测试。本试验是第一次用无干扰方法测得对大气压力下富燃料本生火焰的 NO 含量。

无干扰、光学测试温度和浓度的方法是通过瑞曼-瑞雷播散器（Raman and Rayleigh scattering）（见图 2）和激光诱导荧光发射器（LIF：laser-induced fluorescence）来实现的。瑞曼-瑞雷播散器以前曾成功地用于测试湍流无预混甲烷空气火焰的不同时间和空间分布的温度和成分。激光诱导荧光发射器是敏感性很强的测微量元素比如测量 OH 和 NO 的仪器，量级在 ppm。我们用瑞曼-瑞雷播散器测量了温度和 N_2、O_2、H_2O、CO_2、CO、H_2 和 CH_4 的浓度。瑞雷播散器比瑞曼播散器在测密度上的精度高。但是需要瑞曼播散器提供整体截面的播散率来确定测试体积内全部气体的密度。通过理想气体状态方程式计算温度。测量主要气体的浓度和温度，它还有第二个作用：提供了确定整体碰撞电子熄灭率的数据，从而通过激光诱导荧光发射器信号来确定 OH 和 NO 的浓度值。该实验是在美国山地压国家实验室完成的。瑞曼-瑞雷播散器和激光诱导荧光发射器是一整套复杂的光学仪器和激光发射器。将本生灯置于一个垂直的风管中，风管带有空气过滤器来减少激光被尘粒折射的几率。瑞曼-瑞雷播散器发射 532nm，10ns，700mJ 的激光。该激光被变成一系列低能量的脉冲，大约 100nm 宽。长脉冲降低激光能量，避免被测体积内的气体分解。这种转变由一系列镜子和光分散器主组成。激光经过 $750\mu m$ 直径 $750\mu m$ 长的测试区，被一种特殊设计的低 f 数的光学透镜接受并经过一系列处理，最后到达光谱仪，测出 N_2、O_2、H_2O、CO_2、CO、H_2 和 CH_4 的浓度。激光诱导荧光发射器发射染色激光产生紫外线

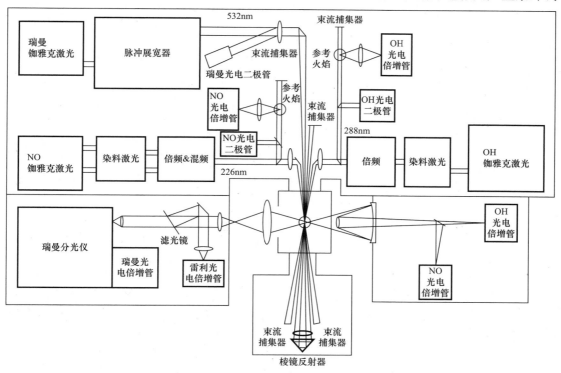

图 2　瑞曼-瑞雷播散器

来激发测试区里的 OH 和 NO。紫外线光束以与瑞曼-瑞雷播散器稍不同的角度入射上述瑞曼测试区。在瑞曼瑞雷测试区中间开了个 $880\mu m$ 的孔，调整光学镜头使 90% 的紫外光进入小孔。有数码计时发射器使得瑞曼-瑞雷播散器和两个激光诱导荧光发射器的三束激光以 150ns 的间隔发射。波长 $\lambda=287.9nm$ 的染色激光用来激发 OH. 波长 $\lambda=225.9nm$ 的染色激光用来激发 NO，激光诱导荧光发射器通过测试区之后被特殊设计的低 f 数的 Cassegrain 镜头系统收集。一种光学镜分开了由 OH 和 NO 产生的荧光，映入装有颜色玻璃过滤器的多相管（photomultiplier tube）。经过一系列分析，可以测出由 OH 或 NO 产生的荧光，以测出 OH 或 NO 的浓度。经过瑞曼-瑞雷播散器和激光诱导荧光发射器得到的信号都进行了系统复杂的误差修正。这里不再赘述。

（1）燃烧温度及燃烧成分在火焰中的径向分布（见图3～图5）

图3～图5都是在 $F=1.38$ 混合比的条件下检测的[1]。为了分析不同高度的截面燃烧温度及烟气中各种成分的变化情况，在 Z_1、Z_2 和 Z_3 截面上分别做了检测了径向燃烧温度场及各种成分的浓度场。

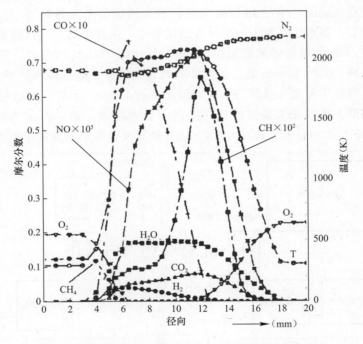

图 3　A 燃料（$F=1.38$）在 Z_1 截面上温度分布及成分

图 3 详尽描述了双锥面本生火焰在 Z_1 截面的径向分布。从图中可看到，由火焰中心到内焰之间，预先混入的一次空气中的 O_2 浓度在降低，一直到内焰处全部耗尽，这个位置就是内焰的边界。CO 在内焰中开始上升经过内焰后迅速下降，在外焰处几乎燃尽，这就是外焰的位置。同时可见，外焰周围空气中的 O_2 向外焰扩散。其浓度逐步降低，在外焰处达到燃烧需要的浓度，与燃气扩散混合而燃尽。图中显示温度从冷的未燃核心快速升到 1980K，并在此形成内焰和外焰之间的平台区。正如我们预料，按化学反应比燃烧的火焰的外焰处，温度达到最高，为 2077K。CO 浓度（放大了 10 倍）在内焰达到最大，正好与 CH_4 的氧化和 H_2 的出现一致。而后急剧下降，这是高温烟气与周围空气迅速混合的原

因。在这个轴向位置，测得的内焰温度比预算的化学平衡温度（$T=1996K$）低一点，因为辐射损失。但 CO 浓度（$X_{co}=0.075$）比预期的化学平衡中计算的（$X_{co}=0.071$）高一些[1]。

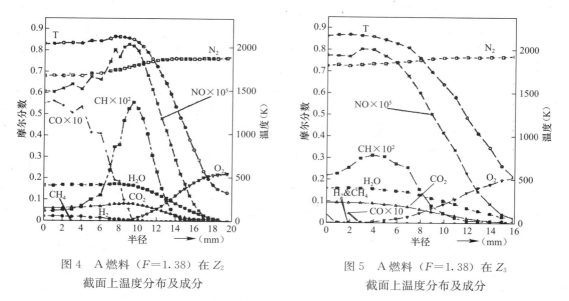

图 4　A 燃料（$F=1.38$）在 Z_2
截面上温度分布及成分

图 5　A 燃料（$F=1.38$）在 Z_3
截面上温度分布及成分

OH 的浓度和根据 H_2 和 O_2 浓度得出的化学平衡计算的范围一致。图 3 也显示了 NO 在火焰 A 中的径向分布。NO 浓度在预混空气火焰中的变化有两个阶段。首先在内焰附近已经有些生成。经过内焰迅速成长。但是在内外焰之间，增长的速度变慢，当温度达到高点时，NO 浓度达到最高。该截面的最大的 NO 浓度（72ppm）正巧发生在最高温度处。这和 2000K 以上 NO 生成的热机理一致。NO 在刚过内焰时就马上大量生成，这就是为什么俗称"快速 NO"，然后随着半径线性增加。这种现象在图 3、图 4 中 Z_2、Z_3 的径向分布图上看得更清楚。

虽然本生火焰是两维的火焰，对高峰 OH 和 CO 的浓度和内焰面的温度的估计是由一维火焰模型计算的。对火焰 A，这个模型与测得的内焰温度和 CO 和 OH 的浓度吻合很好（温度在 2% 内，OH 的浓度在 5% 内）。值得一提的是该模型与测得的 CO 的浓度（$X_{co}=0.075$）吻合很好，在 1% 以内。我们的一维火焰模型也显示了氧原子和 CH 根浓度最高峰正好在温度最高的地方。

但是，我们的一维火焰模型对 NO 在内焰的浓度的预测大了 15ppm. Drake 和 Blint 报告指出，预测的 NO 浓度对下述反应的速度很敏感：

$$CH + N_2 \Longrightarrow HCN + N$$

该反应速度的不确定性和一维火焰模型对 CH 根浓度和温度预测与实际本生火焰的误差，是产生对 NO 浓度预测误差的原因。Reisel 等人对层流一维 $C_2H_6-O_2-N_2$ 火焰的预测，也有对 NO 浓度过大预测的趋势。

图 4 显示火焰 A 在 Z_2 截面的径向分布。该截面大约在内焰的焰尖上方 8mm 处。NO 浓度大体上从 0.6 开始上升，达到最大值 82ppm，在中心线的值最小。温度在火焰中心处相对稳定，当到了火焰外侧，过了 OH 的浓度最大值后，温度急剧下降。注意温度最大值

和 Z_1 截面最大值位置一样。CO 的浓度在火焰中心最大，然后随着半径单调下降。我们看到大多数 H_2 和基本上所有的 CH_4 都在此耗尽。可见，当温度达到最高，活化分子 OH 浓度最大时，NO 浓度也达到最大。这时外围空气中 O_2 浓度也降到最低，可见这就是外焰的位置。

图 5 表明火焰 A 在 Z_3 截面的径向分布。该截面大约在外焰的可见焰尖下方 20mm 处。这里，温度稍有下降到 2000K，中心线 NO 浓度从 60ppm 升高到 80ppm，注意中心线上 OH 的浓度也随着轴线稳定增加。用瑞曼播散器在此位置已经探测不到 CO。

同以上两图，外围空气中 O_2 浓度最低，NO 浓度最高的地方就是该截面的外焰的位置。

由以上的推理可以得到以下的结论：NO 浓度升高的第一阶段基本属 P-NO 型，主要生成在内焰附近，而 NO 的第二阶段升高属 T—NO 型，并随温度升高而增加。其浓度的最高点基本与 OH 浓度的最高点相符。

此外，还可以看出 $F=1.38$ 时的 NO 第一阶段升高的浓度值大于 $F=1.52$、1.70。这也符合有的学者提出的：F 接近 1.4 时 P-NO 生成的 NO 浓度达到最大。

（2）燃烧温度及燃烧产物在火焰中的轴向分布（见图 6～图 7）

图 6 表示火焰 A（$F=1.38$，内焰高 42mm）燃烧温度及成分沿中心线轴向的变化，揭示了在图 4，图 5 中看到的趋势。我们发现温度高峰在内焰锥体尖上，2050K，并一直保持在 2000K 直到可视外焰的尖上（大约是 110mm 处）。在这一区域，NO 由于热机制而稳定生成，直到在火焰外锥尖上达到高峰，80mmp，然后因为稀释的原因开始下降。

图 7 表示火焰 B（$F=1.52$，内焰高 55mm）燃烧温度及成分沿中心线轴向的变化。NO 浓度最大值下降到 68ppm，部分因为温度稍有下降。火焰 B 最高温度是 1990K，比化学平衡预测的高 100K，这是由于未燃区的燃气空气混合物被外焰火苗预热。随着混合比数增加，内焰的椎体高度增加。未燃区的燃气空气混合物有更多的时间得到预热。本生火焰高峰温度相对独立于燃料当量比，大致维持在 2000K。

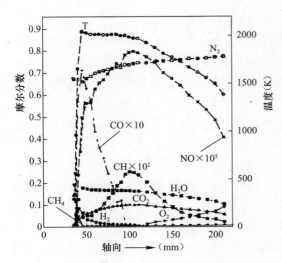

图 6　A 燃料（$F=1.38$）燃烧温度及
成分轴向分布图

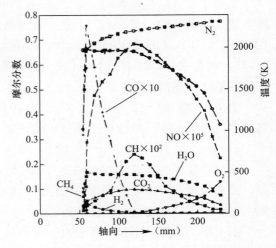

图 7　B 燃料（$F=1.52$）燃烧温度及
成分轴向分布图

图 8 表示火焰 C（$F = 1.70$，内焰高 78mm）燃烧温度及成分沿中心线轴向的变化。火焰 C 最高温度是 2000K，比化学平衡预测的高 140K，在这富燃气条件下，内焰和外焰的区别不那么明显，表现在更为平缓的温度曲线。NO 浓度最大值下降到 63ppm。随着燃气和空气比例的提高，"快速 NO"的降低可能是由于 CH 浓度下降。我们的一维火焰模型的计算也显示出最大 CH 离子浓度从燃料当量比 $\phi = 1.38$ 的 23.7ppm 降到 $\phi = 1.70$ 的 0.11ppm。

从图 6～图 8 均都可看到，温度 T 与 CO 浓度在内焰尖（内焰高度）处急剧升高。在内外焰之间，温度还有些升高，而 CO 则很快下降，到外焰后达到最低。外焰周围空

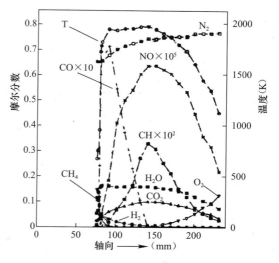

图 8　C 燃料（$F = 1.70$）燃烧温度及成分轴向分布图

气的 O_2 向外焰扩散，O_2 浓度降低，与内焰中还没有燃尽的 CH_4 扩散混合燃烧，形成扩散火焰。这 3 个图还表现出 NO 生成两个阶段。第一阶段在内焰前 NO 浓度上升很陡，第二阶段在内外焰之间 NO 上升较缓，前者属 P-NO，后者属 T-NO。同样表现出，在 $F = 1.38$ 条件下 P-NO 生成的 NO 最大，随着燃料当量比从 1.38 升到 1.70，高峰 NO 从 79ppm 降到 63ppm。

至于 CO 的生成规律，很明显 F 值越高 CO 浓度越大。

（3）控制预混部分空气燃烧产生 NO_x 的措施

总结以上所述，为了降低 NO_x 产生量，应注意以下条件：

1）预混部分空气火焰的内焰中易生成 P—NO，并且当 F 接近 1.4 时（相当一次空气系数为 0.71）生成的量最大。F 大于或小于 1.4 时 P—NO 生成量均将降低。

2）由内焰到外焰生成的 NO 属 T—NO，并且温度越高，NO 浓度越大。当在外焰边上温度达到最高时 T—NO 生成量也达到最高（以后 NO 浓度的降低是因为向周围大气扩散的缘故）。降低温度可限制 T—NO 生成条件。

3）预混空气越少，F 值越高，CO 浓度越大。CO 在高温的条件下，还可以与 O_2 反应，所以 CO 浓度在外焰前后还会降低。但是，一旦遇到温度比较低的"冷壁"时，CO 浓度就会大量增加。这就是在家用灶周围的支架处，烟气中 CO 浓度特别高（支架效应）[2]的原因。但是，不能只考虑降低 CO，因为会引起 NO_x 增加。

4）遇到"冷壁"时，CO 浓度增加了，但由于温度降低抑制了 T—NO，因此烟气中 NO 浓度将会降低。如果此"冷壁"的形状、尺寸及其位置都恰到好处时，可以达到降低 NO 浓度，并使 CO 浓度不高的满意效果[3]。

5）由以上测定的数据分析，当 OH 的浓度达到最大时，NO 浓度几乎也升到最大。可以证明 OH＋N 生成 NO 与 N＋O_2 和 O＋N_2 生成 NO 一起作为 T—NO 的生成机理，证明了捷尔多维奇机理。

4 全一次空气预混燃烧中 NO 生成条件

在长期使用部分预混空气燃烧方法中，体会到这种燃烧方法有这样的矛盾：在争取降低 CO 时，会使 NO_x 增大。开始时有盲目降低 CO 的倾向。当人们希望降低 NO_x 时，首先是在预混部分空气条件下采取一系列措施（如浓淡燃烧、降低燃烧温度、火焰分离等）[4,5]降低 NO_x 同时还需要抑制 CO 超标。另一方面，开发全一次预混空气的燃烧方法，从燃烧机理方面，抑制 NO_x 的生成。

全一次预混空气的燃烧方法首先在红外线燃烧器实现的。事实证明只要维持一次空气系数达到 $1.05 \sim 1.1$ 时红外线燃烧器的燃烧产物中 CO 与 NO_x 都很低[3]。结合以上分析，其主要原因是：当 F 值等于或大于 1 时，P-NO 生成量很小了，同时燃烧温度因过剩空气的增加而降低，这样 T-NO 的生成量也会下降。这就是全一次空气预混燃烧方法的最大优势，它能使 NO、CO 浓度同时降低。

5 小结

（1）在预混部分空气燃烧条件下，单一地强调降低 CO 的观点是不全面的。例如过去作者提出的"支架效应"问题："支架效应"是存在的，但是不能盲目地追求降低 CO 值。因为在支架处浓度高只是一方面，另一方面 NO_x 浓度却降低了。为此在设计这种传统燃具时，要照顾 CO 与 NO_x 两方面的因素，是两者都达到较低水平。

（2）全一次空气预混燃烧方法是先进的燃烧方法。无论在机理方面和实践方面都可以降低 CO 及 NO_x。根据我国金属纤维食堂灶样品检测结果：CO = 0.0014%；NO_x = 0.0008%。但是目前这种燃具比较贵，生产厂家要设法降低成本。

（3）全一次空气预混燃烧设备成本较高。主要贵在预混装置和控制元件。如果国外产品价格居高不下，可以自己开发。另外对于要求不太高的地方（如食堂灶）可考虑用简单的装置[3]。

参考文献

[1] NGUYEN Q. Y. Raman-LIF Measurements of Temperature, Major Species, OH, and NO in a Methane-Are Bunsen Flame [J]. COMBUSTION & FLAME, 1996, VOL：105 P499-509

[2] 金志刚. LPG 灶支架对 CO 浓度的影响 [J]. 城市煤气情报, 1982, 10

[3] 顾朝晖, 金志刚. 红外线辐射燃烧器性能及其在炊事上的应用 [J]. 广东燃具, 总 6, 1994, 2：46-50

[4] 金志刚等. 空气引射燃气全预混燃烧设备 [J]. 家用燃气具, 2001, 4：28-29；51

[5] 郭祥信, 傅忠诚. 民用燃具分离火焰低 NO_x 燃烧技术的研究 [J]. 家用燃气具, 总 29, 1998, 1：48-51

海拔高度对燃气用具热负荷影响的对策研究[*]

王　启[1]，高　勇[2]，赵力军[3]

（1. 中国市政工程华北设计研究总院；2. 国家燃气用具质量监督检验中心；

3. 中国石油天然气管道工程有限公司东北分公司）

摘　要： 本文通过海拔高度对燃具热负荷的影响分析，提出了以提高燃具灶前供气压力的方法来消除此影响，并分析了改变供气压力后可能带来新的问题。比对两者利弊关系，确定合理的解决方法。

关键词： 海拔高度；大气压力；热负荷；灶前压力

中国地域辽阔，环境差异化非常大，温度、湿度、海拔高度均对燃气用具的燃烧工况有较大的影响。关于温度和湿度的影响已经有了成熟的结论，这里不做赘述。关于海拔高度对燃具热工性能的影响问题，特别是对燃具热负荷的影响，已有不少学者作过研究，并有了较好的结论，但没有很好的统一的解决方法。多年来燃气用具生产企业在实践中发现了一些规律，针对其不同海拔高度，不同地区设计成不同的燃烧器喷嘴。依此来调整、消除海拔高度对燃具热负荷的影响。这一方法从实际运行来看，取得了较好的效果。但仍存在很多问题，本文就这一问题作了一些研究探讨，提出了更为经济合理的方案，供大家进一步讨论。

1　现有解决海拔高度对燃具热负荷影响的方法及其优缺点

20 世纪 80 年代，有一些燃气技术工作者，就发现了同样一台灶具在不同地区，测试的热负荷有较大的差异，经过认真地分析研究找出了症结所在，就是海拔高度不同，大气压力不同，使得灶具的热负荷不同，《家用燃气灶具》GB 16410 给出了不同海拔高度灶具热负荷的修正计算公式[1]：

$$\phi = \frac{1}{3.6} \times \frac{273}{288} \times Q_1 \times v \times \sqrt{\frac{d_a}{d_{mg}}} \times \frac{101.3 + p_s}{101.3} \times \frac{p_{amb} + p_m}{p_{amb} + p_g} \times$$

$$\sqrt{\frac{288}{273 + t_g} \times \frac{p_{amb} + p_m - (1 - 0.622/d_a) \times S}{101.3 + p_s}}$$

式中　ϕ——实测灶具热负荷，kW；

　　　Q_1——标准状态（0℃、101.3kPa）设计的气低位热值，MJ/m³；

　　　v——实测燃气流量，m³/h；

---

* 选自中国土木工程学会燃气分会应用专业委员会 2009 年会论文集 p1-p4

d_{a}——标准状态下干试验气的相对密度；

d_{mg}——标准状态下干设计气的相对密度；

p_{s}——设计时使用的燃气供气压力，kPa；

p_{amb}——试验时的大气压力设计时使用的燃气供气压力，kPa；

p_{s}——设计时使用的燃气供气压力，kPa；

p_{m}——实测燃气流量计内燃气相对静压力，kPa；

p_{g}——实测灶具前的燃气相对静压力，kPa；

t_{g}——实测燃气流量计内的燃气温度，℃；

S——温度为 t_{g} 时的饱和水蒸气压力，kPa（当使用干式流量计测量时，S 应乘以试验燃气的相对湿度进行修正）。

同时很多燃具生产企业也在长期的生产实践中找到了这一规律，在设计时考虑其影响，对同样的燃具或者说同一型号的燃具因不同地区，喷嘴直径有所不同，基本解决了海拔高度地区的影响。但我国生产燃具企业的水平参差不齐，仍有不少的企业并不了解，仍然存在高海拔地区的燃具热负荷偏小，产品质量因此而不合格。表1给出不同海拔条件下的热负荷修正系数[2]。通过这种方法虽然在一定程度上也能够解决海拔高度对热负荷的影响，但是也存在许多问题：

海拔高度与燃气用具热负荷的关系　　　　　　　　　　　表 1

	海拔高度 H(m)	大气温度 t(℃)	大气压力 p(kPa)	负荷比
1	0	15.0	101.3	1.0000
2	500	11.8	95.4	0.9761
3	1000	8.5	89.8	0.9525
4	1500	5.3	84.6	0.9299
5	2000	2.0	79.7	0.9078
6	2500	−1.3	74.8	0.8846
7	3000	−4.5	70.1	0.8616
8	3500	−7.8	65.7	0.8393
9	4000	−11.0	61.4	0.8166
10	4500	−14.3	57.6	0.7955
11	5000	−17.5	54.0	0.7750
12	6000	−24.0	47.0	0.7330
13	7000	−30.5	40.9	0.6926
14	8000	−37.0	35.9	0.6572
15	9000	−43.5	30.7	0.6163

（1）给各个燃气用具制造企业的设计带来了很大的麻烦，设计时要针对不同地区，不同海拔高度设计不同的喷嘴，况且还有不少的技术人员对此并不了解或者忽视了这一问题，常常出现燃具热负荷超标，造成不必要的产品质量问题。

（2）给燃气具生产企业的管理带来了很大的麻烦，企业要增加很多的产品型号，比如，一个型号的产品，由于使用地的海拔不同就要有不同的型号，全国的城市海拔从 0 到 5000m，如果每 1000m 一个型号，就要多出 4 个型号来。同时由于一般的老百姓对海拔高度并不是太了解，所以，企业只好在产品的包装上标明使用地名称，这样的话，企业的包装类型又要增加很多，需要大量的样品库存。

同样，燃具的零部件也要随着产品型号的变化而变化，所以零部件的库存也相应地增加，管理上更为复杂。

（3）给企业经济上造成很大的浪费。从以上描述可看出，由于产品的型号品种剧增，成品的库存量和零部件库存量增加，要占有的流动资金就要增加。由于零部件型号增多，同型号的部件批量减少，平均每个的成本要有所增加。

（4）由于海拔高度造成的地域性的限制，不能互相替换，不利于生产企业产品的统一调拨，影响企业及时的供应产品。

2 改变供气压力及其注意事项

为解决以上问题，我们可以采用提高灶前压力的方法，也就是说，针对不同海拔高度，按照表2所示的供气压力级制[2]。各城市按照自己所处的海拔高度确定灶前额定供气压力；针对不同海拔高度的城市，也可参照表3给出的灶前额定压力值，使得燃具的热负荷通过供气压力的增加，消除海拔高度对燃具热负荷的影响。燃气用具的生产可以全国统一。

海拔高度与气体密度和灶具压力的关系　　　　　　　　　　　　表 2

海拔高度 $H(m)$	大气温度 $t(℃)$	大气压力 $p(kPa)$	密度比 ρ/ρ_0	压力比 p_n/p_0	灶前表压力/kPa		
					人工气	天然气	液化气
0	15.0	101.3	1.0000	1.0000	1.0	2.0	2.8
500	11.8	95.4	0.9527	1.0496	1.1	2.1	2.9
1000	8.5	89.8	0.9073	1.1022	1.1	2.2	3.1
1500	5.3	84.6	0.8646	1.1566	1.2	2.3	3.2
2000	2.0	79.7	0.8240	1.2136	1.2	2.4	3.4
2500	−1.3	74.8	0.7824	1.2781	1.3	2.6	3.6
3000	−4.5	70.1	0.7424	1.3470	1.3	2.7	3.8
3500	−7.8	65.7	0.7045	1.4194	1.4	2.8	4.0
4000	−11.0	61.4	0.6668	1.4997	1.5	3.0	4.2
4500	−14.3	57.6	0.6328	1.5803	1.6	3.2	4.4
5000	−17.5	54.0	0.6007	1.6647	1.7	3.3	4.7
6000	−24.0	47.0	0.5372	1.8615	1.9	3.7	5.2
7000	−30.5	40.9	0.4797	2.0846	2.1	4.2	5.8
8000	−37.0	35.9	0.4319	2.3154	2.3	4.6	6.5
9000	−43.5	30.7	0.3798	2.6330	2.6	5.3	7.4

用提高燃具前压力的办法提高燃具热负荷，在美国、欧洲等国外也采用[3][4]。但应注意以下几点：

（1）给生产调压器的企业带来麻烦，生产调压器的企业要根据使用地的海拔高度，确定调压器的出口压力，这一点对于生产城镇调压器的企业问题倒不是太大，因为调压器在安装好后一般都要进行现场调试。在现场调试时按照当地的海拔高度确定调压器的出口压力。但对于瓶装液化石油气调压器的生产企业就要有一定的要求，要针对不同地区设定不同的出口压力。同样会有与燃具相同的问题。

中国主要城市和地区海拔高度及灶前压力 表3

序号	城市	海拔高度 H(m)	大气压力 p(kPa)	灶前表压力(kPa)		
				人工气	天然气	液化气
1	拉萨	3658.0	65.1	1.4	2.8	4.0
2	西宁	2261.2	77.4	1.3	2.5	3.5
3	昆明	1891.4	81.0	1.2	2.4	3.3
4	兰州	1517.2	85.9	1.2	2.3	3.2
5	银川	1111.5	88.9	1.1	2.2	3.1
6	贵阳	1071.2	89.2	1.1	2.2	3.1
7	呼和浩特	1063.0	89.5	1.1	2.2	3.1
8	乌鲁木齐	800.0	92.0	1.1	2.2	3.0
9	太原	777.9	92.6	1.1	2.2	3.0
10	成都	505.9	95.5	1.1	2.1	2.9
11	西安	396.9	96.8	1.1	2.1	2.9
12	重庆	259.1	98.2	1.0	2.0	2.8
13	长春	236.8	98.5	1.0	2.0	2.8
14	哈尔滨	171.7	99.3	1.0	2.0	2.8
15	郑州	110.4	100.2	1.0	2.0	2.8

注：大气压力为冬、夏季的平均值。

（2）设计单位要考虑海拔与额定压力的关系，提高区域调压器或楼栋调压器的出口压力。根据《城镇燃气设计规范》GB 50028 的规定，燃气调压站或调压箱的出口压力可按下式计算[5]：

$$p = 1.5p_n + 150$$

式中　p——调压站的出口压力，Pa；

　　　p_n——不同海拔高度下的灶前压力，Pa。

（3）对于检测单位（主要是高海拔地区的检测单位），在改变后，要根据当地海拔高度所对应的燃气压力作为检测时的额定压力。这一额定压力要在标准或者在地方法规中做出明确的规定，否则会引起不必要的争议。

（4）对于燃气公司，只要压力确定后运行时完全一样。但同样要求燃气公司的技术人员和管理人员对此应有所了解。

（5）对燃具稳定性的影响，由于燃具燃烧器火孔面积不变，提高了灶前压力，相当于增大了燃气流量，虽然热负荷没有增加，但火孔出口流速增加，而燃烧速度变化不会太大。这样燃具会有脱火的趋势，但对燃具的抗回火性能会更好，要求燃具燃烧器在设计时尽量考虑到这一点，以保证燃烧稳定。

（6）对于燃具 CO 排放、热效率的影响等，还未作更深入的研究，希望感兴趣的人士可进行实验研究。

（7）对于以上（5）和（6）项，可以作一对比，对比现用的方法和改变供气压力后两种情况下的燃烧工况。

3 结论与建议

（1）通过对以上分析比较，认为可以采用提高供气压力来消除海拔高度对燃具热负荷的影响。对于该方法出现的新问题，应在今后的工作实践中逐步加以解决。

（2）关于海拔高度对燃烧工况、烟气排放、燃具热效率的影响等相关问题希望有识之士作更进一步地深入研究。

（3）应在城镇燃气设计规范中引入供气压力随海拔高度变化这一新概念，提高燃气供应系统的设计水平。

参考文献

[1] 家用燃气灶具 [S]. GB 16410—2007
[2] 四川石油设计院、天津建筑设计院. 输气干线手册（内部资料）[M]
[3] 美国国家燃气规范 [S]. ANSI Z 223. 1-2002，NFPA54-2002.
[4] EN437-2003：测试燃气、测试压力及燃气用具类型 [S].
[5] 城镇燃气设计规范 [S]. GB 50028—2006

浅析逼近匹配法在燃气燃烧组织中的应用[*]

伍劲涛[1]，喻　焰[1]，付继炜[2]，伍国福[2]

(1. 重庆燃气集团沙坪坝公司；2. 重庆大学)

摘　要：描述了逼近匹配法近似求解层流可燃混合气的火焰传播速度；针对工业炉内火焰及燃烧器具，民用燃烧器具燃烧组织的半无限空间可燃混气的着火、燃烧，火焰熄天的条件，给出了工程上可借鉴的数学表达方程式。

关键词：燃气燃烧；燃烧器具；逼近匹配

1　引言

众所周知，燃气燃烧包括燃烧理论和燃烧技术两个部分。燃烧理论着重研究燃烧过程着火、熄灭、火焰传播、火焰结构等方面的基本现象；燃烧技术主要把燃烧理论中的物理化学概念和基本规律与工程实际联系起来，以不断提高燃气的利用率和燃具的技术水平。燃烧学认为，燃气燃烧是物理化学现象的综合过程。特别是在工业炉火焰的组织时，由于燃烧空间中燃气与空气混合过程以及反应物质的浓度与温度分布都和流体的速度分布密切相关；因此，燃烧空间的气体动力学结构及其热力条件往往是制约整个燃烧过程的决定性因素。而在民用燃烧器具的研发中，常把重点放在如何控制火焰长度，提高火焰稳定性和强化燃烧的物理过程方面。

为了有的放矢地组织各种燃烧，燃烧可按如下方式进行分类：

（1）按物理化学特性分

动力燃烧：燃烧过程进行的速度主要不受混合速度的限制，而是受可燃混合物的加热过程和化学反应速度限制的燃烧。

扩散燃烧：燃烧过程主要是受混合速度限制的燃烧。

中间燃烧：介于动力燃烧和扩散燃烧二者之间的燃烧。

（2）按参与燃烧反应物质的物态分

层流燃烧：燃烧室中燃气，空气和火焰都以层流流动。

紊流燃烧：火焰气体为紊流流动。

过渡燃烧：介于层流和要紊流两者之间的过渡性质的燃烧。

燃气燃烧组织时，许多非线性的问题，有复杂的边界条件，一般无法求得精确解。但可用逼近匹配法求得近似的数值解。

对于燃烧中含有小参数 $\varepsilon=1$ 的一类边界值问题，其变量的近似展开式在 $\varepsilon>0$ 时是连

---

* 选自中国土木学会燃气分会应用专业委员会 2009 年会论文集 p5-p10

续的，但当 $\varepsilon \to 0$ 时，该展开式无法同时满足两个边界条件，或展开式在整个区域不一致收敛。为了求得整个区域一致有效的展开式，即可采用逼近匹配方法。边界层外解扩大区域用原来变量求直接展开式，而在烈变化的边界层，用放大自变量尺度求展开式，条件是在两区域交界处，内外解应相等。

2 层流预混火焰的传播速度

可燃混气的火焰以传播速度 s_n 向温度 T_0 和浓度 C_0 的向未燃气方向移动若系统绝热，混气浓度偏离化学计量值，其反应为不可逆过程，$\lambda_{ph} = 1$，导热系数 λ、比热 c_p 为常数，在 $X = -\infty$ 处有缓慢化学反应，并只是在火焰面处反应才会剧烈。实践证明 $\lambda_{ch}/\lambda_{ph} \sim \varepsilon = T_{cp}/(E_a/R) = T_F/T$（式中 λ_{ch}——反应区厚度 λ_{ph}——预热区厚度），由于活化能 E_a 为一级大的常数，故 $\varepsilon = 1$，层流预混火焰基本方程和边界条件为：即可做展开式的小参数。如图 1 所示。

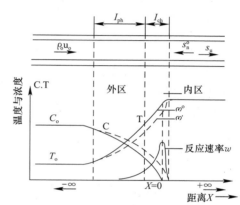

图 1 预混火焰的温度和浓度剖面模型

层流预混火焰基本方程和边界条件为：

$$\frac{d^2 T_w}{dx^2} - \frac{dT_w}{dx} = AC \exp(-T_{w,a} g T_w) \tag{1}$$

$$\frac{d^2(T_w + C_w)}{dx_w^2} - \frac{d(T_w - C_w)}{dx_w} = 0 \tag{2}$$

当 $x = -\infty$ 时，

$$T_w = T_{w,0}, \quad C_w = C_{w,0} \tag{3-1}$$

$x = +\infty$ 时，

$$T_w = T_{w,F}, \quad C_w = 0 \tag{3-2}$$

式中 T_w、C_w、x_w——均为无量纲参数；A——碰撞因子。

方程（2）的解 $T + C = T_{w,0} \times C_{w,0} = T_{wF}$ 为总能量守恒（即耦合函数），将此代入式（1）后，便得到仅与 T_w 有关的能量方程：

$$\frac{d^2 T_w}{dx_w^2} - \frac{dT_w}{dx_w} = -A(T_{w,F} - T_w) \exp(-T_{w,a}/T_w) \tag{4}$$

用方程（4）求解冷边界问题时，在 $x = -\infty$ 处达到热平衡，但不能保持化学平衡。

2.1 预热区（外解）

预热区从 $x_w = -\infty$（即 $T_w = T_{w,0}$）扩展到 $x_w = 0$（即 $T_w = T_{w,i}$），可先用热量平衡研究，该区由于温度低，化学反应可忽略，方程（4）可简化为：

当 $x \leqslant 0$ 时，

$$\frac{d^2 T_{w,out}}{dx_w^2} - \frac{dT_{w,out}}{dx_w} = 0 \tag{5}$$

解为：

$$x \leqslant 0 \quad T_{w,out}(x_w) = T_{w,0} + C_{w,0} l x_w \tag{6}$$

把方程（6）中 $T_{w,out}$ 按 ε 的幂级数展开后，取主导项和 ε^1 阶项后有：

$$\varepsilon^0: \quad T_{w,out}(x_w) = T_{w,0} + C_{w,0} l x_w$$

$$\varepsilon^1: \quad \phi(x_w) = B C_{w,0} l x_w$$

式中　B——待定系数，由内外解匹配定。

2.2　反应区（内解）

在化学反应区内，温度 T 和浓度 C 变化很快，但厚度极薄，其伸展变量＝$\xi = x_w/\varepsilon$，把内区扩展，然后把内区温度展开为 $T_{w,in} = T_{w,in}[1 - \varepsilon\theta(\xi) + L\,L]$ 并代入方程式（4），应用边界条件式（3-2）和耦合函数，可得到 ε'：

$$\frac{\mathrm{d}^2\theta}{\mathrm{d}\xi^2} - \varepsilon \times \frac{\mathrm{d}\theta}{\mathrm{d}\xi} = \varepsilon^2 A \times \exp(-T_w/T_{w,F}) \times \theta \times l \tag{7}$$

式中　θ——摄动温度。

由于系统绝热，下游温度 $T_{w,F}$ 为绝热火焰温度，式（7）中三项分别为扩散项、对流项和反应项。前两项忽略不计，反应项为重要项。从分析可看到，反应区通常表现扩散—反应的特征，于是式（7）可写成：

$$\frac{\mathrm{d}^2\theta}{\mathrm{d}\xi^2} = \frac{K}{2}\theta \times l \tag{8}$$

式中　$K = 3\varepsilon^2 A \exp(-T_{w,0}/T_{w,F})$ 为层流预混火焰特征数。若把式（8）的下游边界固定在 $x_w > 0$，当在 $\xi \to 0$ 或在 $\xi \to \infty$ 时，$T(\infty) = T_{w,F}[1 - \varepsilon\theta(\infty)] \to T_{w,F}$，从而便有 $\theta(\infty) = 0$

$$\frac{\mathrm{d}\theta(\infty)}{\mathrm{d}\xi} = 0 \tag{9}$$

此时，上游边界条件可由内外解匹配给定。

2.3　匹配和最后解

根据逼近匹配原则，把外解在 $\chi = 0$ 附近表示成内变量形式：

$$T_{w,out} = (x_w) = T_{w,0} + C_w l_i - \varepsilon T_{w,F} Bl - x_w L \approx T_{w,0} + \varepsilon(C_{w,0}\xi - T_{w,F}B) \tag{10}$$

固定 $x_w < 0$，$\varepsilon \to 0$ 或 $\xi \to -\infty$，内外解匹配时，主导项自动满足，ε' 次项匹配给出上游边界条件：

$$\theta(-\infty) = B - C_{w,0}/T_{w,F} \lim_{\varepsilon \to \infty} \xi \tag{11}$$

$$\left(\frac{\mathrm{d}\theta}{\mathrm{d}\xi}\right)_{-\infty} = -(C_{w,0}/T_{w,F}) \tag{12}$$

式（11）可定常 B，式（8）在式（9）和式（12）下可以得

$$(C_{w,0}/T_{w,F})^2 = \delta \tag{13}$$

最后层流预混火焰传播速度解析式为

$$S_n = \left(\frac{RT_0}{Mp}\right)[2A(\lambda/c_p)]^{1/2}[T_{w,F}/T_{w,0}C_{w,0}]\exp(-T_{w,0}/T_{w,F}) \tag{14}$$

式中　p——系统压力；

　　　$\overline{M}$——平均分子量。

3　半无限空间预流气的热板点火

温度为 T_s 的热板在半无限空间对温度为 T_0，浓度为 C_0 的静止冷可燃气的着火及着火时间 t，其控制方程和边界条件为：

$$\rho \frac{(T+C_i)}{\partial t} - \left(\frac{\lambda}{C_P}\right)\frac{\partial^2 (T_w = C_i)}{\partial x^2} = 0 \tag{15}$$

若 $t=0$，$T=T_0$，$C_i=C_{i,0}$
$x=0$，$T=T_s$，$(\partial C_i/\partial x)=0$
$x=\infty$，$T=T_0$，$C_i=C_{i0}$

由于 $T_s \gg T_0$，若可燃气能点着，那么缓慢化学反应总应在靠近热板 $x=0$ 附近的热边界层内开始。若化学反应能自行维持时点火则成功。燃气的点燃界限如图 2 所示。

根据逼近匹配分析可知，临界着火条件为：$(\alpha T/\alpha \xi)_0 = 0$；最后的着火条件为：

$$\Delta_{ti} = \left(\frac{2\pi\varepsilon T_s ti}{\rho\beta^2}\right)\left(1-\frac{\beta}{C_{0\infty}}\right)^a \left(1-\frac{\beta}{C_{f\infty}}\right)^b$$
$$[-w(C_{0\infty} \cdot gC_{f\infty} \cdot gT_0)] \geqslant 1 \tag{16}$$

式中　a、b——反应级数；$\beta=T_s-T_o$；$\varepsilon=T_s/T_a$；ω——反应速率。

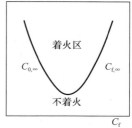

图 2　可燃界限

4　燃烧特性曲线与火焰熄灭

在解化学反应守恒方程时，若把相关参数图形化，便得到大活化条件下的燃烧特性曲线（图 3）。

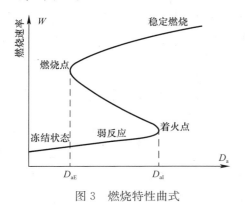

图 3　燃烧特性曲式

从图 3 可知，当 $D\to\infty$ 时，化学反应无限快，焰面无限薄，称火焰极限。此时燃气完全反应，火焰温度为绝热温度 T_{ad}；当 D_a 沿分支下降时，化学反应速率密降低，焰面加宽，少量反应物穿过火焰导致不完全反应，火焰温度将有所下降。当火焰温度下降量级可与 T_{ad} 相比较时，火焰将熄灭。因此，一般性情况下作逼近匹配展开时，反应区温度分布可展开成：

$$T_{in} = T_{ad} - \varepsilon T_{ad}\theta(\xi) \tag{17}$$

则熄灭条件为：

$$D_a \leqslant D_{aE} \tag{18}$$

根据式（17）、式（18）和图 3 可知，若沿分支 D_a 上升时，化学反应加速，反应区温度上升；当化学反应自动加速时，系统不能持平衡而导致点火。图 3 还告诉我们临界着火点和临界熄灭点的控制趋势。

用逼近匹配分析方法研究燃烧工况，解决工程实际问题其物理意义是明确的，它是分析燃烧现象和更好地组织燃烧和控制燃烧的快速方法。

5　结语

根据动量转移理论，用逼近匹配方法研究燃烧反映热效应、热平衡和物平衡可知；燃烧过程的进展主要取决于可燃混气氧化的化学动力学过程。燃烧过程的进展不但取决于燃气氧化的化学动力学过程，还决定于燃气与氧化剂（空气或氢气）混合的扩散过程。在工程实践中，应在注重燃烧现象的物理本质的同时，进行某些规律性内容的分析和研究，抓住不同可燃气体的混合与传质，对整个燃烧过程中不同条件时对火焰形状的影响。

在各种热力设备中，火焰可为湍流预混火焰、扩散火焰、旋流火焰。但不同火焰的燃烧效率，能源利用程度，必须要通过燃烧的理论研究与提高组织燃烧的技术水平来实现。所以用逼近匹配方法进行气流组织，控制燃烧速度，解决工程实际问题，其物理意义是明确的，效果是不言而喻的。

燃气具燃烧特性区间的实验确定与探讨[*]

高文学[1,2]，王　启[1,2]

（1. 国家燃气用具质量监督检验中心；2. 中国市政工程华北设计研究总院）

摘　要： 建立了常用三组分配气原料气的试验气理论区间分布；研制了燃气具气质适应性测试实验平台；开发出动态、高精度配制各种燃气，进行燃气具燃烧特性测试的实验装置。实验确定了燃气具的燃烧特性参数和气质适应性区间，提出了燃气具适应域的确定方法和燃气具性能测试的实验路线；该实验系统形成了量化燃气具产品性能、设计质量、工况测试的实验手段；为燃气具行业的产品设计、质量评定和技术升级提供了实验测试平台。

关键词： 城市燃气；互换性；燃气具；燃烧特性参数；适应域

1　引言

开发设计燃具时，首先要决定使用某类燃气。根据某类燃气的基准气[1]设计、生产后按照基准气及界限试验气的要求（包括压力）调整检验出厂。当燃气性质（成分）发生变化时，其工作状态必然改变。如果燃气成分变化在某一界限范围内，它仍能保持正常工作。这就是燃具对燃气成分变化的适应能力，称为燃具的适应性。每个燃具都有一定的适应能力。量化这个适应能力，可以用燃具适应燃气成分变化的范围来表示。适应燃气成分变化的范围区间称为燃具适应域。适应域的范围越宽，表示燃具的适应燃气气质变化的能力越强[2]。

城镇中占绝对多数的民用燃具是大气式燃气用具。衡量大气式燃气用具正常工作的重要的指标是：不发生离焰、回火、黄焰、烟气 CO 超标等。燃气具适应域示意图见图 1[2,3]。

燃气具生产制造企业及供应商生产的燃气具，尤其是新设计的燃气具，在进行型式检验、性能测试、燃气具燃烧工况确定时，可以通过测定该燃具的燃烧特性曲线所对应的适应域：确定其适应域，精确量化其燃烧特性；还可以扩展燃气具的适用范围，提高燃气具适用燃气组分变化的测量精度；对燃气具的稳定性、燃气适应性进行量化评价。

通过燃气具燃烧特性区间的实验测定，可以掌握和确定我国典型燃气具对燃气气质的适应能力和范围区间；可以为燃气具生产、设计提供基本的、关键的技术数据；研究燃气具适应性，测定典型燃气具的燃烧特性和气质适应性区间，可以指导和辅助燃气具的综合设计和技术升级。通过组建的燃气具燃烧特性测试的实验装置，可作为燃气具行业的产品设计和质量评定、技术升级的测试手段，可以形成燃烧性能测试的技术方法和实验平台。

---

*　选自中国土木工程学会燃气分会应用专业委员会 2010 年会论文集 p39-p49

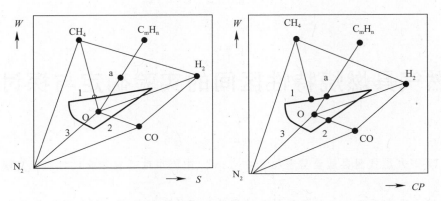

图 1　燃气具适应域示意图

1—CO 超标曲线；2—回火曲线；3—脱火曲线

2　配气试验气的整体区间分布

根据常用的配气原料气组分，进行以华白数、燃烧势为主要控制指数[2,4]的配气设计，可以建立配气试验气的整体分布区间。以 CH_4、H_2、N_2 三组分，C_3H_8、H_2、N_2 三组分，n-C_4H_{10}、H_2、N_2 三组分，i-C_4H_{10}、H_2、N_2 三组分等为配气原料气，根据华白数和燃烧势两个指数建立坐标系，形成的 CH_4、C_3H_8、n-C_4H_{10}、i-C_4H_{10} 等三组分共同配气域见图 2。

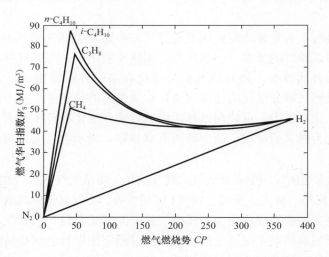

图 2　CH_4、C_3H_8、n-C_4H_{10}、i-C_4H_{10} 等三组分为原料气形成的共同配气域

由图 2 可以看出：以 CH_4、H_2、N_2 三组分，C_3H_8、H_2、N_2 三组分，n-C_4H_{10}、H_2、N_2 三组分，i-C_4H_{10}、H_2、N_2 三组分等形成的各配气区间和共同配气域，其边界线并不都是直线形式。各原料气形成的配气边界线中，任两组可燃气体形成的配气边界线为指数曲线形式；而 N_2 与 H_2、N_2 与另一可燃气体形成的配气边界线为直线形式。

3　燃气具适应性区间实验测试

实验目的：通过实验测试燃气具的燃烧工况，确定影响燃具燃烧稳定性和气质适应性的主要燃烧特性指标；并根据不同燃气具燃烧器，进行典型燃气具适应域的测定。

实验内容包括如下四个方面：

（1）选择不同功率的常规燃气灶具，进行燃气具燃烧特性实验测试；

（2）测定燃气具的脱火、回火及 CO 超标曲线的参数范围；

（3）基于实验结果，对燃气燃烧特性参数的适用性进行讨论；

（4）确定适用于评价燃气具性能的关键燃烧特性参数。

3.1 实验燃气具样品及配气原料气选择

（1）实验燃气具样品

随机选择常用天然气类别燃气具，进行实验测试。本次实验燃具的基准气为天然气，额定压力为 2kPa。

本批次实验选择了 5 台燃气灶，分别编号为灶具 1、灶具 2、……、灶具 5，5 台燃气灶的设计燃烧热负荷分别为 3.8kW、3.8kW、4.0kW、4.0kW、4.2kW；其中灶具 1、2、3、5 为双眼灶，灶具 4 为单眼灶。

（2）实验配气原料气

配气原料气分别选择甲烷、氢气、氮气和异丁烷等四种，纯度分别为 99.1%、99.9%、99.9%、99.2%。基准气为 12T 纯甲烷气。

3.2 实验结果

依托组建的燃气具燃烧特性测试实验系统，进行实验测试。

按照不同的配气原料气组合，控制流入的混合气量，当燃气具分别出现脱火、回火及 CO 超标现象时，实验系统自动采集和存储各路支气管的原料气流量或体积组分数据，对烟气中相关组分和含量进行数据采集和分析。根据实时记录的各支路原料气的流量，计算混配的燃气中各组分的体积比例；由此计算出混合界限燃气的燃烧特性参数。计算的燃气燃烧特性参数如：燃气高热值 H_s、相对密度 d、火焰传播速度 S_n^{max}、高华白数 W_S、燃烧势 CP 等。结合数理统计及有限实验数据处理方法，对实验测试结果进行处理和分析。

3.2.1 灶具 1 实验数据与曲线

（1）灶具 1 的测试数据

对灶具 1，分别在脱火、回火及 CO 超标燃烧工况出现时，对实验系统的各路原料气的数据进行采集和计算，得到配气试验气中各相应组分的体积分数见表 1。

灶具 1 在界限工况时各界限气中对应组分的体积分数（%） 表 1

实验次数	脱火时各组分的体积分数				回火时各组分的体积分数				CO 超标时各组分的体积分数			
	CH_4	H_2	N_2	$i\text{-}C_4H_{10}$	CH_4	H_2	N_2	$i\text{-}C_4H_{10}$	CH_4	H_2	N_2	$i\text{-}C_4H_{10}$
	%	%	%	%	%	%	%	%	%	%	%	%
1	82.57	0	17.43	0	32.81	63.7	3.49	0	82.13	5.12	0	12.75
2	79.95	0.84	19.21	0	34.84	60.02	5.15	0	76.08	6.55	0.89	16.47
3	78.45	2.12	19.43	0	35.03	57.5	7.47	0	70.63	8.10	2.48	18.79
4	76.09	3.52	20.39	0	33.92	56.29	9.79	0	65.54	9.62	4.08	20.76

实验次数	脱火时各组分的体积分数				回火时各组分的体积分数				CO 超标时各组分的体积分数			
	CH_4	H_2	N_2	$i\text{-}C_4H_{10}$	CH_4	H_2	N_2	$i\text{-}C_4H_{10}$	CH_4	H_2	N_2	$i\text{-}C_4H_{10}$
	%	%	%	%	%	%	%	%	%	%	%	%
5	74.27	4.9	20.83	0	32.55	55.35	12.11	0	0	43.51	14.03	42.47
6	73.13	6.19	20.68	0	31.47	53.59	14.95	0	0	57.26	5.38	37.36
7	70.48	7.48	22.04	0	30.12	52.35	17.53	0	0	63.13	0.13	36.74
8	68.21	8.88	22.92	0	28.41	51.55	20.04	0	0	6.31	40.10	53.58
9	66.14	10.42	23.44	0	25.75	51.17	23.08	0	0	0	43.69	56.31
10	64.08	12.18	23.74	0	20.16	52.76	27.08	0	—	—	—	—
11	62.46	14.22	23.32	0	0	86.48	0	13.52	—	—	—	—
12	59.6	16.29	24.11	0	—	—	—	—	—	—	—	—
13	56.92	18.54	24.54	0	—	—	—	—	—	—	—	—
14	53.64	20.97	25.39	0	—	—	—	—	—	—	—	—
15	50.31	23.74	25.95	0	—	—	—	—	—	—	—	—
16	46.42	26.61	26.97	0	—	—	—	—	—	—	—	—
17	42.77	30.02	27.21	0	—	—	—	—	—	—	—	—
18	38.38	33.45	28.17	0	—	—	—	—	—	—	—	—
19	0	0	51.29	48.71	—	—	—	—	—	—	—	—

（2）灶具 2 的特性曲线

根据表 1 中列出的燃气灶具 1 在脱火、回火及 CO 超标时所对应的原料气组分，计算各界限工况点对应的燃烧特性参数，包括燃气高热值 H_s、相对密度 d、高华白数 W_s、燃烧势 CP 等，建立直角坐标系。绘制华白数 W_s-燃烧势 CP 曲线，见图 3；华白数 W_s-燃烧势 CP 在 $i\text{-}C_4H_{10}\text{-}N_2\text{-}H_2$ 配气区间内的曲线，见图 4。

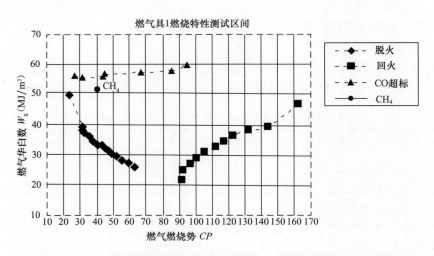

图 3　灶具 1 对应界限气的燃烧特性参数华白数 W_s-燃烧势 CP 曲线

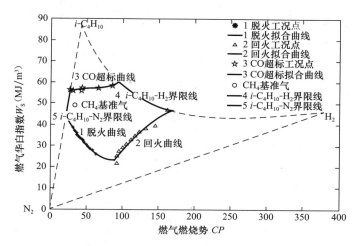

图4 灶具1极限工况时对应界限气在 $i\text{-}C_4H_{10}\text{-}N_2\text{-}H_2$ 全域区间内华白数 W_s-燃烧势 CP 的曲线

3.2.2 灶具2实验数据与特性曲线

对灶具2，分别在脱火、回火及CO超标燃烧工况出现时，对实验系统的各路原料气的数据进行采集和计算，得到配气试验气中各相应组分的体积含量。

根据测得的燃气灶具2在脱火、回火及CO超标时所对应的原料气组分，计算各界限工况点对应的燃烧特性参数。建立直角坐标系。绘制华白数 W_s-燃烧势 CP 曲线，见图5；华白数 W_s-燃烧势 CP 在 $i\text{-}C_4H_{10}\text{-}N_2\text{-}H_2$ 区间内的曲线，见图6。

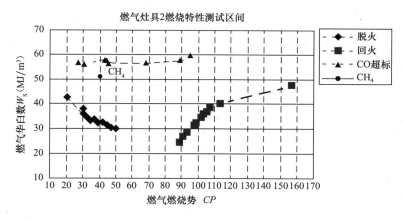

图5 灶具2对应界限气的燃烧特性参数华白数 W_s-燃烧势 CP 曲线

3.2.3 灶具3实验数据与特性曲线

根据实验测得的燃气灶具3在脱火、回火及CO超标时所对应的原料气组分，计算各界限工况点对应的燃烧特性参数。建立直角坐标系。绘制华白数 W_s-燃烧势 CP 曲线，见图7；华白数 W_s-燃烧势 CP 在 $i\text{-}C_4H_{10}\text{-}N_2\text{-}H_2$ 配气区间内的曲线，见图8。

3.2.4 灶具4实验特性曲线

根据实验测得的燃气灶具4在脱火、回火及CO超标时对应界限燃气组分，计算得到燃烧特性参数数据。绘制华白数 W_s-燃烧势 CP 曲线见图9；华白数 W_s-燃烧势 CP 在 $i\text{-}C_4H_{10}\text{-}N_2\text{-}H_2$ 整体区间内的曲线见图10。

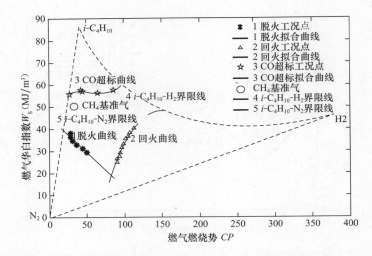

图 6　灶具 2 极限工况时对应界限气在 i-C_4H_{10}-N_2-H_2
全域区间内华白数 W_s-燃烧势 CP 的曲线

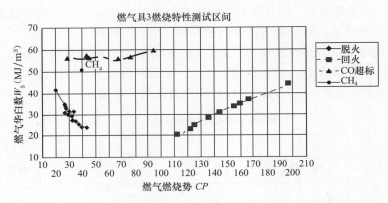

图 7　灶具 3 对应界限气的燃烧特性参数华白数 W_s-燃烧势 CP 曲线

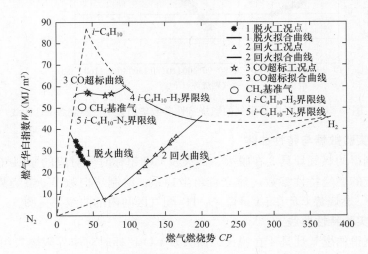

图 8　灶具 3 极限工况时对应界限气在 i-C_4H_{10}-N_2-H_2
全域区间内华白数 W_s-燃烧势 CP 的曲线

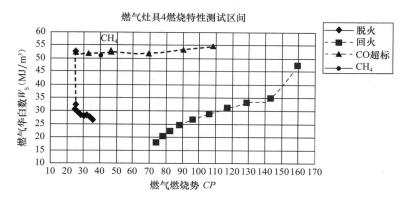

图 9 灶具 4 对应界限气的燃烧特性参数华白数 W_s-燃烧势 CP 曲线

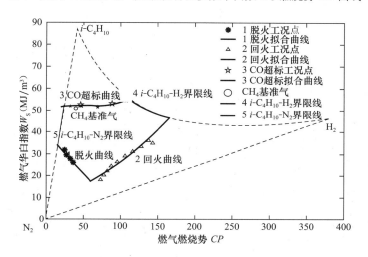

图 10 灶具 4 极限工况时对应界限气在 i-C_4H_{10}-N_2-H_2
全域区间内华白数 W_s-燃烧势 CP 的曲线

3.2.5 灶具 5 实验特性曲线

根据实验测出的燃气灶具 5 在脱火、回火及 CO 超标时对应界限燃气组分，计算得到燃烧特性参数数据。绘制华白数 W_s-燃烧势 CP 曲线，见图 11；华白数 W_s-燃烧势 CP 在 i-C_4H_{10}-N_2-H_2 区间内的曲线，见图 12。

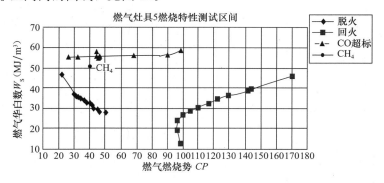

图 11 灶具 5 对应界限气的燃烧特性参数华白数 W_s-燃烧势 CP 曲线

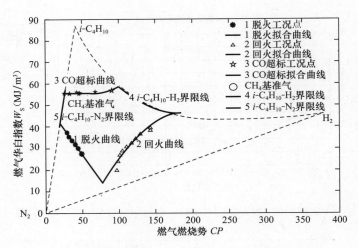

图 12　灶具 5 极限工况时对应界限气在 i-C_4H_{10}-N_2-H_2
全域区间内华白数 W_s-燃烧势 CP 的曲线

4　实验结果分析与讨论

4.1　燃气具燃烧适应性曲线及燃气具允许华白数波动区间

根据表 1 及实验测得的各灶具在界限工况时对应界限试验气的组分数据，计算得到的各界限气对应的燃气燃烧特性参数，及图 3、5、7、9、11 所示的各特性曲线，进行回归分析与曲线拟合，其拟合曲线方程见表 2。同时，由图 3～12 知，5 台实验燃气具，其基准气的坐标点为 CH_4 所在的位点，与脱火、回火、CO 超标曲线相比，最近的极限状态点皆为 CO 超标曲线点。计算各燃气具的允许最大华白数变化范围见表 2。

5 台燃气灶具各界限线的拟合曲线方程及适应华白数的最大变化率　　　　表 2

燃气具		拟合曲线	燃气具适应燃气华白数的最大变化率（%）
共同边界线	i-C_4H_{10}-H_2	$y=97.5e^{-0.0144x}+32.27e^{0.00091x}$	—
	i-C_4H_{10}-N_2	$y=2.094x$	—
燃具 1	脱火曲线	$y=0.0045x^2-0.8011x+58.99$	—
	回火曲线	$y=-0.0018x^2+0.7513x-29.6891$	—
	CO 超标曲线	$y=-0.0056x^2+0.3198x+50.5121$	9.5
燃具 2	脱火曲线	$y=-0.3237x+45.6219$	—
	回火曲线	$y=-0.0069x^2+2.0473x-102.5272$	—
	CO 超标曲线	$y=-0.0001x^3-0.0108x^2+0.5588x+47.8411$	11.2
燃具 3	脱火曲线	$y=-0.6731x+51.4152$	—
	回火曲线	$y=0.2902x-11.7086$	—
	CO 超标曲线	$y=0.0001x^3-0.0151x^2+0.7875x+43.7402$	10.4
燃具 4	脱火曲线	$y=-0.3694x+39.7986$	—
	回火曲线	$y=0.0010x^2+0.0542x+10.7211$	—
	CO 超标曲线	$y=-0.0029x^2+0.1504x+49.7921$	1.9

燃气具	拟合曲线		燃气具适应燃气华白数的最大变化率（%）
燃具5	脱火曲线	$y=-0.4816x+51.2580$	—
	回火曲线	$y=-0.0023x^2+0.9134x-43.1938$	—
	CO超标曲线	$y=-0.0047x^2+0.2332x+51.7297$	8.6

注：燃气具适应燃气华白数的最大变化率计算式为：$\dfrac{W_{界限气,min}-W_{基准气}}{W_{基准气}}\times100\%$。

由表2可得：上述5台实验燃气具，灶具2适应燃气气质变化的能力最强，其华白数最大允许变化率为11.2%。灶具4适应燃气气质变化的能力最弱，其华白数最大允许变化率仅为1.9%；当燃气气质发生微小变化就可能使燃气具CO超标。

4.2 燃气燃烧特性参数的适用性

根据对其他燃烧特性参数的计算，如：燃气高热值 H_s、相对密度 d、燃气火焰传播速度 S_n^{max}、华白数 W_s、燃烧势 CP、黄焰指数 I_j 等；研究发现：以燃气华白数 W_s 及燃气火焰传播速度 S_n^{max} 分别为纵坐标和横坐标建立的二维区间图形时，两燃烧特性参数建立的图形，可以形成近似平滑的曲线，围成近似封闭的区域，但不如华白数、燃烧势参数表达的效果明显。而燃气高热值 H_s 及燃烧势 CP 这两种燃烧特性参数组合，其曲线的走向和形式无规律性，不能表达燃气具的燃烧特性。

如前述图3～12所示，以燃气华白数 W_s、燃气燃烧势 CP 两个参数，建立的坐标图形，可以得到比较平滑的脱火、回火及CO超标等极限燃烧特性曲线，并形成比较稳定的燃气具适应性封闭区域。

4.3 燃气具的燃烧适应性

（1）上述5台实验燃具，其基准气均位于其脱火曲线、回火曲线、CO超标曲线、i-C_4H_{10}-H_2 边界线、i-C_4H_{10}-N_2 边界线所围成的区域内，燃气具适应基准气的燃烧要求。

（2）基于上述5台天然气燃气具进行的气质适应性实验测试，得到的极限燃烧特性参数变化区间，可以看出：在以 i-C_4H_{10}、H_2、N_2 三组分配气区间为边界线的配气域中，其共同适应域，如图13所示。

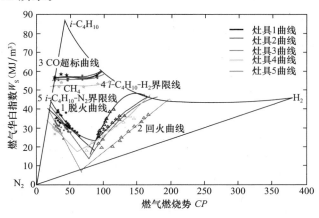

图13 不同燃气具的共同燃烧适应域区间

5 结论

综合实验系统的测试结果，根据灶具 1～5 形成的燃气燃烧特性测试区间图 3～12，针对不同燃烧特性参数构建的测试区间和数据回归分析得到的拟合曲线，并结合 $i\text{-}C_4H_{10}$、H_2、N_2 三组分形成的配气分布区间图 2，及共同适应域区间图 13，可以得出：

（1）可以用燃气的华白数 W_s、燃气燃烧势 CP 两个燃烧特性参数，以脱火、回火、CO 超标等极限工况参数值围成的封闭区域，和基准燃气在区域内的位置，来定义和评价燃气具的燃烧性能。

（2）以燃气华白数、燃烧势为配气控制参数时，实验配气时原料气形成的整体配气区间分布为不规则的封闭三边形；燃气具的燃烧适应性区间为 5 条平滑曲线或直线形成的封闭域。

（3）应用于实验批次的燃气具的天然气的组分，其燃烧特性指数必须落在共同适应性区间内，燃气具才能正常燃烧。

（4）上述实验系统及方法可为燃具的适应域判断、燃具的设计质量水平及城市燃气互换性提供科学、量化的评价方法和技术手段。

参考文献

[1] 中华人民共和国国家质量监督检验检疫总局，中国国家标准化管理委员会．《城镇燃气分类和基本特性》GB/T13611—2006 [S]．北京：中国标准出版社，2007

[2] 金志刚．燃气测试技术手册 [M]．天津：天津大学出版社；1994

[3] 同济大学，重庆建筑大学，哈尔滨建筑大学，等．燃气燃烧与应用（第三版）[M]．北京：中国建筑工业出版社，2000

[4] 高文学，王启，赵自军．燃气试验配气的实践与研究 [J]．煤气与热力，2008，28（11）：B31-35.

上海天然气互换性的实验研究[*]

秦朝葵，戴万能

（同济大学）

摘　要：本文简要介绍了天然气的多气源现状，尤其是液化天然气 LNG 与管输气的组分差别问题。利用管输气掺混乙烷模拟 LNG 的方法，选取了在上海地区具有代表性的结构型式的燃气灶在不同的管输气与 LNG 掺混比例下热工性能的变化情况。结果表明：随 LNG 比例的增加，燃气灶热负荷增加，约 1/4 的灶具 CO 排放变化剧烈，热效率和 NO_x 排放没有显著变化。解决上海天然气互换性问题应从气源和灶具两侧入手。

关键词：天然气；互换性；实验研究

1　引言

我国天然气资源丰富，然而供需情况与国外有很大的不同。许多城市为多气源供应。以上海为例，已有西气东输天然气（下简称西气）、东海天然气、川气以及进口 LNG。随着多气源格局的形成，尤其是 LNG 与管输气由于生产工艺、输运方式的差别，燃烧性质存在较大差异。天然气互换性将成为越来越多的城市必须面对和解决的问题。

图 1 给出了国内一些城市的管输天然气与 LNG 的华白数和低热值情况，其中 LNG 热

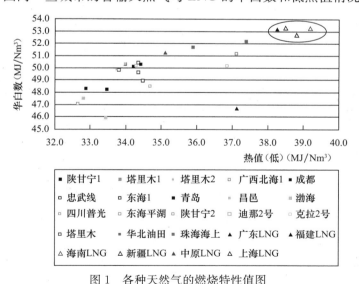

图 1　各种天然气的燃烧特性值图

---

* 选自中国土木工程学会燃气分会应用专业委员会 2010 年会论文集 p112-p119

值和华白数明显高于管输气（椭圆圈内）。

管输气在天然气贸易中一直占较大比例，长距离高压输送必须脱除易凝析的组分，因此，管输气的热值较低；LNG 贸易初期，一些进口国在 LNG 接收站建立了加工厂，提取乙烷、丙烷、丁烷以及更重的如戊烷、正己烷等，作为单独产品出售，同时保证外输天然气的组分与管输气相当，形成了天然气凝析液（Natural gas liquid，NGL）工业[1]。其后随着 LNG 价格的升高，凝析液提取工艺的经济性降低，外输天然气中开始保留比管输气更多的高热值成分，其高热值常介于 41.36～43.6MJ/m³ 之间。

此外由于液化工艺的要求，LNG 中 N_2 极少，几乎不含 CO_2，而这些组分在管输气中普遍存在。管输气与 LNG 在热值和组分方面的不同，导致了天然气互换性问题[2][3]，该问题涉及家用、工业和商用[4]。工业燃烧器，尤其是低污染的新型燃烧器，对气源的波动耐受度更差，但工业燃烧器的数量较民用和商用要少得多，且多为专线供气、专人维护，其互换性问题解决起来相对容易。民用、商用燃烧器对气源要求较低，对气源波动有一定的适应能力，但量大面广，工作人员不能深入到每家每户现场解决问题。与国外一些地区天然气互换性问题不同，上海的 LNG 与管输天然气是共同接入到一个高压网络中的，而国外较多的是使用 LNG 来永久替换管输气。为了解 LNG 接入上海天然气管网之后家用燃烧装置可能出现的问题，本文选择了上海地区典型的燃气灶，采用管输气掺混乙烷的方法模拟 LNG，系统地测试了在不同的 LNG 掺混比例下，燃气灶的负荷、效率和 CO 排放等的变化情况。

2 配气

2.1 配气方案

表 1 列出了上海市西气东输天然气（简称西气）与进口的 LNG 组分和燃烧特性值。显然，LNG 中非甲烷烃类的含量较多，与西气相比，高热值高 13，华白数高 7%。

上海西气与 LNG 的组分和燃烧特性值　　　　　　　　　　表 1

气源	天然气组成（%）								燃烧特性值			
	CH_4	C_2H_6	C_3H_8	$i\text{-}C_4H_{10}$	$n\text{-}C_4H_{10}$	C_5H_{12}	N_2	CO_2	相对密度	高热值	华白数	燃烧势
西气	98.1	0.51	0.04	0.01	0.01	0.05	0.70	0.58	0.5676	37.54	49.84	39.59
LNG	89.39	5.76	3.30	0.78	0.66	0.00	0.11	0.00	0.6384	42.58	53.30	43.93

因暂无 LNG 可供实验测试，采用西气掺混乙烷的方法来配置 LNG，使其华白数、燃烧势和 LNG 完全一致。与西气掺混丙烷、氢气的方法相比，掺混乙烷的方法具有以下优点：首先，可从组分上还原 LNG 乙烷含量较高的特点；其次，所需的乙烷掺混比例较丙烷要高，在实验过程中更容易实现进气量的精确控制。

2.2 配气装置及流程

配气系统由供气和储气两部分组成（见图 2）。由于采取西气掺混乙烷的配气方案，供气管路得以简化，乙烷与西气使用一个燃气表进行计量，进入储气罐（5m³）之后，利用内置风机搅拌、加强混合，使得配制气最大程度地均匀。

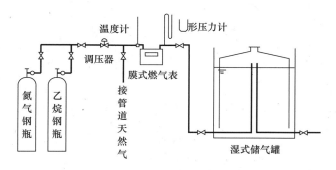

图 2　配气系统示意图

首次配气时，先将氮气瓶中气态 N_2 充入储气罐中，置换储气罐中残余空气三次，测量其中 O_2 体积分数低于 0.3%；然后用西气再置换罐内气体三次。以后的配气则不再用 N_2 清洗，只用天然气清洗即可。

为消除配气管路及储气罐内残余气体对配气精度的影响，即保证计量体积为实际进入罐内的气体体积，采用西气—乙烷—西气的进气顺序。配气前和配气后管路中残留的气体均为西气（最后配入的西气体积大于配气管路体积的 3 倍），抵消了这部分管路体积对计量的影响。乙烷瓶中的液态乙烷自然气化后经过计量配入储气罐中。实际配制时，若乙烷量较大，则将乙烷分两次配入，即采用西气—乙烷—西气—乙烷—西气的进气次序，既可缓解乙烷气化减压、降温对减压阀性能及体积计量的影响，也可保证天然气最先和最后的原则。

2.3　配气结果

配气完成之后，对配制气取样进行气相色谱分析。在实验测试过程中，多次进行取样分析。以配制 LNG 为例，取样分析结果显示配制气与目标气之间的华白数及燃烧势偏差都在 0.1% 左右，且一直较为稳定，说明采用西气、乙烷两组分配气方案可很好的控制配气的精度及准确性

3　测试过程

3.1　测试步骤

文献［5］对测试用气的种类和压力进行了详细的规定。文献［6］中定义了火焰的十级硬度，按照火焰硬度来进行初始点的调整。因为国内燃气灶结构形式多样，采用火焰硬度的方法会造成实验测试量增加数倍。简单起见，针对用户处可能出现的真实问题，制订如下的测试步骤：

（1）以西气为基准气、保持 2kPa 的灶前压力，对燃气灶一次风门进行调节，使内锥明亮、高度适中。在风门由最小到最大的过程中，内锥高度会出现由长到短、再拉长的变化，这种变化的程度随着灶具结构的不同而不同。嵌入式灶因为进风阻力较大，出现内锥

明亮状态的风门位置较窄、容易确定；对台式灶，风门可能会在相当大的范围内变化而火焰状态没有明显的变化。众所周知，置换气可否置换基准气与燃具的初始调节工况有关，而其中最关键的则是一次风门的开度。用户在实际安装使用时，一般不会对购买的灶具进行专业的调整；因此按照这一原则确定的火焰状态，可认为是最佳初始状态。

（2）之后，按照文献［5］的规定，进行 CO、热负荷、热效率的测试。

（3）保持一次风门不变，利用配制的 LNG，测试 CO、热负荷、效率等指标。

（4）依次配制不同比例的 LNG 与西气的混合气，重复（3）步骤。

3.2 燃气灶选择

通过调研上海燃气灶市场的七个主要品牌，挑选各自具有代表性的总计 16 台燃气灶进行测试，其中台式灶 6 台，嵌入式灶 10 台。

4 测试结果与分析

鉴于不同的产品，性能差别较大，较为客观的评价是将各品牌的性能变化综合比较，而分类的依据是燃气灶的结构形式。

4.1 台式灶的性能（见图 3～图 6）

从图 3 可看出：随着 LNG 比例的增加，台式灶热负荷呈现逐步增大的趋势，而有趣的是：理论上似应可以按照华白数来预测热负荷的变化，从 100% 管输气变化到 100% LNG，华白数增加了 6%，但不同品牌的燃气灶，有些热负荷的变化超过 6%，有些不到 6%。个别掺混点的热负荷与总体变化趋势的偏离可认为是燃气黏度等的变化使喷嘴流量系数发生变化所致。

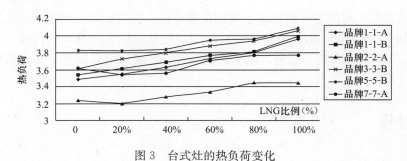

图 3 台式灶的热负荷变化

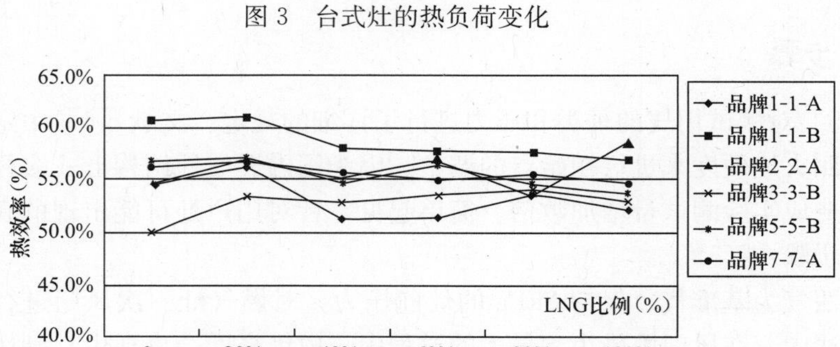

图 4 台式灶的热效率变化

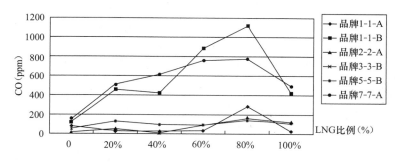

图 5 台式灶的 CO 排放变化（CO 为空气系数为 1 时值，下同）

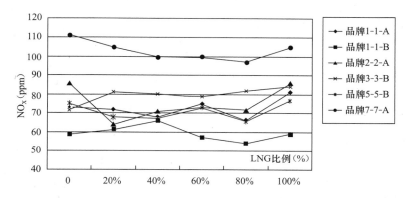

图 6 台式灶的 NO_x 排放变化（NO_x 为空气系数为 1 时值，下同）

从图 4 来看，热效率并无明显的规律可循，一些品牌的效率增加而另外一些品牌的效率降低。总体来看略有下降，但变化不大。

从图 5 所示 CO 排放来看，大部分品牌型号的 CO 总可保持在国标允许的范围内，而另外一些则呈现剧烈变化，增加到 1000ppm 以上。

从图 6 来看，NO_x 排放没有剧烈变化。

4.2 嵌入式灶的性能（见图 7～图 10）

嵌入式灶的性能见图 7～图 10。

由图 7 可见：热负荷随 LNG 比例的增大而增大；在 LNG 比例由小增大过程中，效率似乎有一定的变化规律：先降低再增加、之后再降低；对一些品牌型号的灶具，在 100% LNG 时的效率降到了国标允许的 50% 以下。

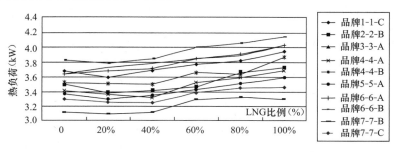

图 7 嵌入式灶的热负荷变化

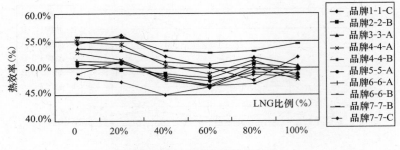

图 8　嵌入式灶的热效率变化

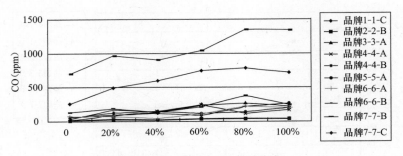

图 9　嵌入式灶的 CO 排放变化

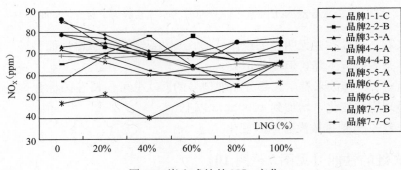

图 10　嵌入式灶的 NOₓ 变化

　　从测试结果来看，随着 LNG 比例的增加，CO 排放呈现增大的趋势。大部分品牌型号尚可保持较好的 CO 特性、在国标允许范围之内；而个别型号则远超出国标允许的 500ppm。NO_x 排放仍没有剧烈变化。

4.3　效率与排放结果统计

　　为更清楚地揭示天然气气质组分变化对燃气灶性能的影响，从统计学的角度对测试结果进行分析，以确定热效率和 CO 指标随着组分的变化，是否可以通过现有技术手段予以纠正。

　　台式灶品牌 3 的 3-B 和嵌入式灶中的品牌 6 的 6-B、品牌 7 的 7-C，在管输气情况下的性能即不达标，前者的效率分别仅为 50％、48.13％，后者的 CO 达 700ppm；在统计过程中将这三个样本剔除。

参与统计的台式灶共有 5 个样本；其 CO 排放、热效率、排放与效率均合格的统计结果见表 2。应该说明的是，不合格品牌中，绝大部分是 CO 略微超标而热效率刚好低于 55％的。

台式灶测试结果汇总 表 2

LNG 比例	0％	20％	40％	60％	80％	100％
CO>500ppm	0	1	1	2	2	0
CO<500ppm	5	4	4	3	3	5
$\eta \geq 55\%$	3	5	3	3	3	3
$\eta < 55\%$	2	0	2	2	2	2
全部合格（台）	3	4	2	2	1	2

嵌入式灶样本共 8 台。CO 排放、热效率、排放与效率均合格的统计情况见表 3。

嵌入式灶 CO 排放统计 表 3

LNG 比例	0％	20％	40％	60％	80％	100％
CO>500ppm	0	0	1	1	1	1
CO<500ppm	8	8	7	7	7	7
$\eta \geq 50\%$	8	7	4	3	5	3
$\eta < 50\%$	0	1	4	5	3	5
全部合格（台）	8	7	3	2	5	2

单纯从数量看，能够在变化的 LNG 比例下全部合格的嵌入式灶不多，但需说明的是从 CO 的实测情况来看，能够符合国标要求的占据大部分（7/8）。

测试结果表明三个问题：

（1）不论是台灶还是嵌入式灶，热负荷随 LNG 比例的增加而增加；热效率略有下降但变化不显著；对于 CO 排放，大部分灶具没有显著变化。但约有 1/4 的灶具变化剧烈，超过了国标允许的范围；NO_x 排放没有显著变化。

（2）台式灶的一次空气调节手段较嵌入式灶有效，因此单纯热效率或 CO 指标合格的比例较大。嵌入式灶性能相对较差，这与其追求外观、忽略性能的设计理念有关。在全部 LNG 掺混比例范围内，台式灶的表现要优于嵌入式灶。

（3）即使对如此大的燃气特性变化，仍有 20％的台式灶和 20％的嵌入式灶能够排放与效率均合格，说明只要设计合理、调试得当，满足国标的要求是完全可能的。

5 结论

LNG 因制造与运输工艺的不同在组分方面与长距离高压输送的管道天然气有一定差别，这种差别会导致燃气具性能的变化。为考察上海即将引进的 LNG 掺混到管道天然气中可能对终端用户产生的各种影响，采用西气掺混乙烷的方法模拟 LNG，对上海典型结构的燃气灶，进行了不同掺混比例下的性能测试。

随 LNG 比例的增加：

（1）燃气灶热负荷增加，可能会增加用户的抱怨；

（2）热效率和 NO_x 排放没有显著变化；

（3）约 1/4 的灶具 CO 排放变化剧烈，增加了安全风险。

上海天然气互换性问题的解决涉及气源和灶具两方面：

（1）控制灶具热负荷的变化可从气源侧控制华白数；

（2）只要设计合理，调试得当，从灶具侧控制 CO 排放时可行的。

参考文献

[1] NGC＋Interchangeability Work Group. White Paper on Natural Gas Interchangeability and Non-Combustion End Use［C］. February 28，2005

[2] 罗东晓，赖元楷. 研制高适应性燃具的必要性［J］. 煤气与热力，2005，25（11）：60-63

[3] 罗东晓，欧翔飞. 液化天然气燃具基准气的选择［J］. 煤气与热力，2006，26（2）：31-33

[4] 温军英. 统一天然气热值的探讨［J］. 煤气与热力，2009，29（2）：B1-3

[5] 《家用燃气灶具》GB 16410—2007［S］.

[6] Gas Research Institute，Energy Utilization Center. Gas Interchangeability Tests：Evaluating the Range of Interchangeability of Vaporized LNG and Natural Gas［C］. April 2003

燃气具气质适应域的实验确定[*]

高文学[1]，王 启[2]，唐 戎[2]

（1. 中国市政工程华北设计研究总院　2. 国家燃气用具质量监督检验中心）

摘 要： 概述了在城市燃气具气质适应性方面的技术研究和装置开发进展。针对多气源供应城市的现状，提出了确定城市燃具气质适应域的技术方法，形成了燃气具燃烧运行工况的测试实验技术；验证和确定了表征大气式燃烧灶具燃烧特性的关键指数；提出了燃具气质适应性的实验测试条件；确定了燃气具的气质适应域分布和共同适应域。建立的燃气具气质适应域的实验测试装置，进行了针对性的燃气具测试实验，得到了明晰、直观的燃气具气质适应域区间，明确地对各燃气具适应基准燃气组分变化的能力进行了计算和量化。燃气具气质适应域的实验确定方法与装置的研究，形成了完整的燃气具气质适应性测试技术平台，为燃气具燃烧性能、设计质量的改进和功能提升，提供了重要的测控手段和基础数据。

关键词： 燃气具；适应域；配气；燃烧特性参数；气质适应性

1 我国近年来的燃气互换性和燃具气质适应性研究概况

随着中国天然气的快速发展，改变了过去城市独立供气的格局，城镇燃气的供应与管理体系发生了重大变化，要完全适应目前以天然气为主气源的状况还存在许多技术和管理上的问题。燃气燃烧利用设备的多样化，更多的高效率、低碳排放的燃烧设备进入城市家庭和企业，形成了不同燃烧方式共存的城市燃气利用格局。在多气源供应的客观条件下，城市燃气组分的气质波动或变化对燃具运行产生何种影响，燃气具的燃烧运行工况如何进行量化评价，如何实现燃烧性能等效的实验配气等，是目前现存的技术难题。中国应用的主要天然气组分、燃烧特性参数及类别见表1。

近年来，国家燃气用具质量监督检验中心结合天然气类的燃气具实验测试，展开了对燃气的互换性和燃具的气质适应性研究，针对不同燃烧方式的燃气用户，进行分类分析和评价，取得了多项成果。中国市政工程华北设计研究总院依托国家"十一五"科技支撑计划课题"城市燃气气源储配及应用关键技术"（课题编号：2006BAJ03B02），基于"城市燃气转换理论与改造技术"的研究内容，进行了多气源供应的城市燃气互换性和燃具气质适应性研究，并于2011年3月14日通过了由住房和城乡建设部组织的课题验收。

课题组创新性地提出了实验测定城市燃具气质适应域的技术方法，为城市燃气多气源利用与优化提供了技术支撑。建立了燃气实验配气与燃具适应域测试技术与装置，为科学

---

* 选自中国土木工程学会燃气分会应用专业委员会 2011 年会论文集 p1-p11

合理的指导城市多气源条件下燃气转换与互换的工程实践提供了技术依托；并由此进行了实验配气技术的优化和提升，为燃气具的燃烧测试提供了可互换的气源保障。

通过燃具气质适应域的实验测定，掌握和确定了我国典型燃具对燃气气质的适应能力和范围区间；可以为燃具生产、设计提供基本的、关键的技术数据；可以形成城市内在用燃具的气质适应域及燃具的共同适应域，并以此可以形成确定的、量化的城市燃气互换域，得到燃气正常工作的组分参数变化范围和极限区间，指导燃气具产品的区域市场"准入"与城市燃气的互换、转换实践。

中国应用的主要天然气组分、燃烧特性参数及类别（15℃、101.325kPa、干气）　表1

天然气名称	组分％（体积）								燃烧特性参数				天然气类别
	CH_4	C_2H_6	C_3H_8	i-C_4H_{10}	n-C_4H_{10}	C_5H_{12}以上	N_2	CO_2	高热值(MJ/m³)	低热值(MJ/m³)	高华白数(MJ/m³)	低华白数(MJ/m³)	
陕甘宁 NG	94.7	0.55	0.08	1.00	0.01	0.00	3.66	0.00	37.49	33.79	48.86	44.04	12T
塔里木 NG	96.27	1.77	0.30	0.06	0.08	0.13	1.39	0.00	38.22	34.45	50.32	45.34	12T
广西北海 NG	80.38	12.48	1.80	0.08	0.11	0.06	5.09	0.00	40.74	36.84	50.18	45.38	12T
成都 NG	96.15	0.25	0.01				3.59	0.00	36.50	32.87	48.31	43.50	12T
忠武线 NG	97.00	1.50	0.50				1.00	0.00	38.13	34.35	50.44	45.45	12T
东海 NG	88.48	6.68	0.35				4.49	0.00	38.22	34.48	48.94	44.16	12T
青岛 NG	96.56	1.34	0.30		0.20		1.60	0.00	37.92	34.16	50.04	45.09	12T
昌邑 NG	98.06	0.22	0.12		0.13		1.47	0.00	37.47	33.75	49.85	44.89	12T
渤海 NG	83.57	8.08	0.08		0.00	0.00	4.14	4.13	37.03	33.42	45.85	41.37	12T
南海东方 NG	77.52	1.50	0.29	0.07	0.03		20.59	0.00	30.69	27.65	38.02	34.26	10T
西一线 NG	96.23	1.77	0.30	0.06	0.08	0.13	1.0	0.43	38.31	34.53	50.40	45.42	12T
广东大鹏 LNG	87.33	8.37	3.27	0.41	0.56	0.03	0.03	0.00	42.97	38.86	53.55	48.42	12T
福建 LNG	96.64	1.97	0.34	0.15			0.90	0.00	38.34	34.55	50.61	45.60	12T
新疆 LNG	82.42	11.11	4.55	0.00	0.00		1.92	0.00	42.90	38.81	52.70	47.68	12T
中原 LNG	95.88	3.36	0.34	0.05			0.02	0.30	38.95	35.11	51.23	46.18	12T
海南 LNG	78.48	19.83	0.46	0.01	0.01	0.01	1.2	0.00	43.35	39.22	53.26	48.20	12T
进口缅甸 NG	99.07	0.12	0.03		0.00		0.18	0.00	37.68	33.93	50.21	45.22	12T
土库曼斯坦 NG	92.55	3.96	0.34	0.12	0.09	0.22	0.85	1.89	38.53	34.75	49.45	44.59	12T
哈萨克斯坦 NG	94.87	2.35	0.31	0.03		0.07	1.66	0.66	37.94	34.19	49.58	44.68	12T

2　燃气具气质适应域的实验确定方法

以确定燃气具的燃烧特性区间，量化燃具对燃气气质的适应域，对燃具进行质量评价或性能测试为目的的研究，长久以来，受配气技术和测试条件的限制，很少有人涉足，未见相应研究报道，基本上属于空白；也未见关于实现这一目的设计建造的实验系统或装置。

燃气具生产企业或测试实验机构亟待一种可以量化和评价燃气具气质适应性的实验系

统或装置。

2.1 表征燃气具气质适应性的关键特性参数的实验确定

与燃气互换性有关的主要燃烧特性指数包括：燃气热值（高热值或低热值，一般指高热值）、相对密度、理论空气需要量、燃气火焰燃烧速度、华白数、燃烧势、黄焰指数等[1-8]。

大气式（部分预混式）燃烧的燃气具气质适应性指数如下：

（1）主要的燃气互换性指数

常规燃气互换性配气指数，主要有华白数 W、燃烧势 CP、黄焰指数 I_j 等[4,5,8]。常用的配气原料气主要有 CH_4、H_2、和 N_2，或 C_3H_8（C_4H_{10}）、H_2 和 N_2，LPG、air 等。

意大利人华白（Wobbe）提出将 $\dfrac{H_s}{\sqrt{\rho_g/\rho_a}}$ 作为一个特征数，并且定义：

$$W = \frac{H_s}{\sqrt{\rho_g/\rho_a}} = \frac{H_s}{\sqrt{d_g}} \tag{1}$$

式中　W——燃气的华白数，MJ/m^3；

　　　H_s——燃气高热值，MJ/m^3；

　　　d_g——燃气相对密度（空气的相对密度为1）。

《城镇燃气分类和基本特性》GB/T 13611—2006 规定，燃烧势 CP 可按式（2）计算：

$$CP = K \times \frac{1.0y_{H_2} + 0.6(y_{C_mH_n} + y_{CO}) + 0.3y_{CH_4}}{\sqrt{d_g}} \tag{2}$$

$$K = 1 + 0.0054 \times y_{O_2} \tag{3}$$

式中　CP——燃烧势；

　　　K——燃气中氧含量修正系数；

　　　y_{H_2}——燃气中氢气的体积分数，%；

　　　y_{CH_4}——燃气中甲烷的体积分数，%；

　　　y_{CO}——燃气中一氧化碳的体积分数含量，%；

　　　$y_{C_nH_m}$——燃气中碳氢化合物（甲烷之外）的体积分数，%；

　　　y_{O_2}——燃气中氧气的体积分数，%。

（2）与燃具气质适应性有关的燃烧特性指数

为了确定与燃气具气质适应性有关的燃烧特性指数，课题组建立了实验装置，对家用燃气灶具进行了燃烧工况测试，分别计量燃具在脱火、回火及 CO 超标等极限运行工况时的燃气组分和参数。并根据燃气的（高）华白数 W_s、高热值 H_s、相对密度 d、燃气火焰燃烧速度 S_n、燃烧势 CP 等关键指数，绘制了直角坐标方程。根据实验数据图形以确定表征燃气气质适应性的燃烧特性指数[4,9,10]。

下面是 3 台大气式燃烧方式的燃气灶的各种极限燃烧工况测试实验数据图。根据燃气灶具 1 在脱火、回火及 CO 超标时对应的界限燃气的燃烧特性参数数据，分别选择不同的燃烧特性参数组合，建立直角坐标系。绘制华白数-高热值曲线，见图 1；华白数-相对密度曲线，见图 2；华白数-燃气火焰燃烧速度曲线，见图 3；华白数-燃烧势曲线，见图 4。

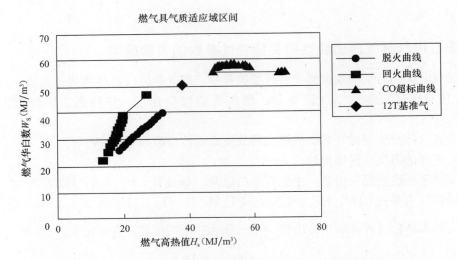

图1 灶具1极限燃烧特性工况时燃气华白数-高热值曲线

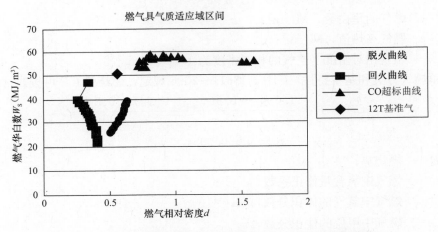

图2 灶具1极限燃烧特性工况时燃气华白数-相对密度曲线

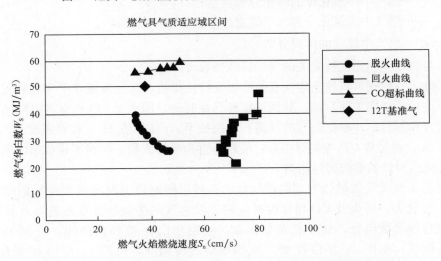

图3 灶具1极限燃烧特性工况时燃气华白数-火焰传播速度曲线

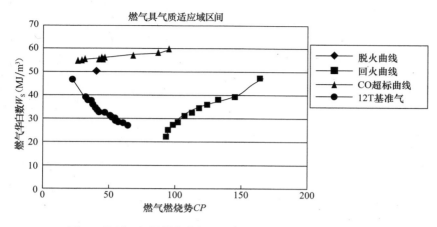

图 4　灶具 1 极限燃烧特性工况时燃气华白数-燃烧势曲线

　　同理，根据燃气灶具 2、3 分别在脱火、回火及 CO 超标时对应极限工况时的燃烧特性参数数据，可建立燃气灶具 2、3 的相应直角坐标图形，见图 5～图 10。

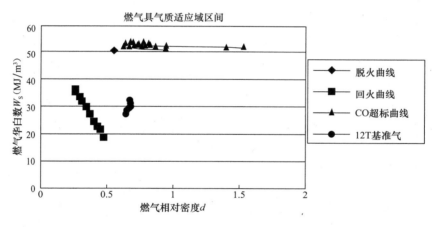

图 5　灶具 1 极限燃烧特性工况时燃气华白数-相对密度曲线

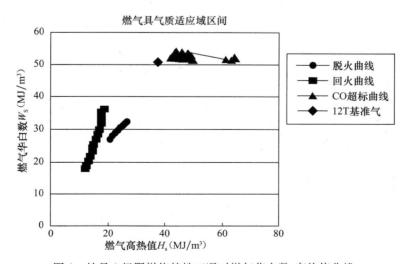

图 6　灶具 1 极限燃烧特性工况时燃气华白数-高热值曲线

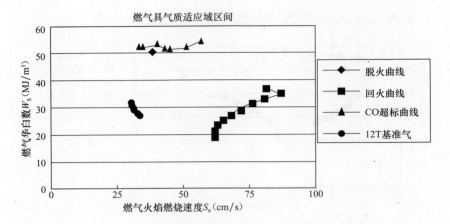

图 7　灶具 1 极限燃烧特性工况时燃气华白数-火焰传播速度曲线

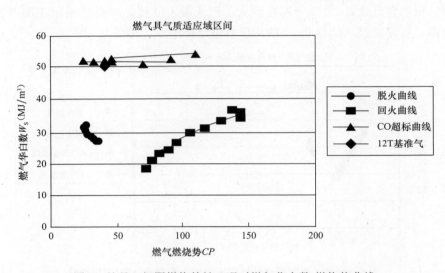

图 8　灶具 1 极限燃烧特性工况时燃气华白数-燃烧势曲线

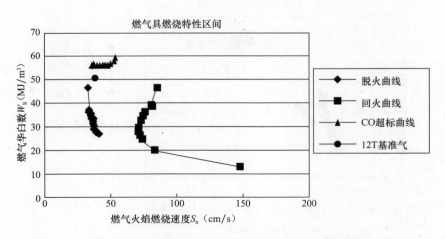

图 9　灶具 1 极限燃烧特性工况时燃气华白数-火焰传播速度曲线

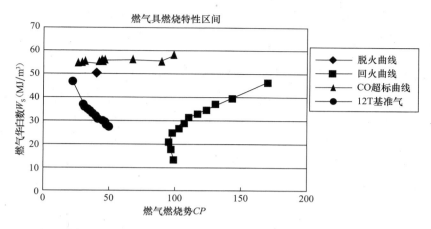

图 10　灶具 1 极限燃烧特性工况时燃气华白数-燃烧势曲线

由图 1～图 10 可见，对于燃气的华白数（高）W_s、高热值 H_s、相对密度 d、燃气火焰燃烧速度 S_n、燃烧势 CP 等关键指数，实验的 3 台灶具，在选择 W_s-H_s、W_s-d 表征燃烧特性曲线时，不能形成平滑的曲线图形，各极限曲线不规则。两台灶具在选择 W_s-S_n 参数时，燃烧工况曲线较规则，但 CO 超标曲线形状较短，未能舒展。而 3 台灶具在选择 W_s-CP 参数时，其脱火、回火、CO 超标各曲线很平滑规则，走向自然伸展。因此，我们在进行大气式燃气具气质适应性研究及对大气式燃气具等效实验配气时，主要参考燃气的华白数、燃烧势两个关键特性参数是合理科学的。考虑到液化石油气混空气替代天然气时，容易产生黄焰，又增加了控制黄焰指数的指标。

2.2　实验测试条件

燃气具气质适应性，是燃气具适应燃气组分变化能力的标志，即在到达燃具的极限燃烧工况如脱火、回火、CO 超标或黄焰界限时，允许通过该燃具的燃气组分的气质波动范围或燃烧特性参数区间。

（1）实验测试条件

为了确定燃气具的气质适应域，需要对燃具在不同燃气组分条件下的燃烧工况进行测试模拟，分别测定燃气具在各种极限燃烧工况时的燃气组分或混合气参数，以标定该燃气具的气质适应区间及适应域。为此，需要特定组分的配气原料气，及明确的实验测试技术条件。这里的试验条件主要是指脱火、回火的极限压力及 CO 极限的含量。这些条件直接影响燃气互换范围的大小。条件定得太严，很多燃气能源不能进入管网，或得以充分利用，达到扩大利用能源的目的；如果太松，给出的互换范围过大，燃具不能适应如此大的燃气变化范围。燃具生产厂家若无力提高燃具的适应性，将会极大地影响管网的运行水平，特别是运行的安全性。

因此，为实现燃气运行安全性和燃具气质适应性，考虑到我国管网供气的实际情况和相关测试标准规定，对常用的燃气具，通常取脱火测试的压力为 1.5 倍的额定运行压力，回火测试压力为 0.5 倍的额定运行压力，CO 超标测试压力为 1.5 倍额定压力，取干烟气中 CO 浓度（理论空气系数 $\alpha=1$，体积百分数）≤0.05％。具体实验测试条件如下：

脱火极限工况测试：在冷态，坐锅，1.5p_0（p_0 为燃具额定压力）；

回火测试：在热态，坐锅，$0.5p_0$；

CO 超标曲线：在热态，坐锅，$1.5p_0$，且干烟气中 $CO_{\alpha=1} \leqslant 0.05\%$。

（2）实验配气原料气

考虑到原料气成本的经济性和购买便利性，配气原料气一般选择甲烷、氢气、氮气和异丁烷等四种，纯度要求分别为 99.1％、99.9％、99.9％、99.2％。实际实验时可根据燃气具的类别，适宜添加原料气，如乙烷、丙烷、正丁烷等。选取的上述 4 种原料气，可基本满足天然气类燃气具的极限工况检测。

（3）燃气具气质适应域的建立

法国的德尔布博士通过大量研究和试验，在以华白数为纵坐标，以燃烧势为横坐标的坐标图上得出了一个由若干条曲线围成的一个区域，德尔布燃气互换性判定方法就把这个区域称为燃气互换范围，或者为燃气互换域，这张图我们通常称为燃气互换图，见图 11。假定我们有一张某城市的燃气互换图，对于某燃气只要计算出它的华白数和燃烧势，其所对应的点落在互换范围之内，该燃气即能与城市的主气源互换；反之则不能互换，不可以将该气送入管网。

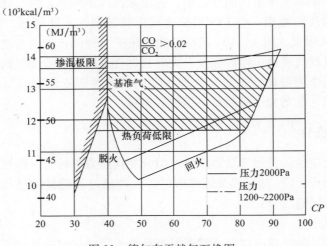

图 11　德尔布天然气互换图

我们的研究发现，基于上述原料气的实验配气区间，不是传统意义上的三角域图或方形图，如图 12 所示；而是形成了一个不规则的三边形封闭域，如图 13。

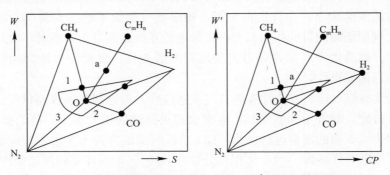

图 12　传统认为的燃气配气分布域（W' 为校正华白数）

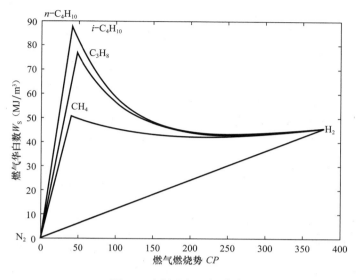

图 13 实际配气区间分布

基于德尔布燃气互换性研究思路，结合实验确定的燃气具气质适应性表征参数，我们可以建立常用燃气具的气质适应域。根据实际燃气灶具的实验测试结果，对燃气具在脱火、回火、CO 超标或黄焰等极限运行工况时的燃气组分进行分析，计算各组分对应的燃气燃烧特性参数，选择燃气的华白数、燃烧势为因果变量函数值，建立平面直角坐标系，形成实际燃气具的气质适应域图形，同时在图中标注该燃气具的基准燃气组分点。由实际测试图中的燃气具极限燃烧工况曲线和基准燃气点的相对位置，可以直观给出或计算该燃具对基准燃气的适应能力，和燃气组分允许变化的极限范围，即该燃具适应燃气的变化区间。由此可以量化确定燃具对燃气气质变化的适应性，为燃具生产厂家提供改进和评判质量的技术支撑，这就是实验研究的目的和意义。

当对城市的在用燃气具进行分类抽样，分别选取城市内正在运行的典型燃气具，进行气质适应域测试时，可以得到多组燃具气质适应域。对上述气质适应域进行数据图形叠加，可以得到一个相互包含或相交的燃气具共同适应域，见图 14、图 15。

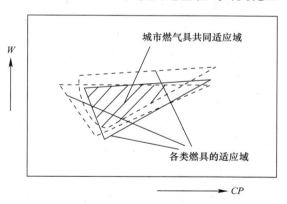

图 14 城市中各种典型燃具的适应域
及燃气具共同适应域示意图

由于城市居民的生活习惯、工业布局、燃气电厂等调峰用户的分布、城市供应气源及备用气源等的具体特点，各城市或一定的地域内将具有"自己的"专用城市燃具准入"图谱"。

课题组由此建立了确定燃气具的气质适应性区间（适应域）的技术方法，探索形成了完整的实验测定城市燃气具"共同适应域"的技术路线，形成了量化、科学的城市燃气具在多气源条件下的气质适应性测试技术。

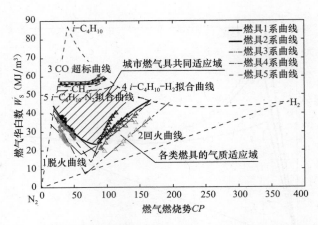

图 15 实测的城市中各种典型燃具的适应域及燃气具共同适应域

3 燃气具气质适应域的实验测试系统

为了测定燃气具的气质适应域，必须建立燃气具气质适应域测试实验系统。该系统主要包括精密配气子系统和燃气具气质适应域测试子系统两部分。

该系统可通过动态、高精度的自动配气装置和燃具气质适应域测试装置，基于配气控制与燃具燃烧工况测试控制软件，随机的、按照既定要求或程序、配制合适组分的试验气或界限气；通过燃烧工况测试控制系统得到燃具的不同极限燃烧工况，根据测得的各极限工况时所对应的各路燃气或原料气的组分数据，计算出混合燃气的燃烧特性参数，根据相应燃烧特性参数形成各种燃烧运行工况曲线及基准气点位，以此描述燃气具对燃气气质的适应性能[4,10]。

3.1 多组分精确配气

根据燃气互换性原理，使用配气系统配制出和用户地区运行燃气相同华白数和燃烧势等特性指数的替代气源，可用于燃气用具的检测。

常用配气系统，不论是间歇配气系统还是连续配气系统，一般采用三种原料气或多种原料气，进行三组分或多组分的配气计算和控制。虽然操作简单，换算方便，但体积较大，配气罐或储气罐是必需的装置。配制的试验气也不能立即使用，必须进行静止放置，使罐内气体充分混合均匀后，才能输送使用。

该确定燃气具气质适应域的测试系统，可将多种配气原料气以随机的体积或质量流量进行混配，由程序自动控制各路原料气的流量或质量，实现多路配气原料气支管路同时动态、高精度输出合适流量的配气原料气体，燃气组分随机可调，多种原料气输出混合后形成各种燃烧工况的试验气。

该实验测试系统可以实现：

①全组分燃气的配气或基于互换性原理的燃气试验气的配制；可以进行不同城市燃气组分的模拟配制，根据具体城市燃气的气质要求，精确配制不同的城市基准气，供各种燃具使用。②基于开发的动态、高精度自动配气装置，可以进行实时、免储气装置、配气组分可调可控、高配气精度的自动化配气。③通过多路气体管路的实时流量控制，可以自由、随机的配制燃气具的各种试验气和界限气，进行燃具燃烧工况模拟测试。

3.2　极限燃烧工况的模拟测试

极限燃烧工况的模拟，主要是通过实验测试系统上的软、硬件，调配配气子系统中的各路原料气组分，形成不同组分比例的混合燃气，使在不同燃气组分条件下，燃气具能够迅速实现脱火、回火、CO超标或黄焰等极限燃烧工况。

首先多种原料气输出混合后配制形成各种燃烧工况的试验气，配制的试验气在燃具上燃烧后，在燃具临近极限燃烧工况时，其燃烧烟气数据和火焰工况可以采集、处理。根据燃气具各种极限燃烧工况点时系统采集的各路配气原料气的流量、压力等数据，计算该燃烧工况点所对应的燃烧特性参数，并进行相应燃烧特性曲线的绘制和数据处理。

燃气具气质适应域实验系统原理见图16，实验测试系统实物见图17。

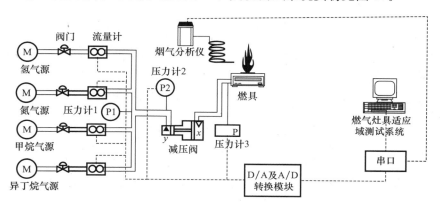

图16　燃气具气质适应域测试实验系统原理

图17　实验测试系统实物

3.3　典型常用燃气具的实验测试

（1）燃气具适应域实验测试

在建立的燃气具气质适应域测试实验系统上，我们选择常用的、典型家用燃气灶具，进行了大量实验测试，得出了明晰、直观的燃气具气质适应域区间，为燃气具燃烧性能、设计质量的改进和功能提升，提供了重要的基础数据。

图18～图25是在某3个企业送检的6台双眼灶上，测得的气质适应域图形。我们可以明确地对各燃气具适应基准燃气组分变化的能力进行计算和量化。

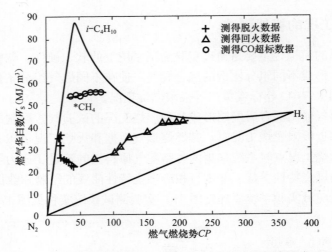

图 18　某公司 B809C 型燃气灶气质适应域图（3.8kW，左眼）

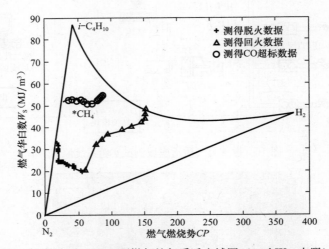

图 19　某公司 B808D 型燃气灶气质适应域图（4.0kW，右眼）

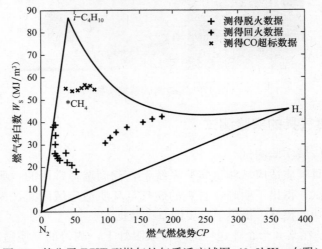

图 20　某公司 FCIT 型燃气灶气质适应域图（3.8kW，右眼）

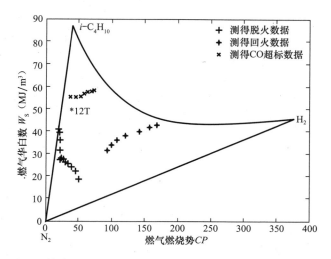

图 21　某公司 FCIG 型燃气灶气质适应域图（3.0kW，右眼）

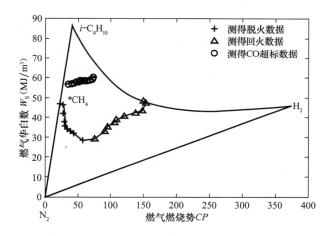

图 22　某公司 6B02 型燃具（左眼 3.5kW）气质适应域区间

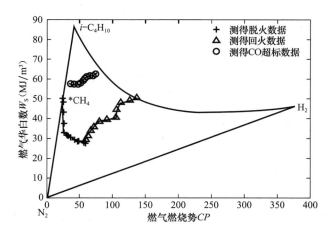

图 23　某公司 6B02 型燃具（右眼 4.0kW）气质适应域区间

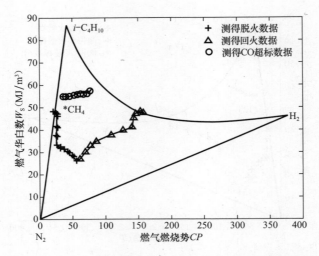

图 24 某公司 7G02 型燃具（左眼 3.5kW）气质适应域区间

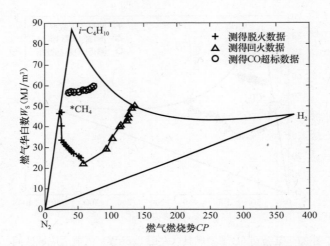

图 25 某公司 7G02 型燃具（右眼 4.0kW）气质适应域区间

（2）实验数据分析基于实验测试数据，分析和计算各燃气具适应燃气组分变化的范围。具体数据见表 2。

典型家用燃气具的气质适应域测试参数与运行工况数据表 表 2

序号	燃具型号	进风方式	额定热负荷（kW）	燃气类别代号	燃具适应气质变化的范围（%）
1	B809C	上进风	3.8	12T	$\dfrac{53.72-50.73}{50.73}\times100\%=5.89$
2	B808D	上进风	4.0	12T	$\dfrac{51.30-50.73}{50.73}\times100\%=1.12$
3	FC1T	上进风	3.8	12T	$\dfrac{54.12-50.73}{50.73}\times100\%=6.68$
4	FC1G	上进风	3.8	12T	$\dfrac{55.08-50.73}{50.73}\times100\%=8.57$

序号	燃具型号	进风方式	额定热负荷（kW）	燃气类别代号	燃具适应气质变化的范围（%）
5	6B02	上进风	3.5	12T	$\frac{56.64-50.73}{50.73}\times100\%=11.65$
6	6B02	上进风	4.0	12T	$\frac{57.40-50.73}{50.73}\times100\%=13.15$
7	7G02	上进风	3.5	12T	$\frac{54.89-50.73}{50.73}\times100\%=8.20$
8	7G02	上进风	4.0	12T	$\frac{56.81-50.73}{50.73}\times100\%=11.99$

由表 2 可以看出，B808D 型测试燃具适应燃气气质变化的范围最小为 1.12%，而 6B02 型测试的燃气具实验燃气气质变化的范围最大，为 13.15%。

4 结语

（1）提出了燃气具气质适应域的确定方法。对于家用燃气具，可以用燃气的华白数 W_s、燃气燃烧势 CP 两个燃烧特性参数，在直角坐标系中，以脱火、回火、CO 超标等极限工况参数值围成的封闭区域，和基准燃气在域内的位置，来定义和评价燃气具的燃烧性能。

（2）确定了表征燃气具气质适应性的关键特性参数。在表征燃具的脱火、回火、CO 超标或黄焰等极限燃烧工况时，选择燃气的华白数与燃烧势两个关键特性参数，可以描述大气式燃气具的气质适应性。

（3）建立了燃气具气质适应域测试系统。探索建立了燃气具气质适应域测试实验系统，形成了燃气气质适应性测试实验技术。该系统可通过动态、高精度的自动配气装置和燃具气质适应域测试装置，基于配气控制与燃具燃烧工况测试控制软件，实现燃气具各种燃烧工况的模拟测试。

（4）进行了针对性的燃气具测试实验。在建立的燃气具气质适应域测试实验系统上，选择常用典型燃气灶具，进行了实验测试，得出了明晰、直观的燃气具气质适应域区间，可以明确地对各燃气具适应基准燃气组分变化的能力进行计算和量化评价。

（5）可以形成燃气具气质适应性测试的技术平台。建立了燃气具气质适应域的实验确定方法与路线，设计了燃气具气质适应性实验测试系统与装置，形成了完整的技术实施平台，为燃气具燃烧性能、设计质量的改进和功能提升，提供了重要的测控手段和基础数据。

参考文献

[1] 项友谦，王启，等著. 天然气燃烧过程与应用手册［M］. 北京：中国建筑工业出版社，2008

[2] NGC＋Interchangeability Work Group. White Paper on Natural Gas Interchangeability and Non-Combustion End Use［R］. NGC＋Interchangeability Work Group，February 28，2005，2-15

[3] 王启，高文学，赵自军. 多气源供应的城市燃气互换性方法研究［C］. 2011 年中国燃气新技术、新设备高端学术推广交流会论文集，2011 年 4 月于张家界

[4]　高文学. 城市燃气互换性理论及应用研究 [D]. 天津大学博士学位论文，2010.06，87-127

[5]　高文学，王启，赵自军. 燃气试验配气的实践与研究 [J]. 煤气与热力，2008，28（11）：B31-35

[6]　金志刚，王启. 燃气检测技术手册 [M]. 北京：中国建筑工业出版社，2011

[7]　同济大学，重庆建筑大学，哈尔滨建筑大学，等. 燃气燃烧与应用（第三版）[M]. 北京：中国建筑工业出版社，2000

[8]　高文学，王启，陈冠益. 基于互换性原理的生物质燃气的配制 [J]. 太阳能学报，2009，30（12）：1704-1708

[9]　王启，高文学. 城市燃气气源配置与多气源互换性 [C]. 第 3 届中国城市燃气论坛论文集，2010 年 12 月于深圳，126-133

[10]　GAO Wenxue，WANG Qi，CHEN Guanyi，ZHAO Zijun. Experimental determination and research on combustion characteristics domain of gas appliance [J]. Journal of Harbin Institute of Technology（New Series），Vol. 18，No. 1，2011，77-80

沼气火焰稳定性极限的实验研究[*]

秦朝葵，戴万能

（同济大学机械工程学院）

摘　要：本实验研究了部分预混沼气火焰在参比燃烧器（RTB）上的稳定性极限。使用管道天然气掺混 CO_2 配制了 6 种不同比例的混合气以模拟 CO_2 体积分数为 $30\%\sim45\%$ 的沼气，在不同火孔直径和火孔出口未燃气流温度下进行了一系列实验，绘制了相应的火焰稳定性极限曲线。结果表明：当沼气组分、火孔直径和未燃混合气流温度不同时，沼气火焰具有相似的离焰和黄焰极限曲线。当火孔热强度和一次空气系数都较小时，会发生火焰"飘离"火孔的现象。离焰极限随火孔直径和混合气流温度的增加而增大，随 CO_2 含量的增加而减小。黄焰极限随火孔直径、混合气流温度的增大而减小，随 CO_2 含量增大而增大。离焰曲线在半对数坐标上显示为直线，其截距随沼气中 CO_2 含量的增加而减小，随火孔直径的增大而增大，其斜率随混合气流温度的增加而轻微增加。

关键词：沼气；火焰稳定性；参比燃烧器

1　引言

　　近年来，随着化石燃料的消耗，从垃圾填埋场、农业废弃物等获得的可再生能源得到了很大发展[1]。在我国政府的资金支持下，沼气（BG）作为一种重要的可再生能源，在我国农村地区得到了广泛的应用，发展规模居世界前列[2]。截至 2009 年，已建成 3500 万口沼气池，年产气 124 亿 m³[3]。预计到 2020 年，沼气用户达 3 亿人，年产气量将突破 300 亿 m³[4]。

　　长期以来，农村沼气主要直接用作家庭加热，火焰特性与气源组成密切相关。而实际使用的沼气组分含量受发酵原料种类、原料配比、pH 值、发酵时间和发酵温度等众多因素影响，变化范围较大[5-9]。研究沼气火焰的稳定性对于有效利用沼气具有重要意义[1]。

　　以往对 CO_2 作为燃料稀释剂的研究，大多数 CO_2 含量比沼气中要低得多[10-12]。Lee 等[13,14]研究了垃圾填埋气及其与液化石油气的掺混气的火焰传播速度。然而对于在家用和商用领域中最为常见的部分预混沼气火焰特性的研究报道较少。本文希望通过对部分预混式沼气火焰的实验研究，能对沼气燃烧器的设计制造提供指导，以适应环保和能效标准的要求。

---

* 选自中国土木工程学会燃气分会应用专业委员会 2011 年会 p12-p17

2 实验方案

2.1 试验用气

本试验用天然气代替 CH_4，按不同体积比例与 CO_2 掺混来模拟 CO_2 体积分数在30%～45%范围内的沼气。表1列出了试验用气的组成和特性参数。试验用空气由空气压缩机产生，在试验测试过程中，对配制的沼气间歇取样进行气相色谱分析，沼气中水蒸气含量由相对湿度计测得。BG下标表示沼气中 CO_2 所占的体积百分比。HV 为低热值，WI 为华白数，CP 为燃烧势。

试验用气的组成和特性参数　　　　　　　　　　表1

组分	BG_{52}	BG_{56}	BG_{57}	BG_{60}	BG_{63}	BG_{68}
CH_4（%）	49.1	53.6	53.5	54.7	58.7	63.5
C_2H_6（%）	1.98	1.21	1.83	2.36	2.44	2.29
C_3H_8（%）	0.40	0.25	0.32	0.56	0.56	0.48
$i\text{-}C_4H_{10}$（%）	0.08	0.10	0.26	0.54	0.33	0.20
$n\text{-}C_4H_{10}$（%）	0.06	0.09	0.33	0.59	0.38	0.20
C_5H_{12}（%）	0.02	0.01	0.03	0.03	0.03	0.02
CO_2（%）	44.1	40.1	41.5	38.8	33.3	28.8
N_2（%）	0.86	0.77	1.22	0.84	1.06	1.36
H_2O（%）	3.4	3.9	1.0	1.6	3.2	3.2
HV（MJ/m^3）	18.4	19.4	20.3	21.9	22.8	23.9
WI（MJ/m^3）	20.4	22.0	22.7	24.7	26.5	28.5
CP	16.4	17.6	17.9	19.2	21.0	22.8

2.2 实验装置

图1为配气系统和沼气燃烧器性能试验台示意图。图2为参比燃烧器。试验前先计算

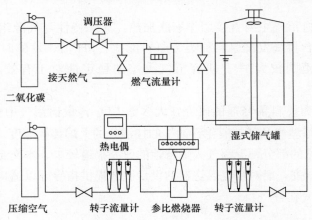

图1　配气系统和沼气燃烧器性能试验台示意图

配制目标沼气所需的天然气与 CO_2 的体积，然后使用同一个流量计分别计量，送入湿式储气罐（$5m^3$），通过内置风机的搅拌使各组分混合均匀。为防止 CO_2 气体溶于储气罐内的水而使沼气成分发生变化，在储罐内筒中加入 8L 密封油作为水、气隔绝层。

图 2　参比燃烧器（RTB）

本研究使用两个参比燃烧器（RTB）测试沼气火焰的离焰、黄焰和回火曲线，一个燃烧器有 42 个直径 3mm 的水平火孔，另一个有 15 个直径 5mm 的水平火孔。试验使用调压器和针型阀调节沼气和一次空气流量，使用两组转子流量计进行计量。为保证准确度，转子流量计均使用 0.5 级标准皂膜流量计或 0.2 级湿式气体流量计进行校准。火孔出口气流温度由 3 支热电偶测得。

2.3　试验步骤

研究部分预混火焰的稳定极限，首先应调整沼气和空气的比例使火焰稳定于火孔上。本试验参照美国燃气协会（AGA）的方法来判定火焰状态[15]。保持沼气流量不变，逐步增加一次空气流量直到 1/4 的火孔出现离焰现象，记录下此时的沼气和空气流量。然后在不同的沼气流量下重复此步骤得到沼气的离焰曲线；保持沼气流量不变，逐步减小一次空气量，直到内焰顶部刚好出现黄色焰尖（若稍微增大空气量则黄焰消失），记录下此时的沼气和空气流量。然后在不同的沼气流量下重复此步骤得到沼气的黄焰曲线；回火曲线则是通过同时减小沼气和空气流量直至火焰回缩到燃烧器内部得到。每一根稳定性极限曲线都在某一固定的出口气流温度下进行绘制。

3　结果与讨论

3.1　沼气的稳定性极限

当沼气发热量较低时，在气流出口温度低于 300℃ 的条件下其火焰很难稳定。图 3 为不同组分含量的沼气在直径为 3mm，未燃混合气体出口温度为 300℃ 时的火焰稳定性极限图。横轴为一次空气系数，定义为一次空气量除以理论空气量；纵轴为火孔热强度，定义为热流量除以火孔总面积。图 4 为不同组分含量沼气的离焰线。

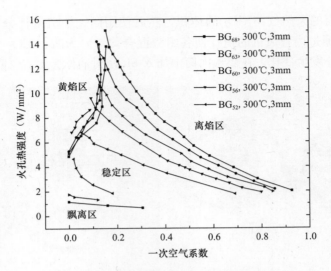

图 3 不同组分含量沼气的火焰稳定性图

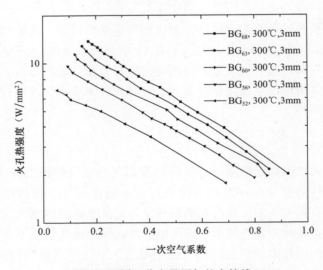

图 4 不同组分含量沼气的离焰线

图 3 显示,黄焰极限出现在一次空气系数较小时,而离焰曲线出现在一次空气系数和火孔热强度较大时。与常见的城市燃气不同,实验中没有观察到沼气的回火现象。然而,当一次空气系数和火孔热强度较小时,会出现火焰的"飘离"现象。虽然都是火焰根部脱离火孔,但与离焰时火焰硬而明亮不同,"飘离"火焰软而黯淡,且没有内焰。我们认为这种不典型的不稳定工况是由于较低的火焰传播速度导致。

图 3 表明,随着沼气中 CO_2 体积分数的增加,离焰曲线明显向左下方移动,表示了离焰极限的降低和稳定性区域的减小。当一次空气系数为 0.2 时,沼气中 CO_2 体积分数从 29% 增加到 44% 时,不发生离焰的最大火孔热强度从 12W/mm² 降低到 5W/mm²。随着 CO_2 体积分数的增加,黄焰极限轻微向左移动,意味着发生黄焰的可能性更小。对于 BG52 试验中没有观察到黄焰现象。随着 CO_2 体积分数的增加,"飘离"极限向上移动,显

示出更大的"飘离"倾向。试验结果表明，沼气火焰稳定区域随 CO_2 体积分数的增加而减小。

CO_2 会降低沼气的燃烧速度，减小火焰稳定性区域[14]，因此离焰成为沼气火焰最常发生的不稳定现象。如果将不同组分含量沼气的离焰曲线绘制在半对数坐标上，各条曲线则显示为一组平行的直线，如图 4 所示。其通用方程可表示为：

$$\log q = A\alpha + B$$

式中　q——火孔热强度，W/mm^2；

　　　　α——一次空气系数；

　　　　A——直线斜率，由实验数据得到的拟合值为—1.01；

　　　　B——直线截距。

3.2　混合气流温度的影响

图 5 示出了 BG_{57} 在混合气流温度为 $250℃$、$200℃$ 和 $150℃$ 时的稳定极限曲线。由图可见，沼气火焰稳定性受到未燃混合气体温度的影响。随着混合物温度的升高，离焰线向右上方移动，离焰极限增加，说明火焰发生离焰的风险减小。产生这种现象的原因在于火焰的传播速度随可燃气体温度的增加而增大，在同样的可燃混合气流速下，火焰更容易稳定于火孔上而不被"吹出"。随气流温度的增加，黄焰极限曲线轻微右移，但变化不大。"飘离"线随气流温度的升高而向下移动，稳定性区域增大。图 5 说明随着混合气体温度的升高，火焰的稳定性范围增大，更容易形成稳定的部分预混沼气火焰。

图 6 示出了 BG_{57} 在预混气流温度为 $250℃$、$200℃$ 和 $150℃$，在半对数坐标上绘制的离焰极限曲线。由图可见不同气流温度的离焰线也在一条直线上，但斜率略有不同。$250℃$、$200℃$ 和 $150℃$ 时的离焰线斜率分别为：—1.07，—1.08，—1.21。由 3.1，气流温度为 $300℃$ 时斜率为—1.01，可见随着气流温度的降低，半对数坐标上离焰线斜率轻微减小。

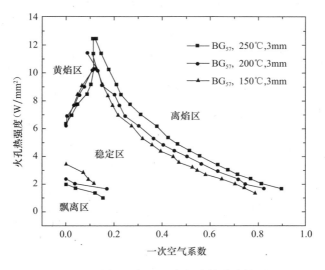

图 5　不同出口气流温度的火焰稳定性图

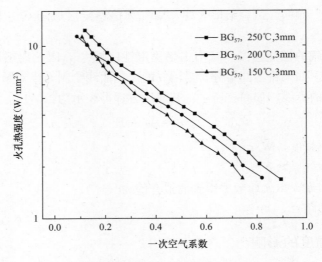

图 6　不同出口气流温度的离焰线

3.3　火孔大小的影响

图 7 示出了 BG_{57} 在火孔直径为 3mm 和 5mm 的燃烧器上的稳定性极限曲线，出口气流温度为 150℃。由图可见孔径对沼气的稳定性影响较大。随着孔径的增大，离焰线向左上方移动，离焰极限增加。说明大孔径的燃烧器有助于防止离焰，原因可能在于小口径火孔的冷却效应降低了火焰传播速度，增加了离焰可能性。随着孔径的增大，黄焰线向右移动，说明更容易出现黄焰。单个火焰体积的增加加剧了二次空气供应的困难，也降低了火焰的散热速度，导致了黄焰更容易出现。由图 7 可见，使用 5mm 火孔时，随着火孔热强度的增加，出现黄焰时的一次空气系数趋近于某一常数。当火孔热强度大于 $8W/mm^2$ 时，一次空气系数约为 0.17。

不同孔径还可能导致不稳定工况的种类的变化。如图 7 所示，BG_{57} 在 5mm 火孔上没

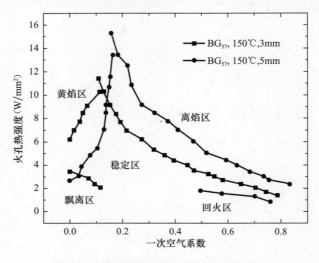

图 7　不同直径火孔的火焰稳定性图

有"飘离"线，但却出现了回火线，这意味着当火孔热强度较小时，沼气在大火孔上可能回火而不会"飘离"。回火发生在火孔热强度低于 $2W/mm^2$，而一次空气系数大于 0.48 时。图 7 显示，使用大直径的水平火孔可以增大沼气的稳定性范围，特别是提高其离焰极限。

在半对数坐标上，不同孔径的离焰线仍为平行的直线，但截距却随孔径的增大而增大，如图 8 所示。

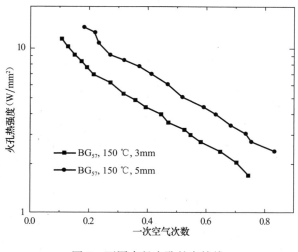

图 8　不同直径火孔的离焰线

4　结论

本文实验研究了沼气在具有水平火孔的参比燃烧器上的部分预混火焰稳定性。试验中，制备了 6 种不同组分的沼气以模拟二氧化碳含量为 30％～45％ 的沼气，使用了 3mm 和 5mm 火孔直径的参比燃烧器，在不同的预混气流温度下进行了测试，得到如下结论：

（1）当沼气组分、火孔直径和未燃混合气流温度不同时，沼气火焰具有相似的离焰和黄焰极限曲线。离焰极限随一次空气系数的增加而降低。相反地，黄焰极限随一次空气系数的增大而增加。

（2）在相同的火孔大小和气流温度下，随着沼气中二氧化碳含量的增加，沼气离焰极限降低，而黄焰极限增大。当火孔热强度和一次空气系数都较低时，可能出现火焰"飘离"火孔的情况，且"飘离"极限随一次空气系数的增加而降低，随二氧化碳含量增加而增大。

（3）在相同的沼气组分和火孔大小下，随着未燃混合气流温度的升高，沼气离焰极限增加，黄焰极限降低，"飘离"极限也降低。

（4）在相同的沼气组分和混合气流温度下，随着火孔直径的增加，沼气火焰离焰极限增大，黄焰极限降低。随着火孔热强度的增大，黄焰极限趋近于一条垂直于 x 轴的直线。"飘离"工况可能随着火孔的增大而消失，同时可能在一次空气系数较大时出现回火现象。

（5）当火孔热强度采用对数坐标时，离焰极限可用直线来表示。当混合气体温度一定时，离焰线表示为一组平行的直线，其截距随沼气中二氧化碳含量的增加而减小，随火孔直径的增大而增大。当沼气组分和火孔大小一定时，离焰线的斜率随着混合气流温度的升高轻微增加。

参考文献

[1] Leung T．，Wierzba I．，"The effect of hydrogen addition on biogas non-premixed jet flame stability in a co-flowing air stream"，International Journal of Hydrogen Energy [J]．33，3856-3862（2008）

[2] 中华人民共和国农业部．农业生物质能产业发展规划（2007～2015 年）[Z]．北京：2007

[3] 屠云璋，吴兆流．沼气行业 2010 年发展报告 [EB/OL]．http://wenku. baidu. com/view/1155ccaad1f34693 daef3ebe. html，2010

[4] 中华人民共和国国家发展和改革委员会．可再生能源中长期发展规划 [Z]．北京：2007

[5] 赵洪，邓功成，高礼安，等．pH 值对沼气产气量的影响 [J]．安徽农业科学，2008，36（19）：8216-8217

[6] 刘荣厚，郝元元，叶子良，等．沼气发酵工艺参数对沼气及沼液成分影响的实验研究 [J]．农业工程学报，2006，22（增1）：85-88

[7] 刘战广，朱洪光，王彪，等．粪草比对干式厌氧发酵产沼气效果的影响 [J]．农业工程学报，2009，25（4）：196-200

[8] 宋立，邓良伟，尹勇，等．羊、鸭、兔粪厌氧消化产沼气潜力与特性 [J]．农业工程学报，2010，26（10）：277-282

[9] Lehtom K A，Huttunen S，Rintala J，"Laboratory investigations on co-digestion of energy crops and crop residues with cow manure for methane production：Effect of crop to manure ratio"，Resources，Conservation and Recycling [J]．51（3），591-609（2007）

[10] Kalghatgi G. T．，Blow-out stability of gaseous jet diffusion flames. Part I：In still air，Combustion Science and Technology [J]．26，233-239（1981）

[11] Chao Y. -C．，Wu C. -Y．，Lee K. -Y．，et al，Effects of dilution on blowout limits of turbulent jet flames，Combustion Science and Technology [J]．176，1735-1753（2004）

[12] Karbassi，M．，Stability limits of non-premixed flames，Ph. D. thesis [D]，University of Calgary，1997

[13] Lee CE，Oh CB，Jung IS，et al，A study on the determination of burning velocities of LFG and LFG-mixed fuels，Fuel [J]．81，1679-1686（2002）

[14] Lee C．，Hwang C，An experimental study on the flame stability of LFG and LFG-mixed fuels，Fuel [J]．86，649-655（2007）

[15] American Gas Association，Interchangeability of other fuel gases with natural gas，American Gas Association research bulletin No. 36 [R]，1946，Cleveland

基于 CDF 的管翅式热交换器结构数值分析[*]

邓海燕，刘　兵，潘桂荣，向　熹，仇明贵

（广东万家乐燃气具有限公司）

摘　要：文章从流体力学和传热学理论出发，分析燃气热水器翅片管热交换器的传热过程，并利用计算流体力学（CFD）对高温烟气的流动、烟气与翅片的对流换热和翅片表面传热进行数值分析，根据数值模拟结果对热交换器结构优化，以此达到提高热交换器的换热效率。

关键词：热交换器，翅片，对流换热系数，网络划分，CFD，CFX

1　引言

热交换器是决定燃气热水器热效率的核心部件。要提高燃气热水器热效率的首要工作是提高热交换器的换热能力。然而，热交换器内部的换热过程十分复杂，不仅涉及烟气、翅片与水之间的传热过程，还会影响着整机的烟气排放。目前对热交换器的研究多停留在理论计算与实验相结合的方法上，该方法优点是理论结合实际，但无法直观分析各换热过程，且存在计算工作量大、研究周期长、耗资大等不足。

在计算机技术和湍流理论发展成熟的今天，计算流体力学（简称 CFD）已广泛运用于家电产品开发中，特别是解决有关流体流动和传热方面的问题。运用 CFD 对传热过程的分析，不但可以减少了计算工作量、缩短产品开发周期、降低设计成本，而且能够准确判断结构设计的优劣，并反过来指导结构设计。为准确、直观分析热交换器内烟气、翅片与水之间的传热过程，现引入 CFD 对翅片表面烟气流线、压力以及翅片表面温度等进行数值分析，达到优化热交换器结构、强化其换热的目的。

2　热交换器基本原理

2.1　传热过程

燃气热水器热交换器传热过程是热量由翅片壁面一侧的流体（高温烟气）通过壁面传到传热管内流体（水）的过程。传热过程中的热量 ϕ 由以下牛顿冷却公式确定：

$$\phi = K \cdot F \cdot \Delta t \tag{1}$$

从式（1）可以看出，要增大换热量有 3 种途径：增大传热系数 K；增大传热面积 F；

＊ 选自中国土木工程学会燃气分会应用专业委员会 2011 年会论文集 p49-p55

增大传热温差 Δt。

增大传热面积，意味着增加成本，不是有效的途径；当燃气的热值和耗气量一定时，传热温差几乎保持一定。因此，增大换热量最有效的方法是提高传热系数。

2.2 传热系数

燃气热水器多采用管翅式换热器换热，若以光面为计算基准面的传热系数 K 为：

$$K = \cfrac{1}{\cfrac{1}{\alpha_1} + \cfrac{\delta}{\lambda} + \cfrac{1}{\beta\alpha_2}} \tag{2}$$

式中 α_1——水流与传热管壁对流换热系数；W/(m² · K)；

       δ——传热管壁厚；m

       λ——铜管导热系数；W/(m · K)

       β——肋化系数，肋面面积 F_2 与光面面积 F_1 的比值，即 $\beta = F_2/F_1$，由于 $F_2 > F_1$，$\beta > 1$；

       α_2——烟气与翅片的对流换热系数；W/(m² · K)。

由于壁厚 δ 很小，而铜的导热系数 λ 较大，则 δ/λ 可以忽略不计。式（2）可简化为：

$$K = \cfrac{1}{\cfrac{1}{\alpha_1} + \cfrac{1}{\beta\alpha_2}}$$

当 $\alpha_1 = \beta\alpha_2$ 时，传热系数 K 达到最大值，此时换热达到最佳效果。

综上分析，当两侧换热系数 α_1 和 α_2 相差较大时，可针对换热系数小的一侧采取强化换热措施效果更为显著。由于烟气侧表面换热系数远小于表面水侧换热系数，因此，最有效提高传热系数的方法是强化翅片与烟气侧的换热。

2.3 强化换热

对流换热即流体流过固体壁面时由于流体和固体表面的温度差所导致的热量交换现象。对流换热系数是指单位面积，单位温差、单位时间的对流换热量。它是衡量流固之间换热能力大小的一个过程量。

根据前面分析，强化翅片与烟气侧的换热即是提高烟气与翅片表面的对流换热系数。翅片表面平均对流换热系数可近似按下式计算：

$$\alpha_2 = 0.664 \times \frac{\lambda}{l} \times Re^{1/2} \times Pr^{1/3} \tag{3}$$

式中 α_2——烟气侧对流换热系数，W/(m² · K)，反映烟气与翅片的换热能力；

       λ——烟气的导热系数，W/(m · K)，反映烟气导热能力大小；

       Pr——普朗特数，反映流体物性对换热影响；

       Re——雷诺数；反映烟气流动状况对换热影响；

       l——流体的特征长度，m。

当烟气导热系数 λ、普朗特数 Pr 一定时，增大雷诺数 Re 或减小流体特征长度 l 可以提高烟气侧对流换热系数，来达到强化翅片换热的目的。

通过上述分析，翅片对流换热的强化主要机理在于如何破坏或减薄流体边界层，以及如何增强流体的扰动。因此，将对烟气流线、压力分布、紊流状况进行重点分析，通过优化翅片结构来改变或调整对烟气流线分布和压力分布，尽可能使翅片表面温度分布均匀，避免高温区出现。下面运用 CFD 对烟气的流线、压力及翅片表面温度进行数值分析。

3　翅片结构数值分析

3.1　CFD 分析概述

　　CFD 基本思想：把时间域及空间域上连续的物理现象的场，如速度场、压力场、温度场，用一系列有限个离散点上的变量值的集合代替，通过一定的原则和方式建立起关于这些离散点上场变量之间关系的代数方程组，然后求解代数方程组获得变量的近似值。CFD 涉及的物理方程有质量守恒方程、动量守恒方程、能量守恒方程。

　　CFD 的求解步骤如图 1。

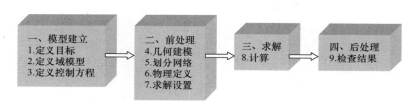

图 1　CFD 流固仿真流程图

3.2　模型建立

　　本文分析的对象为烟气流体与翅片的对流换热以及翅片表面温度分布。高温烟气为流体域，翅片为固体域，建立流体域与固体域之间的流固耦合仿真模型。由于模型中涉及到流体流动、对流换热、传热等过程，则所用到控制方程有：质量守恒方程、动量守恒方程、能量守恒方程。考虑到烟气流动为湍流，且与翅片接触面存在边界层。因此，选用标准 $k-\varepsilon$ 两方程模型。该模型在三基本控制方程上增加湍动能 k 方程和湍动耗散率 ε 方程。

3.3　几何模型及网络划分

　　图 2 是某集热器三维实体图，运用 Pro/Engineer 进行几何建模。为减少计算仿真工作量，考虑到各翅片及翅片周围烟气具有同向性，因此，文章选择对单片翅片和周围高温烟气进行分析。

　　网格划分就是把模型分成很多小的单元，是数值分析的载体，网格质量对有限元分析计算精度和计算效率有重要的影响。本文利用 ANSYS ICEM 软件对烟气流体和翅片进行网络划分。图 3 是对翅片和烟气采用六面体网络划分，在传热管附近和翅片与烟气交接面采用边界层划分，适当提高烟气流体单元密度，来提高计算精度。并定义烟气进口、出口、流固交接面以便后面进行 CFD 边界条件定义。

3.4　材料、域和边界定义

　　定义各域的材料参数见表 1。

图 2　集热器三维实体图

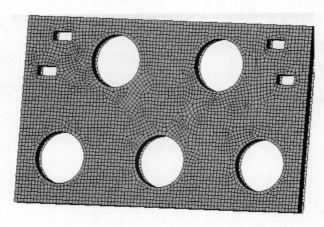

图 3　翅片和烟气的六面体网络划分图

材料参数　　　　　　　　　　　　　　　　　　　　　　　　　　表 1

材料名称	导热系数 λ［W/(m·K)］·	动力黏度 ν（$10^6 m^2/s$）	普朗特数
铜	395	—	—
烟气	8.5×10^{-2}	107	0.6

定义流体边界条件参数见表 2。

流体边界条件参数　　　　　　　　　　　　　　　　　　　　　表 2

进口	出口	流固交接面
速度：1.2m/s	压力 30Pa	P 流换热系数 47.5
温度：1300℃	温度：145℃	—

3.5　求解设置、求解

在离散空间上建立了离散化的代数方程组，并施加离散化的初始条件和边界条件后，还需要给定流体的物理参数和湍流模型的经验系数等。同时，给定迭代计算的控制精度、瞬态问题的时间步长和输出频率。在完成上述参数定义后，进入 CFX-SOLVER 进行求解。

3.6 计算结果分析

通过上述求解过程得出各计算点上的解后，需要通过适当的手段将整个计算域上的结果表示出来。在 CFX 的后处理中，有线值图、矢量图、等值线图、流线图、云图等方式对计算结果进行表示。

在本例中，运用流线图对烟气的流线进行描述，运用云图对烟气压力及翅片表面温度进行描述，根据各仿真分析图对翅片结构和烟气进行分析如下。

（1）流线分析

图 4 是高温烟气流线分布图，据图 4 分析可知：1）在传热管背侧出现烟气流线空白区域，说明该部分没有烟气流动（或流动较小），即在该位置存在烟气涡流区。2）烟气流线在传热管周围分布较密，说明该部位湍流程度较高，在该位置换热系数大。3）翻边孔正上方无烟气流过，该部分换热量很少。

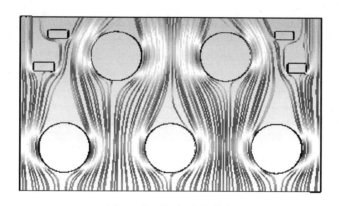

图 4　高温烟气流线分布

（2）压力分析

图 5 是翅片间隙烟气流体的压力分布图，据图分析可知：1）在传热管正下方出现烟气高压区，说明该区域烟气的流动阻力较大，即圆管对烟气流阻较大；2）圆形传热管的上方也出现高压区，该位置由于烟气尾迹效应形成烟气涡流，引起该部分压力较高；同时涡流增大了烟气阻力。

（3）翅片温度分析

图 6 是翅片表面温度分布云图，据图分析：1）在传热管周围热流分布最密，即在该区域温度梯度最大，换热效果最为强烈；2）集热片顶部左右两侧温度较高，该区域有烟气流过，但该区域离传热管距离较远，传热较慢引温度较高。在传热管周围翅片表面温度相对较低，即离传热管越近，换热越充分。

3.7 翅片结构优化

根据 2.6 节的 CFD 分析，圆形传热管上方烟气流动较少，在该区易形成烟气涡流，

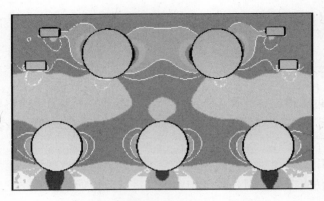

图5　翅片间隙烟气流体的压力分布图

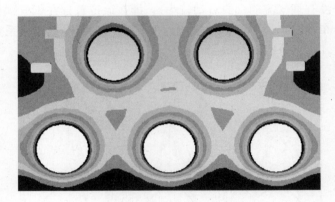

图6　翅片表面温度分布云图

且引起烟气流动阻力大；在圆形管的来流区出现烟气压力较高，该位置烟气流动阻力较大；因此，提出运用椭圆管来进行换热，减少烟气流动阻力，增强传热管正上方翅片的换热。

根据上一节对温度的分析，离传热管越近，传热效率越高；翅片顶部两侧因离传热管较远而产生高温区。为烟气尽可能均匀地从翅片周围通过，同时减小翻边孔上方换热不充分的区域。现去掉翅片左右两侧的死角，使烟气尽可能从传热管周围通过。

根据上述两点的分析，对翅片结构进行优化，采用椭圆管换热，翅片顶部两侧死角去掉且翻边，翅片顶部中间翻边孔。

（1）改进后流线分布

图7为改进后的集热片的烟气流线分布图，据图分析：1）烟气流线分布更加均匀，传热管背面的涡流区减少，烟气流动阻力减小，且换热面积间接增加；2）烟气流动的湍流程度增加，即烟气与翅片的对流换热效果增强。

（2）翅片温度分析

图8为改进后的翅片表面温度分布云图，据图分析：1）翅片顶部两侧高温区消失，翅片表面温度下降，提高了烟气与翅片的换热能力；2）采用椭圆管增加了传热管与翅片的接触面积，从而增大了传热系数；3）传热管周围的热流密度更大，传热效率越高。

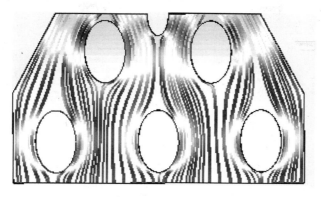

图 7　改进后的集热片的烟气流线分布图

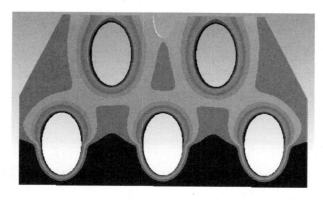

图 8　改进后的翅片表面温度分布图云图

4　结论

根据上述的流线分析、压力分析以及温度分析，得出以下结论：

（1）使用圆形传热管会增大烟气流动阻力，引起传热管上方翅片换热较差，采用椭圆管换热可以减少烟气流动阻力；

（2）使烟气流线均匀分布于翅片表面，避免烟气流线突变，产生涡流区，来提高有效换热面积，强化翅片换热；

（3）翅片表面局部高温不利于烟气与翅片对流换热，因此，传热管的形状和排布应使翅片表面温度分布均匀，即翅片上各边缘处距传热管的距离相差不大。

参考文献

[1]　夏昭知. 燃气热水器［M］. 重庆：重庆大学出版社，2002

[2]　王秋旺. 传热学［M. 西安：西安交通大学出版社，2001

[3]　于勇. FLUENT 入门与进阶教程［M］. 北京：北京理工大学出版社，2008

[4]　王福军. 计算流体动力学分析［M］. 北京：清华大学出版社，2004

[5]　陶文铨. 数值传热学（第一版）［M］. 西安：西安交通大学出版社，1998

浓淡比与一次空气系数对 NO_x 排放的研究[*]

代先锋

（广东万和新电气股份有限公司）

摘 要：对燃气热水器使用双引射口的平行气流浓淡燃烧器上进行了不同浓淡比和不同一次空气系数的燃烧实验，通过改变从双引射口进入燃烧器的不同燃料比值，一次空气系数等实验工况，以分析在两者之间不同的比值相互作用对双引射口的平行气流浓淡燃烧器燃烧过程中 NO_x 生成量的影响规律。

关键词：浓淡燃烧器；浓淡比；一次空气系数；NO_x

1 引言

　　城市空气（尤其是室内空气）主要污染物之一的氮氧化物危害已经越来越引起人们的警觉。在室外，汽车尾气是氮氧化物的主要来源；在室内，氮氧化物主要来自各种燃气用具，产生于烹饪和取暖过程中燃料的燃烧。氮氧化物 NO_x 是一切氮的氧化物的总称，包括一氧化氮（NO），二氧化氮（NO_2）和氧化亚氮（N_2O）等，燃烧装置排放的 $NO_x90\%$ 以上是 NO，故在各种研究中 NO_x 的生成机理主要是针对 NO。按生成机理不同，可将 NO 生成分为热力型（T-NO）、快速型（P-NO）、燃料型（F-NO）氮氧化物。民用燃气具燃烧产生的氮氧化物主要是热力型（T-NO）、快速型（P-NO）的。

　　目前，降低 NO_x 排放量的主要技术有：分级燃烧、浓淡燃烧、烟气再循环和各种低 NO_x 燃烧器等技术。浓淡燃烧的基本原理是使一部分燃气在空气不足的条件下燃烧，即燃料过"浓"燃烧，而另一部分燃气在空气过多的条件下燃烧，即燃料"淡"燃烧。两种情况下的燃气和空气当量比都偏离燃烧反应的理论当量比，浓火焰中氧浓度较低，一次燃烧温度较在化学当量比时低，能降低氮氧化物的生成；而淡火焰中氧浓度高，但空气的过量也会使一次燃烧温度降低，从而降低氮氧化物的生成，最终使得燃烧的总氮氧化物减少。

　　浓淡燃烧技术在燃气热水器上应用较为广泛。特别在日本，市场上近 70% 以上的产品采用该结构。根据各厂家设计结构的特点，大致可分为以下两大类：一种是浓淡对冲燃烧方式，该方式中浓火焰气流与淡火焰气流成一定角度相对冲燃烧；另外一种是浓淡平行燃烧方式，该方式中浓火焰气流与淡火焰气流相互平行。而该方式中又分为分体式和整体式。整体式中又包含单引射口和双引射口两种方式。

---

[*] 选自中国土木工程学会燃气分会应用专业委员会 2012 年会论文集 p27-p32

尽管浓淡燃烧的原理已为人们所知，然而，由于影响热水器燃烧过程的因素很多，因此，如何在热水器中通过浓淡燃烧方式来实现高效低 NO_x 的排放一直是燃烧学研究的重要课题。本文对使用在燃气热水器上的双引射口平行气流浓淡燃烧器进行了 NO_x 生成量的实验研究，研究了燃料的浓淡比与一次空气系数对 NO_x 排放量的影响规律。

2 试验装置

浓淡燃烧试验装置见图 1。

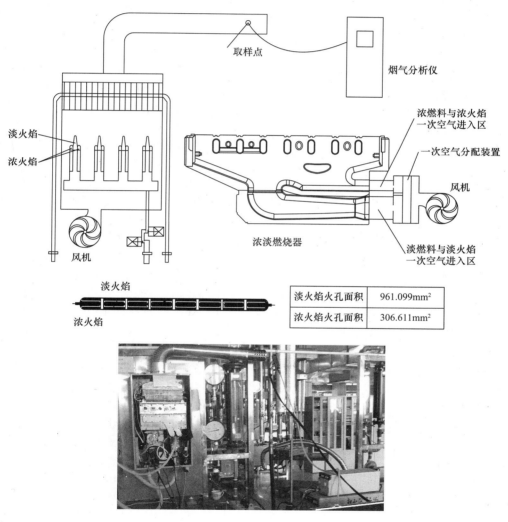

淡火焰火孔面积	961.099mm²
浓火焰火孔面积	306.611mm²

图 1 浓淡燃烧试验装置

3 试验结果及分析

实验得出不同条件 NO_x 生成量的规律如下。

（1）浓淡比为 1：9 时，改变一次空气系数对 NO_x 生成量的影响规律见图 2。

（2）浓淡比为 2：8 时，改变一次空气系数对 NO_x 生成量的影响规律见图 3。

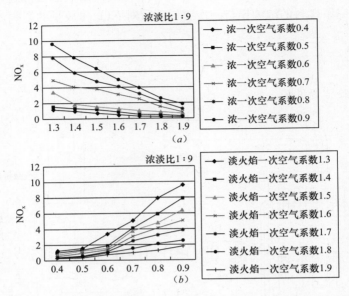

图 2　浓淡比为 1：9 时，改变一次空气系数对 NO_x 生成量的影响规律
（a）淡火焰一次空气系数；（b）浓火焰一次空气系数

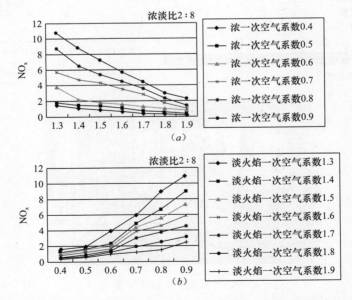

图 3　浓淡比为 2：8 时，改变一次空气系数对 NO_x 生成量的影响规律
（a）淡火焰一次空气系数；（b）浓火焰一次空气系数

（3）浓淡比为 3：7 时，改变一次空气系数对 NO_x 生成量的影响规律见图 4。

（4）浓淡比为 4：6 时，改变一次空气系数对 NO_x 生成量的影响规律见图 5。

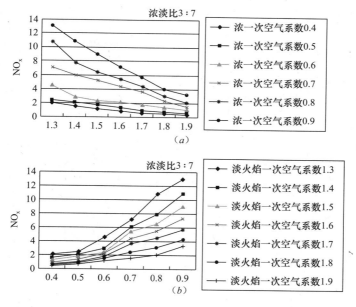

图 4　浓淡比为 3∶7 时，改变一次空气系数对 NO_x 生成量的影响规律
(a) 淡火焰一次空气系数；(b) 浓火焰一次空气系数

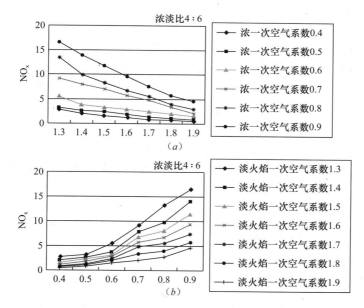

图 5　浓淡比为 4∶6 时，改变一次空气系数对 NO_x 生成量的影响规律
(a) 淡火焰一次空气系；(b) 浓火焰一次空气系数

（5）浓淡比为 5∶5 时，改变一次空气系数对 NO_x 生成量的影响规律见图 6。
（6）浓淡比为 6∶4 时，改变一次空气系数对 NO_x 生成量的影响规律见图 7。
（7）浓淡比为 7∶3 时，改变一次空气系数对 NO_x 生成量的影响规律见图 8。

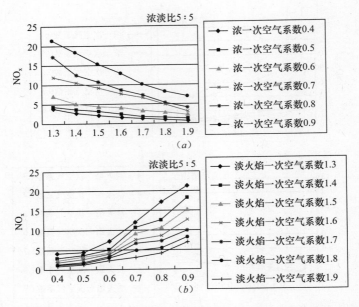

图 6　浓淡比为 5∶5 时，改变一次空气系数对 NO_x 生成量的影响规律
(a) 淡火焰一次空气系数；(b) 浓火焰一次空气系数

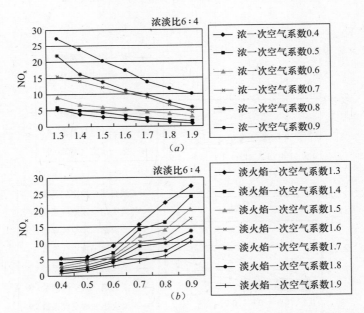

图 7　浓淡比为 6∶4 时，改变一次空气系数对 NO_x 生成量的影响规律·
(a) 淡火焰一次空气系数；(b) 浓火焰一次空气系数

（8）相同浓火焰一次空气系数，不同浓淡比时一次空气系数改变对 NO_x 生成量的影响规律见图 9。

（9）相同一次空气系数和不同的浓淡比时浓火焰一次空气系数的改变对 NO_x 生成量的影响规律见图 10。

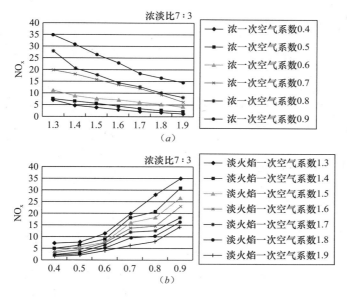

图 8　浓淡比为 7：3 时，改变一次空气系数对 NO_x 生成量的影响规律

(a) 淡火焰一次空气系数；(b) 浓火焰一次空气系数

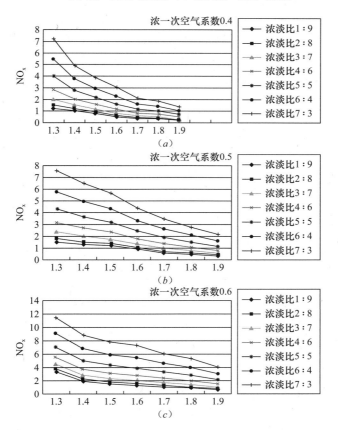

图 9　不同浓淡比时一次空气系数改变对 NO_x 生成量的影响规律（一）

(a) 淡火焰一次空气系数；(b) 淡火焰一次空气系数；(c) 淡火焰一次空气系数

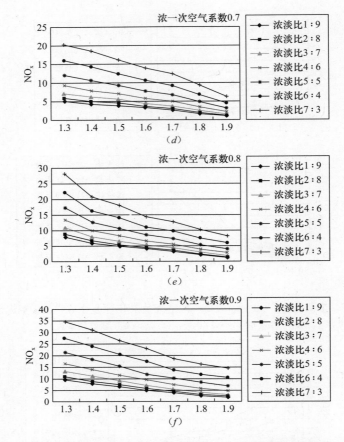

图 9　不同浓淡比时一次空气系数改变对 NO_x 生成量的影响规律（二）

（d）淡火焰一次空气系数；（e）淡火焰一次空气系数；（f）淡火焰一次空气系数

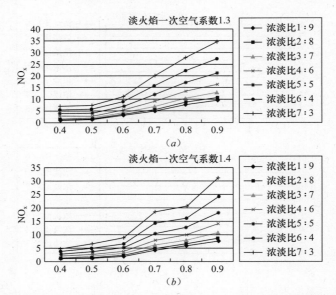

图 10　相同一次空气系数和不同的浓淡比时浓火焰一次空气系数的改变对 NO_x 生成量的影响规律（一）

（a）浓火焰一次空气系数；（b）浓火焰一次空气系数

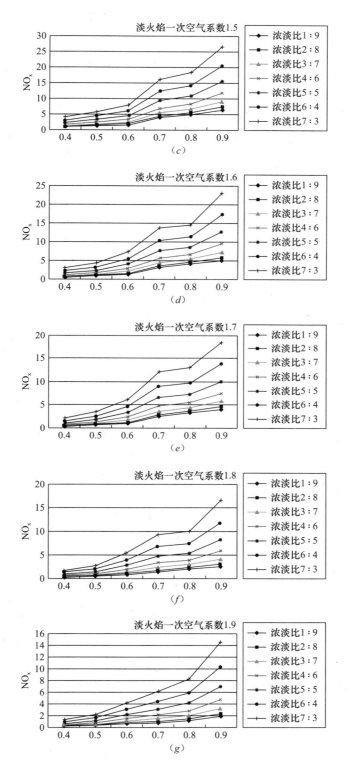

图 10 相同一次空气系数和不同的浓淡比时浓火焰一次空气系数的改变对 NO_x 生成量的影响规律（二）

（c）浓火焰一次空气系数；（d）浓火焰一次空气系数；（e）浓火焰一次空气系数；

（f）浓火焰一次空气系数；（g）浓火焰一次空气系数

4   结论

（1）在相同的浓淡比的情况下，NO_x 的生成量会随着淡火焰的一次空气系数的增大而减速变小，随着浓火焰的一次空气系数的增大而加速增大，说明淡火焰的一次空气系数越高、浓火焰的一次空气系数越低，NO_x 的生成量越少。

（2）在相同的浓火焰的一次空气系数情况下，NO_x 的生成量会随着浓淡比的增大而受淡火焰一次空气系数的增大有减速变小趋势，但在实验的过程中，还出现因浓淡比过小，淡火焰燃料含量过低，难以点火燃烧及离焰脱火等现象；并且也在淡火焰的一次空气系数过高时，造成火孔出口速度过大，形成离焰脱火等不完全燃烧，CO 含量也会剧增。

（3）在相同的淡火焰的一次空气系数情况下，NO_x 的生成量会随着浓淡比的增大而受浓火焰一次空气系数的增大有减速变大趋势。但在实验的过程中，还出现因浓火焰一次空气系数过低，造成氧含量不足，形成不完全燃烧，CO 含量增加，并且火焰的稳定性差。

（4）通过数据分析比较，降低 NO_x 的生成量主要由淡火焰来完成，稳焰主要由浓火焰来控制，但随着浓淡比例的接近，各自作用被淡化。因此在设计与使用此类浓淡燃烧器时，即要兼顾 NO_x 和 CO 的生成量，还必须选取适宜的浓淡比和一次空气系数。

参考文献

[1] 同济大学等主编. 燃气燃烧与应用 [M]. 北京：中国建筑工业出版社，2001

[2] 杨庆泉等. 低 NO_x 燃烧技术 [M]. 上海：同济大学出版社，2001

[3] 孙晖，周庆芳，全惠君，杨庆泉. 浓淡燃烧组合火焰 NO_x 生成因素的正交模拟分析 [C]. 中国土木工程学会燃气分会应用专业委员会 2005 年会论文集，193-198

[4] 徐德明，朱桂平，丁晓敏. 低空气系数浓淡燃烧器的试验研究 [C]. 中国土木工程学会燃气分会应用专业委员会 2009 年会论文集

[5] 傅忠诚. 低 NO_x 燃气燃烧技术的研究 [J]. 煤气与热力，1990（2）

[6] 方琼. 水平浓淡燃烧技术的研究与应用 [D]. 武汉大学硕士学位论文，2005

[7] 郭文儒. 低 NO_x 燃烧技术及应用 [J]. 工业炉，2007（1）

[8] 唐志国，朱全利，唐必光，贾祥. 空气分级燃烧降低 NO_x 排放的实验研究 [J]. 电站系统工程，2003（5）

[9] 藤原宣彦，富田英夫，毛立群. 燃烧装置 [P]. 发明专利（ZL 专利号 01131380. 3）松下电器产业株式会社

[10] 低 NO_x 技术在燃气热水器上的应用 [DB]. http://www.baidu.com/.

城镇燃气分类和基本特性的研究[*]

王　启[1,2]，高文学[1,2]，高　勇[2]

（1. 国家燃气用具质量监督检验中心；2. 中国市政工程华北设计研究总院）

摘　要：根据我国燃气现状和国际相关标准发展趋势，对《城镇燃气分类和基本特性》GB 13611—2006 标准的关键内容和资料性附录进行探讨，并对其中的燃气类别和特性指标控制参数进行了研究，提出了一些想法和建议，供修订时参考。建议将我国燃气划分为 6 大类，二甲醚纯气、液化气混空气、沼气单列归类；并采用燃气华白数、热值国际通用指标，对燃气进行分类和特性鉴别。同时实验研究认为，燃气互换性与燃气具燃烧方式有关；建议以 CH_4、H_2、N_2 三组分，配制人工煤气；以甲烷为主，采用甲烷、氮气、（商品）丙烷或丁烷，配制天然气。

关键词：城镇燃气；燃气分类；基本特性；燃气标准

1　分类标准

参照美国、俄罗斯、欧盟等国家和地区关于燃气分类的定义和标准，结合我国燃气现状和未来发展趋势，对我国城镇燃气分类进行研究。

我国《城镇燃气分类和基本特性》GB/T 13611—2006 对于规范城镇燃气的生产、输配、计量、应用等各个环节，对于应用设备的制造与检测等起了重要的作用[1]。鉴于目前我国城镇燃气气源变化较大，应该对之进行修订，根据我国城镇燃气的气源情况和应用要求，根据"气质变化大的要限定，气质变化不大的可不限定"的原则，建议修订如下：

（1）针对城镇燃气，以燃气的华白数 W、热值 H、相对密度 d 等国际通用参数，进行类别划分和参数限定。

（2）城镇燃气分为 6 大类：

1）人工煤气，包括 3R、4R、5R、6R、7R。

2）天然气，包括 3T、4T、10T、12T、13T。

3）液化石油气，包括 19Y、20Y、22Y。

4）液化气混空气，包括液化气混空气（以配制 12T 天然气为主）。

5）二甲醚。

6）沼气，即原 6T 天然气。

（3）如果上述燃气组分需要掺混使用时，凡掺混组分之间的性能变化很小的参数可不限定，性能变化大的参数必须进行限定。

---

[*]　选自中国土木工程学会燃气分会应用专业委员会 2013 年会论文集 p171-181

城镇燃气的类别及特性指标，应符合表1的规定。

2 标准修订要解决的几个关键问题

2.1 关键问题

标准修订要解决的几个关键性问题，可以作为附录，主要包括3部分：

（1）燃气互换性与燃气具气质适应性

1）对于大气式燃烧方式，采用控制燃气的华白数 W、燃烧势 CP（也可称为燃烧内焰指数）、黄焰指数 I_j（也可称为烃类组分指数），来进行燃气的配气和互换性研究。

2）对于完全预混燃烧方式，采用控制燃气的华白数 W、热值 H 两个参数，进行燃气的配气和互换性研究。

3）要研究黄焰指数公式，是采用美国 AGA 的，还是法国德尔布的，哪一个适用性更好。

城镇燃气的类别及特性指标（15℃，101.325kPa，干） 表 1

序号	类别		高华白数 W_s(MJ/m³)		高热值 H_s(MJ/m³)		相对密度 d	
			标准	范围	标准	范围	标准	范围
1	人工煤气 R	3R 水煤气改制气	13.71	12.62～14.66	9.44	9.16～10.37	13.71	12.62～14.66
		4R 两段炉气	17.78	16.38～19.03	10.78	10.37～11.98	17.78	16.38～19.03
		5R 混合煤气	21.57	19.81～23.17	13.71	13.45～15.25	21.57	19.81～23.17
		6R 直立炉气	25.69	23.85～27.95	15.33	15.33～17.25	25.69	23.85～27.95
		7R 焦炉气	31.00	28.57～33.12	17.46	17.07～19.59	31.00	28.57～33.12
2	天然气 T	3T 矿井气	13.28	12.22～14.35	12.28	10.18～13.19	13.28	12.22～14.35
		4T 矿井气	17.13	15.75～18.54	15.49	12.67～16.62	17.13	15.75～18.54
		10T 气田气	41.52	39.06～44.84	32.49	30.98～36.92	41.52	39.06～44.84
		12T 气田气	50.73	45.67～54.78	37.78	31.87～45.30	50.73	45.67～54.78
		13T 油田伴生气、LNG	53.86	51.36～55.67	43.57	38.94～47.04	53.86	51.36～55.67
3	液化石油气 Y	19Y 商品丙烷	76.84	72.86～76.84	95.65	88.52～95.65	76.84	72.86～76.84
		20Y 商品丙-丁烷混合物	87.53	81.83～87.53	126.21	88.52～126.21	87.53	81.83～87.53
		22Y 商品丁烷	79.64	72.86～87.53	103.29	88.52～126.21	79.64	72.86～87.53
4	液化气混空气 YK	12YK 液化石油气-空气	50.74	43.34～57.44	59.91	50.79～73.20	50.74	43.34～57.44
5	二甲醚 E	12E 二甲醚气	47.45	48.88～64.52	59.87	43.87～51.23	47.45	48.88～64.52
6	沼气 Z	6Z 沼气	23.35	21.76～25.01	20.18	18.13～21.42	23.35	21.76～25.01

（2）试验用配气

以 CH_4、H_2、N_2 三组分，配制人工煤气。

对于常规天然气，以甲烷为主，取消氢气组分，采用甲烷、氮气、（商品）丙烷或丁烷进行配制；对于标准中规定的回火界限气，采用甲烷、氢气、（商品）丙烷或丁烷等进行配制。

（3）点燃式发动机燃料的燃烧特性

（见《车用压缩天然气》GB 18047—2000）

对于点燃式发动机燃料的燃烧方式，如燃气发动机，采用燃气的华白数 W、甲烷值 MN 来表述燃烧特性。

针对以上 3 个问题，阐述如下。

2.2 燃气互换性与燃气具气质适应性

根据燃气用具的燃烧方式不同，主要是大气式燃烧方式及完全预混燃烧方式的燃气具，可采用不同的燃烧特性指数，对其燃烧工况、燃烧性能及烟气排放等指标进行分析研究。

目前已经进行的燃气互换性方面的研究工作包括：（1）针对大气式、完全预混两种不同燃烧方式的燃气具，采用不同燃气燃烧特性参数组合，进行基于燃烧工况及性能等效的试验配气[2-5]。（2）实验采用实际燃气及常规三组分配气，分别进行燃气具燃烧性能研究，确定燃气具气质适应性。

2.2.1 大气式燃烧方式燃气具

针对大气式燃烧方式的燃气具，如家用燃气灶具、家用燃气热水器等，采用控制燃气的华白数 W、燃烧势 CP、黄焰指数 I_j 三个指数，进行等效配气和实验测试。已经完成的实验工作包括：采用华白数 W、燃烧势 CP 两个指数及华白数 W、燃烧势 CP、黄焰指数 I_j 三个指数，分别对燃气具的热负荷、燃烧工况、烟气排放指标进行了燃气互换性的研究，确定采用控制燃气的华白数 W、燃烧势 CP、黄焰指数 I_j 三个指数比控制华白数 W、燃烧势 CP 两个指数进行配气更接近于基准气的性质，这部分的研究详见文献[2,3,6-12]。

为此，项目组补充进行了燃气互换性指数的对比实验。具体思路是，进行三组实验：

（1）基于华白数 W_s、燃烧势 CP 两个指数配制试验气以替代基准气，分别对人工煤气灶、天然气灶、液化气灶、大气式热水器的燃烧工况、性能、烟气排放、热负荷、热效率等指标进行综合测试，得出各种对比数据。

（2）基于华白数 W_s、燃烧势 CP、黄焰指数 I_j 三个指数，配制试验气，进行上述（1）步骤的实验，做基准气和配制试验气的对比测试。

（3）基于燃气的华白数 W_s、热值 H 两个指数，对基准气仍进行等效互换的实验配气，对（1）步骤中的大气式燃气具进行同样测试，得出各种对比数据。

根据实验结果，得出实验结论：对于大气式燃气具，采用控制燃气华白数 W_s、燃烧势 CP、黄焰指数 I_j 三个关键指标，基于等效互换的原理，配制试验气时，其测试结果更接近于基准气[8-11]。

2.2.2 完全预混燃烧方式的燃气具

以冷凝式壁挂炉为代表的完全预混燃烧方式的燃气具，其燃烧性质与大气式燃气具不同，采用的互换性控制参数也不相同，基于大气式燃烧方式得出的互换性控制指标，不一定能够用于控制该类燃具的燃烧。此处的理论计算和分析详见[5]。在随后的近一年时间，我们选取了燃气-空气等压、燃气恒压调节方式的完全预混燃烧的冷凝式壁挂炉，以 12T 天然气为基准气，采用常规的丁烷、氢气、氮气三组分原料气，选取控制燃气的（1）华白数 W_s、热值 H_i；（2）华白数 W_s、燃烧势 CP；（3）华白数 W_s、理论空气需要量 V_0；（4）理论空气需要量 V_0、燃气火焰传播速度 S_n；（5）热值 H_i、燃气火焰传播速度 S_n 等 5 种参数组合，进行了等效互换的实验配气和气质适应性的测试。其实验过程和数据见[5]。

实验结论得知：对于完全预混燃烧方式的燃气具，采用控制燃气的华白数 W、热值 H 两个关键指标，基于等效互换的原理，配制试验气时，其结果更接近于基准气。

由此我们可以选择：进行燃气互换性和燃气具的气质适应性研究，针对大气式燃气具，采用控制燃气的华白数 W、燃烧势 CP、黄焰指数 I_j（也可叫烃类组分指数）三个关键指标，来进行燃气的配气和互换性研究。而对于完全预混式燃气具，采用控制燃气的华白数 W、热值 H 两个关键指标进行燃气的配气和互换性研究。

2.2.3 关键的燃气互换性参数及公式

由上面的实验和研究分析，我们选取了燃气的几个关键指标，如燃气的华白数 W、燃烧势 CP、黄焰指数 I_j、热值 H、相对密度 d，进行燃气分类、燃气互换性和燃气具气质适应性研究，其参数定义和指数公式表示方式，需要明确。根据近几年的调查和反馈，行业内针对燃气华白数 W、燃气热值 H、燃气相对密度 d 三个指数定义及公式表达，已无异议[13]。现主要针对燃气的燃烧势 CP 及黄焰指数公式，进行说明。

（1）燃气华白数 W

目前，国际上通常将燃气的华白数 W 作为燃气互换性研究和判断的第一类关键参数，如美国的 NGC＋互换性工作组于 2005 年 2 月 28 日出版发布的白皮书——《White Paper on Natural Gas Interchangeability and Non-Combustion End Use》[14]，欧洲天然气能源交易合理化协会（EASEE-gas）于 2005 年 2 月 3 日批准发布的《Common Business Practice》等指导性文件和资料，并给出了华白数 W 的基准值和波动范围，以指导本国或本地区的天然气贸易、应用的实践[15]。

对于不同种类的燃气，由于组分的不同，给出一定的校正系数，得出校正华白数。校正华白数的公式为[17]：

$$W' = K_1 K_2 \times \frac{H}{\sqrt{d}} \tag{1}$$

式中　H——燃气高热值，MJ/m^3；

　　d——燃气相对密度；

　K_1——校正系数；

　　　第一族　人工煤气的校正系数 K_1，与燃气中的 H_2、C_nH_m 和 CO_2 的体积百分含量有关；第二族天然气的校正系数 K_1，与燃气中除 CH_4 以外与 C_nH_m 的高热值有关。

　K_2——校正系数；

　　　第一族　人工煤气的校正系数 K_2，与燃气中的含氧量有关；

　　　第二族　天然气的校正系数 K_2，与燃气中的 CO、O_2 和 CO_2 的含量有关。

（2）燃气燃烧势 CP

1）德尔布燃烧势 CP 公式

燃气燃烧势定义及计算式由法国德尔布博士提出，定义与公式表述最早见于《燃气火焰的稳定与燃气互换性》一书[16]，较为完整的表述见《燃气工程技术手册》，书中"法国燃气互换性判定方法"一节，分第一族燃气（指人工煤气）、第二族燃气（指天然气）对燃气的互换性进行了阐述，采用校正华白数 W'、燃烧势 CP 作为判定的两个参数，并以 W'-CP 坐标系上的曲线图来表示燃气允许互换的范围。燃烧势公式为[17]：

$$CP = u \times \frac{H_2 + 0.3 y_{CH_4} + 0.7 y_{CO} + \nu \Sigma a y_{C_nH_m}}{\sqrt{d}} \tag{2}$$

式中　u——修正系数；

第一族　人工煤气的系数 u，与含氧量及含氢量有关的系数；

第二族　天然气的系数 u，仅与含氧量有关。

v——修正系数；

第一族　人工煤气的系数 a，与含氢量有关的系数；

第二族　天然气的系数 a，取决于校正华白数 W' 值。

a——相应于每种碳氢化合物的系数；

y_{H_2}——燃气中氢气的体积分数，%；

y_{CH_4}——燃气中甲烷的体积分数，%；

y_{CO}——燃气中一氧化碳的体积分数含量，%；

$y_{C_nH_m}$——燃气中轻烃的体积分数，%。

2）国标燃烧势 CP 公式

虽然德尔布通过制作的控制燃烧器，考虑到组分、黏度等因素的影响，进行了校正华白数和燃烧势公式的确定。但由于德尔布给出的燃烧势公式，需要进行修正系数 u、v、a等的确定，需要根据不同族燃气查询各自的图表，过程复杂繁琐，使用很不方便；为此国家标准《城镇燃气分类》GB/T 13611—1992 及《城镇燃气分类和基本特性》GB/T 13611—2006 就采用了简化的燃烧势公式，同时考虑了燃气中含氧量对该指数的影响。为企业和燃气公司能够方便快捷地进行相关燃烧特性指数的计算提供了理论支持。国标燃烧势 CP 公式为[1]：

$$CP = K \times \frac{1.0y_{H_2} + 0.6 \times (y_{C_mH_n} + y_{CO}) + 0.3y_{CH_4}}{\sqrt{d}} \tag{3}$$

$$K = 1 + 0.0054 \times y_{O_2}^2 \tag{4}$$

式中　K——系数；

y_{O_2}——燃气中氧气的体积分数，%；

各符号表示意义同式（2）。

3）指数对比分析

燃烧势指数由法国的德尔布提出，我国引入并修改采用[1,18,19]。

按照德尔布提出的以校正华白数、燃烧势指数公式，与我国标准《城镇燃气分类和基本特性》GB 13611—2006 采用的华白数及简化德尔布公式，对标准中的试验气进行对比计算分析，其结果见表2、表3。

人工煤气不同指数表达公式时的数值偏差对比　　　　表2

类别	实验气	体积分数（%）	校正高华白数-高华白数偏差（%）	校正低华白数-低华白数偏差（%）	德尔布燃烧势-简化燃烧势偏差（%）	备注
人工煤气	3R	0	CH₄=8.7，H₂=50.9，N₂=40.4	−5.12%	−5.13%	0.00%	
		1	CH₄=12.7，H₂=46.1，N₂=41.2	−4.90%	−4.90%	0.00%	
		2	CH₄=6.6，H₂=55.1，N₂=38.3	−5.33%	−5.33%	0.00%	
		3	CH₄=16.1，H₂=31.7，N₂=52.2	−4.00%	−4.00%	0.00%	
	4R	0	CH₄=8.4，H₂=62.9，N₂=28.7	−5.88%	−5.88%	0.00%	
		1	CH₄=13.3，H₂=57.5，N₂=29.2	−5.47%	−5.47%	0.00%	

类别	实验气		体积分数/%	校正高华白数-高华白数偏差（%）	校正低华白数-低华白数偏差（%）	德尔布燃烧势-简化燃烧势偏差（%）	备注
人工煤气	4R	2	$CH_4=5.9$，$H_2=67.3$，$N_2=26.8$	-6.39%	-6.39%	0.00%	
		3	$CH_4=18.1$，$H_2=41.3$，$N_2=40.6$	-4.66%	-4.66%	0.00%	
	5R	0	$CH_4=19$，$H_2=54$，$N_2=27$	-5.27%	-5.27%	0.00%	
		1	$CH_4=25$，$H_2=48$，$N_2=27$	-4.99%	-4.99%	0.00%	
		2	$CH_4=18$，$H_2=55$，$N_2=27$	-5.33%	-5.33%	0.00%	
		3	$CH_4=29$，$H_2=32$，$N_2=39$	-4.03%	-4.03%	0.00%	
	6R	0	$CH_4=22$，$H_2=58$，$N_2=20$	-5.50%	-5.50%	0.00%	
		1	$CH_4=29$，$H_2=52$，$N_2=19$	-5.18%	-5.18%	0.00%	
		2	$CH_4=22$，$H_2=59$，$N_2=19$	-5.57%	-5.57%	0.00%	
		3	$CH_4=34$，$H_2=35$，$N_2=31$	-4.26%	-4.26%	0.00%	
	7R	0	$CH_4=27$，$H_2=60$，$N_2=13$	-5.64%	-5.67%	0.00%	
		1	$CH_4=34$，$H_2=54$，$N_2=12$	-5.27%	-5.27%	0.00%	
		2	$CH_4=25$，$H_2=63$，$N_2=12$	-5.89%	-5.89%	0.00%	
		3	$CH_4=40$，$H_2=37$，$N_2=23$	-4.40%	-4.40%	0.00%	

天然气不同指数表达公式时的数值偏差对比　　　　　表3

类别	实验气		体积分数（%）	校正高华白数-高华白数偏差（%）	校正低华白数-低华白数偏差（%）	德尔布燃烧势-简化燃烧势偏差（%）	备注
天然气	3T	0	$CH_4=32.5$，$air=67.5$	-29.11%	-29.11%	16.60%	燃烧势修正采用人工煤气类
		1	$CH_4=34.9$，$air=65.1$	-26.00%	-26.00%	19.63%	燃烧势修正采用人工煤气类
		2	$CH_4=16$，$H_2=34.2$，$N_2=49.8$	0.07%	0.07%	0.00%	燃烧势修正采用人工煤气类
		3	$CH_4=30.1$，$air=69.9$	-35.45%	-35.44%	13.46%	燃烧势修正采用人工煤气类
	4T	0	$CH_4=41$，$air=59$	-19.90%	-19.91%	26.84%	燃烧势修正采用人工煤气类
		1	$CH_4=44$，$air=56$	-17.25%	-17.25%	25.03%	燃烧势修正采用人工煤气类
		2	$CH_4=22$，$H_2=36$，$N_2=42$	0.07%	0.07%	0.00%	燃烧势修正采用人工煤气类
		3	$CH_4=38$，$air=62$	-22.80%	-22.80%	23.38%	燃烧势修正采用人工煤气类
	6T	0	$CH_4=53.4$，$N_2=46.6$	0.07%	0.07%	0.00%	燃烧势修正采用人工煤气类
		1	$CH_4=56.7$，$N_2=43.3$	0.07%	0.07%	0.00%	燃烧势修正采用人工煤气类

类别	实验气	体积分数（%）	校正高华白数-高华白数偏差（%）	校正低华白数-低华白数偏差（%）	德尔布燃烧势-简化燃烧势偏差（%）	备注
天然气	6T	2	$CH_4=41.3$，$H_2=20.9$，$N_2=37.8$	0.07%	0.07%	0.00%	燃烧势修正采用人工煤气类
		3	$CH_4=50.2$，$N_2=49.8$	0.07%	0.07%	0.00%	燃烧势修正采用人工煤气
	10T	0，2	$CH_4=86$，$N_2=14$	0.07%	0.07%	−0.30%	采用天然气类系、指数
		1	$CH_4=80$，$C_3H_8=7$，$N_2=13$	1.14%	1.14%	7.88%	采用天然气类
		3	$CH_4=82$，$N_2=18$	0.07%	0.07%	−0.30%	采用天然气类
	12T	0	$CH_4=100$	0.07%	0.07%	−0.30%	采用天然气类
		1	$CH_4=87$，$C_3H_8=13$	1.88%	1.88%	1.89%	采用天然气类
		2	$CH_4=77$，$H_2=23$	0.07%	0.07%	−0.30%	采用天然气类
		3	$CH_4=92.5$，$N_2=7.5$	0.07%	0.07%	−0.30%	采用天然气类

对比分析发现：

① 对于人工煤气

由于其主要组分为 CH_4、H_2、N_2，其校正华白数和华白数的偏差在 5% 左右，数值在 −4.0%～−6.39% 之间；而燃烧势参数，没有偏差，即国标的燃烧势公式和德尔布的复杂燃烧势公式其计算结果一致。

② 对于天然气

3T、4T 为矿井气，其气质组分不能满足德尔布提出的参照第二族天然气时的 u、v、a 系数的范围，燃烧势的部分修正系数查表时需采用人工煤气类表格，其偏差较大；由于矿井气中氧气组分的存在，使校正华白数的系数 K_2 普遍小于 1，而降低了校正华白数值，使其与华白数相比处于负偏差，其高校正华白数偏差一般为 0.07%～29.11%，其燃烧势偏差为 0～26.84%。

6T 天然气为沼气，一般为 CH_4、H_2、CO、N_2 或 CO_2 组分混合物，热值较低，故参照人工煤气的燃烧势系数图表，可得高校正华白数与华白数的偏差为 0.07%，燃烧势采用两个公式无计算偏差。

对于 10T 及 12T 天然气，气质组分符合德尔布的系数要求，其指数变化较小，高校正华白数与华白数偏差为 0.07%～1.88%，燃烧势偏差为 −0.3%～1.9%，其影响可以忽略。

③ 小结

综上，为了避免查表麻烦、难以普及与计算复杂化，建议采用国际通用的华白数指数公式和以前国标提出的简化的燃烧势公式进行燃气的互换性判断和燃气具气质适应性研究。

4）"燃烧内焰指数"引用可行性

由于《城镇燃气分类和基本特性》GB/T 13611—2006 中提及的燃烧势公式，来源于最初德尔布燃烧势的概念和表述，但是又与之不同，为区别起见，我们可以称之为"燃烧内焰指数"。

在我们课题组的研究中，针对大气式燃气灶具，我们进行了如华白数 W_s-热值 H_s、华白数 W_s-相对密度 d、华白数 W_s-火焰传播速度 S_n、华白数 W_s-燃烧势 CP 等不同燃烧特性参数组合的气质适应性研究，通过可追溯的实验，以系统配制的极限脱火气、极限回火气和 CO 超标界限气，对燃气具进行相应燃烧工况测试，经测试结果分析，实验提出了以燃气的华白数 W、燃烧势（或称燃烧内焰指数）CP 来反映和评价燃气具的气质适应域。具体内容可参考文献[8]。

（3）黄焰指数公式

目前已有的针对燃气黄焰指数的公式，一共有 3 个，美国 AGA 提出的黄焰指数 I_Y、韦弗提出的黄焰指数 J_Y，及法国德尔布博士提出的黄焰指数 I_j[20,21,17]。其具体表述形式如下：

1）AGA 黄焰指数 I_Y

美国燃气协会（AGA）针对热值大于 $29.88\mathrm{MJ/m^3}$（$800\mathrm{Btu/scf}$）燃气互换性进行了研究，提出了离焰、回火和黄焰三个互换性指数表达式。以后的研究发现，上述互换性指数对热值低于 $29.88\mathrm{MJ/m^3}$ 的燃气也有一定的适用性。黄焰指数 I_Y 公式为[20]：

$$I_Y = \frac{f_s \alpha_a}{f_a \alpha_{sa}} \times \frac{\alpha'_{y,a}}{\alpha'_{y,s}} \tag{5}$$

$$f = 1000 \times \frac{\sqrt{d}}{H_2} \tag{6}$$

$$\alpha = \frac{105 V_0}{H_s} \tag{7}$$

$$\alpha'_y = \frac{T_1 r_1 + t_2 r_2}{V_0 + 7(I) - 26.3 y_{O_2}} \tag{8}$$

式中　　f——一次空气因数；

α——燃气完全燃烧每释放 105kJ（100Btu）热量所消耗的理论空气量，$\mathrm{m^3/kJ}$；

α'_y——某热负荷下的黄焰极限一次空气系数；

下标 a，s——分别表示基准气和置换气；

d——燃气相对密度；

H_s——燃气的高热值，$\mathrm{kJ/m^3}$；

V_0——燃气完全燃烧所需理论空气量，$\mathrm{m^3/m^3}$；

T_1、T_2——燃气中各单一气体为消除黄焰所需的最小空气量，$\mathrm{m^3/kJ}$；

r_1、r_2——各单一气体的体积组分；

I——燃气中氮和二氧化碳的体积组分；

y_{O_2}——燃气中氧气的体积组分。

2）韦弗黄焰指数 J_Y

韦弗指数是表征燃气置换时燃烧不正常现象相对倾向性的近似表达式，部分由理论推导而成，部分由以前的实验研究得来。考虑了热负荷、空气引射量、回火、脱火、CO 生成和黄焰等六个指数。其中，黄焰指数 J_Y 公式为[21]：

$$J_Y = J_A + \frac{N_s - N_a}{110} - 1 \qquad\qquad (9)$$

空气引射指数 J_A 公式为：

$$J_A = \frac{V_{Oa}}{V_{Os}} \times \sqrt{\frac{d_a}{d_s}} \qquad\qquad (10)$$

式中　N——每 100 个燃气分子中燃烧时易析出的碳原子数，假设每个饱和烃分子有一个
　　　　碳原子。

当 $J_Y = 0$ 时，表示两种燃气的黄焰倾向无差别。

3）德尔布黄焰指数公式

德尔布提出了黄焰指数，以说明出现黄焰，与壁面接触时会积碳的燃烧现象。表达式
如下[17]：

第一族人工煤气的黄焰指数公式为：

$$I_j = \left(1 + 0.314 \times \frac{y_{O_2}}{y_{H_2}}\right) \times \frac{\Sigma jA}{\sqrt{d}} \qquad\qquad (11)$$

第二族天然气的黄焰指数公式为：

$$I_j = \left(1 + 0.4187 \times \frac{y_{O_2}}{y_{H_2}}\right) \times \frac{\Sigma jA}{\sqrt{d}} \qquad\qquad (12)$$

式中　j——燃气中烃类化合物的系数，CH_4 为 1；C_2H_6 为 2.85；C_3H_8 为 4.8；C_4H_{10} 为
　　　　6.8；C_5H_{12} 为 8.8；

　　　A——燃气中的烃类化合物的体积分数，%；

　　　d——燃气相对密度；

　　　y_{H_2}——燃气中氢气的体积分数，%；

　　　y_{O_2}——燃气中氧气体积分数含量，%。

针对液化石油气族燃气，由于液化气中不含氧气组分，其黄焰指数可直接用式（13）
表示：

$$I_j = \frac{\Sigma jA}{\sqrt{d}} \qquad\qquad (13)$$

4）"烃类组分指数"引用可行性

考虑到公式的统一性和通用性，可以将人工煤气、天然气、液化石油气这三族燃气的
黄焰指数公式进行统一，如采用式（13）表达式，并将该指数定义为烃类组分指数，以说
明燃气中含有甲烷等烃类组分时对燃气具燃烧性能所造成的影响。

其中，其他一些烃类组分的系数 j 分别为：C_2H_2 为 2.40；C_2H_4 为 2.65；C_3H_6 为
4.80；C_4H_8 为 6.80；C_6H_6 为 20。

2.3　试验用配气

采用 CH_4、H_2、N_2 三组分，可以配制人工煤气；对于常规天然气，以甲烷为主，取
消氢气组分，采用甲烷、氮气、（商品）丙烷或丁烷进行配制；对于标准中规定的天然气
回火界限气，采用甲烷、氢气、（商品）丙烷或丁烷等进行配制。

2.3.1 配气方法

《燃气检测技术手册》（2011年版）第8章"城镇燃气互换性、分类及配气"中给出了以 CH_4、H_2、N_2、C_3H_8（或 C_4H_{10}）等单一气体组分为原料气，按照某些燃烧参数相等规则配制试验气的方法[22]。主要是：

（1）以 CH_4、H_2 及 N_2 为配气源

配制人工煤气类低热值燃气时，如果以 CH_4、H_2 及 N_2 配气时，试验气的华白数为：

$$W \frac{H_{s,CH_4} y_{CH_4} + H_{s,H_2} y_{H_2}}{\sqrt{d_{N_2} + (d_{CH_4} - d_{N_2}) \times y_{CH_4} + (d_{H_2} - d_{N_2}) \times y_{H_2}}} = W_0 \tag{14}$$

试验气的燃烧势为：

$$CP = \frac{100 \times (y_{H_2} + 0.3 y_{CH_4})}{\sqrt{d_{N_2} + (d_{CH_4} - d_{N_2}) \times y_{CH_4} + (d_{H_2} - d_{N_2}) \times y_{H_2}}} = CP_0 \tag{15}$$

其氮气组分为：

$$N_2 = 1 - (CH_4 + H_2) \tag{16}$$

式中 y_{CH_4}、y_{H_2} 及 y_{N_2}——分别为试验中 CH_4、H_2 及 N_2 成分的体积含量；

H_{s,CH_4}、H_{s,H_2}——分别为 CH_4 及 H_2 的高热值，MJ/m^3；

d_{CH_4}、d_{H_2} 及 d_{N_2}——分别为 CH_4、H_2 及 N_2 的相对密度。

设 W_0 与 CP_0 分别为准备替代的基准气源的华白数与燃烧势，解联立方程式（14）、式（15）及式（16），可求得试验气中 CH_4、H_2 及 N_2 的体积分数。

（2）以 C_3H_8、H_2 及 N_2 为配气源

计算方法同上；如果选用其他气源代替 C_3H_8 时，均可根据以上介绍的公式进行类似推算。

2.3.2 人工煤气类配气

人工煤气分为 3R、4R、5R、6R、7R，共 5 类，为 CH_4、H_2、N_2 三组分的混合气。以 C_3H_8、air 二组分或 C_3H_8、H_2、N_2 三组分的试验配气，会产生黄焰现象。为消除黄焰、结炭等现象对燃烧试验气的影响，配制的试验气需尽量接近原有基准气组分和性质，为此，对于人工煤气，建议采用 CH_4、H_2、N_2 进行组分配气，将有利于试验气的组分和性质接近基准气的要求，使燃烧性能和工况测试数据更加科学、准确。

2.3.3 天然气类配气

天然气类试验气的配制，目前一般用（商品）C_3H_8（或 C_4H_{10}）、H_2、N_2 三组分或液化石油气混空气进行掺混，虽然保证了试验气的关键燃烧特性参数如华白数 W、燃烧势 CP 相等，但是其他的特性参数如黄焰、结炭等指数不一定相等，由此其测试结果不能完全替代基准气，而带来了实验的误差，其测试结论就不能令人信服。

虽然我们在研究燃气互换性及燃具气质适应性上，仍采用控制燃气的华白数、热值、燃烧势、黄焰指数等参数，也对燃气具的燃烧方式进行了划定，针对不同燃烧方式，采用了不同的指数组合。但是对于严格的试验用配气，进行明确的配气原料气限制是必要的。为此，建议在进行第二族天然气的试验气配制时，其原料气以甲烷为主（如≥80%），采用甲烷、氮气、（商品）丙烷或丁烷，以配制常规天然气，使配制的试验气性质尽可能地接近原天然气基准气性质，对于天然气的回火界限气，仍采用增加氢气的方式。

2.4 点燃式发动机燃料的燃烧特性

对于点燃式发动机燃料的燃烧方式，如燃气发动机，采用燃气的华白数 W、甲烷值 MN 来表述其特性，比较符合该类燃烧方式的设备。

燃气甲烷值和辛烷值的定义和表达式见于《车用压缩天然气》GB 18047—2000。

2.4.1 燃气甲烷值 MN

甲烷值是表示点燃式发动机燃料抗爆性的一个约定数值。一种燃气的甲烷值就是用 ASTM 的辛烷值评定方法，在规定条件下的标准发动机试验中，将该燃气与标准燃气混合物的爆震倾向进行比较而测定的。当被测燃气的抗爆性能与按一定比例混合的甲烷和氢气标准混合气的抗爆性能相同时，该标准燃气中甲烷的体积分数值就是该燃气的甲烷值。美国燃气技术研究院（GRI）用 ASTM 的辛烷值评定方法测量了天然气的马达法辛烷值（MON）。测量结果表明，纯甲烷的 MON 在 140 左右，大多数天然气的 MON 在 115～130 之间。丙烷含量高（17%～25%）的调峰气的 MON 为 96～97。GRI 通过研究分别推导出与实验数据非常吻合的、组成或氢碳比与辛烷值的关联式，可适用于大多数常规天然气。

2.4.2 燃气甲烷值 MN 与辛烷值 MON 的关系式

燃气甲烷值 MN 与辛烷值 MON 关联式如下：

（1）天然气组成与辛烷值的线性关联式

$$MON = 137.78y_{CH_4} + 29.948y_{C_2H_6} - 18.193y_{C_3H_8} - 167.062y_{C_4H_{10}} + 181.233y_{CO_2} + 26.994y_{N_2} \tag{17}$$

式中　　　MON——燃气的马达法辛烷值；

y_{CH_4}、$y_{C_2H_6}$、CH_4——燃气中各相应组分的体积分数。

（2）天然气氢碳比与辛烷值关联式

$$MON = -406.14 + 508.04R - 173.55R^2 + 20.17R^3 \tag{18}$$

式中　R——燃气中氢原子与碳原子数的比值。

（3）天然气甲烷值与辛烷值的关联式

$$MN = 1.445MON - 103.42 \tag{19}$$

$$MON = 0.679MN + 72.3 \tag{20}$$

注意：式（19）与式（20）不是完全线性的，因此，这两个关联式相互间并不是完全可逆的。

3 结论和建议

（1）以燃气的华白数 W、热值 H、相对密度 d 等国际通用参数，将我国城镇燃气分为 6 大类：1）人工煤气 R；2）天然气 T；3）液化石油气 Y；4）液化气混空气 YK；5）二甲醚 E；6）沼气 Z。

（2）燃气互换性与燃气具气质适应性：1）对于大气式燃烧方式，采用燃气的华白数 W、燃烧势 CP（也可称为燃烧内焰指数）、黄焰指数 I_j（也可称为烃类组分指数），来进行燃气的配气和互换性研究。2）对于完全预混燃烧方式，采用燃气的华白数 W、热值 H

进行燃气的配气和互换性研究。采用法国德尔布提出的黄焰指数公式，提出烃类组分指数，进行燃气燃烧火焰的分析。

（3）试验用配气：1）以 CH_4、H_2、N_2 三组分，配制人工煤气；2）以甲烷为主，采用甲烷、氮气、（商品）丙烷或丁烷，配制常规天然气；于回火界限气，仍采用氢气组分。

（4）点燃式发动机燃料的燃烧特性：对于点燃式发动机燃料的燃烧方式，如燃气发动机，采用燃气的华白数 W、甲烷值 MN 来表述其燃烧特性、燃气互换及设备气质适应性。

参考文献

［1］ 中华人民共和国国家质量监督检验检疫总局，中国国家标准化管理委员会. 城镇燃气分类和基本特性 GB/T 13611—2006 ［S］. 北京：中国标准出版社，2007

［2］ 高文学，王启，赵自军. 燃气试验配气的实践与研究 ［J］. 煤气与热力，2008，28（11），B31-B35

［3］ 王启，高文学，赵自军，高勇. 燃气配气的问题探讨 ［C］. 2008 年中国土木工程学会城市燃气分会应用专业委员会年会论文集，桂林，2008. 07，1-7

［4］ 高文学，王启. 燃气互换性与实验配气问题探讨 ［C］. 2012 年中国土木工程学会城市燃气分会燃气应用专业委员会年会论文集，2012 年 8 月，中国昆明

［5］ 高文学，梁普，王启，完全预混燃气具的气质适应性研究 ［C］. 中国土木工程学会燃气分会应用专业委员会 2013 年年会论文集，2013. 08，长春，9-16

［6］ 王启，高文学，赵自军，等. 中国燃气互换性研究进展 ［J］. 煤气与热力，2013，33（02），B14-B20

［7］ Wang Qi, Gao Wenxue, Zhao Zijun, etc. Research progress on gas interchangeability in China ［C］. The proceeding of the 25th World Gas Conference, Kuala Lumpur, Malaysia, 4-8 June 2012

［8］ 高文学，王启，唐戎. 燃气具气质适应域的实验确定 ［C］. 2011 年中国土木工程学会城市燃气分会应用专业委员会年会论文集，成都，2011. 07，1-11

［9］ GAO Wen-xue, WANG Qi, CHEN Guan-yi, ZHAO Zi-jun. Experimental determination and research on combustion characteristics domain of gas appliance ［J］. Journal of Harbin Institute of Technology (New Series), 2011, Vol. 18, No. 1, 77-80

［10］ 王启，高文学. 燃气具燃烧特性区间的实验确定与探讨 ［C］. 2010 年中国土木工程学会城市燃气分会应用专业委员会年会论文集，呼和浩特，2010. 07，39-49

［11］ 高文学. 城市燃气互换性理论及应用研究 ［D］. 天津大学博士论文，2010. 06

［12］ 高文学，王启，陈冠益. 基于互换性原理的生物质燃气的配制 ［J］. 太阳能学报，2009，30（12）：1704-1708

［13］ European Committee for Standardization. EN 437, Test gases-Test pressures-Appliance Categories. May 2003

［14］ NGC＋Interchangeability Work Group. White Paper on Natural Gas Interchangeability and Non-Combustion End Use ［R］. NGC＋ Interchangeability Work Group, February 28, 2005, 2-15

［15］ Marcogaz (Technical Association of the European Gas Industry). Towards a Harmonised EU Specification on Gas Quality：Maragaz Contribution. the 23rd World Gas Conference, 5-9 2006, Amstardam, N. L, 1～9

［16］ 德尔布讲义，同济大学燃气教研室整理. 燃气火焰的稳定与燃气互换性 ［J］. 1982，（5）：52-60；（6）：44-53.

［17］ 姜正侯. 燃气工程技术手册 ［M］. 上海：同济大学出版社，1993.

［18］ 哈尔滨建筑工程学院，北京建筑工程学院，同济大学，重庆建筑工程学院编. 燃气燃烧与应用

［M］（第二版）. 北京：中国建筑工业出版社，1988

［19］ 浦镕修. 煤气互换性综述［J］. 城市煤气，1980，（06）：49-65

［20］ American Gas Association. Interchangeability of Other Fuel Gases with Natural Gas. American Gas Association Research Bulletin No. 36，1946，2～35.

［21］ Elmer R. Weaver. Formulas and Graphs for Representing the Interchangeability of Fuel Gases. Journal of Research of the National Bureau of Standards，46（3），1951，213-245

［22］ 金志刚，王启. 燃气检测技术手册［M］. 北京：中国建筑工业出版社，2011

完全预混燃气具气质适应性的研究[*]

高文学[1]，梁　普[2]，王　启[1]

（1. 国家燃气用具质量监督检验中心；2. 天津大学）

摘　要：为确定完全预混燃气具的燃气互换性和燃具适应性的关键指数，在具有代表性的家用完全预混燃气具上，以管道天然气（12T）为基准气，采用氮气、氢气、异丁烷三种原料气进行等效的实验配气，进行了相关的燃气互换性实验，结果表明，依据高华白数和低热值两个指数组合的置换气，在能效指数、燃烧工况、烟气排放上更接近于基准气的实验结果；即完全预混燃气具可以适应由高华白数和低热值两个指数进行配制的置换气。

关键词：完全预混燃气具；华白数；热值；互换性；适应性

1　引言

天然气已成为我国城市燃气的主导气源[1]，天然气因产地、气井类型的不同，其组成及燃烧特性差异较大，而工业、民用燃烧器通常按确定的燃气成分和一定热负荷设计、制造和调整[2]，不同的燃烧器适应燃气组分变化的能力各不相同，燃烧性能也表现各异。由于燃气成分的变化，必然引起燃气互换性和燃具适应性的问题[2]，国内外已经针对不同燃烧方式和不同应用领域的燃气互换性和燃具适应性进行研究，并得出了一些成果和结论[3-6]。

完全预混燃烧是指在着火前燃气与空气预先进行均匀混合，然后进行燃烧的燃烧方式，这是在大气式燃烧的基础上发展而来的，此种燃烧方法的特点是火焰短，火孔热强度很高，并且能在很少的过剩空气系数下达到完全燃烧，因此燃烧温度高，同时热损失少，热效率高，而且还能有效降低像CO、NO_x等污染物排放[7]；由于技术上比较合理，虽然出现较晚，但是应用广泛[8]。

在我国，随着燃气利用终端设备的日趋多样化和复杂化，完全预混燃气具的市场份额逐渐增加，原有的根据大气式燃烧方式提出的用于研究燃气互换性和燃具适应性的各种关键指数或指标，能否适用于完全预混燃烧的燃气具，是一个尚未进行研究的空白区域：长期以来，未见相应的技术研究、实验测试或是文献报道。本文主要是根据选出的互换性指数，利用三组分配气，在具有代表性的完全预混燃气具上，进行燃烧实验，并根据燃气具的能效指标、燃烧工况和烟气排放指标确定最优的互换性指数。

---

[*]　选自中国土木工程学会燃气分会应用专业委员会 2013 年会 p9-p16

2 理论分析

当燃气性质（成分）发生变化时，燃具工作状态必然改变。如果燃气成分变化在某一界限范围内，它仍能保持正常工作，这就是燃具对燃气成分变化的适应能力，称其为燃具的适应性。所谓正常工作即"当燃气性质有某些改变时燃具不加任何调整，其热负荷、一次空气系数和火焰特性的改变必须不超过某一极限，以保证燃具仍能保持令人满意的工作状态"。

燃气常用燃烧特性指数，一般包括燃气相对密度 d、燃气热值 H、华白数 W、燃烧势 CP、理论空气需要量 V_0、燃气火焰燃烧速度 S_n、黄焰指数 I_y、结炭指数 I_c、燃气甲烷数 MN 等[9]。不同的特性指数反映燃气不同的燃烧特性。为了简化燃气互换性的研究工作，并找出主要的互换性指数，我们采用三个指数组合的方法，确定实验时的互换性指数。

假设基准气 A，A 的互换性特性参数 d，H，W，CP，V_0，S_n，I_y 是已知的。置换气 B，由 H_2，N_2，$i\text{-}C_4H_{10}$ 等 3 种成分组成。选取 3 个不同的燃烧特性指数进行组合，令 A 和 B 的相关参数相等或在微小范围内波动，通过方程组，解出 B 中 3 组分气的比例成分，并根据是否有解和理论分析，判断所选参数的有效性。通过计算，发现部分的组合无解，一些组合在一定的误差范围内有解，但远超出实际应用的范围，还有一些组合的解，和两个指数组合的解一致，为了简化研究工作，最终我们选择了 $(W，H)$，$(W，V_0)$，$(W，CP)$，$(H，S_n)$，$(S_n，V_0)$ 这 5 种组合。

3 实验方法与技术方案

3.1 实验系统流程

实验样品采用具有代表性的完全预混燃气具，本实验选用我国知名厂家的两台家用燃气壁挂炉，3 台红外线家用燃气灶。为了从燃气具的能效指标、燃烧工况和烟气排放指标三个方面研究完全预混燃气具的气质适应性，壁挂炉实验依据《燃气采暖热水炉》GB 25034—2010[10]搭建，燃气灶实验依据《家用燃气灶具》GB 16410—2007[11]搭建。

3.2 实验气源与样品

实验中，采用天津市管道天然气（12T）作为基准气，每天进行燃气组分色谱分析。置换气采用 3 组分配气，气源有 CH_4（99.9%），N_2（99.9%），$i\text{-}C_4H_{10}$（99.71%）组成。

实验所选用的部分实验样品的具体型号如表 1 所示。

实验样品简介　　　　　　　　　　　　　　　　　　　　表 1

型号	气源	热水额定负荷	热水热效率	额定压力	系统压力（MPa）
A 企业 L1GB24-R24BL	12T	23.3kW	97%	2000Pa	0.02~0.6
B 企业 LL1GBQ24-B1JA	12T	24.3kW	一级能效	2000Pa	0.01~0.6
C 企业 JZT-BH806D	12T	3.5kW	≥60%	2000Pa	—

3.3　实验技术方案

实验的主要操作流程依据《燃气采暖热水炉》GB 25034—2010 和《家用燃气灶具》GB 16410—2007 中的检测方法，实验在规范要求的条件下进行。燃气采暖热水炉实验开始时，运行燃气壁挂炉，并调整燃气压力达到燃气具的额定压力 2000Pa，水系统压力调整为 0.1MPa。燃烧 15min，并在此过程调节进出水温差在 40℃左右，然后进行实验数据的记录和采集，计时开始时，记录燃气的初始值以及燃气温度，同时用准备好的容器储存计时过程的热水，确保测定时间不少于 1min，且燃气流量计的指针运行一周以上的整圈数。上述条件满足时，停止计时和储存热水，并记录燃气的最终值、时间，同时用电子称快速准确称量热水的质量并记录。在此过程中，依据烟气采样方法，用烟气分析仪测量烟气中的各个成分，记录各成分的含量，并用烟气温度计测量烟气的温度，并记录。整个水系统的进水温度、出水温度、水系统压力、水流量也在这个过程进行记录。

燃气灶具的实验包含热负荷、热效率和烟气的测试。灶具正常燃烧 10～15min 后，测量热负荷，记录燃气温度和燃气压力值，然后用秒表和燃气湿式流量计测定规定时间内灶具消耗的燃气流量，气体流量计走的流量多少在于测定时间，测定时间必须大于1min，且气体流量计为 1min 后指针走的整圈数的时间，记录时间和流量。重复测定两次以上，读数误差小于 2%，并根据实测热负荷选择热效率上、下限实验用锅。采用选定的下限锅为测量烟气用锅，待烟气分析仪中 CO 稳定时，记录烟气成分。在稳定状态下，依据规范要求，水初始温度取室温加 5℃（一般室温规定为 20±5℃），水温由初始温度前 5℃时开始搅拌，到初温时开始计量燃气消耗；在比初始温度高 25℃时继续搅拌，当水温比初始温度高 30℃时，关掉燃气，不计停火温升。记录此过程的燃气耗量和时间。

实测热负荷、热效率、CO 含量均根据《燃气采暖热水炉》GB 25034—2010 和《家用燃气灶具》GB 16410—2007 中的计算公式进行计算。

4　分析和讨论

根据理论分析选取了 5 组实验指数，分别在五台实验样品上进行了实验，并从能效指数、燃烧工况、烟气排放 3 个方面进行实验效果分析，本文选取其中 3 台样品，包括两台壁挂炉，一台红外线燃气灶，其具体的实验结果如下。

4.1　A 企业 L1GB24-R24BL 型壁挂炉

（1）W，CP 等效互换性实验

W，CP 等效互换性实验结果见表 2、表 3。由表 3 看出，置换气的实测热负荷比基准气时高 8.62%，效率降低 5.85%，CO 含量明显提高，烟气温度也升高。置换气点火时，相比基准气，点火有难度。在运行过程，置换气时的风机声音也比基准气时大。从三个方面来看，依据高华白数和燃烧势两个指数进行配气，不能在不改变任何设置下进行很好的适应性燃烧。

依据高华白数和燃烧势进行配气的特性指数 表 2

燃气特性	高华白数 W_s	燃烧势 CP
基准气（12T）	49.5518	39.4473
置换气（W_s，CP）	49.3976	38.7311
误差（%）	−0.31%	−1.82%

依据高华白数和燃烧势进行配气时燃烧的实验结果 表 3

实验状况	基准气（12T）	置换气（W_s，CP）
实测热负荷（kW）	22.43	24.37
误差	—	8.62%
热效率（%）	98.47	95.87
误差	—	5.85%
烟气温度（℃）	61.50	64.07
CO（%）	0.028	0.060

（2）W，H 等效互换性实验

W，H 等效互换性实验结果见表 4、表 5。从表 5 中看出，热负荷和热效率的变化都在许可 5% 的范围内，烟气温度也相差不多。置换气的 CO 含量虽然是基准气的 2 倍多，但是均在安全的范围内。运行过程，基准气和置换气都很稳定。整体上，依据高华白数和低热值进行配气时，能很好地进行燃烧。

（3）W，V_0 等效互换性实验

W，V_0 等效互换性实验数据见表 6、表 7。从表 7 中看出，置换气燃烧时热负荷的变化超出了 5% 的范围，而其他的方面相差很小，运行过程，基准气和置换气都很稳定。整体上，依据高华白数和理论空气量进行配气时，能很好地进行燃烧，但负荷升高较多。

依据高华白数和低热值进行配气的特性指数 表 4

燃气特性	高华白数 W_s	低热值 H_i
基准气（12T）	48.3995	33.7479
置换气（W_s，H_i）	48.4032	33.7053
误差（%）	0.01	−0.13

依据高华白数和低热值进行配气时燃烧的实验结果 表 5

实验状况	基准气（12T）	置换气（W_s，H_i）
实测热负荷（kW）	21.82	22.18
误差	—	1.68
热效率（%）	101.22	97.89
误差	—	−3.29
烟气温度（℃）	62.3	62.97
CO（%）	0.003	0.008

依据高华白数和理论空气量进行配气的特性指数　　　　表6

燃气特性	高华白数 W_s	理论空气量 V_0
基准气（12T）	48.3995	9.4321
置换气（W_s，V_0）	48.4097	9.4405
误差	0.02%	0.09%

依据高华白数和理论空气量进行配气时燃烧的实验结果　　　　表7

实验状况	基准气（12T）	置换气（W_s，V_0）
实测热负荷（kW）	21.82	23.02
误差	—	5.51%
热效率（%）	101.22	97.62
误差	—	−3.56%
烟气温度（℃）	62.3	62.13
CO（%）	0.003	0.011

（4）V_0，S_n 和 H，S_n 等效互换性实验

V_0，S_n 和 H，S_n 等效互换性的燃气特性指数见表8、表9。依据理论空气量和燃烧速度以及低热值和燃烧速度进行配气的两个实验，都不能正常点火燃烧。

依据理论空气量和燃烧速度进行配气的特性指数　　　　表8

燃气特性	理论空气量 V_0	燃烧速度 S_n
基准气（12T）	9.4321	0.3720
置换气（V_0，S_n）	9.4333	0.3708
误差	0.01%	−0.33%

依据低热值和燃烧速度进行配气的特性指数　　　　表9

燃气特性	低热值 H_i	燃烧速度 S_n
基准气（12T）	33.7479	0.3720
置换气（H_i，S_n）	33.7489	0.3697
误差	0.00%	−0.61%

4.2　B 企业 LL1GBQ24-B1JA 型壁挂炉

（1）W，CP 等效互换性实验

燃气的特性指数见表10。据高华白数和燃烧势进行配气时的实验，发现置换气点火失败，在天然气引燃下着火，伴随着很大的声音，风机异响，可能发生喘振，燃烧不稳定。

依据高华白数和燃烧势进行配气的特性指数　　　　表10

燃气特性	高华白数 W_s	燃烧势 CP
基准气（12T）	49.8437	39.629
置换气（W_s，CP）	49.8265	39.5875
误差	−0.03%	−0.10%

（2）W，H 等效互换性实验

燃气特性指数见表 11，燃烧实验结果见表 12。从表 12 中看出，置换气和基准气实验下，从能效、烟气排放来看，两者几乎没有差别，在燃烧过程，整体运行稳定。依据高华白数和低热值进行配气，可以很好地代替基准气。

依据高华白数和低热值进行配气的特性指数　表 11

燃气特性	高华白数 W_s	低热值 H_i
基准气（12T）	49.8496	34.9271
置换气（W_s，H_i）	49.2031	34.7647
误差/%	-0.13%	-0.47%

依据高华白数和低热值进行配气时燃烧的实验结果　表 12

实验状况	基准气（12T）	置换气（W_s，H_i）
实测热负荷（kW）	25.94	25.86
误差	—	-0.30%
热效率（%）	98.72	97.91
误差	—	-0.83%
烟气温度（℃）	83.93	82.97
CO（%）	0.003	0.005

（3）W，V_0 等效互换性实验

燃气特性指数见表 13，燃烧实验结果见表 14。从表 14 中，虽然能效指标的误差均在 5% 以内，烟气排放也相差不多，燃烧状况未有异常，在此实验下，根据高华白数和理论空气量进行配气的置换气也能在一定条件下替代基准气。

（4）V_0，S_n 等效互换性实验

燃气特性指数见表 15，燃烧实验结果见表 16。从表 16 中，基准气和置换气的热负荷误差在 13.05%。烟气温度明显降低，但是 CO 含量却变化很大。在置换气的点火时，很难着火，在运行中，风机有很大的噪声。因此根据理论空气量和燃烧速度进行配气的置换气不能替代基准气。

依据高华白数和理论空气量进行配气的特性指数　表 13

燃气特性	高华白数 W_s	理论空气里 V_0
基准气（12T）	49.68	9.7081
置换气（W_s，V_0）	49.7806	9.7802
误差	0.20%	0.74%

依据高华白数和理论空气量进行配气时燃烧的实验结果　表 14

实验状况	基准气（12T）	置换气（W_s，V_0）
实测热负荷（kW）	26.37	27.31
误差	—	3.55%
热效率（%）	98.69	95.32
误差	—	-3.42%
烟气温度（℃）	86.97	85.57
CO（%）	0.013	0.010

依据理论空气量和燃烧速度进行配气的特性指数　　　　表 15

燃气特性	理论空气量 V_0	燃烧速度 S_n
基准气（12T）	9.6907	0.3763
置换气（V_0，S_n）	9.7719	0.3793
误差	0.84%	0.82%

依据理论空气量和燃烧速度进行配气时燃烧的实验结果　　　　表 16

实验状况	基准气（12T）	置换气（V_0，S_n）
实测热负荷（kW）	26.24	22.81
误差	—	−13.05%
烟气温度（℃）	84.0	78.8
CO（%）	0.012	0.138

（5）H，S_n 等效互换性实验

燃气的特性指数见表 17。依据低热值和燃烧速度进行配气的置换气，在燃烧时，不能点火，在基准气的引燃下，燃烧很不稳定，风机运行时噪声很大。运行几分钟后，就自动熄灭了。因此根据低热值和燃烧速度进行配气的置换气不能替代基准气。

依据低热值和燃烧速度进行配气的特性指数　　　　表 17

燃气特性	低热值 H_i	燃烧速度 S_n
基准气（12T）	34.7399	0.377
置换气（H_i，S_n）	34.6146	0.3778
误差	−0.36%	0.19%

4.3　C 企业 JZT-BH806D 型红外线燃气具

基准气的燃气特性指数见表 18，置换气的燃气特性指数见表 19，燃烧试验结果见表 20。从表 20 可以看出，在所有的实验中，CO 的含量都很低，甚至为零，这主要是因为燃气在灶具的火头处已很好地进行燃烧，而未完全燃烧的气体，在炽热的火头的作用下，暴露在空气中，进行更为彻底的燃烧。在（W_s，CP），（W_s，H_i），（W_s，V_0）下，火头均呈现明亮的红色，但是在（W_s，CP）下，有一层可观测到的燃烧火焰，而在（V_0，S_n），（H_i，S_n）下，整个火焰呈现蓝色，且离火头较远，火头未变成红色。热负荷和热效率指数，（W_s，H_i）和（W_s，V_0）的置换气，可以代替基准气，而其他情况下，均不能替代。比较（W_s，H_i）和（W_s，V_0）实验结果发现，（W_s，H_i）的置换气的实验结果更接近与基准气。

以上实验结果分析和发现，只有在根据高华白数和低热值进行配气的置换气，可以在能效指数、烟气排放和燃烧工况下，完全预混燃气具能很好地燃烧。

基准气的燃气特性　　　　表 18

气源	低热值 H_i	高华白数 W_s	燃烧势 CP	理论空气量 V_0	燃烧速度 S_n
基准气	33.985	48.6107	38.7103	9.4962	0.3722

置换气的燃气特性 表 19

气源	低热值 H_i	高华白数 W_s	燃烧势 CP	理论空气量 V_0	燃烧速度 S_n
置换气（W_s, CP）	—	48.6319	38.7419		
置换气（W_s, H_i）	34.0225	48.5999			
置换气（W_s, V_0）		48.6164		9.4762	
置换气（V_0, S_n）				9.4976	0.3714
置换气（H_i, S_n）	33.9875				0.3745

红外线灶具实验结果 表 20

实验状况	基准气	W_s, CP	W_s, H_i	W_s, V_0	V_0, S_n	H_i, S_n
实测热负荷（kW）	3313.5	3511.1	3325	3347.6	2764.2	2602.4
误差	—	5.96%	0.35%	1.03%	−16.79%	−21.46%
热效率（%）	60.4	58.9	59.4	59	53.1	49.3
误差	—	−2.48%	−1.66%	−2.32%	−12.81%	−18.38%
火焰温度（℃）	980	985	970	965	883	880
CO（%）	0	0	0	0	0.001	0.002

5　结论与建议

通过在完全预混燃气具上的燃气适应性的实验结果发现，从能效指数、烟气排放和燃烧工况三个方面考虑，控制燃气的高华白数和低热值进行气源置换，可以达到和基准气相似的结果，这为完全预混燃气具的互换性研究奠定了技术基础。

参考文献

[1] 姜正侯. 燃气工程技术手册 [M]. 上海：同济大学出版社，1993

[2] 罗东晓，赖元楷. 研制高适应性燃具的必要性 [J]. 煤气与热力，2005，11（25）：60-63

[3] 张敏. 全预混燃烧技术在燃气具中的应用原理 [J]. 现代家电，2010，8：57-58

[4] 杨涌泉，王晟，杨庆泉. 燃气互换性判定指数的计算 [J]. 煤气与热力，2000，20（2）：142-144、152

[5] 高文学，王启，陈冠益. 基于互换性原理的生物质燃气的配制. 太阳能学报，2009，30（12）：1704-1708

[6] 张兴良. 天然气在宝钢应用的研究 [J]. 冶金动力 2005，6：47-51

[7] 邹雪春，梁栋. 燃气互换性几种常用判定方法的比较与选择 [J]. 广州大学学报（自然科学版），2007，3（6）：87-90

[8] 同济大学，重庆建筑工程学院，哈尔滨建筑工程学院，等. 燃气燃烧与应用（第3版）[M]. 北京：中国建筑工业出版社，2000

[9] 高文学. 城市燃气互换性理论及应用研究 [D]. 天津：天津大学环境科学与工程学院，2010

文丘里型燃气燃烧器内部流场的数值模拟研究[*]

窦礼亮，姚　娜

（艾欧史密斯（中国）热水器有限公司）

摘　要：文章介绍了广泛应用于快速式燃气热水器的文丘里型燃气燃烧器的工作原理，并对一种文丘里型燃气燃烧器的内部流场进行了数值模拟，分析空气和燃气的混合均匀度，展示了燃气浓度场、空气速度场等主要指标。

关键词：燃烧器；文丘里；数值模拟

1　引言

文丘里型燃烧器是一种常见的燃气燃烧装置[1]，在燃气热水器领域也得到了普遍的应用，大部分为部分预混燃烧方式。快速式燃气热水器常用的一种燃烧如图 1 所示，主要其工作原理是：在燃烧器入口处设置燃气喷嘴，燃气高速喷入，在燃烧器的喉部，由于截面突变而产生负压区，引入空气在混合段混合；燃气-空气混合物随后经过型腔较规则的发展段，并分为两部分：一部分从燃烧器火孔喷出形成燃烧主火焰，一部分从燃烧器侧壁的稳焰孔流出，并在燃烧器火孔表面和稳焰板形成的狭小间隙中燃烧，形成稳焰火。

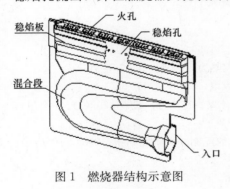

图 1　燃烧器结构示意图

表面的火焰稳定、均匀是衡量燃烧器性能的先决条件，因此，对燃烧器内冷态流场和浓度场进行分析，是设计燃烧器必需的过程。以往，燃烧器的设计方案需要模具打样，成本高、周期长。随着计算机技术的不断发展，利用数值模拟软件进行分析，逐渐成为一种高效直观的研究方式。

本文利用 CFD 软件，对一种燃烧器的流场进行了数值模拟研究，为在多个方案中选取较好的方案进行实际验证奠定了基础，降低了研发成本，加快了研发进程。

2　模型和工况

2.1　物理模型

（1）湍流模型

本文采用标准 $k\text{-}e$ 模型[2]作为湍流模型。该模型是迄今为止工程中应用最为广泛的湍

＊ 选自中国土木工程学会燃气分会应用专业委员会 2013 年会论文集 p20-p24

流模型，其控制方程如下：

涡黏性：$\mu_T = \rho C_\mu k^2 / \varepsilon$ (1)

湍动能：$\rho \dfrac{\partial k}{\partial t} + \rho U_j \dfrac{\partial k}{\partial x_j} = \tau_{ij} \dfrac{\partial U_i}{\partial x_j} - \rho \varepsilon + \dfrac{\partial}{\partial x_j} \left((\mu + \mu_T/\sigma_k) \dfrac{\partial k}{\partial x_j} \right)$ (2)

耗散率：$\rho \dfrac{\partial \varepsilon}{\partial t} + \rho U_j \dfrac{\partial \varepsilon}{\partial x_j} = C_{\varepsilon 1} \dfrac{\varepsilon}{k} \tau_{ij} \dfrac{\partial U_i}{\partial x_j} - C_{\varepsilon 2} \rho \dfrac{\varepsilon^2}{k} + \dfrac{\partial}{\partial x_j} \left[(\mu + \mu_T/\sigma_\varepsilon) \dfrac{\partial \varepsilon}{\partial x_j} \right]$ (3)

封闭系数：$C_{\varepsilon 1} = 1.44$，$C_{\varepsilon 2} = 1.92$，$C_\mu = 0.09$，$\sigma_k = 1.0$，$\sigma_\varepsilon = 1.3$ (4)

（2）网格划分

本文采用非结构型网格，网格数共计 13.5 万。表面网格分布见图 2。

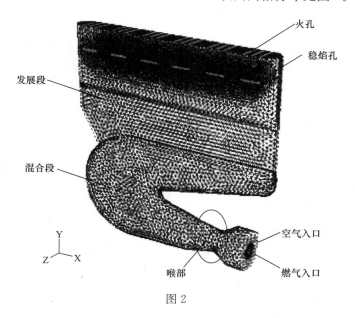

图 2

2.2 工况与边界条件

为研究燃气和空气分配的均匀性，以图 2 为基准，将燃烧器火孔分为六组，从左至右分别为 1～6 号。稳焰孔也按类似方法定义。

对于一个负荷可变的燃烧器，在所有的负荷范围内，其燃气-空气混合均应是接近的。因此，本文研究了输入为 0.6～2.0kW 间的四个工况（见表 1）。其空气流量均为燃气流量的 10 倍，即空气系数约为 1。燃烧器出口设为压力出口，出口压力为 0。燃气和空气入口均为速度入口。

工 况 列 表   表 1

工况	输入负荷（kW）	燃气流量（mL/s）	空气流量（mL/s）
1	0.6	15.75	157.4
2	1.0	26.15	262.5
3	1.5	39.33	393.8
4	2.0	52.33	523.3

3　结果与分析

3.1　压力场分布

选燃烧器 Z 方向中截面为对象进行分析，其压力分布见图 3。由图 3 可见，发展段静压几乎均等，说明气流在此处得到了均匀扩散；在混合段，特别是高负荷情况下，由于气流急剧转向形成一个大的正压区域，最大值位于混合段与发展段过渡处，这就使该区域的湍流强度相对较强，使燃气和空气充分混合，符合设计意图；而在燃烧器喉部，形成负压区，负荷越高越明显，这是因为文丘里管的自适应性：实际情况中所有空气都是由风机提供的，其中一部分进入燃烧器，一部分从燃烧器外部进入燃烧室，燃烧器需要自动调节引入的空气量，即小负荷时进入燃烧器的空气主要由风机静压驱动，而大负荷时则由燃烧器自身吸入；所有工况的静压最大区域都在燃烧器入口，该入口段与燃烧器支架结合，如果两者之间有缝隙，则可能由于正压驱动而使空气外泄，影响系统稳定性，因此该处的密封问题是非常重要的。

总体来看，该燃烧器通过文丘里管的自适应性，在最大和最小负荷之间均能达到较好的静压分布，没有明显的不均匀区域。

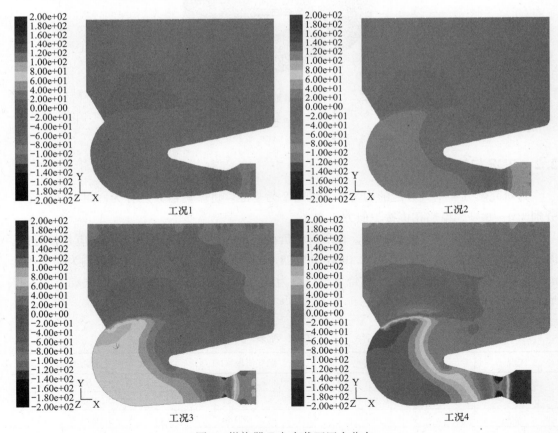

图 3　燃烧器 Z 向中截面压力分布

3.2 浓度场分布

四个工况均能看到一条区别于其他区域的浓度较大的燃气流动轨迹，该区域并未进入混合段的最左端，而是在混合段中心转向，并一直延伸到燃烧器的出口，分别对应第2、第3组火孔，因此在该两组火孔中，燃气的流量可能会稍大于其他部分，两者之间的差距约在5%以内。图4为燃烧器中截面的燃气浓度分布。

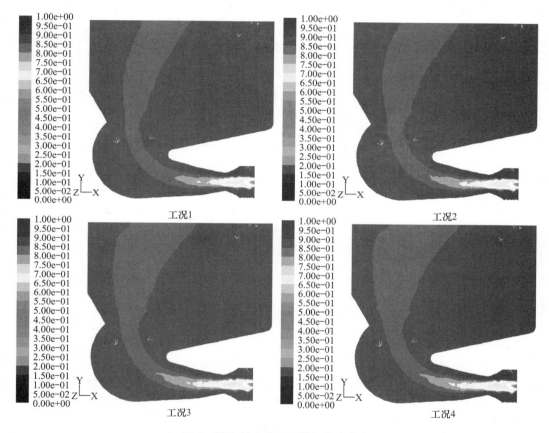

图4 燃烧器中截面的燃气浓度分布

3.3 燃气分配状况

对于各组火孔之间的差异，还需要定量分析。图5是将火孔从左至右编号后统计得到的每个火孔处空气流量与平均空气流量之间的差异，由图可见，随着负荷变大，两侧火孔的气流与平均值得差值变大，但从总体上看，这个差值不超过10%，是可以接受的，可以通过优化进一步弱化这个差别。图6则显示了不同火孔处的燃气浓度绝对值，显然，中部火孔处的燃气浓度较大，而右侧火孔的燃气浓度较小，这与图4所示的结果是吻合的。因此，虽然燃气浓度范围为7%～11%，处于爆炸极限内，且绝对值差异不大，但由于浓度分布呈现一定的规律性，因此该燃烧器工作时可能出现右侧火焰偏高的问题，还需要进一步优化。

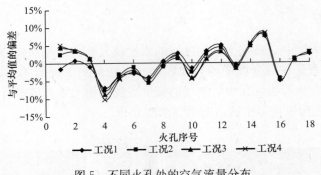

图 5　不同火孔处的空气流量分布

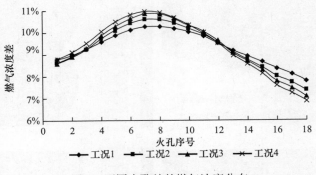

图 6　不同火孔处的燃气浓度分布

4　结论

文章介绍了快速式燃气热水器领域最常用的文丘里型部分预混燃烧器，通过 CFD 工具对燃烧器内流场和燃气浓度、空气流量的分布进行了研究，结果表明，燃烧器内燃气和空气的分布是大致均匀的，通过研究燃烧器火孔处的燃气浓度，说明该燃烧器不存在不能燃烧的火孔，但燃气浓度和空气流量的分布不是非常均匀的，燃烧器的结构还有优化空间。

参考文献

[1]　同济大学等. 燃气燃烧与应用［M］。第三版。北京：中国建筑工业出版社，2000

[2]　Launder B. E., Spalding D. B. Lectures in mathematical models of turbulence［M］. Academic Press，London，England，1972

家用燃气灶热效率的数值模拟与优化研究[*]

徐德明[1]，陈迪龙[1]，潘　登[2]，高乃平[2]，蔡国汉[1]
（1. 宁波方太厨具有限公司；2. 同济大学机械与能源工程学院）

摘　要： 采用 CFD 数值模拟的方法，对双引射台式家用燃气灶在不同外圈燃烧器直径、不同内外圈负荷分配方案、不同外圈火孔数量下的热效率进行了仿真分析。燃气灶功率为 4.1kW，以甲烷为燃料，得到了 27 组不同组合工况下燃气灶具的热效率，并分析了不同参数对灶具热效率的影响，且对灶具的结构进行了优化设计。计算结果表明，外圈燃烧器直径为 110mm，外圈燃烧器负荷为 2870W（占总负荷 70%），外圈燃烧器火孔数为 68（火孔强度为 6.9W/mm²）时，灶具热效率最高，为 64%。

关键词： 燃气灶；热效率；CFD 模拟

1　引言

居民建筑中天然气及液化石油气的消耗占总建筑能耗的 23.79%[1]，其中主要以家庭厨房炊事用能为主。因此，燃气灶热效率的提高对于民用建筑节能具有很大作用。目前燃气灶具的设计主要以实验方法为主。影响燃气灶具热效率的因素较多，如果采用组合实验的方法，成本较高，研发周期也会很长。随着计算机的发展，燃烧的数值模拟成为可能。采用 CFD 数值模拟的方法对燃气灶进行优化设计，可以大大减少研发成本和周期，对提高家用燃气灶具热效率的优化设计具有十分重要的意义[2][3][4]。

本文采用 CFD 数值模拟的方法，对不同结构的家用燃气灶具的热效率进行了仿真分析，得到了灶具结构的热效率最优化组合方案。

2　燃烧器结构

本文所研究的是以天然气为燃料的双引射台式燃气灶具。灶具燃烧器主要结构见图 1。采用的气源为 12T 天然气，功率为 4.1kW。引射器一次空气系数为 0.65。锅架高度为 26mm。燃烧器分为内圈燃烧器和外圈燃烧器，内外圈燃烧器采用两个独立的大气式引射器。内圈燃烧器有 28 个角度为 35°的斜火孔，以及 14 个水平直火孔，火孔深度都为 6mm，斜火孔直径为 2.5mm，直火孔直径为 1.5mm。内圈燃烧器直径为 32mm。外圈燃烧器火孔角度为 43°，火孔深度为 6mm，火孔直径 28mm。外圈燃烧器直径和火孔数量为结构变量参数。

---

* 选自中国土木工程学会燃气分会应用专业委员会 2013 年会论文集 p38-p43

图 1　灶具燃烧器结构

3　数值模拟

3.1　数值方法

预混气体由火孔喷出，在大气中燃烧，燃烧反应产生的化学反应热一部分通过辐射和对流换热传递给锅，进而加热锅内的水，一部分通过对流和辐射散失到环境中，描述该过程涉及化学反应、动热质的传递等多个控制方程。数值模拟的方法就是将所建立的控制方程离散为代数方程，并对代数方程进行求解，得到描述整个过程所需物理量的分布。其中涉及的主要模型包括湍流模型、化学反应模型、辐射模型、组分传输模型等。

3.2　工况设置

结构变化参数主要有外圈燃烧器直径、内外圈燃烧器功率分配、外圈燃烧器火孔数量。外圈燃烧器直径有三种，分别为 100mm，110mm 和 120mm，每种外圈燃烧器直径下，有 3 种外圈燃烧器功率分配方案，每种功率分配方案下有 3 种外圈火孔数量（火孔强度），共计 27 组工况。各参数组合的计算工况见表 1。

不同外圈燃烧器直径下的工况设置　　　　　　　　　　　表 1

外圈燃烧器功率（W）	外圈火孔数	直径（mm）	外圈火孔强度（W/mm²）
2870（占总 70%）	68	2.8	6.9
	60	2.8	7.8
	52	2.8	9.0
3075（占总 75%）	72	2.8	6.9
	62	2.8	8.1
	56	2.8	8.9
3280（占总 80%）	76	2.8	7.0
	66	2.8	8.1
	60	2.8	8.9

3.3　模型建立与网格划分

对燃烧器模型进行适当简化（图 2）。内外圈燃烧器和计算区域在空间上轴对称，为减少网格数量及计算时间，采用 1/4 模型进行计算。计算区域模型及尺寸见图 3。其中锅体尺寸按标准《家用燃气灶具》GB 16410—2007 中规定，高度为 190mm，直径为 300mm。

　　网格的划分采用结构网格和非结构网格结合的方法。燃烧器部分结构较为复杂，采用非结构网格，而对于其他较规则的流体区域，采用结构化网格。锅体附近区域采用边界层网格。图 3 为整体计算区域模型。图 4 为计算区域网格划分，网格总数为 70 万。

图 2　简化后燃烧器模型

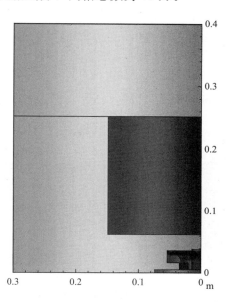

图 3　整体计算区域模型

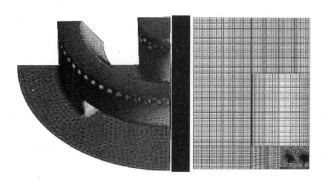

图 4　网格划分

3.4　数学模型与求解器设置

　　本文应用稳态计算方法，采用 realizable k-ε 湍流模型，DO 模型考虑辐射换热，化学反应，组分输运采用涡耗散模型。天然气主要成分为甲烷，因此只考虑甲烷燃烧，燃烧化学反应采用单步反应。考虑重力的影响。压力与速度的耦合求解采用 SIMPLE 算法，压力的离散为标准格式，动量方程和能量方程的离散采用二阶迎风格式，其他方程采用一阶迎风格式。

3.5　边界条件

　　根据国标测试要求，取环境温度为15℃，锅内水由19℃加热到49℃，锅内水平均温度为34℃。计算区域周围边界为空气入口，采用速度入口边界条件，入口空气温度为15℃，入口流速为0.1m/s，保证二次空气量足够且不影响燃烧器附近流场。火孔出口为质量入口边界条件，一次空气系数0.65，甲烷质量分数为0.0826，氧气质量分数为0.2138，其余为氮气。混合气体温度为15℃，燃气负荷按表1中不同工况进行设置。计算区域边界为压力出口，压力值等于大气压。锅底和锅周均采用第三类边界条件，锅内水温为34℃，对流换热系数为800W/(m²·K)。

4　结果与分析

　　110mm，负荷为2870W，火孔数为68时，整体计算区域火孔纵截面温度分布见图5，锅底（水侧）温度分布见图6。从图5可以看出，火孔喷出的混合燃气与二次空气接触，通过燃烧反应放出大量的热，并有明显的火焰高温区，高温烟气与周围空气混合，温度逐渐降低。燃气燃烧释放出的热量一部分以对流和辐射换热的方式，通过锅体传给水，一部分通过对流和辐射散失到周围环境中。从图6中可以看出，锅底中心温度较低，沿着半径方向向外，温度呈现出增大-减小-增大-减小的变化规律。两个高温峰值出现在火焰高温的末端。从图5可以还可看出，内圈火焰末端出现在半径约0.04m的位置，外圈火焰末端出现在约0.08m的位置，与图6中锅底高温峰值出现位置一致。

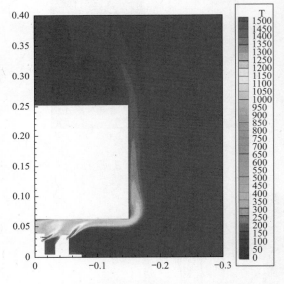

图5　整体区域纵截面温度分布（℃）

　　燃气灶具的热效率定义为锅体总得热功率除以燃气输入功率。

　　外圈燃烧器直径为100mm，外圈燃烧器不同负荷及不同火孔数量下的计算结果见表2。从表2可以看出，锅体总得热量中主要以锅底得热为主，锅底得热占总得热量的80%左右。随着外圈燃烧器负荷的增大，锅底得热增加。当外圈燃烧器负荷一定时，锅底得热随火孔数的减少而降低。由于外圈燃烧器直径较小，内圈燃烧高温区与外圈燃烧高温区出现交集。烟气高温区主要分布在锅底中心处，锅底受热不均。当外圈负荷比增大时，烟气高温区扩大，锅底受热均匀性得到改善，锅底得热量增加。当外圈负荷一定时，火孔数量减小，锅底温度分布均匀性变差，因此锅底得热减少。热效率随外圈燃烧器负荷的增大有增大的趋势。

　　燃烧器负荷为3280W、火孔数为76时，灶具热效率最高，为63.4%。最高热效率与最低热效率相差2.7个百分点。

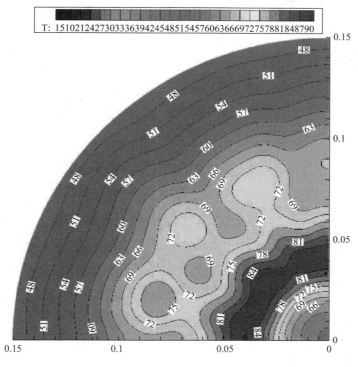

T: 15102124273033363942454851545760636669727578818487 90

图 6　锅底（水侧）温度分布（℃）

　　外圈燃烧器直径为 110mm 时，外圈燃烧器不同负荷和不同火孔数量下的计算结果见表 3。与直径为 100mm 工况不同的是锅底得热量随外圈燃烧器负荷的增大先减小后增大。而平均热效率也是随外圈燃烧器负荷的增大先减小后增大。外圈燃烧器负荷一定时，锅底得热随外圈火孔数的减少而降低，与 100mm 工况的规律相同。锅周得热的变化较为复杂，没有明确的规律，但总体得热比表 2 中的要大。这是由于外圈燃烧器直径增大，高温烟气在锅底的停留时间变短，与锅周接触时温度较高，因此锅周得热增大。外圈燃烧器负荷为 2870W、火孔数为 68 时，灶具热效率最高，为 64.0%。最高热效率与最低热效率相差 3.5 个百分点。

外圈燃烧器直径为 100mm 计算结果　　　　　　　　　　　　　表 2

外圈负荷（W）	外圈火孔数	锅底得热（W）	锅周得热（W）	总得热（W）	热效率（%）	平均热效率（%）
2870 （70%）	68	504.2	132.6	636.8	62.1	61.4
	60	500.7	128.3	629.0	61.4	
	52	494.2	128.1	622.2	60.7	
3075 （75%）	72	518.1	125.7	643.8	62.8	62.5
	62	514.9	125.3	640.3	62.5	
	56	510.5	128.7	639.3	62.4	
3280 （80%）	76	529.7	120.4	650.2	63.4	63.2
	66	525.4	120.0	645.3	63.0	
	60	525.0	121.6	646.6	63.1	

外圈负荷（W）	外圈火孔数	锅底得热（W）	锅周得热（W）	总得热（W）	热效率（%）	平均热效率（%）
2870 （70%）	68	526.1	129.8	656.0	64.0	63.5
	60	521.7	127.0	648.7	63.3	
	52	513.9	135.2	649.1	63.3	
3075 （75%）	72	495.5	134.7	630.2	61.5	61.1
	62	491.2	136.3	627.5	61.2	
	56	485.7	134.2	619.9	60.5	
3280 （80%）	76	507.5	128.4	635.9	62.0	61.8
	66	501.5	130.4	631.9	61.6	
	60	502.1	130.0	632.2	61.7	

外圈燃烧器直径为 120mm 时，不同外圈燃烧器负荷和不同火孔数量下的计算结果见表 4。平均锅周得热比表 3 中的要大。外圈负荷比一定时，锅底得热随火孔数量的减少而减小，原因与上文相同。外圈燃烧器负荷为 2870W、火孔数量为 68 时，灶具热效率最高，为 63.9%。最高热效率与最低热效率相差 1.6 个百分点。

外圈燃烧器直径为 120mm 计算结果 表 4

外圈负荷（W）	外圈火孔数	锅底得热（W）	锅周得热（W）	总得热（W）	热效率	平均热效率
2870 （70%）	68	515.6	139.3	654.9	63.9%	62.9%
	60	507.7	134.2	641.9	62.6%	
	52	504.4	134.4	638.8	62.3%	
3075 （75%）	72	517.5	136.9	654.4	63.8%	63.2%
	62	511.2	134.6	645.8	63.0%	
	56	508.0	133.7	641.7	62.6%	
3280 （80%）	76	520.3	133.1	653.4	63.7%	63.4%
	66	516.5	134.3	650.8	63.5%	
	60	515.0	130.1	645.1	62.9%	

27 组模拟工况中，外圈燃烧器直径为 110mm、外圈负荷为 2870W 时，灶具平均热效率最高，为 63.5%。同时最高热效率也出现在该组合工况中，外圈燃烧器火孔数量 68 时，灶具热效率最高，为 64%。

本文还对一款相同类型的双引射台式燃气灶具的热效率进行了热效率实验测试，燃烧器的头部直径为 110mm，采用的燃气为 12T 天然气，灶具额定负荷为 4.1kW，实验采用的锅与模拟的锅体尺寸相同。测试得到灶具热效率为 62.8%，与表 3 中的测试结果相近，验证了模拟计算结果的准确性。

5 结论

本文通过 CFD 数值模拟的方法，对不同结构组合的双引射台式燃气灶具的热效率进行了仿真分析，结果表明：

（1）在计算的 27 组工况中，外圈燃烧器直径为 110mm、负荷为 2870W 时，灶具平均热效率最高。同时，该组合工况下，外圈燃烧器火孔数量为 68 时，灶具热效率最高，为64%。灶具结构的确定还需要综合考虑经济性和热效率，据此给出最优化结果。

（2）将锅体得热分为锅周得热和锅底得热，其中主要以锅底得热为主，约占总得热的80%左右；

（3）本文仿真计算结果与实验测试结果吻合，说明了计算方法的可靠性。

（4）采用 CFD 方法进行灶具结构参数的优化设计，能大大减小灶具设计周期及成本，同时为实验设计提供指导，适合在燃气灶具的设计中进行推广。

（5）本计算没有考虑锅支架在整个燃烧过程中吸热及热量散失的因素，所以在具体设计中对锅支架进行适当的避让也是减少无谓热损失的一个因素。

参考文献

［1］ 丁洪涛，刘海柱. 民用建筑能耗统计初步分析［M］. 暖通空调. 2009，39 卷第 10 期，1-3

［2］ 李小龙. 家用燃气灶的热效率分析［D］. 燕山大学硕士学位论文，2010

［3］ 薛兴，刘芳. 锅支架高度对燃气灶具热效率影响的数值模拟［J］. 装备制造技术. 2012，第 11 期，42-43，56

［4］ 蒋绍坚，刘震，张灿. 旋流燃气灶具数值模拟［J］. 热科学与技术. 2009 年第 8 卷第 4 期，337-342

组合式燃烧器的数值模拟研究[*]

李 萍[1,2]，刘艳春[2]，曾令可[1]，邓毅坚[3]

（1. 华南理工大学；2. 广州市红日燃具有限公司；3. 佛山市启迪节能科技有限公司）

摘 要：本文利用 CFD 软件对一种组合式燃烧器进行了较全面的数值模拟，通过模拟研究了不同的一次风与二次风比例和不同的空气系数时燃烧器燃烧状况的变化。模拟结果表明适量一次风和适量二次风配合可以产生较高的火焰温度，有利于提高燃烧效率。采用全预混时容易产生回火，而采用预混式二次燃烧可以避免回火，能够在保证燃料充分燃烧的同时，又能比较容易地控制好空气系数，合理的空气系数有利于减少烟气的产生量，减少烟气带走热，达到节能减排的目的。

关键词：组合；预混；燃烧；模拟；燃烧器

1 引言

传统的燃烧器设计主要依赖于试验取得的数据和经验公式，同时也依靠试验发现问题，改进设计。但限于试验测试手段和设备条件，获得的信息有限，难以详细了解燃烧器内的三维流动状况和燃烧过程细节[1]。随着计算流体力学的飞速发展，利用数值模拟来研究燃烧器内部湍流、多组分扩散、化学反应等复杂流动现象，可以为设计定型提供有力的参考依据，尤其在燃烧器技术方案的初步论证、性能调试以及优化设计中起着越来越重要的作用[2]。

本文所研究的应用于陶瓷辊道窑的组合式燃烧器，同时具有全预混燃烧、预混式二次燃烧和扩散燃烧三种燃气燃烧方式。由这种燃烧器组成的燃烧系统可满足各种工业炉窑的燃烧工况，通过在辊道窑上两年多的实际运行，达到了安全、可靠、无回火、节能、减排的技术指标，比传统的扩散式燃烧系统节能率达 10％以上[3]。作者采用 Solidworks 软件，设计出结构复杂的燃烧器三维模型，利用 FLUENT 软件对燃烧器进行燃烧流场分析，得到不同工况下设计方案的流场、温度场、组分分布等详细信息，通过分析对比得出最佳燃烧状态，对优化该燃烧器的结构设计具有重要的指导意义[4]。

2 组合式燃烧器的结构模型

组合式燃烧器是由预混合装置、输送管道、扩散燃烧装置三大部件组成，如图 1 所

---

* 选自中国土木工程学会燃气分会应用专业委员会 2014 年会论文集 p6-p12

示。当开一次风、关二次风时为全预混燃烧；当同时开一次风和二次风时为预混式二次燃烧；当关一次风、开二次风时为扩散燃烧。模型中一次风入口、二次风入口和燃气入口直径跟实物尺寸一致，所采用的燃气成分见表1[5]，燃气流量为22m³/h，设空气系数为1.05，则一次风和二次风的总流量为28.93m³/h。选用的湍流模型是标准k-ε（湍动能—湍动能耗散率）双方程模型[6]。鉴于燃烧器几何结构的复杂性，若只采用结构化网格来离散计算区域十分困难，模型划分网格时采用非结构化四面体网格[7]。

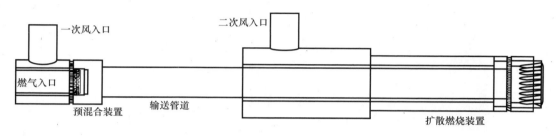

图1　组合式燃烧器的结构

燃气成分体积百分含量　　　　　　　　　　表1

燃气成分	CO	H_2	CH_4	O_2	N_2	H_2O	CO_2
含量（%）	26.6	12.8	3.3	0.2	53.1	2	2

3　计算结果及讨论

3.1　不同的一次风与二次风比例

利用CFD（Computational Fluid Dynamics，即计算流体动力学）软件fluent对上述模型进行了燃烧模拟[8-9]。模拟了一次风与二次风的比例分别为1∶0、3∶1、1∶1、1∶3和0∶1五种工况。模拟的结果分别见图2、图3、图4、图5及图6。

图2为火焰温度场分布图。由图2可以看出，随着一次风量的减少和二次风量的增加，火焰的长度逐渐增长。

图3为实际火焰图片。由图3可以看出，实际火焰的长度是随着一次风量的减少和二次风量的增加而逐渐增长的。这说明模拟的火焰温度场分布与实际的火焰是相符的。

图4为O_2的浓度场分布图。由图4可以看出，O_2在输送管道中与燃气混合，当到达喷口时，已经与燃气混合得非常均匀了。随着一次风量的减少和二次风量的增加，O_2被消耗的速度越来越慢。在火焰温度最高的区域，氧气的浓度接近0。

图5为CO的浓度场分布图。由图5可以看出，CO在输送管道中与空气混合，当到达喷口时，已经与空气混合得非常均匀了。随着一次风量的减少和二次风量的增加，CO被消耗的速度越来越慢。这与火焰温度场的分布是一一对应的。

图6为速度场分布图。由图6可以看出，随着一次风量的减少和二次风量的增加，喷口喷出的速度逐渐减小。在喷口处最高速度达到了40m/s。

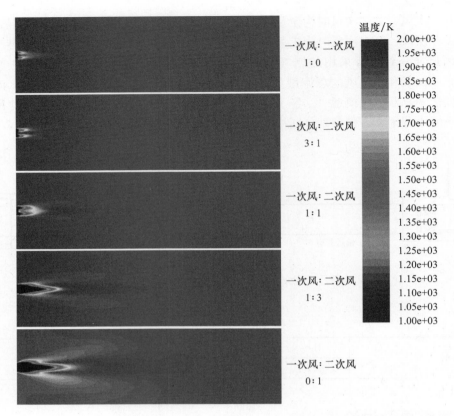

一次风：二次风
1：0

一次风：二次风
3：1

一次风：二次风
1：1

一次风：二次风
1：3

一次风：二次风
0：1

温度/K

| 2.00e+03 |
| 1.95e+03 |
| 1.90e+03 |
| 1.85e+03 |
| 1.80e+03 |
| 1.75e+03 |
| 1.70e+03 |
| 1.65e+03 |
| 1.60e+03 |
| 1.55e+03 |
| 1.50e+03 |
| 1.45e+03 |
| 1.40e+03 |
| 1.35e+03 |
| 1.30e+03 |
| 1.25e+03 |
| 1.20e+03 |
| 1.15e+03 |
| 1.10e+03 |
| 1.05e+03 |
| 1.00e+03 |

图 2 一次风与二次风比例不同时的火焰温度场分布图

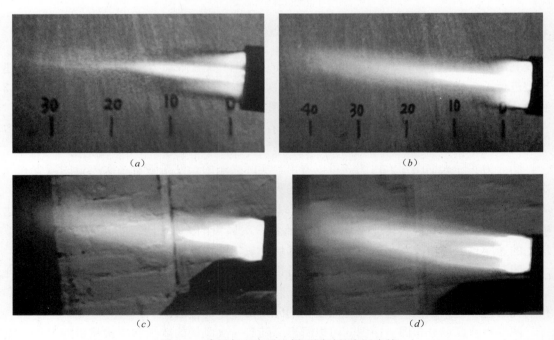

（a）   （b）

（c）   （d）

图 3 一次风与二次风比例不同时的实际火焰
（a）全预混燃烧；（b）预混较多；（c）扩散较多；（d）扩散燃烧

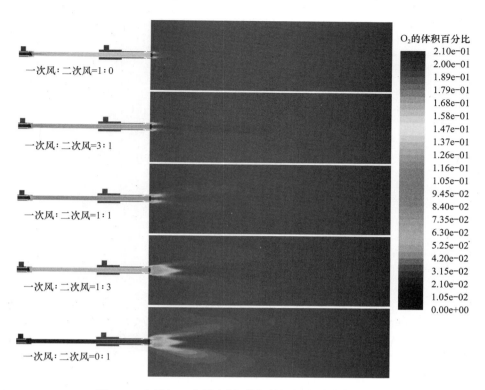

图 4 一次风与二次风比例不同时的 O_2 的浓度场分布图

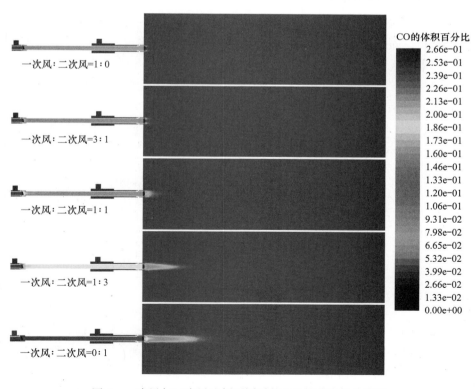

图 5 一次风与二次风比例不同时的 CO 的浓度场分布图

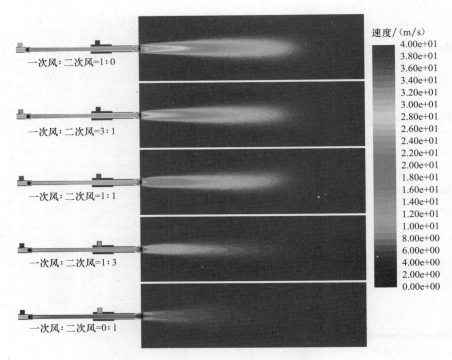

图6 一次风与二次风比例不同时的速度场分布图

图7为温度在 Z 轴方向的分布情况。Z 轴即火焰中心轴，由图7可以看出，随着一次风量的减少和二次风量的增加，燃烧区域末端的温度越来越高。采用全预混燃烧时，温度由低直接到最高，而采用预混式二次燃烧和扩散式燃烧时，温度是由低到最高，再降低到末端温度，其中一次风比二次风为 1：3 时，火焰产生的最高温度值最高。这说明燃烧区域末端的温度是随着燃气与 O_2 反应的时间增加而升高的，适量一次风和适量二次风配合可以产生较高的火焰温度，有利于提高燃烧效率。

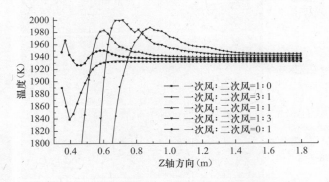

图7 一次风与二次风比例不同时温度在 Z 轴方向的分布

表2为一次风与二次风比例不同时出口处 NO_x 的平均浓度。由表2可以看出，随着一次风量的减少和二次风量的增加，烟气出口处 NO_x 的平均浓度逐渐增加，这与速度场刚好相反。这说明烟气流动越快，NO_x 的生成越少。

一次风与二次风比例不同时出口处 NO_x 的平均浓度					表 2
一次风与二次风比例	1：0	3：1	2：2	1：3	0：1
NO_x 浓度（ppm）	174	191	217	437	591

另外，由计算出的压力分布的结果，可以知道在燃气/一次风或二次风喷口的附近会产生最大负压，并且负压区域非常小。当一次风与二次风比例分别为 1：0、3：1、1：1、1：3 和 0：1 时，在 Z 轴方向的最大负压分别为 $-56.49Pa$、$-36.69Pa$、$-24.27Pa$、$-23.62Pa$ 和 $-23.22Pa$，如图 8 所示。当一次风不为 0 时，最大负压在燃气/一次风喷口的附近，当一次风为 0 时，最大负压在二次风喷口的附近。在燃气/一次风喷口附近的负压越大就越容易产生回火，所以，采用全预混时容易产生回火，而采用预混式二次燃烧就可以避免回火。

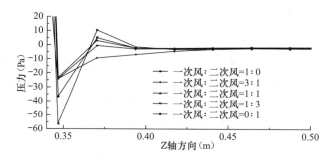

图 8　一次风与二次风比例不同时压力在 Z 轴方向的分布

3.2　不同的空气系数

模拟一次风与二次风比例为 1：1，空气系数分别为 1、1.25、1.5、1.75 和 2 五种工况。模拟的结果分别见图 9 及图 10。

图 9 为火焰温度场分布图。由图 9 可以看出，随着空气系数的增加，火焰的长度逐渐增长，火焰的最高温度值也越来越低。

图 10 为温度在 Z 轴方向的分布情况。由图 10 可以看出，随着空气系数的增加，燃烧区域末端的温度越来越低。因此，在保证燃料充分燃烧的前提下，空气系数能够控制得越接近 1 越好。采用预混式二次燃烧，能够在保证燃料充分燃烧的同时，又能比较容易地控制好空气系数。

合理的空气系数有利于减少烟气的产生量，减少烟气带走热。经理论计算，当排烟温度为 500℃ 时，空气系数由 2 降低到 1.5，则节能率可达到 10.36%，该组合式燃烧器就是根据这个原理而产生的节能减排效果。

4　结论

本文对组合式燃烧器进行了较全面的数值模拟，得到如下几点主要结论：

（1）燃气和一次风由预混合装置通过输送管道的过程，经过了一段输送时间和输送距离，各气体可以混合得非常均匀。

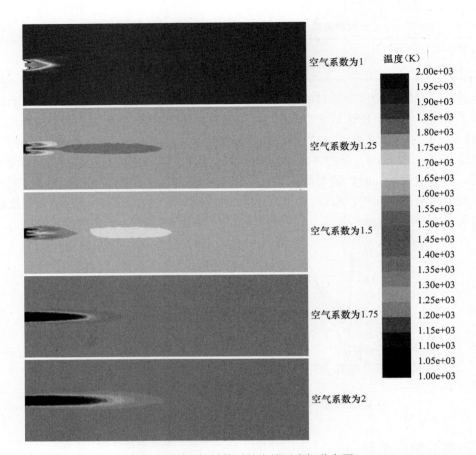

图 9　不同空气系数时的火焰温度场分布图

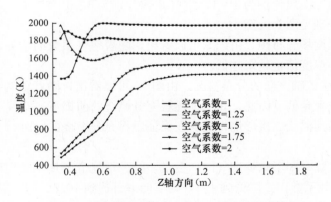

图 10　不同空气系数时温度在 Z 轴方向的分布

（2）适量的一次风和二次风配合可以产生较高的火焰温度，有利于提高燃烧效率。

（3）随着一次风量的减少和二次风量的增加，烟气出口处 NO_x 的平均浓度逐渐增加，这与速度场刚好相反。这说明烟气流动越快，NO_x 的生成越少。

（4）随着空气系数的增加，火焰的长度逐渐增长，火焰的最高温度也越来越低，燃烧区域末端的温度也越来越低。

150

（5）采用预混式二次燃烧，能够在保证燃料充分燃烧的同时，又能比较容易地控制好空气系数，合理的空气系数有利于减少烟气的产生量，减少烟气带走热，达到节能减排效果。

参考文献

[1] 刘明明，郑洪涛. 燃烧器燃烧流场与污染物排放的数值模拟 [J]. 燃气轮机技术，2008，21（2）：41-46

[2] 王应时. 燃烧过程数值计算 [M]. 北京：科学出版社，1986

[3] 李萍，曾令可，程小苏等. 预混式二次燃烧系统的节能减排效果 [J]. 中国陶瓷工业，2010，17（4）：42-45

[4] 王家楣，彭峰. 燃烧器三维流动和燃烧的数值模拟及优化结果 [J]. 武汉理工大学学报，2004，26（3）：79-82

[5] 李萍，曾令可，邓毅坚. 预混燃烧数值模拟与结构改进 [J]. 工业加热，2008，37（2）：33-36

[6] FLUENT4. 5. 6User's Guide [Z]. Fluent Inc Lebanon，NH1998

[7] 韩占忠，王敬，兰小平. FLUENT 流体工程仿真计算实例与应用 [M]. 北京：北京理工大学出版社，2004

[8] Siewert，P. Flame front characteristics of turbulent premixed lean methane/air flames at high-pressure and high-temperature [D]. PhD，Eidgenossische Technische Hochschule Zurich（2005）

[9] 李芳芹，魏敦崧，马京程等. 燃煤锅炉空气分级燃烧降低 NO_x 排放的数值模拟 [J]. 燃料化学学报，2004，32（5）：537-541

火焰冷却体对降低氮氧化物排放的实验研究[*]

黎彦民，张　宁

（广东万和新电气股份有限公司）

摘　要： 本文基于氮氧化物的生成机理，从降低火焰温度、改变二次空气供给位置和过剩氧在高温火焰面上的停留时间等方面考虑，采用在大气式燃烧器每个火排的火焰高温区（内焰尖稍上面一点）布置棒形的冷却导流体，降低火焰燃烧温度，从而降低氮氧化物排放。同时，本文通过实验，对装有冷却导流体的燃烧器和未装冷却导流体的燃烧器进行整机测试，证明布置火焰冷却体对降低氮氧化物排放的有效性。

关键词： 燃气采暖热水炉；大气式燃烧器；冷却导流体；低氮氧化物

1　引言

　　燃气与空气混合燃烧后从采暖炉排出，烟气中有毒、有害的物质主要有 CO、CO_2、SO_x、NO_x。人类很早就认识到碳氧化物和 SO_x 对环境和人体的危害，并有相应的解决措施减少和降低这种危害。然而，NO_x 对环境和人体的危害远大于碳氧化物和 SO_x，它既是形成酸雨的主要物质之一，也是形成大气中光化学烟雾的重要物质和消耗 O_3 的重要因子。NO_x 经呼吸道吸入人体后可导致人体急性中毒，或引起高铁血红蛋白症，这种危害在近年来才引起人们的重视，尤其在国内 PM2.5 日益严重，特别在国内大城市已经慢慢实行各种新政策控制排放。北京市内低于 8m 高的燃气具氮氧化物排放必须低于 75mg/（kW•h），即 42.72ppm。为了保护环境和适应政策变化，燃器具行业也应该在新产品开发过程中控制 NO_x 的排放。由于目前中国市场以常规燃气供暖热水炉为主，这种供暖炉采用大气式燃烧器，整体燃烧结构简单，成本低，消费者容易接受，但相对成本较高结构复杂的全预混燃气供暖热水炉，烟气中的 NO_x 较高。本文旨在研究如何在保证原有常规机型整体结构不变的基础上，减少烟气中的 NO_x 的排放。

2　NO_x 的生成机理

　　在燃气采暖热水炉排出的烟气中，NO 占总 NO_x 的 90%～95% 以上，NO_2 只占 5%～10%，因而在讨论 NO_x 生成机理时，主要在讨论 NO 的生成机理。其化学方程式为：

$$O_2 + N_2 == 2NO \quad \Delta H = +180 kJ/mol$$

---

[*]　选自中国土木工程学会燃气分会应用专业委员会 2014 年会论文集 p61-p65

生成 NO_x 有三种形式：

（1）热力型（温度型）NO_x：空气以及燃料中 N 在高温下生成。

（2）快速型 NO_x：氮氢化合物燃烧，当燃料过浓时在反应区会快速生成 NO。

（3）燃料型 NO_x：燃料中氮化物热分解和氧反应生成 NO。

研究指出，NO 的生成受燃烧温度的影响最大，燃烧温度越高生成的 NO 也越多，所以要降低 NO_x 的排放主要考虑减少热力型 NO_x 的排放，即空气以及燃料中 N 在高温下生成的 NO_x。

3　常规壁挂炉降低 NO_x 的方式

在国内的全预混燃烧不成熟的前提下，常规壁挂炉仍然是国内销售的主力军，所以如何降低常规壁挂炉的 NO_x 最为重要。对于常规大气式壁挂炉来说，降低 NO_x 的方式有两种，一种是由普通的大气式燃烧器更换为浓淡燃烧器，另外一种是在大气式燃烧器上布置火焰冷却体。由于浓淡燃烧器整机结构改动较大，而且该燃烧器成本较高，在常规壁挂炉市场不具备优势，因此本文主要针对常规燃气采暖热水炉，对原有大气式燃烧器的火排做小的改动，在每个火排的火焰高温区（内焰尖稍上面一点）布置棒形的冷却导流体，成为冷却导流体燃烧器结构，如图 1 所示。图中冷却棒材料为铁铬铝合金材料，这种材料具有很强的耐高温、耐腐蚀、抗氧化特性，相对使用寿命比普通材料长。燃烧器上布置冷却体后，可以使火焰高温区的平均温度降低，进而降低 NO_x 的体积分数，具体原理可分为三方面：

（1）使火焰温度分布均匀，避免产生局部高温。在火焰局部高温区加入冷却体后，使之吸收并向外辐射部分燃烧释放的热量，从而降低整个火焰温度，特别是消除了局部高温区，从而可以有效地降低 NO_x 生成。

（2）就本生火焰而言，大量的二次空气是从火焰根部供给的，加装冷却体后会改变二次空气的供入位置，同时对二次空气的供给起到了一定的阻碍作用，即冷却体下方二次空气直接供入焰面，冷却体上方，二次空气需绕过冷却体再供入焰面，相当于分段供二次空气。由于改变了二次空气的供给地点，减少了大量二次空气从火焰根部直接供入，从而抑制了 NO_x 的生成。

图 1　装有冷却导流体的大气式燃烧器

（3）加装火焰冷却体后会缩短氧在火焰高温区的停留时间，使过剩氧不能顺利从火焰底部沿焰面到达顶部，从而降低 NO_x 的生成。

图 2 为布置冷却导流体后燃气燃烧的火焰状况。可以看出，火焰内面形状发生了明显变化。

下面我们通过实验对装有冷却导流体燃烧器和常规大气式燃烧器的燃烧效果做对比分析。

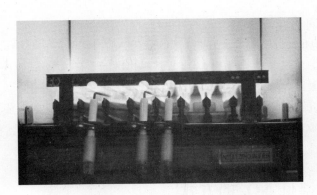

图 2　布置冷却导流体后燃气燃烧的火焰状况

4　试验装置及试验内容

本实验用某品牌 20kW 常规燃气采暖热水炉一台进行测试。试验用燃气采用市政天然气，供气压力 2000Pa。实验装置如图 3 所示

首先，对装有常规大气式燃烧器的壁挂炉进行测试。按正常操作方法使壁挂炉进入工作状态，燃烧稳定后，按照从低到高的顺序逐渐调节燃气二次压力，从而调节输入热负荷，在不同热负荷下，用烟气分析仪检测烟气中的 CO、NO 和 NO_x 的含量并记录数据。

其次，将上步骤采暖炉所用的燃烧器更换为冷却导流体燃烧器，重复测试不同功率下的 CO、NO 和 NO_x 的含量并记录数据。

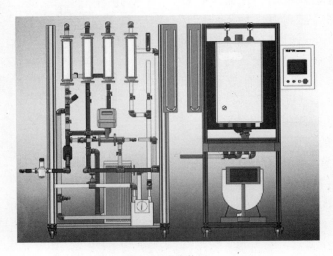

图 3　试验装置

将以上所得数据进行整理分析，分别对装有冷却导流体和未装冷却导流体的采暖炉烟气中 NO、NO_x 和 CO 含量进行对比，具体如下：

（1）装有冷却导流体和未装冷却导流体的供暖炉烟气中 NO 和 NO_x 含量的对比实验数据见表 1。

输入热负荷（kW）	烟气中的 NO 含量对比					烟气中的 NO$_x$ 含量对比				
输入热负荷（kW）	8.9	15	17	18	20	8.9	15	17	18	20
无冷却棒时 NO 含量（ppm）	16.2	34.3	42	47.6	49.7	11	35	44.2	50	53
有冷却棒时 NO 含量（ppm）	11.1	23.4	29.8	34.1	38.5	11.6	24.6	31.1	35.8	42.7

将表 1 中 NO$_x$ 含量数据转换成折线图，对比效果如图 4 所示。

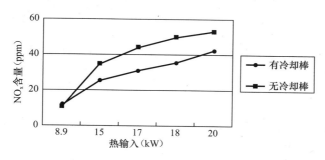

图 4　冷却棒对烟气中 NO$_x$ 含量的影响

（2）装有冷却导流体和未装冷却导流体的采暖炉烟气中 CO 含量，实验数据见表 2。

烟气中的 CO 含量对比 表 2

输入热负荷（kW）	8.9	15	17	18	20
无冷却棒时 CO 含量（ppm）	23	6	11	22	58
有冷却棒时 CO 含量（ppm）	25	8	9	40	190

将表 2 所得数据转换成折线图对比效果如图 5 所示。

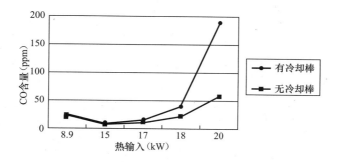

图 5　冷却棒对烟气中 CO 含量的影响

从图 4 可看出，由于使用冷却导流体，火焰温度下降，有效地减少了烟气中的 NO$_x$ 体积分数，对控制采暖炉 NO$_x$ 排放有一定作用。

从图 5 可以看出，由于冷却导流体表面阻碍了燃烧反应的进行，导致燃烧不完全的程度大，CO 的体积分数上升，带来负面影响。要消除这种负面影响，我们可考虑增加二次空气，人为的加强燃气与空气的后期混合，这一部分以后可以加深研究。

5 结论

（1）在相同条件下，燃烧器增加冷却导流体可以有效降低 NO 和 NO_x 的排放。

（2）在相同条件下，燃烧器增加冷却导流体可引起 CO 排放量增大。

（3）燃烧器增加冷却导流体以减低 NO_x 的排放这种方法可为以后研究低 NO_x 的燃气具提供理论支持，是开发低 NO_x 燃气具的一个方向。

参考文献

[1] 傅忠诚，艾效逸，王天飞等. 天然气燃烧与节能环保新技术 ［M］. 北京：中国建筑工业出版社，2007

[2] 夏昭知，伍国福. 燃气热水器 ［C］. 重庆：重庆大学出版社 ［M］，2002

低压引射器的数值模拟及参数化研究[*]

倪娟娟[1]，季锃钏[2]

（1. 上海林内有限公司；2. 安世亚太科技股份有限公司）

摘　要： 通过实验和数值模拟进行一次空气系数和质量引射系数的对比，验证数值模拟软件的可靠性，再利用模拟软件对简化后的结构利用 Workbench 平台分别从风门位置的变化、喷嘴位置的变化和混合管长度的变化三方面进行参数化研究。

关键词： 引射器；数值模拟；燃烧器；参数化；实验

1　引言

　　低压大气式引射器的结构设计一般是根据实验获取的数据和经验公式来确定结构，设计中的一些问题点也是通过反复的实验来解决和改进的。虽然引射器的工作原理简单，但内部流场相当复杂。由于现代测试手段和方法的限制，通过实验难以获得燃烧器内部流动的真实信息，例如速度场、浓度场和压力等分布。因而造成目前产品开发过程中，需要多次打样，反复做实验和修改结构才能得到最终产品。随着计算流体力学的飞速发展，利用 CFD 来研究燃烧器内部流场，多组分扩散、化学反应等复杂的流动现象的公司越来越多；CFD 在产品开发周期和成本上有明显的优势，今后 CFD 在产品设计过程中起到了越来越重要的作用。

　　本文研究的是低压大气式燃烧器中关键部件之一，低压引射器。燃气在一定压力下，以一定流速从喷嘴流出，进入吸气收缩管，燃气靠本身的能量吸入一次空气，在引射管内燃气和一次空气混合，然后经头部火孔流出[1]。其中引射器内部燃气和空气的混合是本文研究的重点。通过利用现有燃烧器对其流场进行数值模拟，与实验结果分别从一次空气系数、燃气和氧气的体积分数、质量流量等方面进行对比。然后分析其压力分布图，通过调整喷嘴伸进引射管的距离、风门开孔的位置等来对引射管进行参数化研究，使其引射能力达到最佳状态。

2　数值模拟与实验对比

2.1　数值模拟

　　图 1 为某型号的燃烧器结构图，在此结构上做数值模拟。在常温下引射器内的燃气密

---

　*　选自中国土木工程学会燃气分会应用专业委员会 2015 年年会论文集 p1-p7

度为常数，且满足牛顿流体条件；引射器内的燃气速度较低属于不可压缩流动，引射器内的燃气流动满足 Navier-Stokes 方程。

本文采用 ANSYS Fluent 16.0 基于压力的求解器模拟燃烧器内燃气的流动情况。计算采用伪瞬态算法，湍流模型使用 Realizable k-e 模型，并结合标准壁面函数模拟边界层内部流动，连续性、动量、湍动能和湍流耗散率方程的离散选用二阶迎风格式。

边界条件：燃气进口设为压力进口，总压为 1860Pa（通过试验测得），物质组分纯甲烷体积分数为 1；空气进口设为压力进口，总压为 0Pa，物质组分氧气体积分数为 0.21；燃烧器的出口空间区域设为压力出口，压力设为 0Pa；引射器壁面上采用无滑移边界条件。

本文采用 Solidworks 软件对引射器进行几何建模，然后导入 ANSYS DesignModeler 中进行几何简化及流体域抽取，再将流体域导入 ANSYS Meshing 生成网格，ANSYS Meshing 网格划分工具具有多种网格划分算法，对复杂几何结构可以分区采用四面体和六面体混合的非结构网格来满足计算要求。燃烧器网格如图 2 所示。

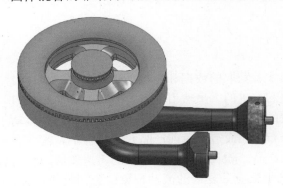

图 1　燃烧器结构示意图　　　　　　　　图 2　燃烧器网格

2.2　实验测试

一次空气系数 α 是吸入的一起空气量与燃气完全燃烧需要的理论空气量的比值。它是引射型大气式燃烧器的关键参数，对燃烧状态的影响很大。为了测出燃烧器的 α 值，从燃烧器头部抽取混合气样，并分析其中氧含量，这样根据混合气样中氧含量来算一次空气系数[2]，并且可以计算出质量引射系数。

一次空气系数测试系统按照文献中引射型大气或燃烧器气体动力性能测试系统[2]，主要包括燃气（纯甲烷）、燃气流量计、压力计、燃气灶、微压计、注射器和气相色谱仪等。一次空气系数实验流程如图 3 所示。

一次空气系数可以表示为：

$$\alpha = \frac{1}{V_0}\left(\frac{y_{O_2,m} - y_{O_2,r}}{20.9 - y_{O_2,m}}\right) \tag{1}$$

式中　α——一次空气系数；

　　　V_0——理论空气需要量，m^3/m^3；

　　　$y_{O_2,m}$——燃气与空气混合气中氧的体积百分数，%；

　　　$y_{O_2,r}$——燃气中氧的体积百分数，%。

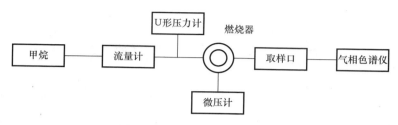

图3　一次空气系数实验流程图

质量引射系数可以表示为：

$$u = \frac{m_a}{m_g} \tag{2}$$

式中　u——质量引射系数；

　　　m_a——被引射气体质量，kg；

　　　m_g——引射气体质量，kg。

2.3　结果对比及分析

（1）压力分布（见图4）

从图4中可以看出燃气在一定压力下从喷嘴流出，形成一个负压区，卷吸空气从风门入口流入，燃气压力降低，燃气和空气在混合段掺混，在流动过程中燃气压力进一步减小，一部分传递给空气使空气动压增大，一部分用来克服流动中的阻力损失，一部分转化为静压，在扩压段出口压力小于进口压力。压力分布状况符合文献中的引射器工作原理图[1]。

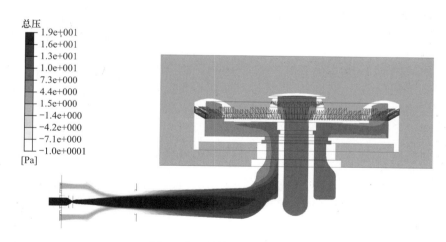

图4　主引射管压力分布云图

（2）一次空气系数与质量引射系数

燃烧器出口实验与数值模拟数据对比见表1。从表1对比中可以看出，一次空气系数和质量引射系数的相对误差都在2.17%，说明Fluent软件对此模型的模拟结果与真实情况较为接近，可以用Fluent软件对此结构做参数化研究，为引射管的结构设计提供指导意见。

燃烧器出口实验与数值模拟数据对比		表 1
	数值模拟	实验
CH_4 的质量流量（kg/s）	6.84×10^{-5}	6.687×10^{-5}
空气的质量流量（kg/s）	7.58×10^{-4}	7.5697×10^{-4}
混合气体中 O_2 的体积分数（%）	17.994	18.03
混合气体中 CH_4 的体积分数（%）	12.50	12.41
一次空气系数	0.646	0.66
质量引射系数	11.08	11.32
引射器出口平均压力（Pa）	5.1	5.0

3 引射器结构参数化

影响大气式燃烧器一次空气引射能力的因素有混合管的喉部尺寸和锥度、火孔总面积、火孔大小和深浅、混合管的长度和弯度、内壁状况、喷嘴位置、一次空气口的形状、燃烧器头部形状、头部温度、燃气密度、热值、压力等[1]。

从实验与数值模拟的对比中可以看出，Fluent 软件的可靠性，因此在参数化的过程中，为了节省计算量，把燃烧器的头部忽略掉。只取引射器、风门和喷嘴部分。入口的边界条件不变，出口的边界条件变成压力出口 5.1Pa。分别从一次空气入口的位置、喷嘴的位置、混合管的长度等几方面利用 Workbench 平台对引射器进行参数化研究。

3.1 一次空气入口位置的变化

从图 4 的总压图中可以看出，风门的位置发生变化，被引射的空气与吸气收缩管碰撞的位置发生变化，对一次空气系数有很大的影响。风门的位置设置了 5 个点，此模型中的风门位置，风门向径向移近作为负坐标 −1mm，−2mm，风门向径向移出作为正坐标 1mm，2mm，当风门位置移动时，保证进风面积不变，计算结果见图 5。其中横坐标零点的位置为此模型的原始位置。根据模拟结果，由式（3）计算出各种情况下的一次空气系数相对变化率[3]。

$$\Delta \alpha = \frac{\alpha - \alpha_0}{\alpha_0} \times 100 \tag{3}$$

式中　$\Delta \alpha$——一次空气系数相对变化率；

　　　α——喷嘴在任意位置处一次空气系数；

　　　α_0——喷嘴在 0 位置处的一次空气系数。

从图 5 中可以看出，风门沿径向向内移动 −2mm 时一次空气系数的相对变化率增长最大，引射能力最好。随着风门位置沿径向向外移动时，一次空气系数的相对变化率逐渐变为负值，即引射能力逐渐减小。从图 6 的压力云图中可以看出，当风门位置沿径向发生变化时，负压区域也发生变化，空气被卷吸进入后与吸气收缩管相碰撞的位置也发生变化。风门向径向移近 −2mm 时负压区域最大，被引射的空气与收缩管相撞的能量损失最小，所以引射能力最大。对于此引射器模型，相同面积的进风量时，风门开孔位置离喷嘴越近，引射能力越好，风门开孔位置离喷嘴越远，引射能力越差。

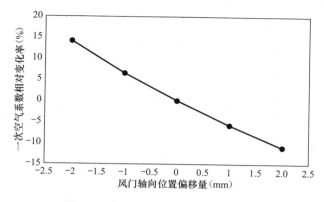

图5　一次空气系数随风门位置的变化

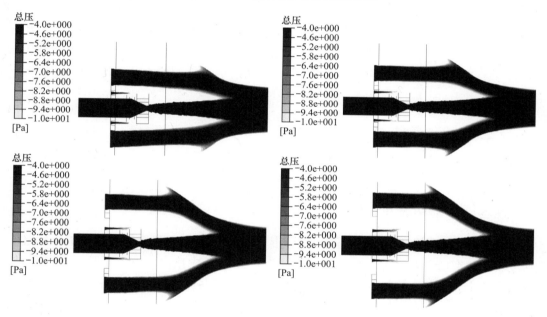

图6　风门径向位置偏移后的压力分布云图

3.2　喷嘴位置的变化

　　文献［1］中明确指出，安装喷嘴时，其出口截面到引射器的喉部应该有一定的距离，否则将影响一次空气的吸入；喷嘴中心线与混合管中心线应一致，二者有偏差或有交角对引射一次空气量不利的，偏移或交角越大，其影响越大。本文只考虑喷嘴中心线与混合管中心线一致的情况，只改变喷嘴出口截面到引射器喉部的距离，即喷嘴沿轴向方向变化。分别给出 9 个计算工况，现有位置的计算工况为 0 位置，喷嘴在此位置向喉部移动作为正向坐标，分别移动 1mm、2mm、3mm、4mm；喷嘴在此位置向远离喉部的方向移动作为负坐标，分别移动 -1mm、-2mm、-4mm、-6mm。根据模拟结果，由式（3）计算出各种情况下的一次空气系数相对变化率 $\Delta\alpha$，计算结果见图 7。

　　参考文献［1］中阐述了当喉部直径 d_t >喷嘴外径 d_{out} 时，一般取喷嘴到喉部的距离 $l=(1.0\sim1.5)d_t$。此模型中喉部直径为 14mm，喷嘴外径为 7mm，喷嘴到喉部的距离为 17mm，

符合上述条件 l 的取值范围在 14~21mm 之间，此模型给定的距离在 l 要求的范围内。

从图 7 中可以看出，当 $x=-2\sim 3$mm 时，一次空气系数变化率为正值且波动范围较小；这得益于喷嘴中心环形缝隙补风量的补偿，使得喷嘴在这个区域的敏感性降低，便于设计性能的保持。当 $x=3$ 和 $x=-4$ 时分别为 l 取值范围的临界值 14mm 和 21mm，从图 7 中可以看出，$x=3$ 时，一次空气系数最大，引射能力最好；当 $x=-4$ 时，一次空气系数已经变为负值，引射能力变差。当 $x=4$ 和 $x=-6$ 时已经超出喷嘴到喉部的参考距离，从图 7 中可以看出一次空气系数变化率为负值，一次空气系数减小，引射能力变差。

因此对于此模型来说，l 的值可取在 14~19mm 之间，其中 14mm 时引射能力最好。从数值模拟和理论分析两方面都可以表明喷嘴出口截面至喉部的距离在一定范围内对一次空气系数影响不大，当超出此范围后一次空气系数会减小，影响引射能力，最终影响燃烧器的燃烧状态。从图 7 中可以看出此模型中的喷嘴出口截面到喉部的距离还没有达到最优，还有优化空间。

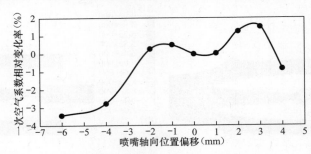

图 7　一次空气系数随喷嘴位置的变化

3.3　混合管长度的变化

混合管的作用是使燃气与空气进行充分混合，使燃气-空气混合物在进入扩压段之前，其速度场、浓度场及温度场呈均匀分布。参考文献［1］中给出，由于两股气流在有限空间内的混合十分复杂，因此，混合管的长度在很大程度上要根据实验资料确定。实验数据表明混合管的长度通常取 $l_{mix}=(1-3d_t)$。由于现代 CFD 的发展，目前当其他尺寸确定后可以利用数值模拟软件对混合长度进行计算，达到优化设计的目的。

对现有模型就混合段取了 3 个点计算，现有混合管长度为 0 位置，混合管长度增加 10mm，和混合管长度减小 10mm。数值仿真结果显示一次空气系数相对变化率随混合段长度的变化如图 8 所示。从图 8 中可以看出目前混合长度为 20mm，一次空气系数比较高，适合此模型，当混合段长度增大或缩小 10mm 后一次空气系数都相对减小。

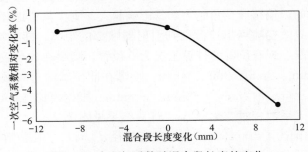

图 8　一次空气系数随混合段长度的变化

4 结论

（1）对整个燃烧器进行数值模拟和实验对比，发现数值模拟误差很小，适合目前结构的仿真计算；

（2）本引射器结构中，当进风面积相同时，风门开孔位置离喷嘴越近，引射能力越好，风门开孔位置离喷嘴越远，引射能力越差；

（3）喷嘴出口截面至喉部的距离在一定范围内时一次空气系数波动不大，存在设计性能稳定区域。

（4）本引射器混合段的长度设计较合理，在推荐范围内，一次空气系数较大，引射能力较好。

（5）今后希望能全面开展数值仿真与试验的验证工作，形成大气式燃烧器的固化分析流程。并且引入更多的关键设计参数如混合管的喉部尺寸锥度、混合管的弯度和扩压段的张角等几方面来进一步研究引射管内部尺寸对一次空气系数的影响。为今后开展大气式燃烧器性能化设计奠定基础。

参考文献

[1] 同济大学，重庆建筑大学，哈尔滨建筑大学，等. 燃气燃烧与应用（第三版）[M]. 北京：中国建筑工业出版社，2000

[2] 金志刚，王启. 燃气检测技术手册 [M]. 北京：中国建筑工业出版社，2011

[3] 方媛媛，郭全. 喷嘴位置对引射器性能影响的数值模拟 [J]. 煤气与热力，2007，27（7）：42-45

天然气灶具对气质波动适应性影响的实验研究[*]

高文学[2]，张杨竣[1]，王　启[2]

（1 中国市政工程华北设计研究总院有限公司博士后科研工作站；

2 国家燃气用具质量监督检验中心）

摘　要： 针对家用天然气灶具，选取目前市场上主流的两种大气式燃烧火孔型式——圆火孔和旋缝火孔，进行不同天然气组分下的各主要性能响应测试。通过实验测试，总结了两种火孔型式对天然气气质波动在各方面性能的适应能力表现，以及不同火孔型式对于优化不同性能响应的作用，并详细分析两种火孔型式各自适应能力较强的燃烧器头部结构参数，提出了一个用于综合评价大气式燃烧器头部设计的无量纲参数——结构因子 ε，并给出了两种火孔型式适应能力较强的参数设计范围。

关键词： 天然气灶具；圆火孔；旋缝火孔；性能响应；适应能力

1　引言

随着天然气时代的来临，越来越多的不同来源天然气进入城市天然气管道，造成天然气气质出现波动。气质的波动势必导致末端燃烧设备的性能出现变化[1]。民用燃气总用气量占比虽不高，但由于其涉及面广，用户量庞大，关系到普通民众的日常生活，家用燃气具的使用性能和安全问题，一直都是国内外燃气燃烧应用研究领域的关注重点[1-3]。随着家用燃气具行业的快速发展，其结构形式日新月异，燃烧器技术也在不断进步。然而，大部分设计或技术的应用，更多的是关注在特定燃气组分下提升燃气具的整体热工性能和污染物排放等方面性能，很少有针对燃气气质波动提升燃气具适应能力的研究[4][8]。

本文针对家用燃气灶具，选取目前市场上主流的两种大气式燃烧火孔型式——圆火孔和旋缝火孔，对所选两种不同火孔型式的燃气灶具进行不同天然气组分下的各主要性能响应测试，讨论两种火孔形式和头部结构形式对天然气气质波动在各方面性能的适应能力，并详细分析两种火孔形式各自适应性较强的燃烧器头部结构参数，以得出家用燃气灶具随天然气气质波动的性能变化规律。

2　实验方法

实验测试系统包含两部分组成：配气系统和灶具性能测试系统，如图 1 所示。其中，配气系统采用纯气加管道天然气（PNG）的配气方式进行，其中配备了一个 $5m^3$ 的湿式

---

* 选自中国土木工程学会燃气分会应用专业委员会 2015 年会论文集 p70-p77

配气/储气罐。配气伊始利用管道天然气对湿式配气/储气罐进行冲洗，一般冲洗 5 次、1m³ 管道气；之后，根据需配制气体各组分比例，按燃气表量程精度要求（量程 10m³/h，精度±0.2%FS），设置各纯组分进气顺序和配气流量，各组分纯度分别为：甲烷 99.9%、乙烷 99.5%、丙烷 99.95%、丁烷 99.95%、氮气 99.999% 和二氧化碳 99.6%；配气主管段设置循环水套，以保证配气时进气温度稳定，并通过 U 形压力计，控制各组分进气压力；配制过程中，5m³ 的湿式配气/储气罐顶部设置有搅拌器，待配气完成后，保持搅拌器开启状态 3～5h 后，对配得气体组分进行气相色谱分析，最终确定配得天然气组分特性。实验所用的 11 种天然气组分特性列于表 1。

灶具性能测试系统根据国标 GB 16410—2007 的相关规定进行搭建，如图 1 所示。灶具热效率和烟气排放性能测试方法和流程，严格按照国标 GB 16410-2007 规定进行[9]。其中，烟气分析仪选用 KM 9106，通过电脑实时连续记录烟气数据。实验选取了 12 台圆火孔和 13 台旋缝火孔天然气家用燃气灶，将各灶具样本分别调试到 12T-0 情况下的最佳工作状态，并保持各测试灶具样本的结构状态设置不变，进行 11 种实验配制天然气下的性能响应测试。

天然气的实测组分和华白数（101.325kPa，15℃）   表 1

Mole (%)	天然气										
	1	2	3	4	5	6	7	8	9	10	11
CH_4	96.00	85.99	92.80	98.50	97.00	98.90	90.70	84.40	89.40	86.60	95.60
C_2H_6	0.70	9.61	4.00	0.00	1.90	0.20	7.50	4.70	6.00	9.00	2.40
C_3H_8	0.20	0.20	0.30	0.30	0.30	0.22	0.30	2.40	3.20	2.90	0.60
C_4H_{10}	0.10	0.00	0.30	0.10	0.10	0.20	0.10	5.20	1.10	0.90	0.60
CO_2	2.30	3.60	1.80	0.00	0.00	0.00	0.20	0.90	0.00	0.10	0.10
N_2	0.70	0.60	0.80	1.10	0.70	0.48	1.20	2.40	0.30	0.50	0.70
WI (MJ/m³)	48.3	48.8	49.4	50.1	50.7	50.7	51.1	52.4	52.9	53.0	51.3

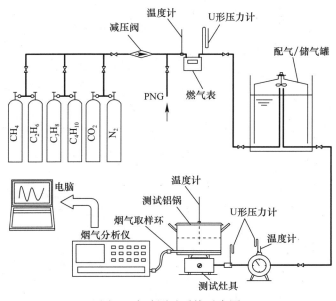

图 1 实验测试系统示意图

3 结果与讨论

3.1 各性能响应分析

如图 2 所示，随着天然气组分变化，旋缝火孔与传统圆火孔对灶具热负荷变化的影响基本类似，不存在孰优孰劣；旋缝火孔样本在热效率响应方面并不优于传统圆火孔，低热效率样本测试点多，高热效率样本测试点少，圆火孔样本的热效率整体测试结果高于旋缝火孔样本 1 个百分点，随气质变化的热效率响应情况不及圆火孔灶具；旋缝火孔样本对于天然气气质波动的 CO 排放响应整体趋势高于圆火孔样本灶，圆火孔样本的 CO 排放整体测试结果低于旋缝火孔样本 100～200ppm，在大部分测试气情况下，旋缝火孔样本 CO 排放不达标比例远高于圆火孔样本；与此不同，圆火孔样本灶的 NO_x 排放整体测试结果显著高于旋缝火孔样本，圆火孔样本的 NO_x 排放整体测试结果显著高于旋缝火孔样本 15～20ppm，超过 50% 的旋缝火孔样本 NO_x 排放值低于 50ppm（小于 30ppm 的样本占到了 7.7%），而圆火孔样本中有近 50% 的样本 NO_x 排放值高于 60ppm，最大值达到了 120ppm，而 NO_x 低于 30ppm 的样本量为 0。

通过分析旋缝火孔和圆火孔两种型式样本对应气质变化各性能响应情况，火孔型式的不同所表现出的性能响应情况差异较大。

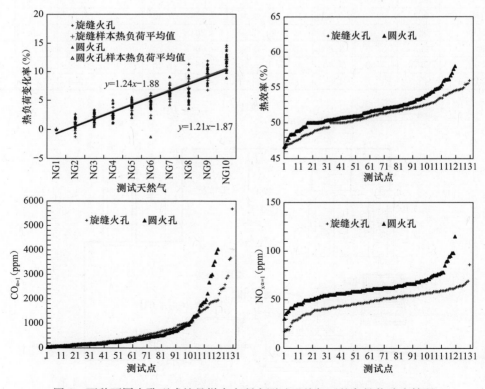

图 2　两种不同火孔型式灶具样本在所有测试天然气下的各性能响应情况

下面对两种火孔型式的各性能响应之间彼此关系进行分析，图3～图5分别给出了CO和NO_x、CO和热效率以及NO_x和热效率之间的相互关系。如图3所示，随着CO排放性能的增加，两种火孔型式样本的NO_x排放性能均出现降低的趋势，但旋缝火孔样本的NO_x降低趋势明显优于圆火孔样本，前者NO_x变化拟合线性斜率为-0.198，后者为-0.148。如图4所示，随着CO排放性能的增加，圆火孔样本的热效率性能出现降低的趋势，而旋缝火孔样本呈现升高趋势；但在低CO排放（小于500ppm）对应的样本热效率，圆火孔样本显著高于旋缝火孔样本，即圆火孔型式家用灶具更易实现高效率、低CO排放。如图5所示，随着NO_x排放性能的降低，圆火孔样本的热效率性能出现下降的趋势，而旋缝火孔样本呈现升高的趋势，旋缝火孔家用灶具更易在保证高热效率前提下降低NO_x排放（小于50ppm）。

因此，在天然气气质出现变化时，相比于圆火孔样本，虽然旋缝火孔样本的热效率和CO排放性能响应表现均不具备优势，但在NO_x排放表现优异，可以有效地控制NO_x排放，提高灶具对NO_x的适应能力；在控制CO排放不超标的前提下，也更易获得低NO_x排放，虽然会牺牲一部分热效率；另外，在保证灶具得到高热效率、低NO_x排放的性能条件，旋缝火孔结构也优于圆火孔结构。

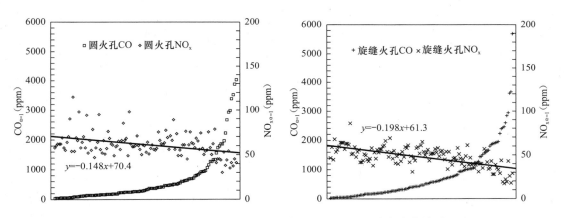

图3　两种不同火孔型式灶具样本的CO和NO_x响应变化关系

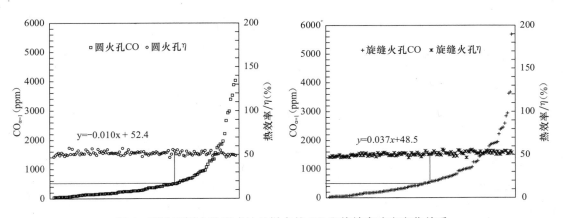

图4　两种不同火孔型式灶具样本的CO和热效率响应变化关系

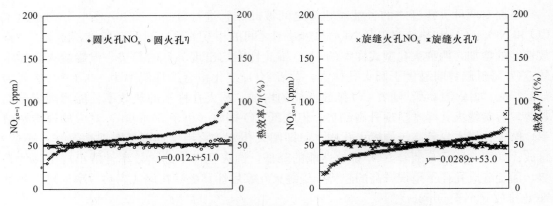

图 5 两种不同火孔型式灶具样本的 NO_x 和热效率响应变化关系

3.2 结构参数与适应能力分析

对于大气式燃烧器，其典型燃烧特性曲线如图 6 所示，当工况点落在非阴影区域时，认为该燃烧器处于较好的调节状态，工作性能理想；当燃烧器设计火孔热强度过大时，极易出现 CO 排放问题；而设计一次空气系数过大且火孔热强度过小，燃烧器容易发生回火，火孔热强度设计过大则易导致离焰；对于一次空气系数过小的燃烧器，则容易发生黄焰。因此，合理的设计燃烧器结构，选择合适的设

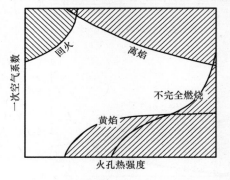

图 6 大气式燃烧器典型燃烧特性
曲线示意图

计工况点（一次空气系数和火孔热强度），将直接影响燃烧器应对气源气质变化的适应能力。另一方面，火孔尺寸过大、火孔间距过小、炉头外径偏小，易使得火孔分布紧密、火焰变软连焰，从而导致 CO 排放增加、热效率降低；反之则火孔过于分散、火焰较硬、传热效果变差，热效率不理想，某些情况同样会导致燃烧不完全，出现污染物排放问题[10]。就此，本文定义一无因次参数"结构因子 ε"来综合描述民用灶具炉头火孔大小、间距、个数同炉头大小的关系，从而评价炉头设计情况，其计算公式如下：

$$\varepsilon = \frac{炉头外径计算面积}{火孔总面积}$$

选取 12 台圆火孔样本中的 10 台样本，对其在 11 种天然气情况下的 CO 排放和热效率性能响应结合 10 台样本结构参数进行分析，如图 7 所示。其中，圆火孔样本 1～4 号所有测试工况下的 CO 排放响应值均在国标要求的 500ppm 以下，且除样本 1 的 5 个测试工况点外，其他所有测试工况点的热效率响应均在国标规定的 50% 以上。说明这 4 台样本的适应能力较强，能较好地应对天然气气质变化。旋缝火孔样本 5～10 号 CO 排放响应表现并不理想，其中样本 6 和 9 所有测试工况 CO 排放均在 500ppm 以上，其他 4 台样本过半数测试工况点 CO 排放超标；热效率响应方面，除样本 8 和 9 外，其他 4 台样本表现尚属理想；但若同时考虑 CO 排放和热效率，则样本 5～10 的设计，均是在保证热效率达标的前提下牺牲了 CO 排放，实际应用中不建议采用这类"高效率高排放"的燃气灶。

选取 13 台旋缝火孔样本中的 10 台样本，对其在 11 种天然气情况下的 CO 排放和热效率性能响应结合 10 台样本结构参数进行分析,如图 8 所示。其中,旋缝火孔样本 1～6 基本所有测试工况下的 CO 排放响应值均在国标要求的 500ppm 以下,且除样本 5 和 6 外,其他 4 台样本的热效率响应基本均在国标规定的 50% 以上。说明旋缝火孔样本 1～4 号的适应能力较强,能较好地应对天然气气质变化。样本 7～10 的 CO 排放响应表现并不理想,所有 4 台样本在所有测试工况下 CO 排放均在 500ppm 以上;热效率响应方面 4 台样本表现尚属理想;但若同时考虑 CO 排放和热效率,则发现旋缝火孔样本 5～10 号同样出现圆形火孔样本的问题,均是在热效率达标的情况下 CO 排放严重超标。

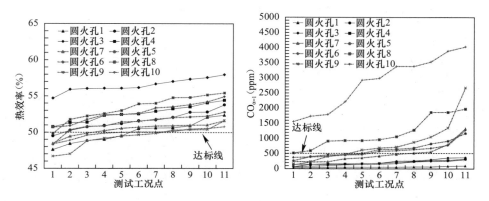

图 7　圆火孔样本随气源变化的 CO 和热效率性能响应情况

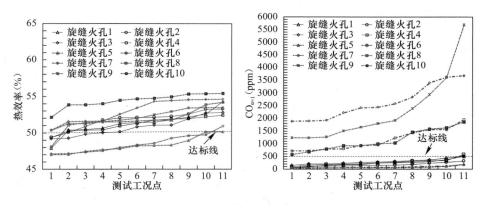

图 8　旋缝火孔样本随气源变化的 CO 和热效率性能响应情况

如图 9 所示,统计圆火孔 1～4 号样本的炉头设计发现,设计火孔热强度为 7.0～8.5W/mm²,结构因子 ε 值分布在 30～40 之间;统计圆火孔 5～10 号样本的炉头设计发现,其中 5 台样本的设计火孔热强度均大于 11W/mm²,最大达到了 15.2W/mm²,结构因子 ε 值整体较大分布在 40～65 之间,即火孔总面积偏小。前文图 6 中已提过,高火孔热强度易出现 CO 排放问题;结构因子 ε 值选择过大,如炉头直径过大易导致中心火焰二次空气供给变差,燃烧效率降低,污染物排放不理想,火孔总面积过小反映出炉头火孔分布不合理,火孔过于分散,火焰较硬,传热效果变差影响热效率。应对天然气气质变化适应能力较强的圆形火孔燃气灶具,其炉头参数设计为:火孔热强度为 7.2～8.4W/mm²,结构因子 ε 值分布在 30～40 之间。

如图 9 所示，统计旋缝火孔 1～4 号样本的炉头设计发现，设计火孔热强度为 8.0～11.5W/mm²，结构因子 ε 值分布在 35～45 之间。统计旋缝火孔 5～10 号样本的炉头设计发现，设计火孔热强度偏小，均小于 7W/mm²，最小达到了 3.7W/mm²，结构因子 ε 值整体分布在 10～30 之间，设计火孔总面积偏大。综合旋缝火孔 5～10 号样本的炉头设计统计数据，结构因子 ε 值选择偏小，如火孔总面积设计偏大，则炉头火孔分布过于集中，火焰易连焰变软，二次空气供给变差燃烧不完全，从而影响燃烧效率，增加污染物排放。应对天然气气质变化适应能力较强的旋缝火孔燃气灶具，其炉头参数设计为：火孔热强度为 8.0～11.5W/mm²，结构因子 ε 值分布在 35～45 之间。

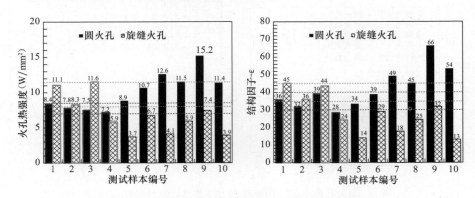

图 9　两种火孔型式样本火孔热强度和结构因子统计情况

4　结论

不同火孔型式的燃烧器头部结构变化，当天然气气质发生变化时，其性能响应及对气质变化的适应能力表现迥异。本文通过实验测试 13 台旋缝火孔样本灶和 12 台圆火孔样本灶在 11 种不同天然气组分情况下的热工性能和污染物排放性能，对比分析了两种火孔类型对天然气气质波动的适应能力和性能响应情况，并结合各样本的头部结构参数，定义一个用以描述燃烧器结构特性的"结构因子 ε"，总结归纳了适应性较强的燃烧器头部设计参数。

（1）随着天然气组分变化，旋缝火孔与传统圆火孔对灶具热负荷变化的影响基本类似，不存在孰优孰劣；旋缝火孔样本在热效率响应方面并不优于传统圆火孔，低热效率样本多，高热效率样本少，随气质变化的热效率响应情况不如圆火孔灶具；

（2）旋缝火孔样本对于天然气气质波动的 CO 排放响应整体趋势高于圆火孔样本灶，在大部分测试气情况下，旋缝火孔样本 CO 排放不达标比例远高于圆火孔样本，特别是在华白数较小的测试气情况下；圆火孔样本灶的 NOₓ 排放整体测试结果显著高于旋缝火孔样本；

（3）虽然旋缝火孔型式的样本相比于圆火孔型式样本，在天然气气质出现变化时，热效率和 CO 排放性能响应表现均不具备优势，但在 NOₓ 排放表现优异，可以有效地控制 NOₓ 排放，提高灶具针对 NOₓ 的适应能力；在控制 CO 排放不超标的前提下，更易获得低的 NOₓ 排放，虽然会牺牲一部分热效率；另外，在保证灶具得到高热效率、低 NOₓ 排放的性能条件，旋缝火孔结构也优于圆火孔结构；

（4）结构因子ε值选择过大，如炉头直径过大易导致中心火焰二次空气供给变差，燃烧效率降低，污染物排放不理想；如火孔总面积过小，反映出炉头火孔分布不合理，火孔过于分散，火焰较硬，传热效果变差影响热效率；应对天然气气质变化适应能力较强的圆火孔燃气灶具，其炉头参数设计为：火孔热强度为 $7.0\sim8.5\mathrm{W/mm^2}$，结构因子ε值分布在 $30\sim40$ 之间；

（5）结构因子ε值选择偏小，如火孔总面积设计偏大，则炉头火孔分布过于集中，火焰易连焰变软，二次空气供给变差燃烧不完全，从而影响燃烧效率，增加污染物排放；应对天然气气质变化适应能力较强的旋缝火孔燃气灶具，其炉头参数设计为：火孔热强度为 $8.0\sim11.5\mathrm{W/mm^2}$，结构因子ε值分布在 $35\sim45$ 之间。

参考文献

［1］ NGC+Interchangeability Work Group，White Paper on Natural Gas Interchangeability and Non-Combustion End Use ［R］. 2005. 02

［2］ Gas Technology Institute. Gas Interchangeability Tests：Evaluating the Range of Interchangeability of Vaporized LNG and Natural Gas ［R］. 2003. 04

［3］ International Gas Union and BP. Guidebook to Gas Interchangeability and Gas Quality ［R］. 2010. 08：40-87

［4］ H. S. Zhen，C. W. Leung，T. T. Wong. Improvement of domestic cooking flames by utilizing swirling flows ［J］. Fuel，2014 (119)：153-156

［5］ H. B. Li，T. T. Wong，C. W. Leung，S. D. Probert. Thermal performances and CO emissions ofgas-fired cooker-top burners ［J］. Applied Energy，2006 (83)：1326-1338

［6］ Shuhn-ShyurngHou，Chien-Ying Lee，Ta-Hui Lin. Effciency and emissions of a new domestic gas burnerwith a swirling flame ［J］. Energy Conversion and Management，2007 (48)：1401-1410

［7］ U. Makmool，S. Jugjai，S. Tia. Performance and analysis by particle image velocimetry (PIV) ofcooker-top burners in Thailand ［J］. Energy，2007 (32)：1986-1995

［8］ Yung-Chang Ko，Ta-Hui Lin. Emissions and effciency of a domestic gas stove burningnatural gases with various compositions ［J］. Energy Conversion and Management，2003 (44)：3001-3014

［9］ 国家质检总局. 家用燃气灶具 GB 16410—2007 ［S］. 北京：中国标准出版社，2007

［10］ 同济大学等. 燃气燃烧与应用 ［M］. 北京：中国建筑工业出版社，2011

燃气具开发研究

燃气热水器的数值模拟研究[*]

周庆芳，杨庆泉

（同济大学机械工程学院）

摘　要：本文提出了在燃气热水器开发过程中使用数值模拟的理念，对燃气热水器的引射器、分流板、燃烧过程进行了数值模拟，提出了数值模拟技术在热水器开发过程中的应用领域，并给出了相应的技术实例。

关键词：数值模拟；燃气热水器；FLUENT

1　引言

目前，燃气热水器的设计主要经过图纸设计、开模、热水器试验、图纸修改、最终定形等几个阶段，一台热水器的开发一般要经过近一年的时间，设计开发费用巨大，造成这种局面的主要原因在于热水器开发过程中需要大量的试验研究。试验研究可以获得大量第一手的数据，具有真实可靠的特点，但是试验费用昂贵、试验周期长、承担的技术风险、经济风险较大，使用数值模拟的方法可以弥补试验研究的上述不足，因而建议在今后的燃气热水器的设计研究中，可以适当引进数值模拟技术。

随着计算机技术和计算方法的发展，复杂的工程问题可以采用离散化的数值计算方法并借助计算机得到满足工程要求的数值解，数值模拟技术是现代工程学形成和发展的重要动力之一。数值模拟技术是建立在计算机技术之上的数值计算技术，该技术在最近 30 多年来获得了长足发展。现实生活中的一切物理、化学现象均可以用数学的方法来表达解释，也即有其数学模型，这些数学模型一般通过微分方程的形式加以表达，因而只要能够求解这些方程，就可以把现实中的问题通过数学的方法加以解决。随着计算机技术和数学计算技术的发展，通过建立现实问题的抽象模型，并用数值分析的方法已经可以解决现实科研中的问题。这些问题包括力学问题、传热问题、传质问题、流场问题、化学反应等等。在热水器的设计中，一般涉及流场问题、换热问题、燃烧问题以及污染物的生成模拟等。数值模拟技术突出的优点在于，节省开发时间，降低开发费用。本文主要讨论燃气热水器的数值模拟。

2　数值模拟技术及软件简介

数值模拟的一般步骤如下[1]：

　＊　选自中国土木工程学会燃气分会应用专业委员会 2002 年会论文集 p35-38，44-49

（1）建立所研究问题的物理模型，并用数学模型、力学模型加以抽象；

（2）建立几何形体及其空间影响区域、将几何体的外表面和整个计算区域进行空间网格划分；

（3）加入求解所需的初始条件和边界条件，例如入口与出口处的边界条件；

（4）选择适当的算法，设定具体的控制求解过程和计算精度要求；

（5）对所需分析的问题进行求解，结果以数据文件保存；

（6）选择合适的后处理器读取计算结果文件，将其以图形化格式反映出来，观察其结果，若与真实情况不符则重复上述步骤直到求得收敛数值解。

数值模拟技术发展很快，国内外涌现了大批的优秀数值模拟软件，如 FLUENT、STAR-CD、CFX、PHOENICS 等，这些软件中以 FLUENT 商业化最为成功。

FLUENT 软件于 1983 年，由美国的流体技术服务公司 Creare 公司的 CFD 软件部（FLUENT 公司的前身）推出，目前，FLUENT 拥有全球商用 CFD 软件领域 No.1 的市场份额，并以每年两位数的百分比速度递增。

FLUENT 软件由两部分组成，包括 GAMBIT 和 FLUENT。GAMBIT 是专用的 CFD 前置处理器（几何/网格生成），GAMBIT 目前是 CFD 分析中最好的前置处理器，它包括先进的几何建模和网格划分方法。借助功能灵活，完全集成的和易于操作的界面，GAMBIT 可以显著减少 CFD 应用中的前置处理时间。复杂的模型可直接采用 GAMBIT 固有几何模块生成，或由 CAD/CAE 构型系统输入。高度自动化的网格生成工具保证了最佳的网格生成，如结构化的、非结构化的、多块的或混合网格。FLUENT 采用可选的多种求解方法，从压力修正的 Simple 法到隐式和显式的时间推进方法并加入了当地时间步长，隐式残差光滑，多重网格加速收敛。可供选择的湍流模型从单方程、双方程直到雷诺应力和大涡模拟。应用的范围包括高超音流动、跨音流动、传热传质、剪切分离流动、涡轮机、燃烧、化学反应、多相流、非定常流、搅拌混合等问题。FLUENT 是基于完全并行平台的计算工具，即可应用在超级并行计算机上，又可实现高速网络的分布式并行计算，大大增强了计算能力，具有广阔的应用前景。

燃气热水器主要包括引射器、燃烧器头部、分流板、燃烧室、换热室、排烟装置等几部分，这些部分中均可以使用数值模拟的方法进行辅助开发，下面主要介绍引射器、分流板及燃烧的模拟。

3　燃气热水器中引射器的数值模拟

在燃气热水器的设计中，由于引射器部分的设计依据均为经验公式，这就造成当面对一种形状复杂的引射器时，设计工作往往无现成数据可依靠的状况，以往设计者面对这一状况往往采取先设计数个型号的引射器，然后进行试验检测，最终选定其一的做法。这种做法一方面浪费资金、设计时间长，引射器工作效果不太理想。建议通过数值模拟进行引射器的设计。

设计引射器时一般采用低压引射器计算方法，该方法首先建立动量方程，然后再通过引入各种经验系数来简化求解这一方程，最终得到该问题半经验公式，运用该公式解决常压低压引射器计算在精度上问题不大，但是对于正压吸气、负压吸气引射器就显得无能为力了，同时在燃气热水器，大多数情况下引射器截面并非为圆形，因而常规的计算方法很难以保证计算的准确性，一般要用试验的方法加以修正，如果应用数值模拟的方法，该问题能简便的解决。

3.1　引射器工作原理[2][3]

燃气引射器的工作原理见图1。其工作原理为：质量流量为 $q_{m,g}$ 的燃气在压力 p_1 下进入喷嘴，流出喷嘴后压力降至 p_2，而流速则升高到 v_1，在此过程中燃气的静压转变为动压。高速燃气与空气进行动量交换，将质量流量为 $q_{m,a}$ 的一次空气以 v_2 的速度吸进引射器，动量交换的结果是燃气流速降低，空气流速增高。在混合管中，燃气的动压进一步减小，其中一部分传给空气，使空气动压增大，另一部分用以克服流动中的阻力。在混合管出口处燃气和空气混合均匀，速度场呈均匀分布，燃气-空气混合物的速度为 v_3，

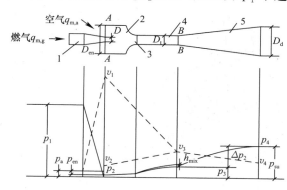

图1　引射器的工作原理
1—喷嘴；2—吸气伸缩管；3—喉部；4—混合管；5—扩压管

压力由 p_2 升高到 p_3。在扩压管内混合气体的动压进一步转化为静压，速度由 v_3 降至 v_4，压力由 p_3 升至 p_4，混合气体在扩压管出口总的静压力为 p_{su}。该静压力为燃烧器头部所需静压。

燃气热水器燃烧器热负荷为 1.4kW，燃料为城市燃气。燃气成分为：H_2 48%，O 20%，CH_4 13，，C_3H_8 1.7%，O_2 0.8%，N_2 12%，CO_2 4.5%，燃气低热值为 13858kJ/Nm³，燃气相对密度 $s=0.5178$，理论空气量为 3.26Nm³/Nm³，燃气额定压力 $H=800Pa$，一次空气系数 $\alpha=0.6$，火孔热强度为 $q_p=0.014kW/mm^2$；头部压力 13.63Pa；喷嘴直径 d 为 1.5mm；引射器喉部直径 $d_t=8.2mm$。根据上述数据选用的三型燃烧器，结构尺寸见图2。

3.2　引射器的数值模拟

3.2.1　模型建立

本模拟使用 gambit2.0 进行建模和打网格。因为对称性，所以可以取 1/4 进行模拟计算以节省时间，所建立的模型如图3。

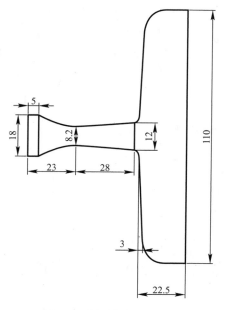

图2　引射器与燃烧器尺寸图

3.2.2　边界设定

喷嘴：喷嘴压力设为燃气热水器额定工作压力 $H=800Pa$，经过喷嘴的燃气温度为 300K，燃气成分的体积百分比为：CO 20%，CH_4 13，C_3H_8 1.7%，O_2 0.8%，N_2 12%，CO_2 4.5%，其余量为氢气含量。需要说明的是，为了验证该引射器在极限状态下的工作

图3　引射器模型图

特性，我们还模拟了 $H=600\text{Pa}$、$H=1200\text{Pa}$，情况的燃烧器气流分部特性，在这种情况下，其他参数的设定同 $H=800\text{Pa}$ 工况下的参数。

空气入口：考虑到强制鼓风燃烧器的空气入口有风机作用，设定空气入口全压为 10Pa。

火孔：火孔入口压力设定为 4Pa，主要考虑燃烧的背压影响。

3.2.3　燃气引射器模拟结果

（1）额定压力下模拟

1）轴向压力分布

轴向压力分布见图 4。由图 4 的上部可以看出，压力在喷嘴处急剧下降，其后随着燃气与空气的混合以及燃—空混合气在引射器喉管的加速，压力进一步下降，在喉管出压力达到最低点，大约在 $-11.28\sim2.17\text{Pa}$ 之间，喉口过后压力随着管径的增加而增加，最后段的压力下降是因为分流班的截流作用导致的，这与理论分析是一致的。为了看清楚压力变化情况，将纵坐标改为对数坐标列于图 4 的下部。

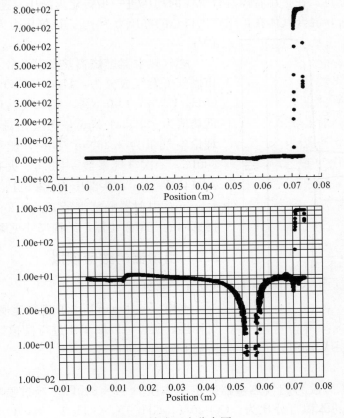

图4　轴线压力分布图

2）轴向速度分布

轴向速度分布见图5。

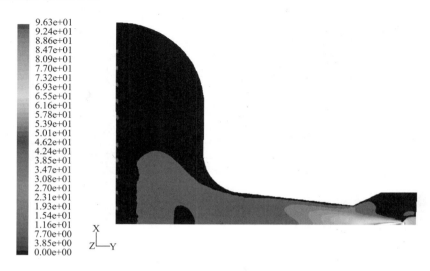

图5　轴向速度分布图

3）平面特性量分布

平面特性量分布图。通过模拟分析可知，经过喷嘴喷出的高速气流与周围的空气在引射器中不断混合，到达燃烧器头部后，速度分布已经非常均匀，燃烧器火孔出口的焦炉气平均速度为2.94m/s。图5为轴向速度分布图，图6表明了燃气和空气不断混合的过程，沿着引射器长度方向，燃气和空气在浓度梯度的作用下，不断扩散混合，到达燃烧器头部时燃料的分配已经达到了比较均匀的程度，但是还有一定的浓度差，表现为中间浓度较大，两侧浓度相对较低，但是差别不是很大。

模拟表明该引射器喷嘴过于靠前，喷嘴喷射形成的气体穿过了引射器的喉管才能与引射器壁相交，这将造成引射器不能充分利用，因而引射器喷嘴需要向后移动。

4）额定压力下火孔特性量分布

火孔速度分布见图7，火孔混合气浓度（以氢气分布为例）见图8。通过模拟分析可知，火孔的平均压力为5.75Pa，火孔的平均速度为2.95m/s，火孔出口处燃气体积比为0.27，相应的一次空气系数为0.82。火孔的压力与平均速度的大小符合设计要求，且火孔的压力分布与火孔燃气速度、浓度分布相当均匀，说明该引射器以及燃烧器头部的燃气—空气混合特性良好，但是火孔的一次空气系数偏大，这表明低压大气式燃烧器引射器计算公式不适用于正压吸气情况，在正压吸气的情况下，引射器设计需要试验研究或者数值模拟。

（2）喷嘴压力为600Pa、800Pa、1200Pa时的比较

本模拟同时还对该引射器进行了600Pa，1200Pa情况下的计算研究，模拟比较结果如下：

1）速度场

600Pa时，中心最大速度4.15m/s，平均速度3.01m/s，平均速度与800Pa时相比不相上下，说明该燃烧器引射器在喷嘴压力变动时，能够较好的保证火孔出口处得的速度

图 6　轴向燃气浓度分布图（以氢气分布为例）

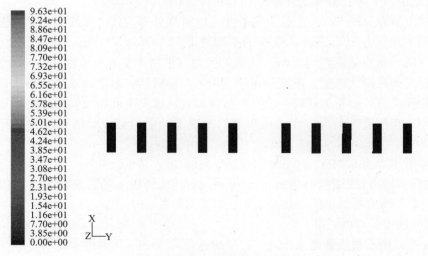

图 7　火孔速度分布图

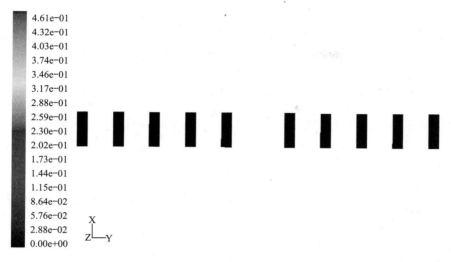

图8 火孔混合气浓度分布图（以氢气分布为例）

值，但是在600Pa情况下，出口速度分布没有前者均匀。1200Pa时，火孔的中心最大速度4.75m/s，平均速度4.01m/s，气流平均速度超过了该类燃气的火焰稳定速度上限，有离焰、脱火的趋势，说明该燃烧器在引射器喷嘴压力接近1200Pa时，工作趋于不稳定状态，也即该燃烧器在燃气压力过高时工作特性不好。

2）压力场

600Pa时，火孔的压力分布在2.75～10.69Pa之间，平均压力5.88Pa，与800Pa时相比平均压力没有大的变动，说明该燃烧器引射器在喷嘴压力变动时，能够较好的保证火孔出口处得的压力值，体现了引射器的自动调节性能。1200Pa，火孔的压力分布在－28.91～37.22Pa之间，平均压力7.32Pa，与800Pa时相比，平均压力有所升高，且压力分布范围广、均匀性差，这印证了上面关于该燃烧器在引射器喷嘴压力接近1200Pa时，工作趋于不稳定状态，燃气压力过高时工作特性不好的结论。

3）浓度场

600Pa时，火孔出口处燃气浓度（体积比）为0.23，相应的一次空气系数为1.00，与800Pa时相比，一次空气引射量进一步扩大，一次空气系数的过大主要是因为本燃烧器依据空气入口为静止空气的假设而设计的，而在实际计算中，空气入口为一正压状态，从而造成空气入口实际上有一定的流速，从而造成了一次空气引射量的过大。1200Pa，火孔出口处燃气浓度为0.26，相应的一次空气系数为0.89，与800Pa时相比一次空气引射量有多所扩大，但是并没有显著增加，这说明引射器喷嘴压力升高到一定数值后，其值得增加对一次空气系数影响不大。

4）头部空腔的压力比较

600Pa时，头部空腔内压力值在2.75～10.68Pa之间，平均压力9.18Pa，与800Pa时情况相同，头部压力不足13.63Pa，说明燃烧器头部有待改进。1200Pa时，头部空腔内压力值在4.16，～37.23Pa之间，平均压力12.91Pa，与800Pa时情况相比，头部压力状况明显改善，这提供了改善头部压力情况的一种思路，增加喷嘴压力或者减小混合器喉管处压力损失。关于头部压力问题需要特别说明的是，头部压力是为了保证火孔的出流速度，在模拟计算中我们只考虑了流动阻力损失、火孔出口动压损失，并没有考虑气流通过火孔被加热而产生气流加速的能量损失，这就造成了在模拟计算结果中一方面火孔速度达到甚至超过稳定极限，而另一方面头部压力不足的尴尬境地。气流通过火孔被加热而产生气流加速的能量损失一般占总能量损失的 20％ 左右，如果忽略这一部分损失，则模拟出的头部压力接近经验计算值。这个不只是可以弥补的，这主要是因为我们的模型中，引射器壁面与燃烧器壁面未加以区分，这就造成了燃烧器火孔处壁面温度过低，偏离了实际工况，如果修正这一不足，则火孔速度与头部压力的这一矛盾可以得到一定程度上的缓解。

（3）改进分析

本引射器以及燃烧器头部在速度场、压力场、浓度场的分布均匀性上达到了设计要求，但是有两个问题有待于解决，其一是头部平均压力不足；其二是一次空气系数过大。关于头部压力不足问题在前面已经作了相关论述。关于一次空气系数过大的问题，初步考虑用降低空气入口压力，以减少一次空气进入引射器的速度的方法来解决这一问题，我们对进口压力为 4Pa，其他参数设定不变的情况进行了模拟，结果如下：头部平均压力 7.98Pa，火孔气流速度 2.86m/s，一次空气系数 0.71。通过比较可以看出，通过降低空气入口压力（或者说是空气流动速度），可以明显降低一次空气系数，但是头部压力以及火孔气流速度也有所降低，所以按照低压引射器计算公式设计的正压吸气引射器不能满足实际要求，因而需要对引射器结构进行改造。

我们将引射器的喉管直径减小 2mm 后，再次进行模拟计算得到，火孔气流速度 2.91m/s，一次空气系数 0.58。

3.3 分流板的模拟[4]

在热水器中，空气分流板对燃烧室内二次空气的分布起了很重要的影响，而二次空气分布的均匀性，又直接影响燃气燃烧工况，以及燃烧过程中 CO 的排放量，在传统的设计方式中，往往采取对分流板反复打孔试验的方法，以获得空气分配效果相对良好的空气分流板，这种方法试验周期长，而且由于不能完全绘出空气气流场，因而很难全面的反映分流板的分流效果，数值模拟的方法则可以避免上述缺点。下面为几种分流板的模拟结果，模拟结果的速度场如图 9。通过模拟结果可以发现，安装不同的空气分流板，燃烧室内的流场分布式不同的，空气分流板结构对整个燃烧室内的流场是有很大影响的。模拟结果表明，三种分流板中以第三种分流板读空气的分配效果最好，但是在中部火排的上方的气流速度依旧偏小，需要在分流板中部增加空气孔。

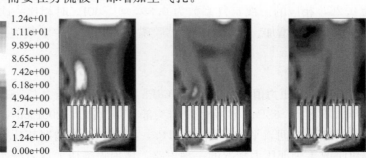

图 9　空气分流板对燃烧室气流分布的影响

3.4 燃烧过程的模拟

数值模拟的功能是强大的，燃烧室内的燃烧状况也可以通过模拟的方法得到，这些模拟包括燃烧室温度的模拟、燃烧室换热的模拟、火焰稳定性的模拟、黄焰的模拟、一氧化碳生成模拟、氮氧化物生成模拟等。图 10 给出了不同火孔气流速度下的火焰的稳定性情况。从途中可以看出在火孔气流速度为 1.25m/s 时，火焰燃烧稳定，火焰根部稳定在火孔深度方向的中部，火焰稳定性良好；当火孔气流速度减小到 0.8m/s 时，火焰根部已经达到了火孔深度方向的底部，回火现象发生；而当火孔气流速度增达到 2.0m/s 时，火焰的根部局部脱离了火孔，火焰形状发生弯曲，此时发生离焰。

图 11 给出了上述几种火焰情况下的 CO 模拟情况，图中火孔的气流速度 $v=0.8\text{m/s}$、$v=1.25\text{/ms}$ 两种情况的下的一氧化碳生成趋势与 $v=2.0\text{m/s}$ 时明显不同，由于第三种情况下发生了离焰现象，因而一氧化碳大幅度增加，模拟结果表明，在前两种情况下，燃烧器出口的烟气中一氧化碳含量只有几个 ppm 到几十个 ppm，而第三种情况下，燃烧器出口的烟气中一氧化碳含量达到了 1137ppm。

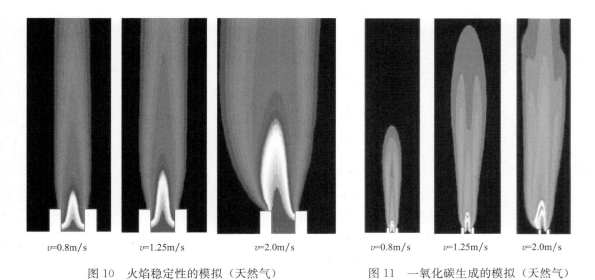

$v=0.8\text{m/s}$ $v=1.25\text{m/s}$ $v=2.0\text{m/s}$ $v=0.8\text{m/s}$ $v=1.25\text{m/s}$ $v=2.0\text{m/s}$

图 10　火焰稳定性的模拟（天然气）　　　　图 11　一氧化碳生成的模拟（天然气）

4　结论

数值模拟技术在燃气热水器引射器、分流板、燃烧过程的应用研究，得出了各部位的气流流动、燃气分布、燃气燃烧、污染物生成等状况，又可获得火孔气流速度、一次空气系数、燃烧温度、换热量、污染物生成量等数据。

数值模拟技术是一中新技术，在燃气热水器的设计中应用，再辅以试验研究将有力地推动热水器的开发研究，可推动燃气热水器行业的发展。

数值模拟技术为试验提供了强有力的理论支持，可避免了试验的工作量，并节省了开发时间和人力物力。

参考文献

［1］ 冯良，刘鲲. 大气式燃气燃烧器引射器的CFD研究［J］. 上海煤气. 2003（2）. 13-16，21

［2］ 姜正侯，郭文博，傅忠诚. 燃气燃烧与应用（第三版）［M］. 北京：中国建筑工业出版社，2002

［3］ 杨庆泉，苏杰飞，王海旭. 正压吸气燃气热水器低压引射式燃烧器的计算［J］. 煤气与热力. 2003，23（11）. 651-654，658

［4］ 杨庆泉，沈德强. 强鼓式燃气热水器空气分流板的研究［J］. 煤气与热力. 2003，23（5）. 282-284

燃气冷凝式两用炉研究[*]

王　丽[1]，魏敦崧[1]，娄桂云[2]，张　亮[3]

（1. 同济大学机械工程学院；2. 上海煤气市北销售有限公司；3. 宁波方太厨具有限公司）

摘　要：冷凝式热水炉是一种高效、节能、环保的产品，本文主要通过对从荷兰 Daal-derop 公司引进的一台高效的冷凝式燃气采暖供热水两用热水炉进行测试，研究了供气压力、热负荷、热效率的关系，并对烟气进行分析，表明了冷凝两用炉具有较高的热效率和环保性能。

关键词：冷凝式；两用炉；热效率热负荷

1　引言

随着人们生活水平的提高，人们对生活质量越来越重视，燃气两用炉由于能够同时提供生活热水和采暖用水，两用炉作为一种新型的分户采暖设备，近年来在我国市场上备受青睐。燃气冷凝式两用炉是指能够降低排烟温度降使烟气中水蒸气冷凝，以充分利用热烟气几乎全部显热和部分水蒸气潜热的高效低污染燃气两用炉。欧洲和美国是世界上这类产品的主要生产者。各国还制定了相应的标准和规范，对其最低热效率、材料、结构、安装和冷凝水的排放问题等都做了规定，为了推广这种高效节能的热水炉，许多国家还制订了各类鼓励政策，例如，在澳大利亚购买此产品免税，而荷兰和美国政府则给购买者以适当的补贴或折扣以推广这种产品。

普通热水炉的排烟温度不得低于110℃。由于较高的排烟温度，不仅烟气的水蒸气潜热不能被利用，同时较高的排烟温度又带走了显热，降低了热效率。而对于冷凝式两用炉，其排烟温度可以降低至50℃左右，不仅大大降低了烟气的显热损失，而且由于水蒸气的凝结，还能利用其潜热。对于采用天然气的冷凝两用炉，其理论最大热效率可达到110%。

2　冷凝式两用炉结构

冷凝式炉区别于普通热水炉的最主要特征是热交换器存在冷凝相变换热段。冷凝炉可以只设置单换热器（全部显热、潜热交换在一个换热器上完成），也可设置分级多段换热（主换热器＋二级冷凝换热器）。换热器按照换热方式可分为直接接触式和间壁式。下面介绍几种比较常见的冷凝式炉的结构。

---

* 选自中国土木工程学会燃气分会 2005 年会论文集 p66-p72

2.1 单级直接接触式

用喷嘴将水喷成细小的液滴来冷却烟气，烟气与水直接接触进行换热。这种结构的优点是在不使用大量特殊材料的情况下，就可获得很大的换热面。由于烟气和水直接接触，可以保证很小的换热温差，比较容易得到很高的热效率。缺点是烟气中的有害物质会部分溶于水中，特别当燃料含硫较高时，生产的热水酸性较高，不适合生活用水，主要在工业上使用。

2.2 单级/两级间壁换热式

这种方法通过换热器的壁面进行烟气和被加热水之间的热量传递，如果回水温度足够低（一般要小于 50℃），则会有冷凝现象产生，否则便没有。即使在无冷凝时，仍可保持一个高于传统炉的效率。这是由于它的显热回收效益也很高，这种类型的设备可分为两种形式：一种形式是只有一个换热器，唯一的换热器既要保证烟气在换热器上产生冷凝，又要保证整个热量传递，应尽可能使用低温水。另一种形式是具有两个换热器，一个不产生冷凝、烟气出口温度在 120~150℃ 的传统式换热器，另一个为冷凝式换热器。

2.3 多冷凝段间壁换热式

虽然冷凝炉排出的烟气温度很低，可为 50℃ 左右，但仍含有一定的热量，主要是潜热。如果我们找到一个比供暖回水温度还要低的"水源"，就可以再回收一部分热量。对于加热生产、生活卫生用水的冷凝炉，可用 10~15℃ 的自来水流过第二冷凝器。另外还可以在烟气出口处，设置第三换热器，它们都是使自来水流经换热器，预热生产、生活卫生用热水，这种类型的冷凝设备的热效率可以再提高几个百分点。

2.4 质量热交换式间接加热式

这种类型的冷凝炉是最大限度地吸收烟气中的剩余热量，使用另一个比自来水更有意义的"冷源"——燃烧所需的空气，它的设计是法国煤气公司的专利。其装有一个强制鼓风式燃烧器，炉体旁设有两个"质量热交换"式喷淋洗涤器，在鼓风机和燃烧器之间组成了第一洗涤器，燃烧所需的空气被喷淋下来的热冷凝水加热和加温，换热后冷却了的冷凝水在洗涤塔底部用泵送至烟气上方的第二洗涤器头部。经过喷淋，使留在烟气中的水蒸汽冷凝下来的同时又加热了喷淋水。这样就会有部分质量的水从烟气中转移到燃烧所需的空气里。这种装置还增加了烟气的露点温度，同时带来了以下两个优点：

（1）对于高温采暖回水（如 70℃），在冷凝炉里仍可以产生冷凝现象；

（2）提高了供水温度，增加了回收的气化潜热。

2.5 冷凝回收式

在传统炉上连接一个直接换热式、间接换热式的冷凝回收器。需要指出的是，当增加冷凝回收器时，必然在烟气的流程中形成一个附加的压力损失，并可能改变炉内燃烧状况。对于正压炉膛来说，只需适当调节鼓风机，使燃烧器处于良好的燃烧工况。如若需要，也可以配置一台引风机，克服烟气沿程阻力，使其运行正常。

3 冷凝式两用炉试验研究

3.1 冷凝式两用炉试验简介

试验采用的是一台从荷兰引进的冷凝式燃气采暖供热水两用炉。进行了有关燃烧性能、热水性能、供暖性能的试验。图 1 为该两用炉的结构示意图。

该热水炉为供暖供热水两用，供暖设有主、辅两路热输出回路用来满足不同的供热模式。主供暖系统的工作方式是供暖回水经供暖水泵 12 加压后流经供暖回水管 7，水在供暖回水管加热后经 3 除去气体，再经电三通阀 11 后通过供暖出水管输出供暖。除此以外，它还具有一个辅助的供热回路，可以与地热及局部散热器相连接以满足特殊的热需求，在无须启动主供暖系统的情况下，供暖回水在蛇形盘管中加热后，经供暖出水管排出供暖，该系统可以满足书房或客厅等局部需采暖区域。

它的传热过程是这样的。燃气在燃烧器 5 中燃烧产生高温烟气，经换热管 8 从上往下流动，将热量分别传给主供暖系统 7 及热水筒 6 中的水，烟气换热后温度降低，然后经烟道 13 排出；蛇形管中的水通过热水筒中的水加热后用作辅助供暖。

热水炉的供热水是通过 80L 的热水箱实现的，它可以始终保持 65℃ 的高温，达到热水即开即来的要求。不仅如此，在微电脑的控制下，变频风机和无级控制燃气阀在预混室内将空气与燃气充分混合后再进入燃烧器燃烧。燃烧烟气通过热交换器的翅片从顶部流向底部，烟气中存在的高温水蒸气在流动过程中冷却下来，在热交换器下部凝结成水，释放出凝结热，排烟温度小于 70℃，致使锅炉效率达到 98.5%～108.5%，是目前世界上效率最高的热水炉之一。

试验研究内容有两方面：

（1）在额定工况下测定热水炉的工作性能；

（2）研究热负荷、排烟温度、供热水、供暖热效率以及烟气成分之间的关系。

3.2 试验结果分析

试验采用 LPG 掺混空气作为代替天然气，按 12T 的天然气配气。在额定工况下，测得热负荷为 28.38kW，热水热效率为 93.54%，供暖热效率为 90.90%，排烟温度为 50℃，折算空气系数为 1 时 CO 含量为 44ppm，NO_x 含量为 67ppm。

3.2.1 供气压力对热负荷的影响

试验过程中，通过改变燃气的供气压力，来调整热水器的热负荷。表 1 和图 2 为热负荷随供气压力的变化趋势。

根据表 1 及图 2 的结果，拟合供气压力 p 与热负荷 Q 的回归方程（相关系数 0.9868）为：

$$Q = -1.43P^2 + 9.44p + 15.62$$

根据上述结果可知，工作压力增幅为 10% 时，热负荷的增幅范围为 2.5%～3.5%；当热水器的供水压力为 0.1～0.3MPa、供燃气压力在额定压力 2kPa 上下波动时，热水器的热负荷也随着变化，且随压力的增加而增加。

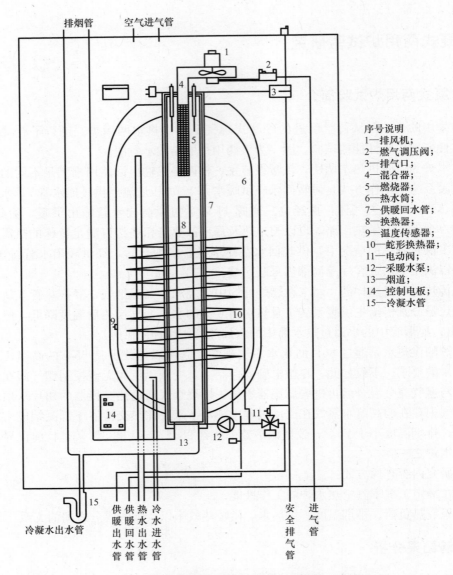

排烟管　空气进气管

序号说明
1—排风机;
2—燃气调压阀;
3—排气口;
4—混合器;
5—燃烧器;
6—热水筒;
7—供暖回水管;
8—换热器;
9—温度传感器;
10—蛇形换热器;
11—电动阀;
12—采暖水泵;
13—烟道;
14—控制电板;
15—冷凝水管

冷凝水出水管　15　供暖出水管　供暖回水管　热水出水管　冷水进水管　安全排气管　进气管

图1　冷凝式燃气采暖供热水两用炉结构示意图

热负荷与供气压力的关系						表1
供气压力 (kPa)	1.6	1.8	2.0	2.2	2.4	2.6
热负荷 (kW)	27.23	27.85	28.91	29.67	30.50	31.45

3.2.2 热负荷对热水效率及供热效率的影响

图3和图4是供热水的热效率和供暖的热效率随热负荷变化的曲线。由图可知,在一定范围内,当冷凝式燃气热水炉的热负荷减小时,其供热水热效率及供暖热效率也相应减少。

如前所述,降低排烟温度可降低烟气的显热和潜热损失,使热水器的热效率提高,当排烟温度降低到烟气露点温度以下时,可使烟气中水蒸气冷凝下来,这样热水器的热效率会显著提高。露点温度高低取决于烟气中水蒸气分压力的大小，它与燃气组分、空气系数有关，一般情况下当空气系数为 1 时，天然气的露点温度为 58℃，表 2 给出了天然气露点温度与空气系数的关系。

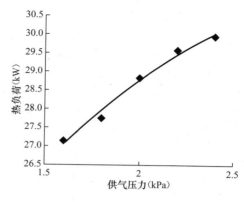

图 2　供气压力与热负荷

试验测得的热水炉在不同排烟温度的热效率，见图 5。由图 5 表明，随着排烟温度的不断降低，热水器的热效率显著提高。这表明回收烟气余热，对于提高热水器的效率具有十分重要的意义。图 5 的数据还表明，冷凝式热水炉的热效率比普通热水器的热效率有明显提高。

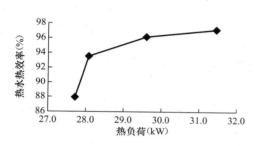

图 3　热负荷与供热热效率的关系

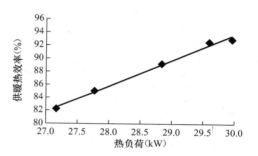

图 4　供暖热负荷与供热热效率的关系

天然气露点温度与空气系数的关系　　　　　　　　　　表 2

燃气	烟气露点（℃）			
	$n=1.0$	$n=1.5$	$n=2.0$	$n=3.0$
LPG＋空气	58	50	46	38

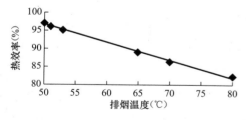

图 5　排烟温度与热效率的关系

图 5 的数据采用一元线性回归得到排烟温度 θ_P 与热效率 η 的关系式为 $\eta = 121.67 - 0.50\theta_P$，回归系数为 0.9982。

3.2.3　烟气分析

燃气热水炉烟气中的污染成分主要是一氧化碳（CO）、氮氧化物（NO_x，包括 NO 与 NO_2）以及二氧化碳（CO_2）。试验中分别测定了烟气在运行启动过程中的成分变化以及烟气在不同排烟温度下成分的变化。当排烟温度为 50～52℃时，烟气中 CO 含量在 44.5ppm 左右，CO_2 含量在 11.55% 左右，NO_x 含量在 66.6ppm 左右。在供暖过程中，排烟温度在 80～82℃波动，此时，烟气中 CO 含量为 184～194ppm，CO_2 含量为 12%～12.20%；NO_x 的含量为 78～79ppm。

与普通燃气热水器的烟气成分相比，该热水炉烟气中 CO、NO_x 的含量都相对较低，证明冷凝式热水炉不仅具有较高的热效率，而且能减少污染物的排放，具有一定的环保意义。

（1）运行启动过程中烟气成分的变化

图6、图7反映了在运行启动过程中烟气中CO、NO_x的变化。热水炉在运行启动过程中，随着燃烧的进行，烟气中CO、NO_x的含量呈明显的下降趋势，最后趋于稳定。

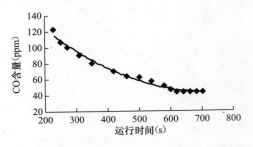

图6　启动时烟气中CO含量随时间的变化　　图7　启动时烟气中NO_x含量随时间的变化

（2）烟气成分随排烟温度的变化

排烟温度不同，烟气成分的含量也不同，图8～图10为烟气成分与排烟温度的关系。由图可知，热水器在运行过程中，随着排烟温度的升高，CO、CO_2以及NO_x的含量不断升高。这是因为排烟温度越高，烟气中水蒸气冷凝就越少，水蒸气冷凝液吸收的有害物也越少，因此烟气中污染物成分提高。

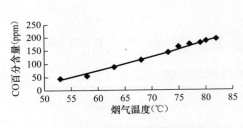 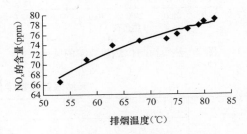

图8　CO含量与排烟温度的关系　　　　　图9　NO_x含量与排烟温度的关系

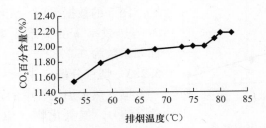

图10　CO_2含量与排烟温度的关系

4　结论

实际测试中，冷凝式燃气两用炉在额定工况下测得的热水热效率及供暖热效率比额定值要小。从试验可以看出，冷凝式两用炉的热负荷随着供气压力的增加而增加，供暖热效率及供热水热效率随着热负荷的增加而增加，烟气中CO、CO_2、NO_x等含量随排烟温度的增加而增加。与普通热水器相比，冷凝式热水炉排烟温度很低，热效率大大提高。在发达国家，冷凝式热水炉（器）产品已经占到热水器总产量的 $10\%\sim15\%$。目前在我国市场上还没有国产的冷凝式热水炉产品，但作为高效环保的产品，随着技术的改进、成本的降低和政策的扶持，相信它在我国将有广阔的市场前景。

参考文献

［1］ 唐恒，王立群. 冷凝式燃气热水炉的特性研究 ［M］. 江苏理工大学学报，2001. 6
［2］ 夏昭知，伍国福. 燃气热水器 ［M］. 重庆：重庆大学出版社，2002
［3］ 曾令基. 壁挂式两用燃气热水器 ［J］. 家电科技，2002.2
［4］ 车得福. 冷凝式锅炉及其系统 ［M］. 北京：机械工业出版社，2002

冷凝式热水器换热器低温段温度场的数值计算[*]

叶远璋[1]，赵恒谊[2]，夏昭知[3]，伍国福[3]
（1. 广东万和公司；2. 国际铜业协会；3. 重庆大学）

摘　要： 本文对冷凝式燃气热水器换热器低温段的温度场用 Fluent 软件进行了数值计算，在文中所讨论的结构条件下，数值计算表明：在冷凝式热水器上增加低温段换热器后，铜肋片管用量增加不多，热水器的热效率增加 15.8%，带来的经济与社会效益十分显著，在冷凝式热水器上充分体现了铜受热面的正确、合理使用的原则。

关键词： 冷凝式燃气热水器；温度场模拟

1　计算模型

为了深入理解冷凝式热水器换热器低温段热交换与烟气中酸性物质的冷凝，我们对某台 10L/min 冷凝式热水器在设计工况下，用 Fluent 软件对换热器低温段的温度场进行了数值计算。热水器设计参数为：热负荷 17kW，热效率 99%；燃用天然气组成为：CH_4 98.1%，C_2H_6 0.15%，C_3H_8 0.07%，O_2 0.05%，N_2 1.19%，CO_2 0.44%，空气系数 1.75，冷水温度 21℃，低温段铜肋片管换热器（水管 $\phi15\times0.8$，肋片厚 0.3mm，片间净间距 4.3mm，共 43 片）如图 1 所示。进入低温段换热器的烟温为 167℃。在上述条件下计算得出烟气出口温度为 54℃，出水温度为 25.2℃，低温段吸热 2.7kW，占输入热量的 15.9%。在计算条件下烟气露点为 49℃，计算中在烟温低于 49℃ 的区域要考虑水蒸汽冷凝释放的热量，研究的问题属于有内热源的热交换问题。

为了避免计算区域出现回流，对肋片的烟气入口与出口侧均进行了扩展，以提高计算准确性。

2　烟温分布

烟温分布对了解烟气中水蒸气的冷凝与烟气对肋片管的加热均十分重要。图 1 示出了相邻两个肋片间的烟气层的中心断面上烟温分布的计算值。从计算可以看得到以下几点：

（1）排烟温度分布不均

烟气进入换热器低温段的温度为 167℃（按热焓计算的平均烟温）。沿高度方向，烟气在流动中将热量传递给水，烟温相应下降，直到低温段出口烟气温度降至 54℃。图 1 指出沿宽度方向出口烟温分布明显不均。在水管背面的回流区内，由于水管的冷却使烟温较

---

　*　选自中国土木工程学会燃气分会应用专业委员会 2006 年会论文集 p126-p130

低。在水管两侧的烟气流中、烟温明显升高。因此，从低温段流出的烟气（排烟）其温度是不均匀的。通常，我们所讲的排烟温度是指排出烟气按热焓计算的平均温度，而要准确测量排烟温度是较困难的。有资料讲，烟气中水蒸气冷凝的条件是排烟温度低于露点，此种提法不确切。有试验表明排烟温度在65℃下（高于露点）可观察到有冷凝水析出，其原因之一是烟温分布不均所致。

（2）沿高度吸热分布不均

烟气沿肋片表面流过时以对流换热的方式把热量传递给肋片同时，烟温也下降。因此，可以把烟温的下降看作是肋片吸热的表现。沿高度方向从入口往出口，在25％高度上烟温从167℃下降到100℃（温降为67℃，占总温降的59％）。在50％高度上烟温下降到80℃（温降为87℃，占总温降的77％）。可见，对计算的肋片管低温段换热器，肋片的吸热是不均匀的。其下半部面积的吸热量达到总吸热量的70％左右，而上半部面积的吸热量只为总吸热量的30％左右。计算也表明，把排烟温度从167℃降到100℃（温降67℃）所需的换热面积只要从100℃降到50℃（温降50℃）所需换热面积的40％左右。这样，我们便能够理解设计冷凝式热水器时，必须布置较多的换热面积才能把排烟温度降到露点。有资料估计，燃气热水器从热效率85％提高到95％，其换热器的面积需增加50％左右；若要提高到100％（均按低热值计算），其换热器面积需增加一倍左右。这种意见与本文的计算结果是吻合的。

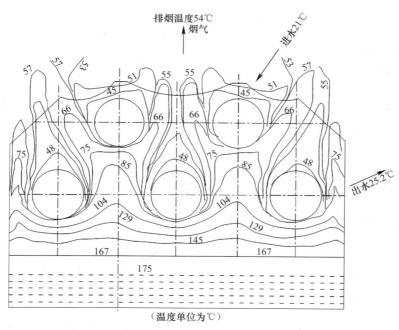

图 1　烟温分布

（3）烟气边界层中的"冷凝区域"

沿肋片表面流动的烟气，存在速度与温度的边界层。首先来观察沿肋片表面流动的烟气温度边界层。图 2 示出沿 ab 线（图 1）与肋片表面垂直方向的烟气层内的温度分布。从图 2 可以看出烟气在肋片表面的烟温与肋片温度相同，离开肋片表面，烟温逐渐升高。我们取肋片高度的中点位置 EF（图 2）处，作出烟温的分布曲线（图 3）。从图 3

可清楚看出，邻近肋片表面存在有的温度边界层。在与肋片表面直接接触的点上（距离δ为零），烟气温度与肋片温度相同，为34℃（图4），随距肋片表面的距离δ增大，烟温上升至最大值80℃。在紧邻肋片表面存在一个薄的烟气层（厚度约为0.2mm），其内烟温≤49℃（烟气露点），烟气中的水蒸气便会冷凝成水析出，这便是烟气边界层中的"冷凝区域"（在此位置上，冷凝区域的厚度只为烟气层总厚度的9%左右）。在冷凝区域外，烟气中的水蒸气仍保持汽态，它们或是在下流入冷凝区域（烟温下降时冷凝区域会扩大），或是随烟气排出进入大气中。出现冷凝区域的条件必须是该处肋片表面温度低于露点（水温自然更要低于露点）。肋片表面温度越低，"冷凝区域"便越厚，冷凝水量增多。很明显，把水温低于露点或烟气平均温度低于露点作为水蒸气是否冷凝的条件均是不确切的。

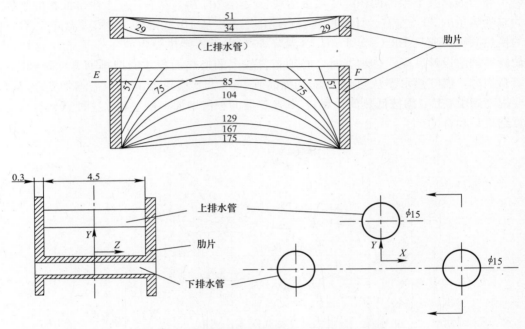

图2　肋片间烟温（温度单位为℃）分布

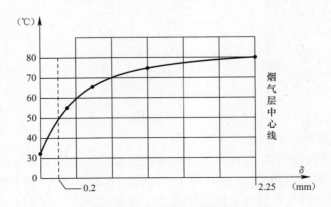

图3　烟气边界层内温度分布

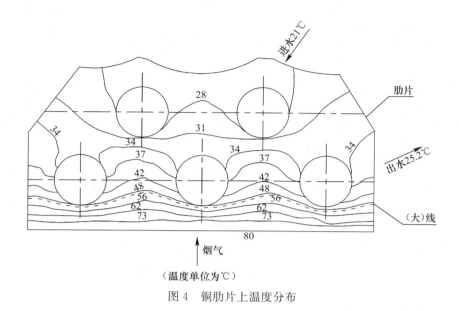

（温度单位为℃）

图4 铜肋片上温度分布

3 肋片表面温度分布

（1）温度分布曲线

数值计算给出了在给定条件下肋片表面的温度分布曲线（见图4）。要说明一点，由于紫铜导热系数很高，约为395W/(m·K)，且肋片厚度又很薄，仅0.3mm。所以，可以近似认为沿肋片厚度方向温度是一样的。

烟气把热量传递给水的过程中，肋片是一个中间媒体，肋片的温度总是在水温与烟温之间。当水温或烟温上升时，肋片温度随之升高。在肋片下端，虽然水温很低（为25℃，大大低于烟气露点），但烟温较高（为167℃，远远高于烟气露点），肋片表面最高温度达到56～67℃，高于烟气露点。在肋片顶端，虽然水温度化不大（为21℃，下降4℃），但烟温明显下降（为54℃，下降113℃），肋片表面温度下降到28℃左右，大大低于烟气露点。在计算条件下，肋片表面最高温度为67℃左右（出现在烟气入口侧），在烟气出口处肋片表面温度降至28℃（总温降为39℃）。肋片温降比烟气温降113℃小，比水温升4℃要大。另外，肋片上热量是从外传向水管表面。所以，在水管四周（肋片根部）温度最低，大约比水温高1～2℃，而在肋片顶部则比水温高7℃左右。

研究肋片表面的温度分布对设计冷凝式热水器是有意义的。图4指出，在接近下排水管底端附近肋片表面温度已降到48℃，低于运行条件下的烟气露点49℃，水蒸气便开始冷凝，水蒸气冷凝的范围占到了肋片表面70%多的面积，此必然导致大量冷凝水的生成，使热效率明显上升。

（2）露点与酸露点等温线

观察图4，肋片表面温度在烟气入口侧最高（达到67℃左右，高于烟气露点），在烟气出口侧最低（约28℃，低于烟气露点）。所以，肋片表面温度必然存在一条温度等于露点为49℃的等温线（虚线）。在等温线以下区域，由于肋片表面温度高于露点，不会出现水蒸气冷凝，肋片表面处于"干区"。在等温线以上区域，由于肋片表面温度低于露点，则会出现水蒸气冷凝，肋片表面处于"湿区"。干区与湿区以等温线为分界线。烟气中的酸性气体 SO_x、NO_x、CO_2……溶于冷凝水中，使冷凝水呈酸性引起铜肋片管腐蚀减薄穿孔。我们知道燃烧过程总是存在脉动，即燃烧过程中烟气的温度与流速在不断变化。同时，热水器热负荷的变化也会引起烟气温度、流速的变化。当燃烧脉动或负荷波动引起烟温、烟速升高时，会引起肋片表面温度上升，等温线上移，肋片表面便有一部分"湿区"变成了"干区"，即出现"湿、干交替"的现象。反之亦然。另外，在等温线附近区域，因烟气层中"冷凝区域"很薄，冷凝水量很少，呈很薄的一层水膜贴附在肋片表面，水膜受流动高温烟气的扰动会挥发，也会出现"湿、干交替"的现象。在湿、干交替区，原来酸性不高的冷凝水在"蒸发与挥发"过程中浓缩，酸性会上升，腐蚀会加重。

在冷凝式热水器上只考虑冷凝水的酸性腐蚀还是不全面的。当燃气含 H_2S，烟气中便有 SO_3 生成，SO_3 与水蒸气反应生成汽态硫酸，一旦烟气温度下降到其酸露点，硫酸便冷凝呈液膜粘附在换热片上，引起强烈的腐蚀，其危害程度比酸性冷凝水要大。

燃用重庆天然气时烟气中硫酸露点线约为 70~75℃，比烟气水露点高 20℃ 以上。所以，在肋片表面分布图中还有一条温度为酸露点的等温线。在图 4 中，酸露点的等温线已超过肋片底端的温度。在酸露点的等温线与露点为 49℃ 的等温线间的区域，只有硫酸冷凝而水蒸气不冷凝，是腐蚀最强烈的区域。有关电站锅炉上的试验也证实了这点。

（3）肋片管吸热量

根据肋片温度分布，可直接计算出肋片传递给水的热量（见表1）。

肋片管吸热量　　　　　　　　　　　　　　　　　　　　　　　表1

位置	每片肋片吸热（W/片）
上排左水管	5.2
上排右水管	5.8
下排左水管	16.7
下排中水管	16.9
下排右水管	16.1
共计	60.7
光管部分吸热	2.1
低温段换热器总吸热	43×(60.7+2.1)=2.7km

低温段吸热占输入热量的 15.8%，无低温段的非冷凝式热水器其热效率测定值为：83.5%，加上低温段后冷凝式热水器的热效率应为 99.3% 实测值为 103%。

应该说明，理论计算不可能完全反映真实的运行工况。比如热水器运行中受热面的污染；受热面因酸性腐蚀减薄；肋片与水管间的焊接质量不稳定；进入换热器低温段的烟气其温度与速度分布不均；热负荷与运行条件的波动；水雾粘附在肋片表面对换热的影响；特别是烟气向上流动的布置中冷凝水沿肋片表面流下会使局部表面温度下降，冷凝水遇高温烟气会重又蒸发，对冷凝换热的计算尚不完善；

但是，数值计算指明了影响换热器吸热量的主要因素并给出了定量的描述，因此，对工程设计仍具有一定的帮助。

（4）热效率增加与铜用量

本文所讨论的结构条件下，计算指出：在冷凝式热水器上增加低温段换热器后，铜肋片管用量增加不多，热水器的热效率增加 15.8%，带来的经济与社会效益十分显著。所以，在冷凝式热水器上充分体现了铜受热面的正确、合理使用的原则。

4 结论

（1）定条件下（较低的水温与烟温）紧邻肋片表面的烟气边界层内会出现"冷凝区域"，其内水蒸气冷凝呈水雾粘附在肋片的表面，出现水蒸气冷凝的条件是肋片表面温度低于露点。

（2）换热器低温段的设计宜使其肋片表面大部分区域的温度都处于露点以下，以使冷凝水量增多，热效率提高。

（3）肋片表面上会存在酸露点等温线与水露点等温线，这两条等温线间的区域是腐蚀最强的区域。

参考文献

[1] （美）S. V. 帕坦卡. 传热与流体流动的数值计算［M］. 北京：科学出版社，1984
[2] （美）E. R. G. 埃特苇. 传热与传质分析［M］. 航青译. 北京：科学出版社，1983
[3] 同济大学等. 燃气气燃烧与应用［M］. 北京：中国建筑工业出版社，1982
[4] 国际铜业协会. 凝式热水器低温段换热器酸性腐蚀的试验研究［M］. 2005

冷凝式燃气热水器的开发研究[*]

徐德明[1]，魏敦崧[2]，丁晓敏[2]

（1. 宁波方太厨具有限公司；2. 同济大学机械工程学院）

摘　要： 本文研究了倒置型冷凝式燃气热水器，燃烧器烟气向下流动，与冷凝水的流动方向相同，可以减少冷凝水在热交换器翅片上的停留时间，降低酸性冷凝水的腐蚀。同时燃烧比较充分，热效率高，污染排出少，而且烟气还能预热空气，进一步提高热利用率。证明了冷凝式燃气热水器采用加涂层的铜制热交换器是可行的。

关键词： 燃气应用；热水器；冷凝热

天然气的蓬勃发展为我国城市燃气事业带来了新的机遇和挑战。随着国家能源结构的调整和对于能源环保的要求不断提高，冷凝式燃气热水器作为高效低污染设备具有广阔的应用前景。特别是燃气快速热水器新的能效标准的出台，将 1 级能效等级的热效率定为不低于 96％，除了发展冷凝式热水器目前还没有其他途径。冷凝式燃气热水器是在 20 世纪 70 年代末在欧洲首先出现的新一代高效节能热水器，它可将排烟温度降低到接近露点或露点以下，充分利用烟气中的显热和水蒸气的大量潜热，可使热水器的热效率提高 15％左右。同时烟气中 SO_2、NO_x 等酸性气体随之溶入液态水中，减少了烟气的排放污染。

1　冷凝式热水器的结构形式

冷凝式燃气热水器的结构一般有两种形式：烟气导流型（顺流型）(图 1) 和倒置形（图 2）。

（1）烟气导流型

燃烧室在热水器的下部，高温烟气从燃烧室流入显热换热器（高温换热器），在显热换热器的出口，烟气温度约降低至 $200 \sim 250℃$。低温烟气经过导流装置流至潜热换热器（低温换热器）。向下流动的烟气与进口冷水发生热交换，烟气温度降到露点温度，再通过导流器由烟道排出。在潜热换热器内，冷凝液的滴落方向和烟气流动方向相同，冷凝液积聚在底部，最后从冷凝液导管流出，直接排入污水排放处理系统。这种形式的热水器基本保留了原来的格局，但是导流装置结构较复杂，烟气流阻也较大。

（2）倒置型冷凝式热水器

把原来的结构完全倒置，燃烧室在上部，高温烟气向下流动，经过显热换热器和冷凝换热器与冷水进行对流换热。烟气温度降到露点左右，最后从下部经排烟道由上部排出。烟气流动方向与冷凝水的流动方向相同，使冷凝段热交换器的翅片尖端可能积聚的冷凝水很容易

---

*　选自中国土木工程学会燃气分会应用专业委员会 2007 年会论文集 p30-p33

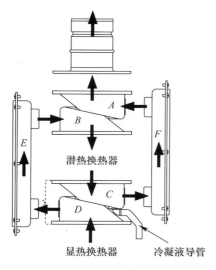

图 1 烟气导流装置

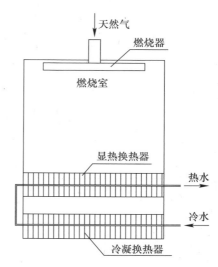

图 2 倒置型冷凝式热水器

被烟气带走，减少酸性冷凝水对换热器的腐蚀。同时能使燃烧充分，而且到达底部的烟气在向上流动排出过程中可以预热空气，进一步提高热利用率。得到的冷凝水可经过中和处理后排放，不会造成二次污染。我们开发的冷凝式热水器采用倒置型冷凝式热水器。

2 换热器的防腐蚀

由于烟气冷却后所形成的冷凝液中含有 SO_4^{2-}、NO_2^-、NO_3^-、Cl^- 等离子，对换热器将产生严重的腐蚀。因此，冷凝式换热器的防腐蚀和耐久性是开发冷凝式燃气热水器的技术关键。冷凝式换热器的材料通常有铝合金、不锈钢和加涂层的铜材。前两种加工嫌困难，传热性能也不如铜。我们开发的是加防腐涂层的铜制翅片换热器。

将经过喷砂预处理的铜质热交换器，用防腐涂料浸涂并烘烤。低温段用环氧酚醛涂料，高温段用有机硅铝粉涂料。整机热水器进行耐腐蚀寿命试验，每燃烧运行 45min 后停烧 15min，以模拟实际工况。经过 2600h 即相当于 8 年的使用寿命的运行，拆下后的高、低温换热器见图 3 和图 4。虽然低温段有少量绿色 $CuSO_4$ 沉淀物；高温段发生变色，个别翅片尖部处有绿色 $CuSO_4$；但是整个热水器，包括热交换器仍然保持正常使用状态。

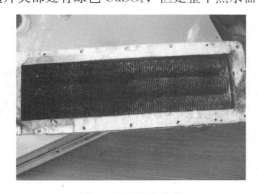

图 3 低温段换热器

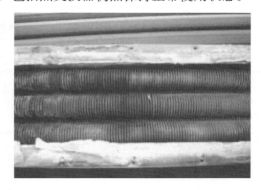

图 4 高温段换热器

3 耐腐蚀寿命试验前后的热水器性能比较

试验使用功率为 41kW 的 24L/min 热水器，燃气为 LPG。2600h 耐腐蚀寿命试验前后的冷凝式热水器主要性能见表 1。由表 1 可以看出，经过 2600h 寿命试验，热效率下降了 5 个百分点，烟气中 CO 和 NO_x 的含量增加不多，热水器仍然维持在正常状态。可见该涂层换热器能满足使用要求。

冷凝式热水器的主要性能　　　　　　　　　　　　　　　　　　　　表 1

项目	热效率（%）	排烟温度（℃）	烟气中 $CO_{a=1}$（%）	烟气中 $NO_{x,a=1}$（%）
试验前	102.7	54.3	0.0376	0.0114
试验后	97.4	55.0	0.0458	0.0150

试验所用的 LPG 含硫量 $11mg/m^3$，所得冷凝水的酸度和部分组分如表 2。

冷凝水的酸度和组分　　　　　　　　　　　　　　　　　　　　　　表 2

pH	$CaCO_3$ 酸度（mg/L）	硫酸根（mg/L）	硝酸盐氮（mg/L）	亚硝酸盐氮（mg/L）	氯离子（mg/L）	铜离子（mg/L）
4.40	206	28.4	11.2	13.0	6.38	26.2

4 工艺条件改变对于冷凝式热水器的影响

4.1 排烟温度对热效率的影响

冷凝式热水器当排烟温度接近或者低于烟气的露点温度时，随着排烟温度的降低，烟气有更多的热量传递给受热水介质，热效率将明显提高（见图 5）。

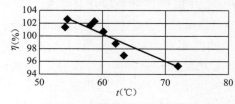

图 5　排烟温度 t 对于热效率 η 的影响

4.2 不同燃气的比较

以 12T 天然气和 20Y 的 LPG 为燃料时作对照试验，试验数据见表 3。两者的燃烧性能、热效率、冷凝水等指标，均无特别大的差异，两者耐腐蚀情况也都较好。

不同燃气试验数据对照　　　　　　　　　　　　　　　　　　　　　表 3

燃气	低温段涂层	热效率（%）	热负荷准确度（%）	热水产率（%）	燃烧烟气的冷凝水成分					
					pH	$CaCO_3$ 酸度（mg/L）	硫酸根（mg/L）	硝酸盐氮（mg/L）	亚硝酸盐氮（mg/L）	铜离子（mg/L）
天然气	环氧氨基	102.7	100.7	102.4	4.25	113	38.8	79.7	3.0	42.0
LPG	丙烯酸有机硅	101.2	101.8	103.4	4.15	150	28.1	30.4	6.1	85.8

5　结语

　　采用倒置型冷凝式燃气热水器，燃烧器置于上方，烟气向下流动，与冷凝水的流动方向相同，可以减少冷凝水在热交换器翅片上的停留时间，降低酸性冷凝水的腐蚀。同时燃烧比较充分，热效率高，污染排出少。而且烟气还能预热空气，进一步提高热利用率。

　　冷凝式燃气热水器采用加涂层的铜制热交换器是完全可行的。低温段采用用环氧酚醛涂料，高温段采用有机硅铝粉涂料；经过 2600h 耐腐蚀寿命试验，热水器仍维持在正常状态，表明该涂层换热器能够满足使用要求。

　　在本项目的开发工作中，得到了国际铜业协会（中国）、武汉材料保护研究所、慈溪天行电器有限公司的领导和专家以及其他同行们的热忱帮助和全力支持，谨表示衷心感谢。宁波方太厨具有限公司和同济大学的有关工程师、技术人员、老师和研究生为本项目开发做了大量工作，一并致以深切谢意。

室外型燃气热水器结构设计分析[*]

仇明贵，陈林山，胡定刚，刘昌文

（广东万家乐燃气具有限公司）

摘　要： 本文介绍了室外型燃气热水器的特点和功能，还介绍了室外型燃气热水器的技术特点；分析了在我国南方和北方使用室外燃气热水器保护功能的差异和对室外型燃气热水器具备封闭式强制鼓风燃烧的技术要求和电控性能要求；针对我国各地气候特征的不同，提出了室外防冻、防潮等要求；并提出了室外型燃气热水器的安装、服务与使用的要求。

关键词： 室外型燃气热水器；防冻结保护；防暴雨保护

1　引言

在日本，室外型燃气热水器的普及率达到 90% 以上。室外型燃气热水器从根本上解决了室内燃气热水器和电热水器存在的安全隐患，室外型燃气热水器是未来我国城市家用热水器的发展的方向，只要充分考虑了中国的国情，提高室外型燃气热水器的控制系统的品质和可靠性，室外型燃气热水器将会取代室内燃气热水器和电热水器，彻底解决热水器伤人的事故。随着中国经济快速发展，人们的生活质量不断地提高，更多消费者会重视或选择的室外型燃气热水器。

2　室外型燃气热水器的特点分析

2.1　室外型燃气热水器的优点

室外型燃气热水器有下述优点：

（1）能够有效地将人们生活的居室与燃气热水器分离，不会影响人体的健康和危害财产。

（2）人们在生活的居室内，不会因燃烧所排放的废气和漏电而引起的伤人事故。

（3）使用者在沐浴时可关闭门窗，不担心室居室内的空气是否流通。

（4）采用智能化电脑控制系统，设有遥控和人机对话功能，操作使用很方便。

（5）遥控器设有数码显示，自动恒温，定时定温定量，能满足用户的多种使用需求。

（6）不占用室内的空间，使居室内的布置更显美观和舒适，室内的环境更清洁、安静、安全。

---

*　选自中国土木工程学会燃气分会应用专业委员会 2007 年会论文集 p34-p41

2.2　室外型燃气热水器的先进功能

室外燃气热水器具备以下的先进功能：

（1）快速恒温功能：快速达到设定的水温，热水恒温时间极短、消除热水忽冷忽热现象。

（2）遥控功能：设有完善的数字显示和多功能的有线遥控器，可多点遥控多处供热水。

（3）低 CO 和 NOx 排放：应用先进的燃烧技术，有效降低烟气中的 CO 和 NOx 对环境的污染，符合最高的环保规定。

（4）封闭式强制鼓风燃烧系统：燃烧充分，耗气量少，燃烧和换热效率都高。

（5）自动控制多段燃烧：应用燃气比例阀和多级电磁阀的数学组合，可根据不同季节以及对水温舒适度的感觉，电脑可以自动地优化的燃烧能力组合，节约能源。

（6）高负荷高效率换热系统：热交换器选用耐久性和热传导率高的无氧铜板材精制。在室外严酷的气候环境下能够可靠地使用，无含铅物质挥发。

（7）自动定时定温定量功能：可先预设定时间、温度和热水需要量，燃气热水器可按设定的时间、温度、流量自动提供热水，达到设定量后自动关闭，这一切都由水量伺服阀和燃气比例阀在智能控制系统指令下自动完成。

（8）低噪声：全封闭强制鼓风燃烧系统，在控制系统的智能调制下，热水器中的直流变速鼓风机在极限的工况下也能非常安静工作，在此时噪声仅有 48dB。

（9）热负荷调节范围宽：采用封闭式强制鼓风燃烧以及自动分段组合的燃烧结构，热水温度和热负荷调节的范围宽。热负荷调节比和热水温度调节比达到10。在任何季节和地域都能自动调节到舒适的水温。不受季节和地域的限制。

（10）先进的自动防护功能：采用高性能计算机控制系统和自动防护技术，昼夜不停全方位监测气候和环境的变化，有多种自动监控及生态环境防护功能，不受气候和环境条件的影响。

3　室外型燃气热水器须注意保护功能的设置

（1）我国地域辽阔，气候和环境复杂，各地域气候特征都不同，在不同到季节有时会发生自然灾害等，使用在南方和北方的室外型燃气热水器在设计上存在一定的差异（见表1）。

室外型燃气热水器在南北方防护要求的差别　　　　　　　　　表1

适用地区 防护要求	南方地区	北方地区
防雷击	•	•
防风	•	•
防暴雨	•	•
防沙尘暴	×	•
防冻结	×	•
防结露	×	•
防潮湿	•	×

适用地区 防护要求	南方地区	北方地区
防滴水	•	•
防溅水	•	•
防雪压	×	•
防冰雹	•	•
防昆虫	•	×
防雀鸟	•	×
防高温	•	×
防盐雾（沿海地区）	•	×
防电磁辐射、干扰	•	•
防紫外线辐射	•	•
防排烟口堵塞	•	•

（2）室外型燃气热水器结构设计方面综合考虑各种气候环境的影响，增强产品的全面防护能力，如外壳的密封和防积水方面都应严格要求。外壳的上边板、左右两边板采用同一块薄铁板整体折边成形，整体成形的结构符合外壳密封、防机顶积水、防潮性能的要求。室外机的外壳除进风孔和排烟口外，其余应封闭可防水和潮气。使用在北方的室外热水器注重防冻结设计：设置在热交换器上和水通路上的发热元件功率分配以及固定位置、电源线的连接方式都是非常重要的，室外机上设置自动防冻加热工作指示灯，提示自动防冻功能已经进入工作状态。在进出水铜阀接头处都要预设镶嵌发热元件的圆孔，提高传热效率和防振动性能。至少设有 2 处防冻结放水阀等，以保证防冻结的可靠性。另外，在北方使用的室外型热水器还要注重防沙尘，吸进沙尘会堵塞鼓风机、燃烧器和换热器。室外型热水器都要有防电磁辐射、干扰和防雷等功能。考虑海洋气候环境的影响，在沿海地区使用的室外型热水器，须做防潮和抗电强度模拟试验，以测试电气部件的绝缘强度和防腐蚀性能。

4 室外型燃气热水器的电控系统性能要求

（1）室外机自动化程度高，多采用 CPU 芯片控制，应考虑主控板和整个控制电路系统在严酷的环境下的工作性能，如在低温、高温、雷击、潮湿、电磁辐射、电磁干扰条件下的工作可靠性。

（2）提高在恶劣环境下的工作性能，如燃气比例阀、水量伺服器、传感器、直流电机、电磁阀、继电器、变压器、温控器、陶瓷发热器、接线和端子、外部电源线等执行元件的可靠性。

（3）防冻电热元件的设置应保证水通路系统能够得到足够的热量，并考虑受热部件的保暖，避免冷热不匀造成的应力影响。在符合绝缘强度要求尽量减少陶瓷电热器的热阻，热阻小热平衡时间少，可提高热水器全部水通路的防冻性能。防冻启动温度和停止温度的时间设置应当慎重考虑，不必使电热系统频繁启动。电热元件消耗功率在防冻结保护系统起着重要的作用，室外燃气热水器的防冻试验应考虑北方地区寒冷气候环境，防冻模拟试验的时间不少于三个昼夜，以测试防冻结保护系统和电控器系统在夜间寒冷环境下的工作能力和可靠性。在低温试验箱测试情况；试验箱温度设置在−15℃时两种室外机防冻对比见表2。

两种室外机防冻性能参数对比表 表2

序号	项目	国外机（24L/min）	国产机（24L/min）
1	热负荷（kW）	48	48
2	防冻启动温度	4℃	2℃
3	防冻停止温度	15℃	7℃
4	防冻失效温度	−20℃	−15℃
5	防冻加热功率	131W	100W
6	发热元件设置	7点	5点
7	加热温度平衡时间	持续工作（−20℃时）	持续工作（−15℃时）

通过以上的对比可知，国产室外机加热时间长，发热系统频繁启动。国外室外机的防冻能力优于国产机，防冻启动温度4℃，停止温度15℃，自动防冻功能在环境温度低于−20℃时才失效，如果把防冻加热功率提高到140W以上就能够有效地防止冻结。研究进出水配管的防冻结控制，在设计电控系统时要考虑用户在进出水配管上安装电热元件，并预设配管自动防冻的供电接口，提高在寒冷地区使用的室外型燃气热水器的适用性。

国外产品电加热元件布置点多，分布均匀。机内水通路系统能够得到充分热量，特别在进水阀和出水阀处采用安装嵌入式电加热元件的结构，尽量提高传热效率和保温性能。振动模拟试验可测试电加热元件的防振性能。验证设置在机内供水通路处固定的电加热元件的可靠性。

5　排烟系统结构的设置和探讨

（1）目前国内市场有两种室外型燃气热水器的排烟系统，设置和差异对比见表3。

两种不同结构的室外型燃气热水器 表3

对比项目	风帽式	面置式	顶置风帽式优缺点分析
防风	差	优	顶置式可三面排烟，同时要求三面防风，其防风性能差
防雪压	差	优	容易遭到积雪封闭，难防大雪和冰冻的堵塞
防冰雹	差	优	如果遭到比较大的冰雹下落冲击，容易造成变形堵塞
防结露	差	优	排出热烟气易受冷铁板阻挡发生结露和产生冷凝水
防水	差	优	不可防滴水、溅水、喷射水，底壳内难设防水结构
防虫/鸟	差	优	易进入昆虫和引诱雀鸟取暖栖憩
改装	易	不可行	顶置式可改装成强排式，改装费用低
拆卸	易	不可行	易引起儿童和未成年人的拆卸和玩耍
工艺	差	优	排烟管和外壳的配合要求高，难以保证外壳密封和防积水
安装	差	优	难以符合建筑规范要求，不能嵌入安装
成本	低	高	结构简单和技术含量低，是在普通强排式热水器增加了风帽

面置式的排烟系统设计优于风帽式，在排烟口处设置不锈钢隔离丝网，以防止较大的异物和昆虫进入造成堵塞。当排烟口遭到堵塞时，电控系统将会启动自我检测功能，显示

屏即时显示诊断故障代码同时发出警告声响。面置式多数采用曲折式排烟道结构，能够有效地防强风、防暴雨。图 1 为面置曲折式（迷宫式）的排烟结构的室外型燃气热水器。图 2 为面置迷宫式的排烟结构的室外冷凝式燃气热水器。

图 1   图 2

（2）进风系统的结构设置

国外室外型燃气热水器在进风口处设置防尘结构，材料为不锈钢防尘丝网或者玻璃纤维过滤层等，能有效地防止沙尘和昆虫进入，还可以起到防雾和防潮湿作用，从而保证热水器的正常运行。当室外燃气热水器设计为外壳后进风结构，如果进风口遭到堵塞时不易清理。建议采用前面盖进风结构，以方便维护和清理。采取外壳后进风口的结构设计，只要能有效的防尘、防昆虫、防堵塞、防潮就可以避免进风口堵塞和清理维护。

6 冷凝式热水器应注意事项

6.1 安装与服务

如果在北方安装室外型燃气热水器，应配套包扎连接管的防冻棉等材料，安装服务人员负责进出水配管防冻包裹处理。安装时应注意的安装位置是否适合，并在安装说明书上明示维修服务人员应定时为用户清理进风口、排烟口。安装服务人员在安装室外型热水器时注意以下几点：

（1）在北方为了保暖多数阳台用铝合金玻璃窗封闭，造成阳台内的空气不流动，室外燃气热水器必须安装在敞开的阳台上，保持阳台内的空气流动。尽量避免安装在面对北风风力较大的方位。

（2）室外型燃气热水器安装离居室门窗距离较远处，因为热水器燃烧产生废气易随风吹到敞开的居室门窗内造成对人体危害。所以要安装在距离居室门窗约 0.5m 远的墙壁上，以免居室内的空气受到燃烧产生废气的污染。

（3）在南方室外型燃气热水器不要安装在夏日太阳照时间较长的方位，因太阳照射时间过长将会使热水器内温度升高，影响内部元件的工作性能。

（4）由于城市住房建筑标准滞后，室外型燃气热水器安装位置难以确定，给安装、维护、服务带来困难，用户难以观察室外热水器运行情况，维护人员应定期检查。

6.2 室外型冷凝式热水器的设计

在北方寒冷冬季，室外气温是−(15～22)℃，室外型冷凝式燃气热水器的排烟温度不能过低。因为天然气烟气的露点温度大约为55～58℃，在冬季当室外温度较低时，燃气热水器排出来烟气遇到低于烟气露点的环境气温时出现结露（随后就冻结），室外型冷凝式燃气热水器必须防止在排烟口处结露冰冻甚至造成堵塞，以免影响燃气热水器的正常使用。不同烟气的露点见表4。

三种烟气的露点　　　　　　　　　　　　　　　　　　　　　　　表4

序号	燃气种类	烟气的露点	一次空气系数
1	液化石油气	48℃	$\alpha=1$
2	天然气	58℃	$\alpha=1$
3	人工煤气	65℃	$\alpha=1$

采取全预混燃烧技术，辐射型燃烧器为向下的燃烧方式。排烟温度约63℃，防冻加热功率140W，采取3处防冻结放水阀。在进出水铜阀接头处各安装了一只嵌入式电加热元件。

室外型冷凝式热水器在北方寒冷地区安装使用，需考虑如下几点：

（1）寒冷冬季时排烟温度低于40℃，易结露和结冰，堵塞排烟口。

（2）冷凝水排出口处水温偏低，易结冰堵塞。

（3）因安装在户外墙壁上，应考虑冷凝水中和后的排放管通路和中和、排放装置的防冻。

（4）冷凝水中和处理剂盒要设置防冻电加热元件。建议中和处理剂盒采用不锈钢板拉深成型。已利设置防冻电加热元件和热传导。

（5）设计室外冷凝式热水器时，充分考虑热交换器以及全部水通路的加热功率和加热元件合理布置，必要时可提高防冻电加热元件的功率。

6.3 充分考虑我国气候分布的特点

（1）因我国幅员辽阔，气候环境变化复杂，南北温差大以及严酷的室外温度环境，给室外型热水器开发增加技术难度，简单介绍我国七个气温区（见表5）。

我国气温分布范围划分　　　　　　　　　　　　　　　　　　　　表5

序号	气温区	温度范围	代表地区
1	寒冷区	−40～25℃	漠河、海拉尔、阿勒泰、嫩江、阿尔山
2	寒温区Ⅰ	−29～29℃	哈尔滨、沈阳、长春、呼和浩特、乌鲁木齐
3	寒温区Ⅱ	−26～22℃	西藏、四川甘孜、五台山
4	暖温区	−15～32℃	西宁、北京、郑州、兰州、济南、西安、昆明、太原、石家庄
5	干热区	−15～32℃	哈密、吐鲁番、喀什、库尔勒
6	亚湿热区	−5～35℃	南京、上海、武汉、南昌、成都、柳州、合肥、杭州、福州、重庆、广州、长沙
7	湿热区	7～35℃	海口、湛江、高雄、西沙、允锦洪、勐定

（2）在室外型热水器的设计方面需要注意的一些问题

1）在东北使用的室外机，应考虑当地的气温，在寒冷冬季温度是－29℃。

2）在华北使用的室外机，应考虑当地的气温，在寒冷冬季是－15℃。

3）根据寒冷地区的气温特点，制定室外机相应的防冻级别和结构设置要求。

4）寒冷地区温差范围（－40～25℃）建议安装使用平衡式燃气热水器并设计有主动防冻功能。

5）暖温区和亚湿热区使用的室外机需要增加防冻预热结构（除华南地区外）。

6）干热区温差范围（－15～32℃）使用的室外机需要设置防冻预热系统和耐高温隔热设置。

7）华南地区的室外机需要防雷击、防潮湿、防风防雨、防进风口堵塞、耐高温。

8）根据我国的六种气候环境类型，在编制使用、安装说明书上应指明使用环境以及限制使用地区，编制室外机型热水器安装、服务、维护守则。

9）室外型燃气热水器的结构具有良好可维护性和可安装性。

10）冬季气温约－15℃时，如果自动防冻加热器功率设置偏小，自动防冻功能就可能失效，应启动光电明示。在使用说明书上指示用户，一定动手打开两处防冻放水阀，放尽机内的积水。

11）要对安装服务人员的进行安装技能培训和上岗资格的认定。

7 结论

（1）室外型燃气热水器彻底终结燃气和电的热水器伤人的事故。随着人们的生活品质的提高，用户选择室外型燃气热水器可能性增加，以便使居室内的布置美观和舒适，室内的空气清新、环境安静、使用安全。室外型燃气热水器技术难度高，要求有快速恒温、数字遥控、低 CO 和 NO_x 排放、封闭式强制鼓风燃烧、自动定时定温定量、低噪声、多种先进防护功能。

（2）我国地域辽阔，气候和环境复杂，在南方和北方的室外型燃气热水器在设计上存在一定的差异，在北方使用的室外型热水器注重防冻结、防沙尘，室外型燃气热水器在寒冷的气候环境下防冻结系统的可靠性、电控系统防电磁辐射和干扰性能的优劣，以及执行元件在严酷的环境下的可靠性，做防冻模拟试验的时间不少于三个昼夜，以测试防冻结保护系统和电控器系统在夜间寒冷环境下的工作能力和可靠性。北方用室外型冷凝式燃气热水器的冷凝水排出口处、中和处理剂盒都要设置防冻电加热元件。设计室外型燃气热水器的结构时要考虑有良好可维护性和可安装性。

（3）在南方使用室外型热水器注重防雷、防潮、防雨、防堵塞、耐高温。室外型热水器都要有防电磁辐射和干扰、防雨等防护功能。

（4）考虑沿海地区海洋性气候环境，做防潮和抗电强度模拟试验，以测试室外型燃气热水器的电气绝缘防护性能。

上进风灶与台式灶引射性能的实验研究[*]

李伟奇，秦朝葵

（同济大学机械学院）

摘　要： 本文对一种纯上进风燃气灶和一种台式灶的引射性能进行了实验研究，通过气相色谱分析的方法确定了一次空气系数和炉头温度随着喷嘴前压力的变化规律。实验结果表明：随着喷嘴前压力的变化，上进风炉头的一次空气系数由于炉头温度较高而变化较大；而普通进风方式的引射器的压力适应性要强得多。本文的工作可用于新型结构燃气灶的设计。

关键词： 上进风燃烧器；普通进风方式燃烧器；引射能力；实验测试

1　引言

随着生活水平的提高，燃气具不断向美观、安全、高档的方向发展，超薄型的嵌入式燃气灶逐渐增加、有成为市场主流之势；为满足"超薄"的结构要求，厂家提出了许多不同的解决方案。如在意大利 SABAF 的炉头形式上进行改进；将一个大的引射器分为若干个小的引射器；尽量缩小台式灶的引射器尺寸、同时提升炉头的高度，以满足灶面的安装尺寸等。

和燃气灶外形与加工工艺飞速的技术进步形成鲜明对比的是：理论设计水平还停留在以前苏联科学家水力学实验公式为主要依据的阶段，缺乏准确、实用的设计指导理论，导致厂家开发新产品的成本很高且热工性能指标没有显著提高。而全球范围内，只有中国采用猛火爆炒的烹饪方式，可供借鉴的国外理论和实践经验不多。实际上，大气式燃气灶的工作涉及混合、燃烧、传热三方面，混合过程是在设计上能够进行一定程度干预的，但混合过程受到火孔形状、引射器性能、燃气比重和热值、燃烧强度等诸多因素的影响。因此，在新型结构燃气灶的研制过程中，如何在较大负荷范围内保持良好的自适应引射能力是一个关键问题。

本文对 SABAF 结构形式的炉头和普通下进风结构炉头的引射性能进行了实验测试，确定了一次空气系数随喷嘴前压力的变化规律；同时，也测量了两种结构炉头在不同负荷下的炉头温度与炉头内的混合气温度。所做的工作只是开发新型上进风燃烧器的一部分，目的在于确定改善空气-燃气混合物形成过程的努力方向，以及在减小引射器尺寸时如何保证与大尺寸引射器同样的引射能力。

---

*　选自中国土木工程学会燃气分会应用专业委员会 2007 年会论文集 p88-p91

2 实验原理与装置介绍

2.1 实验原理

采用文献 [1] 中的方法，通过对一次空气-燃气的混合气和纯燃气的组分分析来确定一次空气系数。计算公式如下：

$$\alpha = \frac{(x_i - x_{m,i})}{V_0(x_{m,i} - x_{a,i})} \tag{1}$$

式中 x_i——燃气中 i 成分含量；

    $x_{m,i}$——混合气中 i 成分含量；

    $x_{a,i}$——空气中 i 成分含量；

    V_0——理论空气量。

2.2 实验装置

实验装置如图 1 所示。在炉头前设置纯燃气取样口，将细长的取样探针预设在炉头的混合腔内，用针管对其中的混合气体取样，通过气相色谱分析，确定某一成分在纯燃气和混合气中的体积百分比，按照式（1）可计算一次空气系数。为提高实验的精度和可靠性，同时研究混合气在炉头内的分布均匀性，在炉头上固定三个混合气取样口，在某一燃气压力下同时取样。此外，在三个取样口附近的炉头壁面上和气流中，分别设置热电偶，连接到多路巡检仪、连续监测炉壁温度和气流温度；用 LabView 软件编程，实时监控温度和记录温度。当炉头内的气流温度基本不变时，抽取 3 个取样探针的混合气体，进行色谱分析。燃气的流量和压力分别用湿式煤气表和 U 形管压力计测量。

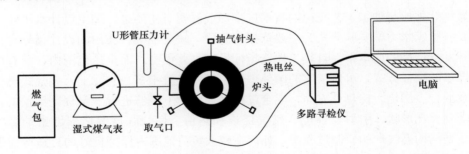

图 1　实验装置与采样口示意图

2.3 实验测试结果的处理

理论上，对应一种组分即可计算出一个一次空气系数；对式（1）进行误差分析，可确定按照某组分所得到的一次空气系数的不确定度，如下：

$$\frac{\delta\alpha_i}{\alpha_i} = \frac{|\delta x_i| + |\delta x_{m,i}|}{x_i - x_i^m} + \frac{|\delta x_{m,i}| + |\delta x_{a,i}|}{x_i^m - x_{a,i}} + \frac{\delta V_0}{V_0} x_{a,i}$$

$$\delta\alpha_i = \left(\frac{|\delta x_i| + |\delta x_{m,i}|}{x_i - x_{m,i}} + \frac{|\delta x_{m,i}| + |\delta x_{a,i}|}{x_{m,i} - x_i^a} + \frac{\delta V_0}{V_0} \right) g\alpha \tag{2}$$

式中　δx_i、δx_i^m、δx_i^a——分别为色谱分析仪的仪器误差，均取 3%。显然，体积百分比越大的组分，其对应的一次空气系数的不确定度越小。若某组分的 $\delta \alpha_i \geqslant 0.02$，则认为由该组分计算得出的一次空气系数的误差过大、予以剔除。根据测试结果，确定可采用的燃气成分为：丙烷、异丁烷、正丁烷、正异丁烯和空气。

3　测试结果与分析

3.1　一次空气系数随喷嘴前压力的变化

对 SABAF 结构和普通下进风炉头，使用 LPG、通过调节喷嘴前压力的方法，测试了一次空气的变化情况，实验结果见图 2、图 3。对应的燃烧器功率见图 4、图 5。

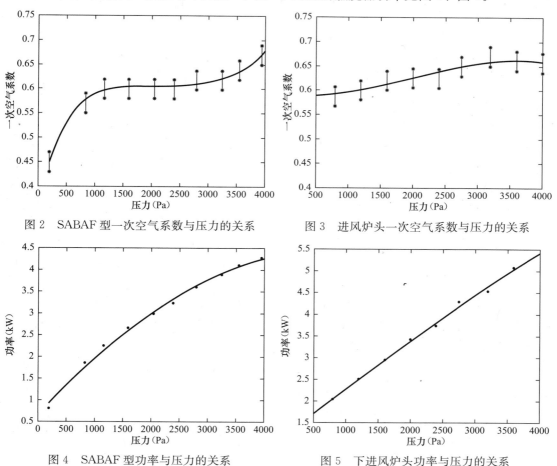

图 2　SABAF 型一次空气系数与压力的关系　　图 3　进风炉头一次空气系数与压力的关系

图 4　SABAF 型功率与压力的关系　　图 5　下进风炉头功率与压力的关系

图 2、图 3 同时给出了一次空气系数的间接测量置信度（±0.02），以保证测量结果的可重复性。图中的趋势线基本反映了两种炉头在一次空气引射方面的不同变化。可以看出，SABAF 型炉头受喷嘴前燃气压力的影响较大而下进风炉头的引射能力相对稳定。当压力自 200Pa 增加到 4000Pa 时，前者的一次空气系数变化为 0.45～0.68，而后者为 0.58～0.65。

必须注意到：受到黄焰因素制约，额定压力下 SABAF 型的炉头功率仅为 3.5kW，而下进风炉头可达到 4.4kW。可以设想，增加 SABAF 炉头的功率，一次空气的引射状况会变得更差。

3.2　炉头壁面温度和炉头内混合气温度的变化

图 6、图 7 分别为两种结构炉头内壁面温度和气流温度。可以看到，随着喷嘴前压力的提高和热负荷的增大，SABAF 型炉头温度先逐渐增高、之后再缓慢下降；在 1500Pa 之前，由于一次空气引射能力较差，炉头冷却不足、混合气的温度甚至高于炉头内表面的温度。对下进风炉头，由于一次空气的引射能力较强，炉头的温度（210～280℃）始终低于 SABAF 型（330～385℃）。而且随着压力的提高，下进风炉头的引射能力逐渐增大，气流对炉头的冷却作用也逐步加强，壁面与气流的温差加大。

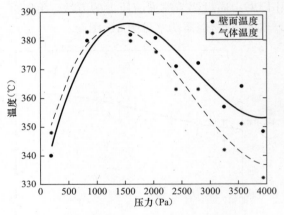

图 6　SABAF 型炉头温度与压力的关系　　图 7　下进风炉头温度与压力的关系

4　结论

本文利用实测的方法，对比分析了 SABAF 型炉头和下进风炉头的一次空气引射性能随着燃气压力的变化规律。结果表明，在所关心的压力范围内（200～4000Pa），前者的引射能力变化较大而后者相对稳定。

在大气式燃气灶中，引射器能够满足燃烧器功率范围内的一次空气需要量是保证热效率和 CO 指标的重要前提。只有在尽可能宽的功率范围内保证稳定、足够的一次空气供应，才有可能在头部提供火孔出流的静压。而头部温度与一次空气的引射是互为因果的[2]，头部温度高、则气流预热程度高、火孔出流阻力大，静压要求高；反之，一次空气供应充足，则气流流速加快，对头部的冷却作用增强。

因此，在"超薄"型燃气灶的开发过程中，如何解决空间要求狭小与引射能力之间的矛盾，是最终设计出高效率、低排放燃气灶的关键所在。本文的工作在这方面进行了有益的尝试，为今后的开发工作奠定了基础。

参考文献

[1]　金志刚著. 燃气测试技术手册［M］. 天津：天津大学出版社，1994
[2]　同济大学等. 燃气燃烧与应用［M］. 北京：中国建筑工业出版社，2000

燃气热水器废气中 CO 与 NO_x 的催化转化研究[*]

刘艳春[1,2,3]，侯来广[2]，曾令可[1]，段碧林[1]，李得家[1]，邓志伟[3]

（1. 华南理工大学材料科学与工程学院；2. 广州锐得森特种陶瓷科技有限公司；

3. 广州市红日燃具有限公司）

摘　要： 本文阐述了燃气热水器的安全要求以及国内外对于其产生的有毒气体 CO 和 NO_x 的排放限定标准，介绍了 CO 及 NO_x 中毒机理，制备了用于废气净化的钙钛矿型催化剂样品，实验表明掺 Pd 的催化剂比未掺 Pd 的催化剂催化活性更强，贵金属 Pd 的掺入明显增强了 La-Sr-Co-O 催化剂的催化活性，对 CO 和 NO_x 的催化率可以达到 80% 以上。

关键词： 安全；燃气；热水器；一氧化碳；氮氧化物

1　热水器的发展现状及历程

燃气热水器从诞生到现在已经有一百来年的历史，但热水器在科技上的飞速发展还是在第二次世界大战以后的近 50 年内完成的，而国内更是自 20 世纪 60 年代周总理从日本带回样机研制生产开始的，到今天已经走过了近 40 个年头了[1]。从历史来看，在 20 世纪 90 年代以前，基本上都是 5L 左右、小出水量、废气排放在室内的直排式热水器；到了 20 世纪 90 年代中期，较大出水量的烟道式热水器面世，由于采用了可将废气通过烟道排放到室外的结构，因此，安全性得到了很大提高，得到各个企业的宣传推广；20 世纪 90 年代末期，强制烟道式热水器研制成功，由于机器内安装了排风电机，使排烟彻底以及抗倒灌风能力大大提高，同时也使得烟道的安装更加灵活方便，但当时由于结构较复杂，价格贵，因此，并没有得到消费者普遍认可。而出于对安全的考虑，1997 年直排式热水器被禁止生产[2]。直排式热水器占市场主导地位的格局开始被打破，强排式热水器得到了极大的发展；近几年，出现了功能更强大安全系数更好的强制给排气式燃气热水器和冷凝式燃气热水器。

燃气热水器从其技术发展水平来分主要分为直排式热水器、烟道式燃气热水器、强制排气式燃气热水器、强制给排气式燃气热水器和冷凝式燃气热水器[3]。

2　燃气的 CO 和 NO_x 中毒机理

纵观燃气热水器的发展历史，人们一直围绕安全性问题对热水器进行改进，燃气热水器使用时生成的污染气体主要有：一氧化碳（CO）、氮氧化物（NO_x）等[4]。但是目前我国国家标准中只对 CO 的燃气排放做了限制，而对于 NO_x 却未加限制。

---

[*]　选自中国土木工程学会燃气分会应用专业委员会 2008 年会论文集 p21-p28

在使用燃气用具引起的事故中，一氧化碳中毒事故主要来源于两个方面：一是人工煤气燃气管路系统泄漏，因人工煤气本身含有一氧化碳；二是燃气不完全燃烧产生的烟气中含有的一氧化碳未排出室内。氮氧化物主要来源于燃烧后的污染气体中，包括 N_2O、NO、NO_2、N_2O_3、N_2O_4、N_2O_5 等，其中由燃料燃烧产生并成为大气污染物的主要是 NO 和 NO_2。研究表明，相同浓度的 NO_x 和 CO 相比，前者的毒性远大于后者，当 NO_2 浓度大于 200×10^{-6} 时，瞬间接触就会致人死亡，相当于 CO 浓度达到 1000×10^{-6} 时的作用。

2.1 CO 中毒机理

一氧化碳是一种无色、无味的有毒气体，它几乎不溶于水，属于一种血液毒物。人们呼吸时，当一氧化碳进入肺泡后，会被迅速吸入血液，经肺泡入血后与血红蛋白结合成碳氧血红蛋白失去携带氧的功能。又因为一氧化碳与血红蛋白亲合力（结合力）比氧与血红蛋白的结合大 300 倍[5]，所以一氧化碳就排挤了氧与血红蛋白的结合而形成碳氧血红蛋白。又由于碳氧血红蛋白的解离比氧和血红蛋白慢 3600 倍，如果碳氧血红蛋白的蓄积阻止了氧和血红蛋白的解离，那么造成组织持续性缺氧，于是出现中毒现象。

2.2 NOx 的生成及中毒机理

燃气燃烧生成的 NO_x 气体中 NO 含量占 90% 以上，因此，NO 是主要研究对象，NO 的生成主要分为三种途径：

（1）温度型 NO（Thermal NO），这是燃烧用空气中的 N_2，在高温下氧化而生成的 NO；

（2）燃料型 NO（Fuel NO），这是燃料中的杂环氮化物在火焰中热分解，然后与氧化合生成的 NO；

（3）快速型 NO（Prompt NO），这是碳氢化合物燃料在燃料过剩时燃烧产生的 NO。

NO 与血液中的血色素（Hb）的结合能力远大于氧原子与血色素的结合能力，因而当空气中 NO 含量达到一定浓度时，人体将因血液中缺氧而引起中枢神经麻痹。由于 NO 比 CO 更易与血色素结合，因而其引起人体不良反应的最大允许值比 CO 更低（见表 1）。不但如此，NO 在空气中极易形成 NO_2，NO_2 对呼吸器官有极强的刺激作用，而且 NO_2 对心脏、肝脏、肾脏都有不同程度的影响。

NO 与 CO 质量浓度的允许值　　表 1

污染物	平均值（$mg \cdot m^{-3}$）	持续时间（h）	最大值（$mg \cdot m^{-3}$）	持续时间（h）	数据来源	时间（年）
CO	11	24	30	24	世卫组织	1987
	40	1	—	—	美国	1986
NO	0.21	1	0.30	24	世卫组织	1987
	0.10	8470	0.30	24	美国	1986

3　国内外对于燃气热水器 CO 及 NOx 排放相关标准

欧美发达国家比我国对于燃气热水器的排放标准的限定要早很多年，这和我国的历史背景是分不开的。目前我国有关于燃气热水器的标准基本都是参考欧美发达国家的标准，建立起具有自主特色的标准体系。

3.1　欧洲燃气燃烧机排放 CO 及 NO$_x$ 标准

3.1.1　排放一氧化碳 CO 标准

（1）当燃烧机燃用相应设计气的族或组的基准气、使用制造商所称额定电压，进行测试时，CO 含量不得超过 100mg/(kW·h)。

（2）当燃烧机燃用相应设计气的族或组的基准气、使用制造商所称额定电压的 0.85 倍，进行测试时，CO 含量不得超过 2140mg/(kW·h)。

（3）当燃烧机燃用相应设计气的族或组的不完全燃烧极限气、使用制造商所称额定电压，进行测试时，CO 含量不得超过 2140mg/(kW·h)。

（4）燃烧机应配备某种措施，以保证在供电电压低于制造商所称额定电压的 0.85 倍时，燃烧器要么继续安全运行且燃烧产物中的 CO 含量不超过 1%，要么进入安全切断状态。

3.1.2　排放氮氧化物 NO$_x$ 标准

燃烧产物中氮氧化物的含量是在环境温度 20℃、相对湿度 70% 的基准条件来测量的。当燃烧机的设计只燃用第二族 H/E 组气，第二族 L 族气或第三族气时，氮氧化物的最高水平应为：

（1）H/E 组气的 G20 基准气和制造商所称的额定电压，进行测试时，为 170mg/(kW·h)。

（2）使用相应于第二族 L 组气的 G25 基准气和制造商所称的额定电压，进行测试时，为 170mg/(kW·h)。

（3）使用相应于第三族气的 G30 基准气和制造商所称的额定电压，进行测试时，为 230mg/(kW·h)。

表 2 是欧美各个国家对于 NO$_x$ 的排放限制标准；用于测试的基准气选择如表 3 所示。

国外烟道式热水器 NO$_x$ 的排放标准　　　　　　　表 2

	排放量	备注
奥地利	60ng/J	
比利时	100mg/m^3	
捷克	150mg/m^3，（3%O$_2$）	强鼓式
欧洲	170mg/(kW·h)	强鼓式
德国	200mg/(kW·h)	
日本	60ppm	体积分数
波兰	35g/GJ	
美国	50ng/J	

注：（3%O$_2$）指被测量烟气中氧气的体积分数为 3%。

测试气的选择　　　　　　　表 3

第 1 族		第 2 族			第 3 族
		H 族	E 族	L 族	
输出功率	G110	G20	G20	G20	G30/G31
稳定范围	G110/G112	G20	G20	G25	G30/G31
燃烧质量	G110	G20/G21	G20/G21	G25/G26	G30/G31

第 1 族		第 2 族			第 3 族
		H 族	E 族	L 族	
回火	G112	G222	G222	G25	G32
离焰	—	G23	G231	G27	G31

注：离焰和回火系数指全预混燃烧机。

3.2 我国有关燃气热水器排放 CO 及 NO$_x$ 标准

随着我国经济的迅速发展和国民的生活水平的改善，我国燃气热水器使用量迅速提高。然而我国对于燃气热水器所产生的废气中 CO 及 NO$_x$ 排放限定标准比较晚，特别是直到现在我国并没有制定如 CO 排放标准一样严格的限制 NO$_x$ 排放标准，只是制定了一些评定等级标准，如表 4 所示[6]。因此，我国迫切需要有关的标准出台。

其中 NO$_x$ 排放等级的计算公式如下：

$$NO_{x(\alpha=1)} = \frac{NO'_x - NO''_x(O'_x/20.9)}{1 - (O'_x/20.9)} \tag{1}$$

式中　NO$_{x(\alpha=1)}$——过剩空气系数 $\alpha=1$，干烟气中的氮氧化物含量，%；

　　　NO$'_x$——烟气样中的氮氧化物含量，%；

　　　NO$''_x$——室内空气中的氮氧化物含量，%；

　　　O$'_x$——烟气样中的氧含量，%。

家用燃气快速热水器 NO$_x$ 排放等级　　　　　　　　表 4

NO$_x$ 排放等级	NO$_{x(\alpha=1)}$ 极限浓度（ppm）	
	天然气、人工煤气	液化石油气
1	150	180
2	120	150
3	90	110
4	60	70
5	40	50

注：表中数据为折算成空气系数 α 为 1.0 的值。

4　实验

本研究以某公司生产的强排式燃气热水器为研究对象，采用多孔莫来石陶瓷为废气净化器的基体，在多孔陶瓷上负载对 CO 和 NO$_x$ 具有较强催化活性的 La$_{1-x}$Sr$_x$Co$_{0.9}$O$_{3-\delta}$ 和 La$_{1-x}$Sr$_x$Co$_{0.9}$Pd$_{0.1}$O$_{3-\delta}$ 催化剂，如图 1 所示，图 1（a）为负载催化剂前的多孔陶瓷，图 1（b）为负载后的多孔陶瓷。

4.1 催化剂样品的制备

（1）La$_{1-x}$Sr$_x$Co$_{0.9}$O$_{3-\delta}$ 和 La$_{1-x}$Sr$_x$Co$_{0.9}$Pd$_{0.1}$O$_{3-\delta}$ 钙钛矿催化剂粉体的制备

具体实验过程如图 2 所示，用柠檬酸络合法制备 La$_{1-x}$Sr$_x$Co$_{0.9}$O$_{3-\delta}$ 和 La$_{1-x}$Sr$_x$Co$_{0.9}$

图1　负载催化剂前后的多孔陶瓷实物图

(a) 负载前；(b) 负载后

$Pd_{0.1}O_{3-\delta}$（$x=0.2$，0.4，0.6，0.8）钙钛矿氧化物催化剂粉体：按化学计量比，由 La、Sr、Co 硝酸盐或（Pd）盐配置 0.2mol/L 溶液，取 200ml，加入化学剂量比柠檬酸 4.2g，恒温在 80℃，磁力加热搅拌，待水分蒸发完后，溶液呈糊状，冒出淡灰色刺激性气体，之后"嗤"的一声爆后，冷却，研磨，得到红色或者红黑色粉末。在 120℃下干燥 12h，750℃下焙烧 2h 得到 $La_{1-x}Sr_xCo_{0.9}O_{3-\delta}$ 和 $La_{1-x}Sr_xCo_{0.9}Pd_{0.1}O_{3-\delta}$ 钙钛矿型复合氧化物粉体。

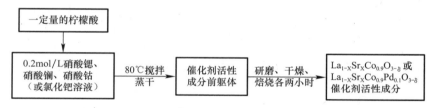

图2　钙钛矿复合氧化物粉体工艺流程

（2）负载型 $La_{1-x}Sr_xCo_{0.9}O_{3-\delta}$ 和 $La_{1-x}Sr_xCo_{0.9}Pd_{0.1}O_{3-\delta}$ 钙钛矿催化剂的制备

多孔莫来石纤维陶瓷负载钙钛矿型催化剂的制备工艺流程如图 3。将多孔莫来石纤维陶瓷浸渍于装有 50ml、0.2mol/L 的硝酸镧、硝酸锶、硝酸钴（或者 $PdCl_2$ 的混合溶液）的锥形瓶中，密闭抽真空浸渍 45 分钟，取出 120℃下干燥 12h，然后 750℃下煅烧 2h，得到多孔莫来石纤维陶瓷载体负载 $La_{1-x}Sr_xCo_{0.9}O_{3-\delta}$ 和 $La_{1-x}Sr_xCo_{0.9}Pd_{0.1}O_{3-\delta}$ 钙钛矿型复合氧化物催化剂。

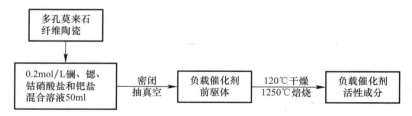

图3　负载型催化剂制备工艺流程

4.2　实验流程图

根据实验要求，我们把强排式燃气热水器进行了适当的改造，实验流程见图4，其结构如图 5 所示。实验过程主要包括：首先根据实验对象的要求，制备一定尺寸的多孔陶瓷作为催化剂载体；然后按照 4.1 中所述制备催化剂并将催化剂负载在多孔陶瓷上面；最后将负载了催化剂的多孔陶瓷安装在燃气热水器的排气管道中，点燃后利用烟气测试仪对烟气中的 CO、NO 测试记录，并分析催化效果。

4.3　结果与讨论

为了考察贵金属 Pd 阳离子的掺入对负载型 $La_{1-x}Sr_xCoO_{3-\delta}$ 钙钛矿型催化剂活性的影响，选取了负载型 $La_{0.4}Sr_{0.6}Co_{0.9}Pd_{0.1}O_{3-\delta}$ 和 $La_{0.4}Sr_{0.6}CoO_{3-\delta}$ 钙钛矿氧化物催化剂对 CO 和 NO 的转化率曲线比较为考察对象，如图 6 和 7 所示。

从图 6 中可以看到，贵金属 Pd 的掺入明显改善了催化剂的 CO 的催化活性。虽然两者的转化率最终都达到 100%，但是负载型 $La_{1-x}Sr_xCo_{0.9}Pd_{0.1}O_{3-\delta}$ 催化剂使 CO 完全转化的温度得到了较大的降低，反应温度段有所缩小，同时其起燃温度也比未掺 Pd 的也要低。从图 7 中 NO 的转化曲线图比较发现，负载型 $La_{1-x}Sr_xCo_{0.9}Pd_{0.1}O_{3-\delta}$ 催化剂对 NO 的转化转化率明显高于负载型 $La_{1-x}Sr_xCoO_{3-\delta}$ 催化剂对 NO 的转化率，

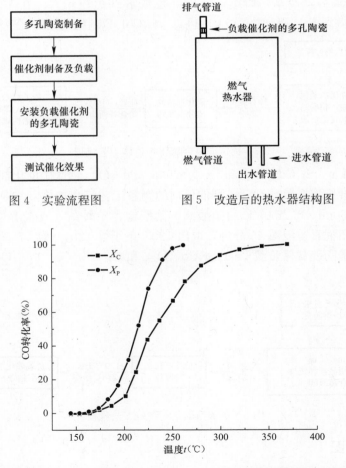

图 4　实验流程图　　　　图 5　改造后的热水器结构图

图 6　负载型 $La_{0.4}Sr_{0.6}Co_{0.9}Pd_{0.1}O_{3-\delta}$ 和 $La_{0.4}Sr_{0.6}CoO_{3-\delta}$ 催化剂的 CO 转化率比较图

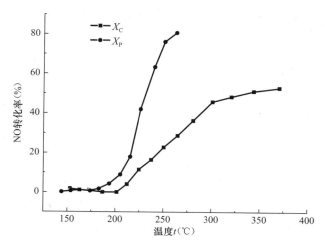

图 7   负载型 $La_{0.4}Sr_{0.6}Co_{0.9}Pd_{0.1}O_{3-\delta}$ 和 $La_{0.4}Sr_{0.6}CoO_{3-\delta}$ 催化剂的 NO 转化率比较图

同时起燃温度亦低于负载型 $La_{1-x}Sr_xCo_{0.9}Pd_{0.1}O_{3-\delta}$ 催化剂的起燃温度；因此，少量贵金属 Pd 的掺入，不仅使负载型 La-Sr-Co-O 钙钛矿氧化物催化剂的整体催化活性得到提高，而且对于催化剂的低温还原活性和高温氧化活性也得到极大地提高和改善。这可能是由于 Pd 的掺入占据了钙钛矿结构的 B 位，部分取代了 Co 阳离子，同时 Sr^{2+} 阳离子部分取代 A 位的 La^{3+} 阳离子使得 Co 阳离子产生变价，这使得钙钛矿晶格发生畸变形成晶格缺陷，而一般认为形成足够的缺陷是使钙钛矿催化剂具有较好催化活性的根本原因，同时较高的氧迁移率也是影响催化剂催化氧化还原活性的另一个原因，而 B 位被活性金属取代将产生这一效果，特别是贵金属 Pd 的取代[7-10]。

5   结论及发展展望

通过试验及分析发现，目前在我国乃至世界，燃气热水器的废气都是直接排放到大气中，并没有采取类似于汽车尾气净化的措施。燃气热水器的废气中含有未完全燃烧的 CO 和高温燃烧产生的 NO_x 气体，这给相当严重的大气污染又加重了负担，有必要对其进行净化处理。

多孔莫来石纤维陶瓷载体负载 $La_{1-x}Sr_xCo_{0.9}Pd_{0.1}O_{3-\delta}$（$x=0.2\sim0.8$）钙钛矿型氧化物催化剂的催化氧化还原 NO+CO 能力非常强，能在低于 300℃ 时使 CO 完全转化，同时 NO 的转化率也高达 80% 以上，和负载型 $La_{1-x}Sr_xCoO_{3-\delta}$（$x=0.2\sim0.8$）钙钛矿型氧化物催化剂相比，贵金属 Pd 的掺入使得催化剂的催化活性显著地提高。

此项目的研究有很多需要解决的问题，如多孔陶瓷安装后给燃气热水器的排风增加了阻力和难度；水蒸气对多孔陶瓷催化剂的催化性能的影响等一系列问题。目前国内外对于汽车尾气以及窑炉烟气治理方面做了很多卓有成效的研究并取得相当的进展，将这些相对成熟的技术成果应用在燃气热水器的废气净化上，具有一定的可行性，并将给这项研究的顺利开展带来便利。

参考文献

[1]   李润科. 家用燃气热水器的市场现状与发展方向 [J]. 现代家电，2002，(9)

[2] 王启. 自然排气烟道式燃气热水器的安全使用 [J]. 煤气与热力，2005，25（2）：63

[3] 杨韬. 燃气热水器的分类研究 [J]. 山东机械，2006，（6）：47～48

[4] 白丽萍，傅忠诚. 火焰冷却体降低燃气热水器 NO_x 排放的研究 [J]. 煤气与热力，1999，19（6）：32

[5] 马悦东。预防燃气热水器的中毒事故 [J]. 城市公用事业 1999，13（4）：33

[6] 傅忠诚，徐鹏，刘彤. 燃气热水器氮氧化物排放标准的探讨 [J]. 煤气与热力，2003，23（4）：213

[7] M. Uenishi, H. Tanaka, M. Taniguchi, et al. The reducing capability of palladium segregated from perovskite-type $LaFePdO_x$ automotive catalysts [J]. Appl. Catal A：GEN，2005，296（2）：114-119

[8] Z. X. Song，H. Nishi guchi，W. Liu. A Co-TAP study of reducibility of $La_{1-x}Sr_xFe(Pd)O_{3\pm\delta}$ perovskites [J]. Appl. Catal A：GEN，2006，306（1）：175-183

[9] M. Uenishi, M. Taniguchi, H. Tanaka, M. Taniguchi, et al. Redox behavior of palladium at start-up in the Perovskite-type $LaFePdO_x$ automotive catalysts showing a self-regenerative function [J]. Appl. Catal B：ENVIR，2005，57（4）：267-273

[10] Y. Nishihata, J. Mizuki, T. Akao, et al. Self—regeneration of Pd-perovskite catalyst for automotive emissions control [J]. Nature，2002，418：164-167

冷凝式燃气热水器若干问题的探讨[*]

叶远璋[1]，赵恒谊[2]，钟家淞[1]，夏昭知[3]

（1. 广东万和集团有限公司；2. 国际铜业协会；3. 重庆大学）

摘　要：本文介绍了冷凝式热水器的定义，详细分析了实现烟气冷凝的条件、烟气中水蒸气的冷凝份额、酸性冷凝液引起的腐蚀、腐蚀的主要危害、防腐涂料、结合中国国情选择合适的运行方式和烟气流向、冷凝式热水器适宜的热负荷、酸性冷凝液中和及排放等一系列技术问题。

关键词：冷凝式热水器；燃气应用

1　引言

　　自从《家用燃气快速热水器和燃气采暖热水炉能效限定值及能效等级》GB 20665—2015 公布后，具有高能效、低污染的家用冷凝式快速热水器（以下简称冷凝式热水器）的研发便引起了国内各燃具生产厂家、科研与管理单位的高度关注，进而围绕与此种产品性能有关的技术问题展开了广泛的讨论，这种自由讨论气氛有助于推动冷凝式热水器沿正确方向健康发展。本文也抱着这种态度，对冷凝式热水器中的几个技术问题谈谈我们的看法，参加讨论。

2　冷凝式热水器概念

　　参照欧洲标准 EN667 中对冷凝式供暖锅炉的定义"在正常运行条件的某运行水温下，燃烧产物中的水蒸气被部分冷凝，从而为供暖目的利用水蒸气潜热的锅炉，且满足本标准对热效率的要求"。与此类似，冷凝式热水器可定义作"在正常使用条件下，烟气中的水蒸气被部分冷凝，冷凝释放出的潜热用于加热卫生热水，且热水器的热效率大于 96％"。这个定义中没有涉及运行水温，原因是热水器在冬季运行时，冷水温只有 $10\sim15℃$，远远低于烟气露点。在夏季，冷水温约 $25\sim30℃$，也明显低于烟气露点（见表1），而卫生热水的温度变化不会改变热水器的冷凝运行方式。所以，对运行水温没有必要提出限制。但供暖锅炉却不是这样，其供暖热水温约 $78\sim80℃$，回水温约 $50\sim60℃$（地板供暖除外）。由于回水温与露点很接近，一旦水温接近或超过烟气露点，（比如燃用天然气，过剩空气系数 $\alpha=2.0$，烟气露点为 $46℃$，而此时回水温度也升到 $46℃$ 以上）烟气中的水蒸气便不会冷凝，不能实现冷凝运行方式。所以，供暖锅炉并不是任何回水温度下都可以实现冷凝

---

　　* 选自中国土木工程学会燃气分会应用专业委员会 2008 年会论文集 p83-p89

运行。另外一点也很重要。烟气冷凝释放的潜热在工程上必须量化。如果烟气冷凝份额很小，对提高热效率的实际作用也很小，这种设计在工程上是不能接受的。所以，一台冷凝式热水器（或锅炉）的入水温度要明显低于烟气露点，且烟气冷凝份额不能偏小。热水器能够满足此要求，但供暖锅炉并不容易。表2给出了一台冷凝式供暖锅炉上回水温 t 与烟气中水蒸气冷凝份额 K，热效率 η 间的近似变化关系（燃用天然气，烟气露点 50℃）。可见此时只有回水温 $t<50℃$ 才能实现冷凝运行方式。这是供暖锅炉与热水器间的一个重大区别。

烟气露点与燃天然气的空气系数 α 的关系 表 1

空气系数 α	1.0	1.2	1.4	1.6	1.8	2.0
露点（℃）	57	54	51.5	49.5	48	46

冷凝式锅炉回水温度 t 对烟气冷凝份额 K 与热效率 η 的影响 表 2

回水温度 t（℃）	50	40	30	20
烟气冷凝份额 K（%）	0	47	63	73
热效率 η（%）	98	102	105	108

3 烟气冷凝的条件与份额

3.1 烟气冷凝的条件

当烟气沿着换热器表面流过时（见图1），若换热器表面温度 t_1 低于烟气露点 t，则烟气中会出现冷凝区，其内水蒸气会部分冷凝。若换热面温度高于烟气露点 t_1 大于露点 t，则烟气中的水蒸气一点也不会冷凝。影响换热面温度的主要因素首先是换热器管内的冷水温度 t_0。水温越低，换热面的温度也越低，冷凝水量增大；其次是烟气温度 t_2，烟温升高，换热面温度也升高，冷凝水量减少。所以，在冷凝式热水器上为要实现烟气冷凝，必须冷水温度明显低于烟气露点（这个要求在热水器上能够满足），同时烟温要降低（所以，在冷凝式热水器上必须在高温段换热器后再布置一个冷凝段换热器，以降低烟气温度），使排烟温度接近或低于露点温度，以便获得足够的烟气冷凝份额。所以，热水器实现冷凝运行方式的条件，一是冷水温度明显低于烟气露点；二是要降低排烟温度以便获得所需的烟气冷凝份额，从而明显提高热效率。

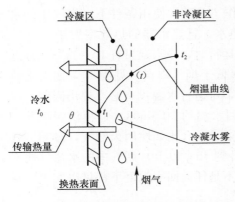

图 1　换热面附近的冷凝区与非冷凝区

在常规热水器上，冷水温度也明显低于烟气露点，但因烟温很高使肋片表面温度超过烟气露点。所以，即使冷水管表面出现少量的水蒸气冷凝，但冷凝水一旦流到温度高的肋片表面便又立即蒸发，由于无冷凝水生成，对热效率的提高便没有贡献，不具备冷凝运行方式所要求的第二个条件。

3.2 烟气中水蒸气的冷凝份额

在冷凝式热水器上，烟气中的水蒸气局部冷凝，而冷凝放出的热量用于加热卫生热水，所以热水器热效率可明显得到提高，这对节能有重大的贡献。因此，在冷凝式热水器上必须对烟气的冷凝份额提出要求。

观察图1中紧靠换热表面存在的冷凝区域，可知，若冷凝区的厚度增大，则烟气的冷凝份额也增大。冷凝份额一般受到几个因素影响：

（1）冷水温度：冷水温度越低，换热表面温度也越低，冷凝水量增大。但是，热水器的冷水温度不能由生产厂家或用户自行决定，冷水温度取决于城市地理位置与供水管网形式；

（2）空气系数 α：α 减小，烟气露点升高（燃用天然气时，α 与露点关系见表1），冷凝水量增大。所以，在冷凝式热水器上希望采用低 α 运行方式。但这给燃烧系统提出了高的要求；

（3）烟气温度：烟温下降，冷凝水量增多。所以，冷凝式热水器上必须增加冷凝段换热面以便降低排烟温度，从而获得所需的冷凝份额。但须注意，换热器出口烟温的分布很不均匀，难于准确测定。

（4）换热器形式：图2定性示出了肋片管换热器上肋片表面温度的变化。

在肋片上距水管表面越远的地方肋片表面温度越高（$t_2 > t_1 > t_0$）。所以，当水温 t_0 接近烟气露点时，便可能会出现肋片表面大部分区域的温度均超过露点，在肋片上无水蒸气冷凝，此时采用肋片管换热器对烟气冷凝是不利的。而采用光管换热器（管表面温度 t_1 与水温 t_0 接近）对烟气冷凝会更有益处。

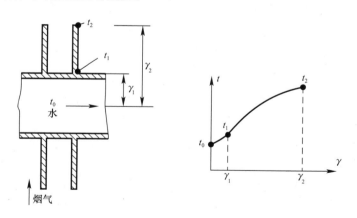

图2　肋片管换热器表面温度分布

很明显，要用上述几个影响因素来反映控制烟气冷凝份额是困难的。相比之下，用热效率来控制烟气冷凝份额更为恰当，更有实际意义。

我们的试验表明，燃用天然气，$\alpha=1.9$，冷水温度 20℃，排烟温度 50℃ 时，烟气中水蒸气的冷凝份额约为 50%，热水器热效率达 99%。因此，对冷凝式热水器要求达到热效率 $\eta \geqslant 96\%$ 是可行的（即达到热水器能效标准中规定的一级节能产品的要求）。此要求也就限定了烟气的冷凝份额。

4 有关问题探讨

4.1 酸性冷凝液的腐蚀

在冷凝式热水器上由于冷水温度与排烟温度均较低，在其换热面上不可避免会出现酸性冷凝液引起的腐蚀，包括在烟气酸露点下冷凝硫酸形成的腐蚀与烟气露点下酸性冷凝水形成的腐蚀。因此，防止酸性腐蚀便是冷凝式热水器上的一个重大问题。有一种意见认为，在冷凝式热水器上只会在换热器冷凝段出现酸性冷凝水的腐蚀，这是不全面的。试验表明，在燃用天然气（含 H_2S 接近 $20mg/Nm^3$）时冷凝式热水器换热器的高温段烟气出口侧或在冷凝段的烟气入口侧会出现冷凝硫酸引起的腐蚀。为防止酸性腐蚀可以采用两种方法：一是用防腐材料（如不锈钢、铝合金）制作换热器；二是在传统的铜换热器的表面（烟气侧）浸涂耐温防腐涂料。由于生产厂家在制作铜换热器上积累了比较丰富的经验，各种工装设备已经齐全，加之铜的加工性能好，导热性能优良，若采用后一种方法会给生产厂家带来一定的方便。但涂料的防腐性能必须经实物试验检验后才能确认是否合格，这给涂料的研发带来了一定的困难。

冷凝式热水器在 8 年使用寿命期内总运行时间不长，约为 $1200\sim2000h$，而冷凝式热水锅炉在 15 年使用期内总运行时间长达 2.5 万 h。所以，在热水器上能够通过实物试验来检验选择，改进涂料性能以研发出合格的涂料。而对热水锅炉要进行涂料性能的实物试验，由于试验周期太长，研发难度加大，研发成本升高，便成了一道很难逾越的障碍。由于此，有一种意见认为，在运行时间很长的冷凝式锅炉上，用防腐涂料方案是不适当的，而采用由防腐金属制作换热器更为可靠、有利。在欧洲，曾使用过整体铸铁换热器，后改为轻型整体式铸铝换热器，后又发展为不锈钢扁管换热器。但运行发现普通 304 不锈钢会受到烟气冷凝液中氯离子的腐蚀，必须用更高级的不锈钢。可是用防腐金属制作换热器也需要一个试验、改进、完善的过程。

4.2 腐蚀的主要危害

酸性冷凝液（冷凝硫酸与酸性冷凝水）引起的腐蚀给热水器带来的危害，按其危害程度依次为：

(1) 产生腐蚀产物并粘附在换热面上造成烟道阻塞，引起燃烧恶化；

(2) 贴附在换热面上的冷凝水也可能阻塞烟道，引起燃烧恶化。所以，冷凝段肋片之间的距离不能偏小；

(3) 酸性冷凝液引起的点腐蚀会造成水管穿孔、泄漏；

(4) 腐蚀使肋片减薄，吸热量下降。

因此，防腐涂料首先必须阻止腐蚀产物生成粘附在换热器表面上，保持换热面干净，排烟畅通。已有试验得到，腐蚀引起铜肋片管表面厚度平均减薄量约为 $9.5\times10^{-6}m/$ 运行 1000h，按热水器使用寿命 2000h 计算，铜肋片腐蚀减薄为 0.038mm，为肋片厚 0.3mm 的 13%，此引起吸热量下降约 4.5%，可见腐蚀减薄对热水器热效率的影响有限，重大的危害是腐蚀产物引起的烟道阻塞。

4.3 防腐涂料

对换热器防腐涂料的主要性能要求有三点:一是耐酸;二是耐温;三是使用寿命。

耐酸性能——在露点下生成的酸性冷凝水的 pH 值在 2.5～5.0 之间,所以,耐酸性冷凝水的腐蚀则要求涂料能承受 pH 值为 2.5 的混合酸(硫酸、硝酸、盐酸)的腐蚀;在酸露点下生成的硫酸液雾态 pH 值约 1.0(相当于浓度为 5% 的稀硫酸)。所以,耐硫酸液雾的腐蚀则要求涂料能承受 pH 值 1.0 的硫酸溶液的腐蚀。

耐温性能——有冷凝水的区域,换热面温度与冷凝水相同。无冷凝水的区域,换热面温度明显升高。在冷凝段,涂料最高工作温度可达 150℃,在高温段达到 400℃ 左右。

使用寿命——家用热水器每年工作 150～250h,8 年共使用 1200～2000h(相当于连续工作 2～3 个月)。由于总的运行时间短,能够用实物试验来检验防腐涂料的耐久性,而只有经实物试验检验后,才能确认涂料是否符合要求。

在寻找防腐涂料中,起初倾向于采用防腐金属涂层(铬、镍、锡、镍-磷、硅、钛)。但以后的试验表明,几种有机防腐涂层(改性环氧、改性有机硅、改性酚醛)表现出了很优异的防腐性能与性价比,更宜于在冷凝式热水器上采用。

4.4 结合中国国情的选择

在欧洲,居民大多使用两用炉来提供采暖与卫生热水,其特点是总的运行时间很长,供暖回水温高(地板供暖除外)接近烟气露点,且供暖水系统是封闭的。所以,冷凝式两用炉上采用了完全预混低氧燃烧,不锈钢扁管制作的辐射/对流换热器,这种技术方案与常规两用炉上采用的大气式燃烧,铜肋片管换热器浸涂防腐涂料完全不同。这种处理是正确的,是实现冷凝运行方式所必需的。但有一种意见认为,低氧燃烧与不锈钢扁管换热器是冷凝式加热器的重要技术特点,必须采用。这是不全面的。

在美国,居民大多使用容积式热水器(小型的烟管锅炉),由于锅筒内、热水温度较高(供暖时约 90℃,供卫生热水时约 60℃),此种热水器较难实现冷凝运行方式。所以,美国至今没有大力推广冷凝式容积热水器,而把注意力集中到冷凝式热水锅炉的研发上。

在中国,居民大多使用快速热水器来提供卫生热水,其特点是总的运行时间短,只供卫生热水不作供暖,冷水温度大大低于烟气露点,且供水系统是开放式的。所以,在冷凝式热水器上可以采用大气式燃烧,铜肋片管换热器浸涂防腐涂料的技术方案。也可以将使用过的卫生热水去冲淡酸性冷凝水。

可见,由于各国使用的加热器(两用锅炉,容积式热水器,快速热水器……)结构形式,运行条件各不相同,要实现冷凝运行方式时所需采用的燃烧系统与换热器形式也会各不相同,这是合理的。因此,需要根据每一种加热器的特点制定出一种合理、简便可行的方案。

有的厂家在冷凝式热水器上采用了完全预混低氧燃烧(使空气系数 α 从常规设计 $\alpha=$ 1.7～2.0,下降到 $\alpha=1.2$),在换热器冷凝段上采用了不锈钢管或铝/铜肋片管。这种方案的优点是:降低过剩空气系数后会提高烟气露点,增加烟气冷凝份额,进一步提高热效率。但是低氧燃烧对燃气/空气比例调节系统提出了很高的要求,使控制系统成本上升。同时,在冷凝段上采用防腐金属材料也会使成本上升。而成本上升会影响到冷凝式热水器的普及与推广。

由于充分考虑到居民的承受能力以及技术上相对先进的原则，在冷凝式热水器上采用大气式燃烧，浸涂有机涂层的铜肋片管换热器，无疑也是一种正确合理的选择。

4.5　中和酸性冷凝水问题

在冷凝式热水器上，烟气中的酸性气体 SO_x、NO_x、CO_2、HCl、HF 溶于冷凝水中，使冷凝水呈弱酸性。有资料指出，冷凝水的 pH 值与燃料种类有关，燃用气体燃料时冷凝水 pH 值为 3.0～5.0，燃用轻油时，pH 值为 2.0～2.5，燃用柴油时，pH 值为 1.0。也有研究认为对 50kW 以下的冷凝式两用炉，因其冷凝水量小，且冷凝水中有害物质的含量低于排污水中这些物质的最大允许值，也易被下水道中的排水所稀释，可以直接排入下水道。但对 50kW 以上的冷凝式两用炉，其冷凝水应先用 $CaCO_3$ 或 NH_4CO_3 降低酸性后再用 MgO 中和才能排入下水道，当然也可以用自来水稀释后排入下水道。

但冷凝式热水器上的情况与此不同，卫生热水是开放式系统（冷水进入热水器、卫生热水从热水器输出，使用后排入下水道）热水器产生的冷凝水与使用后的卫生热水是同时排入下水道，酸性冷凝水自然被使用后的卫生热水稀释冲淡。以 20kW 冷凝式热水器为例，在冬季满负荷下运行时其最大冷凝水量约 2kg/h，而卫生热水输出量约 450kg/h，即卫生热水可以把酸性冷凝水稀释 200 倍后排入下水道，但在冷凝式两用炉上采暖热水是封闭式系统，两用炉排出的酸性冷凝水没有卫生热水稀释，只能采用冷凝水中和系统或用自来水稀释。所以，对热水器与两用炉应区别对待。这再一次表明了冷凝式热水器与冷凝式两用炉在运行条件上的差异必然会引起结构上的不同处理。当冷凝式热水器的热负荷限制在≤50kW，此时可以考虑把使用过的卫生热水直接冲淡酸性冷凝水，然后一起排入下水道，省去冷凝水中和系统。此外，冷凝式热水器排烟中也含有酸性冷凝水雾，它们进入大气中也会对环境产生不利的影响，但对酸性水雾没有提出过应作"中和处理"。说明，冷凝式热水器排出酸性冷凝水很少，对环境的影响轻微。

4.6　烟气流向的选择

在冷凝式热水器上习惯采用烟气向下流动（见图 3）方式，其优点是此时烟气流动方向与冷凝水流向一致，有助于快速排除冷凝水，特别是肋片管的烟气出口侧区域不易积聚冷凝水，从而减轻冷凝水对肋片的腐蚀。但是试验指出，在冷凝段烟气入口侧区域产生了强酸性的冷凝液，引起裸铜肋片管的腐蚀失重为烟气出口区域的 60 倍左右，且在烟气入口区域的肋片表面产生了明显的腐蚀产物并粘附在肋片表面上。冷凝段的烟气入口区域才是腐蚀最严重的区域，也是对防腐涂料要求最高的地方，而烟气出口区域的腐蚀相对很轻微，而此种布置对减轻烟气入口侧区域的腐蚀作用不大。

当采用烟气向上流动方式时，在冷凝段烟气出口区域产生的大量低酸性的冷凝水向下流动，可以冲淡下部（烟气入口）区域产生的强酸性冷凝液，减轻其腐蚀，并可降低下部肋片表面温度有利于防腐涂料的长期、安全工作。实验也证明，此时冷凝段铜肋片管腐蚀轻微，肋片表面干净，无腐蚀产物粘附其上，也无明显的点腐蚀痕迹。当然，

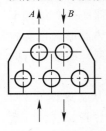

图 3　烟气流向
A—向上流动；
B—向下流动

采用烟气向上流动方式时冷凝水排除系统的设计要求高，且结构较为复杂。

4.7 热负荷

作为淋浴、盆浴使用的热水器其热负荷选定在 $40\sim50\text{kW}$，已能满足要求了，只有当独立别墅采用热水集中供应时，才希望热负荷再加大。

为了节约能源，在使用热水器时宜注意：（1）尽量不采用家庭卫生热水中心形式（即用一个大容量热水器向多个用水点供应卫生热水），此时热水输送管道太长，散热损失大。特别是冬季使用热水器时，热水等待时间较长，造成燃气与水大量浪费。（2）尽量不采用室外布置。当独立别墅使用一个大容量热水器集中供应卫生热水时，出于安全考虑有的采用了室外布置方式，但此会引起热水器壳体散热与热水输送管散热损失明显增大。加之防冻加热器所消耗的电能均会明显降低其使用热效率。

冷凝式热水器排出的烟气对环境的污染比常规热水器严重。原因是：（1）冷凝式热水器排烟温度低，烟气扩散能力差；（2）冷凝式热水器排出的烟气中含有酸性冷凝水雾，而常规热水器由于排烟温度高，烟气中的水分是水蒸气且不呈酸性。当酸性水雾接触到周围树木、花草、建筑物均会引起腐蚀。因此，适当限制冷凝式热水器的热负荷是需要的，可否考虑其热负荷从 $\leqslant70\text{kW}$ 降到 $\leqslant50\text{kW}$，即冷凝式热水器的最大热负荷宜比冷凝式两用炉小些。这样做，有利于环保也有利于酸性冷凝水的处理。浴用热水器并不是使用水量越大越感舒适，还应考虑合理、节约用水。

5 结论

（1）热水器实现冷凝运行方式的条件，一是冷水温度明显低于烟气露点；二是要降低排烟温度以便获得所需的烟气冷凝份额，从而明显提高热效率。烟气的冷凝份额决定了热水器的热效率。

（2）为了满足热水器长期、正常、安全运行，冷凝式热水器要采用适当的防腐蚀材料或合适的防腐蚀涂料。

（3）符合中国国情，根据采暖锅炉与热水器回水温度等使用环境不同，可分别选择各自合适的冷凝运行方式和烟气流向。

（4）考虑到冷凝式热水器排出的烟气对环境的污染比常规热水器严重，限制冷凝式热水器的热负荷是需要的，可否考虑其热负荷从 $\leqslant70\text{kW}$ 降到 $\leqslant50\text{kW}$，即冷凝式热水器的最大热负荷宜比冷凝式两用炉小些。这样做，有利于环保也有利于酸性冷凝水的处理。

（5）可以考虑把使用过的卫生热水直接冲淡酸性冷凝水，然后一起排入下水道，省去冷凝水中和系统，两用炉排出的酸性冷凝水没有卫生热水稀释，只能采用冷凝水中和系统或用自来水稀释。

参考文献

[1] 同济大学等. 燃气燃烧与应用 [M]. 中国建筑工业出版社，1981
[2] A、A约宁. 煤气供应 [M]. 北京：中国建筑工业出版社，1986

［3］ 国际铜业协会. 高效加热设备冷凝废气环境中铜换热器保护措施测试报告［C］. 1991，1992，1993

［4］ 民用冷凝式加热装置 IGU/E6-85.［C］

［5］ 陈学俊. 锅炉学［M］. 1986

［6］ 燃油锅炉新的试验研究和运行经验. VGB. 1963

［7］ 国际铜业协会等. 冷凝式热水器换热器低温段温度场的数值计算［C］. 2005

冷凝式燃气热水器超低负荷运行模式试验研究[*]

史永征，肖 松，郭 全

（北京建筑工程学院 100044）

摘 要：本文介绍了燃气热水器应用现状及其使用局限性，提出根据用户实际需求降低其最小负荷限值的必要性。通过采用调节燃烧风机转速及进风口面积等手段，实现了冷凝式燃气热水器最低可在 4kW 负荷下稳定工作，且其排放满足要求，极大地拓宽了燃气热水器的应用区域及使用条件。

关键词：冷凝式燃气热水器；调解比；最小负荷

1 引言

目前，我国人均占有能源储量为世界人均占有储量的一半，能源的紧张、电力供需失衡等问题，特别是西气东输、川气入湘等重大燃气工程的投建和竣工，有力地促进了我国天然气的发展，产量和利用速度大大增加。天然气的发展对燃气具行业的发展产生深远影响，随着我国现代化进程的加速和能源结构的不断调整，燃气热水锅炉的应用越来越广泛，逐渐替代热效率低、污染严重的传统燃煤锅炉，家用壁挂式燃气热水器就是其中一种。

在供应生活热水时，冬季所需提升水的温差为 40℃ 左右，而夏季时仅为 10～20℃，冬夏生活热水负荷差异较大。据调查，目前国内市场的冷凝式燃气热水器（此文均指即热式）正常运行下最小负荷一般在 8～10kW，负荷调节比小。在夏季，尤其南方用户生活热水负荷小。目前逐渐发展起来的冷凝式燃气热水器，在满足冬季最大负荷的情况下，夏季最小负荷不能满足要求，负荷过高。本文针对此类燃气热水器的最小运行负荷进行研究，探索通过调节燃烧风机转速及进风口等手段将燃气热水器的最小运行负荷进一步降低，以满足南方大部分地区的使用。

2 降低燃气热水器最小负荷的可行性分析

一些普通的大气式燃烧方式的燃气热水器，为解决负荷调节比的问题，在热水器上设置有冬/夏转换开关，通过切换冬/夏档，控制燃气喷嘴的工作数量。冬季模式所有喷嘴都运行，夏季时让一半或更少喷嘴运行，可以使负荷降到较低的程度。但是冷凝式燃气热水器使用全预混燃烧方式，与大气式燃烧不同，燃气和空气在着火前预先按一定比例完全预混，在若干块多孔陶瓷板或金属纤维网表面燃烧，无法通过改变喷嘴数量来调节热水器的负荷。

---

* 选自中国土木学会燃气分会应用专业委员会 2009 年会论文集 p22-p27

燃气空气混合及燃烧装置如图1（SIT Group）和图2所示，此处使用的风机为变速风机，通过脉宽调制（PWM）信号控制风机转速，燃气空气比例调节装置主要由文丘里混合器及取压管（传感器）、自力式比例调节单元（调节器）、气动燃气比例调节阀（执行器）几部分组成。它的作用是保持燃气和空气的比例恒定。在调节负荷时，只需要调节空气流量，即可自动成比例地改变燃气流量。在该装置达到平衡时燃气压力与空气压力之间为线性关系。调节好燃气空气压力比例后，当需要调整燃烧器负荷时只要调节空气流量即可，即调节风机风量。

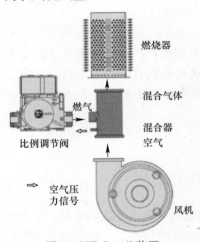

图 1　SIT Group 装置

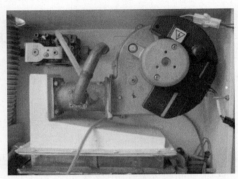

图 2　样机局部

3　试验系统介绍

本实验对某类型低污染冷凝式热水器分为冬夏两种工况工作，燃烧方式为完全预混式，所使用的燃烧器为水冷火孔燃烧器。通过调节风机转速、风机进口风门（以下简称风门）大小、燃气空气比例调节装置，使用一氧化碳、氮氧化物以及氧分析仪同步监测烟气排放，寻求最佳风门开度，同时对燃气比例调节阀进行调整，使其既保证燃烧器效率，又满足冬夏双工况下排放要求。试验装置连接系统如图3所示。

对燃气/空气比例的调节分为以下两种情况：

（1）通过改变比例调节阀进口燃气压力进行零点调节，对燃气进气量进行控制，实现对燃烧器最小负荷的调整，调节曲线如图4所示。

（2）通过改变比例调节阀出口燃气压力进行空气燃气比例调节，满足混合气体充分燃烧的比例，降低污染物的排放和烟气带走的余热，调节曲线如图5所示。

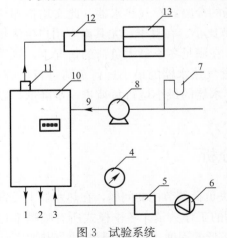

图 3　试验系统

1—冷凝水出口；2—热水出口；3—冷水进口；
4—水压表；5—水流量计；6—水泵；7—燃气压力计；
8—燃气流量计；9—燃气入口；10—燃气热水器；
11—烟道；12—烟气除湿仪；
13—烟气（NO_x、CO、O_2）分析仪

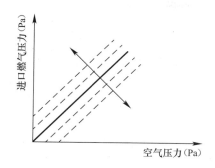

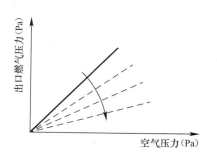

图 4 零点调节（资料来源：SIT Group）　　图 5 燃气空气比例调节（资料来源：SIT Group）

4 调节测试过程

经多次测试，受风机的调速控制电路及风机自身性能的限制，当 PWM 波占空比降低至 8%～9% 时，风机停止工作，此时继续采用降低风机转速来获得较低燃气热水器负荷的方法不可行，于是采取阻挡风机进风口大小的方法（见图 6）以降低出口风量，降低燃烧强度。根据所用混合器的性能（见图 7），能满足 5kW 甚至更低的负荷，所以当继续降低风机风量时可以进一步降低燃烧器负荷。调节过程如下：

图 6 风机吸入口风门

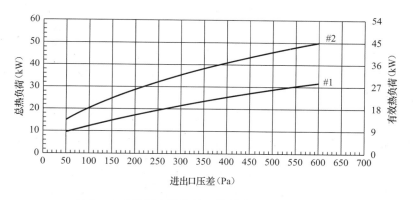

图 7 文丘里混合器特性（资料来源：SIT Group）

（1）首先将风机转速开至最大，调节风门开度使热水器处于略大于额定负荷工作状态。此时保持风门开度不变，同时监测烟气排放情况，如果排放污染物浓度过大，则调节燃气空气比例调节装置降低排放污染物浓度，直至此状态下燃气热水器正常运行且烟气排放正常。此后，保持风门位置不变，慢慢降低风机转速，减小燃烧器负荷，直至风机所能达到的最低转速，记为工况一。

（2）从工况一的最低风机转速开始，保持当前风机转速不变，慢慢降低风门大小，至燃烧器正常燃烧及排放状况下所能达到的最低负荷。如果排放污染物浓度过大，则调节燃气空气比例调节装置的零点，降低排放污染物浓度。此即为热水器最低负荷。记为工况二。

（3）此时，由于燃气空气比例发生变化，（1）条件下热水器运行与排放状况会随之在一定范围内变化，因此，需要反复进行（1）与（2）的调节控制，兼顾冬夏两种不同工况下热水器的运行与排放状况，使其在所要求的负荷范围内正常运行时烟气污染物排放浓度均满足要求。

5 试验数据与分析

经多次测试对比，逐步调节燃气空气比例调节阀及风机进风口风门位置，得到试验所用的热水器在两种工况下的最佳运行数据。冬季模式的运行数据见表1，为风门面积取 A_1 时调节风机转速，在不同负荷下的烟气排放情况，即冬季模式高负荷运行记录。

风门面积为 A_1 时热水器运行数据　　　　　　　　　　　　　　　表1

风机转速 (r/min)	O_2(%)	空气系数 α	NO_x(10^{-6})	折算 NO_x ($\alpha=1$)	CO(10^{-6})	折算 CO ($\alpha=1$)	负荷(kW)
1693	5.05	1.32	8.980	11.841	0.0	0.0	7.9
2182	4.95	1.31	10.012	13.119	0.0	0.0	9.7
3080	4.59	1.28	10.693	13.702	1.2	1.5	14.7
3686	4.34	1.26	11.945	15.076	11.4	14.4	17.6
4007	4.27	1.26	12.884	16.192	16.3	20.5	18.9
4579	3.84	1.23	13.714	16.801	25.6	31.4	21.8
4946	3.78	1.22	15.780	19.264	34.1	41.6	24.8
5410	3.53	1.20	18.783	22.600	47.1	56.7	26.7
5672	3.31	1.19	19.782	23.504	49.7	59.1	28.0
6050	3.25	1.18	21.317	25.242	57.3	67.9	30.0

夏季模式的运行数据见表2，为风门面积取 A_2 时调节风机转速，在不同负荷下的烟气排放情况，即夏季模式低负荷运行记录。

风门面积为 A_2 时热水器运行数据　　　　　　　　　　　　　　　表2

风机转速 (r/min)	O_2(%)	空气系数 α	NO_x(10^{-6})	折算 NO_x ($\alpha=1$)	CO(10^{-6})	折算 CO ($\alpha=1$)	负荷(kW)
2128	0.54	1.03	11.385	11.692	62.3	63.4	4.0
2459	2.10	1.11	7.835	8.710	0.0	0.0	4.3
3401	4.41	1.27	5.335	6.762	0.0	0.0	5.2
4088	5.16	1.33	5.373	7.134	0.0	0.0	5.9
4459	5.64	1.37	5.490	7.519	0.0	0.0	6.2
5117	5.97	1.40	6.198	8.676	0.0	0.0	7.2
5590	5.46	1.35	6.651	9.003	0.0	0.0	8.0
6135	5.64	1.37	6.992	9.576	0.0	0.0	8.6
6433	5.57	1.36	7.256	9.892	0.0	0.0	9.0
6689	5.72	1.38	9.227	12.704	0.0	0.0	10.0

图8为改变风门大小后，热水器分别在冬夏模式下通过调节风机转速正常运行时所对应的负荷拟合曲线。

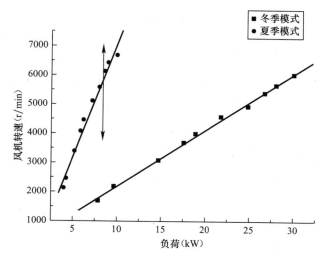

图 8　不同模式下热水器负荷拟合曲线

夏季模式为在保证冬季模式时热水器正常运行条件下此次实验的目的，可以看出与对热水器进行改动前相比，夏季模式运行低负荷值显著降低，由 8kW 降低至 4kW，可满足用户使用要求。从图 8 可以看出，虽然冬季模式的最低负荷可以达到 8kW 左右，但为了使运行稳定最好在 10kW 处设定负荷切换点。

测试所使用的风机通过 PWM 波占空比调节转速，通过脉冲输出反馈实际转速，该反馈信号对于大多数的燃烧控制器非常关键，燃烧控制器通过风机反馈脉冲信号判断当前风机的工作状态及负荷大小。本文所使用的调节方式中对风机的进风口进行了部分阻挡，导致风机风量与 PWM 波占空比的比例关系发生变化，因此相关的控制参数也应进行调整。风门的改变可通过机械装置实现，在改变风门的同时还要给控制电路提供一个状态信号，以便控制器改变控制参数。

6　结论

通过改变风门与风机转速相结合来调节风机风量，控制燃烧器负荷，将冷凝式即热热水器分为冬夏两种工况来运行，能从 4kW 到 30kW 进行连续调节，获得更广的负荷调节范围，使得它的市场应用更加广泛，可兼顾我国北方与南方地区冬夏季生活热水的不同使用要求。

该系统中的关键部件是文丘里混合器和气动燃气比例调节阀，对文丘里混合器进行进一步的优化研究可大大提高装置的性能。这也是下一步需要进行的研究工作。

参考文献

[1]　郭全，史永征. 燃气/空气比例调节装置的结构及原理分析［J］. 北京建筑工程学院学报，2003（3）

[2]　同济大学，重庆建筑大学，哈尔滨建筑大学等. 燃气燃烧与应用［M］. 北京：中国建筑工业出版社，2000

[3]　傅忠诚，艾效逸，王天飞等. 天然气燃烧与节能环保新技术［M］. 北京：中国建筑工业出版社，2007

[4]　蔡增基，龙天渝. 流体力学泵与风机（第四版）［M］. 北京：中国建筑工业出版社，1999

冷凝式燃气热水器采用大气燃烧方式的探讨[*]

钟家淞[1]，赵恒谊[2]，夏昭知[3]

（1. 广东万和新电气有限公司；2. 国际铜业协会，3. 重庆大学）

摘 要： 文中探讨了冷凝式燃气热水器采用大气燃烧方式的有关问题，结果表明热水器上冷水温度低于烟气露点，采用大气燃烧方式实现烟气冷凝，满足冷凝式热水器的要求。

关键词： 冷凝式；热水器；大气燃烧方式

1 引言

研发冷凝式热水器的目的是要显著提高热水器的热效率，实现节能减排的要求，主要措施是增大热水器的换热面积以降低其排烟温度实现烟气局部冷凝。明显，在冷凝式热水器上由于实现了冷凝换热使热效率得到明显上升。人们曾考虑过采用大气燃烧方式是否会限制冷凝换热？本文拟对此问题发表一些看法以供讨论。

2 从常规热水器发展到冷凝式热水器

家用燃气热水器在运行上的一个很重要的特点是冷水温度较低，约在 10℃（冬季）至 30℃（夏季）间，远远低于燃气的烟气露点（见表1）。这时，只要增大换热面积降低热水器的排烟温度（接近或低于烟气露点）便能实现烟气局部冷凝。由于排烟温度降低，以及烟气局部冷凝而释放出汽化潜热会使热水器热效率大幅提高，取得十分明显的节能与环保效益，这是设计冷凝式热水器时要十分留意的一个特点。下面首先讨论提高热水器热效率常采用的方法。

烟气露点 T_1 （燃用天然气）					表1
α	1.0	1.2	1.4	1.6	1.8	2.0
T_1 （℃）	60	57	54	51	49	47

按反平衡计算，热水器热效率 η 可表示为：

$$\eta = 100\% - q_2 - q_3 - q_4 - q_5 + q_6 \tag{1}$$

式中　q_2——排烟热损失；

q_3——化学不完全燃烧损失；

q_4——物理不完全燃烧损失；

---

* 选自中国土木工程学会燃气分会应用专业委员会 2011 年会论文集 p117-p122

q_5——散热损失；

q_6——烟气冷凝释放热量使热效率的增加。

在非冷凝热水器上（其排烟温度常在 140～190℃，空气系数 α 在 1.6～1.8），q_2 损失约为 7.5％～11％；q_3+q_4 很小，只有 0.4％ 左右；在强制给排气热水器上，q_5 约为 2.0％；烟气不冷凝 q_6 为零。相应热水器热效率在 86％～90％，距冷凝式热水器的要求 $\eta \geq 96\%$ 还有大的差距。从式（1）可知，减小 q_3，q_4，q_5 可以提高热效率，但这会花费较大的代价，而收效较小。另一个途径是减小 q_2，增大 q_6，试验表明这是最有效的一种方法。对排烟热损失 q_2 与冷凝放热效益 q_6 影响最大的因素是排烟温度 t_y 与空气系数 α。图 1 示出燃用天然气在不同的空气系数 α 值下，由于排烟温度 t_y 降低使烟气冷凝释放出汽化潜热，引起冷凝式热水器热效率 η 加速上升的理论计算曲线。表 2 是不同 t_y 与 α 值下的排烟热损失 q_2 的理论计算值（取常温 20℃ 下燃气、空气、烟气的焓为零）。下面以一台常规热水器改进为冷凝式热水器为例（见图 2），来讨论排烟温度 t_y 与空气系数 α 在冷凝式热水器设计中的影响。

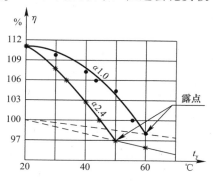

图 1　冷凝式热水器上排烟温 t_y 与空气系数 α 对热效率 η 的影响

排烟热损失 q_2 计算值（不考虑烟气冷凝）（％）　　　表 2

空气系数 α	排烟温度 t_y（℃）					
	40	50	60	150	160	170
1.3	0.92	1.38	1.88	6.36	6.86	7.36
1.7	1.0	1.64	2.27	8.03	8.67	9.32

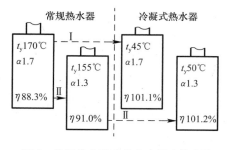

图 2　常规热水器改进为冷凝式热水器

假定常规热水器运行参数是排烟温度 t_y 为 170℃，过剩空气系数 α 为 1.7，查表 2 可知其排烟热损失 q_2 为 9.32％，常规热水器的 q_3+q_4 约 0.4％，热水器采用强制给排气方式时，其散热损失 q_5 约为 2.0％，常规热水器上烟气不冷凝，其 $q_6=0$；因此，这台常规热水器的热效率 $\eta=1-q_2-q_3-q_4-q_5+q_6=100-9.32-0.4-2.0+0=88.3\%$。要使此常规热水器改进为冷凝式热水器（烟气局部冷凝且热效率 $\eta \geq 96\%$），可以采用两种方法：（1）保持燃烧系统不变只改变热交换系统，即大气燃烧方式不变，只在换热器高温段之后增加一个冷凝段使排烟温度降低。这种方法的优点是技术成熟，简易可行。现在国内多数厂家均选用此种方法，效果是满意的。（2）同时改变燃烧系统与热交换系统，即采用完全预混燃烧方式（将空气系数 α 从 1.7 降到 1.2～1.4），并同时增设冷凝段以降低排烟温度。在欧洲，多采用此种方法，其优点是环保性能很好，但技术复杂，成本明显上升。下面我们来详细比较这两种方法。

（1）燃烧系统不变，只增设冷凝段（见图 2，路径 I）

常规热水器上，燃烧系统的一个主要特征是采用大气燃烧方式。在冷凝式热水器上仍保留大气燃烧方式不变代表了这样一种观点：即认为燃烧方式对实现冷凝式热水器的影响要明显小于热交换的影响。但由于欧洲冷凝式两用炉上采用了完全预混燃烧，所以曾有人担心在冷凝式热水器上保留大气燃烧方式在理论上似乎不妥。这是一个值得讨论的重要问题。观察图2，一台常规热水器保持大气燃烧方式不变假定（空气系数 $\alpha=1.7$ 不变），只在热水器高温段后增设一个冷凝段换热器，使排烟温度从原来的170℃下降到45℃（比烟气露点低5℃），并实现了烟气局部冷凝。相应，排烟热损失 q_2 减小到1.3%（见表2），由于烟气局部冷凝使热效率的增加 q_6 约为4.8%（测试数据），其他热损失 q_3，q_4，q_5 不变，则热效率 η 为：$\eta=100\%-1.32\%-0.4\%-2.0\%+4.8\%=101.1\%$。

与原来常规热水器相比，热效率提高了12.8%（见图2中，路径Ⅱ所示），完全满足了冷凝式热水器的要求，改进成了一台合格的冷凝式热水器。这里需要特别说明几点：（1）将热水器排烟温度降到45℃（比露点低5℃）能否实现。排烟温度的高低主要受两个因素的限制：一是冷水温度；二是冷凝段换热面积的大小。在热水器上冷水被烟气加热，所以烟温一定高于水温，即排烟温度一定要高于进入热水器的冷水温度。已经说明热水器的冷水年平均温度约20℃，所以排烟温度取45℃可以实现。另外，当把排烟温度逐渐降低并接近冷水温度时，冷凝段的换热面积会急剧增大，在经济成本上不能接受。所以，要把排烟温取得比冷水温高些。（2）进入热水器的冷水温度要明显低于烟气露点，烟气才能冷凝。否则，布置多大的冷凝段也无济于事。从表1可知，采用大气燃烧方式（$\alpha=1.7$）时烟气露点为50℃，大大高于冷水温度。曾有人担心采用大气燃烧方式难于实现烟气冷凝，显然是不对的。（3）排烟温度宜接近或低于烟气露点。表1指出，当 $\alpha=1.7$ 时，烟气露点为50℃。此时，把排烟温度取作45℃附近是合适的。（4）冷凝式热水器的一个重要特点是采用了特殊的换热方式——冷凝换热，即使烟气冷凝放出汽化潜热并用此热量去加热冷水，而燃烧方式的改变（会引起烟气露点的改变）对烟气冷凝放热的影响是不大的。所以，设计冷凝式热水器的关键一是使烟气冷凝，二是使冷凝段换热面能抵抗酸性冷凝液的腐蚀，即热交换才是设计冷凝式热水器的核心。

（2）同时改进燃烧与换热系统（见图2，路径Ⅱ）

这种方法分两步来完成，首先改进燃烧系统采用完全预混燃烧（其 α 降到1.2～1.4，相应 α 平均值从1.7降到1.3）。由于 α 下降（同时引起排烟温度从170℃降到155℃左右），此时排烟热损失 q_2 下降到6.6%，其他热损失项 q_3，q_4，q_5 不变，q_6 仍为零，则热效率 η 从88.3上升到91%，$\eta=100\%-6.6\%-0.4\%-2.0\%+0\%=91\%$，但仍远不能达到冷凝式热水器对热效率 η 的要求（$\eta\geqslant96\%$）。很明显，要实现冷凝式热水器只有燃烧系统的改进是不能完成的，必须再采用增设冷凝段以降低排烟温度的方法。随后，又在高温段后增设了冷凝段使排烟温度下降到50℃（比烟气露点低5℃）。此时排烟损失 q_2 降为1.38%，q_3，q_4，q_5 不变，q_6 约为5.0%；相应，热效率为 $\eta=100\%-1.38\%-0.4\%-2.0\%+5.0\%=101.2\%$，与图2中路径Ⅰ达到的热效率基本相同，也完全满足了冷凝式热水器的要求。从上面的定性比较计算可以看出：①减小 α 必须要求改进燃烧系统（从大气燃烧改进为完全预混燃烧），此时热水器热效率能从88.3提高到91%（增大2.7%），但仍不能达到冷凝式热水器的要求（$\eta\geqslant96\%$），必须再布置冷凝段降低排烟温度。再次说明，研发冷凝式热水器的核心问题是热交换；②这也表明在研发冷凝式热水器时采用大气燃烧方式，增设冷凝段的方法是正确的，合理的。当然，也要指出采用完全预混燃烧能获得高的环保性能，烟气中的 $NO_x(\alpha=1)<56$ppm，$CO(\alpha=1)<100$ppm，而这是大气燃烧方式很难达到的；③采用完全预混燃烧方式的一个目的是降低燃烧空气系数 α，α 下降会使热效率 η 增大。在图 1 中，α 从 2.2 下降到 1.0 引起 η 的增加在排烟温 50℃ 附近达到最大值约 7%。但是要说明，在热水器上无法像电站锅炉那样使用精确、昂贵的燃烧控制系统，热水器在采用完全预混燃烧时其 α 值也需保持在 1.2~1.4 之间，与大气燃烧相比（α 为 1.6~1.8）下降程度有限，对热效率提高的贡献也较小。

3   冷凝段受热面的布置

前面的讨论中已经说明，采用增设冷凝段以降低排烟温度实现烟气冷凝是实现冷凝式热水器的关键措施。下面通过一个实例来讨论冷凝段面积的选择。假定非冷凝热水器的排烟温度设计值为 171℃；在设计负荷，设计水量下增设冷凝段使排烟温从 171℃ 降到 21℃（总温降为 150℃），进入冷凝段的冷水温为 20℃，出水为 23℃（总温升为 3℃）。为了观察烟温随换热面积的变化，人为把冷凝段分为 15 个吸热相同的小段（见图 3），在每一小段上的烟温降为 10℃（即烟气放热量相同），水的温升为 0.2℃（即水的吸热量也相同）。首先写出第 1 小段（入口烟温 171℃，出口烟温 161℃；进水温 22.8℃，出水温 23℃）的热平衡方程：

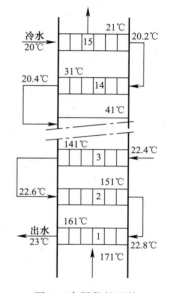

图 3   冷凝段的吸热

$$q_1 = \alpha \Delta t_1 f_1 \qquad (2)$$

式中 q_1——第 1 小段上水的吸热（或烟气放热），且各小段上相同 $q_1=q_2=\cdots\cdots=q_{15}$；

　　　α——对流换热系数（近似当作常数）；

　　　Δt_1——烟气与水间的温差在第 1 小段上，$\Delta t_1 = \frac{1}{2} \times$

　　　（$171+161-22.8-23$）$=143.1℃$；

　　　f_1——第 1 小段的换热面积。

将 Δt_1 代入式（2）得：

$$f_1 = \frac{1}{143.1} \frac{q_1}{\alpha} \qquad (3)$$

同样，可写出其他小段的热平衡方程，并整理作：

$$f_2 = \frac{1}{133.3} \frac{q_2}{\alpha} = 1.07f_1 ; f_3 = \frac{1}{123.5} \frac{q_3}{\alpha} = 1.16f_1 ; f_4 = \frac{1}{113.7} \frac{q_4}{\alpha} = 1.26f_1$$

$$f_5 = \frac{1}{103.9} \frac{q_5}{\alpha} = 1.38f_1 ; f_6 = \frac{1}{94.1} \frac{q_6}{\alpha} = 1.52f_1 ; f_7 = \frac{1}{84.3} \frac{q_7}{\alpha} = 1.7f_1$$

$$f_8 = \frac{1}{74.5} \frac{q_8}{\alpha} = 1.92f_1 ; f_9 = \frac{1}{64.7} \frac{q_9}{\alpha} = 2.21f_1 ; f_{10} = \frac{1}{54.9} \frac{q_{10}}{\alpha} = 2.61f_1$$

$$f_{11} = \frac{1}{45.1} \frac{q_{11}}{\alpha} = 3.17f_1 ; f_{12} = \frac{1}{35.3} \frac{q_{12}}{\alpha} = 4.05f_1 ; f_{13} = \frac{1}{25.5} \frac{q_{13}}{\alpha} = 5.61f_1$$

$$f_{14} = \frac{1}{15.7} \frac{q_{14}}{\alpha} = 9.11 f_1 ; f_{15} = \frac{1}{5.9} \frac{q_{15}}{\alpha} = 24.3 f_1$$

上面表达式整理作一个通用表达式：

$$f_i = K_i f_1 \text{ 或 } K_i = \frac{f_i}{f_1} \tag{4}$$

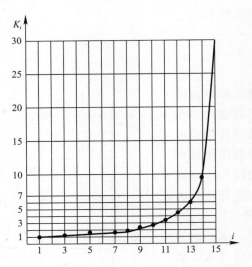

图 4　冷凝段中各小段面积的相对变化曲线

比例系数 K_i 代表不同进口烟温下，温降 10℃所需的冷凝段换热面积 f_i 与进口烟温为 171℃，温降 10℃所需的冷凝段换热面积 f_1 之比，见图 4。从图 4 可以看出：①在烟气放热（或水吸热）相同时，冷凝换热器上各小段的换热面积是不同的，进口烟温（或出口烟温）越高所需换热面积越小（即 $K1 < K2 < K3 < \cdots\cdots K15$）；②$K_i$ 值随 i 增大过程中，在 $i=12$ 之前，K_i 值增大比较缓慢。在 $i=12$ 以后，K_i 值急剧上升。$i=12$ 对应于进口烟温 61℃，出口烟温 51℃。所以，当冷水温度（或冷水年平均温度）为 20℃时，冷凝式热水器的排烟温度宜取在 50℃附近。在这个温度下即考虑到增加热效率、达到节能环保的要求，又考虑到冷凝段换热面积不至于过份增大，引起材料成本急剧上升。

4　结论

(1) 由于热水器上冷水温度大大低于烟气露点，所以采用大气燃烧方式也能方便实现烟气冷凝，满足冷凝式热水器的要求。

(2) 实现烟气冷凝、提高热效率的主要手段是布置冷凝段换热器以降低排烟温度。用完全预混燃烧方式对增加烟气冷凝，增大热效率，只起到次要作用。

(3) 只有当冷凝式热水器标准对烟气 NO_x 提出严格要求后，生产厂家才可能会放弃大气燃烧方式转而采用完全预混燃烧。

(4) 增加热效率必然要求增大冷凝段换热面积，因此，设计者应在节能与材料成本间选择一个合理的工作点。

(5) 采用大气燃烧与布置冷凝段来实现冷凝式热水器是一个技术成熟、可靠、简单易行的方法，运行表明其效果是满意的。

(6) 冷凝式热水器的主要特点是采用了冷凝换热。因此，换热问题以及换热面的防腐是设计冷凝式热水器的核心问题。

燃气供暖热水炉热水性能试验分析*

何贵龙，杨丽杰

（国家燃气用具质量监督检验中心，天津 300384）

摘　要：分析了《燃气采暖热水炉》GB 25034 标准的有关要求，按标准相关条款对燃气采暖热水炉的性能进行检验。结合实验数据分析了燃气采暖热水炉热水性能等方面的分布趋势及影响因素。

关键词：燃气采暖热水炉；热水性能

1　引言

　　燃气采暖热水炉顾名思义是具有供暖功能和热水功能的一种燃气器具。供暖水通过热交换器吸收燃气燃烧后释放出的热量，是一次换热。供暖水通过换热器加热生活热水，生活热水不直接与热烟气接触，是二次换热。有一种观念认为生活热水仅仅关系到使用舒适度的问题，洗浴时装有混水阀，热水性能好与坏没关系。其实这种观念是错误的，热水性能不仅仅是舒适度的问题，它和节能、安全、机器对环境的适应力都息息相关。如生活热水加热时间过长，就会造成燃气和水资源的浪费；停水温升过高就有烫伤人的危险；北方夏季自来水温度高，水压低，热水器具最小热输入过高或启动水压过高都会影响到器具的正常使用；冬季水温太低，器具生活热水管路没有限流装置就有可能造成洗浴水不热等问题。

2　试验数据统计分析

　　统计的燃气供暖热水炉样品总数为 207 台。按产地分，国内产品 127 台，进口产品 80 台。按类型分，非冷凝产品 186 台，冷凝产品 21 台。

　　（1）最高热水温度统计

　　最高热水温度是在生活热水出水温度设定在最高值的情况下，逐渐降低进水压力直至器具熄灭时测得的最高热水温度。样品最高热水温度的测试统计结果见表1。

　　由表1可以得出以下结论：全部样品最高热水温度分布范围为 57～77℃之间，其中在 62～72℃之间分布比重较大。冷凝产品分布趋势与总样品分布趋势相同，非冷凝产品在 62～67℃、72～77℃两个区间分布比重较大。国内产品在 57～72℃区间分布比重较大，进口产品在 62～77℃区间分布比重较大。影响最高热水温度的因素有器具的最高热水温度设定值、生活热水温度探头的安装位置及安装形式等方面。器具的最高热水温度设定值一般

---

　　* 选自中国土木工程学会燃气分会 20012 年会论文集 p48-p52

为 60℃ 或 65℃，所以样品分布区间也集中分布在这两个值附近。温度探头安装位置是否靠近热水出口，是浸入式安装还是贴于管壁表面，对探头的反应速度与准确性都有很大的影响。

最高热水温度统计表　　　　　　　　　　　　　　　　　　　　　　　　表 1

热水温度 （℃）	类　别				
	总样品（207 台）	国内产品（127 台）	进口产品（80 台）	非冷凝产品（186 台）	冷凝产品（21 台）
T＜57	0 (0%)	0 (0%)	0 (0%)	0 (0%)	0 (0%)
57≤T＜62	32 (15.5%)	27 (21.0%)	5 (6.2%)	30 (16.1%)	2 (9.5%)
62≤T＜67	101 (48.8%)	59 (46.0%)	42 (53.1%)	90 (48.4%)	11 (52.4%)
67≤T＜72	58 (28.0%)	36 (28.1%)	22 (27.8%)	53 (28.5%)	5 (23.8%)
72≤T＜77	16 (7.7%)	5 (3.9%)	11 (13.9%)	13 (7.0%)	3 (14.3%)
77≤T	0 (0%)	0 (0%)	0 (0%)	0 (0%)	0 (0%)

（2）生活热水过热温度

生活热水过热温度是在供暖回路的温度设定到最高位置，在供暖模式下以额定热输入不排热水连续运行 1h，然后以标称产热水率进行排放，测定的最高温度。样品生活热水过热温度统计结果如表 2 所示。

生活热水过热温度统计表　　　　　　　　　　　　　　　　　　　　　　表 2

热水温度 （℃）	类　别				
	总样品（207 台）	国内产品（127 台）	进口产品（80 台）	非冷凝产品（186 台）	冷凝产品（21 台）
T＜42	0 (0%)	0 (0%)	0 (0%)	0 (0%)	0 (0%)
42≤T＜47	20 (9.7%)	13 (10.3%)	7 (8.7%)	18 (9.7%)	2 (9.5%)
47≤T＜52	71 (34.3%)	37 (29.1%)	34 (42.5%)	65 (34.9%)	6 (28.6%)
52≤T＜57	64 (30.9%)	40 (31.5%)	24 (30.0%)	56 (30.1%)	8 (38.1%)
57≤T＜62	39 (18.8%)	25 (19.7%)	14 (17.5%)	35 (18.8%)	4 (19.0%)
62≤T＜67	8 (3.9%)	7 (5.5%)	1 (1.3%)	7 (3.8%)	1 (4.8%)
67≤T＜72	5 (2.4%)	5 (3.9%)	0 (0%)	5 (2.7%)	0 (0%)
72≤T	0 (0%)	0 (0%)	0 (0%)	0 (0%)	0 (0%)

由表 2 我们可以得出以下结论：

全部样品生活热水过热温度分布范围为 42～72℃ 之间，其中在 47～62℃ 之间分布比重较大。冷凝产品在 47～57℃ 分布比重较大，非冷凝产品、国内产品与进口产品分布趋势与总样品趋势相同。

影响生活热水过热温度的因素，主要是器具生活热水管路的换热形式，目前，大多数产品主要是套管式与板换式。套管式中，当生活热水出水口关闭后，残留在管路中的水长时间被供暖水加热，测得温度偏高。板换式，当器具运行供暖模式时，供暖水不经过板换，只有当生活用水启动时，供暖水才通过板换与生活水换热，这种形式下测得的温度一般都较低。

（3）停水温升

停水温升是在器具运行 10min 后，迅速关闭热水进水开关，一定时间间隔后打开，在尽可能接近热水出水口处，测得的最高温度值。样品停水温升统计结果如表3所示。

由表3可以得出以下结论：

全部样品停水温升温度分布范围为58~91℃之间，其中在58~73℃之间分布比重较大。冷凝产品、非冷凝产品、国内产品与进口产品分布趋势与总样品趋势相同。

停水温升统计表　　　　　　　　　　　　　　　　　　　　　　表3

热水温度（℃）	类别				
	总样品（207台）	国内产品（127台）	进口产品（80台）	非冷凝产品（186台）	冷凝产品（21台）
$T<58$	0（0%）	0（0%）	0（0%）	0（0%）	0（0%）
$58≤T<63$	49（23.7%）	43（33.9%）	6（7.5%）	47（25.4%）	2（9.5%）
$63≤T<68$	97（46.8%）	54（42.5%）	43（53.7%）	82（44.1%）	15（71.4%）
$68≤T<73$	29（14.0%）	18（14.2%）	11（13.7%）	27（14.5%）	2（9.5%）
$73≤T<78$	7（3.4%）	4（3.1%）	3（3.8%）	6（3.2%）	1（4.8%）
$78≤T<83$	9（4.3%）	6（4.7%）	3（3.8%）	9（4.8%）	0（0%）
$83≤T<88$	2（1.0%）	2（1.6%）	0（0%）	1（0.5%）	1（4.8%）
$88≤T<91$	14（6.8%）	0（0%）	14（17.5%）	14（7.5%）	0（0%）
$91≤T$	0（0%）	0（0%）	0（0%）	0（0%）	0（0%）

影响停水温升的因素主要是器具生活热水管路的换热形式，套管式停水温升温度值高于板换式。套管式，当热水进水关闭时，水泵是否运转及运转时间的长短，对测试结果也有很大影响。水泵运转时供暖系统水循环带走器具中的热量，且循环时间越长带走热量越多，在这种情况下，当再打开生活热水进水开关时，温度值较低。

（4）加热时间

加热时间是器具出热水温度调定比进水温度高40K，运行5min后停止供燃气，水仍然流动，直到出、入水温度相等后再重新启动器具，测量从点燃器具到热水温升达到36K时所需的时间。样品加热时间统计结果如表4所示。

加热时间统计表　　　　　　　　　　　　　　　　　　　　　　表4

时间（s）	类别				
	总样品（207台）	国内产品（127台）	进口产品（80台）	非冷凝产品（186台）	冷凝产品（21台）
$t<24$	0（0%）	0（0%）	0（0%）	0（0%）	0（0%）
$24≤t<30$	9（4.4%）	5（3.9%）	4（5.0%）	8（4.3%）	1（4.8%）
$30≤t<40$	44（21.3%）	31（24.4%）	13（16.2%）	42（22.6%）	2（9.5%）
$40≤t<50$	45（21.7%）	25（19.7%）	20（25.0%）	42（22.6%）	3（14.3%）
$50≤t<60$	64（30.9%）	35（27.6%）	29（36.3%）	57（30.6%）	7（33.3%）
$60≤t<70$	27（13.0%）	21（16.5%）	6（7.5%）	26（14.0%）	1（4.8%）
$70≤t<80$	12（5.8%）	8（6.3%）	4（5.0%）	8（4.3%）	4（19.0%）
$80≤t<90$	6（2.9%）	2（1.6%）	4（5.0%）	3（1.6%）	3（14.3%）
$90≤t$	0（0%）	0（0%）	0（0%）	0（0%）	0（0%）

由表4可以得出以下结论：

全部样品加热时间分布范围为24~90s之间，其中在30~60s区间分布比重较大，冷凝产品、非冷凝产品、国内产品与进口产品分布趋势与总样品趋势相同。

影响加热时间的因素有器具从控制器发出点火命令开始到达到最大火燃烧的时间，这主要取决于程序设计的是否合理，当检测到水温信号后程序响应时间的长短，水温与调整热负荷的步法和频率都息息相关。另外器具的换热器效果即供暖水对生活热水的水水换热效果，对加热时间也有一定影响，换热效果越好则加热时间越短，反之则越长。

3   总结

燃气采暖热水炉的生活热水是二次换热，首先需要加热热交换器内储存的供暖水，然后供暖水再加热生活热水，所以加热时间远远长于快速式热水器，平均值达到 49.8s，不利于节能减排，有待提高。并且前吹扫时间的长短，热负荷根据热水设定温度和实时监控的出水温度自动调整的频率和时间的长短都会影响到加热时间的长短。

套管式产品，停水温升试验时，一部分产品水泵不运行，1min 时间内热交换器内的供暖水和生活热水吸收了很多的热量，当打开热水龙头的一瞬间，水温冲的很高接近 20℃的温升。另一部分产品为了解决这个问题，当关闭出水阀门的同时，水泵运行 30s 左右，将热交换器内的高温供暖水循环走，热交换器内储存的供暖水是室温状态的水，供暖水吸收热交换器内的生活热水的热量和烟气的热量，当打开热水龙头的一瞬间，生活热水温度不升反降，避免了出水温度过高的问题。

燃气采暖热水炉由于其自身结构和工作原理的限制，在热水舒适度方面和快速热水器还有很大的差距，但可提升空间也很大。燃气采暖热水炉的设计者和生产者可以借鉴快速热水器在这方面的先进技术，比如使用伺服阀、同时监控生活热水进出水温度等方式改善燃气采暖热水炉产品的热水性能。

低噪声燃气热水器的研究[*]

邱　步，毕大岩，刘永生，周素娟

（艾欧史密斯（中国）热水器有限公司）

摘　要： 提出了一款有别于传统强排式燃气热水器的低噪声强排式燃气热水器。通过采用改进的烟气流道结构，创新的风机设计方案，精确的燃气与燃烧配风量的控制，使得产品的噪音比市场上主流的强排式燃气热水器低4～10dB。

关键词： 低噪声；强排式燃气热水器；耐高温风机；直流风机

1　引言

随着我国人民生活水平的提高以及科学技术的发展，燃气热水器技术进入了一个迅猛发展的快车道。随着国家节能减排政策的深化，天然气作为一种新兴的清洁能源，正以其无可比拟的优势，日益成为推动我国经济社会发展的生力军。随着社会的不断进步，燃气的用途越来越广泛，而在众多应用领域中，燃气热水器以它的用户范围广，使用方便，热效率高，而深受人们的欢迎和喜爱。

我国燃气热水器自从20世纪60年代生产开始，到今天已走过三十多年的发展历程。在20世纪90年代之前，基本上都是5L左右、小出水量、废气排放在室内的直排式热水器；20世纪90年代中期，较大出水量的烟道式热水器面世，采用了可将废气通过烟道排放到室外的结构，安全性得到了提高；90年代末期，安全性能更为完善，安装相对简便的强制排气式燃气热水器开始推广使用。由于强排式燃气热水器使用了排风机，采用了强化燃烧技术，因此在使用时不可避免地要发出噪声。按照《家用燃气快速热水器》GB 6932—2006的要求，整机噪声在65dB以下（含65dB）为合格产品，在满足其他指标的情况下，噪声越低的产品，越具有市场竞争力。因此，千方百计降低噪声是产品改进的一个重要方面。

2　产生噪声的来源

（1）燃烧噪声

燃烧噪声是由于火焰波动引起局部区域流速和压力变化产生的。燃烧噪声和燃烧器的火孔热强度及一次空气系数有关。火孔热强度越大、一次空气系数越大，噪声越大。针对这点目前主要燃气热水器公司都是通过降低火孔热强度来降低机器噪声，也就是增加火排数目，增大燃烧空间，成本也随之增加。

---

* 选自中国土木工程学会燃气分会应用专业委员会2013年会论文集 P30-p33

（2）风机噪声

风机在一定工况下运转时产生的噪声主要由周期性的排气噪声和涡流噪声组成。周期性的排气噪声的产生是由于叶轮在一定压力下运转时，周期性地挤压气体并撞击气体分子，导致叶轮周围气体产生速度和压力脉冲，并以声波的形式向叶轮辐射而产生的。涡流噪声是由叶轮高速旋转在其表面行成大量的气体涡流，当这些气体涡流在叶轮界面上分离时产生的，风机转速越高噪声越大。本文提及的这款系统通过降低系统阻力降低风机转速及风机的驱动方式，达到了降低噪声的效果。

（3）其他噪声

其他噪声包括气流噪声、水流噪声等。由于不是本文重点，不再赘述。

3 低噪声燃气热水器的设计

3.1 低噪声排风式燃气热水器系统

低噪声排风式燃气热水器系统如图1所示。与传统的排风式燃气热水器相比，风机采用直流无刷电机，可以实现无级变速。调速的方式为 PWM 低噪声调速，彻底颠覆了以往交流电机档位调速且低频噪声的不良缺点。由于采用直流无刷电机，主控制板可以接收风机的反馈电流信号，以此判断烟道是否堵塞，所以本系统另一个区别于传统排风式燃气热水器的地方是没有风压开关。

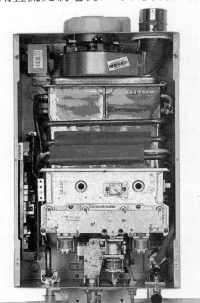

图1 低噪声排风式燃气热水器

3.2 风机的创新设计

为了降低噪声，对风机的安装方式、散热等进行了创新设计。为了减少系统阻力，风机突破传统的竖置安装，创新性的采用了横置安装。通过整机实验，在相同的燃烧工况下，横置比竖置风机转速要低 $300\sim400$ 转。由于风机工作介质是高温烟气，对于直流风机来说是一个很大的挑战。通过不断的创新研究，设计出了一款耐高温风机—在蜗壳和电机之间增加散热风扇和隔热板，电机中的电脑板放置在远离蜗壳的一侧。

3.3 程序控制上的优化

为了降低噪声和烟道堵塞保护，控制程序也进行了相应的优化。

（1）为了减少传火时发出的噪声，点火时，程序会根据当前负荷选择 1 段或 3 段点火，减少传火。

（2）每段的最大负荷点是噪声的一个峰值点，为了尽量降低此处的噪声，程序上采取了两个措施：

　　① 在满足烟气排放的前提下降低风机转速；

　　② 在满足段间重合区的前提下，优先在下一分段下工作。

　　（3）为了在烟道堵塞的情况下能确保机器的安全性，程序上采取了四重保护措施：

　　① 前清扫烟道堵塞检测；

　　② 运行过程中抗风压功能；

　　③ 后清扫烟道堵塞检测；

　　④ 快速响应停机—当检测到风机电流突然小于一个临界值时（火焰外溢、黄焰等燃烧工况不良状态），直接关闭气阀，停止机器运行。通过相关的试验检测，效果比风压开关更智能更可靠。

4　低噪声燃气热水器的噪声测试

　　本实验选取市场上主流升位 11L、13L、16L 的主流机型进行了噪声对比测试。

　　11 L3 种机型噪声对比曲线如图 2 所示，当负荷在 18kW 以下时，本公司系统噪声比参照机型 1、参考机型 2 低 7dB 左右，最大负荷时，本系统噪声比市场上的主流机型低近 4db。

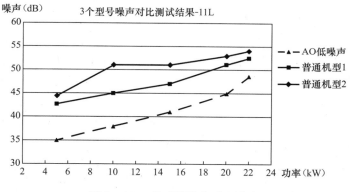

图 2　11L3 种型号噪声对比测试

　　13 L3 种机型噪声对比曲线如图 3 所示，当负荷在 21kW 以下时，本公司系统噪声比参照机型 1、参考机型 2 低 10dB 左右，最大负荷时，本系统噪声比市场上的主流机型低近 6db。

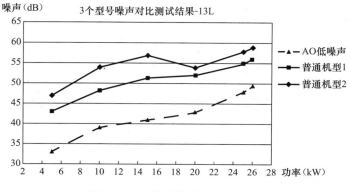

图 3　13L3 种型号噪声对比测试

16 L3 种机型噪声对比曲线如图 4 所示，当负荷在 24kW 以下时，本公司系统噪声比参照机型 1、参考机型 2 低 10dB 左右，最大负荷时，本系统噪声比市场上的主流机型低近 4db。

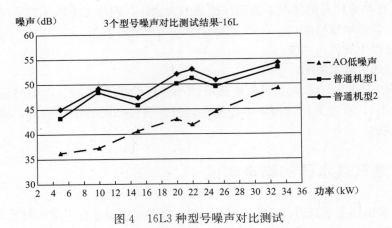

图 4　16L3 种型号噪声对比测试

5　结论

通过实验可以看出，通过采用改进的烟气流道结构，创新的风机设计方案，精确的燃气与燃烧配风量的控制，使得产品的噪声比市场上主流的强排式燃气热水器低 4～10dB，且烟道堵塞保护功能比传统的风压开关效果好。

套管与板换壁挂炉测试对比分析[*]

胡　旭，王克军

（万家乐热能科技有限公司）

摘　要： 由于套管式与板换式壁挂炉在制热水方式上有很大不同，因此其结构性能也有部分差异。本文从壁挂炉的结构原理、使用性能、使用舒适度、整机故障率等方面对套管式壁挂炉和板换式壁挂炉进行了剖析，分析了两种结构的优劣势，对比了其性能的差异性。

关键词： 壁挂炉；套管；板换

1　引言

20 世纪末，燃气供暖热水炉开始进入中国市场，燃气供暖热水炉已经成为继燃气热水器、燃气灶具后的第三大燃气具产品。从在普通热水器上加循环水泵，到单暖机，到板换机，再到套管机其结构历史已经发展了二十几年。

目前国内大气式燃烧结构仍然占主体地位，主要为套管式结构和板换式结构，冷凝机由于其结构和加工工艺的限制均为板换机，同时若将冷凝机（包括全预混和烟气回收型冷凝机）做成套管式结构，则在卫浴状态下二级换热器中（或集成式换热器中）管中管结构外层水温（供暖回路水温）较高、传热效果较差，不利于烟气中水蒸气的冷凝，也就达不到冷凝机的效果，其热效率也相对较低，因此冷凝机的结构全部都是板换式结构。而作为市场主力军普通非冷凝壁挂炉又以套管式结构为主，本文将对占市场主体地位的、结构性能均非常成熟稳定的套卫浴管式壁挂炉与普通板换式壁挂炉进行剖析。

2　卫浴制热水原理

2.1　套管机卫浴制热水原理

套管式壁挂炉结构如图 1 所示。自来水经生活进水阀 26 后，进水温度传感器将进水温度反馈给主控制器，主控制器通过进水温度和水流量传感器的水流量大小信号，快速、概略地计算燃气量。水流则直接进入换热器 3 内层进行加热，达到指定一定温度后自出水阀 29 流出，同时主控制器会通过洗浴出水温度探头 11 的温度精确地调节燃气量，使出水达到指定的温度，提供给用户使用。

---

[*] 中国土木工程学会燃气分会 2013 年会论文集 p147-155

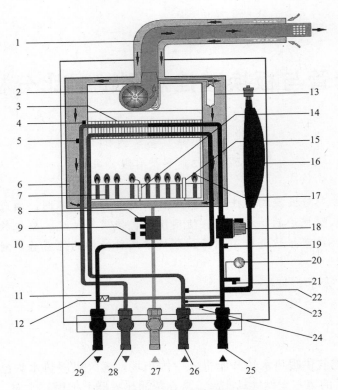

图 1　套管式壁挂炉结构原理

1—同轴式排烟机；2—风机；3—换热器；4—防过热温感器；5—温度传感器；6—密封室；7—燃烧器；8—燃气比例阀；
9—脉冲点火器；10—供暖水感温探头；11—洗浴水感温探头；12—旁通阀；13—风压开关；14—火焰反馈针；
15—点火针；16—膨胀水箱；17—燃烧室；18—循环水泵；19—水压传感器；20—水压表；21—安全阀；22—洗浴水开关；
23—感温探头；24—补水阀；25—供暖回水；26—冷水；27—燃气；28—供暖热水；29—洗浴供水

  套管机的换热器 3 管中管剖面结构如图 2 所示，在卫浴状态下采暖水静止不动，供暖水吸收到热量以后直接传给卫浴水，通过"管中管"来进行二次换热将卫浴水加热。

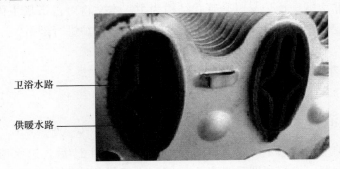

图 2　套管机"管中管"的剖面结构

2.2　板换机卫浴制热水原理

  板换式壁挂炉结构原理如图 3 所示，冷水经过进水阀带动水流传感器，信号传到主板，主板控制三通阀 6 动作使壁挂炉进入洗浴状态。供暖回路通过板式换热器形成内循环，将热量传递给板换。同时卫浴水进入板换与板换进行换热后经出水阀流出，流经出水阀时洗浴温度传感器 7 将温度信号反馈给主板，主板通过燃气比例阀 5 精确控制燃气量，从而使水温达到指定温度，提供给用户使用。

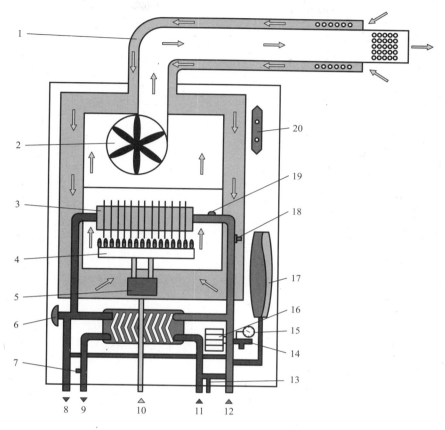

图 3　板换式壁挂炉结构原理

1—同轴排烟机；2—风机；3—主换热器；4—燃烧器；5—比例阀；6—电动三通阀；7—洗浴探头；
8—供暖出水；9—洗浴出水；10—燃气；11—冷水；12—供暖回水；13—补水阀；14—安全阀；
15—压力表；16—水泵；17—膨胀水箱；18—温度探头；19—温控器；20—风压开关

　　板换式壁挂炉主换热器中没有类似于套管机的管中管结构，卫浴制热水是通过板式换热器来进行二次换热的。板式换热器内部剖面结构如图 4 所示，其蜂窝状结构一层走洗浴水一层走供暖内循环水相互交错，并且水流方向相反进行壁面换热。

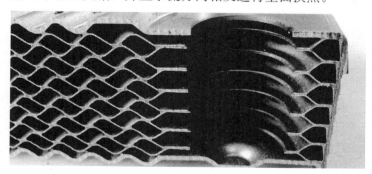

图 4　板式换热器内部剖面结构

3 套管式壁挂炉与板换式壁挂炉结构性能分析

3.1 热效率

燃气壁挂炉的热输入总量 Q_i 为：$Q_i = Q_a + Q_g + Q_{g,c}$

燃气壁挂炉的热输出总量 Q_o 为：$Q_o = Q_w + Q_f + Q_l$

由能量守恒定律可知：$Q_i = Q_o$

式中　Q_a——燃烧空气带入的热量；

　　　Q_g——燃气带入的物理热量；

　　　$Q_{g,c}$——燃气带入的化学热量（按低热值计算）；

　　　Q_w——热水获得的热量；

　　　Q_f——烟气带走的热量；

　　　Q_l——设备散热损失。

由上式可以看出：燃气壁挂炉的热损失主要由设备热损失和烟气带走的热损失，因此非冷凝壁挂炉的实际热效率 η（设水蒸气没有冷凝）为：$\eta = 1 - \eta_1 - \eta_2$

式中　η_1——设备热损失；

　　　η_2——烟气热损失。

壁挂炉的散热损失与壁挂炉的结构形式和设备表面温度有关，可按下式计算：

$$\eta_1 = \frac{q \times A \times (t_f - t_a)}{Q_{g,c}}$$

式中　q——壁挂炉对环境空气表面换热系数；

　　　A——壁挂炉散热表面积；

　　　t_f——壁挂炉外表面平均温度；

　　　t_a——环境空气温度。

由上式计算可得：壁挂炉的设备散热损失 η_1 在 $1\% \sim 7\%$ 之间。

烟气带走的热损失与空气系数、排烟温度有直接的联系。非冷凝式壁挂炉为了防止冷凝水的产生，国家标准强制规定排烟温度必须大于 $110℃$，市场大多数壁挂炉排烟温度均在 $130℃$ 左右。为保证燃气的充分燃烧，空气系数一般在 1.8 左右。因此

$$\eta_2 = \frac{V_f \times C_f \times t_f - V_a \times C_a \times t_a - V_g \times C_g \times t_g}{Q_{g,c}}$$

式中　V_f——烟气的体积；

　　　C_f——烟气的定压比热；

　　　t_f——排烟温度；

　　　V_a——空气的体积；

　　　C_a——空气的定压比热；

　　　t_a——空气的温度；

　　　V_g——燃气的体积；

　　　C_g——燃气的定压比热；

t_{g}——燃气的温度。

由上式可计算得：烟气损失的热效率在$6\%\sim8\%$之间。因此，壁挂炉实际计算效率在$85\%\sim93\%$之间。目前无论是板换机性还是套管机型（非冷凝机）热效率均可达到90%以上，因此板换机和套管机在热效率方面没有明显差异。另外，由于局部热量分布的不均匀性，若将非冷凝机热效率再提高，将在集烟罩、风机等局部产生冷凝水，冷凝水倒流回热交换器将腐蚀热交换器，将大大降低热交换器的使用寿命。

3.2 停水温升

3.2.1 停水温升形成原理

即热式燃气壁挂炉由于热交换器的热惰性都会产生停水温升，停水、停气后能量守恒方程（在此没考虑热交换器向空气中的散热）如下：

$$T'_0(V_{\mathrm{w}} \times C_{\mathrm{w}} + V_{\mathrm{r}} \times C_{\mathrm{r}}) = V_{\mathrm{r}} \times C_{\mathrm{r}} \times T_{\mathrm{r}} + V_{\mathrm{w}} \times C_{\mathrm{w}} \times T_0$$

式中 T'_0——最高出热水温度；

V_{w}——热交换器中卫浴水路容积；

C_{w}——水的比热容；

T_{r}——热交换器平均温度；

V_{r}——热交换器的体积；

C_{r}——热交换器的比热容；

T_0——壁挂炉燃烧稳态下热交换器内平均水温。

由上式得出：

$$T'_0 = \frac{V_{\mathrm{r}} \times C_{\mathrm{r}}}{V_{\mathrm{w}} \times C_{\mathrm{w}} + V_{\mathrm{r}} \times C_{\mathrm{r}}} \times T_{\mathrm{r}} + \frac{V_{\mathrm{w}} \times C_{\mathrm{w}}}{V_{\mathrm{w}} \times C_{\mathrm{w}} + V_{\mathrm{r}} \times C_{\mathrm{r}}} \times T_0$$

$$\begin{aligned} T'_0 - T_0 &= \frac{V_{\mathrm{r}} \times C_{\mathrm{r}}}{V_{\mathrm{w}} \times C_{\mathrm{w}} + V_{\mathrm{r}} \times C_{\mathrm{r}}} \times T_{\mathrm{r}} + \frac{V_{\mathrm{w}} \times C_{\mathrm{w}}}{V_{\mathrm{w}} \times C_{\mathrm{w}} + V_{\mathrm{r}} \times C_{\mathrm{r}}} \times T_0 - T_0 \\ &= \frac{V_{\mathrm{r}} \times C_{\mathrm{r}}}{V_{\mathrm{w}} \times C_{\mathrm{w}} + V_{\mathrm{r}} \times C_{\mathrm{r}}} \times T_{\mathrm{r}} + \frac{V_{\mathrm{w}} \times C_{\mathrm{w}} \times T_0 - (V_{\mathrm{w}} \times C_{\mathrm{w}} + V_{\mathrm{r}} \times C_{\mathrm{r}}) \times T_0}{V_{\mathrm{w}} \times C_{\mathrm{w}} + V_{\mathrm{r}} \times C_{\mathrm{r}}} \\ &= \frac{V_{\mathrm{r}} \times C_{\mathrm{r}}}{V_{\mathrm{w}} \times C_{\mathrm{w}} + V_{\mathrm{r}} \times C_{\mathrm{r}}} \times T_{\mathrm{r}} - \frac{V_{\mathrm{r}} \times C_{\mathrm{r}}}{V_{\mathrm{w}} \times C_{\mathrm{w}} + V_{\mathrm{r}} \times C_{\mathrm{r}}} \times T_0 \\ &= \frac{V_{\mathrm{r}} \times C_{\mathrm{r}} \times (T_{\mathrm{r}} - T_0)}{V_{\mathrm{w}} \times C_{\mathrm{w}} + V_{\mathrm{r}} \times C_{\mathrm{r}}} \end{aligned}$$

因此，得出壁挂炉的停水温升ΔT计算式：

$$\Delta T = T'_0 - T_0 = \frac{T_{\mathrm{r}} - T_0}{\dfrac{V_{\mathrm{w}} \times C_{\mathrm{w}}}{V_{\mathrm{r}} \times C_{\mathrm{r}}} + 1}$$

又由于热交换器平均温度T_{r}始终大于壁挂炉燃烧稳态下热交换器内平均水温T_0，因此$T>0$，也就是说壁挂炉只要不通过其他方式将热交换器内的余热带走，其停水温升是始终存在的。且主要影响因素由热交换器的体积V_{r}、热交换器的比热容C_{r}、热交换器中卫浴水路容积V_{w}决定的。然而壁挂炉热交换器内的温度分布并不是均匀分布的，其热量是连续变化的过程，因此上述算法只能反映停水温升的形成机理及影响要素。

3.2.2 套管机的停水温升

由图1可知：洗浴水的热量均来自于供暖水对它的二次传热，因此其停水温升的形成与供暖水的温度有莫大的关系，供暖水温度高停水温升越高、供暖水温度低停水温升越低。

我们先看一看国标《燃气采暖热水炉》GB 25034—2010 中停水温升的检测条件：7.8.1 试验条件中明确规定除非另有规定，器具在"夏季"模式下进行生活热水测试。在"夏季"模式下供暖水路的水处于冷态 18～22℃，当洗浴水关闭后由于水泵后循环的作用测得的停水温升为负值，图5 为某一普通 26kW 燃气采暖热水炉按国标检测方法在不同停水时间内测得的停水温升。

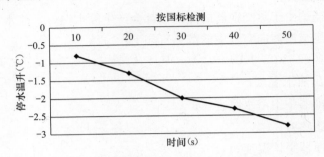

图5 套管机"夏季"模式下停水温升曲线

上述检测方法只检测到用户在非供暖季节感受到的停水温升，在供暖季节用户体验到的停水温升见图6（用户实际体验，冬季模式供暖出水温度80℃、回水温度60℃，洗浴水设定温度为45℃）。

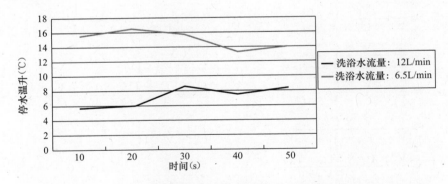

图6 套管机"冬季"模式停水温升曲线

从图6可以看出：

（1）用户洗浴用水流量越大则停水温升越高，其原因是洗浴水流量越大则燃气供暖热水炉热负荷越大，用户关闭洗浴水后残留在热交换器的热量越大，因此停水温升越高。

（2）停水温升在洗浴水关闭后20s左右停水温升大幅上升，其原因是在冬季模式下洗浴水关闭后10s燃气采暖热水炉进入供暖状态，执行了再点火程序，到20s时负荷达到较大值，因此停水温升最高达到17℃。

万家乐针对这一情况通过程序控制等方法，使套管机在由洗浴转到供暖状态时，壁挂炉水泵立即运转，但延时3min再点火。在冬季卫浴3分钟之内人会感觉到冷感，便开水淋浴，此过程中没有再点火，从而彻底解决套管机在供暖季节卫浴水停水温升高的难题，同时不会影响供暖和洗浴功能的使用。图7是万家乐的套管机停水温升曲线图。

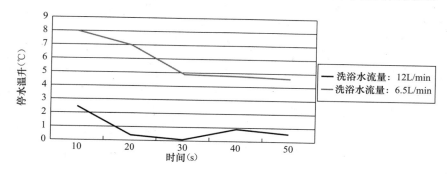

图7　万家乐套管机"冬季"模式停水温升曲线

从图7与图6比较可以看出万家乐套管机比普通套管机停水温升已经有大幅下降，用户使用卫浴浴时感受到的停水温升也就2.5K左右。

3.2.3　板换机的停水温升

板换机由于卫浴水关闭后板式换热器中的水都是静止不动的，因此其停水温升与在"冬季"模式还是"夏季"模式、水泵是否有后循环、风机后清扫、是否再点火都没有关系。图8为某一板换机按用户体验模式洗浴水设定温度为45℃情况下测得的停水温升曲线图。

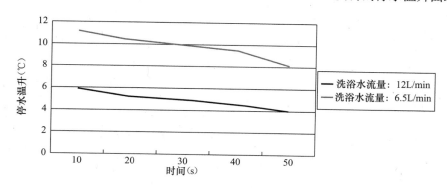

图8　板换机用户体验模式停水温升曲线

从图8可以看出板换机的停水温升最高可达11K，用户设定温度为45℃，则最高温度可达55℃，而实际用户使用情况下用户体验的停水温升也有6K左右，是套管机停水温升的一倍多。

3.3　废气排放比较

从表1可以看出板换机与套管机烟气排放含量没有太大差别，都在同一个水平。

套管机与板换机废气排放成分比较　　　　　　　　　　　　　　　　表1

机型	烟温（℃）	CO（ppm）	CO_2（%）	O_2（%）	NO_x（ppm）
套管机	133	78	7.2	10.2	86
板换机	130	85	7.3	9.9	83

3.4 卫浴水路水阻

由于中国的自来水水源压力不尽一致，在某些时段自来水压力可能非常低。在此时想要达到正常的洗浴水流量，就对壁挂炉卫浴水路水阻提出了更高的要求。从图9可以得知：板换机比套管机卫浴水阻稍大，但都还在同一个水平，其差值在0.005MPa以内，用户均可正常使用。

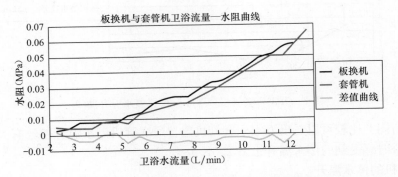

图9　套管机与板换机卫浴水路水阻曲线图

4　关键零部件寿命分析

4.1　水泵寿命分析

水泵作为壁挂炉关键零部件之一，其运行时间较长、寿命要求较高。由于套管机和板换机卫浴制热水方式的差异，其水泵运行的时间也有较大差异，水泵运行时间表如表2所示。

套管机与板换水泵运行时间表　　　　　　　　　表2

机型	运行状态	供暖运行	卫浴运行	卫浴后循环	防冻运行	防卡滞运行
套管机	夏季模式			√	√	√
	冬季模式	√		√	√	√
板换机	夏季模式		√	√	√	√
	冬季模式	√	√	√	√	√

从表2可以看出套管机在"卫浴状态"水泵不运转，所以在非供暖季节长达7个月或者更长的时间里水泵几乎不运行（卫浴关水后，水泵只后循环运转10s）。在供暖季节水泵在卫浴时期水泵每天也会得到"短暂的休息"。板换机型在供暖季节水泵全天24h运转，非供暖季节水泵每天也要运行30至60min，水泵在整个生命周期中"休息"的时间相对较少，且在冬季大多数会连续运行几个月，在同等条件下套管机的水泵寿命相对较长。

4.2　热交换器寿命分析

热交换器的寿命主要受其温度分布影响，热交换器的最高温度点在翅片下部最尖端位置，比较此点温度就可以比较热交换器的寿命。因此，对热交换器的五个特征点进行了测试，其布点图10所示，测得结果如表3所示。

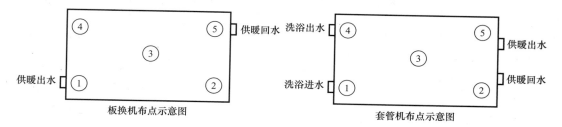

板换机布点示意图　　　　　　　　　套管机布点示意图

图10　套管机与板换机热交换器温度测试布点图

套管机与板换热交换器温度测试表　　　　　　表3

机型	运行模式	测量点温度（℃）				
		1	2	3	4	5
板换机	卫浴模式	165	155	210	195	185
	供暖模式	165	158	207	200	185
套管机	卫浴模式	155	165	175	195	185
	供暖模式	155	145	160	15	177

从表3可以看出：除点3以外，其他点的温度板换机与套管机相差不大，且均在热交换器安全温度（250℃）以内。点3的温度差异主要原因在于套管机的供暖回路是并联的，点3刚好处于供暖水低温点，因此温度较套管机低。但两者的热交换器最高温度点均在250℃安全温度以内，因此，同等工艺下两者无明显区别。

4.3　三通寿命分析

板换机电动三通阀在每一次洗浴需求都会有两次动作，每一次动作密封圈都会与出水阀摩擦，推杆处的密封圈会与推杆摩擦，在80℃的高温下这些密封圈，推杆反复动作都易疲劳、老化从而导致漏水、三通阀不动作等整机故障。实践证明电动三通是壁挂炉维修中的易损件，一旦损坏只能整体更换（若只更换部分零部件，不一定能保证其密封性），且其价格不菲。

套管机由于其结构的不同，不需要三通阀这个零部件，其水路较为简洁、接口较少、此处漏水率为零、故障率为零。

5　卫浴水路结垢分析

在卫浴水路中套管机在供暖状态下，卫浴水路"管中管"的水是不流动的且此时"外管"水路温度较高（60~80℃）管内的水易结垢。但由于"管中管"的水不流动，在供暖状态下只要没有有洗浴需求其管中的水垢量是一定的，形成后就不会产生新的水垢。套管机的内管口径较大（如图1所示）虽然在部分时期易结垢，但是不容易堵塞。

板换机在供暖时管内不易结垢但一旦结构很容易堵塞，原因在于其板式换热器薄板之间的间隙非常小，层与层之间压型相交处最小间隙仅为2mm左右（如图3所示），易受到水垢及其他水中杂质堵塞。

　　无论是板换机还是套管机其结垢等堵塞后，均可用清洗剂清洗。在南方 3～5 年清洗一次，在水质较硬北方（如山西、陕西等地区）2～3 年清洗一次。

6　结论

　　在国内占市场主体地位的大气式燃烧壁挂炉，无论是套管式还是板换式壁挂炉均能满足普通家庭供暖、卫浴需求。由于卫浴制热水方式的差异套管式壁挂炉与板换式壁挂炉在使用性能、环境适应能力、整机故障率等有一定差异。又由于不同厂家的制造工艺和制造水平的差异即使是同一类型的壁挂炉其使用性能也存在较大差距。因此消费者在选购壁挂炉产品时不仅要注意壁挂炉的结构更要注重对壁挂炉品牌的选择。

高海拔地区燃气供暖热水炉影响消除的研究[*]

陈永钊，李志伟，辛伟锋

（广州迪森家用锅炉制造有限公司）

摘　要： 环境变化，如温度、湿度、海拔高度均对燃气采暖热水炉燃烧工况有较大的影响，特别是海拔高度对燃气采暖热水炉燃烧工况影响更大。因为高海拔地区空气中氧含量偏少，大气压低，容易造成燃气燃烧不充分或缺氧燃烧，可能会出现烟气超标、热负荷不达标、回火等不良问题。

关键词： 高海拔；燃气供暖热水炉；热负荷；燃烧工况；氧含量

1　引言

　　随着我国人民生活水平不断提高，城市供暖变成一项基础且必不可少的事，事关广大居民安全过冬一项重要民生工程，随着西藏拉萨市供暖工程自 2012 年开工以来，天然气管道入户，燃气供暖热水炉开始走进广大普通藏民家庭。由于拉萨地处雪域高原，冬季昼夜温差大、海拔高、空气稀薄、气压低、含氧量少，对燃气采暖热水炉燃烧工况和热负荷影响很大。本文主要是分析和解决普通燃气供暖热水炉在高海拔地区使用适应性问题，以此来消除当地气候和环境对燃气供暖热水炉的影响，提出更加经济合理的解决方案，为广大藏民家庭提供安全、合格的产品。

　　高海拔地区主要以西藏拉萨地区为例，西藏拉萨地区海拔高度为 3658m，其气候特点见表 1、表 2。

西藏拉萨与平原地区的差别　　　　　　　　　　　　　　　　表 1

地区	平均氧含量（mol/m³）	平均大气压（kPa）	空气密度（kg/m³）
广州地区	0.009375	101.3	1.26
拉萨地区	0.006028	65.3	0.57～0.89

西藏拉萨地区平均温度　　　　　　　　　　　　　　　　　　表 2

月份	1月	2月	3月	4月	5月	6月	7月	8月	9月	10月	11月	12月
最高（℃）	12.2	15.5	18.3	21.6	25.0	27.8	27.2	25.5	23.9	16.6	21.6	13.9
最低（℃）	−14.4	−11.6	−8.3	−4.4	−0.5	4.4	6.1	5.5	3.9	−5.0	−9.4	−13.3

2　高海拔地区对燃气采暖热水炉的影响

　　在解决方案说明前，我们先简单介绍燃气供暖热水炉的基本原理。目前市场上产品按

---

　　* 选自中国土木工程学会燃气分会应用专业委员会 2013 年会论文集 p239-p244

输出功率分，主要有 18kW、24kW、28kW、32kW、36kW；按使用功能分，有供暖卫浴双功能、单供暖、单供暖带储水罐等。其整机的结构主要分为水路系统、燃烧系统、排烟系统、控制系统等，其结构见图 1。因此解决高海拔对燃气采暖热水炉的影响，也主要围绕以上几大内部结构进行改善。

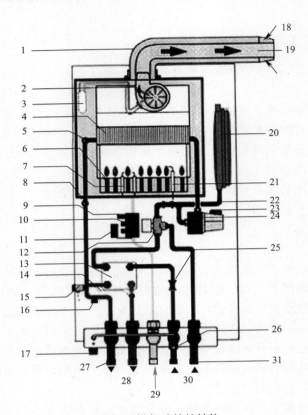

图 1 燃气壁挂炉结构

1—平衡式烟道；2—风机；3—风压开关；4—主换热器；5—过热保护；6—燃气燃烧器；7—点火电极；
8—供暖温度传感器；9—燃气调节阀；10—燃气安全电磁阀；11—高压点火器；12—三通阀；13—生活热水热交换器；
14—生活热水温度传感器；15—压力安全阀；16—缺水保护；17—泄水阀；18—空气进口；19—烟气出口；
20—闭式膨胀水箱；21—火焰检测电极；22—供暖水水流开关；23—自动排气阀；24—循环泵；
25—生活热水水流开关；26—补水阀；27—供暖供水接口；28—生活热水接口；29—燃气接口；
30—冷水接口；31—供暖回水接口

（1）对热负荷的影响

海拔高度和大气压力影响采暖热水炉的热负荷，以广州为例，调试的燃气采暖热水炉安装在拉萨地区使用时，热负荷将偏小。通过 GB 25034—2010 可得出对应的海拔高度与燃气采暖热水炉热负荷的关系如下：

$$Q = \frac{1}{3.6} \times H_1 \times V \times \sqrt{\frac{101.3 + p_g}{101.3} \times \frac{p_a + p_g}{101.3} \times \frac{288.15}{273.15 + t_g} \times \frac{d}{d_0}} \tag{1}$$

当使用湿式流量计测量时，应用式（2）对式（1）中的燃气密度 d 进行修正：

$$d_h = \frac{d(p_a + p_g - p_s) - 0.622p_s}{p_a + p_g}$$ (2)

式中　Q——15℃、101.3kPa、干燥状态下的热输入，kW；

　　　　H_1——15℃、101.3kPa 基准气低热值，MJ/m³；

　　　　V——试验燃气流量，m³/h；

　　　　p_g——试验时燃气流量计内燃气压力，kPa；

　　　　p_a——试验时大气压力，kPa；

　　　　t_g——试验时燃气流量计内燃气温度，℃；

　　　　d——干试验气相对密度；

　　　　d_0——基准气相对密度；

　　　　p_s——在 t_g 时的饱和水蒸气压力，kPa；

　　0.622——理想状态水蒸气相对密度。

根据以上计算公式可得出海拔高度与燃气热水炉热负荷的对应关系见表3。

海拔高度与燃气热水炉热负荷的关系 表 3

序号	海拔高度 H(m)	大气温度 t(℃)	大气压力 p(kPa)	负荷比
1	0	15.0	101.3	1.0000
2	500	11.8	95.4	0.9761
3	1000	8.5	89.8	0.9525
4	1500	5.3	84.6	0.9299
5	2000	2.0	79.7	0.9078
6	2500	−1.3	74.8	0.8846
7	3000	−4.5	70.1	0.8616
8	3500	−7.8	65.7	0.8393
9	4000	−11.0	61.4	0.8166
10	4500	−14.3	57.6	0.7955
11	5000	−17.5	54	0.7955
12	6000	−24.0	47	0.7330

以一款 SD24-C4 机型（热效率为 91%）为例，为了保证在拉萨地区使用时输出的热负荷为 24kW，在广州地区输出的热负荷应调试为 28.6kW。为了解决在平原地区调试好的产品可在高海拔地区（拉萨）使用，可通过提高喷嘴前的压力或增大喷嘴孔径，甚至增加燃烧器的火排，达到增加燃气流量来消除海拔高度对采暖热水炉热负荷的影响。

按设计计算可得以下燃气流量参数，分别是广州和拉萨两地对比，因此，在产品出厂前调试时，产品的输入功率须按拉萨当地的输入功率折算出广州当地的功率参数进行出厂调试。

（2）对燃烧系统的影响

拉萨地区空气中的氧含量，春季相对于平原地区的 66.2%，冬季相对于平原地区的 63.3%。燃气采暖热水炉大部分都采用大气式燃气燃烧系统，燃烧所需空气系数一般为 1.3~1.8。空气过多，导致热效率降低；空气过少导致燃烧不充分，还会影响燃烧系统的烟气指标及燃烧工况，表现主要有以下几方面：

1）氧气不足情况下，烟气指标变差，如 CO、NO_x 增高；

2）氧气不足情况下，影响火焰的稳定性，即火焰高度变长，严重的会导致火焰的外焰烧到主换热器；

3）氧气不足情况下，导致燃烧不充分，主换热器的翅片易产生碳颗粒，影响换热器使用寿命，以及堵塞烟气通道。

（3）影响的解决方案

1）减少燃烧器的火排出口面流速，以及增加火排的数量。可以有效解决燃烧时脱火现象及火焰高度拉长等问题，燃气燃烧更加充分，阀后压力不至于过高。

将燃烧器的火排出口面从槽形孔更改为圆孔加槽形，更加适应高原地区氧气不足情况。燃烧器的火孔总面积的计算公式为：

$$F_p = \frac{Q}{q_p} = \frac{Q \times (1 - \alpha' V_0)}{H_1 v_p} \tag{3}$$

式中 F_p——火孔总面积，mm^2；

Q——燃烧器热负荷，kW；

H_1——燃气低热值，kJ/m^3；

α'——一次空气系数；

V_0——理论空气需要量，m^3/m^3；

v_p——火孔出口气流速度，m/s；

q_p——火孔热强度，kW/mm^2。

$$h_{ic} = 0.86 K f_p q_p \times 10^3 \tag{4}$$

式中 h_{ic}——火焰的内锥高度，mm；

f_p——一个火孔的面积，mm^2；

q_p——火孔热强度，kW/mm^2；

K——与燃气性质及一次空气系数有关的系数。

$$h_{oc} = 0.86 m n_1 \times \frac{s f_p q_p}{\sqrt{d_p}} \times 10^3 \tag{5}$$

式中 h_{oc}——火焰的外锥高度，mm；

n——火孔排数；

n_1——表示燃气性质对外锥高度影响的系数；

s——表示火孔净距对外锥高度影响的系数。

图 2 燃烧器的选型

燃气在充分燃烧的情况下，燃气低热值 H_1 和理论空气需要量 V_0 受海拔高度的影响很小，本文不做讨论。燃烧器火排出燃气面从槽形孔更改为圆孔加槽形（如图 2 所示）。在热负荷一定情况下，燃烧火孔总面积 F_P 增大，火孔热强度 q_p，圆孔加槽形结构使得燃气与二次空气混合更加充分，同时通过式（4）和式（5）可得，火焰的高度将降低，燃气的燃烧更充分，过剩空气减少，使得热效率增大。在满足冬季含氧量少的情况，夏季使用时热效率不至于降低的特点。

2）增加大气燃烧器的火排数量。由1）所述可知，高海拔地区对燃气供暖热水炉负荷的影响，燃烧器每排火排设计负荷一般为2kW，共12排火排，以1台24kW供暖热水炉在拉萨地区使用为例，根据表3在平原地区输出的热负荷应调试为28.5953kW，理论上需要增加到14个火排。

3）选用合理燃烧器喷嘴，以提高一次空气的引射能力，使燃气和空气混合燃烧更充分。

我们通过以下喷嘴直径公式进行分析：

$$d = \sqrt{\frac{V_g}{0.0035\mu}} \sqrt[4]{\frac{d_g}{p}} \qquad (6)$$

式中　d——喷嘴直径，mm；

V_g——燃气流量，m^3/h；

μ——喷嘴流量系数；

d_g——燃气的相对密度；

p——喷嘴前燃气压力，Pa。

以及质量引射系数 μ 算法如下：

$$\mu = \frac{m_a}{m_g} = \frac{\alpha' V_0 \rho_a}{\rho_g} = \frac{\alpha' V_0}{d_g} \qquad (7)$$

式中　μ——质量引射系数；

V_0——理论空气需要量；

α'——一次空气系数；

d_g——燃气的相对密度。

大气式燃烧器的一次空气系数 α' 通常为0.45～0.75，因为西藏空气中的氧含量相对少，理论空气需要量 V_0 增大，所以燃烧器中质量引射系数 μ 需要增大，由式（6）可知，在高原上使用的燃烧器喷嘴直径 d 可以适当减小。

（4）增大风机的排风量，以便提供充分的氧气燃烧

燃气采暖热水炉大都采用强制排烟方式，风机在燃气采暖热水炉中的作用就是将烟气强制排到室外，同时使封闭的燃烧系统产生负压，通过平衡烟道将室外的空气吸入燃烧室以满足燃烧所需，使燃气充分燃烧。从表1可知，高原上（拉萨地区）氧含量大约只有平原地区64.3%，主要有以下两点影响：

1）在高原上为了保证供暖热水炉中的燃气充分燃烧，必须增加风机风量，可通过增大风机的功率及涡轮；

2）风压差开关动作参数的影响。风压差开关的主要功能：用于检测烟管的通畅情况，在烟气超标前关闭设备（即CO浓度大于0.1%），以及风机的运行情况。其原理利用流体力学中的理论设计了文丘里管来采集负压，分别采集排烟管内或空气室负压的压力参数。由于采集的气压受到气压环境的影响，如大气压、环境温度。风压开关属燃烧系统的保护部件，为确保燃烧的安全起到关键的作用，因此其动作必须准确。

3　高海拔对供暖水路循环系统的影响

在燃气供暖热水炉中，供暖水路循环系统的作用是将供暖水加热，并使其在供暖系统

中循环。其核心部件就是循环水泵，其作用是提供热水在供暖系统中的循环动力。在西藏拉萨地区对水泵电机温升，水泵电机电晕的换向均有不利影响，因此，设计中要考虑水路系统中水泵功率是否满足所需克服的水阻扬程：

(1) 海拔高，水泵电机温升越大，输出功率小；

(2) 高压电机在高原使用时要采取防电晕措施。

根据《工业泵选用手册》，高原地区对水泵选择使用时功率降低的影响计算公式为：

$$\Delta N_C = \left[(h - 1000) \times 0.01 \times \Delta t_{\mathrm{lim}}/100 - (40 - t_{\max}) \right] N_C/100 \tag{8}$$

式中　ΔN_C——海拔高度导致电机轴功率的下降值；

　　　h——当地的海拔高度，m；

　　　Δt_{lin}——电机温升极限值，℃；

　　　$t_{\max}$——电机使用地点的最高温度，℃；

　　　N_C——水泵计算的轴功率。

4　环境温度对燃气供暖热水炉的选型

燃气供暖热水炉进行独立供暖，其供热的热负荷必须与室外的传热热负荷达到平衡，这样才能够按用户要求达到舒适温度。建筑物的供暖热负荷，主要取决于通过垂直围护结构（墙、门、窗等）向外传递热量，它与建筑物的平面尺寸和层高有关，因而不是直接取决于建筑面积，要用供暖体积热指标表征建筑物供暖热负荷的大小，计算详见《采暖空调制冷手册》。一般也可以用下式计算供暖的热负荷：

$$Q = q \times S \tag{9}$$

式中　Q——供暖热负荷，kJ；

　　　q——热负荷指标，kJ/m²；

　　　S——供暖面积，m²。

对于热负荷指标，北京地区民用建筑一般取 60W/m²，拉萨民用建筑可取 65~70W/m²。然后，根据供暖热负荷选择供暖热水炉的功率。

5　结语

对高海拔地区开发合适的燃气供暖热水炉，需要从整个燃烧系统、排烟系统和供暖水路循环系统上调整，否则会出现回火、烟气超标，热负荷不达标等问题，给消费者带来影响，甚至出现安全隐患等。通过以上针对高海拔燃气采暖热水炉的调整，可以消除高海拔带来不良的影响。

参考文献

[1]　姜正侯. 燃气工程技术手册 [M]. 上海：同济大学出版社，1993

[2]　全国化工设备设计技术中心机泵技术委员会. 工业泵选用手册 [M]. 北京：化学工业出版社，1998

[3]　王启，高勇，赵力军. 关于海拔高度对燃气用具热负荷影响的对策研究 [C]. 中国土木工程学会燃气分会应用专业委员会 2009 年会论文集，p1-p4

[4]　黄素逸等. 采暖空调制冷手册 [M]. 北京：机械工业出版社，1997

水冷燃烧器在二级换热冷凝壁挂炉的应用研究[*]

张　宁，黎彦民，徐麦建

（广东万和新电气股份有限公司）

摘　要： 壁挂炉作为一种以燃气为能源的制热设备，制造商在产品开发时不但要考虑成本的控制，还应考虑如何提高整机燃烧的热效率，同时降低有害气体的排放量。鉴于目前中国市场冷凝机型以常规大气式二级换热冷凝壁挂炉为主，所以本文通过研究与实验，对常规二级换热冷凝壁挂炉进行结构上的改进，增加水冷燃烧技术，从而在满足工艺要求和成本限制的情况下，达到节能减排的效果。

关键词： 二级换热冷凝壁挂炉；节能减排；水冷燃烧器；氮氧化物

1　引言

近年来，天然气消耗量不断增大，用气领域及范围也不断扩大，而天然气的不可再生性，决定了我们在应用中要充分发挥它的使用价值，提高效率，节约用气。同时，如何减少燃气燃烧后产生的废气，降低雾霾天气、水资源污染、温室效应等恶劣的环境因素对人类健康的威胁，也成为燃气具产品设计和开发的基本理念。为此，北京市住房和城乡建设委员会出台了新的规定，即自 2015 年 10 月 1 日起，能效标识二级及以下的燃气壁挂炉首次列入禁止使用的设备。而北京市环境保护局在即将颁布的《锅炉大气污染物排放标准》中指出：自标准实施之日起，新建燃气供暖热水炉污染排放限值中氮氧化物排放上限为 $100mg/(kW \cdot h)$。这也意味着，排放和能效不达北京地方标准的产品将不能在北京市场销售。

基于以上节能减排方面的考虑，全预混冷凝式壁挂炉的供暖热效率、热水热效率、氮氧化物排放等都可满足国家政策的要求，是行业内公认的高节能低排放产品。但由于其生产成本高、安装调试复杂、维护保养费用高、并且对产品运行环境、系统水质的适应性较差，因此，目前中国市场的全预混冷凝式壁挂炉仍处于不成熟阶段，技术及应用方面还需进一步拓展开发。所以能达到一级能效的二级换热冷凝壁挂炉将成为市场的主流。这种采暖炉采用大气式燃烧器，整体燃烧结构简单，成本低，消费者容易接受，但相对全预混燃气采暖热水炉，这种机型的产品在燃气燃烧后产生的废气中 CO_x 和 NO_x 的含量都较高，不能满足北京地方标准的要求。本文通过研究与实验，对常规二级换热冷凝壁挂炉进行结构上的改进，将原大气式燃烧器改为水冷燃烧器，采用水冷燃烧技术，从而在满足工艺要求和成本限制的情况下，达到节能减排的效果。

---

* 选自中国土木工程学会燃气分会应用专业委员会 2015 年会论文 p44-p50

2 水冷燃烧器与普通大气式燃烧器结构性能对比

2.1 燃烧器结构对一次空气系数的影响

图1、图2为水冷燃烧器与普通大气式燃烧器实物图，水冷燃烧采用直立式结构，相对于水平式普通大气式燃烧器，可燃混气从下部向上流动，直至火孔出口被点燃，其流动方向变化不大，燃烧器的流动阻力小，易获得较大的一次空气系数。

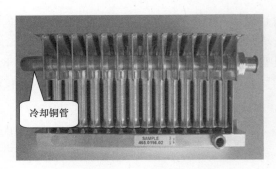

图1 水冷燃烧器   图2 普通大气式燃烧器

水冷燃烧器火孔面积是普通大气式燃烧器的5倍以上，喷嘴直径缩小了30%以上，因此一次空气系数较大，达到1.6～1.8。图3为大气式燃烧器和水冷燃烧器火孔分布对比图。表1为两种不同燃烧器结构参数的对比。

根据理论分析，一次空气系数加大，空气量的增加导致燃烧温度急剧下降，有效地抑制了NO的生成。

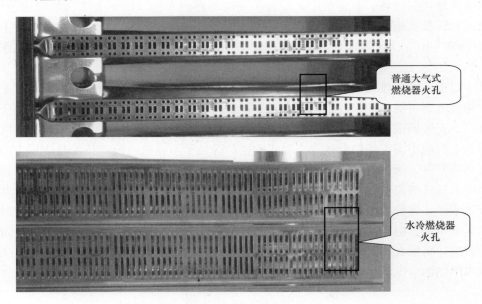

图3 燃烧器火孔对比

燃烧器结构参数对比（额定输入功率为 24kW） 表 1

结构参数 \ 燃烧器	火排数量	火排结构	火孔面积 (mm²/每排)	喷嘴直径 (mm)	一次空气系数
普通大气式燃烧器	11 排，单排喷嘴	水平式	216	1.25～1.30	0.6～0.7
水冷燃烧器	11 排，双排喷嘴	直立式	1176	0.85～0.88	1.6～1.8

2.2 火焰温度及高度对比

根据氮氧化物生成机理可知，燃烧生成氮氧化物与火焰温度和烟气在高温区停留时间有关。因此我们对两种燃烧器在正常燃烧状态下的火焰温度与火焰高度进行测试对比。

在燃烧室盖板上开取样孔，使机器在额定负荷下正常燃烧，用表面温度计在火焰的不同高度位置进行取样，在每个取样点上分别进行 3 次测试，读取测试温度与及测量火焰高度，取其平均值，测试结果如表 2、3 所示。图 4、图 5 为水冷燃烧火焰和普通大气式燃烧火焰的取样点位置。

从上述测试数据可以看出，由于水冷燃烧的一次空气系数为 1.6～1.8，达到全预混燃烧状态，只有内焰燃烧，火焰高度只有普通大气式燃烧的 50%；无外焰燃烧，1000℃以上的高温区缩短了 70%以上，整个燃烧室的高度降低了 30%，因此水冷燃烧通过缩短高温区，减少烟气在高温区的停留时间，从而有效地抑制 NO 生成。

火焰温度对比 表 2

类型	温度（℃）			
	燃烧器表面	焰根	内焰顶端	非火焰区
普通大气式燃烧	270	470	1250	720～800
水冷燃烧	63	170	1120	750～820

火焰高度对比 表 3

温度 \ 类型	内焰高度（mm）	外焰高度（mm）	燃烧室高温区高度（mm）	烟气在高温区停留时间（s）
普通大气式燃烧	10	35	120	0.22
水冷燃烧	5	无	90	0.15

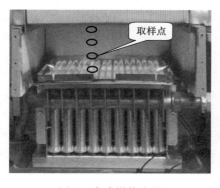

图 4 水冷燃烧火焰

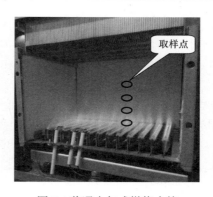

图 5 普通大气式燃烧火焰

当燃烧器一次空气系数达到了 1.2 以上且燃烧器表面温度达到 200℃以上时，极易产生回火。水冷燃烧器独特地设计了燃烧器冷却水管，同时采用导热性极佳的紫铜作为预混腔材料，利用低温回水对燃烧器进行冷却，使燃烧器表面温度降到 100℃以下，不但降低了燃烧温度，减少 NO 排放，同时有效地防止了回火现象，保持燃烧的稳定性。

3 工作原理

3.1 二级换热冷凝壁挂炉

目前，市场上部分厂家推出二级冷凝换热的壁挂炉，此种机器是在大气式燃烧的常规壁挂炉基础上增设一个二级换热系统。低温水经过二级冷凝换热器，回收一次换热以后烟气带走的热量，以达到节能高效的目的，其整机的热效率可由 90% 左右提升到 97%，甚至在冷凝状态下热效率超过 100%。这一变化与其整机在工作时的换热原理有很大关系，二级冷凝壁挂炉工作时，烟气在一级换热器中主要放出显热，温度降至 100℃左右后进入二级换热器，烟气进一步冷却，并在换热器表面低于烟气中水的露点温度下，烟气中的水蒸气冷凝，放出潜热，烟气出口温度可降至 50℃左右。图 6 为二级冷凝换热壁挂炉的工作原理图。

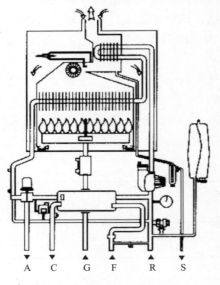

图 6　二级冷凝换热壁挂炉的
工作原理图

由于此款机型的燃烧方式为常规大气式燃烧，并且二级冷凝换热器在回收烟气余热的同时，增加了烟气排放的阻力，所以此款二级冷凝换热式壁挂炉虽然能达到一级能效，但所排放的烟气中 CO_x 和 NO_x 含量较常规机型没得到改善。

3.2 水冷燃烧＋二级换热的冷凝壁挂炉

为了在追求高的能效的同时改善烟气排放，我们可以考虑将以上二级冷凝换热壁挂炉进行优化。将以上结构中所用到的大气式燃烧器改为水冷式燃烧器。此燃烧器的火排喷嘴孔径小，预混腔高度长，火孔大，火排直立，流动阻力小，从而让燃气射流卷吸的空气量增加，即一次空气量增加，达到降低 CO_x 和 NO_x 的目的。

如图 7 所示，低温水先经过燃烧器的高温火焰部分，将火焰燃烧温度降低，然后再经过二级冷凝换热器、主换热器进行换热。此种燃烧器增加水冷作用后，可以使火焰高温区的平均温度降低，进而降低烟气中 NO_x 的体积分数。

由于三次换热，此款机型的排烟温度可达到 50℃以下，充分利用了燃气燃烧后释放的热量，同时，其水冷燃烧器的一次空气大，二次空气几乎不需要，燃烧方式类似全预混，燃烧充分，从而达到降低 NO_x 和 CO_x 排放的目的。

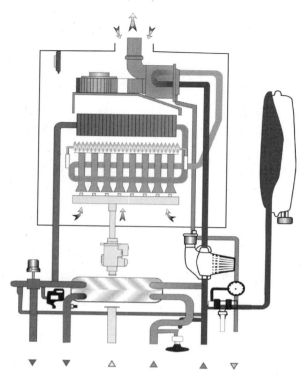

图7　水冷燃烧＋二级换热的冷凝壁挂炉工作原理图

4　试验装置和试验内容

4.1　试验装置

本实验使用万和24kW二级冷凝壁挂炉一台进行结构改进及测试。试验用燃气采用市政天然气，供气压力2000Pa。实验装置如图8所示。

4.2　试验内容

具体试验内容如下：

（1）安装1m烟管，按正常操作方法使二级冷凝换热的壁挂炉进入工作状态，燃烧稳定后，将壁挂炉二次压力调节在最大值（1200Pa），热负荷达到额定值，用烟气分析仪检测烟气中的CO和NO的含量并记录数据。逐渐降低阀后二次压力，用烟气分析仪检测烟气中的CO和NO的含量并记录数据。

（2）按照《冷凝式燃气暖浴两用炉》CJ/T 395—2012中的检测方法，将整机供暖供水和回水温度调节到80/60℃，运行稳定后，分别测试额定供暖热负荷下和30％额定供暖热负荷下的热效率和排烟温度，并记录数据。

（3）按照《冷凝式燃气暖浴两用炉》CJ/T 395—2012中的检测方法，将整机供暖供水和回水温度调节到50/30℃，运行稳定后，分别测试额定供暖热负荷下和30％额定供

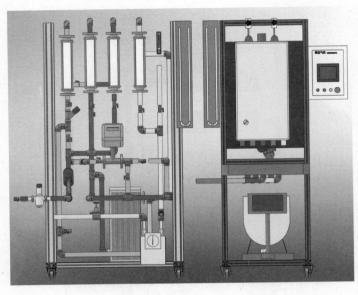

图 8 试验装置

暖热负荷下的冷凝热效率和排烟温度,并记录数据。

按照同样方法,将以上壁挂炉改制为水冷燃烧+二级换热的冷凝壁挂炉,更换对应相同燃烧功率的水冷式火排,并根据燃烧所需风量匹配风机,再次进行以上测试,并记录数据。

4.3 试验结果

将以上所得数据进行整理分析,分别对二级冷凝换热的壁挂炉和水冷燃烧+二级换热的冷凝壁挂炉烟气中 CO 和 NO 的含量、排烟温度以及整机热效率进行分析对比,结试验果如下:

(1) 同热负荷下二级冷凝换热的壁挂炉和水冷燃烧+二级换热的冷凝壁挂炉的烟气中 CO 和 NO 的含量。实验数据见表 4。由表 4 数据可看出,在壁挂炉燃烧的整个过程中,水冷燃烧+二级换热的壁挂炉较常规二级冷凝换热壁挂炉烟气排放的 CO 和 NO 的含量明显减少。

(2) 整机供暖供水和回水温度调节到 80/60℃时,额定供暖热负荷下和 30% 额定供暖热负荷下的热效率和排烟温度。实验数据见表 5。由表 5 数据可看出,额定负荷和部分负荷时,水冷燃烧+二级换热的壁挂炉较常规二级冷凝换热壁挂炉能效提高 1%,排烟温度相对降低。

(3) 整机供暖供水和回水温度调节到 50/30℃时,额定供暖热负荷下和 30% 额定供暖热负荷下的冷凝热效率和排烟温度。实验数据见表 6。由表 6 数据可看出,额定负荷和部分负荷时,水冷燃烧+二级换热的壁挂炉较常规二级冷凝换热壁挂炉冷凝热效率提高 1%,排烟温度相对降低。

不同燃烧负荷下烟气中 NO 和 CO 含量对比(ppm)　　　　　　　表 4

烟气排放物	机型	相对于额定热负荷比例(%)						
		100%	90%	70%	60%	50%	40%	30%
NO 含量	水冷燃烧+二级换热冷凝壁挂炉	18	16	15	12	8	8	6
	二级换热冷凝壁挂炉	64	60	53	52	48	47	45
CO 含量	水冷燃烧+二级换热冷凝壁挂炉	32	30	28	28	26	25	22
	二级换热冷凝壁挂炉	112	105	89	82	67	45	32

额定供暖热负荷和 30%额定供暖热负荷下的热效率和排烟温度对比（供回水 80/60℃） 表 5

冷凝式壁挂炉类型	额定供暖热负荷热效率（%）（80/60℃）	额定负荷排烟温度（℃）	30%负荷热效率（%）
二级换热冷凝壁挂炉	96.2	67.2	94.5
水冷燃烧＋二级换热冷凝壁挂炉	97	66	95.1

额定供暖热负荷和 30%额定供暖热负荷下的冷凝热效率和排烟温度对比（供回水 50/30℃）

表 6

冷凝式壁挂炉类型	额定冷凝热效率（%）	排烟温度（℃）	30%负荷热效率（%）
二级换热冷凝壁挂炉	103.8	54.2	100.0
水冷燃烧＋二级换热冷凝壁挂炉	104.6	52.1	102.2

5 结语

　　水冷燃烧＋二级换热的冷凝壁挂炉相对常规二级冷凝换热的壁挂炉来说，热效率有所提高，同时排烟效果有明显的改善，符合北京地方标准《锅炉大气污染物排放标准》GB 13271，能满足市场对产品能效和排放的要求。同时，相对全预混机型，制造成本低，生产工艺简单，后期维护保养方便，适合大范围推广。

参考文献

[1] 傅忠诚，艾效逸，王天飞，等. 天然气燃烧与节能环保新技术［M］. 北京：中国建筑工业出版社，2007
[2] 夏昭知，伍国福. 燃气热水器［M］. 重庆：重庆大学出版社，2002

燃气供暖热水炉噪声降低技术的研究[*]

朱立夫，朱高涛

（艾欧史密斯（中国）热水器有限公司）

摘　要： 燃气采暖热水炉的声学特性是用户关注的重要性能，有效的降噪技术对于供暖炉性能的提升具有重要的意义。本文详细分析了燃气供暖热水炉的主要噪声源，并用实验测量了主要噪声源的噪声值，并通过理论计算验证了关于噪声源的分析，从频谱和振动分析的角度对燃气热水炉的声学特性进行了分析，提出了一种减振层和吸声层组合专利降噪技术（专利号：201520122682.3），对比了单独使用减振层和吸声层的频谱分布以及降噪效果，减振层和吸声层的叠加是一种多次吸声的结构，该技术可以有效降低整机噪声 3 分贝以上。

关键词： 燃气供暖热水炉；噪声；声压级；频谱；振动；吸声

1　引言

燃气供暖热水炉作为一种家用供暖设备被安装在用户室内，并且很多情况下供暖季全天工作，尤其在夜间，燃气供暖热水炉的声学特性已经成为用户所关注的热水性能和安全性能之外的一项重要性能。目前对于燃气供暖热水炉的噪声研究主要集中在声压级测试计算方法[1]、噪声源分析[2]等方面，噪声对于人的影响不仅和声压级有关，也与频谱特性密切关系，对于燃气供暖热水炉的频谱分析以及较为有效的降噪技术方案的研究还较少。本文首先分析燃气供暖热水炉的主要噪声源，并通过实验测试和理论计算验证，进一步分析整机的频谱分布，然后提出并对比测试多种降噪方案，最终提出一种多次吸声结构的专利降噪技术（专利号：201520122682.3），该技术可以有效降低全频段噪声，同时整机噪声可以降低 3～5 分贝。

2　噪声源分析

2.1　风机噪声

燃气供暖热水炉的风机噪声主要包括机械噪声、气动噪声以及电磁噪声[3]，其中气动噪声又包括离散噪声和宽频噪声，在风机叶轮动平衡良好且叶轮无积灰的情况下，燃气供暖热水炉风机的主要噪声是气动噪声，它的主要分类以及产生的原因见图 1[4]。

风机的机械噪声主要是结构振动引起的，振动一部分是来源于电机自身振动，一部分来源于风机叶轮的偏摆振动，叶轮轴向跳动以及动平衡失效均会引起偏摆振动，同时长期

---

* 选自中国土木工程学会燃气分会应用专业委员会 2014 年会论文集 p83-p89

运行叶轮压力面一侧积灰较多，灰尘一旦脱落会严重导致叶轮动平衡破坏，引起叶轮偏摆振动。振动沿着钣金件结构向外传递，最终传递到外观的前面板和左右侧板上，外观前面板和左右侧板多为大平板结构，振动传递会引起平板结构的振动，进而辐射低频噪声，同时长期的电机振动和叶轮的偏摆均会导致电机轴磨损变形，使得振动加剧。

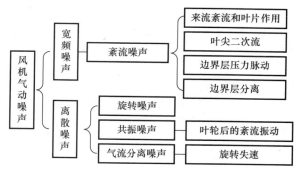

图 1　气动噪声分类及主要产生原因

2.2　燃烧噪声

燃烧噪声主要是燃气燃烧过程中引起层流、紊流的火焰声音以及振荡燃烧的声音，燃烧噪声主要和引射器、喷嘴等的结构有关。另外燃气供暖热水炉多为平衡式燃烧，密封腔体内因燃烧而导致的负压变化，使得密封腔体表面产生一定程度的振动，也会辐射噪声。

2.3　水流噪声

燃气供暖热水炉的水流噪声主要是水泵运行过程中引起的水路循环致使水流在管道变径过程中产生的声音。如水流经过热交换器扰流条，以及在水流模块内部的变径均可能产生水流噪声。此外水泵叶轮和水作用产生的压力脉动也会有噪声产生，如果水中有气泡，噪声会更为明显，水流噪声有时会受到水压波动而变化。

2.4　试验验证

（1）试验方案

在分析燃气供暖热水炉主要噪声源的基础上进行试验，分别测试 A. O. Smith 牌 L1PB26-G 型供暖热水炉的风机噪声、燃烧噪声、水流噪声以及整机噪声。测试点位于燃气供暖热水炉左右两侧和正前方，测试点距离外壳 1m，测试点高度计算式为：

$$测试点高度 h ＝（供暖炉顶部距离地面高度＋1m）/2 \tag{1}$$

试验中测试点高度为 1.2m，测试在 A. O. Smith 南京全球工程中心半消音室内进行，本底噪声 18dB（A），测试过程中电压恒定 220V，进水流量保持稳定。测试系统图片见图 1。

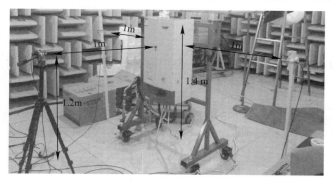

图 2　测试系统图片

（2）测试分析

测试过程中让风机单独运行测试风机噪声，燃烧器单独燃烧测试燃烧噪声，水泵运行单独运行测试水流噪声，同时在整机额定负荷下测试整机噪声，测试结果如表1。

测试结果 表1

运行工况	风机单独运行	水泵单独运行	燃烧噪声	整机噪声
声压级［dB（A）］	37.61	33.21	31.88	39.76

当有 N 个噪声源时，整机总声压级的计算式如下：

$$L_总 = 10\lg(10^{L_1/10} + 10^{L_2/10} + 10^{L_N/10}) \tag{2}$$

式中　L_1、L_2……L_N 为各主要声源声压级。

若已知风机噪声、水流噪声和燃烧噪声，则整机噪声可以通过式（2）计算，计算过程如下：

$$
\begin{aligned}
整机噪声 &= 风机噪声 + 燃烧噪声 + 水流噪声 \\
&= 10\lg(10^{37.61/10} + 10^{31.88/10} + 10^{33.21/10}) = 39.73\text{dB(A)}
\end{aligned} \tag{3}
$$

从以上计算过程可以看出，理论计算出的整机噪声和试验测试得出的整机噪声非常接近，表明整机的主要噪声源是风机噪声、水泵噪声和燃烧噪声，其余的噪声对于整机噪声的贡献较小。此外风机噪声是整机噪声的主要噪声来源，对于风机噪声的控制可以较大程度地降低整机噪声水平。

整机 1/3 倍频频谱分布如图 3 所示，分别是在整机最大负荷和最小负荷测试所得，从频谱分布可以看出整机在 400Hz 左右的中高频段出现峰值，该频段处的噪声主要来源于风机；此外低频段 100Hz 左右处的噪声也较为突出，结合图 4 外壳钣金件的振动幅值图可知该处的噪声主要是钣金件振动导致，主要的振动源是风机，风机振动经过传递最终通过大平板结构的外壳钣金件辐射低频噪声，此外燃烧过程中密封腔室内的负压振动也会一定程度辐射低频噪声。

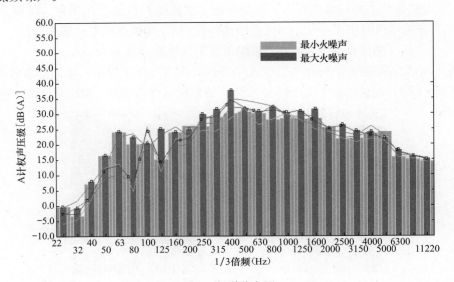

图 3　频谱分布图

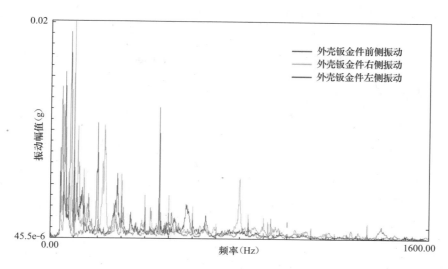

图 4　外壳钣金的振动幅值图

　　综上所述，对于风机的噪声控制是燃气供暖热水炉声学特性提升的关键；从频谱分析的角度，控制钣金的振动可以一定程度降低低频噪声辐射，中高频段噪声的降低相比低频噪声降低则较为容易，采取一些吸隔声的方案则较为有效。

3　降噪方案测试分析

3.1　方案介绍和测试

　　通过前面的分析，燃气供暖热水炉声学性能的提升可以通过降低钣金件振动和吸隔声等手段。钣金件振动的抑制目前常规的手段是从降低振动源振动和传播途径减振两方面考虑，风机作为主要的振动源，其机械振动性能已经有很多研究和控制，本文主要涉及传播途径的减振。

　　本文减振方案主要是通过在外壳钣金件上增加减振阻尼材料（后文统一称为减振层），以此降低大平板结构的低频噪声的辐射。中高频的噪声主要通过柔性吸声材料（后文统一称为吸声层）。图 5 和图 6 分别是在外壳钣金件内侧增加减振层和吸声层。

图 5　减振层

图 6　吸声层

表 2 是单独使用减振层、单独使用吸声层以及减振层和吸音层叠加使用的声压级测试结果。图 7 为测试结果柱状图。从表 2 和图 7 中可以看出，单独使用减振层和单独使用吸声层对于整机的噪声降低均没有两者配合使用的效果好，且降低噪声均低于 3dB，人耳感知不明显。但是吸声层和减振层配合使用，对于整机的噪声降低有 3.74dB，降噪效果明显。

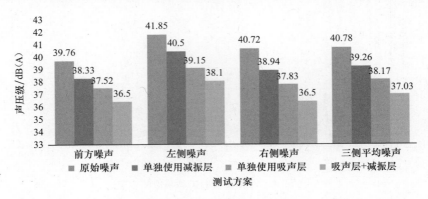

图 7　测试结果柱状图

降噪方案声压级测试结果（dB）　　　　　　　　　　　表 2

	前方噪声	降幅	左侧噪声	降幅	右侧噪声	降幅	三侧平均噪声	降幅
原始噪声	39.76	—	41.85	—	40.72	—	40.78	—
单独使用减振层	38.33	1.43	40.5	1.35	38.94	1.78	39.26	1.52
单独使用吸音层	37.52	2.24	39.15	2.7	37.83	2.89	38.17	2.61
吸音层＋减振层	36.5	3.26	38.1	3.75	36.5	4.22	37.03	3.74

3.2　方案频谱分析和推广

如图 8 所示为单独增加减振层与否对外壳钣金件振动影响的频域分析，图 9 为时域分析图，从图 8 和图 9 可以看出，增加减振层可以较大程度地降低外壳钣金件的振动，尤其在 200Hz 以下的低频段，降幅达 50％以上。

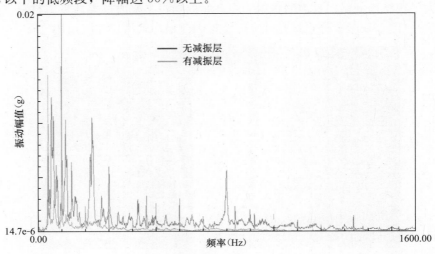

图 8　振幅频域分析图

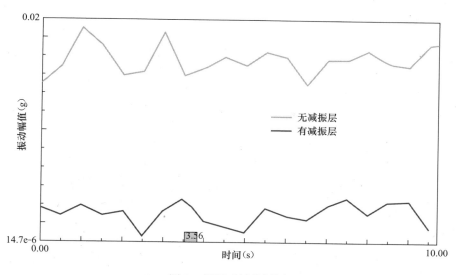

图 9　振幅时域分析图

图 10 为单独增加减振层对于整机声压级的 1/3 倍频分布图，从图中可以看出单独使用减振层，对于整机在低频段的噪声降低有较好的效果。图 11 为单独增加吸声层对于整机声压级的 1/3 倍频分布图，从图中可以看出单独使用吸声层可以很大程度降低中高频的声压级，对于低频噪声的降低也有益处。

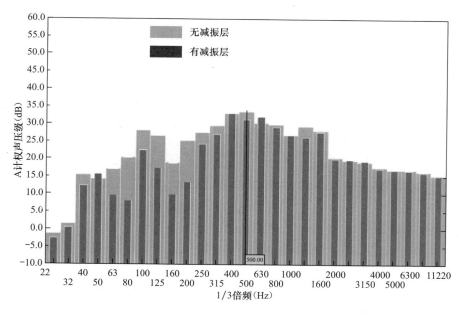

图 10　单独使用减振层的 1/3 倍频图

图 12 为减振层和吸声层叠加使用整机的 1/3 倍频图，从图中可以看出，采用该方案可以有效降低整个频段的噪声值，叠加的效果是单独使用的累加。结合表 2 中的降噪数值，可以看出该降噪方案降噪效果较为明显。

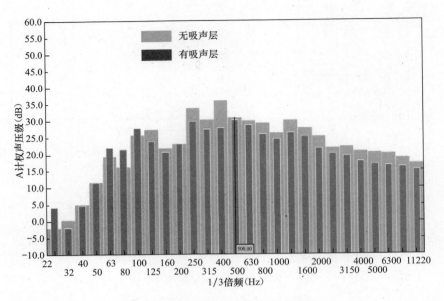

图 11　单独使用吸声层的 1/3 倍频图

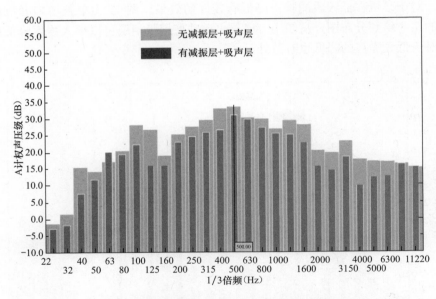

图 12　减振层和吸声层结合方案的 1/3 倍频图

　　减振层和吸声层的叠加使用发挥了减振层和吸声层各自的效果。叠加后可以降低整机噪声 3dB 以上。该组合降噪方案形成了多次吸声的降噪结构，减振层的使用对于提升钣金件强度，降低钣金件的隔声量损失均有益处，进而提升了钣金件的隔声能力，使得更多的声能经过增加减振层的钣金件后被反射，从而再次经过吸音层，再次被吸声层吸收部分声能，如图 13 所示。通常燃气供暖热水炉外壳是密封式的，在密闭外壳内侧增加组合降噪结构，可以使声能在外壳内被吸声层多次吸收而不轻易向外透射，从而不仅可以降低低频噪声的辐射，而且可以使得吸声层的效果得到最大的发挥，使得全频段的声压级都能降低。

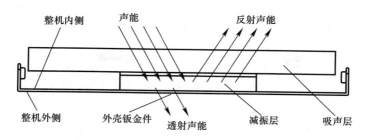

图 13　多次吸声结构原理

4　结论

（1）本文在分析燃气供暖热水炉主要噪声源的基础上，通过实验测试和理论计算，验证了噪声源分析的准确性；燃气供暖热水炉的主要噪声源是风机噪声、燃烧噪声和水流噪声，风机噪声是燃烧供暖热水炉的主要噪声源。

（2）从频谱分析的角度分析了燃气供暖热水炉的声学特性，整机的 1/3 倍频的声压级分布可以看出中高频段的噪声是整机噪声的主要来源，低频段噪声主要是外壳钣金件振动导致。

（3）提出一种将吸声层和减振层叠加的专利降噪技术（专利号：201520122682.3），可以有效降低整机噪声 3dB 以上，该专利技术的推广应用对于提升燃气具产品的品质具有重要的作用。

参考文献

[1]　燃气壁挂炉噪声分析方法探讨 [C]. 2014 年燃气应用专业委员会年会论文集，2014. 8
[2]　王勃，周生伟. 采暖热水炉风机噪音分析 [J]. 壁挂炉月刊，2015. 6
[3]　季伟锋. 微型轴流风扇噪声机理及特性预测的研究 [D]. 上海交通大学硕士学位论文，2003
[4]　张红辉. 发动机轴流冷却风扇低噪声气动性能分析与控制研究 [D]. 重庆大学硕士学位论文，2002

水冷平板式全预混燃烧器在整机中的实验研究[*]

刘凤国[1,2]，陈　涛[1,3]，杨昌军[1,4]，张振合[2]

（1. 天津城建大学能源与安全工程学院；2. 艾乐森（唐山）热能设备科技有限公司；

3. 上海博世热力有限公司；4. 上海林内有限公司）

摘　要： 燃气全预混燃烧是指燃气在燃烧前与足够的空气进行充分混合，在燃烧的过程中不再需要供给空气的燃烧方式，而且燃烧的火焰传播速度快，燃烧室的容积热强度很高，与目前的部分预混式燃烧相比较，突出了全预混燃烧具有燃烧效率高，污染物排放量低的优点，有效地降低了烟气中 CO 和 NO_x 的含量。

关键词： 全预混燃烧；CO；NO_x；低氮供暖炉

1　引言

随着人们对环境污染的重视，天然气作为洁净的矿物燃料，逐渐成为城市能源的重要组成部分。燃气供暖方式有集中燃气锅炉、分户式燃气两用炉以及直燃机等形式，天然气用于供暖将大大改善城市环境质量。虽然天然气燃烧较其他燃料污染低，但仍有 NO_x、CO 和 CO_2 等排放。近年来，国内外企业开始研究如何有效降低 NO_x 排放，主要从燃烧方法及燃烧装置上加以考虑。平板式全预混燃烧器又称低氮燃烧器，可以有效降低 NO_x 排放。

不锈钢板式全预混燃烧器是 20 世纪 80 年代由英国首先开发成功的，目前在欧洲得到广泛使用。课题组对不锈钢平板式全预混燃烧器进行了设计加工，并在整机中进行了实验研究，研究了平板式全预混燃烧器污染物排放量随喷嘴位置、喷嘴直径和热负荷（火孔热强度）的变化。同时控制集烟罩开孔面积，解决了燃烧器燃烧配风性能要求。

2　水冷平板式全预混燃烧器结构及实验系统

2.1　全预混燃烧器结构

平板式全预混燃烧器被安装在壁挂炉内，燃烧所用的燃气是 12T 天然气，供气压力 2kPa。图 1 所示为平板式全预混燃烧器结构简图。

燃气由进气管进入燃气分配室，由于风机的转动，在燃烧室内形成负压，燃气经喷嘴高速喷出，引射一部分空气在多引射腔混合输气腔内混合。燃气/空气混合气体由分配室混合进入输气腔，经分配孔均匀分配至输气腔内，最后经火孔板均匀喷出燃烧。燃烧器用

---

* 选自中国土木工程学会燃气分会应用专业委员会 2015 年会论文集 p97-p100

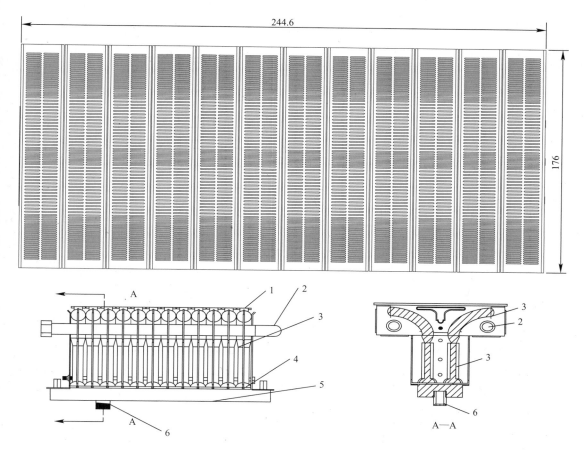

图1 平板式全预混燃烧器结构简图
1—火孔板；2—导热管；3—输气腔；4—燃气喷嘴；5—分配室；6—通气接头

0.8mm 厚的不锈钢薄板加工制成，具有良好的耐高温耐腐蚀特性。燃烧器的额定热负荷为24kW，由 24 个额定功率为 1kW 的火排组成，燃烧器头部设置挡板，避免二次空气参与燃烧。燃烧器导热管 2 内通冷水，通过水冷火孔，有效防止回火现象的发生。这是由于水冷降低了火孔热强度，在相同火孔宽度下，回火极限火孔热强度 q 随冷却强度的加大而减少。

2.2 实验系统

水冷平板式低氮燃气采暖炉燃烧实验方案设计，主要依据的是《燃气采暖热水炉》GB 25034—2010 进行实验，进行系统的搭建和数据处理。在实验过程中各参数的检测方法、仪器的使用方法以及实验的条件，也严格执行 GB 25034—2010 中相应的规定。试验台在天津城建大学燃气燃烧与高效利用实验室搭建。实验测试台流程如图 2 所示，实验系统分为：燃气燃烧系统、循环水系统、烟气分析系统以及控制系统。

2.3 实验工况

实验室温度为 20±5℃，供回水温差 20±2℃，燃烧器的烟气出口设在实验室的排气口附近。平板式低氮燃气供暖炉烟气中 CO 和 NO_x 含量都比较低，若室内 CO 和 CO_2 含量较高，会造成烟气测量时出现误差，因此，室内空气中的 CO 含量应控制在 0.002% 之

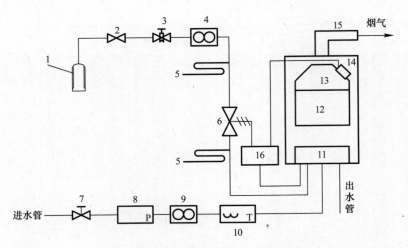

图2 平板式全预混燃烧器实验系统

1—实验用气；2—截止阀；3—调压器；4—湿式气体流量计；5—U形压力计；6—燃气比例阀；7—水路阀门；
8—水压表；9—水流量检测；10—水温度计；11—水路及气路管件；12—燃烧室；13—集烟罩；14—风机；
15—排烟管；16—整机控制器

内，CO_2 含量应控制在 0.2% 之内。所有参数均是供暖炉运行 15min 稳定后测定。水冷平板式全预混燃烧器额定负荷为 24kW，实验过程中主要测定燃烧器在不同喷嘴直径条件下，不同负荷下，喷嘴位置与燃烧状况的变化关系。

3　实验结果及分析

3.1　喷嘴直径为 0.85mm 时喷嘴位置对燃烧工况的影响

在喷嘴直径为 0.85mm 时，在不同负荷下，对喷嘴位置进行调整，测得不同实验数据分析如下，发现喷嘴位置从 0～4mm 变化的过程中，烟气中 CO 的量变化不大，但是 NO_x 有明显的变化，呈现先减少后增加的趋势，因此，说明在喷嘴直径为 0.85mm 时，喷嘴位置应在 2mm 的地方，此时燃烧状况最佳。图3 为不同负荷下烟气中 NO_x 与喷嘴位置的变化关系，图4 为不同负荷下烟气中 CO 与喷嘴位置的变化关系。

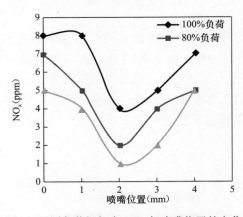

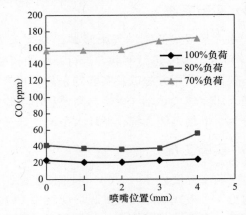

图3　不同负荷烟气中 NO_x 与喷嘴位置的变化　　图4　不同负荷烟气中 CO 与喷嘴位置的变化关系

3.2 喷嘴直径为 0.87mm 时喷嘴位置对燃烧工况的影响

在喷嘴直径为 0.87mm 时，在不同负荷下，对喷嘴位置进行调整，测得不同实验数据分析如下，发现喷嘴位置从 0～3mm 变化的过程中，烟气中 CO 的量变化不大，但是 NO_x 有明显的变化，呈现先增加后减少的趋势，因此，说明在喷嘴直径为 0.87mm 时，喷嘴位置应在 3mm 的地方，此时燃烧状况最佳。图 5 不同负荷下烟气中 NO_x 与喷嘴位置的变化关系。图 6 为不同负荷下烟气中 CO 与喷嘴位置的变化关系。

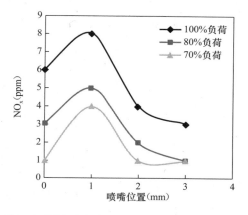

图 5　不同负荷烟气中 NO_x 与喷嘴位置的关系　　图 6　不同负荷烟气中 CO 与喷嘴位置的关系

3.3 喷嘴直径在 0.90mm 时喷嘴位置对燃烧工况的影响

在喷嘴直径为 0.90mm 时，在不同负荷下，对喷嘴位置进行调整，测得不同实验数据分析如下，发现喷嘴位置从 0～4mm 变化的过程中，烟气中 CO 的量呈现先减少后增加的趋势，但是 NO_x 的变化较为复杂，由于负荷的不同使得它的变化不同，因此，说明在喷嘴直径为 0.90mm 时，喷嘴位置应在 2mm 的地方，此时燃烧状况最佳。图 7 为不同负荷下烟气中 NO_x 与喷嘴位置的变化关系，图 8 为不同负荷下烟气中 CO 与喷嘴位置的变化关系。

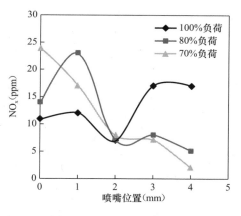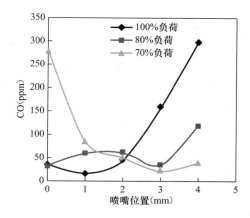

图 7　不同负荷烟气中 NO_x 与喷嘴位置的关系　　图 8　不同负荷烟气中 CO 与喷嘴位置的关系

4 结论

(1) 对于平板式全预混燃烧器，在不同的喷嘴直径下，喷嘴位置也是不同的：喷嘴直径为 0.85mm 时，所对应的燃烧状况较好的喷嘴位置为 2mm；喷嘴直径为 0.87mm 时，所对应的燃烧状况较好的喷嘴位置为 3mm；喷嘴直径为 0.90mm 时，所对应的燃烧状况较好的喷嘴位置为 2mm。

(2) 通过以上的图表对比可以得出，在喷嘴位置为 2mm 或 3mm 时，对于不同的喷嘴直径 0.85mm，0.87mm，0.90mm 下的燃烧工况分析发现，喷嘴直径在 0.87mm 时，燃烧工况最佳，NO_x 最小可以达到 2ppm，CO 在 100ppm 以下。

(3) 在 70%负荷条件下，发现 NO_x 的含量减小，但是 CO 的含量明显升高，由于负荷得减小，喷嘴出口压力减小，引射能力也同时降低，而风机的风量没有发生变化，导致没有完全燃烧就被风机强制排出。

参考文献

[1] 同济大学，燃气燃烧与应用 [M]．北京：中国建筑工业出版社，1988

[2] 郭全．燃气壁挂锅炉及其应用技术 [M]．北京：中国建筑工业出版社，2008

[3] 傅忠诚，艾效逸，王天飞等．天然气燃烧与节能环保新技术 [M]．北京：中国建筑工业出版社，2007

燃气具零部件研究

金属纤维燃烧器的应用研究[*]

要大荣，傅忠诚，潘树源，艾效逸
（北京建筑大学）

摘　要： 本文介绍了金属纤维燃烧器在热水器和中餐炒菜灶应用的实验研究，重点论述了两种金属纤维燃烧器的有害物（NO_x、CO）排放与火孔热强度、空气系数、金属纤维表面距受热面高度等因素的关系，为金属纤维燃烧器的应用提供了依据。

关键词： 金属纤维燃烧器；火焰稳定性；燃烧特性；燃烧器应用

1　金属纤维燃烧器用于热水器的实验研究

选用两种型号的金属纤维燃烧器即 KZ/30/1.7/6 和 KZ/30/2.5/6 装在热水器上进行燃烧，进行两种型号的金属纤维燃烧器的有害气体（NO_x、CO）排放与火孔热强度 q、空气系数 α 等因素的研究。

（1）型号为 KZ/30/1.7/6 金属纤维燃烧器的燃烧特性

型号为 KZ/30/1.7/6 金属纤维燃烧器在 $\alpha=1.2$ 和 $\alpha=1.3$ 时，不同火孔热强度的 CO、NO_x 排放量见表1、图1和图2。

KZ/30/1.7/6 金属纤维燃烧器在不同火孔热强度与空气系数的 CO、NO_x 排放量　　表1

		火孔热强度 $q(W/mm^2)$							
		0.394	0.509	0.594	0.709	0.778	0.912	1.183	1.348
$\alpha=1.2$	CO（ppm）	45.3	52.3	54.8	64.2	79.8	90.6	103.2	122.1
	NO（ppm）	28.2	34.3	34.5	35.5	59.8	72.6	78.5	78.1
$\alpha=1.3$	CO（ppm）	44.2	51	57.8	61.5	68.9	84.6	92.4	112.3
	NO（ppm）	27.5	33.6	32.9	34.8	54.8	69.4	74.7	75.3

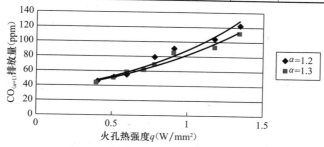

图1　不同火孔热强度时 CO 的排放量

* 选自中国土木工程学会燃气分会应用专业委员会 2004 年会论文集 p19-p26

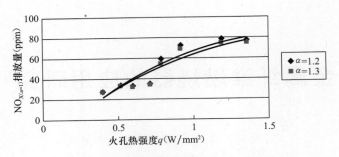

图 2　不同火孔热强度时 NO_x 的排放量

（2）型号为 KZ/30/2.5/6 金属纤维燃烧器的燃烧特性

型号为 KZ/30/2.5/6 金属纤维燃烧器在 $\alpha=1.2$ 和 $\alpha=1.3$ 时，不同火孔热强度下 CO 和 NO_x 的排放量见表 2、图 3 和图 4。

KZ/30/2.5/6 金属纤维燃烧器在不同火孔热强度与空气系数的 CO、NO_x 排放量　　　表 2

		火孔热强度 $q(W/mm^2)$							
		0.469	0.509	0.628	0.724	0.887	1.082	1.135	1.276
$\alpha=1.2$	CO（ppm）	13.1	14.6	17.3	23.3	65.1	65.8	68.3	69.8
	NO（ppm）	19.5	22.1	36.3	41.5	46.7	45.3	51.8	54.2
$\alpha=1.3$	CO（ppm）	12.8	14.0	16.8	21.5	45.9	63.2	65.4	67.4
	NO（ppm）	18.6	21.9	34.5	38.4	42.9	44.5	49.5	53.8

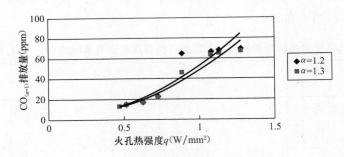

图 3　不同火孔热强度 CO 的排放量

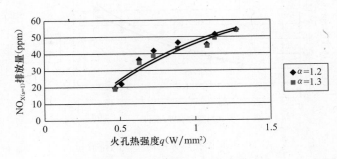

图 4　不同火孔热强度 NO_x 的排放量

286

由以上实验数据和图表可以看出，随着火孔热强度的增大，CO 和 NO_x 的排放量都有所增加，但在不同的空气系数下，CO 和 NO_x 的排放量不同，其变化幅度也不同。空气系数越大，其排放量越低，随火孔热强度增长的趋势也较缓慢。由图 5、图 6 可以看出，两种不同规格金属纤维燃烧特性不同（空气系数 $\alpha=1.2$），型号为 KZ/30/2.5/6 的金属纤维燃烧器 1 的燃烧特性较好。当空气系数 $\alpha=1.3$ 时，无论是 NO_x，还是 CO 的排放量都比 $\alpha=1.2$ 时低，并且金属纤维燃烧器 1 的性能也优于金属纤维燃烧器 2。

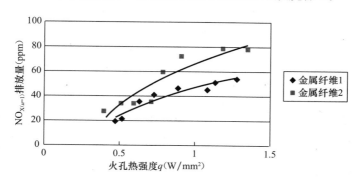

图 5　不同金属纤维燃烧器 NO_x 排放量的比较

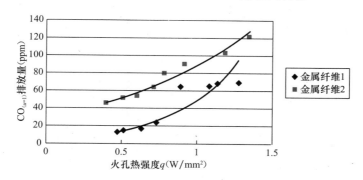

图 6　不同金属纤维燃烧器 CO 排放量的比较

2　金属纤维燃烧器用于中餐燃气炒菜灶的实验研究

我国设计制造的中餐燃气炒菜灶有大气式和鼓风式两种。采用大气式燃烧器可以降低成本，燃烧噪声也低。鼓风式燃烧，燃烧热强度明显提高，同时也减小了燃烧器头部的体积和制作难度。其缺点是成本较高，使用噪声较大，影响操作环境。

本实验采用的是一种鼓风式燃烧器，头部用 KZ/30/2.5/6 型金属纤维制成，其直径为 160mm，重点研究有害气体（NO_x、CO）的排放与火孔热强度、空气系数、锅底高度等因素的关系。

实验设计为：实验用锅直径为 445mm，锅深 150mm，锅支架顶部设有四个 60mm×80mm 长方形排烟孔。

测试数据如下：

（1）距锅底 10.5 cm 时，不同火孔热强度的 CO 和 NO_x 排放量见表 3、图 7 和图 8。

不同火孔热强度（距锅底 10.5cm）的 CO 和 NO_x 排放量　　　　表 3

		空气系数 α									
		1.1	1.3	1.4	1.5	1.7	1.1	1.3	1.4	1.5	1.7
		CO 排放量（ppm）					NO_x 排放量（ppm）				
火孔热强度 （W/mm²）	0.348	—	36.07	26.93	24.21	35.15	25.51	21.88	11.42	9.91	7.18
	0.553	—	54.91	30.58	34.13	45.04	33.52	31.67	24.41	17.4	12.4
	0.694	—	56.19	49.66	43.75	54.08	33.52	71.5	59.74	34.42	12.57
	0.830	—	72.31	68.11	64.57	69.78	46.19	61.05	58.58	36.66	15.78
	1.044	—	147.4	140.9	141.3	154.4	48.04	112.24	73.53	42.06	17.71

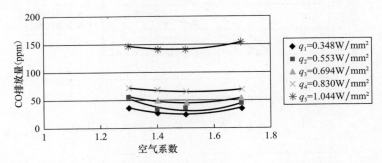

图 7　不同火孔热强度（距锅底 10.5mm）CO 排放量

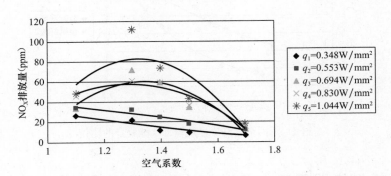

图 8　不同火孔热强度（距锅底 10.5mm）NO_x 排放量

（2）距锅底 9.5 cm 时，不同火孔热强度的 CO 和 NO_x 的排放量见表 4、图 9 和图 10。

不同火孔热强度（距锅底 9.5cm）的 CO 和 NO_x 排放量　　　　表 4

		空气系数 α									
		1.1	1.3	1.4	1.5	1.7	1.1	1.3	1.4	1.5	1.7
		CO 排放量（ppm）					NO_x 排放量（ppm）				
火孔热强度 （W/mm²）	0.348	—	33.19	29.45	32.67	40.31	15.74	22.82	17.22	12.74	10.65
	0.553	—	53.5	45.9	46.6	52.5	29.85	37.61	34.71	18.96	11.85
	0.694	—	56.3	47.5	53.4	55.3	29.31	30.55	39.46	27.71	11.51
	0.830	—	150.8	85.5	103.5	108.1	34.50	67.30	48.45	30.52	11.7
	1.044	—	222.5	193.3	156.2	195.0	28.98	83.98	61.65	48.4	15.80

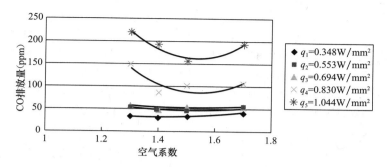

图 9 不同火孔热强度（距锅底 9.5mm）CO 排放量

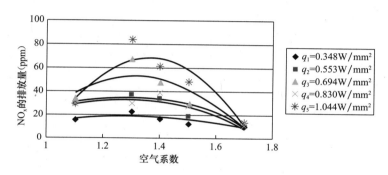

图 10 不同火孔热强度（距锅底 10.5mm）NOₓ 排放量

3 结论

（1）金属纤维 KZ/30/2.5/6 型燃烧器 1 燃烧特性优于金属纤维 KZ/30/1.7/6 型燃烧器 2；

（2）金属纤维燃烧器加热与冷却速度快，抗热冲击及机械冲击性能好；

（3）金属纤维燃烧器与目前用的燃烧器相比，NO_x、CO 等有害气体排放浓度低，热效率高，具有高效节能及低污染排放特点，环境效益好。可在气体燃料应用中推广。

参考文献

[1] COTECH Advanced combustion technology Metal Fibre Burner [C]

[2] COTECH Advanced combustion technology Metal Fibre Burner Applications [C]

[3] 傅忠诚等. 燃气燃烧新装置 [M]. 北京：中国建筑工业出版社，1984

[4] 日本煤气协会. 煤气应用手册 [M]. 北京：中国建筑工业出版社，1989

[5] Fenimore，C. P.，Thirteenth Symposium on Combustion，The Combustion Institute，1972，p373

[6] 同济大学等. 燃气燃烧与应用 [M]. 中国建筑工业出版社，1988

[7] BoWman，C. T.，Kinetics of Pollutant Formation and Destruction in Combustion，Prog. Energy Combust. Sci.，1975，1，p33-p45

[8] 金志刚. 燃气测试技术手册 [M]. 天津：天津大学出版. 1994

[9] 周承禧. 煤气红外线辐射器 [M]. 北京：中国建筑工业出版社，1982

[10] 金志刚等. 开发金属纤维燃烧器—提高天然气的应用技术 [J].《城市管理与公用科技》2002. 4

[11] Infrared technology and applications XXVI. 30 July-3 August 2000，San Diego，USA

[12] Infrared detector/by A. Rogalski. _ Amsterdam：Gordon and Breach Science Pub，2000

[13] 傅忠诚等. 燃气热水器氮氧化物排放标准的探讨 [J].《煤气与热力》2003. 4

[14] 傅忠诚等. 制定燃具氮氧化物排放标准的必要性 [J].《煤气与热力》2003. 2

[15] 徐鹏等. 条缝式火孔预混燃烧稳定性的实验研究 [J].《工业加热》2002. 6

[16] 艾效逸等. 高效燃气热水器的实验研究和节能分析 [M].《工业加热》2002. 5

天然气强旋燃烧器的应用研究[*]

伍国福[1]，朱　江[2]

（1. 重庆大学城环学院；2. 重庆市万州天然气公司）

摘　要： 天然气强旋燃烧器是一种新型的燃烧装置。它具有火焰不直接冲刷加热工件，无黑心区，升温速度快、温度场均匀、节约能源，结构紧凑新颖易加工等特点，在加热炉、热处理炉、低熔点熔化炉窑上具有广泛的应用前景。

燃烧装置是工业炉窑的"核心"。不同的炉窑对燃烧装置有不同的要求。针对我国工业天然气燃烧装置品种少，技术水平低的现状，研究天然气强旋燃烧器，用在锻造加热炉、汽车板簧卷耳炉、热处理淬火与退为炉上，获得成功，取得了既满足最佳加热工艺，又降低能耗，提高产品质量与数量，降低污染等方面良好的社会效益、经济效益和环境效益。

关键词： 天然气；强旋燃烧器；燃气应用

1　研究概况

1.1　强旋流燃烧装置

天然气强旋燃烧器是吸收旋焰的优点的新一代辐射加热装置。强旋流燃烧器是借助于助燃空气的强烈旋转和渐扩喇叭火道砖共同作用，燃气在很小的空间内完全燃烧，炽热的燃烧产物紧贴于喇叭火道表面形成高温辐射面。其运行参数及结构参数均优于常规的火炬形燃烧器。

1.2　旋流焰的特点

强旋流燃烧器以辐射方式对炉内工件加热，可用在顶部加热、侧墙加热和底部加热，高温火焰不直接冲刷工件表面，其特点为

（1）高温烟气加热喇叭形火道砖，再由火道砖定向加热工件；

（2）燃烧高温烟气辐射覆盖范围内温度高而其他部分温度低，由此节约燃料；

（3）无高温"黑心"区，可提高产品质量；

（4）强旋流燃烧器的燃气——空气是在火道内完全混合，燃烧过程短，燃烧强烈，能实现完全燃烧；

（5）常规燃烧器热负荷小，热强度低，只适用于1000℃以下的中温炉，且火焰稳定性

---

*　选自中国土木工程学会燃气分会应用专业委员会 2005 年会论文集 p23-p27

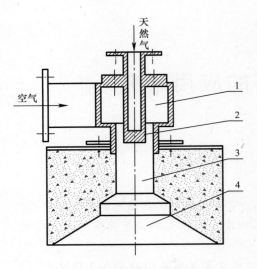

图 1 强旋流燃烧器简图
1—空气旋流器；2—燃气喷孔；
3—混合燃烧室；4—喇叭形火道

差，调节比小，适用炉型范围窄，而强旋流燃烧就改变了以上缺点。尤其适合快速加热工艺。

1.3 强旋流燃烧器的基本要求与基本模型

强旋流燃烧器要在很小的喇叭火道砖内完全混合燃烧，则应满足以下技术条件：即空气——燃气在混合通道内混合强烈、迅速、均匀；有高温烟气回流提供连续稳定的点火源；燃烧火焰与喇叭火道砖的表面存在强烈的热交换，火焰不能冲出火道砖外燃烧，因此要有较大的旋流的强度。

经模拟比较及计算，结构如图 1 所示。燃气管直通中心供气，管端喷孔或倒圆锥堵，使燃气由小喷孔或细小环缝喷出，高速旋转的助燃空气在混合通道内迅速均匀混合，且紧贴喇叭火道砖内表面旋转扩张燃烧，最后火焰沿喇叭表面旋出。

1.4 研究内容

（1）强旋焰混合通道内天然气与空气的最佳混合稳定燃烧及强化着火机理；
（2）强旋流燃烧器的结构与设计参数；
（3）火焰的结构形态与优化；
（4）空气动力特性与热工特性；
（5）喇叭火道砖材料选择与实际应用试验；
（6）强旋焰基本特性；
（7）强旋流燃烧器在不同炉型工艺中的应用；
（8）强旋流燃烧器与常规燃烧器（或电加热）节能效果对比分析。

1.5 技术经济比较

经过对强旋流燃烧器的大量实验、研究和测定，该燃烧装置的主要技术经济指标为：

（1）额定天然气压力：5000Pa；
（2）额定天然气流量与型号：QXTR-5（10、15、20、25）Nm^3/h；
（3）风机全压：2500～4500 Pa；
（4）烟气中 CO 含量：$CO1_{a=1} < 0.01\%$；
（5）燃烧噪声：< 85dB；
（6）节约燃气：25%～35%（与常规燃烧器相比）；
（7）炉内温差小，加热均匀；
（8）火焰形态好，强化辐射传热，升温快，升温时间比常规燃烧缩短 1/3～1/2。

1.6 应用范围

强旋流燃烧器可用于炉温在1280℃范围内的各种高温中温加热工艺，如金属锻、扎加热炉，端头局部变形炉和热处理炉，非金属玻璃型、烤花、退火处理炉等。

2 强旋流燃烧器的性能研究

2.1 试验台及测试系统

根据强旋流燃烧器的特点、模拟应用工况，设计安装了移动组合式大气冷、热两用实验台。

（1）试验由单面墙体、燃烧装置、天然气供应系统、空气供应系统、测试仪器、仪表等组成。

（2）热态试验台由移动炉膛与单墙式试验台组合而成与实际工况相似的炉体，用于叠选和检测燃烧装置在接近实际工况下的各种特性。

（3）试验用燃烧器：采用较小负荷的 QXTR—10 型燃烧器，设计能力为 $35 \times 10 kJ/h$（天然气为 $10 Nm^4/h$）作为模型进行研究其规律性。

（4）测试系统：测试系统如图2所示：

通过测试对强旋流燃烧器进行理论分析和实践验证，校核其结构参数和运行参数的可靠性，以便于指导生产实际。

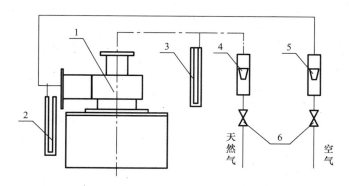

图2　旋焰测试系统

1—旋焰装置；2、3—空气、燃气压力计；4、5—空气、燃气流量计；6—空气、燃气调节阀

2.2 空气动力特性

经在定型的燃烧器上进行冷态试验，摸清喇叭火道砖内外的压力分布情况。

在火道砖的出口断面及以外 30mm、50mm 断面处用皮托管和叙管压力计测得沿中心轴线间隔 20mm 均匀分布测点上测得的压力分布曲线如图3所示。

由实验可看出，气流在喇叭火道砖内部所限，紧紧贴附于火道内表面是薄薄的，旋转的空心旋流体，内部存着较大的负压区；气流全部沿喇叭口延长线旋转喷出，性能曲线呈双峰曲线，在离开火道砖一段距离后随着喷出气流动压头的消失，显得更为明显，强烈旋

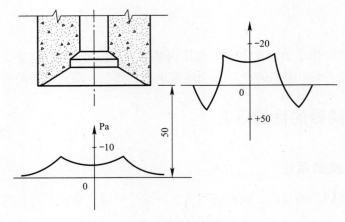

图 3 压力分布曲线

流的助燃空气对造成离心回流和紧贴火道口的附壁效应起着关键性作用。

2.3 强旋流焰的热态试验

在冷态试验的基础上，利用大气式试验台进行热态试验。从试验可知，空、燃气在混合通道内气流的强烈搅拌下，混合相当均匀，无回火及不稳定现象。当供热量为 28000kJ/h 时，火焰伸出了混合通道。随着空、燃气量成比例地增加，火焰逐渐变大，顺着火道砖内表面铺开，且火道轴线上负压也逐渐增大，卷吸作用不断增强。其空气量与空气压力、燃气量与燃气压力的关系曲线如图 4 和图 5 所示。

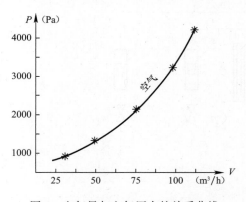

图 4 空气量与空气压力的关系曲线

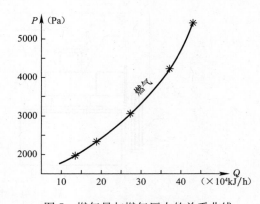

图 5 燃气量与燃气压力的关系曲线

2.4 强旋流燃烧火焰的基本特性

通过对 QXTR—10 型（10Nm³/h）的试验其基本特性是：

(1) 强旋焰燃烧器点火容易，无脱火、回火现象；

(2) 喇叭口空间内容积热强度 q_v 极度大，可达 8×10^7 kJ/(m³·h)；

(3) 喇叭口内火焰稳定，燃烧强烈，升温及加热速度快，喇叭口内温度最高可达 1350℃，形成高温的定向辐射，可强化辐射传热过程；

(4) 燃烧调节范围大，极限调节比可达 1：10，适用炉型广；

（5）旋流焰径向火焰分布均匀，清晰有力，贴附性能好。

3　强旋流燃烧装置的应用

（1）在锻造炉上的应用：某炉工艺温度1250℃的半连续贯通炉，与高压引射式直焰相比，升温时间缩短1.5h，节气66%。

（2）在室式退火炉上的应用：在某单位室式退火炉的炉顶及两侧墙安装强旋流燃烧器后，升温及加热段综合节气率45%，升温时间由原2.5h缩短为1h15min。

（3）在车用板簧淬火炉上的应用：某车用板簧淬火炉工艺温度1080℃。采用强旋流燃烧器后，炉内温差在±5℃内，比原燃烧器节气10%～15%。

（4）在玻璃烤花窑上的应用：某玻璃烤花窑原采用两侧加热，炉温要求580℃，由于加热不均匀，两侧靠近火焰处过烧，而中间又未烤好，废品率达13%，而使用强旋流燃烧器后，产品合格率达95%，节气25%～30%取得了显著的经济效益。

4　综述

天然气强旋流燃烧装置，通过理论研究和在不同炉型工艺中的实际应用，充分证明该装置是一种新型的高效节能燃烧装置，空、燃气在混合通道内就快速均匀混合、强烈旋转燃烧，火焰稳定，燃烧完全，火道内燃烧热强度大，强化了辐射传热。具有升温快，启动迅速，燃烧调节范围大，工件不直接受火焰冲刷等优点。

合理布置和使用强旋流燃烧装置，充分利用其定向辐射特性，可获得均匀的温度场。

综上所述，天然气强旋流燃烧装置，在多种金属和非金属的高、中温加热工艺中，具有显著的节能、提高产品质量和数量的作用，但它并非万能，因此，采用强旋流燃烧装置要与工艺、炉型相关配合，因地制宜方可收到良好的效果。

参考文献

［1］　日本工业炉协会编. 工业炉手册［M］. 北京：冶金工业出版社，1989
［2］　钱申贤编著. 燃气燃烧原理［M］. 北京：中国建筑工业出版社，1989

全预混燃气燃烧污染物排放因素与减排研究[*]

徐　鹏，傅忠诚

（北京建筑大学 北京市供热、供燃气、通风及空调工程重点实验室）

摘　要：采用正交试验的方法对燃气完全预混燃烧影响 NO_x 与 CO 排放的因素进行了研究。在极差分析及方差分析的基础上，得出到了各影响因素的影响大小，并进行了理论分析，给出了各因素最佳水平的组合。在理论分析的基础上，对完全预混燃烧过程降低污染物排放的问题进行探讨。空气系数与燃气种类对 NO_x 排放量的影响最大；影响 CO 排放量的最主要因素是火孔热强度与空气系数。综合考虑二者的排放情况，空气系数的影响最大，是关键因素；相同情况下，液化石油气的 NO_x 与 CO 排放均高于天然气。冷却水温度与火孔宽度的作用主要是影响火焰的稳定范围，从而影响过剩空气系数与火孔热强度的取值范围。

关键词：全预混燃气燃烧；NO_x；CO；正交试验；极差分析；方差分析

1　引言

燃气燃烧所排放的污染物主要是 NO_x 与 CO。对于完全预混的燃烧方式，影响其污染物排放水平的因素很多。通过实验对比分析，找出主要影响因素及其规律，有助于找到有效降低相关污染物排放的途径。本文应用正交试验的方法，以水冷条缝型燃烧器[1, 2]为对象，就 5 种因素对污染物排放的影响进行研究，找出各因素的影响规律，并比较了各因素的影响大小，确定了各因素的最佳水平。从理论上对降低污染物排放的途径进行了分析。

2　正交试验设计

正交试验法是一种科学安排试验的方法，它利用规格化的正交表，可以恰当地设计出试验方案并有效地分析试验结果。正交表具有"均衡搭配"与"整齐可比"的性质，这两个性质决定了正交试验的两个特点：（1）每个因素的各个不同水平在试验中出现了相同的次数；（2）任何两个因素的各个水平的不同搭配在试验中都出现了（即对任何两个因素是全面试验），并且出现了相同次数。因此，由正交表安排的各因素组合试验方案具有很强的代表性，能够比较全面地反映出全面试验的情况，又大大地减少了试验次数[3]。本文采用正交试验设计方法来安排试验方案。

通过理论分析[2,4]，本实验最初假定影响燃气完全预混燃烧 NO_x 及 CO 排放的因素可

---

* 选自中国土木工程学会燃气分会应用专业委员会 2005 年会论文集 p101-p111

能有：燃气种类、过剩空气系数 α、火孔热强度 q、火孔宽度 D、火孔冷却效果（冷却水流量 L 与冷却水温 T）等。通过初步试验发现，在冷却水满管流的情况下，冷却水流量对燃烧污染物排放的影响甚微，可以忽略。结合稳定性实验[2]对过剩空气系数 α、火孔热强度 q 变动范围的限制、燃气完全预混燃烧的特点及实用的要求，本正交试验选取的因素及水平见表1。

燃气燃烧最主要的污染排放物是 NO_x 和 CO。由于抑制 NO_x 生成的条件恰恰有利于 CO 的生成，所以 NO_x 排放量的降低往往会带来 CO 排放量的增多，因此，评价实验结果的优劣，必须对两者进行综合考虑。NO_x 毒性是 CO 的数十倍，但考虑到目前生产的燃具所能达到的排放水平，已制订燃具排放相关标准的多数国家规定的烟气 CO 排放浓度限值是 NO_x 浓度限值的 5 倍。

正交试验选取的因素及各自水平 表 1

	水平
空气系数 α	1.30、1.35、1.40、1.45
火孔热强度 q(W/mm²)	0.75、1.00、1.25、1.50
冷却水温 T(℃)	20、30、40、50
火孔宽度 D(mm)	1.0、1.1、1.3、1.5
燃气种类	NG、LPG

通过初步试验发现，燃气完全预混燃烧的烟气中 CO 浓度很低，远远小于家用快速燃气热水器国家标准 GB 6932—2001 规定的 600ppm($\alpha=1$)[5]，综合以上考虑，本正交试验的综合评价指标取：

$$I = y_{NO_x} + y_{CO}/5 \tag{1}$$

式中　I——污染物排放综合评价指标，ppm；

　　　y_{CO}——烟气中一氧化碳的浓度（$\alpha=1$），ppm；

　　　y_{NO_x}——烟气中氮氧化物的浓度（$\alpha=1$），ppm。

根据所选的实验因素与水平，选用 $L_{16}(4^4 \times 2^3)$ 正交表安排实验[3]。

3　实验系统

实验系统，如图1所示。

4　实验及数据处理

4.1　极差分析[3]

极差是一组数据中最大值与最小值之差。在正交试验极差分析表中，各因素所在列的各个水平指标之和间的差异实际上只反映由于水平变动引起指标的波动，而不受其他因素水平变动的影响。因此，极差可以作为划分因素重要程度的依据，某因素的极差最大，说明该因素的水平改变所引起试验结果的变化最大，是关键因素。通过极差分析，还可以找

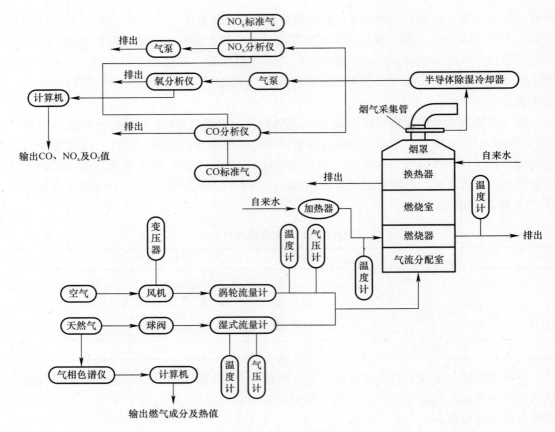

图 1　实验系统图

出各因素水平变化时，指标变化趋势，有助于发现正交表中所未列入而可能更优的水平值，为进一步试验指明方向。

本实验采用了水平数目不同的混合水平正交表来安排实验，为了避免因各因素水平数目不同导致的所求极差不具可比性，对各因素同一水平的实验结果之和按水平数目取平均值，并由这些平均值求出极差。

极差分析计算表如表 2，其中：K_{ij}（$i=1$，2，3，4）为各因素同一水平的指标之和；$\overline{K_{ij}}$ 为 K_{ij} 对水平数目的平均值；R_j 为各因素的极差值；S_j 为第 j 列的列变差平方和。

4.2　方差分析[3, 6]

由于极差分析法没有把实验过程中实验条件所引起的数据波动与由实验误差引起的数据波动区分开来，也没有提供一个标准，用来判断所考查的因素的作用是否显著。为了克服这些不足，本文将再引入对正交表的方差分析法。

方差分析法的基本思想是将数据的总变差平方和分解为因素的变差平方和与（随机）误差的平方和之和，用各因素的变差平方和与误差平方和相比，作 F—检验，判断因素对实验指标的影响是否显著。计算方法如下：

总变差平方和：

$$S_T = \sum_{i=1}^{n} y_i^2 - \frac{T^2}{n} \tag{2}$$

试验号	因素							测试结果		
	α	$q(\text{W/mm}^2)$	$D(\text{mm})$	$T(\text{℃})$	5	燃气种类	7	$\text{NO}_x(\text{ppm})$	$\text{CO}(\text{ppm})$	综合指标Ⅰ(ppm)
2	1.40	1.50	1.0	30	1	LPG	2	42.46	108.58	64.18
3	1.35	1.50	1.3	40	2	LPG	1	48.84	132.09	75.26
4	1.45	1.00	1.0	40	1	NG	1	15.10	39.57	23.01
5	1.30	1.25	1.0	50	2	LPG	1	54.04	143.30	82.70
6	1.40	0.75	1.3	50	1	NG	1	17.77	40.29	25.83
7	1.35	0.75	1.0	20	2	NG	2	20.91	50.65	31.04
8	1.45	1.25	1.3	20	1	LPG	2	23.19	82.30	39.65
9	1.30	0.75	1.5	40	1	LPG	2	43.89	85.49	60.99
10	1.40	1.25	1.1	40	2	NG	2	21.62	72.19	36.06
11	1.35	1.25	1.5	30	1	NG	1	28.34	90.17	46.37
12	1.45	0.75	1.1	30	2	LPG	1	18.63	32.99	25.23
13	1.30	1.50	1.1	50	1	NG	1	38.39	171.83	72.76
14	1.40	1.00	1.5	20	2	LPG	1	36.09	71.16	50.32
15	1.35	1.00	1.1	50	1	LPG	2	43.31	86.54	60.62
16	1.45	1.50	1.5	50	2	NG	2	20.63	90.81	38.79
K_{1j}	260.54	143.08	200.93	193.77	393.40	317.96	401.48			
K_{2j}	213.29	178.05	194.66	179.87	383.49	458.94	375.42			
K_{3j}	176.38	204.78	184.83	195.32	—	—	—		—	
K_{4j}	126.68	250.98	196.48	207.94						
$\overline{K_{1i}}$	65.13	35.77	50.23	48.44	49.18	39.74	50.19		—	
$\overline{K_{2i}}$	53.32	44.51	48.67	44.97	47.94	57.37	46.93			
$\overline{K_{3i}}$	44.10	51.20	46.21	48.83						
$\overline{K_{4i}}$	31.67	62.75	49.12	51.98					$T=776.9$	
R_j	33.46	26.97	15.51	7.81	3.67	17.62	6.78			
S_j	2410.24	1552.48	34.62	98.86	6.14	1242.28	42.46		$S_T=5387.08$	

列变差平方和： $$S_j = \frac{1}{r} \cdot \sum_{i=1}^{t} T_{ij}^2 - \frac{T^2}{n},\quad j=1,2,\cdots,m \tag{3}$$

各列的自由度： $$f_j = t-1 \tag{4}$$

式中　t——因素的水平个数；

　　　r——同水平的重复次数；

　　　n——能安排的试验次数（即正交表的行数）；

　　　m——最多可安排因素的个数（即正交表的列数）；

　　　y_i——第i号试验的试验结果；

　　　T_{ij}——正交表第j列第i水平的试验结果之和。

未安排因素的列（即空列）作为误差列。所有空列的列变差平方和相加作为总的（随机）误差平方和，记为S_e，对应的自由度也相加，记为f_e。各列的平均变差平方和$\overline{S_j}=S_j/f_j$，当$\overline{S_j}$比$\overline{S_e}$还小时，就把S_j当作误差平方和，并入到S_e中去。将全部可以当作误差的S_j皆并入S_e后得到新的误差平方和$S_e^\triangle$，相应的自由度f_j也并入f_e得到$f_e^\triangle$。

构造统计量：$F_j^\Delta = \dfrac{S_j/f_j}{S_e^\Delta/f_e^\Delta}$，当 $F_j^\Delta > F_{1-\alpha}(f_j, f_e^\Delta)$ 时，则以检验水平 α 推断该因素作用显著；否则认为不显著。

为了更科学地确定各因素对实验指标的影响程度，引入"影响率"的概念。影响率是各因素对实验结果影响的比例数，某因素 t 的影响率 g_t 按下式计算：

$$g_t = \frac{S_j - f_j \cdot S_e^2}{S_T} \times 100\% \tag{5}$$

为了衡量正交试验结果的优劣，引进变差系数 d_e。试验结果的优劣按值来划分等级：$d_e < 5\%$ 为"优等"；$d_e = 5\% \sim 10\%$ 为一般；$d_e > 10\%$ 为"不良"。

$$d_e = \frac{\sigma_e}{\bar{x}} \times 100\% \tag{6}$$

式中 σ_e——试验误差的估计值 $\sigma_e = \sqrt{S_e^{\Delta 2}}$；

$\bar{x}$——全部结果指标的总平均值。

4.3 试验数据处理

根据所选取的正交试验表，按表中各编号试验条件共进行了 16 组试验。为保证正交试验的随机性以减小系统误差的影响，没有按照试验号顺序来完成这些试验，而是随机挑选试验号进行的。实验结果列于表 2，其中每一种烟气成分的浓度值，都是在一定工况下仪器所测值趋于稳定后，取计算机采集到的 80～300 个数据的平均值。

4.4 对综合指标 I 的极差分析

结合正交试验设计和烟气成分测试数据，对燃烧污染排放正交试验的综合指标 I 作极差分析，其结果列于表 2，并作出指标—水平变化趋势图（见图 2）。

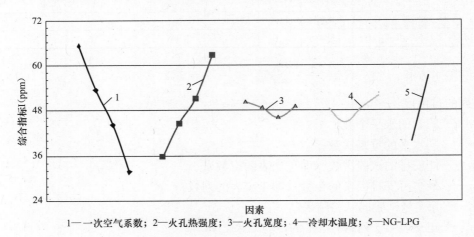

1——一次空气系数；2——火孔热强度；3——火孔宽度；4——冷却水温度；5——NG-LPG

图 2 指标—水平变化趋势

4.5 对综合指标 I 的方差分析

正交试验方差分析计算结果列于表 3，实验因素的影响率见表 4。

经方差分析，可求出实验误差的估计值：$\sigma_e = \sqrt{S_e^2} = \sqrt{16.64} = 4.08$ppm。$\bar{x} = \dfrac{776.9}{16} =$ 48.56。对于该正交试验 $d_e = \dfrac{\sigma_e}{\bar{x}} \times 100\% = \dfrac{4.08}{48.56} \times 100\% = 8.4\%$。由 F—检验表查得：$F_{0.99}$ $(1,5) = 16.3$；$F_{0.99}(3,5) = 12.1$。

方差分析表　　　　　　　　　　表3

变差来源	变差平方和 S_j	自由度 f_j	平均变差平方和 S_j	F_j	显著性
α	2410.24	3	803.41	48.27	☆☆☆
q	1552.48	3	517.49	31.09	☆☆☆
D	34.62	3	11.54		
T	98.86	3	32.95	1.36	
燃气种类	1242.28	1	1242.28	74.64	☆☆☆
误差	48.60	2	24.30		
误差 Δ	83.22	5	16.64		

实验因素的影响率　　　　　　　　表4

影响因素	过剩空气系数 α	火孔热强度 q	火孔宽度 D	冷却水温度 T	燃气种类
影响率 g_t（%）	43.4	27.5	*	0.5	22.6

由方差分析表各因素的显著性和影响率 g_t 可以看出，空气系数 α、火孔热强度 q 及燃气种类（成分）的变化对实验结果的影响极为显著，而冷却水温度 T 和火孔宽度 D 的影响很小可忽略。显然，这一结论与极差分析得出的结论完全一致。

5　降低污染物排放的探讨

5.1　NOₓ 生成特点[1]

NO_x 的生成是燃烧反应的一部分，是燃烧的必然产物。固定燃烧装置排放的 NO_x 中 $90\% \sim 95\%$ 为 NO，因此，研究 NO_x 的生成机理及抑制途径主要是指 NO 而言。

按生成机理划分，燃烧过程中生成 NO 的途径有以下 3 种：

（1）温度型 NO（T-NO）

T-NO 是空气中的氮分子与氧分子在高温下反应生成的。由于 NO 生成反应所需活化能高于燃气可燃成分与氧反应的活化能，当其他烟气成分达到平衡浓度时，NO 浓度尚未达到平衡，故 NO 生成速度较燃烧反应慢，因此在火焰面内不会大量生成 NO。T-NO 生成速度的表达式如下：

$$\frac{\mathrm{d}[y_{NO}]}{\mathrm{d}t} = 3 \times 10^{14} [y_{N_2}][y_{O_2}]^{1/2} \mathrm{e}^{-542000/RT} \tag{7}$$

式中　$[y_{N_2}]$、$[y_{O_2}]$、$[y_{NO}]$——N_2、O_2、NO 的浓度，gmol/cm³；

T——绝对温度，K；

t——时间，s；

R——通用气体常数，J/(gmol·K)。

由上式可见，影响 T-NO 生成的主要因素为燃烧温度、氧气浓度和烟气在高温区的停留时间。其中，温度在式中为指数项，因此，它对 T-NO 生成的影响最为显著。实践证明，T-NO 大量生成是在火焰面的下游，特别是焰面下游局部高温、局部氧浓度大和烟气停留时间长的那些地方，更容易生成 T-NO。

（2）快速型 NO（P-NO）

P-NO 也是由空气中的氮在高温下与氧化合生成的。它是碳氢系燃料在空气系数 $\alpha <$ 1.0（燃料过浓）并预混合燃烧时所特有的。其生成地点不是在火焰面的下游，而是在火焰内部。总的来说，P-NO 生成量受温度影响不大，与压力的 0.5 次方成正比。P-NO 生成量比 T-NO 生成量小一个数量级。通常情况下，在不含氮的碳氢系燃料低温燃烧时，才重点考虑 P-NO。

（3）燃料型 NO（F-NO）

F-NO 是以化合物形式存在于燃料中的氮原子被氧化而生成的。F-NO 的生成特性不随氮化物种类而改变，而主要取决于火焰的性质。它的生成温度为 $600 \sim 900 ℃$，具有中温生成特性。由于一般燃烧温度都远高于此值，因此燃烧温度对 F-NO 的生成影响不大。而气体燃料中氮的化合物含量很少，一般不考虑 F-NO。

综上所述，气体燃料燃烧所生成的 NO 大部分为 T-NO。因此，抑制 T-NO 的生成是减少 NO_x 排放的主要措施之一。

5.2　燃气完全预混燃烧的特点[2]

完全预混式燃烧是在燃气与空气预先混合均匀（$\alpha \geqslant 1.0$）的情况下，在瞬时完成的，其火焰很短甚至看不见，所以又称无焰燃烧。完全预混燃烧不需要二次空气，火焰只有一个燃烧面。完全预混燃烧的火道（火孔）热强度很高，并且能在很小的过剩空气系数下（通常 $\alpha = 1.05 \sim 1.10$）达到完全燃烧，几乎不存在化学不完全燃烧现象，因此燃烧温度很高（通常火焰温度在 $1000 ℃$ 以上）。

完全预混可燃物是一种爆炸性气体，其火焰传播能力很强，燃烧时火焰稳定性较差，很容易发生回火。为了防止回火，必须尽可能使火孔出口处混合气体的速度场均匀，以保证在最低负荷下各点的气流速度都大于火焰传播速度。为使完全预混燃烧器能在较高负荷条件下稳定燃烧，工业上常常用一个紧接的火道来稳焰，或是用水冷却燃烧器喷头以降低燃烧器出口处的火焰传播速度。

5.3　燃气全预混燃烧降低 NO_x 排放的可能性

根据 NO_x 的生成机理与特性及燃气完全预混燃烧的特点可知，完全预混燃烧可以成为降低 NO_x 排放的有效途径。

（1）燃气完全预混燃烧不产生 F-NO

F-NO 是以化合物形式存在于燃料中的氮原子被氧化而生成的。经过净化工艺，供工业及民用的气体燃料中氮的化合物含量很少，且 F-NO 具有中温生成特性，其生成温度在 $600 \sim 900 ℃$，而完全预混燃烧的温度一般都远高于此值，因此可以认为燃气完全预混燃烧不产生 F-NO。

（2）完全预混燃烧不产生 P-NO

由其生成机理可知，P-NO 是富碳化氢类燃料（$\alpha < 1.0$）燃烧时特有的现象，只有部分预混火焰的内锥表面才会生成。而完全预混燃烧 $\alpha \geqslant 1.0$，所以只要保证燃气与空气混合均匀，燃烧区域空气处处过剩，就不会产生 P-NO。

（3）完全预混燃烧降低 T-NO 的可能性

1）燃烧温度均匀，不产生局部高温

由 T-NO 的生成机理可知，火焰面内不会大量生成 T-NO。T-NO 大量生成是在火焰面的下游，特别是焰面下游局部高温、局部氧浓度大和烟气停留时间长的那些地方，更容易生成 T-NO。虽然完全预混燃烧火孔热强度大，燃烧温度高，但由于完全预混燃烧瞬时燃烧完全，整个火焰很短，火焰表面积小，所以只要每个火孔的气流分布均匀，火焰下游的区域就不会出现局部高温，整个炉膛温度分布均匀，有利于抑制 T-NO 的生成。

2）燃烧瞬时完成，烟气在高温区停留时间较短

完全预混可燃混合物是一种爆炸性气体，其火焰传播能力很强，火焰只有一个焰面，火焰很短甚至无焰。因此，完全预混燃烧可以达到很高的强度，烟气在高温区的停留时间短，有利于减少 T-NO 的生成。

3）适当控制空气系数 α 可减少 T-NO 的生成

空气系数综合了温度与氧气浓度这两个重要因素对 T-NO 生成量的影响。燃气燃烧器通常在 $\alpha = 1.05 \sim 1.10$ 左右时 NO_x 的生成量最高，当减少 α 时 NO_x 的生成量迅速减少，当增大 α 时 NO_x 生成量也下降，但不特别显著。因此，适当控制完全预混燃烧的空气系数 α 可以降低 T-NO 排放。

4）适当控制热负荷可减少 T-NO 的生成

一般认为，热负荷的变化会引起火焰温度的改变，进而对 T-NO 生成量也产生影响。除了甲醇，其他燃料燃烧的 T-NO 浓度均随着热负荷的增加而增加，因此将燃烧热负荷控制在一个合适的水平有利于减少 T-NO 的生成。

5）合理的燃烧室设计有利于减少 T-NO 的生成

由于温度对 T-NO 的生成量有很大的影响，所以即使燃烧室内的平均温度低而有局部高温存在时，也会生成大量 T-NO。因此，除了要增大燃烧室的散热，降低燃烧室内平均温度水平，还要通过合理的设计，极力避免出现燃烧室内温度分布不均匀的情况。

5.4 燃气全预混燃烧降低 CO 排放的可能性

CO 的生成特性与 T-NO 恰恰相反，抑制 T-NO 生成的条件往往利于 CO 的生成，因此在降低 NO_x 排放的同时，还要充分注意到防止 CO 浓度的增加。

由 CO 的生成机理可知，CO 是由含碳燃料氧化而产生的一种中间产物，燃料中最初所含有的碳都将先被氧化成 CO，而后再进一步被氧化成最终形式 CO_2。因此，控制 CO 排放的注意力应集中在如何使 CO 再完全氧化，而不是集中在限制它的形成上。

实验证明，在火焰温度下，如果有充分的氧气和停留时间，CO 的浓度就会在反应之后降至很低的程度。由于完全预混燃烧在燃烧前已完成了燃气与过剩空气的均匀混合，可以在很大程度上保证每一个燃气分子周围都有充足的氧气分子存在，因此，即使较短的停留时间也可以保证 CO 的充分氧化，合理的设计可以做到在降低 NO_x 排放的同时保持低水

平的 CO 排放[3]。

6　结论

（1）试验指标的确定对数据分析结果的影响很大。合理确定污染物的综合评价指标很关键。

（2）影响完全预混燃烧 NO_x 与 CO 排放的主要因素为过剩空气系数、燃气种类与火孔热强度。其中过剩空气系数与燃气种类对 NO_x 排放的影响最大；而对于 CO 的排放，影响最大的是火孔热强度与过剩空气系数；综合考虑二者的排放情况，过剩空气系数的影响最大，是关键因素。相同情况下，液化石油气的 NO_x 与 CO 排放均高于天然气。

（3）冷却水温度 T 与火孔宽度 D 的作用主要是影响火焰的稳定范围，从而影响 α 与 q 的取值范围。其中，冷却水温度的变化（20～50℃）对 NO_x 与 CO 排放有一定影响，但不明显。如果增大冷却水温度的变化范围，这种影响可能会随之增大。由于火孔宽度的可变动范围本来就不大，加之实验中对火孔总面积的调整，没有体现出火孔宽度对 NO_x 与 CO 排放的影响。

（4）对于本次实验，各因素的最佳水平组合为：空气系数 $\alpha=1.45$、火孔热强度 $q=0.75W/mm^2$、火孔宽度 $D=1.3mm$、冷却水温 $T=30℃$、燃气种类为天然气。

（5）燃气完全预混燃烧方式本身具有低 NO_x 排放的诸多优点，如果加以合理利用，既环保又节能，可以开发出非常有前途的各种用具。但完全预混燃烧方式也有燃烧不易稳定的缺点，且 CO 的排放往往与 NO_x 排放成反比增长，如何在稳定燃烧的基础上同时降低 CO 和 NO_x 排放还需进行实验研究。

参考文献

[1]　徐鹏. 新型民用低污染燃气燃烧器的开发研究 [D]. 北京：北京建筑工程学院，2001

[2]　徐鹏，傅忠诚. 条缝式火孔预混燃烧稳定性的实验研究 [J]. 工业加热，2002 年，6 期

[3]　田胜元、萧日嵘. 实验设计与数据处理 [M]. 北京：中国建筑工业出版社，1988

[4]　同济大学等. 燃气燃烧与应用（第二版）[M]. 北京：中国建筑工业出版社，1988

[5]　吴翊等. 应用数理统计 [M]. 长沙：国防科技大学出版社，1995

功能性蜂窝式多孔红外陶瓷燃烧板研究[*]

刘艳春[1]，曾令可[2]，任雪潭[2]，王　慧[2]

（1. 广州市红日燃具有限公司，2. 华南理工大学材料学院）

摘　要：本文针对红外燃气燃烧器的特点，对其关键部件多孔陶瓷燃烧板从性能和设计要求，生产制备的整个工艺流程等方面进行了论述，并介绍了其在实际中的一些应用。

关键词：红外；热压铸；多孔陶瓷燃烧板

1　引言

20 世纪初期，富兰克林研究所的鲍恩（Bone）开始致力于表面燃烧的研究，他发现当燃气与空气混合气以足够的压力从耐火材料的小孔中喷出时，会在小孔内猛烈燃烧，使耐火材料呈现炽热状态，但表面没有明显火焰，多孔陶瓷板燃气红外线燃烧器就是这种燃烧的具体应用。

多孔陶瓷板是燃气红外加热器的核心部件。它以热辐射的方式加热物体，由于辐射加热具有很多独特的优异性能，且一般陶瓷材料的热辐射率都比较高，所以这种多孔陶瓷板红外加热器与传统的燃烧器相比，具有加热效率高、产品加工性能好和极低的 NO_x 生成率等优点，国外在生产上已有广泛的应用，国内已用在家用煤气灶上。从发展上看，这种多孔陶瓷板红外加热器其有十分广阔的应用和发展前景。

2　多孔陶瓷燃烧板的性能及设计要求

多孔陶瓷板的结构形式一方面决定了辐射器燃烧温度的分布情况，以及辐射能力的大小，另一方面对辐射器的稳定燃烧起主要作用，因此辐射器对多孔陶瓷板的形状、质量有一定的要求，即对多孔陶瓷板的材料、配方、成型工艺，有一定的要求：

（1）要求严格控制多孔陶瓷板的导热系数

由于一般陶瓷材料的导热系数约为 $1.03 \sim 1.96 W/(m \cdot K)$，但这对辐射器的稳定性来讲，一般陶瓷材料的导热系数已经过大，从而维持不了稳定的燃烧，所以在多孔陶瓷板的配方设计中，除了适当选择多种陶瓷材料相配合外，还要在配料中加入适量的烧失剂，以便在多孔陶瓷板成型后，在高温烧结时，留下许多微细的小空隙，达到降低多孔陶瓷板导热系数的目的。根据实验，多孔陶瓷板的导热系数小于 $0.58 W/(m \cdot K)$，即可保证辐射器稳定的燃烧。

---

* 选自中国土木工程学会燃气分会应用专业委员会 2006 年会论文集 p116-p121

（2）多孔陶瓷的孔道及结构

为了保证辐射器稳定的燃烧，除了要保持多孔陶瓷板材料有一定的导热系数外，多孔陶瓷板上的焰道直径，焰道数及孔的结构形式如圆形、方形、三角形、六边形等都必须根据所用的燃料成分、性质控制在一定的范围之内。同时为了保持辐射器具有一定的热负荷，即要求多孔陶瓷板容许足够的燃气-空气混合物通过。因此多孔陶瓷板上的焰道，尺寸既小，而且排列必须很紧密，即约在 65mm×45mm 的面积上，要均匀地布置上千个焰道，这就对多孔陶瓷板的成型工艺提出了较高的要求。

（3）要求多孔陶瓷板有一定的机械强度，并且有良好的耐急冷急热性能

由于多孔陶瓷板的机械强度与多孔陶瓷板的容重有关，容重愈大，强度也愈大，但此时导热系数也随之增加。因此多孔陶瓷板的机械强度与导热系数是相互矛盾的，既需要保持导热系数在一定的范围内，又要具有足够的机械强度。据实践经验，要测试其强度，一般将烧成后的多孔陶瓷板搭放在压力机上，当跨距为 40mm 的间距时，能承受 $8kg/cm^2$ 的压力为合格。

（4）要有足够的辐射强度

辐射强度与多孔陶瓷板的头部表面温度有关，而头部表面温度又与通过多孔陶瓷板焰道的煤气-空气混合物流量成正比（在一定范围之内），所以焰道的阻力愈小，则燃气-空气混合物流量愈大，即希望焰道尺寸尽可能大些，焰道短一些，也就是希望多孔陶瓷板薄一些。但是由于焰道尺寸受气源的限制，不能任意增大；多孔陶瓷板薄了，坯体机械强度将会降低；同时多孔陶瓷板的热阻也将减小，所有这些，都限制了燃气-空气混合物的增加，也限制了辐射强度的增大。只能在工艺上允许的范围内，尽可能地增加焰道数量，并尽可能地使用较高压力的气源。另外多孔陶瓷板外表面的粗糙度与表面性质及色彩，对辐射强度也有影响，可以涂以辐射能力大的涂料，以加强辐射强度。

为了满足上述要求，必须对陶瓷原材料的成分、性质、陶瓷配料的粒径、泥料的调制方法和制品的模制方法、多孔陶瓷板的尺寸、形状、表面涂料、焙烧条件和温度等各方面进行适当的选择和配合。在选择陶瓷原材料时，还必须注意陶瓷原材料的总收缩率要小，泥料要具有一定的可塑性，陶瓷原材料的碾碎程度不应超过焰道之间厚度的 1/10。

3 多孔陶瓷燃烧板制备技术

目前，用于多孔陶瓷燃烧板的制备方法主要有两种，即热压铸法和挤压法。热压铸法可以生产不同形状和尺寸精确的产品，缺点是生产周期比较长，生产效率较低，挤压法虽然生产效率高，但难以生产圆孔的产品，现在只能生产方孔、三角孔和六边形孔的产品，且模具昂贵，生产时模具磨损较大。

3.1 热压铸成形

（1）热压铸成形的工艺控制

热压铸成形是工业陶瓷生产中普遍采用的成形方法之一，广泛用于以矿物质、氧化物、氮化物等为原料的陶瓷生产中。采用该方法不仅可成形精确尺寸的复杂形状制品，而且操作方便，生产效率高。

其原理是：将含蜡料浆加热熔化，使其达到一定流动性。将配置好的含蜡料浆置于热

压铸机盛浆桶内，用压缩空气将桶内料浆压入金属模具内，根据产品形状及大小保压一段时间后去掉压力，蜡浆便在模具内迅速凝固而成形，随即脱模取坯，将取出的坯体排蜡，最后烧结成制品。热压铸蜡浆的制备工艺如图 1 所示。

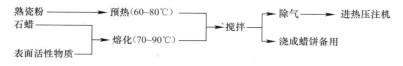

图 1　热压铸蜡浆制备工艺过程

熟瓷粉是经预先煅烧的瓷粉，使用熟料的目的一是为了提高料浆流动性；二是减少瓷件的收缩和变形。实际上，热压注坯料的含水量应小于 0.5%，否则浆料流动性会很差，甚至难于成形。粉料要用干球磨粉碎至 0.5% 以下万孔筛余，先预热至 60～80℃，再与熔融石蜡混合，否则粉料因过冷易凝结成块，难以搅拌均匀。

石蜡有受热熔化和遇冷凝固的特性。其熔点为 50～58℃，冷却后有 5%～7% 的体积收缩，与粉料配制成蜡浆后其冷却收缩率为 1% 左右，有利于脱模。

在制备料浆时，通常还要加入表面活性剂，加入表面活性剂的目的是减少石蜡用量，提高浆料流动性和稳定性。常用的表面活性剂有：油酸、蜂蜡、硬脂酸、动植物油等。

浆料的黏度至关重要，黏度小，流动性好，可铸性高，成形性能好。降低黏度的方法如下：提高石蜡及表面活性剂含量（但含量过高会提高瓷件收缩率、气孔率．加大排蜡难度），降低熟粉料的含水率，提高粉料煅烧温度和颗粒度（但过高的粒度会影响浆料稳定性）。

成形压力根据浆料的黏度和模具的特点，一般控制在 0.3～0.5MPa，浆料温度为 60～80℃；模具温度为 10～35℃；压力持续时间为 3～5s。热压铸浆料在模具内成型过程中与成型的时间关系如图 2 所示。

图 2　热压铸料在模具中充浆过程和充浆时间的长短关系

（图中从右至左充浆时间分别为 1s，2s，3s）

从图 2 可以看出，随着充浆时间的增加，坯体的致密程度逐渐增大，其中充浆时间为 1s 的坯体不完整，说明时间太短，蜡浆未能充满整个模腔。充浆时间为 2s 的坯体局部有缺花现象，只有充浆时间为 3s 的坯体比较致密。根据实践经验，充浆时间再延长，坯体的致密度基本上没有变化，但生产效率就会下降，因此比较合理的时间为 3～5s。

（2）排蜡及烧成

热压铸成形后的坯体内含有大量石蜡等胶粘剂，只有将其逐渐排除后才能烧成，否则就会由于石蜡的大量熔化、分解和挥发而导致坯体变形和开裂。

排蜡时应把坯体埋于吸附剂中，随着温度逐步升高，石蜡熔化并由于吸附剂的毛细管作用而逐渐迁移到吸附剂中，进而蒸发排出。通常使用的吸附剂有石英粉、滑石粉、氧化铝粉等。煅烧温度及细度的提高均可提高吸附剂的吸附能力。

排蜡时的升温速度和保温时间十分重要，如升温过快，会造成坯体变形、起泡、开裂现象。排蜡过程如下：

室温～100℃是石蜡熔化阶段。

升温速度以10℃/h为宜。充分保温是为了使整个坯体受热均匀和石蜡缓慢熔化，并开始液态排蜡，这个阶段升温不能过快，否则液态排蜡过程太快会导致流蜡及坯体变形等缺陷。

100～160℃是液态石蜡向吸附剂渗透和迁移阶段。

160～300℃是吸附剂表面石蜡蒸发阶段。

这两个阶段的升温速度宜控制在10～30℃/h，并应在200℃和300℃充分保温，并加强通风，在这两个阶段升温同样不能太快，否则会导致制品开裂和起泡等缺陷的产生，更有甚者会产生燃蜡现象。

300～600℃是烧除剩余胶粘剂阶段，此时升温速度可稍快些。

600～1100℃是提高坯体强度阶段。此阶段升温速度可相对稍快些。

1100～1250℃，该阶段时间相对较长，升温缓慢，以使反应能够充分进行，在达到最高烧成温度后保温1个小时，然后自然冷却，最后制品出窑，再经过相应的后序处理，成为合格的产品。

3.2 挤压成形

采用挤压成形，必须在主原料中加入各种添加剂来提高泥坯的可塑性和流动性。添加剂包括水溶性和非水溶性两大类。主要有：胶粘剂、增塑剂、解胶剂、润滑剂、润湿剂等。此外，还有保水剂、螯合剂、静电防止剂、保护胶体剂和表面活性剂等。目前大都采用淀粉、羧甲基纤维素、聚乙烯醇作为胶粘剂，桐油、硬脂酸等作润滑剂，甘油作增塑剂。

以水溶性胶粘剂为例，将水78%、羧甲基纤维素12%、蜡乳浊液7%、硬脂酸3%、甘油3%搅拌均匀后，与挤出蜂窝陶瓷粉料70%～75%充分混练，经陈腐、过滤杂质后即可挤出。对水系较难挤出的粉料，可加入适量蜡、聚乙烯、醋酸乙烯树脂、增塑剂、润滑剂等作为胶粘剂。

由于蜂窝陶瓷的蜂巢结构由模具的形状所决定，模具的设计和制造是蜂窝陶瓷生产的关键。挤出模具一般用45号钢或模具钢制造。在挤出成形前需对泥料进行过滤净化和预均化处理。图3为挤压成形模芯结构的示意图。

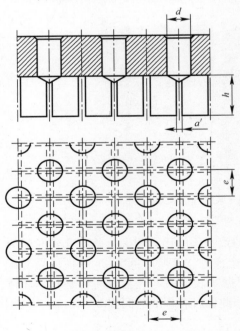

图3　挤压成形模芯结构示意图

一件整体模芯分为两个层面，一是导泥孔层面，二是出料槽层面。导泥孔的中心与出料槽的中心线应保证同心。导泥孔的排布方式、出料槽间的中心距 e，出料槽宽度 a，导泥孔孔径 d 等结构参数，这些需要根据所生产的蜂窝陶瓷载体的开孔密度、壁厚、材料收缩率及选择的供泥料的成分、颗粒度大小及含水率等来确定。另外对模芯的厚度、导泥孔的深度则应视载体大小及模具的强度等而确定。

4 多孔陶瓷燃烧板的应用

多孔陶瓷燃烧板用于燃气灶具，具有热效率高、燃烧烟气中的有害物质（CO 含量与 NO_x 含量）低、干净卫生、安全性能好等优点。红外线家用燃气灶具产品的燃烧热能主要由辐射能和对流热能两部分组成，辐射能约占 50%～60%；大气式灶具产品的燃烧热能主要是对流热能，辐射能仅占极少的一部分。由于辐射的传热特点，对于被加热物质，如水，具有很强的穿透性，其热量很容易被加热物体所吸收，故具有热效率、节约能源的优点。对流传热是通过对流热（热空气、火焰）与被加热物体间的温差、停留时间来进行的，由于其停留时间短，其对流热有大量被耗费掉，使得器具所接收的热量大为减少，故热效率低。实践表明，红外线家用燃气灶具产品的热效率约比普通大气式灶具产品高20%，即可节能约 20%。

由于红外线燃气燃烧器的燃烧在辐射板的表面进行，无可见火焰，在加热物体时无燃烧火焰接触被加热器具，不会出现大气式灶具的火焰遇冷而出现的析碳现象，即不会出现熏黑锅的现象，可保持对厨房和被加热器具的干净，是卫生洁净的燃具。另外红外线燃气燃烧器的燃烧在辐射板的表面进行，无可见火焰，燃烧辐射板面积大、火孔多，其燃烧是在紧贴于燃烧辐射板的内表面进行，当风吹过时无火焰可被吹脱离，而且灼热的辐射板表面可使燃气随机点燃，故具有优越的抗风性能，其抵抗风速的能力是大气式灶具的 3 倍或以上。红外线燃烧器的火孔数是大气式灶具的 100 倍左右，远比大气式多，不但具有很大的辐射面，而且由于蜂窝孔小而密，滚热的汤水不容易流进，当出现被汤水所淋的情况时，其大的燃烧面不易被全部淋熄，而灼热的燃烧面可迅速恢复其燃烧，确保其燃烧的正常进行，具有很强的抗汤水淋熄能力。

辐射干燥主要是红外辐射干燥。红外线即热射线，是以辐射形式直接传播的电磁波。当红外线照射到某一物体时，一部分被吸收，一部分被反射，吸收的那一部分能量就转化为分子的热运动，使物体温度升高，达到加热干燥的目的。由化学键连接的物体分子就像用弹簧连接的小球一样，不断地以本身固有的频率进行伸缩振动和变角振动。如果入射的红外线频率和分子固有频率相符，则物质分子就会表现出对红外线的强烈吸收。红外线具有一定的穿透能力，可以穿透物料表面层到一定深度，从内部加热物料。

多孔陶瓷红外燃烧板用来干燥就具有非常良好的效果，在农副业方面，可以进行粮食烘干、蔬菜脱水、种子干燥等，在食品加工业，用来对茶叶、水果脱水干燥，糕点烘烤，花生瓜子炒熟等。造纸业则用来进行纸张和纸浆的干燥，木材加工业的木材烘干，胶合板的干燥，纺织业棉纱脱水，人造纤维热定型，羽绒烘干，染色预烘，机电工业、家用电器工业设备表面涂饰油漆的干燥固化，化工工业试剂干燥，合成橡胶热处理，聚合材料的加热，药业中药饮片及药剂的干燥，玻璃工业中玻璃的加热、整形、退火等都可以用多孔陶瓷红外热辐射器进行热处理。

多孔陶瓷红外加热器还可用于室内取暖和烧烤等，在节能成为主题的今天，其必将有更广阔的应用前景。图 4 展示了红外加热器在工业和日常生活中的一些应用。

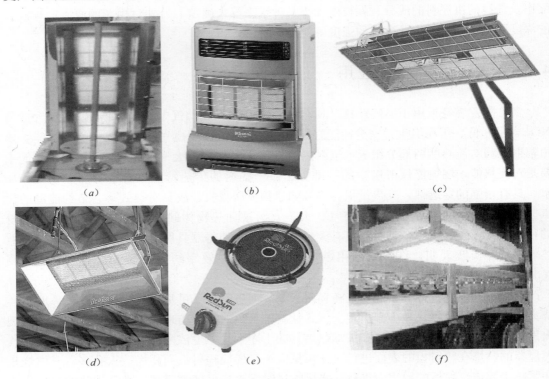

(a)　　　　　　　　　　(b)　　　　　　　　　　(c)

(d)　　　　　　　　　　(e)　　　　　　　　　　(f)

图 4　工业红外线连续干燥设备

(a) 立式陶瓷红外烧烤炉；(b) 移动式陶瓷红外取暖器；(c) 壁挂式燃气陶瓷红外取暖器图；
(d) 悬挂式燃气陶瓷红外取暖器；(e) 燃气陶瓷红外火锅炉；(f) 工业红外线连续干燥设备

参考文献

[1]　刘富德. 蜂窝陶瓷的制备、性能及其应用 [J]. 佛山陶瓷. 1999，9（5）：33～35
[2]　邓重宁. 600 孔/in² 蜂窝陶瓷载体挤压成形模具 [J]. 陶瓷. 2001，4：40～41
[3]　张昂. 热压注产品生产工艺特点. 河北陶瓷 [J]. 1998，26（4）：30～34
[4]　章静. 多孔陶瓷板红外线燃烧器的着火过程 [J]. 煤气与热力. 2001，21（6）：515～517
[5]　赵士滨. 家用燃气具的使用与维修 [M]. 广州：广东科技出版社，2000
[6]　傅忠诚. 燃气燃烧新装置 [M]. 北京：中国建筑工业出版社，1982
[7]　卢为开等. 远红外辐射加热技术 [M]. 上海：上海科学技术出版社，1983
[8]　张帆. 燃气红外辐射器在干燥工艺中的应用 [J]. 煤气与热力. 2000，20（3）：184～186

催化无焰燃烧技术及其应用[*]

陈水辉[2]，刘艳春[1]，张全胜[2]

（1. 广州市红日燃具有限公司；2. 广州锐得森特种陶瓷科技有限公司）

摘　要： 本文综述了近年来催化无焰燃烧技术的要求与特点、研究热点、发展方向及其主要应用状况。

关键词： 无焰燃烧；催化燃烧；催化剂

1　引言

在能源领域，催化燃烧是指石油、煤、天然气等燃料在催化剂的作用下发生完全氧化反应，其中可燃气体的燃烧又叫催化无焰燃烧[1]。它有许多传统燃烧方式所不能比拟的优势：（1）由于传统燃烧方式多为有焰燃烧，所释放出来的热量被利用率低；（2）传统燃烧条件下，燃料难以得到充分燃烧，这势必造成能源的浪费；（3）传统燃烧方式的火焰温度高，易使空气中的氧气与氮气发生相互作用生成 NO_x，对环境造成污染。从环保角度讲，催化燃烧是指可挥发性有机物（VOC_s）或无机废气在催化剂的作用下发生完全氧化反应，转化为无毒无害的无机气体（二氧化碳、水蒸气、N_2 等）。

催化燃烧可以使燃料在较低的温度下实现完全燃烧，是一种无焰燃烧，所以催化燃烧可以使燃料得到充分利用，也是一个环境友好的过程，无论是从能源利用角度还是从环境保护角度考虑，其技术进步均有重要意义。对汽车行业而言，催化燃烧研究的兴起又是一场科技革命。目前，很多国家都面临环境污染和能源短缺两大问题。源于采油、采煤、有机化工过程和汽车尾气中的有机废物若不加处理直接排放到大气中，不仅严重污染环境，而且造成极大的能源浪费。

我国每年由采煤过程排入大气中的甲烷就有 5800 万 m^3（标准状态）[2]。如能加以利用，既可回收能源，又可避免对环境造成污染。研究表明，催化燃烧法由于起燃温度低，去除率高，燃烧缓和，适应氧浓度范围大，且无二次污染，是目前国内外治理有机废气、回收利用能源最有效的方法之一。媒体已有开发成功投入实际应用的报道[3-4]。

高温催化燃烧的关键在于耐高温催化材料的选择，目前用于催化燃烧的催化剂中均含有来源有限、价格昂贵的贵金属 Pd 和 Pt[5-7]，应用受到很到限制。因此，寻找来源丰富、价格低廉、性能相当的非贵金属催化剂，以替代传统的贵金属催化剂用于催化燃烧过程已引起人们的极大兴趣。

---

* 选自中国土木工程学会燃气分会应用专业委员会 2007 年会论文集 p167-p172

2 催化无焰燃烧技术的产生及发展概况

催化无焰燃烧是指可燃物在固体催化剂表面上进行的燃烧，1916年前后，由法国的M. L. Lumier和J. Herck发明，他们首次使汽油在低温下进行无焰燃烧。1963年德国人Zin gel发表了以液化石油气为燃料的催化燃烧器在工业上应用的报告。同年美国燃气协会（AGA）提出扩散式及预混式两种催化燃烧器的基本结构。1969年法国已经制定了各种催化燃烧加热器的国家标准，1979年携带式催化燃烧加热器已经相当普及，其表面温度在400~500℃，催化燃烧转化率接近100%。1973年美国环境保护厅（E. P. A）发表了关于以汽油和液化石油气为燃料的催化燃烧器的燃烧特性和排烟特性，并指出催化燃烧烟气中NO_x含量比有焰燃烧低。1975年英国煤气公司（BGC）进行了天然气催化燃烧器的研究，试验了不同类的催化剂，热负荷为$0.8~2.5kcal/(cm^2 \cdot h)$，甲烷的转化率最高达到95.5%。日本在20世纪70年代研究了以轻质汽油为燃料的催化燃烧怀炉，以丁烷为燃料的携带式烙铁等。特别是进入20世纪90年代以后，出现了环境催化技术的大发展，例如，催化燃烧消除氮氧化物（NO_x）、硫氧化物（SO_x）、可挥发性有机组分（VOCs）等，汽油车排气催化净化性能的提高和柴油车排气及黑烟微粒的催化消除，氯氟烃类（CFCs）的催化分解和催化合成代用品，CO_2的催化合成利用、催化传感器、燃料电池以及臭氧在低层大气中的催化消除等[8]。催化技术在解决当前国际上普遍关心的地球环境问题和能源危机问题上发挥着重要的作用，并且催化研究也将从最初的"以获取有用物质为目的的石油化工催化"的时期，逐渐地转向了"以消除有害物质为目的的新的能源环保催化"时期。

3 催化无焰燃烧研究现状

目前，对催化无焰燃烧的研究主要集中在甲烷燃烧催化剂的开发、甲烷无焰燃烧工艺的开发[9-14]，汽车尾气处理催化剂和工艺的研发[15-16]，可挥发性有机物（VOCs）的去除[17-18]3个方面。

首先，随着人们对环境污染和能源短缺问题的日益重视，天然气以储量丰富价格低廉、使用方便、污染小、热效率高等优点，被认为是目前最清洁的能源之一，但由于其主要成分甲烷的燃烧温度很高（1600℃），天然气在空气中燃烧产物NO_x、CO等也可造成环境污染。催化燃烧被认为是解决这一问题最有效的途径，因此，甲烷的催化无焰燃烧也成为当今研究的热点[19]。

其次，汽车尾气造成了严重的环境污染也是举世瞩目的，目前处理汽车尾气污染的有效手段是利用三元催化净化器来促进尾气中的有害物质CO、碳氢化合物（HC）与NO_x的转化。发展以钯为主或以少量钯为活性组分，添加高效稀土氧化物、过渡金属氧化物或碱土金属氧化物为助剂的新型单钯催化剂、过渡金属型或稀土钙钛矿型催化剂是未来三效催化剂的发展方向，以纳米级活性组分制备的三效催化剂由于粒径小、分散均匀、分散度高，表现出较高的净化效率与稳定的催化活性，值得关注。研究新型蜂窝状陶瓷载体与金属载体，有助于开发出性能优异的三效催化剂[16]。

目前，世界上已经应用和正在开发的 VOCs 脱除技术主要有吸附法、冷凝法、吸收法、生物处理技术、膜分离技术、光催化、直接燃烧法、催化燃烧法和等离子体技术等。吸附法去除效率低、运行费用高而且易产生二次污染；冷凝法在理论上可以达到较高的净化处理程度，但若要将有害物质含量控制在百万分之几，则所需要的费用昂贵；吸收法适用于浓度较高、温度较低的 VOCs 的处理；生物处理、膜分离和光催化技术现在大多处于研发阶段；直接燃烧法只适合处理可燃性 VOCs 含量较高的废气。催化燃烧是发生在催化剂表面，可使废气中有害可燃组分完全氧化为 CO_2 和 H_2O。催化燃烧技术自问世以来，由于比热力燃烧具有更低的操作温度和可以在很低的浓度下进行操作，使之成为目前最有前景的 VOCs 处理方法[18]。

4 催化燃烧机理及其对催化剂的要求

催化燃烧是典型的气-固相催化反应，催化燃烧的实质是，空气中的氧气被催化剂中的活性组分所活化，当活性氧与反应物分子接触时发生了能量的传递，反应物分子随之被活化，从而加快了氧化反应的反应速率[20]。它借助催化剂降低了反应的活化能，使其在较低的起燃温度 200～300℃下进行无焰燃烧，有机物质氧化发生在固体催化剂表面，同时产生 CO_2 和 H_2O，并释放大量的热量，因其氧化反应温度低，所以大大地抑制了高温 NO_x 的生成。而且由于催化剂的选择性催化作用，有可能限制燃料中含氮化合物（RNH）的氧化过程，使其多数形成分子氮（N_2）。

目前国内外研究的无焰燃烧催化剂基本上有两大类：一类为贵金属催化剂，这类催化剂的活性和稳定性好，技术较为成熟，但由于贵金属价格高，资源短缺，其产业化受到很大限制；另一类为非金属催化剂，主要集中在过渡金属氧化物催化剂、复氧化物催化剂（钙钛型复氧化物和尖晶石型复氧化物）的研究。寻找来源丰富、价格低廉、性能相当的非贵金属催化剂，以替代传统的贵金属催化剂用于催化燃烧过程已成为了研究的一个重要方向。

催化燃烧对催化剂的基本要求是：既能抑制烧结、保持活性物质具有较大的比表面积及良好的热稳定性，又要具有一定的活性，可起到催化剂活性组分或助催化剂的作用。这在某种程度上是互相矛盾的，因为研究已经证明氧化物的活性和热稳定性成反比。同时需有高的机械强度以及对燃料中所含毒素有高的耐腐蚀性。可能的解决途径是筛选和制备出一种耐高温、比表面大的氧化物为基体，并引入在高温下有较强活性组分的复合型氧化物来满足上述似乎互为矛盾要求的载体。这样使得高温燃烧催化剂同时具有良好活性及耐热性。目前，钙钛矿型稀土复合氧化物（PTO）被认为是较具发展前景的无焰燃烧催化剂。PTO 可表示为 ABO_3，A 为稀土离子，B 为过渡元素离子；其 A 位和 B 位离子可被其他金属离子部分取代。对形成 PTO 的金属离子，要求满足 t 大于 0.75 而小于或等于 1；此处 $t = (r_A + r_B)/2^{1/2}(r_B + r_O)$，其中 r_A，r_B 和 r_O 分别为 A 位、B 位和氧离子的半径。理想的 PTO 为立方晶型，但随 A 位和 B 位离子的变化及取代离子的种和含量的不同其晶型会发生相应的畸变，并可形成氧空位。PTO 中存在的氧空位使得 PTO 具有传递氧和储存氧的能力；PTO 中 A 和 B 位离可调变使得大量种类的金属离子可被固定在其晶格中；PTO 特定的晶结构使其具有良好的热稳定性和耐化学腐蚀性。PTO 的这些特点使它无机材料和催化中有巨大的应用前景，受到了广泛的关注[21]。

5　催化燃烧技术应用

催化燃烧对于改善燃烧过程，降低反应温度，促进完全燃烧，抑制有毒有害物质的形成等方面有着极为重要的作用，具备了节能与环保两大功效，已广泛地应用在了工业生产与日常生活的诸多方面。其中，主要应用有：干燥、供暖、加热、尾气处理4个方面。

（1）干燥

催化燃烧辐射的红外线波穿透性强，传播速度快。它能穿透相当厚的物体，如四层粗布、五层胶片、7mm厚的新鲜面包、5mm厚的石英砂等。因此，用催化无焰燃烧进行物料的辐射干燥、其特点是表面与内部干燥同时进行、干燥速度快。广泛应用于涂层、喷漆、纤维织品、木材、树脂等的干燥。如木材蒸汽、烟气加热进行干燥时，由于表面干燥快、内部干燥慢（表面干燥以对流传热为主、内部以导热为主），致使木材变形，而采用催化燃烧红外线干燥，依靠辐射传热，表面干燥速度与内部干燥速度相差不大，可以防止木材受热不均造成变形。催化无焰燃烧的另一特点是干燥过程没有由于加热过程引起空气对流，不扬起灰尘，这一点在摄影胶片和涂层时特别重要。催化燃烧用于有有机溶剂产生的工艺时，由于温度低，不会引起爆炸。这对涂料的干燥特别重要。

（2）供暖

用催化无焰燃烧器进行供暖，属于低温辐射供暖，其主要特点是：低温辐射极为温和，给人以柔和的舒适感；不加热空气介质，避免了造成空气对流而将灰尘带起；局部供暖，热损失小。由于上述的特点，催化无焰燃烧器是室内采暖的良好方法。它亦可以用于有易燃物品房间供暖。由于燃烧完全，不排放污染物，可用于帐篷、野营活动住宅及其他新鲜空气循环受到限制的场所的供暖，也可以用于室外作业、露天作业人员的取暖。

（3）加热

催化无焰燃烧用于加热主要有三个方面：第一，家用天然气催化燃烧热水器将催化燃烧技术应用于家用热水器已基本研制成功。其催化剂是以 Fe_2O_3、CO_3O_4、MnO_2 为活性组分，Al_2O_3 为载体，催化剂被制成浆液，涂覆在适用于家用热水器燃烧室大小的整体式董青石蜂窝陶瓷上。实验测试表明，在热交换器没有充分吸热的情况下，其热效率已达83.15%，超过了国家标准（$\eta \geqslant 80\%$）；另外，NO_x 的排放量的体积分数仅为 24×10^{-6}，低于国家标准（$< 80 \times 10^{-6}$），CO 含量为 0.02%，达到国家标准（0.02%）[22]。第二，燃气催化无焰燃烧红外线燃气灶。广州市红日燃具公司已成功研制出属于我国的燃气催化无焰燃烧燃气灶。该燃烧灶改变了普通灶具的结构，使空气与燃气充分、均匀混合，加快了燃烧速度。其优势体现为：一是高效节能，节能25%~40%以上；二是节时，使用时灶面温度高达 900~1000℃，比普通炉具节时 45%~55%以上；三是卫生，因其燃烧充分，炉灶底不会出现黑色，并解除了厨房的胶状物；四是 CO 排放量低。第三，红外线烧烤炉。红外线烧烤炉的核心部件是以蜂窝陶瓷为第一载体、$\gamma\text{-}Al_2O_3$ 为第二载体、钙钛矿稀土金属复合物为催化剂组成的催化无焰燃烧器，利用该燃烧器烧烤食物时，由于不存在对流传热、不会卷起空气中的各种粉尘对食品造成污染。另外，加热属于辐射传热，食品内外受热较均匀、不会出现局部过热烧焦而内部尚未烤熟的现象。

（4）尾气处理

目前，广州市红日燃具有限公司已经成功开发出以蜂窝陶瓷为第一载体、$\gamma\text{-}Al_2O_3$ 为第二载体的汽车尾气处理装置。尾气处理主要包括两个方面：汽车尾气和工业 VOCs 的去除。第一，汽车尾气催化净化剂其应用原理是在汽车排气管尾部安装催化转化器，在精确空燃比（$A/F = 14.7 \pm 0.1$）的条件下，CO、HC 和 NO_x 借助燃烧催化剂的作用，发生氧化还原反应而转化为无毒的 CO_2、H_2O 和 N_2。所用催化剂为通常所说的三效催化剂，既有把 NO_x 还原的功能，同时又有把 CO 和烃类氧化的功能。目前所用 TWC 的活性组分基本上是 Pt、Rh 混合物，或是将 Pt 沉积在高比表面积的 Al_2O_3 上。在大量过剩氧气的存在下，具备原位 NO_x 还原能力催化剂的发展，是对于下一代燃油经济型发动机的最大挑战。如果这一点能够得到顺利实现，商业化的发动机可以节约燃油 25% 以上。汽车制造商开发的部分杂合贫燃发动机，是将在贫油状态下产生的 NO_x 储存在内置于 TWC 中的一种碱土金属氧化物（如 BaO）中，周期地快速强化空气-燃油比，将储存的 NO_x 在 TWC 上还原。其基本要求为必须使用含硫量低的燃油，以防止 SO_x 吸附于催化剂上而导致催化剂的活性中心中毒。随着新材料的应用，以及低硫含量（$< 50 \mu g/g$）汽油、液化天然气、乙醇等清洁替代燃料的推广生产和使用，这种技术在 21 世纪具有强大的市场前景[23]。第二，处理有机废气（VOCs）。用传统的焚烧法（也叫直接燃烧法）只能用于处理高浓度 VOCs 的处理，而且由于温度高容易产生 NO_x 和 CO 等二次污染物。催化燃烧用于处理 VOCs 主要特点有：（1）起燃温度低，节省能源，采用催化无焰燃烧工艺，具有起燃温度低，能耗小的显著特点。在某些情况下，达到起燃温度后便无须外界供热。（2）适用范围广，催化燃烧几乎可以处理所有的烃类有机废气及恶臭气体，即它适用于浓度范围广、成分复杂的各种有机废气处理。对于有机化工、涂料、绝缘材料等行业排放的低浓度、多成分，又没有回收价值的废气，采用吸附-催化燃烧法的处理效果更好；（3）处理效率高，无二次污染，用催化燃烧法处理有机废气的净化率一般都在 95% 以上，最终产物为无害的 CO_2 和 H_2O（杂原子有机化合物还有其他燃烧产物），因此，无二次污染问题。此外，由于温度低，能大量减少 NO_x 的生成。因此，催化燃烧处理有机废气具备明显的优势。

广州市红日燃具有限公司和广州锐得森特种陶瓷科技有限公司以制造节能、环保产品为宗旨，利用自身二十多年在多孔陶瓷领域、燃烧技术领域、机械设计领域的积累技术，结合了华南理工大学陶瓷材料研究团队和催化剂设计团队的最新的技术成果，成功地开发出多种催化无焰燃烧器，包括以下产品，一、以陶瓷纤维为载体催化无焰燃烧器，该燃烧器不仅可以用于家用取暖炉、烧烤炉、燃气灶，还可以用于各种工业用干燥设备（如汽车涂层的干燥设施）、室内外人员或者设备的取暖装置、易燃易爆工业品的加热设施等；二、以蜂窝陶瓷为载体的燃气催化无焰燃烧器，该燃烧器已被广泛用于红外线燃气灶、燃气热水器、卡式炉、烧烤炉、取暖炉等领域；三、以高孔密度蜂窝陶瓷为载体的三效催化反应器，主要用于汽车尾气催化净化、工业废气的催化燃烧处理。其中大部分产品已经投放市场，取得了较好的经济效益，我国的节能、环保事业做出了一定的贡献。

6　结语

催化无焰燃烧不但可以使燃料得到充分利用，而且无论是从能源利用角度还是从环境保护角度考虑，其技术进步都具有重要意义。对催化燃烧技术的研究不应只停留在理论及实验室水平上，应加大产品开发力度，走进人们的生活，走进家庭，如家电用环保催化剂、烹调器用自净化催化剂、光催化氧化净化剂[25-26]、催化燃料电池等的应用，使得现代人在享受物质文明的同时，又担负着消除污染、节约能源、净化环境的职责。随着催化科学技术的发展，催化无焰燃烧技术也必将在能源与环境产业中发挥更大的作用。

参考文献

[1] 傅忠诚，薛世达，李振鸣. 燃气燃烧新装置. 北京：中国建筑工业出版社，1984

[2] 张绍强. 一种高效清洁燃料——煤矿瓦斯 [J]. 中国能源，1990 (4)：33

[3] 袁贤鑫，罗孟飞. HPA-8 型催化剂——低 O_2 浓度完全氧化活性的研究 [J]. 环境化学，1993，12 (3)：200

[4] Trimm D. L. Catalytic combustion [J]. Appl. Catal.，1983，7 (3)：249

[5] Piyasan P.. Effect of organic solvents on the thermal stability of porous silica-modified alumina powders prepared via one pot solvothermal synthesis [J]. Inorganic chemistry communications，2000 (3)：671.

[6] Courty P. R.，Chauvel A.. Catalysis，the turntable for a clean future [J]. Catal. Today，1996，29 (1-4)：3

[7] 王幸宜，卢冠忠. 铜，锰氧化物的表面过剩氧及其甲苯催化燃烧活性 [J]. 催化学报，1994，15 (2)：103

[8] 林培琰，伏义路. 环境催化——大气污染控制和预防的化学 [J]. 自然杂志，1995，18 (3)：131

[9] Farrauto R. J.，Lampert J. K.，Hobson M. C.，Waterman E. M.. Thermal decomposition and retormation of PdO catalysts：support effects [J]. Applied Catalysis B：Environmental，1995，6：263-270

[10] Christian A. M.，Marek M.，Rene A. K，etc.. Combustion of Methane over Palladium/Zirconia Dericed from a Glassy Pd-Zr Alloy：Effect of Pd Particle Size on Catalytic Behavior [J]. Journal of Catalysis，1997，166：36-43

[11] Fujimoto K.，Ribeiro F. H.，Miguel A. B.，etc.. Structure and Reactivity of PdO_x/ZrO_2 Catalysts for Methane Oxidation at Low Temperatures [J]. Journal of Catalysis，1998，179：431-442

[12] 银凤翔，季生福，陈能展等. $Ce_{1-x}Cu_{2-x}/Al_2O_3$ 催化剂的制备及其甲烷催化燃烧性能 [J]. 化工学报，2006，57 (4)：744-750

[13] 刘成文，罗来涛，赵旭. $Ce_{1-x}Eu_xO_y$ 固熔体的制备及甲烷燃烧催化性能研究 [J]. 中国稀土学报，2006，24 (4)：429-433

[14] 李丽娜，陈耀强，龚茂初等. Fe_2O_3/YSZ-γ-Al_2O_3 催化剂在甲烷催化燃烧中的催化性能研究 [J]. 高等学校化学学报，2003，24 (12)：2235-2238

[15] 王绍梅，李惠云，袁小勇. 汽车尾气催化净化催化剂的研究进展 [J]. 安阳师范学院学报，2004，5：36-39

[16] 刘菊荣，宋绍富. 汽车尾气净化技术及催化剂的发展 [J]. 石油化工高等学校学报，2004，17 (1)：31-36

[17] 士利敏，储伟，陈慕华等. 挥发性有机化合物催化燃烧用铂基催化剂的研究进展 [J]. 现代化工，2006，26 (5)：24-28

[18] 李鹏，童志权. "三苯系" VOCs 催化燃烧催化剂的研究进展 [J]. 工业催化，2006，14 (8)：1-6

[19] 严河清，张甜，王鄂凤. 甲烷催化燃烧催化剂的研究进展 [J]. 武汉大学学报，2005，51 (2)：

161-166

[20] 范恩荣. 催化燃烧方法概况 [J]. 煤气与热力，1997，17 (4)：32-35

[21] 陈笃慧，杨乐夫. 含钐萤石型复氧化物的制备法及甲烷燃烧性能 [J]. 厦门大学学报，1997，36 (4)：570

[22] 向云，龚茂初等. 家用天然气催化燃烧热水器的研制 [J]. 化学研究与应用，2003，15 (2)：278-279

[23] 李雪辉，王乐夫. 环境友好催化技术发展趋势 [J]. 化工进展，2001，(6)：7-10

[24] 苏建华. 工业有机废气催化燃烧技术发展概况 [J]. 环境工程，1990，8 (4)：52-56

[25] Peng Feng, Chen Shuihui, Zhang Lei, etc.. Preparation of Visible-light Response Nano-sized ZnO Film and Its Photocatalytic Degradation to Methyl Orange [J]. Acta Physico - Chimica. Sinica. ，2005，21 (8)：944-948

[26] 陈水辉，彭峰. 具有可见光活性的光催化剂研究进展 [J]. 现代化工，2004，7：24-28

大负荷高效节能环保鼓风燃气红外线灶芯研究[*]

阳正东，郑文颖

（广州市煤气公司，广州 510060）

摘　要： 分析了国内 4 吋（100mm）大负荷商业燃气灶芯的状况和引发热交换效率低、烧热效率低、能源利用率低的原因，介绍了一种新型 4 吋大负荷高效节能环保鼓风燃气红外线灶芯的系统组成、红外线灶芯结构、提高红外线辐射的工作原理、烟气余热回收结构。

关键词： 红外线；中餐炒灶；节能灶芯

1　引言

国内宾馆、酒店和食堂对使用的燃气中餐炒菜灶蒸柜要求火力集中、炒锅底局部热强度高、加热速度快的特性。即炉灶应具有较大的热负荷。国内通常使用的商业 4 吋大负荷（≥40kW）鼓风式或板孔式灶芯（燃烧器），由于结构和传热方式等问题，大部分热量不能被有效利用，导致热效率较低。一般炒菜灶热效率≤20%，蒸柜热效率≤40%，能源浪费严重。单纯从灶具的结构方面改进，很难取得突破性进展。

近几年国际国内能源紧张价格飞涨，节能成为国家能源政策的主要导向，人们节能意识越发加强。2005 年以后，各种小口径大负荷高效节能商业中餐猛火灶芯相续出现。红外线技术开始得到了应用。但是 4 吋小口径灶芯热负荷超过 35kW 的红外线应用，至今未发现真正的商业产品。

本文介绍一种最新研发的 4 吋大负荷高效节能环保鼓风燃气红外线灶芯。也可以叠加在广泛使用的 4 吋燃气鼓风旋流、板孔式灶芯上，通过改造成为燃气红外线灶芯。此灶芯在保证燃烧功率满足中餐蒸炒的能力下，燃烧效率、节气率、烟气排放、工作噪声都得到了几乎成倍的提高和降低。获得国家知识产权局专利申请受理（申请号：200820047435.1）。以下就国内商业燃气灶芯的状况和红外线灶芯结构原理进行简要分析和介绍。

2　国内现状

2.1　国内小口径大负荷商业燃气灶芯的状况

国内普遍使用的小口径大负荷商业燃气灶芯大多以对流传热的鼓风旋流式蓝焰灶芯，是在国内 1995 年香港研发并由南方向北方宾馆、饭店推广使用的。由于该灶芯体积较小、

---

* 选自中国土木工程学会燃气分会应用专业委员会 2008 年会论文集 p158-p163

热负荷较大、制造成本低等特点成为至今被广泛使用的原因。但是，以对流传热是通过对流热（热空气、火焰）与被加热物体间的温差、停留时间来进行的，由于其停留时间短，加热物体受热面积小，其对流热大量被耗费掉，使得燃具所接收到的热量大为减少，故热效率低。

除传热方式影响外，还有因灶芯结构缺陷引发的以下问题：

（1）助燃鼓风与燃气混合不充分，燃烧不完全，燃烧效率较低

为使空气与燃气充分旋转混合，旋风灶芯设计思想：助燃鼓风和燃气分别从燃烧腔壁气孔及燃气旋流喷头孔斜向吹入燃烧室，边旋转混合边燃烧，喷射助燃风和燃气的斜孔中心线要于燃烧腔壁和燃气旋流喷头径向形成一定角度。由于加工铸件燃烧腔壁的斜孔费工费时难以加工，生产厂家大多改成了垂直孔。部分山东、京式、宁式燃烧腔体是用 1mm 左右的钢板或不锈钢板做成，无法作斜孔。使原设计的旋转射流兼有的旋转紊流运动、自由射流及绕流三大特点逊色许多，燃气混合效果大打折扣。另外，燃烧腔体深度不足。广式 ZZT2 和部分早期山东、京式、无锡式等 4 吋口径的鼓风旋流蓝焰灶芯成品，燃烧腔体深度在 30～60mm 之间较浅。风与燃气在燃烧腔体底部混合时间不足，燃烧时只有很薄的自由火焰，混合气体的传热不充分，化学反应在一个很窄的区域内进行，燃烧室的其他空间不发生化学反应，因此，燃烬度不足，燃烧不完全、燃烧效率较低、污染物排放量较高。

（2）实际操作中合适的空气与燃气比例难以实现，燃烧效率高的火焰形状不适合中餐炒菜灶和蒸柜用

因为，火焰燃烧温度、燃烧效率和烟气状况与空气/燃气比例（空气系数）直接相关，在鼓风旋流猛火灶芯燃烧腔体内，气体从喷孔流出后，旋转上升至炉口的期间完成了燃料燃烧的化学和物理反应。合适的空气系数应在 1.05～1.10 之间控制，炉膛火焰燃烧温度高，燃烧效率高。这时燃气鼓风旋流猛火灶芯表现为火焰短矮，蓝色火焰离开炉口 20～30mm 结束。板孔式灶芯火焰不足 30mm 高。只有靠烟气对流加热锅底，最佳温度区没有利用上。这种火焰形状极不适合中餐炒菜灶和蒸柜使用。如果降低锅底、蒸柜炉膛板与炉口的距离，炉膛内压加大，燃烧条件变劣，加上火焰与锅、板外表面接触时，相对冰冷的炉底板、锅底会造成火焰混合气体的传热原本不足的状况加剧，引起燃气不完全燃烧。导致烟气中有害物质含量的增加。另外，在厨房，厨师们为了满足炒菜的需要，减少或增大鼓风量来加长火焰长度。空气不足焰尾飘动无力，火焰为黄红色。大量风量吹冷火焰温度。两种状态都使锅具底部的温度和燃烧效率较低。不完全燃烧增多了随烟吹出炉膛的来得及燃尽的燃气，进一步引发一氧化碳排放量的加大。

（3）燃烧噪声较大

炉膛助燃空气喷射孔的气流及燃烧后急速膨胀的气流通过管状灶芯口发出的轰鸣声。结构引发无法改善。

（4）鼓风旋流、板孔式灶芯燃烧方式属于蓝焰燃烧，热交换效率低、烧热效率较低、能源利用率较低

蓝焰燃烧方式主要通过烟气以对流形式进行传热，烟气的辐射传热量极少，由于炉底板、锅底有效利用面积较小，吸收的热量就较少。即使降低支架高度，可以增大外表面烟气的流速，对流传热系数有所增加，但其增加的幅度有限。反映在灶芯的性能方面，即为燃烧热效率较低。国内大量使用的广式 ZZT2、山东、京式、宁式等鼓风旋流和板孔式灶

芯（4吋口径炉头），检索和实测大多的灶芯燃烧效率低，极少达到《中餐燃气炒菜灶》GJ/T 28—1999 中对热效率不小于 20% 的标准。

2.2　近几年国内出现的小口径型大负荷高效节能中餐猛火灶芯（炉头）的结构及性能

（1）商业 4 吋口径高身鼓风旋流灶芯

为了改善风与燃气混合的程度和火焰形状，广东、山东、北京、无锡地区市推出加深了燃烧腔的深度和"斜叶加热器"的 100mm 口径节能高效鼓风旋流灶芯。2007 年广州某燃具制造厂推出"节节高"牌节能燃烧器（炉头），"炉具内壁设有斜、直孔，使进入燃烧室的混合气形成旋涡……"。实测火焰形状有所改善，但热负荷在 40kW 时，燃烧效率在 21% 左右。因没有从结构上根本改进，燃烧效率提高有限。

（2）商业环孔节能鼓风灶芯

1）上海某节能技术有限公司研制的 120mm 口径"某高效节能环保燃烧器"，是"采用新型多预混式燃烧器能使燃气与空气在混合室中多次混合，在进入燃烧室内燃烧，从而使燃气达到完全燃烧状态，提高热效率，减少燃气浪费"。通过《上海市燃气安全和装备质量监督检验站检测报告》检测的燃气中餐灶表结果换算，"改装前的燃烧器热负荷为 36.1kW 时，燃烧效率为 19.7%。改装后的燃烧器热负荷在 28kW 时，燃烧效率为 30.3%"。燃烧属于板孔式短焰。

2）广东东莞某节能科技开发有限公司研制的 120mm 口径"某节能灶芯"，通过"燃气宝"预混，进入燃烧室内燃烧。经《国家燃气用具产品质量监督检验中心检测报告》检测的燃气炒炉，热负荷为 39.5kW 时，燃烧效率为 32.7%。燃烧属于板孔式短焰。

3）北京某科贸有限公司"酷火金属丝网燃气节能灶芯"，"采用进口的金属丝网为燃烧介质和先进的供风系统，运用燃气与空气完全预混的方式燃烧，燃烧更完全充分……降低噪声，能效达到了 27%"。

前两种商业节能灶都采取了燃气与空气多次混合，然后，预混气从耐高温面板的环形孔中喷出燃烧火焰呈平头短焰。第 3 种采用了金属纤维燃烧技术。它们都属于篮焰燃烧。优点：燃烧噪声较低，前两种燃气与空气混合的较充分使完全燃烧更好，火焰形状较好使火力集中。缺点：由于 3 种都属于蓝色本生火焰，以对流形式传热，大部分热量不能被有效利用，导致热效率低。余热也没有利用。

2.3　国内小口径大热负荷红外线中餐灶芯的研发状况

红外线无焰燃烧是一种完全预混式无焰燃烧技术，具有过剩空气系数较小（一般 $\alpha = 1.05 \sim 1.10$）、燃烧速度快、燃烧完全、燃烧温度高、燃烧噪声低等特点。这种燃烧是以辐射和对流两种形式传热，一般辐射热量占总热量的 45% ~ 60%。由于辐射的传热特点，对于被加热物质，如水，具有很强的穿透性，其热量很容易被加热物体所吸收，故具有热效率高、节约能源的优点。

红外线在民用中餐燃气灶和工业上的应用已有几十年的历史。但应用在宾馆、酒楼小口径大热负荷（≥30kW）红外线燃气灶芯，国内至今没有真正的商业产品出来。常用的红外线燃气辐射器主要以金属网辐射器和多孔陶瓷板辐射器两种类型，不适合中餐炒蒸。以下就两种材料的燃烧功率和效果进行分析：

（1）多孔陶瓷板达 800～1000℃时，不会回火，回火极限热强度 0.0197kW·h/cm²，在灶芯口径 4 吋（100mm）时，回火极限热强度只 1.55kW。不适合中餐炒灶。

（2）金属纤维或金属网　金属纤维、网燃烧器具有良好的抗腐蚀性和抗氧化性。强度高、易清理，正常工作的最高温度为 1100℃。燃烧器燃燃烧时可产生两种燃烧状态：辐射状态和蓝焰状态。当燃烧热强度＜800kW/m² 时，火焰为辐射状态，燃烧在金属纤维里面、金属内网表面进行，火焰是橙黄色，此时传热以辐射为主；当燃烧热强度＞1000kW/m² 时，即当灶芯口径≤4 吋，燃烧热负荷≥6.4kW 时，火焰呈蓝焰状态，传热以对流为主。即燃烧热负荷≥6.4kW 时，燃烧状况与鼓风旋流燃烧器相同。焰火过长不适合中餐炒灶。另外，燃烧范围稳定范围小，特别是在烧人工煤气时容易回火；长期使用后热胀冷缩使金属网表面凹凸不平，二层网之间的距离不均匀而使燃烧状况不太正常，呈现红、黑相间的表面。低温区造成燃气不完全燃烧 CO 超标。

3　一种新型 4 吋大负荷高效节能环保鼓风燃气红外线灶芯

3.1　性能

为了克服国内现有的大负荷中餐燃气蓝焰炒灶（4 吋口径炉头）和蒸柜蒸灶，很薄的自由火焰，混合气体的传热不充分，化学反应在一个很窄的区域内进行，燃烬度和污染物排放量较高。仅靠蓝色焰火对流传热，大部分热能未被有效利用，燃烧效率低，设备噪声大等问题。解决红外线金属网辐射器和多孔陶瓷板辐射器单位红外线辐射功率、辐射量低的问题。近期广州市某厨房不锈钢设备生产厂家研出一种 4 吋热负荷≥35kW 的红外线灶芯，可以叠加在广泛使用的燃气鼓风旋流、板孔式灶芯上进行简单改造。在损失最小的前提下，将燃料的化学能转化为热能。燃烧速度快、燃烧完全、燃烧温度高（≥1200℃）。燃烧以辐射和对流两种形式传热。其突出特点是在大热负荷情况下以辐射传热为主，是大幅度提高燃烧效率的关键所在。

因为辐射功率随温度的升高而增加的速度是很快的。从辐照度（又称辐射通量密度）看，如设物体在 200℃的辐照度为 1，它在 400℃时的辐照度就达 4.1，600℃时的为 11.6，900℃时的为 37.8，1200℃时的高达 94.1。因此随温度的升高辐射传热的增强远比对流传热的为快。一般认为 900℃以上以辐射传热为主。

红外线灶芯的定向加热的辐射面形状，满足了中餐燃气炒菜灶对火力集中、锅底局部热强度高的要求和大幅度增加了蒸柜炉膛受热面积。同时采取二次烟气余热回收技术，有效地提高了燃烧的热效率。燃烧噪声大幅度降低。

红外线灶芯效果：1）燃气红外线炒炉灶：热负荷：30～48kW、燃烧效率：40%～35%。相比提高燃烧效率 75%～90%，节气效率≥40%。2）燃气红外线蒸炉灶：热负荷：≥45kW、燃烧效率：≥60%。相比提高燃烧效率≥45%，节气效率≥25%。3）CO、NOx 排放量小于国家有关规定的 50%以上。4）相比 CO、NOx 的排放量降低 60%以上。5）燃烧噪声减少 25～30dB。鼓风机功率下降 50%以上。

3.2 结构与技术特点

（1）结构特点。红外线灶芯（燃烧器）由（旋流式燃气预混器或管式燃气预混器）、（带烟气热能回收的增动量燃气预混器）、（红外线灶芯）、（红外线保温炉膛）、（余热反射罩＋烟气导向板）5 部分组成（见图1）。

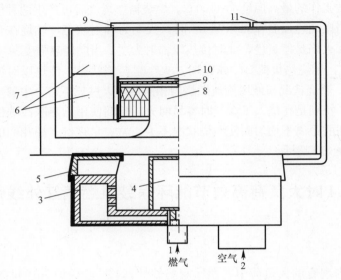

图1 叠加在原炉头的红外线灶芯结构图

1—燃气输入口；2—空气输入口；3—原炉头（旋流式燃气预混器）；4—原炉头燃气分配柱；
5—原炉头点火罩；6—耐火环砖；7—带烟气热能回收的增动量燃气预混器；
8—红外线灶芯；9—红外线热网 A；10—红外线热网 B；11—点火管

（2）改善空气与燃气的预混合。采取："旋流式燃气预混器或管式燃气预混器＋带烟气热能回收的增动量燃气预混器"加长了预混的行程，两级预混合和多孔表面的灶芯改善空气与燃气预混合的深度。

（3）使用导热系数和辐射率都很高的红外线材料制作低气阻长孔道＋多孔平面结构的红外线灶芯和三层红外线热网（金属网辐射层）。改善了预混气体之间的传热，增加了燃烧化学反应的区域，火焰呈表面均匀分布，燃烬度高，燃烧稳定性好，大幅度提高火焰热辐射能力、燃烧温度和燃烧效率。特殊结构的灶芯大幅度降低了炉膛噪声。

（4）设有定向辐射面形状的金属纤维红外线灶芯和耐高温的多层红外线热网。红外线辐射网几乎平行与炉底板、锅底，炙热的燃烧温度（≥1200℃）大幅度提高了红外线辐射能力。调节各层热网位置能提高红外线炉头辐射强度和改变火焰高度以适合中餐烹炒。

（5）并用具有发射红外线的耐火保温材料组成红外线保温炉膛。建立回流高温区，燃烧温度≥1400℃，有效提高燃烧稳定性、炉温和红外线辐射能力。

（6）回收烟气余热获得"净"热量。采取在燃料节能中重要措施的烟气余热回收。
1）回收烟气余热预热混合气，增大气流在喷射口的比动量，强化燃烧和燃烧温度。在外侧涂增加吸收热能的涂料的带烟气热能回收的增动量燃气预混器吸收烟道、炉膛热能，预混气经回型廊道时，分别被二次加热增大了燃气气流在喷射口的比动量。因为气流动量正

322

比于预混器出口混合气温度的平方根，强化燃烧。使无焰燃烧的火焰更热更透明。2）增设反射板，反射锅底、炉板底部火焰的热辐射。增设余热反射罩＋烟气导向板反射锅底、炉板底部火焰的热辐射，在不提高加热温度与供入热的情况下，增加加热面积，加快向锅底传热，减少燃气的单耗。

（7）燃烧完全度高，空气系数适宜，烟气中 CO、氧化氮含量低。红外线燃烧器属于完全预混式，其所需空气完全来自于一次空气，只要控制好一次空气系数（一般取 $1.05\sim 1.10$），可以降低 CO 的生成量。同时保障排烟中过剩氧量降至 1‰ 以下（新国标排烟中过剩氧量≤6％）。并且，本燃烧灶芯材料表面燃烧温度均匀，氧化氮生成量明显减少。

3.3 新型 4 吋大负荷燃气红外线灶芯的技术难点

（1）如何控制灶芯中的红外线毡、红外线热网在大热负荷工作情况下，有红外线辐射为主的传热特点，并且确保红外线辐射材料长期不会被烧融损坏；

（2）如何控制处在高炙热环境的灶芯不"回火"，保持高度的稳定性；

（3）如何尽量提高灶芯的红外线热辐射能力；

（4）如何提高保温炉膛并有的红外线热辐射能力；

（5）如何回收烟气余热。

4 结论

通过分析国内常用 4 吋大负荷商业燃气灶芯的状况和引发热交换效率低、烧热效率低、能源利用率低的原因。介绍一种新型 4 吋大负荷高效节能环保鼓风燃气红外线灶芯系统的组成、特殊的红外线灶芯结构、大幅度提高红外线辐射的工作原理、烟气余热回收结构和使燃烧效率近倍地增长的原理。主要是：

（1）应用红外线合理的燃烧方式是解决现在国内中餐烹饪燃具蓝焰燃烧，热交换效率低、烧热效率低、能源利用率低的最佳方案。

（2）只要仔细研究红外线灶芯的合适结构，可以研制出小口径大负荷节能环保红外线灶芯，使优秀的红外线燃烧方式应用在宾馆、酒店、学校、单位等大型厨房燃气中餐灶、大炉灶、蒸箱、蒸柜上。

（3）此种小口径大负荷高效节能环保鼓风燃气红外线灶芯的出现，为我国中餐商业厨房节能降耗减排提供了有一种选择。

参考文献

[1] 陈明，侯根富，段常贵. 中餐燃气炒菜灶采用红外线无焰燃烧的可行性研究 [J]. 哈尔滨建筑大学学报，2002，34（1）

[2] 姚天国. ZT2 型中餐燃气炒菜灶燃烧器结构及燃烧性能分析 [J]. 天津城市建设学院学报，1996，2（3）

[3] 徐吉浣，施惠邦，徐振平等. 复合层多孔陶瓷板燃气辐射器的研究 [J]. 煤气与热力，14（4）：33-36

[4] 侯根富，陈明. 红外线中餐燃气炒菜灶的研制 [J]. 煤气与热力，21（2）：117-121

[5] 黄志甲，张旭，胡国祥. 金属纤维表面燃烧技术的研究与应用 [J]. 工业加热，2002，第 4 期

天然气浸没燃烧器在玻璃熔窑的应用[*]

伍劲涛[1]，喻　焰[1]，刘清秀[2]，叶　巍[2]，伍国福[2]
（1 重庆燃气集团沙坪坝分公司；2 重庆房地产职业学院）

摘　要：本文在介绍浸没燃烧器的结构特征和工作原理后；主要描述浸没燃烧技术在玻璃熔窑上的应用及其传热机理。通过工程实际，表明该技术在节能降耗，除低污染和改善劳动条件等方面的有效途径。

关键词：浸没燃烧；浸没燃烧器；玻璃熔窑；节能及环保

1　引言

熔化玻璃常采用传统的依靠燃烧火焰从窑池上部空间、窑体对玻璃表面辐射及对流传热的"表面加热法"进行热加工。其中 90% 以上的热量是靠辐射方式传递给玻璃的。此加热方式，在配合料内部及玻璃层内部的传热、传质均较差，到达池底的热量，仅为玻璃液表面所通过热量的 10% 左右。然而，配合料是一种多孔烧结体，内部有大量的气体，当烧结体质量 $1000kg/m^3$ 时，导热系数仅为 $0.27kJ/(m \cdot K)$，所以配合料的熔化速度很慢，能耗较高。另外火焰对玻璃的导来辐射系数在很大程度上与窑墙，窑顶对物料的角系数 ϕ_0。（$\phi_0 = F_玻 / F_{墙,顶}$，$F_玻$——物料受热面积，$F_{墙,顶}$——窑墙、窑顶受热面积）有关，ϕ_0 值愈小，辐射方式参与热交换的作用就越大，辐射传热就越强烈。为了增加辐射传热，则要增加火焰高度（即火焰空间高度），于是窑墙、窑顶表面积增加，导致散热面积增加。正因为池窑散热面积大，火焰温度高，通过窑体表面的散热损失高达供给燃气耗量的 50% 左右。不难看出："表面加热法"熔化玻璃，热效率低，能耗高不经济，且造成环境污染和恶化劳动条件。

2　浸没燃烧器结构

浸没燃烧属于直接接触传热，不需加热面，由燃烧窑内产生的高温烟气，在液层中鼓泡并快速形成无数小气泡分布在整个玻璃液层中，增加气、液两相接触的相界面积。同时，随着气泡的上浮运动，促进了气液层的挠动和气液搅拌，改善火焰向玻璃液的传热条件，强化传热、传质过程。显然，若流体流动速度很高，或受到强烈的搅拌时，流体中会形成无数小旋涡，小旋涡的贯穿作用及表面更新过程就越强烈，流体与表面间的传质也就越快。

---

* 选自中国土木工程学会燃气分会应用专业委员会 2008 年会论文集 p207-p211

浸没燃烧是通过浸没燃烧器来实现的，浸没式燃烧器属于无焰式燃烧器，它具有无焰式燃烧器的特点。

浸没式燃烧器由混合管，燃烧器头部及火道砖构成，用耐高温的金属材料制作，在内、外表面用陶瓷料涂层（也可用耐火材料）制作。

燃气和空气在混合室充分混合后进入燃烧室，燃烧产生的高温烟气经喷头喷出；燃烧器的容积热强度可达 $104×10^6$ ~ $125×10^6$ kJ/(m^3 · h)。其结构如图 1 所示。

为使可燃气体混合物在燃烧火烧道内分布均匀，在喷嘴和燃烧室之间设置一大小头，其张角 $α=30°$，燃烧火道直径为：

$$D_h = 2.5d \qquad (1)$$

式中　D_h——燃烧火道直径，mm；

　　　d——喷嘴直径，mm。

燃烧器火道的截面积为喷嘴截面积的 6 倍，其长度 L_h 可按经验公式求出：

$$L_h = (2.5 : 3) × D_h \qquad (2)$$

式中　L_h——火道长度；

　　　D_h——火道直径。

根据加热的工艺制度和温度制度要求，燃烧器可安装在池底或侧墙。

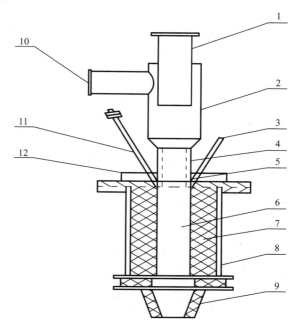

图 1　管式浸没式燃烧器

1—燃气管；2—混合管；3—窥视管；4—速度管；5—冷却水套；6—燃烧火道；7—耐火炉壁；8—石棉；9—喷嘴头；10—空气管；11—点火管；12—冷却火盘

3　浸没燃烧气体鼓泡过程水动力学

浸没燃烧时不仅依靠火焰的辐射加热，另外，在很大程度上是依靠高温烟气在玻璃液鼓泡而成的对流传热，但是，正因为鼓泡使玻璃中易残留气泡，造成缺陷。因此，在玻璃熔窑上用浸没燃烧技术，应充分考虑气体鼓泡的水动力学及传热学。

浸没燃烧器工作时，高温烟气在玻璃液层中鼓泡所形成的水动力学及传热学过程是相当复杂的，气体鼓泡过程中伴随着发生的物理化学特性，取决于参加反应过程的介质的物理化学物性，相界面积和接触时间。用气泡的形成机理和玻璃液层中运动时所发生的水动力学和传热过程，能控制气体鼓泡时所伴随的物理化学反应过程。

（1）鼓泡器中气体在液体中鼓泡现象

气体在液层中鼓泡过程的特性与燃烧器出口处气体的压力和速度有关。当高温烟气量很小时，沿燃烧器出口，喷嘴四周，直接靠近器壁的区域形成零星小气泡，烟气量增加，气泡数量也增加，玻璃液好像处在沸腾状态而形成泡膜层，当继续增加烟气量，在喷嘴四周形成气膜，烟气为火舌喷入玻璃液随即破碎成许多小气泡，气泡在液层中裹挟液体向上

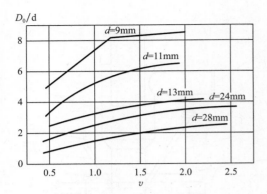

图 2 D_0/d 与 v 的关系曲线

浮起，造成玻璃液层的强烈搅拌。试验中发现，气体在液层中鼓泡过程的气泡流直径 D_0 与鼓汽管直径 d 和鼓泡气体的流速 v 之间的关系可由图 2 表示。

从图 2 看出，对于不同的鼓泡管直径，当气泡流速度达到各自的给定值后，再提高气流速度，D_0 值将保持不变。为此，为了改善浸没燃烧器的高温烟气在液层中鼓泡产生的气流结构，减少动力消耗，可在燃烧器末端根据具体情形安装圆形、盘形、筛板形和鼓泡管形等鼓泡器。

实践证明，浸没深度大，液层搅拌好；气泡流直径大，热量与质量交换充分，但易引起爆鸣，甚至回火，且消耗动力也大。多数情况下，浸没深度取决于设备的结构和鼓泡作用的半径。

1）气体通过圆筒形鼓泡器在液层中鼓泡。在圆筒形鼓泡器中鼓泡时，气泡的分布呈倒圆锥形。锥底直径则为气泡流直径。鼓泡气流直径，圆筒形鼓泡器直径与雷诺数 Re 之间的关系，由式（3）计算：

$$\frac{D_0}{d_0} = 0.1 \times Re^{0.5} \times \left(\frac{h}{D}\right)^{0.5} \tag{3}$$

式中　D_0——鼓泡气流直径，mm；

　　　d_0——圆筒形鼓泡器喷嘴直径，mm；

　　　h——鼓泡器浸入深度，mm；

　　　D——设备直径，mm。

2）气体通过盘形鼓泡器在液层中鼓泡。盘形鼓泡器是个带卷边的平盘，鼓泡器安装在燃烧器末端，气流通过鼓泡器时，首先冲刷盘底，随后到达盘边，然后进入液层中形成倒圆形气泡流。因此，鼓泡器作用半径可大大增加。但此种鼓泡器于设备中部存在死区，若盘直径亦大，死区空间亦越大。其准则方程为：

$$\frac{D_0}{d_0} = 0.1 \times Re^{0.5} \times \left(\frac{h}{D}\right)^{0.5} \times \left(\frac{d_m}{d_0}\right)^{0.5} \tag{4}$$

式中　d_m——鼓泡盘直径，mm。

3）气体通过筛板型鼓泡器在液层中鼓泡。筛板形鼓泡器是在盘形鼓泡器的平盘上开有许多同心孔，由于筛板能改善鼓泡层的结构，使气泡均匀分布，从而得到较大的相界面积，它可克服盘型鼓泡器存在死区的缺陷，其水动力过程及准则方程同圆形鼓泡器。但是，当气流速度超过某一值时，气体通过筛板的工况将被破坏，进入喷射状态，其临界速度按如下方程确定：

$$W_c = \frac{2}{3} \times u \times \left(\frac{d_b}{d_e}\right)^2 \tag{5}$$

$$d_b = \sqrt[3]{\frac{66 \times d_e}{\rho_y}}$$

式中　W_c——气流临界速度，m/s；

u——气泡上升速度，m/s；

d_e——筛板孔直径，mm；

d_b——气泡直径，mm；

ρ_y——液体密度，kg/m³。

（2）气体鼓泡时的水力阻力

在液体中气体鼓泡器的水力阻力 Δp_z 包括鼓泡器阻力 Δp_g、介质阻力 Δp_j、液层静力学阻力 Δp_y，即：$\Delta p_z = \Delta p_g + \Delta p_j + \Delta p_y$。

1）气体通过筛板的阻力 Δp_s

$$\Delta p_s = 1.45 \times K_c \times \frac{\rho_y \times w^2}{2g} \tag{6}$$

式中　K_c——气体通过筛板时的阻力系数（见表1）；

ρ_y——液体的密度，kg/m³；

w——筛孔气流速度，m/s；

g——重力动加速度。

气体通过筛板的阻力系数 K_c

表 1

板厚（mm）	1	3	5	7.5	10	15	17
K_c	1.25	1.1	1.0	1.15	1.3	1.5	1.7

2）介质阻力 Δp_j 取决于液体的表面张力，其表达式为：

$$\Delta p_j = \frac{4\tau}{1.3d_0 + 0.08d_0^2} \tag{7}$$

式中　τ——液体表面张力，N。

3）液层静力学阻力 Δp_y 与鼓泡器的浸没深度、液体的密度间的关系为：

$$\Delta p_y = h \times \rho_y = H_a \times \rho_x \tag{8}$$

式中　ρ_y——液体的密度，kg/m³；

H_a——气液层的高度，m；

ρ_x——气液层的密度，kg/m³。

于是，气体通过鼓泡器在液体中鼓泡时的总阻力 Δp_z 为：

$$\Delta p_z = 1.45 \times K_c \times \frac{\rho_y \times w^2}{2g} + \frac{4\tau}{1.3d_0 + 0.08d_0^2} + h \times \rho_y \tag{9}$$

（3）气泡大小与浮起速度

如果气泡为球形体，试验表明，气泡在液层中上浮速度为：

$$w = \sqrt{\frac{4\delta_g \times (\rho_y - \rho_q)}{3\rho_y \times \phi}} \approx \sqrt{\frac{4\delta_g}{3\phi}} \tag{10}$$

当独立气泡运动工况为层流（$Re \leqslant 9$）与紊流（$Re \geqslant 9$）时，应分别讨论。

（4）鼓泡层结构和相界面积

鼓泡层结构主要取决于气泡的大小，气泡在液层中的分布及气流的运动特性；但是，当气体通过小孔鼓泡器时，形成小气泡，小气泡在同液层搅拌上升过程中其体积基本保护不变，故气流层结构稳定。当鼓泡器孔径较大时，形成较大的气泡，气泡不一定稳定，此时，在液层中运动时很快破裂形成小气泡。

值得注意的是，气泡沿鼓泡层高度分布不均匀，鼓泡层下部气泡较小，上部气泡较多，而最上部却有一层一定高度的含气层。

断面的气流速度（空塔速度）对鼓泡层结构的影响是当气流速度接近气泡在液体中自由浮起速度（0.1～0.4m/s）时，则处在正常鼓泡状态；当气流速度达（0.5～0.7m/s）时，则形成分散系（即：鼓泡层最大泡沫化）；若进一步增大气流速度，将破坏气-液层结构。

鼓泡层高度 H 按下式计算：

$$H = \frac{h}{1 - 0.91 \times \frac{w}{\mu} \times \frac{d_0}{E}} \tag{11}$$

式中　w——断面气流速度，m/s；

　　　E——鼓泡器孔距，mm。

4　综述

浸没燃烧技术不但依靠辐射对整个玻璃液进行传热，而且强化了对流传热过程。在加热过程中，玻璃液进行着强烈的鼓泡翻腾，涡流大，辐射强，火焰面完全被玻璃液包围，放热良好，因此，配合料的熔化速度加快。另外，燃烧产物通过整个玻璃液层上升逸出进入窑池上部空间。烟气通过鼓泡器换热后，烟气的温度与玻璃的温度基本接近，因此，减少了火焰对窑体的辐射，窑池上部窑体的温度较低，散热损失减少。

浸没燃烧技术用在玻璃熔窑上强化了传热传质过程；能提高熔化速度，缩小熔化面积，并能对熔化玻璃起搅拌作用，熔制的玻璃均匀性较好，且延长炉龄；由于散热损失小，故热效率高，燃气消耗量降低，节约能源。

但是，用浸没燃烧技术熔制的玻璃液往往呈泡沫状，故需设澄清池，而澄清池也易残留气泡。为控制合适的气泡直径，应选择最佳的喷头直径和断面气流速度及出口气体压力。

尽管浸没燃烧技术用在玻璃熔制中尚存气泡难以完全清除的缺陷；但与"表面加热法"相比，它仍然具有熔化率高、热效率高、能节气 15%～22% 左右的优点。可以肯定，通过进一步研究，该技术在节能降耗，提高产品质量，环境保护，改善劳动条件等方面无疑是具有较好前景的燃烧技术。

低空气系数浓淡燃烧器的试验研究[*]

徐德明¹，朱桂平²，丁晓敏²

（1. 宁波方太厨具有限公司；2. 同济大学机械工程学院）

摘　要： 对于所开发的低空气系数浓淡燃烧器，试验研究了过量的空气系数对烟气成分、烟气温度和火焰形状的影响。试验结果表明低空气系数浓淡燃烧技术能够显著降低烟气中氮氧化物含量，具有良好的燃烧效果。

关键词： 空气系数；浓淡燃烧；热水器

1　引言

　　空气系数为实际空气量与理论空气量之比，是燃烧设备运行质量的重要特性之一，其数值大小与燃料种类和性质、燃烧设备形式和结构、燃烧器负荷以及配风工况等因素有关。

　　空气系数过小，将造成化学不完全燃烧热损失和机械不完全燃烧热损失增加，烟气中 CO 含量增加，热效率降低；而空气系数过大，则不参与燃烧的冷空气大量进入燃烧器，使燃烧温度降低，影响燃烧；而且这部分过量的空气还要增温吸热，并伴随烟气外排，带走大量热量，降低热效率；同时又增加风机的风量，而增大耗电量。因此，燃料燃烧后排放的烟气量和烟气成分受空气系数的影响较大。热水器热效率最高时的空气系数为最佳空气系数。因此，合理的空气系数应该是保证燃料完全燃烧而又使各项热损失最小的最低值。总而言之，从节能角度出发，应保证燃料达到充分燃烧的同时，尽量降低空气系数来提高能源的利用效率。

　　在实际燃烧过程中，由于燃烧室内的温度分布是不均匀的，如果有局部的高温区，则在这些区域会生成较多的 NO_x，它可能会对整个燃烧室内的 NO_x 生成起关键性的作用，在实际过程中应尽量避免局部高温区的生成。从温度对 NO_x 生成的影响可以看出，气流的组织对燃烧工况和燃烧产物起到决定性的作用。浓淡燃烧正是在这个原理上，通过合理组织气流，使燃烧往期望的方向发展。

　　对于根据上述原理设计、制作的低空气系数浓淡燃烧器，首先通过调节燃气进气压力来确定热水器的负荷在设计值范围。然后在不同进风量下，测试燃烧器运行的性能参数，比较各种条件下的结果，分析燃烧器所达到的效果，研究进风量对各重要参数的影响效果，以期得到优化运行条件。

---

　　* 选自中国土木工程学会燃气分会应用专业委员会 2009 年会论文集 p16-p21

2 试验系统

本试验系统由 3 个部分组成：燃气及烟气系统、水路系统和控制系统（见图 1）。试验燃气采用液化石油气。

2.1 燃气及烟气系统

从液化石油气钢瓶出来的燃气经过流量计进入热水器的燃烧室，同时鼓风机把一定比例的空气也送入燃烧室，与燃气反应生成含有大量水蒸气的高温烟气。高温烟气流过热交换器时温度不断降低，把烟气中的显热传递给热交换器水管中的水介质，最后以湿烟气的形式排放到大气中。

2.2 水路系统

恒温水从供水管经球阀、调压器调压后，由热水器的进水管进入热交换器，通过换热面吸收烟气的热量。进水温度由安装于进水管上的温度计测量，出水温度及水流量的测定分别由水银温度计及电子台秤测量。

2.3 控制系统

控制系统包括热水器控制面板、气阀、水阀。控制面板控制热水器的开启、风量调节以及系统运行中的安全保护。气阀与燃气管相连，控制燃气的供给。水阀与供水管相连，人工操作可调节水的供给。

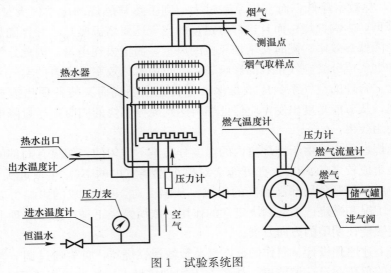

图 1 试验系统图

3 实验测试与结果分析

3.1 实验测试项目

燃气系统：燃气的压力、温度、流率（热负荷）、热值、密度、容积成分，以及热效率、大气压力、风机转速、燃气二次压力等。

水路系统：水流量、进水温度与出水温度、进水压力。

烟气系统：排烟温度、烟气成分（O_2、CO、CO_2、NO_x）。

试验采用的仪器见表1。

3.2 试验结果分析

（1）风量对烟气成分的影响

风机转速的大小直接决定了进入燃烧器内的空气量。众所周知，空气量越大则燃烧的过剩空气就越多，过量空气系数就相应增大。因此，风机转速的变化直接决定了燃烧的过量空气系数的大小。分析不同风机转速下燃烧后的烟气成分，直接体现了过量空气系数对燃烧及烟气成分的影响。

试验仪器　　　　　　　　　　　　　　　　　　表1

项目	名称	型号	量程	最小刻度
1	色谱分析仪	HP6890N		
2	水流式燃气热值计	SK-4		
3	相对密度计	RMK-2	0.0695~1.800	
4	燃气流量计	W-NK-5	5L/r	0.01L
5	燃气温度计	水银温度计	0~100℃	0.2℃
6	燃气压力计	U形压力计	1~12kPa	0.01kPa
7	水温温度计	水银温度计	0~100℃	0.1℃
8	CO分析仪	ULTRAMAT-23	0~2000ppm	1ppm
	CO_2分析仪	ULTRAMAT-23	0~10%	0.01%
	O_2分析仪	OXYMAT-61	0~21%	0.01%
	NO_x分析仪	ML9841B	0~100ppm	0.01ppm
9	大气压力计	DYJ		
10	烟温测量计	热电偶	0~1300℃	1℃
11	台秤	DI-30N	0~120kg	
12	秒表	JD-2II		
13	流量数字积算仪	XSJ-39B		
14	数字式转速表	HY-441型		

试验所用热水器的额定热水产率为16L/min。在确定负荷的情况下，即有了确定的燃气二次压。试验中通过确定负荷在32kW得到二次压为1060Pa，即燃气流量达到5L/16s。在这个前提下，对不同风机转速下的烟气成分进行分析测量，结果见图2~图5。

从图2~图5中可以看出，NO_x的生成量基本随着进风量的增大而减小，根据低氧浓淡技术研制的低NO_x燃烧器有效地达到了降低NO_x的效果。由于试验中所取的风机转速值远小于传统燃烧器所要求的风速，因此，风机转速在3050~3300r/min之间增加有利于燃气进行充分燃烧。同时，进风量的增加对烟气起到了稀释作用，NO_x值相应减小。

随着风机转速的增加，氧含量基本随之增加。显然，这是因为进风量增大、过量空气增高的原因。一氧化碳含量随着风机转速的上升逐渐下降。但是在转速为3250r/min时出现了一氧化碳较高的状况，这是因为连接到烟气测量仪器的橡胶管中存有积水，造成了一

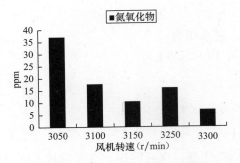

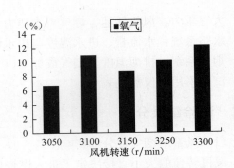

图 2　不同风机转速下烟气中氮氧化物含量变化　　　图 3　不同风机转速下烟气中氧气含量变化

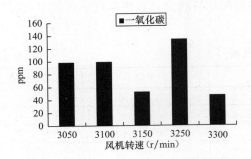

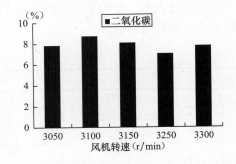

图 4　不同风机转速下烟气中一氧化碳含量变化图　图 5　不同风机转速下烟气中二氧化碳含量变化

氧化碳相对偏高的情况。通过吹气处理去除橡胶管内的积水后，烟气中一氧化碳值为50ppm，恢复到正常趋势。

　　通过试验所得的烟气中一氧化碳、氧气、氮氧化物含量随进风量变化的关系，可以优化选择风机转速（空气系数）。然后通过调整进风板对进口燃气和空气量进行微调，来实现火焰的稳定和整个温度场的均匀。

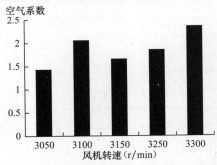

图 6　不同风机转速下空气系数变化

（2）风机转速与空气系数的关系

　　根据在不同转速下测定的燃烧烟气成分含量，可以计算出风机转速与过量空气系数的关系，如图6。显然，随着风机转速的增大，过量空气系数迅速增长。测试数据中，当转速为 3050r/min 时，过量空气系数在 1.4 左右。并且通过对 CO 和 NO_x 数据的测试可得，风机转速（空气系数）可以在此基础上进一步减小，也能保证完全燃烧，也即可以实现低氧燃烧的目的。

（3）风量对烟气温度和火焰形状的影响

　　随着风机转速的增大，浓火焰与淡火焰的温度均随之降低（见图7），说明在燃烧充分的情况下，过量空气的变化影响了燃烧火焰的温度和温度场的分布。虽然燃烧温度的降低可以减少氮氧化物的产生，但必然影响到整个热水器的运行效率。显然，可以通过过量空气变化下的火焰温度和温度场分布变化，综合考虑节能减排的要求，优化选择最合适的过量空气系数范围。此外，对浓淡火焰温度进行测试的意义，还在于可以依此确定换热器在燃烧器上方的布置高度，以获得最好的换热效果。

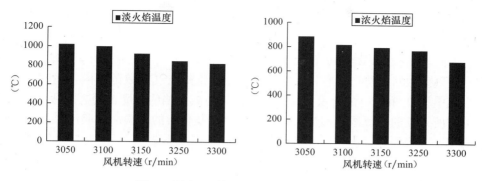

图 7　不同风机转速下浓淡火焰温度变化

图 8 显示了不同风机转速下浓淡火焰形状变化的情形。从图 8 中可以看出，在风机转速较低且适合燃烧器运行的情况下，火焰形状规则，燃烧稳定，无回火、离焰等情况；当风机转速较大时，出现了离焰现象，如继续增加风机转速则出现火焰被吹灭的情形。而且从试验中，也可看出燃烧不充分会导致火焰温度的降低。

浓淡火焰形状见图 9。

由上述试验结果表明，所设计的低空气系数浓淡燃烧器具有良好的效果，燃烧稳定火焰匀称，火焰温度场均匀。同时，其燃烧

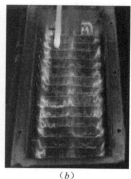

(a)　　　　　　　(b)

图 8　不同风机转速下浓淡火焰形状变化
(a) 低转速；(b) 高转速

火焰相对于传统燃烧器较短，有效地缩短了燃烧腔室的高度，在保证现有热水器结构、不致增加成本的基础上，无疑地增加了换热器位置和数量等布置的弹性，从而为换热器的改进和发展提供了很大的空间。从一定程度上，为热水器效率的提高提供了更广阔的发展前景。

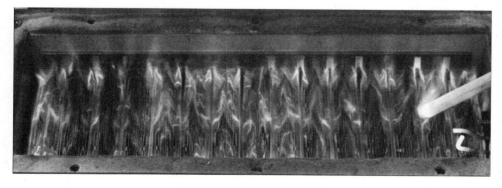

图 9　浓淡火焰形状示意图

4　小结

（1）随着 NO_x 排放控制要求的强化，NO_x 排放将成为燃气快速热水器的一个强制性

指标，因而应加强对低 NO_x 热水器的开发。

（2）空气系数是燃烧设备运行质量的重要特性之一，其数值大小与燃料种类和性质、燃烧设备形式和结构，燃烧器负荷以及配风工况等有关。

（3）空气系数对燃烧产物有很大的影响。在通常的空气系数范围内，随着空气系数的增加，烟气中 NO_x 和 CO 的含量将减小，浓火焰与淡火焰的温度也随之降低。

（4）对所开发的低氧浓淡燃烧器，进行了单项及整机的试验。试验结果显示，该燃烧器燃烧稳定，火焰匀称，火焰温度场均匀；当过量空气系数为 1.41 时，烟气中氮氧化物含量为 36.9×10^{-6}。表明低氧浓淡燃烧技术能够显著降低烟气中氮氧化物含量，同时过量空气的减少，对整机效率的提高起到了积极作用。

参考文献

[1] 宋洪鹏，周屈兰，惠世恩，徐通模. 过量空气系数对燃气燃烧中 NO_x 生成的影响 [J]. 节能. 2004，258（1）：12～13

[2] 孙晖，周庆芳，全惠君，杨庆泉. 浓淡燃烧组合火焰 NO_x 生成因素的正交模拟分析 [J]. 上海煤气. 2006，（2）：16～19

[3] 郭文儒. 低 NO_x 燃烧技术及应用 [J]. 工业炉. 2007，29（1）：17～19

高比表面积 Pd 纤维催化剂制备及甲烷催化燃烧性能[*]

陈水辉[1]，曾令可[2]，刘艳春[1,2]

（1. 广州锐得森特种陶瓷科技有限公司；2. 华南理工大学材料学院）

摘 要： 制备了 $PdO/CeO_2/\gamma-Al_2O_3/Al_2O_3-SiO_2$ 纤维催化剂，考察了 CeO_2 对催化剂的甲烷催化燃烧活性的影响。结果表明，当 CeO_2 的掺杂量为 0.05% 时催化剂活性最好，其甲烷完全转化温度为 385℃。比表面积测定（BET）结果显示，$\gamma-Al_2O_3$ 的加入极大提高纤维的比表面积；氧气程序升温脱附（O_2-TPD）实验结果表明，加入适量 CeO_2，提高了活性相 PdO 的分解温度，从而提高了催化剂热稳定性。对所制备的催化剂进行了实用性能（催化无焰燃烧器）考察表明：产品高效节能（燃气转化率为 99%）、减排环保（CO 含量小于 10×10^{-6}，未检测到 NO_x）、持久耐用（100h 保持高活性）。

关键词： 高比表面积；PdO 纤维催化剂；CeO_2 掺杂；甲烷燃烧；催化无焰燃烧

1 引言

环境和能源问题是当今世界两大重要问题。天然气被认为是目前最清洁的能源之一，但天然气的主要成分 CH_4 的燃烧温度很高（1600℃），高温产物 NO_x 和未完全燃烧产物 CO、HC 等会造成环境污染。催化燃烧被认为是解决这一问题最有效的途径[1-3]。目前，用于甲烷催化燃烧的催化剂主要有负载型贵金属催化剂、钙钛矿型催化剂和六铝酸盐型催化剂 3 大类。研究表明，贵金属催化剂的活性普遍高于非贵金属催化剂的活性，其中负载型 Pd 催化剂的活性最为突出，而且其价格适中，适合规模化生产并具备优良性能。负载型贵金属催化剂通常采用蜂窝陶瓷载体，活性涂层一般采用 $\gamma-Al_2O_3$，其表面积大，有助于活性组分在浸渍过程中有效扩散和分布。但高温下，$\gamma-Al_2O_3$ 会向 $\alpha-Al_2O_3$ 转化，导致比表面积急剧减小，引起表面负载的活性组分聚集，从而使催化剂活性明显下降。硅铝纤维材料的抗热冲击性能和机械柔韧性优于陶瓷蜂窝载体材料，并可根据反应器的形状任意成形，满足不同需要[4]。同时，纤维材料的制备费用低，化学稳定性和高温稳定性好。以硅铝纤维棉为载体负载不同活性组分，可制备适合不同用途的催化剂，其特点为活性组分用量少、空速大、成本低，但硅铝纤维材料的比表面积很小，通常在 $20m^2/g$ 以下，远小于 $\gamma-Al_2O_3$ 的比表面积。本文在硅铝纤维棉上首先负载 $\gamma-Al_2O_3$，再负载 CeO_2-PdO 复合物，可得到了高活性的燃烧催化剂；将该催化剂应用于催化无焰燃烧器，对燃烧器的使用性能进行了初探。

---

* 选自中国土木工程学会燃气分会应用专业委员会 2009 年会论文集 p11-p15

2　实验部分

2.1　催化剂制备

催化剂载体采用贵阳耐火材料厂高铝 HA 型喷吹硅酸铝纤维毯，纤维毯化学组成为：Al_2O_3，50％～55％；SiO_2，42％～47％。制备纤维催化剂时采用的化学试剂为：$PdCl_2$（分析纯）；$Ce(NO_3)_3 \cdot 6H_2O$（分析纯）；γ-Al_2O_3 的前躯体使用自制 10wt％假勃姆石溶胶制备。

催化剂的制备采用浸渍法：（1）纤维毯预处理：先用清水洗 3～4 次，将大部分渣球去掉，然后用质量百分比为 1％的 NaOH 溶液洗一次，清水漂洗一次，最后用质量百分比为 1wt％的 HCl 溶液于室温下浸泡纤维棉 30min，处理后用蒸馏水冲洗干净，烘干备用；测定纤维棉载体的吸水率。（2）γ-Al_2O_3 的负载：按纤维棉的吸水量配制等体积计量的 0.5wt％的假勃姆石溶胶，浸渍纤维毯并 80℃真空干燥。（3）催化剂负载：按纤维棉的吸水量配制等体积计量的贵金属浸渍液，同时加入一定量 $Ce(NO_3)_3 \cdot 6H_2O$，浸渍纤维棉，得到的催化剂样品于 110℃烘干，然后在马弗炉内 600℃焙烧 2h，即得到 $PdO/CeO_2/\gamma$-Al_2O_3/Al_2O_3-SiO_2 纤维催化剂。其中 PdO 的负载量为 0.05wt％，CeO_2 掺杂量按纤维载体质量百分比计。制备得到的催化剂用于活性评价。

2.2　催化无焰燃烧器制作及其工作原理

本试验所用扩散式催化无焰燃烧器，由广州锐得森特种陶瓷科技有限公司技术部设计。包括按上述方法制造的 PdO 纤维催化剂的辐射基板、金属防护网、辐射器外壳和钻有小孔的燃气分配管。其工作原理是，燃气经过燃气分配管上的小孔进入辐射器，然后均匀地流过催化燃烧板，燃烧用的氧气借助扩散作用由周围大气流向燃烧板，点火后在催化燃烧板上进行催化燃烧反应。催化作用的结果使燃烧反应在较低温度下（通常是 400℃左右）进行，该温度就是燃烧板面所达到的温度。上述过程包括两个方面：燃料燃烧和热量传递。燃气和空气不断流向燃烧板面进行催化燃烧，燃烧板面连续地进行低温辐射，将燃烧产生的热量传给各种被加热物体[5]。

2.3　催化剂活性评价条件

催化剂活性评价在固定床石英管反应器中进行。催化剂用量为 0.1g。反应气组成：2％CH_4，8％O_2，90％N_2，反应气体总流量 100ml/min，空速 60000ml/(g·h)。反应从 200℃开始，每隔 50℃采样，直到甲烷完全反应为止。反应产物采用岛津 GC9790 色谱仪进行在线检测，利用 5A 分子筛柱分离反应产物。其色谱分析条件为：氩气为载气，柱温 100℃，TCD 检测器，检测器温度 110℃。

2.4　催化剂表征

用 TriStar 3000 Micromeritics 比表面测定仪测定催化剂比表面积。采用氧气程序升温脱附（O_2-TPD）法研究催化剂吸脱附氧的能力：实验用多功能吸附仪进行，吸附在其固定床石英管反应器中进行，催化剂用量为 0.1g，样品先在 O_2（40ml/min）气氛下 500℃预处理 30min，然后自然降到室温，再用氦气吹扫 120min 左右至基线平稳，最后以 10℃/min 的速率升温至 900℃，用四极杆质谱仪在线检测 mPe=32 的离子电流强度。

2.5 催化无焰燃烧器使用性能评价

所有检测结果是在空气系数 $\alpha=1.2$ 时测定的，由广州锐得森特种陶瓷科技有限公司技术部提供。

3 结果与讨论

3.1 催化剂活性评价结果

表 1 是催化剂的活性评价数据，其中 $T_{50\%}$ 和 $T_{100\%}$ 分别为甲烷转化率为 50% 和 100% 时的反应温度。活性评价结果表明，在 PaO 纤维催化剂中添加适量的 CeO_2 可提高催化剂的活性，其中 CeO_2 的添加量为 0.05wt% 时催化剂的活性最好。同未添加 CeO_2 的 PdO 催化剂相比，其 $T_{50\%}$ 和 $T_{100\%}$ 分别降低了 74℃ 和 75℃。而 CeO_2 的添加量低于或高于 0.05wt% 时，催化剂的活性都低于未掺杂 CeO_2 的催化剂样品。甲烷催化燃烧反应中 Pd 催化剂的主要活性相是 PdO，反应温度较高时（通常是高于 700℃），它会分解为活性低的单质 Pd 相，在 PdO 催化剂中加入 CeO_2 的主要目的在于利用 CeO_2 强的储氧能力，促使 Pd 相向 PdO 向转变。换言之，CeO_2 的加入可增加催化体系的活性相 PdO，从而大大提升催化剂的活性（见表 1）。

掺杂不同比例 CeO_2 的 PdO 纤维催化剂的比表面积及活性评价数据　　表 1

样品编号	CeO_2 掺杂比例（%）	催化剂名称	比表面积（$m^2 \cdot g^{-1}$）	$T_{50\%}$（℃）	$T_{100\%}$（℃）
		纯 Al_2O_3-SiO_2 纤维	16.4		
		γ-Al_2O_3/Al_2O_3-SiO_2 纤维	120.6		
1	0	0.05%PdO/Fiber	100.2	395	460
2	0.01	0.05%PdO/0.01%CeO_2/Fiber	102.3	389	452
3	0.02	0.05%PdO/0.02%CeO_2/Fiber	103.5	375	445
4	0.03	0.05%PdO/0.03%CeO_2/Fiber	105.5	368	431
5	0.04	0.05%PdO/0.04%CeO_2/Fiber	105.8	344	412
6	0.05	0.05%PdO/0.05%CeO_2/Fiber	108.0	319	385
7	0.06	0.05%PdO/0.06%CeO_2/Fiber	107.4	360	418
8	0.07	0.05%PdO/0.07%CeO_2/Fiber	109.2	389	468
9	0.08	0.05%PdO/0.08%CeO_2/Fiber	109.8	402	490
10	0.09	0.05%PdO/0.09%CeO_2/Fiber	110.4	427	520

图 1 给出了添加不同比例的 CeO_2 催化剂的甲烷转化率随温度的变化曲线。从图中也可看出，添加 0.05% CeO_2 的催化剂样品的催化剂样品的活性明显高于未添加的样品，而其他添加量的样品的活性随着 CeO_2 的添加量的增加先增加后减少。可见，CeO_2 添加量存在一个最佳值，继续增加其添加量并不能提高 PdO 催化剂的活性。

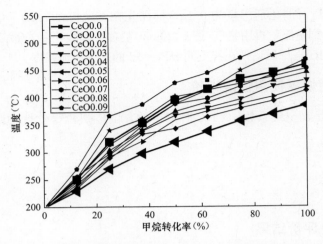

图 1　不同比例 CeO_2 掺杂的催化剂样品的催化活性比较

3.2　催化剂表征结果

催化剂的比表面积测定结果（见表 1）显示，$\gamma\text{-}Al_2O_3$ 的加入极大地提高了 $Al_2O_3\text{-}SiO_2$ 纤维的比表面积，而添加催化剂后比表面积反而有所下降，这可能与 $\gamma\text{-}Al_2O_3$ 的部分烧结有关。另外，CeO_2 的添加提高了 PdO 催化剂的比表面积，并且，随着 CeO_2 添加量的增加，催化剂样品的比表面积几乎是逐渐增大；而催化剂活性评价结果显示，7～10 号样品的活性反而降低，原因可能是活性组分 PdO 在其表面的分散度降低。虽然大的比表面积是提高催化剂活性的重要因素，但在这里它并没有直接影响催化剂的活性。这说明高的比表面并不一定就有高的分散度。而甲烷完全氧化反应属于结构敏感反应，活性组分颗粒的大小对催化剂活性影响很大。活性组分的分散度降低，因此催化剂的活性下降。

图 2 给出了 0.05％PdO/Fiber 和 0.05％PdO/0.05％CeO_2/Fiber 催化剂的 O_2-TPD 曲

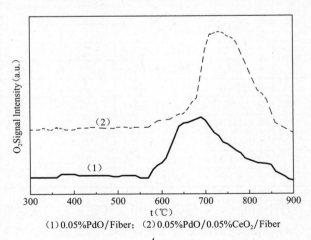

(1) 0.05％PdO/Fiber；　(2) 0.05％PdO/0.05％CeO_2/Fiber

图 2　两种配方催化剂的 O_2-TPD 曲线

(1) 0.05％PdO/Fiber；　(2) 0.05％PdO/0.05％CeO_2/Fiber

338

线，从图中可看出，两个催化剂样品均只有一个氧气脱附峰，可能是 PdO 的分解峰。由于各催化剂样品的比表面积很小，CeO_2 吸附的氧量小，因此几乎看不到 CeO_2 吸附氧的脱附峰。0.05％PdO/Fiber 催化剂的氧脱附峰在 690℃左右，而 0.05％PdO/0.05％CeO_2/Fiber 纤维催化剂的氧脱附峰在 730℃左右。可见，CeO_2 的加入使氧脱附峰向高温移动，即提高了 PdO 的分解温度。PdO 是甲烷催化燃烧反应的活性相，因此催化剂的高温稳定性提高。原因可能是 CeO_2 与 PdO 之间有强烈的相互作用，阻止了 PdO 的分解[6]。

3.3 催化无焰燃烧器使用性能评价结果分析

为测试所制备的催化剂的实用性能，本文使用 6 号催化剂制作催化燃烧板进行了起燃温度、燃烧温度、催化燃烧表面热强度、烟气、燃烧均匀性、抗老化等项目的测量试验。技术部经过多次测定取平均值得到如下结果：起燃温度为 203℃，燃烧温度为 385℃，催化燃烧表面热强度为 9.2kJ/(cm^2·h)，烟气测试表明 CO 含量 15×10^{-6}、未检测到 NO_x、燃气转化率为 99％；抗老化试验表明，连续 50 次（每次 2h）试验后，$T_{50\%}$ 和 $T_{100\%}$ 分别提高了 17℃和 25℃，具有很强的抗老化性能。以上数据表明，催化无焰燃烧器具有燃烧温度低、烟气含量低、燃气燃烧充分、性能稳定等优点。另外，催化无焰燃烧由于温度低、没有火苗不易烧着可燃物，具有很好的安全性能；燃烧没有火苗的另一好处是减少可见光辐射，主要为中远红外辐射，可大大提升燃烧的热效率，节省能源。目前，该燃烧器正在筹备试产，希望能为我国乃至世界的节能减排事业再做新贡献。

4 结论

在 PdO 纤维催化剂中加入 γ-Al_2O_3，极大地提高了催化剂的比表面积，大大减少贵金属用量；0.05％CeO_2 稳定了活性相 PdO，PdO 纤维催化剂的甲烷燃烧活性得到提高。用该催化剂制造的催化无焰燃烧器具有良好的抗老化性能，成本低廉，因此该催化剂产品有望工业化、成为节能减排的主力产品之一。

参考文献

[1] Farrauto R. J., Lampert J. K., Hobson M. C., Waterman E. M.. Thermal decomposition and retormation of PdO catalysts: support effects [J]. Applied Catalysis B: Environmental，1995，6：263-270

[2] Christian A. M., Marek M., Rene A. K, etc.. Combustion of Methane over Palladium/Zirconia Dericed from a Glassy Pd-Zr Alloy: Effect of Pd Particle Size on Catalytic Behavior [J]. Journal of Catalysis，1997，166：36-43

[3] Fujimoto K., Ribeiro F. H., Miguel A. B., etc.. Structure and Reactivity of PdO_x/ZrO_2 Catalysts for Methane Oxidation at Low Temperatures [J]. Journal of Catalysis，1998，179：431-442

[4] 何洪，张建霞，戴洪兴，訾学红，贵金属纤维催化剂的 CH_4 催化燃烧活性 [J]. 北京工业大学学报，2006，32（12）：1097-1102

[5] 傅忠诚，薛世达，李振鸣. 燃气燃烧新装置 [M]，北京：中国建筑工业出版社，1984

[6] 袁强，杨乐夫，史春开，等. 改性氧化铝为载体的钯催化剂对甲烷催化氧化作用的研究 [J]. 厦门大学学报，2002，41（2）：199-203

平板式全预混燃烧器的开发研究[*]

徐德明[1]，魏敦崧[2]，卢志龙[1]，周高云[1]

（1. 宁波方太厨具有限公司；2. 同济大学机械工程学院）

摘　要： 通过优化设计和试验，开发研究了 28kW 的不锈钢平板式全预混燃烧器。试验结果表明燃烧器燃烧稳定，性能良好，具有明显的节能减排效果，适合于燃气热水器和壁挂炉中应用。采用 CFD 和 $k\text{-}\varepsilon$ 湍流模型和 Fluent 软件进行了全预混燃烧器的冷热态数值模拟，计算结果与试验结果能相吻合，为平板式全预混燃烧器的开发提供了有价值的参考依据。

关键词： 平板式；全预混燃烧；燃烧器；开发研究

1　引言

全预混燃烧器将燃气与燃烧需要的空气预先充分混合，然后进行燃烧；燃气/空气混合气在燃烧区能够瞬间完成燃烧，往往看不到火焰或者只有很短的火焰。全预混燃烧具有许多突出的优点，由于燃气/空气混合均匀，空气过剩系数可以控制得很低，因而烟气量较少，燃烧温度提高；燃烧产生的热量可以通过对流和辐射两种方式传递，大大提高传热效率。全预混燃烧器的表面热强度较高，所以燃烧效率高，头部尺寸小，燃烧室体积也同样减小。如果用在燃气热水器或壁挂炉中，可以腾出更多的空间进行热交换，因而提高效率。在充分燃烧的条件下，烟气中 CO 等不完全燃烧产物浓度降低了；随着烟气在高温区停留时间的缩短和空气量的减少，烟气中的 NO_x 含量也大幅度地降低。全预混燃烧器在工业上的应用比较广泛，在燃气热水器和壁挂炉中开发应用全预混燃烧器，对于节能减排、发展低碳经济具有重要意义。

全预混燃烧器通常有不同的材料和结构形式：陶瓷板红外线燃烧器，金属纤维全预混燃烧器和金属板式全预混燃烧器。金属板式全预混燃烧器是 20 世纪 80 年代由英国首先开发成功的，目前在欧洲得到广泛使用。根据我们公司的生产条件以及综合考虑工艺、结构、加工、成本等因素，我们研究开发了不锈钢平板式全预混燃烧器，主要用于燃气热水器和冷凝式壁挂炉。

2　全预混燃烧器的开发

2.1　燃烧器基本结构

我们所开发的平板式全预混燃烧器由喷嘴、引射器、混合室、平板式火孔头部等组

---

* 选自中国土木工程学会燃气分会应用专业委员会 2010 年会论文集 p276-p281

成。燃烧器用 0.8mm 厚的不锈钢薄板加工制成，具有良好的耐高温、耐腐蚀和加工性能。燃烧器的热负荷为 28kW，燃气为天然气。采取强制鼓风式，按照燃气压力，由电控调节风机转速鼓入适量空气，进入混合腔预混。为了便于调节热负荷，整个燃烧器分成 3 个独立的单体燃烧器（见图 1、图 2）。两侧燃烧器的尺寸为 107mm×74.5mm，各占热负荷总量的 37.6%；中间燃烧器的尺寸为 107mm×50mm，占热负荷总量的 24.8%；燃烧器头部的高度为 10mm。单体燃烧器由于尺寸的减小，能够有效地减少高温下不锈钢平板的变形，我们还创造性地将燃烧器头部的平板做成凸弧形，可以进一步防止不锈钢平板的高温变形和材料刚性的降低。燃烧室头部设置一块多孔均流板，以使头部火孔的混气压力和流量比较均匀，而且有利于防止回火。

中间燃烧器头部有 730 个圆火孔和 160 个扁火孔，侧燃烧器头部有 1300 个圆火孔和 200 个扁火孔；圆火孔直径为 $\phi 0.82mm$，扁火孔长 3.5mm，宽 0.7mm（图 2）。头部的圆形小火孔得到较大的气流速度，在高温时能够避免回火；而面积稍大的扁形火孔能够牢牢拉住火焰，防止出现脱火。正是因为这两种不同形状火孔的优化配置，燃烧试验表明，在不同的热负荷条件下都可稳定燃烧，能够有效地防止冷、热态回火和脱火。同时适量的扁孔可以增加火孔总面积，相应减少头部尺寸。

图 1　引射器

图 2　平板式燃烧器

2.2　燃烧试验结果

平板式全预混燃烧器被安装在冷凝式壁挂炉内，燃烧所用的燃气是 12T 天然气，供气压力 2kPa。通过反复调试，取得了良好的效果。燃烧器调节控制方便，运行时在火孔之上呈很短的蓝色火焰；在高、低负荷下都能稳定燃烧，没有出现回火和脱火现象。火焰温度大约 950～1000℃，燃烧器外壁面温度基本在 110～150℃。热水产率 103%，排烟温度 38℃，热效率达到 105%，排放的烟气中 CO 含量为 225ppm，NO_x 含量为 14.9ppm。

3　平板燃烧器的数值模拟

在燃气热水器的燃烧器内，燃气与空气混合并燃烧成烟气，一般说来是一个相当复杂的具有化学反应的三维湍流问题。采用计算流体力学（CFD）数学模型，建立混合气体的流动、传热和燃烧基本方程，也即连续性方程、动量方程、能量方程和气体组分扩散方程，并补充湍流的 RNG k-ε 模型。为了便于求解，这些基本方程可以用统一格式的通用微分方程来表示，从而可以应用一般化的数值计算方法，编制通用的计算程序。

3.1 基本方程

（1）通用微分方程

采用统一的因变量 ϕ 来表示特性量，通用微分方程可表示为：

$$\frac{\partial}{\partial t}(\rho\phi) + \frac{\partial}{\partial x_i}(\rho v_i \phi) = -\frac{\partial}{\partial x_i}\left(\Gamma_\varphi \frac{\partial \phi}{\partial x_i}\right) + S_\varphi \tag{1}$$

式中　第一项为非定常项，表示单位体积内特性量随时间的变化率；第二项为对流项，表示通过控制面的净通量；第三项为扩散项，表示通过控制面由分子效应引起的输运项的散度，其中 Γ_φ 表示特性量 Φ 的输运系数；第四项为源项，表示任一内部和外部过程或源对控制体内特性量变化所作的贡献。

当式中的特性量 Φ 分别为常数 1、速度 v_i、比热焓 h 和组分浓度 c 时，通用微分方程就分别表示质量方程、动量方程、能量方程和组分扩散方程；后三个方程中相应的输运系数，则分别为动力黏度、导热系数和扩散系数。

（2）连续性方程

在通用微分方程中，设特性量 $\Phi = 1$，并且在流体中不存在质量源或汇，即 $S_\varphi = 0$ 时，式（1）就成为连续性方程：

$$\frac{\partial(\rho)}{\partial t} + \frac{\partial}{\partial x_i}(\rho v_i) = 0 \tag{2}$$

（3）动量方程（Navier-Stokes 方程）

如果特性量是速度（动量），即 $\Phi = v_j$，源项为受到的外力和内力。对于不可压缩流体，则得到动量方程：

$$\frac{\partial(\rho v_i)}{\partial t} + \frac{\partial}{\partial x_j}(\rho v_j v_i) = -\frac{\partial}{\partial x_j}\left[\mu\left(\frac{\partial v_i}{\partial x_j} + \frac{\partial v_j}{\partial x_i}\right)\right] - \frac{\partial p}{\partial x_i} + S_{v_i} \tag{3}$$

式中　μ——流体的黏性系数；

　　　p——压力。

（4）能量方程

如果特性量是热焓（能量），即 $\Phi = h$，则可得到能量方程：

$$\frac{\partial(\rho h)}{\partial t} + \frac{\partial(\rho v_i h)}{\partial x_i} = \frac{\partial}{\partial x_i}\left(k\frac{\partial T}{\partial x_i}\right) + \rho q_r + \vec{F} \cdot \vec{V} \tag{4}$$

式中　k——热导率；

　　　q——热源；

　　$\vec{F} \cdot \vec{V}$——外力所做的功。

（5）气体组分的扩散方程

在扩散方程中，特性量是气体的组分浓度 c：

$$\frac{\partial c}{\partial t} + \frac{\partial}{\partial x_i}(cu_i) = \frac{\partial}{\partial x_i}\left(D_m\frac{\partial c}{\partial x_i}\right) + F_c \tag{5}$$

式中　D_m——扩散系数；

F_c——组分 c 的输入源。

（6）湍流的 RNG k-ε 模型

对于黏性系数 μ 为常数的不可压流体作等温流动时，由连续性方程（2）和动量方程（3）就可以组成 p、v 的封闭方程组，在适当的边界条件和初始条件下能够求解流体流动问题。对于湍流，由于速度量在时均值 $\bar{u}$、$\bar{v}$、$\bar{w}$ 的基础上，又增加了湍流带来的速度脉动值：u'、v'、w'，因而必须引入湍流模型才能封闭求解。

该湍流模型定义湍流动能 $k=(\overline{u'^2}+\overline{v'^2}+\overline{w'^2})$，湍流动量扩散率 $\varepsilon=C_D k^{3/2} L$，其中 C_D 为无量纲的阻力系数，L 为特征长度。根据 Navier-Stokes 方程，可导出 k 和 ε 的方程：

$$\rho \frac{Dk}{Dt} = \frac{\partial}{\partial x_i}\left(\alpha_p \mu_{eff} \frac{\partial k}{\partial x_i}\right) + \mu_t S^2 - \rho\varepsilon \tag{6}$$

$$\rho \frac{D\varepsilon}{Dt} = \frac{\partial}{\partial x_i}\left(\alpha_p \mu_{eff} \frac{\partial \varepsilon}{\partial x_i}\right) + C_{1\varepsilon}\frac{\varepsilon}{k}\mu_t S^2 - C_{2\varepsilon}\rho\frac{\varepsilon^2}{k} - R \tag{7}$$

3.2　网格划分及边界条件

利用 Gambit 创建平板式全预混燃烧器的三维网格模型（图 3），即根据几何参数绘制出燃烧器几何体，并划分网格，为中间燃烧器的三维网格模型。

边界条件包括进口处的气体流量、速度、温度和组分，并假定经过燃烧器头部的多孔均流板，气体速度和组分实现均匀分布。模拟计算采用的燃气是 12T 天然气，空气系数 $\alpha=1.05$，火孔热强度为 9.1W/mm^2，气体进口温度为 20℃。应用 Fluent5/6 求解器作了数值计算。

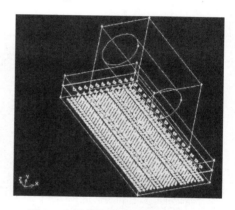

图 3　中间燃烧器的三维网格模型

3.3　冷态模拟结果

燃烧器中心截面的速度分布如图 4。中间燃烧器和两侧燃烧器的火孔出口气体速度分布见图 5 和 6。由图中可以看出，经过多孔均流板以后，燃烧器头部的火孔出口气流速度基本均匀，达到 4.0m/s。

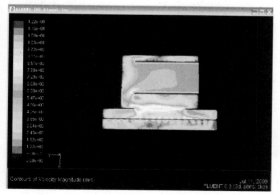

图 4　燃烧器中心截面的速度分布

3.4　热态模拟结果

热态数模计算得到了中间燃烧器和两侧燃烧器的火孔出口以及火孔以上 20mm 的温度分布，见图 7～图 12。由图中可以看出，无论是中间燃烧器，还是两侧燃烧器，火焰都比较均匀，火孔以上有约 6mm 高度的短火焰，很快燃烧完全，火焰温度达到 1000℃，与样机试验的实际燃烧温度相吻合。

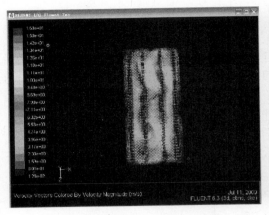 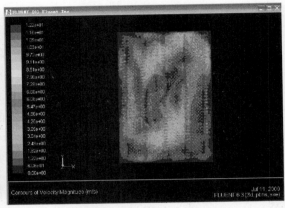

图 5 中间燃烧器火孔出口气体速度分布　　　　图 6 两侧燃烧器火孔出口气体速度分布

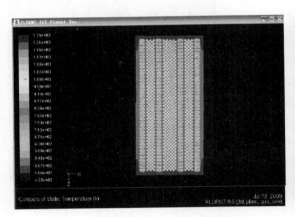 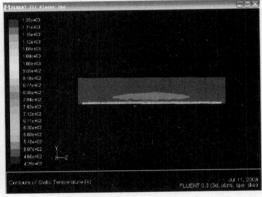

图 7 中间燃烧器火孔出口温度分布　　　　图 8 中间燃烧器长度方向中心截面上，
　　　　　　　　　　　　　　　　　　　　　　　火孔及其以上 20mm 的温度分布

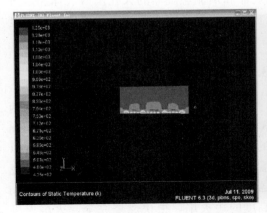 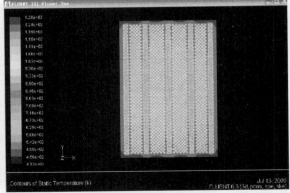

图 9 中间燃烧器长度方向中心截面上，　　　　图 10 两侧燃烧器火孔出口温度分布
　　火孔及其以上 20mm 的温度分布

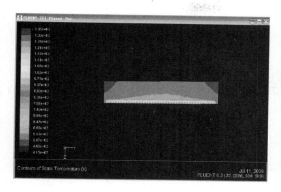
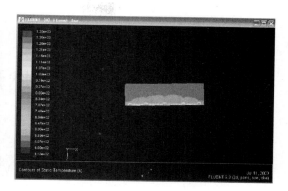

图 11　两侧燃烧器长度方向中心截面上，　　　　图 12　两侧燃烧器宽度方向中心截面上，
　　　火孔及其以上 20mm 的温度分布　　　　　　　　火孔及其以上 20mm 的温度分布

4　结语

（1）通过优化设计和反复试验，开发了 28kW 的平板式全预混燃烧器。该燃烧器混合均匀，火孔热强度大，燃烧温度和燃烧效率高；头部体积和燃烧室明显减小；燃烧稳定，没有出现回火和脱火现象；排放烟气中 CO 和 NO_x 浓度降低。因此，该全预混燃烧器具有明显的节能减排效果，适合应用于燃气热水器和壁挂炉。

（2）建立了平板式全预混燃烧器的数学模型，数值模拟计算结果与燃烧试验结果相吻合，表明数值模拟是合理可信的，可以为燃烧器开发提供指导和参考。

（3）为了整体提高热水器和壁挂炉的能效，今后还需进一步提高全预混燃烧器的性能，降低制造成本，探讨燃烧器与热交换器的匹配耦合问题。

参考文献

［1］　同济大学，重庆建筑大学，哈尔滨建筑大学等. 燃气燃烧与应用（第三版）［M］. 北京：建筑工业出版社，2005
［2］　赵坚行. 燃烧的数值模拟［M］. 北京：科学出版社，2002
［3］　岑可法，姚强，骆仲泱，李绚天. 高等燃烧学［M］. 杭州：浙江大学出版社，2002

全预混燃烧的燃烧振荡问题探讨[*]

张仲凌

（广州市蓝炬燃烧设备有限公司）

摘　要： 全预混燃烧的燃烧振荡是由燃烧放热和燃烧器的声学脉动之间相互作用的结果，特别与燃烧放热和燃烧室的压力之间的相位差有直接关系，通过一定的手段，可以改变这个相位差，从而抑制燃烧振荡。全预混燃烧的燃烧振荡的抑制手段有别于大气式燃烧。

关键词： 全预混燃烧；燃烧振荡；瑞利准则

1　引言

　　燃气的全预混燃烧因为具有空气系数小、燃烧充分、氮氧化物排放少、噪声低等优点，已经得到了越来越多的应用，特别在冷凝式热水器和冷凝壁挂炉上，全预混燃烧是首选燃烧方式。

　　燃烧振荡是燃烧过程中的常见现象，在全预混燃烧中多表现为强烈而刺耳的高频噪声，并伴随有燃烧器的剧烈振动，如果不加以消除，不仅引起人的不适，还将可能导致燃烧器及设备的破坏。

　　相比热水器或壁挂炉中广泛应用的大气式燃烧，全预混燃烧更容易发生燃烧振荡，而且消除更为困难，因此值得我们关注。

2　燃烧振荡的相关理论

　　最早发现燃烧振荡的，是希格金斯博士（Dr. Higgins）于 1777 年观察到"会唱歌的火焰"，后来李康特（Le Conte）发现了"对音乐敏感的火焰"，经过德鲁克（J. A. Deluc）、什拉德尼（Chladni）、法拉第（Faraday）、廷达尔（Tyndall）和瑞利（Reyleigh）等人的研究，揭示了两个基本的激励过程：燃烧可以在某种条件下激发燃烧器中的声学脉动，反过来，声学脉动可以改变燃烧的特性，该关系可以用如图 1 所示。

　　虽然可以利用这两个激励过程的相互作用制成脉动燃烧器，但在大多数情况下，我们是要减弱或消除它们的相互作用以抑制噪声。

　　瑞利研究了出现燃烧振荡的条件，于 1945 年提出了重要的瑞利准则：如果向一振荡着的气团周期性地加入或取出热量，所产生的效果取决于加热（或散热）和振荡间的相位关系。当热量是在压力最高的瞬间加入或压力最低的瞬间取出，则振荡会加强；当热量是

---

　　*　选自中国土木工程学会燃气分会应用专业委员会 2010 年会论文集 p20-p23

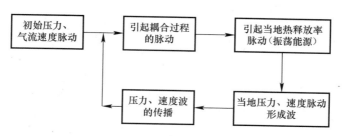

图 1　燃烧和脉动的相互关系

在压力最低的瞬间加入或压力最高的瞬间取出，则振荡将被削弱。

伍德（A. Wood）用一组曲线对瑞利准则进行描述（见图 2），并用如下的简明表格（见表 1）总结了在加热过程中相对于压力波的四种不同的相位关系对振荡的振幅和频率的影响：

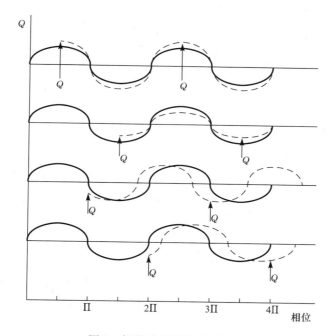

图 2　伍德对瑞利准则的描述

不同相位关系下热量加入对压力波的影响 　　　　　　　　　　　　　　　　表 1

热量加入相对于压力波的相位	影响	
	振幅	频率
同相位	增加	不变
反相位	减小	不变
1/4 的周期先于最大压力时刻	不变	增加
1/4 的周期后于最大压力时刻	不变	减小

普特南（A. A. Putnam）首先把判断加热驱动压力波的瑞利准则用数学形式加以描述：

$$\int V\left[\int_0^T p(x,t) \times Q(x,t)\,\mathrm{d}t\right]\mathrm{d}V > \int V\left\{\int_0^T \sum\left[Li(x,t)\,\mathrm{d}t\right]\right\}\mathrm{d}V$$

式中　p——压力；

　　　Q——加入的热量；

　　　L_i——第 i 项声学损失；

　　　V——系统的控制容积；

　　　T——周期；

　　　x——容积内某一点的位置；

　　　t——时间。

公式的左边代表了在每个周期内加入给压力振动的热量，右边描述了每个脉动周期的能量损失，当这个不等式得以满足时，给定系统内的压力波将被放大。

上述不等式指出，在给定系统内的空间某一点上，要满足加热驱动声学脉动的瑞利准则，p 和 Q 之间必须存在特定的相位关系；假设 p 和 Q 都是周期性过程，那么这个积分的符号将取决于 p 和 Q 的相位差。这和伍德的结论是一脉相承的。

在整个容积内，可能某些部位中这个积分是正的，某些部位中这个积分是负的，作为整个控制容积中热量加入的总效果，就要看整个空间积分的结果，即加热提供的总的能量大小能否满足不等式。

3　全预混燃烧的燃烧振荡及抑制

在燃气燃烧中，燃气从喷嘴流出到着火燃烧存在一个时间延迟，引起 Q 波形变化，这是引发燃烧振荡的重要原因。当燃烧振荡与燃烧室或燃烧系统的固有频率耦合时，噪声达到最大值。在实际应用中，我们发现，全预混燃烧的燃烧振荡在各个燃烧强度下都可能发生，当然，对于同一个燃烧器或燃烧系统，它有一个耦合区间，至于耦合区间的宽度，则取决于燃烧系统。

在热水器和壁挂炉中得到广泛应用的大气式燃烧中，改变一次空气系数，即可以改变着火延迟时间、燃烧放热的时间和强度，也就改变了燃烧放热变化 Q 和燃烧室压力波 p 的相位差，由此可以引发或者抑制燃烧振荡。

但在全预混燃烧中，由于燃烧前燃气和空气已经完全混合，也就是一次空气系数$\geqslant 1$，因此，不能像大气式燃烧那样通过改变一次空气系数来抑制燃烧振荡。

由普特南公式我们知道，燃烧振荡与压力、热量、时间（周期）、控制容积有关，因此，普特南公式给我们抑制燃烧振荡指示了方向。

针对全预混燃烧，我们抑制燃烧振荡的手段主要有：

（1）改变燃烧强度；

（2）改变燃烧室结构，包括排烟系统；

（3）改善混合系统，使气体的燃烧扰动减弱；

（4）改变燃烧器结构。

（5）在采取以上措施后，所产生的燃烧振荡通常都可以抑制以至消除。

我们在全预混燃烧的实践中，遇到了非常多的燃烧振荡实例，其中一个典型的案例是：利用中压引射的全预混燃烧器对滚筒式茶叶杀青机进行加热，并做成开放式和密闭式两种系统，结构简图见图3。

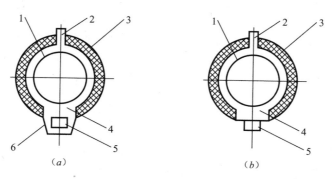

图3　茶叶杀青机结构
(a) 开放式系统；(b) 密闭式系统
1—滚筒；2—排烟机；3—保温层；4—加热空间；5—燃烧器；6—护罩

在开始调试时，开放式系统发出了强烈的高频噪声，调节不同的燃气压力，发现耦合区域非常宽，而调节至非耦合区域后，加热负荷和燃烧状态又不符合要求，唯有改变燃烧器的结构才能达到目的；同样的燃烧器和同一台杀青机，在改成密闭系统后，在很宽的燃气压力范围内都没有发生燃烧振荡。

需要说明的是，瑞利准则及其相关理论只能给我们抑制燃烧振荡提供理论基础和控制手段，目前还没有有效的手段来预防燃烧振荡，只能是出现问题了有针对性的加以解决；针对火箭及大型的热工设备如锅炉、裂解炉，有人对此做过一些模拟计算和试验分析，但因为实际过程太过复杂，远远还没有完善。

4　结论

全预混燃烧的燃烧振荡是由燃烧放热和燃烧器的声学脉动之间相互作用的结果，特别与燃烧放热和燃烧室的压力之间的相位差有直接关系，通过一定的手段，可以改变这个相位差，从而抑制燃烧振荡。全预混燃烧的燃烧振荡的抑制手段有别于大气式燃烧。

参考文献

[1] 程显辰. 脉动燃烧 [M]. 北京：中国铁道出版社，1994
[2] 夏昭知、伍国福. 燃气热水器 [M]. 重庆：重庆大学出版社，2002
[3] 徐旭常、周力行，燃烧技术手册 [M]. 北京：化学工业出版社，2007
[4] 同济大学等，燃气燃烧与应用 [M]. 北京：中国建筑工业出版社，2000
[5] 项友谦、王启，天然气燃烧过程与应用手册 [M]. 北京：中国建筑工业出版社，2008
[6] 童正明，叶立，炉膛内燃烧振荡的试验 [J]. 化工进展，2008 年第 27 卷第 12 期
[7] 童正明等，燃烧振荡的一维控制方程组的建立及放热特性讨论 [J]. 上海理工大学学报，2009 年第 31 卷第 5 期

驱动电源对动铁芯式燃气比例阀调节特性的影响[*]

姚占朋[1]，朱宁东[2]，庞智勇[1]

（1. 广州市精鼎电器科技有限公司；2. 成都前锋电子有限责任公司）

摘 要：本文通过对动铁芯式燃气比例阀采用不同种类的驱动电源进行比例调节特性的测试、分析，发现采用不同种类的电源来驱动动铁芯式燃气比例阀，其调节特性的回差相差较大，同时对测试数据处理分析得出其二次压力和电流的方程式。为了保证动铁芯式燃气比例阀在整机上有良好的调节特性，建议在设计控制器时要给动铁芯式燃气比例阀提供适应的电源种类。

关键词：动铁芯式燃气比例阀；回差；全波整流

1 引言

比例阀是恒温快速燃气热水器、燃气两用炉等燃气设备中最常用且比较关键的一个部件，目前国内使用的燃气比例阀的种类有：动永磁式燃气比例阀、动线圈式燃气比例阀、动铁芯式燃气比例阀等，每一种比例阀比例调节回差的大小，除了与燃气比例阀本身性能的好坏有关外，还与其控制器提供给比例阀的恒流源的种类有一定的关系，不同种类的比例阀对电源类型的适应性也不相同，每一种比例阀都有一个较为适合其控制的电源类型，本文着重就动铁芯式的燃气比例阀在使用不同种类的恒流源后，依据所得出的数据建立数学模型，并对其比例调节特性回差的变化进行分析。

在燃气热水器的工作过程中，随着比例阀长时间通电，线圈温度逐渐升高，其电阻会随着温度的升高而升高，如果比例阀使用的不是恒流源，那么比例阀的电流就会随着电阻的升高而发生变化，比例阀阀口开度相应改变，进而燃气量也就会变化，会严重影响热水器的恒温控制性能，因此燃气比例阀使用的电源一定要是恒流源，常用的有以下四类直流恒流源：纯直流恒流源；直流叠加交流恒流源；全波整流恒流源；直流脉冲恒流源。四种恒流源的波形见图1。

下面我们对同一套动铁芯式燃气比例阀阀在相同的测试条件下分别用四种不同恒流源测试其比例调节特性及回差。（比例阀的回差：比例阀电流由小到大调节，再从大到小调节，在相同电流点上比例阀二次压力的差值）。

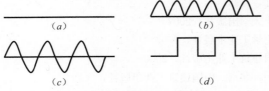

图1 四种燃气比例阀恒流源的波形

（a）纯直流；（b）全波整流；

（c）直流叠加交流；（d）直流脉冲

---

* 选自中国土木工程学会燃气分会应用专业委员会 2011 年会论文集 p89-p97

2 比例调节特性及其数学模型

（1）纯直流恒流源

用纯直流恒流源测试的数据见表1。

纯直流恒流源测试的数据

表1

比例阀施加的电流（mA）	二次压力（Pa）	二次压力（Pa）	回差（Pa）
20	97	99	2
30	115	125	10
40	143	158	15
50	180	199	19
60	222	250	28
70	276	316	40
80	340	384	44
90	412	471	59
100	494	546	52
110	594	674	80
120	696	794	98
130	814	930	116
140	936	1074	138
150	1064	1232	168
160	1212	1393	181
170	1374	1582	208
180	1550	1787	237
190	1733	1972	239
200	1917	2176	259
回差平均值			104.89

从测试数据可以看出，动铁芯式燃气比例阀的二次压力和电流是不成比例关系的，且在整个调节范围内每一个电流点上的回差值都不同，随着电流的增大，回差值也越来越大，那么我们分别对上行（电流由小到大）数据和下行（电流由大到小）数据进行一元非线性回归处理可以得出其二次压力和电流的方程式，将下行和上行的方程式相减即可得到回差和电流的关系式，其方程可以供其控制器在数学建模时参考。

$$Y = AX^2 - BX + C$$
$$Q = Y_上 - Y_下$$

式中　X——比例阀电流；

$Y_上$、$Y_下$——电流由小到大和由大到小时的二次压力（见图2、图3）；

　　Q——回差。

用纯直流电源测试，比例电流由小到大调节，二次压力和电流的方程式为：

$$Y_上 = 0.0515X^2 - 1.216X + 100.72;$$　　　　　　　　（1）

比例电流由大到小调节，二次压力和电流的方程式为：

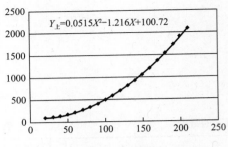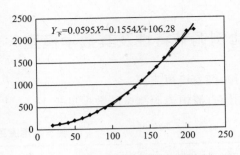

图2　纯直流上行（电流由小到大）　　　　图3　纯直流下行（电流由大到小）

$$Y_{下} = 0.0595X^2 - 0.1554X + 106.28;\qquad(2)$$

用式（2）减去式（1）得每一个电流点上的回差：

$$Q_1 = 0.0085X^2 + 1.0694X + 5.56\qquad(3)$$

利用同样的方法分别对其余三种电源测试的数据进行处理如下。

（2）直流叠加交流恒流源

直流叠加交流恒流源测试数据见表2、图4、图5。用直流叠加交流电源测试，比例电流由小到大调节，二次压力和电流的方程式为：

$$Y_{上} = 0.0525X^2 - 1.272X + 100.06;\qquad(4)$$

比例电流由大到小调节，二次压力和电流的方程式为：

$$Y_{下} = 0.0528X^2 - 0.6277X + 91.844\qquad(5)$$

用式（5）减去式（4）得式（6）每一个电流点上的回差：

$$Q_2 = 0.0003X^2 + 0.6443X - 8.216\qquad(6)$$

直流叠加交流恒流源测试数据　　　　　　　　表2

比例阀施加的电流（mA）	二次压力（Pa）	二次压力（Pa）	回差（Pa）
20	92	98	6
30	113	123	10
40	144	154	10
50	178	194	16
60	224	247	23
70	283	311	28
80	349	376	27
90	422	457	35
100	504	551	47
110	611	661	50
120	719	768	49
130	838	899	61
140	971	1037	66
150	1108	1185	77
160	1261	1345	84
170	1431	1517	86
180	1606	1698	92
190	1787	1875	88
200	1974	2113	139
回差平均值			52.31

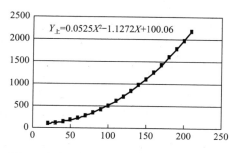

图4 直流叠加交流上行（电流由小到大）

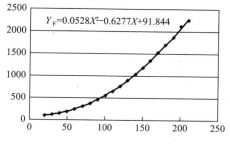

图5 直流叠加交流下行（电流由大到小）

（3）全波整流恒流源

全波整流恒流源测试数据见表3、图6、图7。用全波整流电源测试，比例电流由小到大调节，二次压力和电流的方程式为：

$$Y_上 = 0.0524X^2 - 1.1046X + 97.406；\tag{7}$$

比例电流由大到小调节，二次压力和电流的方程式为：

$$Y_下 = 0.0526X^2 - 0.8809X + 105；\tag{8}$$

用式（8）减去式（7）得式（9）每一个电流点上的回差：

$$Q_3 = 0.0002X^2 + 0.224X + 7.6\tag{9}$$

全波整流恒流源测试数据　　　　　　　　　　　　　　　表3

比例阀施加的电流（mA）	二次压力（Pa）	二次压力（Pa）	回差（Pa）
20	91	97	6
30	111	119	8
40	139	152	13
50	175	192	17
60	223	241	18
70	281	303	22
80	344	370	26
90	423	455	32
100	511	545	34
110	607	645	38
120	719	758	39
130	836	881	45
140	966	1006	40
150	1101	1152	51
160	1260	1318	58
170	1425	1484	59
180	1603	1659	56
190	1784	1839	55
200	1973	2035	62
回差平均值			35.73

（4）直流方波脉冲恒流源

直流脉冲恒流源测试数据见表4、图8、图9。

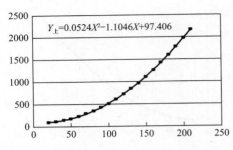

图6 全波整流上行（电流由小到大）

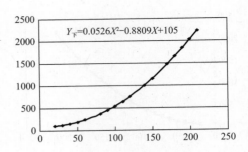

图7 全波整流下行（电流由大到小）

直流脉冲恒流源测试数据　　　　　　　　　　　　表4

比例阀施加的电流（mA）	二次压力（Pa）	二次压力（Pa）	回差（Pa）
20	93	96	3
30	113	118	5
40	137	151	14
50	177	193	16
60	223	243	20
70	278	303	25
80	344	376	32
90	425	456	31
100	509	545	36
110	611	651	40
120	714	765	51
130	838	886	48
140	970	1026	56
150	1103	1168	65
160	1252	1336	84
170	1415	1503	88
180	1602	1695	93
190	1784	1879	95
200	1961	2121	160
回差平均值			50.63

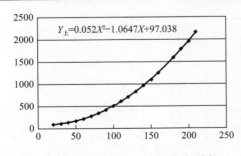

图8 直流脉冲上行（电流由小到大）

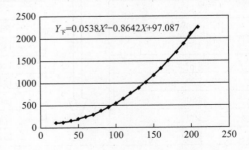

图9 直流脉冲下行（电流由大到小）

用直流脉冲电源测试，比例电流由小到大调节，二次压力和电流的方程式为：

$$Y_{上} = 0.052X^2 - 1.0647X + 97.038;\tag{10}$$

比例电流由大到小调节，二次压力和电流的方程式为：

$$Y_{下} = 0.0538X^2 - 0.8642X + 97.087 \tag{11}$$

用式（11）减去式（10）得式（12）每一个电流点上的回差：

$$Q_4 = 0.0018X^2 + 0.2005X + 0.0049 \tag{12}$$

从以上计算可以看出四种电源的驱动结果（见表5）：比例阀的调节特性曲线是二次曲线，其曲率和回差也不相同；回差和电流也是一个二次曲线的关系，在电流较小的时候回差值较小，随着电流的增大，回差值 Q 也在增大。

四种电源的驱动结果 表5

驱动电源类型	比例调节特性曲线方程	回差方程	平均回差
纯直流	$Y_{上} = 0.0515X^2 - 1.216X + 100.72$ $Y_{下} = 0.0595X^2 - 0.1554X + 106.28$	$Q_1 = Y_{下} - Y_{上}$ $= 0.0085X^2 + 1.0694X + 5.56$	104.89Pa
直流叠加交流	$Y_{上} = 0.0525X^2 - 1.272X + 100.06$ $Y_{下} = 0.0528X^2 - 0.6277X + 91.844$	$Q_2 = Y_{下} - Y_{上}$ $= 0.0003X^2 + 0.6443X - 8.216$	52.31Pa
全波整流	$Y_{上} = 0.0524X^2 - 1.1046X + 97.406$ $Y_{下} = 0.0526X^2 - 0.8809X + 105$	$Q_3 = Y_{下} - Y_{上}$ $= 0.0002X^2 + 0.224X + 7.6$	35.73Pa
直流方波脉冲	$Y_{上} = 0.052X^2 - 1.0647X + 97.038$ $Y_{下} = 0.0538X^2 - 0.8642X + 97.087$	$Q_4 = Y_{下} - Y_{上}$ $= 0.0018X^2 + 0.2005X + 0.0049$	50.63Pa

全波整流电源测试的回差最小，其次是直流脉冲电源和直流叠加交流，纯直流电源测试的回差最大。可见在这四种驱动电源中全波整流型驱动电源最为适合动铁芯式燃气比例阀的驱动。

3 回差分析

对于电子式的燃气比例阀来说造成其比例调节回差的主要因素有：（1）磁滞回差 Δ_1；（2）橡胶、弹簧等元件的弹性回差 Δ_2；（3）机械因素的回差 Δ_3；比例阀总的回差为 $\Delta_{总} = \Delta_1 + \Delta_2 + \Delta_3$。

（1）当铁磁物质完全磁化后测得的曲线称为原始磁化曲线，当铁磁物质在磁化状态下逐渐减小其外磁场强度 H，这时磁感应强度不再沿原始磁化曲线返回，而是沿另外一条曲线变化这种现象就是所谓的磁滞现象。如果是铁磁物质在 $+H_m$ 和 $-H_m$ 之间反复磁化，则 B 和 H 之间的关系变成一条回线，我们称磁滞回线（见图10）。

磁滞回差的大小跟导磁材料的材质、加工方式、热处理方式等有直接的关系。

比例阀的稳压膜片及弹簧均为弹性元件，由于其被拉伸和压缩所产生的回差我

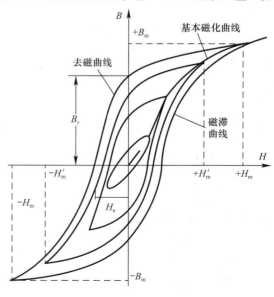

图 10 磁滞回线

们将其称为弹性回差，其弹性回差的大小和膜片的材质，厚度的大小和均匀性，弹簧刚度等因素有关。

（2）橡胶、弹簧元件的弹性回差

比例阀的稳压膜片及弹簧均为弹性元件，由于其被拉伸和压缩所产生的回差我们将其称为弹性回差，其弹性回差的大小和膜片的材质，厚度的大小和均匀性，弹簧刚度等因素有关。

（3）机械因素的回差

比例阀阀芯的机械移动及零件的装配不正等所产生的回差我们将其称为机械因素造成的回差。

芯式燃气比例阀的结构图见图 11。

我们对比例阀工作的过程中动芯的受力情况分析，受力情况见图 12。

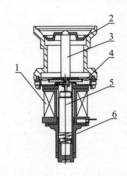
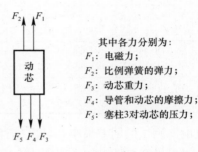

其中各力分别为：

F_1：电磁力；

F_2：比例弹簧的弹力；

F_3：动芯重力；

F_4：导管和动芯的摩擦力；

F_5：塞柱 3 对动芯的压力；

图 11　芯式燃气比例阀的结构
1—线圈组件；2—塞片；3—塞柱；
4—膜片；5—动芯；6—弹簧

图 12　比例阀工作的过程中动芯的受力情况

根据力学分析有：

$$F_{合} = F_1 + F_2 - (F_3 + F_4 + F_5)$$

在比例阀工作过程中的每一个状态下，F_2、F_3、F_4、F_5 均为固定值，而 F_1 的大小和线圈施加的电流有关系。可根据麦克斯韦公式计算 F_1：

$$F_1 = (IW \times G_0 \times 10^8 / 5000)^2 / S$$

式中　IW——线圈的安匝数；

G_0——磁路总气隙磁导；

S——磁极表面积。

从上式可以看出 F_1 和电流 I^2 成正比。

由于动芯的移动和比例系统所产生的电磁力有关系，而电磁力又与施加给比例线圈的电流有关系，移动轨迹与驱动电源的波形也有一定关系，这里我们简单分析一下上述四种波形的驱动电源对第 3 类回差的影响。

我们用示波器测得四种电源在相同有效值时的电流波形和电压波形分别如图 13 所示。

纯直流电源是通过调节电压幅值的大小来实现电流大小的调节，电流的瞬态值是恒定的；直流叠加交流是通过调节电压幅值的大小来实现电流大小的调节，由于其叠加了 50Hz 的交流成分，其电流瞬态值随时间是变化的。全波整流驱动电源是交流电源通过整流后，未进行直流稳压处理，直接用脉动成分很强的直流波形，通过调节占空比来实现电

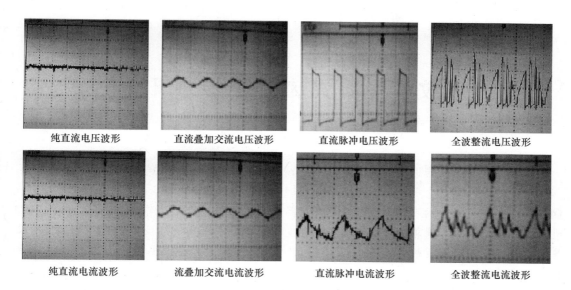

| 纯直流电压波形 | 直流叠加交流电压波形 | 直流脉冲电压波形 | 全波整流电压波形 |

| 纯直流电流波形 | 流叠加交流电流波形 | 直流脉冲电流波形 | 全波整流电流波形 |

图 13　电流波形和电压波形图

流大小的调节；直流脉冲驱动电源是通过调节占空比来改变直流电源的电压，从而实现电流大小的调节；由于四种电源实现有效电流大小调节的方式不同，造成其电流波形不同。

比例阀在工作过程中，动芯 5 是处于运动状态，其加速度：$a = F/m$

我们对动芯的每一时刻的加速度进行分析，其微分式为：$ad(t) = \lambda F_1 d(t) = \sigma I d(t)$

在一定的电流有效值范围内，由于这四种电流的波形不同，主要不同为交流脉动成分和电流波动范围不同，电磁比例系统产生的电磁吸力特性也就不同，使得动芯在从一个电流点移动到另一个电流点时，初始动量不同，初始加速度不同，从而导致动芯在单位时间内产生的位移也不相同，最终形成回差的不同。

4　总结

动铁芯式燃气比例阀的二次压力和其电流是一个二次曲线的关系，且其回差的大小也和电流是一个二次曲线的关系，随着比例阀电流的增大其回差也越来越大；同时也证明了全波整流型恒流源在这四种电源中是动铁芯式燃气比例阀的最佳工作电源，使用全波整流电源其回差最小。

当然以上四种不同波形的电源在整机控制器上的实现难易程度也不相同，整机控制器设计时还应从成本和比例控制精度、性能等方面来权衡，设计出性价比高的优良产品。

同时我们对动永磁式比例阀和动线圈式比例阀也分别进行了实验，每一种类型的燃气比例阀都有一个较为适合其控制的电源种类，故整机、控制器厂家在进行控制器的设计、制作时可根据不同类型的比例阀采用不同种类的电源，以减小比例调节特性的回差，充分发挥出比例阀的性能，从而保证整机优良的调节性能，以提高燃气比例阀的控制精度。

参考文献

[1]　王黎明，陈颖，杨楠编著. 应用回归分析［M］. 上海：复旦大学出版社，2008
[2]　电磁铁设计手册［M］.

波纹管冷凝式热交换器的研发[*]

徐德明[1]，周高云[1]，吴　妍[2]，魏敦崧[2]

（1. 宁波方太厨具有限公司；2. 同济大学机械工程学院）

摘　要：研发的不锈钢波纹管冷凝式热交换器，具有强化换热和耐腐蚀的特点。利用 CFD 进行热交换器的仿真计算，得到了烟气的速度和温度分布以及换热性能数据，与试验结果基本吻合。进行了冷凝热交换器的实样测试，结果表明样机的主要性能参数符合国标要求，能效等级达到 1 级，具有良好的开发应用前景。

关键词：冷凝；热交换器；仿真计算

1　引言

我国是能源生产和消费的大国，节能减排、提高能源利用效率、加强环境保护是我们面临的重要任务。热交换器是燃气热水器的关键部件，强化热交换器传热，提高传热效率对于提高热水器的能效具有至关重要的作用。我们针对小型冷凝式燃气热水器产品，开发研究新型的不锈钢波纹管冷凝式热交换器，具有高效换热、低阻力、防腐蚀、耐水力高压、耐久性好等特点。前期对该热交换器进行了仿真计算和优化设计，在此基础上制造了热交换器的样机，经过整机试验达到了预期设想，取得良好的效果。

2　热交换器结构

所研发的不锈钢波纹管冷凝式热交换器用于配置 13L/min 冷凝式热水器（NG 或 LPG）。热交换器由波纹换热管、烟气导流板、冷凝水集水板、壳体和封盖板等组成（见图 1）。换热管采取 3 管路 4 回程形式，管程之间有叉角，结构紧凑，强化传热效果良好。

波纹管冷凝式热交换器的主要特点：

（1）采用 $\phi 8 \times 0.3$ 的不锈钢波纹换热管，以小管径多回程形式，能增加传热表面积 66%；不锈钢材料能很好地耐酸性冷凝水的腐蚀。

（2）波纹换热管能够有效地破坏气体的速度边界层，增加扰动，形成附加涡流，提高管外的对流换热系数. 管内水流速度达到湍流状态（$Re = 1.4 \times 10^{-4}$），对流换热系数也较大。

（3）设置烟气导流板，加强烟气速度场与热流场的协同，尽量使流体的速度梯度和

---

* 选自中国土木工程学会燃气分会应用专业委员会 2011 年会论文集 p142-p146

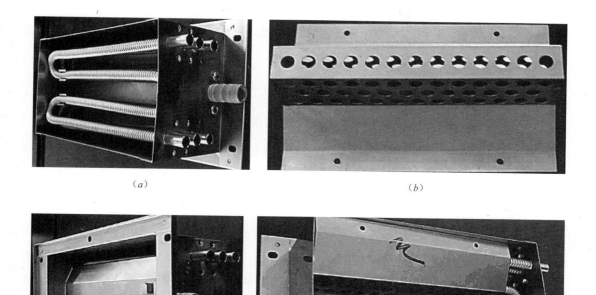

图 1　管式冷凝热交换器

(*a*) 波纹换热管；(*b*) 烟气导流板；(*c*) 集水板和出水管；(*d*) 组合装配

热流矢量（温度梯度）趋于同向，有利于强化对流换热。导流板底部有一排孔便于冷凝水流下。

（4）注意气体流动的均匀性，以达到最佳的传热效果。

（5）烟气自下而上流动，冷凝水往下流至集水板经出水管外排。

3　数值模拟

3.1　基本理论模型

采用 Patankar 和 Spalding 提出的分布阻力、体积多孔度以及 Sha 提出的表面渗透度等处理方法。建立质量、动量和能量方程和相应的边界条件，应用 CFD 的 Fluent 商用软件进行热交换器的数值模拟，计算烟气的流场和温度场分布，以及相应的热交换量。

质量方程：

$$\frac{\partial \rho}{\partial t} + \frac{\partial}{\partial x_i}(\rho u_i) = 0 \tag{1}$$

动量方程：

$$\frac{\partial(\rho u_i)}{\partial t} + \frac{\partial}{\partial x_i}(\rho u_i u_i) = \frac{\partial}{\partial x_j}\left(\mu\left(\frac{\partial u_i}{\partial x_j} + \frac{\partial u_j}{\partial x_i}\right)\right) - \frac{\partial P}{\partial x_i} + S_i \tag{2}$$

能量方程：

$$\frac{\partial}{\partial t}(\rho E) + \frac{\partial}{\partial x_i}(\rho \upsilon_i E) = \frac{\partial}{\partial x_i}\left(\Gamma_\varphi \frac{\partial E}{\partial x_i}\right) + S_\varphi \tag{3}$$

除上述基本控制方程外，还引入适合处理低雷诺数和近壁流动的 RNG $k\text{-}\varepsilon$ 模型方程：

$$\rho\frac{Dk}{Dt} = \frac{\partial}{\partial x_i}\left(\alpha_p \mu_{eff} \frac{\partial k}{\partial x_i}\right) + \mu_t S^2 - \rho\varepsilon \tag{4}$$

$$\rho\frac{D\varepsilon}{Dt} = \frac{\partial}{\partial x_i}\left(\alpha_p \mu_{eff} \frac{\partial \varepsilon}{\partial x_i}\right) + C_{1\varepsilon}\frac{\varepsilon}{k}\mu_t S^2 - C_{2\varepsilon}\rho\frac{\varepsilon^2}{k} - R \tag{5}$$

3.2 模型求解

热交换器的几何模型如图 2。利用 Gambit 创建三维物理模型并划分网格。排烟管的对称结构相对简单，其中的气流变化较缓慢，网格参数的间距尺寸取为 0.005mm；其余部分的网格参数的间距尺寸减小为 0.002mm。总共约划分 79.7 万个网格。

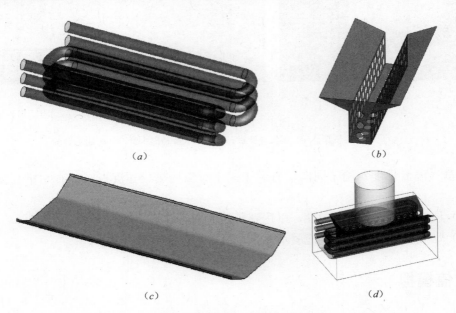

图 2　热交换器的几何模型

(a) 换热管；(b) 烟气导流板；(c) 集水板；(d) 组合模型

物理模型简化为无相变（不考虑冷凝）的流动-传热三维模型，把冷凝换热量以提高传热系数来作补偿。为了便于计算，几何模型中用光管来代替波纹管，$\phi 8$ 波纹管的表面积比光管大 66%，实际计算时传热表面积则按照光管表面的 166%。另外，波纹管会生成附加扰流，使传热系数提高，参考有关资料[2]和计算过程数据，传热系数比原来提高 54%。

建立计算的边界条件。燃烧计算参数：热输入功率为 22kW，空气过剩系数 $\alpha = 2.0$。燃烧后的湿烟气成分的容积% 为：N_2 75.03%，CO_2 5.07%，O_2 10.00%，H_2O 9.90%。烟气体积流量（标准状态下）39.9Nm³/h。假设流入冷凝热交换器的烟气速度和温度都是均匀的，烟气温度为150℃。冷水的进口温度为20℃。计算的对数平均温差为100.6℃。在计算过程中，考虑烟气的密度和比热等物性参数随温度变化而作实时修正。外壳壁面为绝热边界条件。

设置监视器进行迭代计算，直至计算收敛，分析其残差曲线、流速和温度分布等。速度和 k 值的迭代收敛因子设为 $1×10^{-3}$，能量的迭代收敛因子设为 $1×10^{-5}$，每个工况计算，大约迭代 2000 次左右达到收敛结果。

4 仿真计算结果及其分析

4.1 烟气流速分布

两个垂直的中心截面沿 X 方向和 Y 方向的烟气速度分布如图 3 和图 4。从图中可以看出流过换热管的烟气速度总体还比较均匀，下部换热管由于阻力较大因而速度稍小。在排烟管的中心区域，由于截面缩小，所以气流速度较大。但到出口处基本上混合均匀。计算得到烟气进口的平均速度为 1.11m/s，烟气出口的平均速度为 5.37m/s。

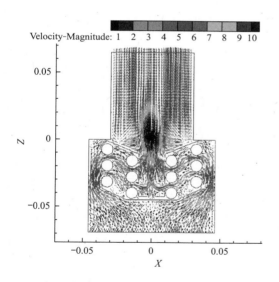
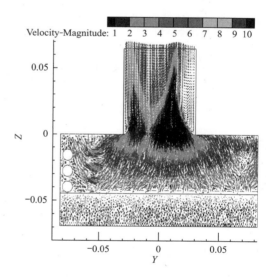

图 3　中心截面 X 方向的烟气速度分布　　图 4　中心截面 Y 方向的烟气速度分布

4.2 烟气温度分布

两个垂直的中心截面沿 X 方向和 Y 方向的烟气温度分布如图 5 和图 6。从图中可以看出，由于烟气流过下部换热管的流速较小，所以换热量较大，管后的温度也较低。烟气通过左右对称的四排管子传递热量，完成传热过程。排烟管出口的烟气温度比较均匀。计算得到排烟平均温度为 76.4℃，出水温度为 21.33℃，换热管的传热计算总面积为 0.088m²，总传热量为 1213W，综合传热系数较高：$K=137W/(m² \cdot ℃)$。

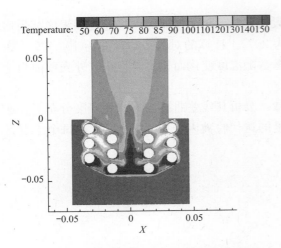
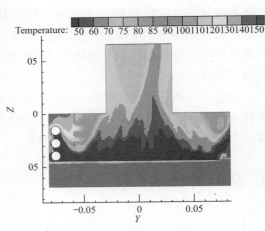

图 5　中心截面 X 方向的烟气温度分布　　　　图 6　中心截面 Y 方向的烟气温度分布

5　试验结果及分析

参考仿真计算结果，设计并制作了波纹管冷凝热交换器，装配于 12T 天然气的 13L/min 冷凝式热水器进行实样测试，取得良好的效果，测试数据见表 1。主要性能参数符合国标要求，整机的能效等级达到 1 级。

实样试验结果数据				表 1
热输入功率（kW）	22.19	排烟温度（℃）		91.0
热输入偏差（%）	0.86	冷凝水量（g/min）		18.0
产热水能力（kg/min）	12.5	烟气成分（%）	$CO_{\alpha=1}$	0.02
热水产率（%）	96.12		O_2	8.81
热效率（%）	98.24		CO_2	7.19
50% 额定热输入下热效率（%）	100.6			

虽然排烟温度 91℃ 对于冷凝式热水器来说似乎偏高。但是从仿真计算温度分布图上可以看出，在冷却换热管之后，烟气温度 50℃，低于冷凝温度，而实测的冷凝水量也达到 18g/min，可见达到局部冷凝换热条件。这部分烟气与未经很好冷却的高温烟气相混合，排出的烟气温度就显得偏高了。从这里也可看出，提高热交换性能还有相当空间，进一步改进烟气流的分布，降低排烟温度，可以更加提高热效率。

试验结果表明，研发的不锈钢波纹管冷凝式热交换器达到强化换热和耐腐蚀的预期效果，可以用于实际产品。此外，根据初步成本估计，该热交换器制造成本约 100 元左右，所以具有良好的开发应用前景。

6　总结

研发的不锈钢波纹管冷凝式热交换器，具有高效换热、低阻力、防腐蚀、耐水高压、耐久性好等特点。热交换器的仿真计算得到了烟气流动的速度分布、温度分布及其换热性能参数。计算结果与实际试验的数据能较好地吻合，对于热交换器的优化设计和进一步改进具有指导参考意义。实样的整机试验结果表明，主要性能参数符合国标要求，能效等级为1级，达到强化换热和耐腐蚀的预期效果，可以用于实际产品，具有良好的开发应用前景。

参考文献

[1] 沙拉，塞库利克著，程林译. 换热器设计技术［M］. 北京：机械工业出版社，2010
[2] 钱颂文等编著. 管式换热器强化传热技术［M］. 北京：化学工业出版社，2003
[3] 陶文铨. 计算传热学的近代发展［M］. 北京：科学出版社，2000

新型多联小管径铜制热交换器的研发[*]

徐德明[1]，高乃平[2]，钱志宏[3]

(1. 宁波方太厨具有限公司；2. 同济大学机械与能源工程学院；3. 慈溪天行电器有限公司)

摘　要：研发了传热效率高、铜材料消耗低的小管径热交换器。利用 CFD 进行热交换器的仿真模拟，计算了燃烧烟气的速度分布、温度分布和传热性能，分析结构参数对于换热效果和用铜量的影响。根据优化设计的小管径热交换器制造热水器样机进行试验，结果表明样机的各项性能符合国标要求，能效等级达到 2 级，可节省铜材料 30%，具有良好的推广应用前景。

关键词：小管径；热交换器；仿真计算

1　引言

热交换器是家用燃气快速热水器、家用燃气供暖锅炉的重要部件之一，它的材料、结构和传热效果对于燃气热水器的性能、制造成本和使用寿命都有重要的影响。其中主火热交换器通常是用铜制造的翅片式热交换器。无论是生产企业还是研究机构对于研发高效率、低成本的热交换器都非常关注。

多联小管径热交换器具有传热面积大、总换热量高、铜材料耗量低等优点。我们以 11～13L/min 的强制排气式热水器为样机，开发研究了小管径热交换器。用 3 根并联的 $\phi 7 \times 0.5$mm 换热管，以 4 联程的形式提出了翅片式热交换器的优化设计方案。利用 CFD 进行仿真计算，模拟热交换器内高温烟气的温度场、速度场以及翅片表面的温度分布，进行了传热计算；并得出热交换器管径、翅片厚度、翅片高度、翅片节距以及翅片的不同扰流结构等因素对换热效果和用铜材量的影响。以传热高效率和铜材料低消耗为目标，优化设计了热交换器的结构。根据优化设计试作了新型小管径热交换器。根据 11L/min 热水器样机试验结果表明，各项性能符合《家用燃气快速热水器》GB 6932 及《家用燃气快速热水器和燃气采暖热水炉能效限定值及能效等级》GB 20665 的国标要求，能效等级达到 2 级标准，热交换器比原来节省铜材料 30%，实现了预期目标。

2　仿真计算

2.1　数学模型

翅片热交换器配置于 11～13L/min 热水器，采用 3 根并联的 $\phi 7 \times 0.5$mm 小管径换热

---

* 选自中国土木工程学会燃气分会应用专业委员会 2012 年会论文集 p177-p183

管往返 4 联程的形式见图 1。以相邻的两片翅片为单元建立数学模型。单元模型的区域长度为两倍的翅片节距，宽度与翅片宽度一致，高度取 50mm。模拟采用 GAMBIT 软件进行几何建模和网格划分，网格尺寸取 0.5mm，网格总数约 100 万，如图 2 所示。

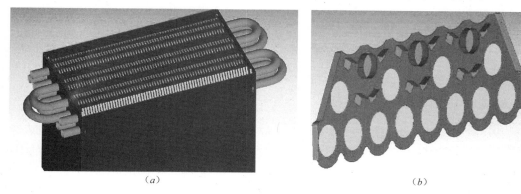

(a)   (b)

图 1   热交换器模型图
(a) 热交换器；(b) 翅片

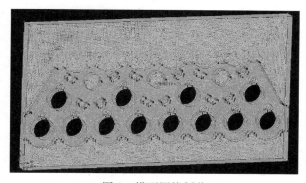

图 2   模型网格划分

模拟采用 RNG k-ε 湍流模型，计算采用单精度的 single precision，segregated implicit solver。烟气物性采用气体组分输运模型，烟气的物性参数考虑随温度而变化。辐射模型为 Discrete Ordinate 模型。压力与速度的耦合运用 SIMPLEC 算法，压力离散格式为 PRESTO，速度方程等对流项的离散采用二阶迎风差分，扩散项的离散采用二阶中心差分。各变量的松弛因子、压力因子与速度因子之和为 1，其他欠松弛因子介于 0.8~1.0。离散后代数方程的求解采用高斯-赛德尔方法结合代数多重网格法。

2.2   边界条件

燃气为 12T 天然气，热水器额定功率 25kW，给水流量 13kg/min，给水温度 25℃。假设燃烧烟气温度 1150℃。通过燃烧计算，得到高温烟气成分及流量，烟气组分为 N_2＝75.03％，H_2O＝9.90％，O_2＝10.00％，CO_2＝5.07％；烟气入口速度为 4.02m/s，出口压力的表压为 0。

由换热管的传热计算结果表明，管内水的传热热阻和管壁的导热热阻，与管外烟气与管壁的传热热阻相比，几乎可以忽略。因此，模拟采用第一类边界条件，用管内水温代替水管外壁温度；并假设一根水管的管壁温度沿着管长方向呈线性分布。

2.3　收敛判断

模拟的收敛判断标准有三条：

（1）能量方程，迭代的残差小于 10^{-6}，其余方程迭代的残差小于 10^{-3}；

（2）质量不平衡和能量不平衡小于计算区域进口总质量和总能量的 1%；

（3）模拟区域内的温度和速度分布合理，出口平均温度作为监控项，迭代至其不再发生变化为止。

2.4　模拟计算结果及分析

翅片单元模型计算得到的典型的速度、温度分布，如图 3 和图 4。从图中可以看出，烟气流过第一排换热管时，已把大部分热量传递给换热管和其中的冷水，烟气出口的温度和速度都比较均匀。计算结果得到热水器的热效率为 88.2%，排烟温度 180℃，水流阻力为 15.6kPa。翅片的表面温度分布如图 5，由于翅片的迎风前沿距离很短，很快就得到换热管的冷却，翅片的最高温度不超过 90℃，完全能满足使用要求。

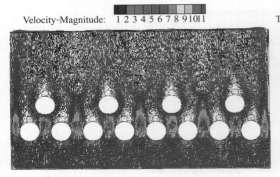

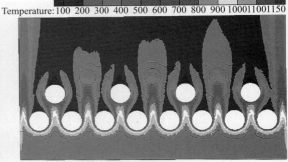

图 3　单元翅片的烟气速度分布　　　　　　　　图 4　单元翅片的烟气温度分布

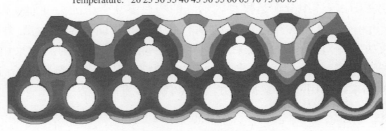

图 5　翅片表面的温度分布

3　热交换器的优化设计

3.1　换热管管径的优化

分别以 $\phi6\times0.5$mm 和 $\phi7\times0.5$mm 的换热管作模拟计算。计算结果如图 6。与 $\phi7$mm 水管相比较，尽管 $\phi6$mm 水管的外壁换热面积有所减小，但水流速度、传热系数却增大了，总换热量基本不变，然而铜材耗量却减少 3.6%。由于考虑管径过小会导致管内水流阻力和堵塞可能性增大。权衡利弊，管径优选 φ7mm。

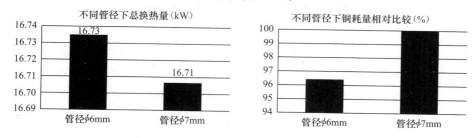

图 6　不同换热管管径模拟计算结果

3.2　翅片厚度的优化

增大翅片厚度后，烟气流通面积减小，烟气流速增大，从而使烟气与翅片间的对流换热系数略有增大，热交换器的换热性能有少许提高。不同厚度的翅片模拟计算结果见图 7。由图看出，随着翅片厚度的增加，换热量略有增大，但铜材耗量却大大增加，是明显不经济的。因此在综合考虑保证强度和制造工艺的条件下，翅片厚度优选 0.25mm。

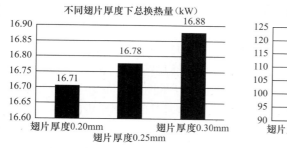

图 7　不同翅片厚度模拟计算结果

3.3　翅片高度的优化

增大翅片高度，上下两排管之间的高速流动区面积增大，两排管背风面的涡流区面积也增大，强化了传热。同时也使得下游烟气温度梯度减小，排烟温度明显降低。不同高度的翅片模拟计算结果见图 8。可以看出，增加翅片高度虽可提高总换热量，但铜材耗量的增加幅度更大。因此，翅片高度优选 27mm。

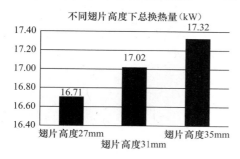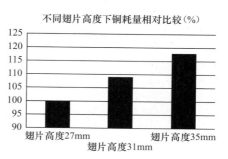

图 8　不同翅片高度模拟计算结果

3.4　翅片节距的优化

不同翅片节距的模拟计算结果见图9。当翅片节距增加时，流速稍有降低，烟气与翅片之间的对流换热系数也略减少，单片翅片的对流换热量减小。另一方面，翅片间距增大后，翅片总数相应减少，总换热会更小。然而随着翅片数量的减少，铜耗量有较大幅度的减少。但翅片节距加大有利于提升热交换器防翅片堵塞的性能，翅片节距过小容易集聚燃气中腐蚀成分对铜材腐蚀产生的氧化物，继而堵塞热交换器。综合考虑，翅片间距以选 2.55mm 为优。

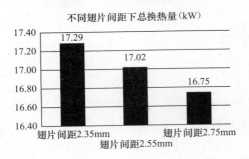

图9　不同翅片节距模拟计算结果

3.5　热交换器的优化设计

按照模拟结果的分析研究，以提高热交换器的总换热量和降低铜材耗量为目标，同时兼顾强度、制造工艺、控制水流阻力等因素，优化设计的换热器参数为：管径 $\phi 7 \times 0.5mm$，翅片高度 27mm，翅片宽度 90mm，翅片厚度 0.25mm，翅片间距 2.55mm，翅片数量 64+2 片；保持翅片的扰流翻边和扰流圆孔。按照优化设计的热交换器样机如图10。

3.6　与原热交换器的铜耗量比较

原热交换器是一个 $\phi 16 \times 0.8mm$ 单换热管、5 回程的翅片式热交换器，其翅片节距为 2.55mm，翅片宽度 90mm，翅片总数 66 片，这些参数与优选的翅片相同；翅片高度 68mm，翅片厚度 0.3mm。而本研发优化的热交换器，换热管 $\phi 7 \times 0.5mm$，翅片高度仅 27mm，厚度 0.25mm（见图11）。经称重，原热交换器重量 2.38kg，新型热交换器重量 1.61kg，每个热交换器可节约铜材 0.77kg，节铜率超过 30%。

图10　小管径热交换器样机

图11　新老两种热交换器

4 样机试验结果

按照优化设计制造小管径热交换器样机，安装于 11L/min 热水器（功率 21kW），进行整机测试。试验结果表明（见表 1），样机的各项性能符合《家用燃气快速热水器》GB 6932 及《家用燃气快速热水器和燃气采暖热水炉能效限定值及能效等级》GB 20665 的国标要求，能效等级达到 2 级。

11L/min 热水器试验结果　　　　表 1

燃气	12T	排烟温度		191℃
产热水能力	9.9kg/min	烟气成分	O_2	8.30%
热水产率	90%		CO	164ppm
热负荷	19.69kW	50% 热负荷	热负荷	10.96kW
热负荷准确度	−6.24%		准确度	4.38%
热效率	88.1%		热效率	88.8%

同时把该热交换器，安装于 13L/min 热水器（功率 25kW）进行整机测试。试验结果表明（见表 2），该样机还不能达到性能要求，需要作进一步改进提高。

13L/min 热水器试验结果　　　　表 2

燃气	12T	热负荷		23.76kW
产热水能力	11.63kg/min	热负荷准确度		−4.96%
热水产率	89.46%	排烟温度		216℃
热效率	85.4%	烟气成分	O_2	8.75%
			CO	194ppm

为了对比新型和原来的热交换器的水流阻力，对两种热交换器进行了"水压—水流通量"的对比试验，见表 3。试验结果表明，各个测试压力下新型热交换器的水流通量为原热交换器的 90%，这可以通过调整水压来解决，这也表明新型热交换器的水流阻力增加不大。

两种热交换器"水压—水流通量"对比试验结果　　　　表 3

水压（kPa）	新型热交换器水流通量（kg/min）	原有热交换器水流通量（kg/min）	新型/原有热交换器流量比（%）
4	10.15	11.25	90.22
8	14.36	16.00	89.75
10	16.26	17.78	91.45
12	17.77	19.66	90.35
16	20.36	22.72	89.61
平均值			90.22

5 结论

（1）通过仿真计算和参数优化，研发了新型小管径翅片式热交换器。翅片的优化设计参数为：管径 $\phi 7 \times 0.5$mm，翅片厚度 0.25mm，翅片宽度 90mm，翅片高度 27mm，翅片节距 2.55mm，翅片总数 66 片，保持扰流翻边和扰流圆孔。

（2）据优化设计制造的新型小管径热交换器，安装于 11L/min 热水器进行了实际试验。热水器整机测试结果，各项性能符合《家用燃气快速热水器》GB 6932 及《家用燃气快速热水器和燃气采暖热水炉能效限定值及能效等级》GB 20665 的国标要求，能效等级达到 2 级，实现了研发的预期目标。但在 13L/min 热水器的试验中还不理想，有待进一步改进和提高。

（3）研发的新型小管径热交换器，与原有的 $\phi 16mm$ 单换热管、5 回程的翅片式热交换器相比较，铜材节省率超过 30%，能显著降低制造成本。

（4）新型与原有热交换器的"水压—水流通量"对比试验结果表明，在 4~16kPa 的测试压力下，新型热交换器的水流通量为原热交换器的 90%。这可以通过调整水压和提升加工工艺来解决，同时也表明新型热交换器的水流阻力增加不大。

（5）翅片式热交换器的仿真计算与样机实际测试结果能较好地吻合，表明仿真计算的数学模型和计算方法是合理的，计算结果是可信的，并且可以应用到类似的计算问题中去。

参考文献

[1] 黄兴华等. 换热器壳侧紊流流动特性的数值研究 [J]. 上海交通大学学报，2000，34（9）：1191-1194

[2] 简弃非，甘庆军，许石篙. 换热器翅片表面空气流动热力过程数值模拟 [J]. 华南理工大学学报，32（9）：67-71

[3] 李革，于功志，程木军，张殿光. 提高翅片管式换热器热力性能方法 [J]. 大连水产学院学报，21（1）：68-71

[4] 刘占斌. 翅片管换热过程的数值模拟及实验研究 [D]. 西安理工大学硕士论文，2008

[5] 钱颂文等编著. 管式换热器强化传热技术 [M]. 北京：化学工业出版社，2003

[6] 任能，谷波. 平翅片传热与流动特性的数值模拟 [J]. 制冷与空调，6（4）：39-41

[7] 沙拉，塞库利克著，程林译. 换热器设计技术 [M]. 北京：机械工业出版社，2010

[8] 陶文铨. 计算传热学的近代发展 [M]. 北京：科学出版社，2000

平板式预混燃烧器污染物排放特性的实验研究[*]

刘凤国[1]，尤学一[2]，王启[3]，刘文博[4]

（1. 天津城市建设学院能源与安全工程学院；2. 天津大学环境科学与工程学院；
3. 中国市政工程华北设计研究总院；4. 国家燃气用具质量监督检验中心）

摘　要： 以预混燃烧理论为基础，利用多引射器混合结构实现燃气和空气的完全混合，设计了平板式全预混燃烧器，研究了燃烧器污染物排放特性与空气系数 α、热负荷比 f 的关系。试验结果表明：平板式全预混燃烧器实现了 NO_x 和 CO 的低排放；NO 和 CO 的排放量随着空气系数的增大而减小；当空气系数一定时，NO 和 CO 的排放量随着热负荷比 f 的减小而降低。当空气系数为 1.25 时，全预混燃烧器烟气中 $NO_{a=1} = 40ppm$，已经达到了氮氧化物 $NO_{a=1}$ 的第五排放等级。

关键词： 平板式；预混燃烧；引射器；燃烧器；污染物排放特性

1　引言

随着人们对室内空气品质要求的提高，室内 NO_x 的控制引起了高度重视。民用天然气燃烧器（燃气灶具、燃气快速热水器、燃气壁挂炉等）是居民室内空气污染物的主要来源之一。开发与研究一种适用于燃气快速热水器的低氮氧化物燃烧技术，为民用燃气燃烧应用领域的研发方向之一，将有助于城镇燃气应用行业的发展。目前国内民用燃气用具燃烧器采用的低氮氧化物燃烧技术主要有浓淡燃烧技术、多孔陶瓷板预混燃烧技术、金属纤维表面燃烧技术。

浓淡燃烧技术是通过改变燃料和空气的配比，使得燃气的燃烧分别在燃气过浓、燃气过淡和燃尽三个不同区域进行。采用浓淡燃烧 NO_x 的生成量可降低 40%～50%，最低值一般为 60ppm 左右[1]。

多孔陶瓷板中的预混燃烧是混合气体在一种耐高温、导热性能非常好的多孔陶瓷介质中燃烧，多孔陶瓷具有辐射强度大和导热能力高的特点，使火焰后区的热量传递到火焰前区，增加了混合气的预热作用，同时也增强了火焰的辐射换热能力；良好的热交换特性，使燃烧区域温度迅速趋于均匀，能将最高温度保持在较低水平，烟气在高温区停留时间减少，NO_x 排放量低；燃烧区域的热量回流，预热了混合气体，使得燃烧负荷调节范围增大[2-4]。

金属纤维燃烧器是利用金属纤维表面燃烧技术，实现低氮氧化物排放的一种新型燃烧器。金属纤维燃烧器头部的主要部分是金属纤维板，呈多孔状，主要成分是铁、铬、铝，

---

*　选自中国土木工程学会燃气分会应用专业委员会 2012 年会论文集 p107-p112

还含有稀有金属，目前主要应用的金属纤维板有两种形式：片状金属纤维编制物和烧结金属纤维板。两种形式的金属纤维板都是由直径大约为 $22\mu m$ 的金属纤维加工而成。国外对金属纤维燃烧器的研究主要集中在燃烧器的 CO、NO_x 的排放特性、金属纤维导热性能、热辐射发射率、燃烧器表面温度、催化剂中毒特性、燃烧器脱回火特性、催化剂材料、传热和燃烧模型等方面的研究[5-9]。

浓淡燃烧技术从总量上降低 NO_x 生成量不明显。金属纤维表面燃烧技术和多孔陶瓷板预混燃烧技术都是采用的全预混燃烧，可以实现低氮氧化物排放。但是，制造成本和材料的强度限制了其发展。此外，由于国内气源情况比较复杂，燃气燃烧过程中容易造成催化剂中毒，导致 NO_x 排放量升高。鉴于以上几种燃烧技术所存在的问题，本文研究一种基于预混燃烧方式的低污染燃烧器，提出全预混燃烧器的新的设计思路，探究全预混燃烧器燃烧稳定性和低污染物排放特性，并对设计的全预混燃烧器与原型机所使用的燃烧器进行了污染物排放对比试验。

2 平板式预混燃烧器结构和实验系统

2.1 平板式预混燃烧器的结构

平板式预混燃烧器额定负荷为 22kW。燃烧器火孔板采用厚度为 1mm 的不锈钢板，材质具有良好的耐腐蚀、耐高温的性能。火孔板的设计尺寸图见图 1。由图可知，火孔板是由圆火孔和方火孔组成，其中 7 个小火孔组成一个梅花状火孔族。

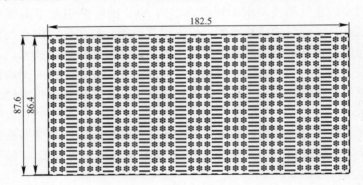

图 1　火孔板的尺寸

2.2 实验系统

平板式预混燃烧器试验方案设计，主要依据《家用燃气快速热水器》GB 6932 进行实验系统的搭建和数据处理。在试验过程中各参数的检测方法、仪器的使用方法以及实验室的条件，也严格执行 GB 6932 中相应的规定。实验台搭建在国家燃气用具质量监督检验中心。

整个全预混燃烧器实验系统分为 3 个部分，即燃气供给系统、配风系统、供水系统和烟气分析系统。全预混燃烧器实验系统见图 2。将研发的全预混燃烧器置于 11L 家用燃气快速热水器中进行整机实验。整机试验系统和原型机的模具尺寸相同，风机、电磁阀和燃气的分配管仍然采用原型机的配件。

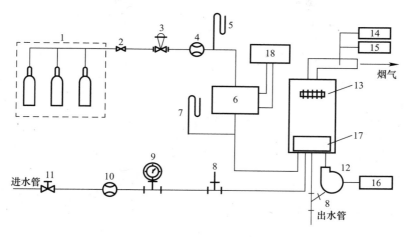

图 2　全预混燃烧器实验系统

1—配气系统；2—阀门；3—调压器；4—流量计；5—阀前 U 形压力计；6—电磁阀；7—阀后 U 形压力计；
8—温度计；9—压力计；10—流量计；11—阀门；12—风机；13—翅片式换热器；14—烟气分析仪；
15—红外线分析仪；16—直流电源；17—燃烧器（包括混气系统）；18—直流电源

2.3　实验工况

实验室温度 20±5℃，在实验过程中室温波动控制在 ±5℃ 以内。室内排烟口应靠近燃烧器的烟气出口，实验过程中产生的烟气经过排烟口及时排出。室内空气中的 CO 含量应小于 0.002%，CO_2 含量应小于 0.2%。供水水温维持在 20±1℃ 左右，额定负荷下，调节出水水温要比进水水温高 40±1℃。所有参数的确定均是在热水器满负荷运行 15min 稳定后测定。平板式全预混燃烧器额定负荷为 22kW。实验过程中主要是测定燃烧器不同负荷调节比 f 下，喷嘴直径 d 分别为 1.4mm 时，空气系数在 1.0～1.5 范围内 NO 和 CO 的排放情况。实验用燃气性质见表 1。

实验用天然气性质　　　　　　　　　　　　　　　　　表 1

高华白数（MJ/m³）	低华白数（MJ/m³）	高热值（MJ/m³）	低热值（MJ/m³）	燃烧势	相对密度
52.07	46.88	40.47	36.44	39.22	0.6042

3　实验结果与分析

3.1　氮氧化物的排放特性

图 3 为 NXP＝5mm，d＝1.40mm 时烟气中 NO 含量与空气系数的关系。喷嘴直径 d 为 1.4mm 时，燃烧器燃烧过程中产生的 NO 的排放量，当空气系数 $\alpha>1.1$ 时，NO 的排放量不超过 70ppm。当 $\alpha>1.2$ 时，NO 的排放量低于 40ppm；当热负荷一定时，随着空气系数 α 的增加，NO 的生成量减少；不同的喷嘴直径下，烟气中 NO 生成量随着空气系数的变化趋势相同。

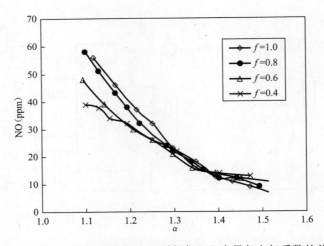

图 3　NXP=5mm，d=1.40mm 时烟气 NO 含量与空气系数的关系

3.2　一氧化碳的排放特性

图 4 为 NXP=5mm，d=1.40mm 时，燃烧器燃烧过程中 CO 的排放量。结果表明，当空气系数 α>1.1 时，烟气中 CO 的含量随着空气系数 α 的增大，开始急剧减小；当 α>1.2 时，随着空气系数 α 的增加，一氧化碳的排放量也继续降低，但降低的速度比较缓慢；当 1.1<α<1.2 时烟气中 CO 浓度极高，波动范围也比较大，达到 1000~4000ppm。随着空气系数的增大，燃烧室内的氧气含量增加，从而使得 CO 浓度下降。

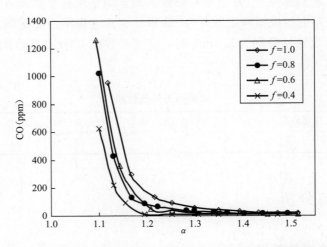

图 4　NXP=5mm，d=1.40mm 时烟气 CO 含量与空气系数的关系

3.3　实验结果与原型机检测结果的比较

表 2 给出了当喷嘴位置 NXP=5mm，喷嘴直径为 1.4mm 时，开发燃气快速热水器全预混燃烧器和燃气快速热水器原型机的测试数据。

表 2

全预混燃烧器实验结果与原型机检测结果对比

机型	O_2(ppm)	空气系数 α	CO(ppm)	$CO_{\alpha=1}$(ppm)	NO(ppm)	$NO_{\alpha=1}$(ppm)
全预混燃烧器整机试验	3.7	1.22	135	164	37	45
	4.2	1.25	91	114	32	40
	4.8	1.30	58	75	23	30
	5.4	1.35	41	55	18	24
	5.9	1.39	31	43	13	18
	6.3	1.43	24	34	11	16
	6.7	1.47	23	34	9	13
	7.1	1.51	24	36	8	12
燃气热水器原型机的测试结果	7.0	1.50	53	80	87	130

两者对比可以看出：若折算到空气系数为 1 时的 CO 含量作为评价标准，在实际空气系数 $\alpha=1.51$ 时，开发的全预混燃烧器的 $NO_{\alpha=1}=12$ppm，$CO_{\alpha=1}=36$ppm，而原型机的 $NO_{\alpha=1}=130$ppm，$CO_{\alpha=1}=80$。由此可见，研发的全预混燃烧器的 $CO_{\alpha=1}$ 降低了 50%，$NO_{\alpha=1}$ 约为原型机测试结果的 10%，可以推断开发的全预混燃烧器相对于目前常规的燃气热水器燃烧器的减排效果显著。

表 3 给出了家用燃气快速热水器燃烧烟气中氮氧化物含量（$NO_{\alpha=1}$）的分级规定。将表 4 的数据和表 5 进行对比，表明：当空气系数为 1.25 时，全预混燃烧器烟气中 $NO_{\alpha=1}=$ 40ppm，已经达到了氮氧化物 $NO_{\alpha=1}$ 的第五排放等级。尤其要指出的是，目前氮氧化物含量（$NO_{\alpha=1}$）的分级规定是附在《家用燃气快速热水器》GB 6932 中的 NO 含量评价指标，该指标暂时不作为燃气热水器强制性条款，只是作为对产品质量优劣等级的评价指标。如果在国内学者的呼吁下，将该评价指标作为强制性条款，那么本课题设计的全预混燃烧器的应用价值将更加显著。

表 3

氮氧化物排放等级

$NO_{\alpha=1}$排放等级	$NO_{\alpha=1}$极限浓度（ppm）	
	天然气、人工煤气	液化石油气
1	150	180
2	120	150
3	90	110
4	60	70
5	40	50

4 结论

（1）当喷嘴直径 d 为 1.4mm 时，平板式全预混燃烧器 NO 排放量随着空气系数的增大而减小。当空气系数 $\alpha>1.1$ 时，NO 的含量不超过 70ppm。当 $\alpha>1.25$ 时，NO 的含量低于 40ppm。当热负荷和喷嘴直径不变时，随着空气系数 α 的增加，NO 的生成量减少。

（2）当喷嘴直径 d 为 1.4mm 时，平板式全预混燃烧器 CO 排放量也随着空气系数的增大而减小。当 $1.1 < \alpha < 1.2$ 时，由于 CO 的浓度受空气系数 α 的变化影响特别显著，α 稍有增大，CO 排放量急剧降低。当 $\alpha > 1.2$ 时，随着空气系数 α 的增加，一氧化碳的排放量也继续降低，但降低的速度比较缓慢。考虑到无限制增加空气系数会降低燃烧器热效率，因此在满足烟气排放标准的前提下，空气系数应选择一个较低的值。当 $\alpha > 1.3$ 时，CO 的排放量低于 58ppm。

（3）当空气系数为 1.25 时，全预混燃烧器烟气中 $NO_{\alpha=1} = 40$ppm，已经达到了氮氧化物 $NO_{\alpha=1}$ 的第五排放等级。

参考文献

[1] 周庆芳，杨庆泉，沈亦冰，等. 燃气热水器浓淡燃烧低 NO_x 燃烧器的模拟分析 [J]. 煤气与热力，2004，24（12）：665-669

[2] Brenner G., Pickenacker K., Pickenacker O., et al. Numerical and experimental investigation of matrix-stabilized methane/air combustion in porous inert media [J]. Combustion and Flame, 2000, 123 (1): 201-213

[3] Hsu P. F., Evans W. D., Howell J. R.. Experimental and numerical study of premixed combustion within nonhomogeneous porous ceramics [J]. Combustion Science Technology, 1993, 90 (1-4): 149-172

[4] Mobbauer S., Pickenacker O., Pickenacker K., et al. Application of the porous burner technology in energy and heat-engineering [J]. Clean Air, 2002, 3 (2): 185-198

[5] Rortveit G. J., Zepter K., Skreiberg O., et al. A comparison of low-NO_x burners for combustion of methane and hydrogen mixtures [J]. Proceedings of Combustion Institute, 2002, 29 (1): 1123 – 1129

[6] Bizzi M., Saracco G., Specchia V.. Improving the flashback resistance of catalytic and non-catalyticmetal fiber burners [J]. Chemical Engineering Journal, 2003, 95 (1-3): 123-136

[7] Saracco G., Cerri I., Specchia V., et al. Catalytic pre-mixed fibres burners [J]. Chemical Engineering Science, 1999, 54 (15-16): 3599-3608

[8] Cerri I., Saracco G., Geobaldo F., et al. Development of a methane pre-mixed catalytic burner for domestic applications [J]. Industrial & Engineering Chemistry Research, 2000, 39 (1): 24-33

[9] Cerri I., Saracco G., Specchia V., et al. Improved-performance knitted fiber mats as supports for pre-mixed natural gas catalytic combustion [J]. Chemical Engineering Journal, 2001, 82 (1): 73-85

燃气热水器换热肋片扰流孔的实验研究[*]

陈　斌

（广东万和新电气股份有限公司）

摘　要： 本文主要研究燃气热水器换热肋片扰流孔的排布与数量，通过在同一形状大小换热肋片上布置不同的扰流孔，并在同一条件下进行实验。发现扰流孔数量与排布对燃烧噪声，热效率，烟气的影响，通过对肋片扰流孔的结构优化，可以提高燃气热水器燃烧效率，有效控制燃烧噪声与烟气。

关键词： 肋片；热效率；燃烧噪声；扰流孔；烟气；

1　引言

家用燃气快速热水器在中国已发展了三十多年，在三十多年中，不但涌现了一大批优秀的燃气热水器生产企业，从而也为国家培养了一大批燃气具科研工作者和优秀的企业产品开发人才。然而，在信息时代的今天，应采用何种较有效的研究方法才能更利于家用燃气热水器的发展，更有效地提高新产品研发速度，是值得我们进一步的研究。在换热器设计时十分希望能知道换热片上的温度分布（由此可计算出换热器的吸热量），以便寻找出合理的换热片形状、扰流孔的布置、扰流孔的数量、厚度间距、水管外径、布置形式等因素对热交换器吸热量的影响，实现用较少的材料而能吸收热水器所需的热量，这个任务依靠常规的实物实验方法来完成是十分困难的，且将花费大量的人力与物力，占用大量的时间。所以，至今还没见到任何一家国内外生产厂家或科研单位公布有关的测试数据或科研成果。热交换器是燃气热水器上的关键部件，对热效率和使用寿命都起着关键作用。热交换器上所使用的肋片（俗称换热片）和水管子的设计对热交换器结构和性能起关键作用，而肋片上的扰流孔的排布和数量是这一关键作用的核心部分。因此，研究热交换器上使用的肋片管换热器结构对强化热交换，提高换热效率，缩小换热器的外形尺寸和有效的控制燃烧噪声与燃烧共振都起了重要作用，本文通过肋片上扰流孔的不同设计，通过采集各种实验数据来说明燃气热水器换热肋片扰流孔的排布和数量对热效率、燃烧噪声与燃烧共振的影响。为燃气热水器换热肋片的设计提供一些实验参考。

2　肋片扰流孔位置排布对燃烧噪声与热效率的影响

燃烧噪声包括层流、紊流火焰噪声与振荡燃烧噪声，层流火焰主要是由于一次空气系

---

[*]　选自中国土木工程学会燃气分会应用专业委员会 2014 年会论文集 p36-p38

数较大，热负荷偏高，焰面位置和形状发生了不规则变化（如离焰回火等），于是产生扰动，形成火焰噪声，紊流火焰由于气流强烈扰动使烟气的压力，温度产生不规则变化而引起的燃烧噪声，首先，紊流燃烧引起的气体密度发生急剧变化，出现压力波，同时紊流扰动经过燃烧放大，形成强烈扰动。产生紊流燃烧噪声。下面以两个不同的肋片实例来进行说明。图 1 所示为两种肋片扰流孔的不同排布图，肋片的外形基本尺寸，直管孔径大小相同，所不同的是扰流孔位置，通过装整机测试其热效率，燃烧噪声，燃烧产物等，测试结果如表 1 所示。

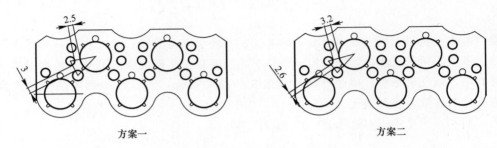

图 1　肋片上不同扰流孔位置排布图

扰流孔不同排布下的试验数据　　　　　　　　　　　　　　　　　　　　表 1

方案	项　目						
	热负荷	片数量	风机电压	烟气 CO/O_2	排烟温度	有无共振	燃烧噪声
方案一	25kW	85 片	34V	290/10.8	142	有	64.3dB
方案二	25kW	85 片	34V	227/10.5	138	无	53.2dB

从表 1 我们可以看出，方案二比方案一的噪声要低，并且没有燃烧共振，图 2 为高温烟气流线分布图从中可以看出：

（1）高温烟气在①处分散成②与③，方案一在②处的距离为 3，③处的距离为 2.5，高温烟气大部分会流经空间较大的②处，在②处形成强烈的旋转气流运动，旋流在中心形成回流区，并与流经④的烟气相对而行，形成气流的高速旋转，扰动，观察到方案一处的火焰面极不稳定，不停跳动，发出强烈的振动噪声。

（2）方案二，由于高温烟气在①处分成②与③，大部分经过②处流走，因②出距离大于③处，烟气流线在传热管处分布均匀，热效率高于方案一（从排烟温度可看出）。

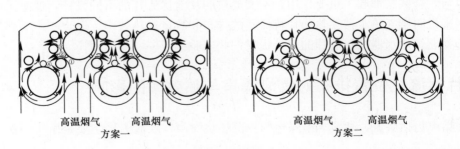

图 2　高温烟气流线分布图

3 肋片扰流孔数量对燃烧噪声与热效率的影响

对具有较大燃烧室容积与较细的烟，风管组成的燃烧系统上，容易引发气柱燃烧振荡，其简化的物理模型描述：气体在燃烧室是可压缩的，但在烟、风管内是不可压缩的，烟管内的气体像活塞一样振荡，而燃烧室内可压缩气体相当于弹簧，呈现与烟风管内气体振荡相同的压力波，气体的燃烧振荡是由于流动系统的音响固有振动与燃烧放热的变化相耦合而引起的振荡。下面以另一实例进行证明。图3为方案三与方案二的比较，试验条件：肋片的外形基本尺寸，直管孔径大小相同，所不同的是扰流孔的数量和大小，在同一款机上进行实验，实验结果见表2。从表2中可以看出，方案三的翅片阻力明显大于方案二，其燃烧室压力大，与烟风管内压力波一致，形成振荡，同时燃烧产物高，虽然热效率较方案二高（从排烟温度可以看出），但是燃烧所产生的振荡和噪音无法接受，达不到设计要求。

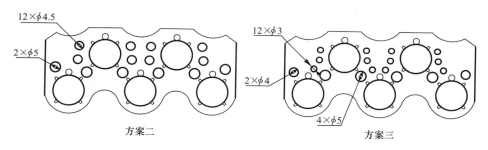

图3 肋片上不同数量扰流孔排布图

扰流孔不同排布下的试验数据　　　　　　　　　　　表2

方案	项　目						
	热负荷	片数量	风机电压	烟气 CO/O_2	排烟温度	有无共振	燃烧噪声
方案二	25kW	85 片	34V	227/10.5	142	有	53.2dB
方案三	25kW	85 片	34V	380/10.3	138	无	64.3dB

4 结论

根据以上几个实验分析，可以得出：

（1）肋片设计时，其扰流孔位置的布置应尽可能减少烟气流动阻力，并且使烟气流线均匀地分布于传热管周围，避免烟气流线突变，产生涡流区。需要时可以利用流体仿真软件进行前期的设计准备。

（2）肋片扰流孔数量的增加在一定程度能提高强化换热，使热效率增加，但在满足热效率的前提之下，应减少烟气流动阻力，避免因燃烧室内压力过大出现气柱振荡和体积振荡。

参考文献

[1] 张云兰，贾文，强排式燃气热水器噪声的降低 [C]. 煤气与热力，2003（7）：438-440

[2] 潘俊华，浅谈燃气热水器的噪声与控制措施 [C]. 家用燃气具，2009（4）：41-43

[3] 夏昭知，夏昭知，燃气快速热水器 [M]. 重庆：重庆大学出版社，2002

[4] 季俊杰，罗永浩等，燃烧振荡的驱动机理 [C]. 燃气轮机技术，2006，19（3）：32-36

冷凝式燃气热水器副热交换器优化设计与研究[*]

陶健清，徐蔚春

（上海林内有限公司）

摘　要： 冷凝式燃气热水器相比于普通燃气热水器，通过增加二次换热装置，提高了对燃烧余热的吸收利用，提升了热水器的换热效率。本文结合实际生产应用，对冷凝式换热器的设计进行初步研究，分析了换热器材料、换热面积等因素对冷凝式燃气热水器效率的影响，旨在设计一种性价比较高的冷凝换热器结构形式。

关键词： 燃气热水器；冷凝效率

1　引言

随着城市管道天然气的普及，燃气快速热水器因其占地小、加热快、使用便捷等诸多优点日益受到人们的青睐。然而，随着全球石化能源的日渐紧缺，以及社会对于节能环保意识的不断增强，如何提高燃气快速热水器的燃烧和传热效率已经成为燃气热水器设计开发的一项重要议题。由此冷凝式燃气热水器应运而生，通过增加二次换热装置，充分吸收利用烟气中的余热，提高燃气热水器热效率，达到了节能环保的目的。

2　冷凝换热器的热效率

所谓冷凝式换热器，指的是一种回收利用烟气中水蒸气汽化潜热的换热器。当换热器的排烟温度减低到低于饱和温度时，烟气中的过热水蒸气就会凝结成液态水从而释放汽化潜热，通过对这一部分热量的回收再利用，可以提高热水器的换热效率，按照燃气低热值计算得到的换热效率可以达到甚至超过100%。

普通燃气快速热水器的热效率为：

$$\eta = c_p G \Delta t / (q Q_1) \tag{1}$$

式中　η——燃气快速式热水器的热效率；

$\quad c_p$——水的比定压热容，$kJ/(kg \cdot K)$；

$\quad G$——产水量，kg/min；

$\quad \Delta t$——进出水温差，℃；

$\quad q$——燃气流量，m^3/min；

$\quad Q_1$——燃气低热值，kJ/m^3。

---

* 选自中国土木工程学会燃气分会应用很重要委员会2014年会论文集 p157-161

冷凝式燃气热水器的理论热效率为：

$$\eta' = Q_{\mathrm{h}}/Q_{\mathrm{l}}$$ (2)

式中 η'——冷凝式燃气热水器的理论热效率；

  Q_{h}——燃气高热值，kJ/m^3。

目前，普通燃气快速热水器的换热效率一般为85％左右，在出水量和进出水温差相同的条件下，理论上冷凝式燃气热水器比普通燃气快速热水器的热效率高约15％左右。

20世纪中东石油危机以后，出于节约能源的考虑，欧洲开始研究并制造出了世界上最早的高效率冷凝式锅炉，其换热效率比当时的普通锅炉提高10％以上。世界范围内对于燃气冷凝技术的研究最早出现于荷兰和法国。1971年法国的煤气公司和液化工业公司开始对冷凝换热器进行研究，并于次年制造安装了几种换热系统。1979年荷兰成功研制出世界上第一台冷凝式燃气热水器。此后，英、法、德、日等多国也开始了冷凝式燃气热水器的研究和制造。目前，冷凝式燃气热水器在发达国家热水器的产量中已经占到了很大的比重。

国内对于冷凝式燃气换热器的研究起步较晚，目前仅有几家较大的燃气热水器生产厂家在生产冷凝式燃气热水器，同时国内冷凝式燃气热水器的接受和使用程度也不是很高，无论在技术上还是市场认知度上和发达国家比都有很大差距。随着国内冷凝式燃气换热技术的不断完善以及人们节能减排意识的增强，冷凝式燃气热水器未来在国内热水器市场必然会日益受到重视。

3   冷凝换热器方案设计

（1）常见换热器种类

市场上常见的换热器主要有以下几种形式，管壳式换热器、管翅式换热器、板式换热器、螺旋管式换热器等，根据需求的不同各自有其适用的领域；目前燃气快速热水器的冷凝换热器一般多采用管壳式这种结构。

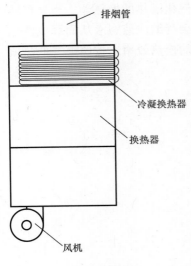

图1   结构图

我们拟采用的是一种并联排布的列管式换热器作为冷凝换热器的设计方案，结构如图1所示。已知单位换热管的换热面积，通过对换热面积、烟气流道结构等进行调整优化，以期达到最优设计效果。

进行方案设计，主要从换热器材料、换热管结构形式、换热管数量和排布方式等方面进行考虑。

（2）换热器材质的选取

一般而言，紫铜、铝合金、不锈钢、碳钢、钛合金等都可以用作换热管的材料。考虑到冷凝腐蚀对于换热管的影响，碳钢不宜用做冷凝换热器的材料；钛合金综合性能很好，但是价格昂贵，故也不作考虑。

紫铜的热导率约是不锈钢的20倍，铝合金的热导率约是不锈钢的8倍。

根据理论公式计算不同换热管的设计壁厚：

$$t_s = \frac{pD_0}{2\sigma\phi - p_c} \qquad (3)$$

式中 t_s——换热管的计算壁厚，mm；

p——设计压力（取 1.25 倍自来水压），MPa；

D_0——管子外径，mm；

σ——设计温度下材料的许用应力，MPa；

ϕ——焊接接头系数，无缝管取1；

p_c——管内计算压力，MPa。

考虑壁厚减薄率，弯管壁厚的计算公式为：

$$\delta_0 = t_s/(1-C) \qquad (4)$$
$$C = D_0/(2R + D_0) \qquad (5)$$

式中 δ_b——弯管壁厚，mm；

C——壁厚减薄率；

R——弯管曲率半径，mm。

可以计算出不锈钢管的安全设计壁厚为 0.6mm，铜管为 1mm，铝管为 1.3mm。

通过数据分析可知，换热管的换热系数随着换热管壁厚的增加是线性下降的，综合考虑到换热管的安全壁厚对换热管换热效果的影响，不锈钢管、铜管和铝管的实际换热系数相差不大，其中不锈钢管换热系数约为 3700W/(m² · K)，铜管约为 3800W/(m² · K)，铝管约为 3660W/(m² · K)。

铜管管壁较粗糙，易结垢，且紫铜价格远高于不锈钢，而铝管的折弯和焊接等加工工艺性较差，因此，全面考虑到各方面因素的影响，选用不锈钢作为冷凝换热管的材料是较为合适的。

（3）换热管形式的选取

现在较常用的换热管主要为直管和波纹管两种形式。直管结构简单，易加工，成本相对较低，但换热效率一般。相比较而言，波纹管的换热效果明显优于直管。首先，在同等的单位长度上，波纹管的换热面积明显要大于普通直管；其次，由于波纹管本身的结构特点，受管内外介质温差的影响，管子会产生微量的轴向伸缩变形，管内外的曲率随之频繁改变，使得管壁上不易产生水垢，从而使得换热器能始终保持高效的换热性能，同时也不用担心管子内部会发生水路堵塞的问题。此外，由于波纹管本身特殊的形状结构，沿轴向能较自由的伸缩调节，有效地降低了疲劳热应力的影响，使得其使用寿命和可靠性都明显优于普通直管。

因此，在换热器设计方案中选用波纹管作为换热管。

（4）换热器方案的优化设计

通过理论分析可知，换热管数量越多，换热面积越大，换热效率越高。但是当换热面积增加到一定程度后，热效率的提升将逐渐缓慢直至趋于平缓，两者之间的关系可用如图 2 曲线表示。

因此，我们需要通过实验确定出较为合理的换热面积。通过调整冷凝换热器中换热管的数量，我们设计出

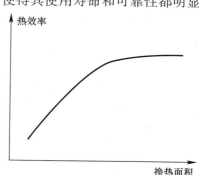

图 2　热效率和换热面积的关系

4 组换热面积的方案进行实验验证。

实验对象装于专用的燃气测试平台，测试参数主要包括换热效率、热负荷和燃烧烟气等。实验结果见表 1。

通过实验数据的分析可看出，空气量相同的条件下，热效率随着换热管数量的增加而增加；换热管数量越多，换热面积越大，热效率的提高越明显。实验结果和理论分析结果相同。

冷凝换热器实测结果 表 1

方案	换热管数	换热面积（mm²）	换热效率（%）	热负荷（kJ/h）	烟气中 CO（ppm）	烟气中 O₂（ppm）
1	11	390467	104.0	114869	140	9.24
2	7	248479	102.0	114718	150	9.28
3	6	212982	101.4	115970	150	9.23
4	5	177485	101.0	116924	151	9.26

进一步选取 7 根换热管这套方案，通过调整风机进风口的面积来调整空气量，测试不同风量条件下换热效率的变化。实验结果见表 2（按进风量从小到大顺序）。可见相同换热面积条件下，换热效率随着空气量的增加而降低，烟气水平随着空气量的增加会有改善。

实验结果 表 2

进风口直径（mm）	换热管数量 N	实测换热效率（%）	实测热负荷（kJ/h）	实测烟气 CO（ppm）	实测烟气 O₂（ppm）
32	7	102.2%	114718	158	9.12
34	7	102.1%	115844	110	10.2
36	7	101.4%	115233	113	10.4

进一步的，我们对换热管组的安装间距进行调整，通过增大换热管之间的安装距离来降低排烟阻力，换热管组示意图见图 3，测试结果见表 3。

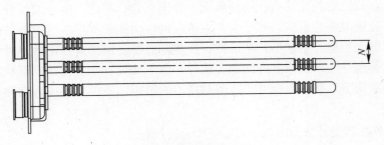

图 3 换热管组示意图

测试结果 表 3

换热管间距（mm）	换热管数量	实测换热效率（%）	实测热负荷（kJ/h）	实测烟气 CO（ppm）	实测烟气 O₂（ppm）
20	6	102.3	114383	148	9.2
21	6	100.7	114580	120	10.1
22	6	99.6	114814	109	10.8

通过实验可知，在相同的换热面积条件下，燃气热水器的换热效率随着排烟阻力的降低而降低。

4　结论

冷凝式燃气热水器相比较传统非冷凝式燃气热水器能更加充分的吸收利用燃烧产生的热量，符合国家节能环保的要求。通过上述理论分析和实验可知，冷凝式换热器的设计需要综合考虑到材料、结构、流道阻力、风量等诸多方面的因素。选择合适的换热面积能有效地提高热水器的换热效率；在一定的范围内，适当调整烟气流道截面积，增大排烟阻力，也能提高热水器的换热效率。

参考文献

［1］　杨世铭. 传热学基础（第二版）［M］. 北京：高等教育出版社，2004
［2］　夏昭知. 燃气快速热水器［M］. 重庆：重庆大学出版社，2012

新型高效家用燃气灶燃烧器热效率的研究[*]

徐德明[1]，刘晓刚[1]，钟　芬[2]，高乃平[2]

（1. 宁波方太厨具有限公司；2. 同济大学）

摘　要：通过实验与 CFD 仿真模拟的方法对新型高效家用燃气灶燃烧器的热效率进行了研究，分析其结构对火孔流量、温度分布及热流量分布的影响。结果显示，迎着流体运动方向的火孔混合燃气流量较大，其对应部位的热流量也较大；CFD 数值模拟计算得到的热效率比实验结果小 0.84%，模拟结果与实验结果基本相符。

关键词：家用燃烧器；CFD 仿真模拟；热效率

1　引言

随着家用燃气具的广泛使用，市场上出现了种类繁多的家用燃气灶燃烧器。有些燃烧器虽然具有美观大方，符合整体厨房设计理念的优点，但其热效率不高、能源利用率差、烟气中释放的有害组分含量较高。因此，对于新设计开发的燃烧器，研究其节能、环保是很有必要的。

本文利用实验与 CFD 仿真计算方法，分析了燃气灶燃烧器结构对于火孔流量、温度分布及热流量分布的影响，为新燃烧器的研发提供了一定的方向。

2　物理模型

燃气灶具主要结构包括喷嘴、引射器、基座、炉头、外环火盖组件和内环火盖组件等，家用燃气灶一般使用低压引射燃烧器，燃气经过进气管打开阀门后，在一定压力下，以一定流速从喷嘴流出，进入引射器，同时吸入一次空气，在引射器内燃气与一次空气混合，然后经头部火孔流出，遇到点火火花着火燃烧，形成火焰，燃烧过程再从火焰周围吸引二次空气助燃。

图 1 为新型高效燃烧器结构实物图。

该燃烧器结构中，内环火孔包括 24 个 $\phi2.5mm$ 倾斜角度为 35° 的斜火孔，20 个 $\phi1.5mm$ 的水平直火孔；外环火孔包括 56 个

图 1　新型高效燃烧器结构实物图

1—喷嘴；2—引射器；3—内环火盖；
4—外环火盖；5—基座

---

* 选自中国土木工程学会燃气分会应用专业委员会 2015 年会论文集 p55-p62

ϕ2.7mm 倾斜角度为 40°的火孔，下方凹槽内 56 个 ϕ1.2mm 的垂直火孔；炉头直径 113mm。

3 实验方法

3.1 实验设计

实验中，热效率测定方法按照《家用燃气灶具》GB 16410—2014 的规定进行测试，该燃烧器额定热负荷为 4.1kW，在额定压力 2kPa 下进行实验，气源为 12T 天然气，其低热值（15℃）为 34.1139MJ/m³。通过气体流量计测得天然气流量，由此可计算出实测热负荷值；实验中使用的是黑色铝制锅具，分别对上限锅（直径 300mm）、下限锅（直径 280mm）进行了测量，使用温度采集仪来获得各测点的温度，由此计算出燃烧时的热效率，相同条件下进行多次测量，以平均值作为实际测量的热效率。

3.2 测试结果

表 1 为实验测试数据及计算结果，实验测得的新型高效燃烧器热效率为 65.8%。

燃烧器热效率实验测试数据　　　　　　　　　　　表 1

		大锅（上限锅）	小锅（下限锅）
试验气（12T）	低热值（MJ/m³）	34.1139	
	相对密度	0.571	
	温度（℃）	15	
	灶前压力（kPa）	2.0	
环境	压力（kPa）	102.1	
	温度（℃）	22	
热负荷	燃气体积（L）	10	
	时间（s）	92.18	
	热流量（kW）	3.878	
热效率		大锅（上限锅）	小锅（下限锅）
	水初温（℃）	22	22
	水终温（℃）	72	72
	锅直径（cm）	30	28
	水重量（kg）	10	8
	锅重量（kg）	1.805	1.570
	所用时间（s）	878.28	737.25
	热效率（%）	66.5	63.9
锅底热强度（需插值时）		5.269	6.020
热效率（插值）（%）		65.8	

4 仿真计算

为了对该燃烧器的热效率进行仿真计算，需要先计算出各火孔的混合燃气流量，因此先对该燃烧器进行冷态仿真，得到其火孔处的边界条件。

4.1　冷态计算

（1）模型及网格划分

进行冷态仿真时，以混气室末端作为混合燃气的入口边界条件，建立的模型包括从混气室末端至整个头部区域，火孔的分布按照实际尺寸进行建模；考虑到网格数量及网格质量，将内环火孔结构和外环火孔结构分开建模计算，内环燃气入口直径21mm，外环燃气入口直径21.5mm。

该研究中利用 ICEM CFD 软件进行网格划分，内环火孔网格总数74万，外环火孔网格总数337.8万。模型及网格如图2、图3所示。

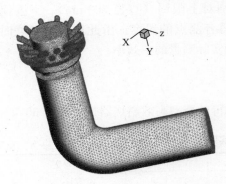

图2　HC燃烧器内环火孔网格示意图　　　　图3　HC燃烧器外环火孔网格示意图

该模拟采用稳态计算的方法，湍流模型采用了标准 k-ε 模型，压力项与速度项的耦合采用 SIMPLE 算法，压力差分格式采用标准型，速度差分格式采用二阶差分格式。压力松弛因子为0.3，动量松弛因子为0.7，湍流动能松弛因子为0.8，其他松弛因子均为1。

（2）边界条件

由测试数据，燃气体积为10L，时间为92.18s，一次空气系数为0.75，内环火孔承担的负荷占总负荷的25%，外环火孔承担的负荷占总负荷的75%。计算得到燃气体积流量为 $1.085\times10^{-4}\mathrm{m}^3/\mathrm{s}$，混合气体总量为 $8.835\times10^{-4}\mathrm{m}^3/\mathrm{s}$，内环火孔混合燃气入口速度为0.638m/s，外环火孔混合燃气入口速度为1.825m/s；预混气体中，各组分的质量分数如表2所示。

混合气体中各组分的质量分数（%）　　　　　　　　　表2

气体成分	CH_4	O_2	N_2
分子量	16	32	28
体积比	1	1.5	5.64
质量比	16	48	157.92
质量分数	0.073	0.216	0.71

（3）模拟结果与分析

图4~图6分别给出了内、外环火孔的速度大小分布示意图，图7~图9分别给出了内、外环火孔压力分布示意图。

从模拟结果看出，整体混合气体速度分布和压力分布符合燃烧器的实际气流状况。经检验，计算结果满足质量守恒。

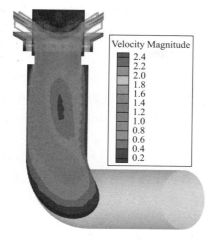

图 4　内环火孔纵截面速度示意图（m/s）

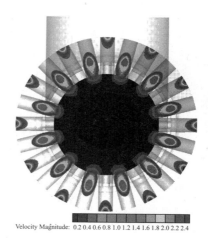

图 5　内环火孔水平截面速度示意图（m/s）

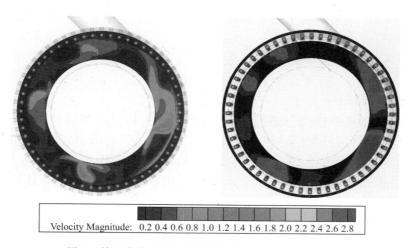

图 6　外环火孔不同水平截面速度大小示意图（m/s）

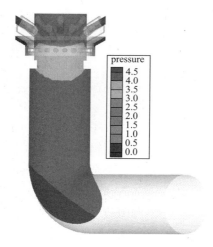

图 7　内环火孔纵截面压力大小示意图

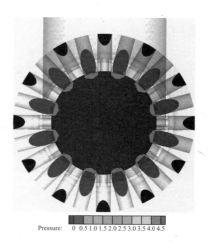

图 8　内环火孔水平截面压力大小示意图

389

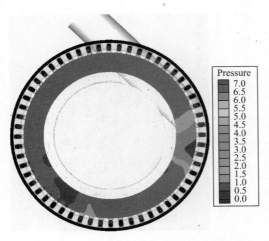

图9 外环火孔水平截面压力大小示意图

对于内环火孔，整体结构及各火孔关于引射器管对称，因此其速度和压力分布也基本关于引射器管对称，单个火孔间的流量变化在7%以内，变化差异很小，正对引射器管方向的火孔，其混气速度及流量较大，速度约为3.77m/s；其上部火孔总流量1.749×10^{-4}m³/s，占内环火孔流量的76.5%。

对于外环火孔，整体结构关于引射器管有一定的偏移，导致各火孔及燃烧器头部的速度和压力有一定差异，靠近引射器管且迎着流体运动方向的火孔及头部流体区域，其混气速度和压力均较大，最大混气速度约为4.85m/s；其他区域混气速度和流量有一定波动，整体而言，流量在23%以内波动，压力差别不大。外环上部火孔总流量为5.12×10^{-4}m³/s，占总流量的74.78%。

4.2 热态计算

（1）模型及网格划分

利用ProE软件进行建模，建立的模型包括从火孔出口以外的计算区域、锅体和炉头。分别对上下限锅进行建模，整个计算空间区域直径700mm、高度600mm，但除去圆柱锅体部分，上限锅直径300mm、高190mm，下限锅直径280mm、高175mm，锅体下表面与上层火孔中心点距离为22mm；网格总数约420万。整体计算区域网格见图10。

该模拟采取稳态计算的方法，湍流模型采用了RNGk-ε模型，辐射模型采用DO模型，通用有限化学反应速率模型采用Eddy dissipation模型，压力差分格式采用PRESTO，其他格式均与冷态计算时相同。

（2）边界条件

各火孔的入口边界以冷态计算得到的火孔流量作为入口边界条件；二次空气流速取0.1m/s，该速度可以保证空气流量远大于燃料完全燃烧所需的空气量，并对燃烧器周边气流影响很小。锅底、锅周与水侧的换热取第三类边界条件，锅内平均水温取47℃。

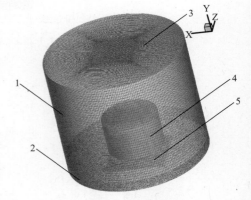

图10 整体计算区域网格示意图
1—墙体；2—二次空气入口；3—压力出口；
4—锅体；5—烧区

（3）收敛判据

模拟是否收敛的判据有3条：

1）能量方程迭代残差小于10^{-6}，其他方程的残差小于10^{-3}；

2）质量和能量不平衡率小于计算区进口总质量和总能的1%；

3）计算结果的温度场、浓度场、速度分布合理，监控的出口二氧化碳浓度及锅周、锅底温度不发生变化。

（4）模拟结果与分析

天然气和空气的混合物由燃气入口以一定速度喷出，在燃烧空间内发生燃烧反应，形成高温区，同时火焰向锅底面及外部延伸，随着火焰向外延伸，气体的温度也逐渐减小，并通过辐射和对流换热的形式将热量传递给锅体和周围环境，温度逐渐降低，继续与锅体四周面进行换热，到达出口时温度降到与环境温度相当。

图11～图14分别给出了温度分布、速度分布及热流分布。从锅底温度分布图可以看出混合燃气流量大的边界入口，其对应的锅底温度较混合燃气流量小的温度低，同时也可以看出锅底的温度分布为中间温度较高，边缘温度较低，沿着半径方向呈交替变化趋势，且正对混合燃气速度方向的温度高。对比火孔流体速度、锅底温度及锅底热流量分布，可明显看出燃气流量大的火孔其对应的锅底温度及热流量大。图15、图16分别给出了氧气和甲烷的质量分数分布示意图。

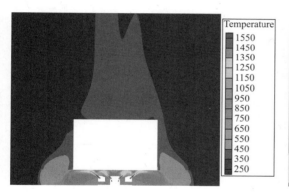

图11　火孔纵截面的温度分布图（K）

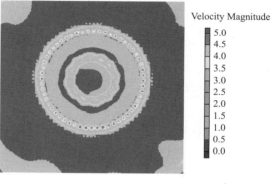

图12　火孔水平截面速度大小图（m/s）

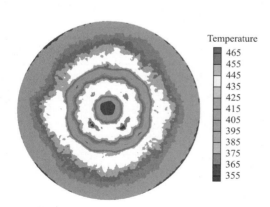

图13　锅底温度分布图（K）

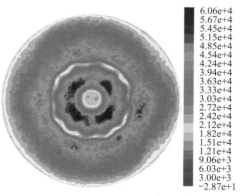

图14　锅底热流量分布图（W）

锅底下部的燃烧区域，燃气充分燃烧，消耗大量氧气和甲烷，使得其质量分数很低，燃气灶底部由于二次空气的进入，使得氧气的质量分数稍有增加。从图中可以看出甲烷已充分燃烧。燃烧器的热效率模拟结果如表3所示。

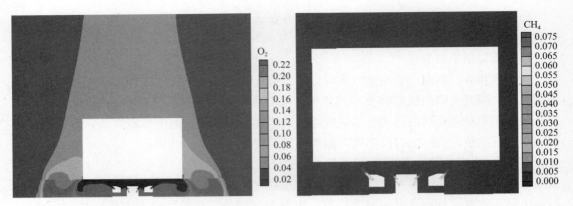

图 15　火孔纵截面氧气质量分数分布示意图　　　　图 16　火孔纵截面甲烷质量分数分布示意图

燃烧器的热效率模拟结果　　　　　　　　　　　　　　表 3

模拟参数	上限锅		下限锅	不同锅体
	辐射换热量	对流换热量	辐射换热量	对流换热量
锅底换热量（W）	931.9	1413.9	746.7	1550.4
锅周换热量（W）	33.0	124.5	59.5	153.2
合计换热量（W）	964.9	1538.7	806.2	1598.8
总换热量（W）	2503.6		2460.3	
燃气热负荷（W）	3701		3701	
热效率（%）	67.65		66.48	
折合热效率（%）	67.07			

当考虑锅体热容量影响时，其热效率计算如表 4 所示。

考虑锅体热容量时燃烧器的热效率模拟结果　　　　　　　　表 4

不同锅体		上限锅	下限锅
平均温度（℃）	锅底	124.3	130.0
	锅周	47.2	47.8
	锅盖	32.0	59.8
锅体温升（℃）		38.6	46.8
锅体（铝）比热容 [J/(kg·K)]		871.0	871.0
锅体质量（kg）		1.805	1.570
锅体换热量（W）		69.5	86.8
除去锅体质量的换热量（W）		2434.1	2373.5
热效率（%）		65.77	64.13
插值折合热效率（%）		64.96	

　　经检验，模拟结果满足能量守恒和质量守恒。从模拟结果看出整体温度分布和速度分布符合灶具的实际燃烧状况。原实验中的热效率为 65.8%，模拟结果在考虑锅体容量的前提下，热效率比实验结果小 0.84%，相对误差为 1.28%，在允许的范围内，说明模拟结果与实验结果基本相符；产生该误差的原因可能是由于灶台表面的温度、锅内水侧的对流换热系数和锅的高度等因素。

392

5 结论

（1）本文通过实验与CFD仿真模拟方法对比燃烧器的热效率，其结果基本相符，同时模拟的温度场分布、速度场分布及压力场分布与实际情况也相符，定性说明了模型选取及数值模拟方法的可信度。

（2）由于燃烧器结构特征，导致其各火孔的燃气流量稍有不均，从而导致锅底温度及热流量分布不均；内环火孔的速度和压力分布基本关于引射器管对称，单个火孔间的流量变化很小，正对引射器管方向的火孔流量较大；外环火孔靠近引射器管且迎着流体运动方向的火孔及头部流体区域，其混气速度和压力均较大。

（3）锅体总得热包括锅底得热和锅周得热，其中以锅体得热为主，所模拟的工况中锅周得热占锅体总得热小于8.6%；锅体与烟气的热量传递方式包括对流换热和辐射换热，其中主要以对流换热为主。在考虑锅体容量的前提下，CFD数值模拟结果的热效率比实验结果小0.84%，在允许的范围内，说明模拟结果与实验结果基本相符。

参考文献

[1] 同济大学. 燃气燃烧与应用（第三版）[M]. 北京：中国建筑工业出版社，2001
[2] 曾渝基. 家用燃气用具安全使用手册 [M]. 北京：人民邮电出版社，1996
[3] 杨承. 家用燃气灶燃烧特性的数值模拟 [D]. 内蒙古科技大学硕士学位论文，2011
[4] 李小龙. 家用燃气灶的热效率分析 [D]. 燕山大学硕士学位论文，2010

标准与检测

家用燃气灶具检测自动控制系统的研究[*]

杨丽杰[1]，王　启[2]，刘　彤[2]，王　毅[1]

（1. 西安交通大学　能源与动力工程学院；2. 国家燃气用具质量监督检验中心）

摘　要： 介绍了一种用于家用燃气灶具检测试验的自动化控制系统，通过对灶具检测试验过程中的水温、燃气流量、试验时间和搅拌设备等进行实时自动数据采集和控制，自动完成家用燃气灶具实测热负荷、热负荷百分比、选择测试用锅，家用燃气灶具折算热负荷、热效率等试验过程。

关键词： 家用燃气灶具；热负荷；热效率；检测；数据采集；自动控制

1　引言

目前燃气灶具检测采用的是人工操作、人工读表、人工处理数据的方式来实现对被测产品的检测，缺乏数据的自动采集、自动控制以及处理系统，所以在做相关试验时效率低，消耗了大量的人力和财力。

通过设计和构建燃气灶具检测自动控制系统，可以自动检测家用燃气灶具实测热负荷、热负荷百分比、选择测试用锅，自动检测家用燃气灶具折算热负荷、热效率，并生成测试纪录，摆脱传统人工观测、记录处理数据的落后局面，实现试验过程控制与测量自动化。大幅度提高检测精度和工作效率，最大限度地减少测试人员的工作强度，提高了检测的自动化水平。

2　燃气用具行业灶具检测标准

2.1　灶具热流量试验

燃具状态：按图1或各种燃具标准规定的方法连接。

试验方法：在灶具点燃15min后进行试验。试验时间应大于1min，重复测定2次以上，读数误差小于2%时，按下式计算燃气折算消耗量：

$$q_{vs} = q \times \sqrt{\frac{(p_{amb} + p_g) - (1 - 0.644/d_{mg}) \times g \times p_v}{101.3}} \times \frac{273}{273 + t} \times \frac{101.3 + p_g}{101.3} \times \frac{d_{mg}}{d_{sg}}$$

式中　q_{vs}——在标准大气条件下，燃具前燃气压力为 p_g，试验气相对密度为 d_{mg}，折算为相对密度 d_{sg} 的干设计气的消耗量，m^3/h（101.3kPa，0℃）；

---

* 选自中国土木工程学会燃气分会应用专业委员会 2006 年会论文集 p199-p207

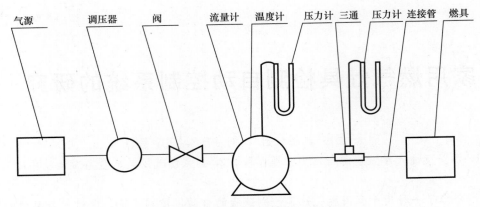

图 1 燃具热流量试验流程示意图

q_V——试验时湿试验气的消耗量，$m^3/h[p_{amb}+p_g,\ t(℃)]$；

p_{amb}——实验时的大气压力，kPa；

p_g——实验时通过燃气流量计的试验气压力，kPa；

t——实验时通过燃气流量计的试验气温度，℃；

p_v——在温度为时饱和水蒸气的压力，kPa；

d_{mg}——标准条件下干试验气的相对密度；

d_{sg}——标准条件下干设计气的相对密度；

0.644——标准条件下水蒸气的相对密度。

燃具的折算热流量：燃具的折算热流量应按下式计算：

$$\phi = q_{VS} \times Q_{is}$$

式中 ϕ——燃具在标准大气条件下燃具前燃气压力为 p_g 时的燃具折算热流量，kW；

Q_{is}——设计时采用的基准干燃气的低位热值，MJ/m^3。

按下式计算燃具的热流量偏差：

$$热流量偏差 = \frac{折算试验热流量 - 标准额定热流量}{标准额定热流量} \times 100\%$$

热流量性能要求见表 1。

热流量性能要求		表 1
燃气消耗量（热流量）	总额定热流量精度	$<\pm10\%$
	每个燃烧器额定热流量精度	$<\pm10\%$
	总热流量与每个燃烧器热流量总和之比	85%以上

2.2 灶具热效率试验

试验用灶按图 2 所示的方法连接。

试验方法：

(1) 将燃烧器点燃并调整到燃气额定压力；

(2) 燃烧稳定后，将锅放在燃烧器上水初温应取室温加 5℃，水终温应取水初温加 50℃，初温和终温前 5℃均应开始搅拌。热效率应按下式计算：

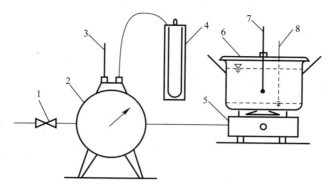

图 2　热效率试验装置

（注：精密温度计应放置在水深 1/2 处的中心位置。搅拌器应放置在不接触温度计水银球的位置。）

1—阀门；2—湿式气体流量表；3—温度计；4—U 形压力计；5—家用燃气；6—铝锅；7—精密温度计；8—搅拌器

$$\eta = \frac{mc(t_2 - t_1)}{Q_{is}W} \times 100$$

式中　　η——燃烧器的热效率，%；

　　　　m——加热水量，kg；

　　　　c——水的比热，取 0.0042MJ/（kg・℃）；

　　　　t_1——水的初温，℃；

　　　　t_2——水的终温，℃；

　　　　Q_{is}——燃气低热值，MJ/m³；

　　　　W——燃气耗量，m³（干气，0℃、101.3kPa）。

同样条件的热效率应进行两次，取其平均值。当大值与小值的差于平均值之比大于 0.05 时，应再重复试验，直到合格为止。灶具热效率应满足的性能在 55% 以上。

3　灶具检测自动控制系统设计方案

该自动检测系统总体上由硬件和软件两部分组成：硬件是该系统的基础，包括各种信号检测与传送设备、计算机主控设备等，主要完成数据的采集和控制；软件是该系统的核心，它主要完成对各个硬件模块试验进程的检测和控制，实现数据的采集存储和后期处理，并提供友好的人机操作界面。系统结构框图如图 3 所示。

4　系统硬件

系统硬件主要包括计算机、信号采集/控制模块、搅拌装置、传感器等。系统硬件结构如图 4 所示。

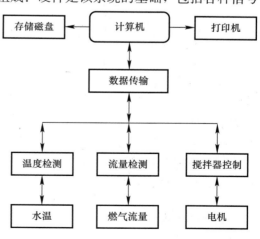

图 3　系统结构框图

该检测系统对测量设备有比较严格的要求：水温：规格，0～100℃，精度，0.2℃；时间：准确度，0.1s；燃气流量：规格，2m³/h，精度，0.2L。

根据上述要求，系统硬件选型：

传感器：温度传感器选用铠装铂热电阻，Pt100 测量 0℃到＋100℃的温度，精度等级 A 级，三线制；流量传感器选用日本品川流量计，可输出脉冲信号，计数器可根据其旋转的情况精确地计算出所测气体的流量。尤其适合精密测量气体流量用。

搅拌装置：由电机带动，对水进行搅拌，使水温均匀。

信号采集/控制模块：选用研华 ADAM 系列模块，该系列模块具有内置的微处理器，可以独立提供智能信号调理、模拟量 I/O、数字量 I/O、数据显示和 RS-485 通信等功能。能实现远程输入范围编程，内置看门狗可以自动复位 ADAM-4000 系列模块，减少维护需求，网络配置灵活，仅需两根导线就可以通过多点式的 RS-485 网络与控制主机互相通信。基于 ASCII 码的命令/响应协议可确保其与任何计算机系统兼容。选用的具体型号分别为：4013、4060、4080、4520 四个模块，参数和模块间的对应关系：

4013 模块为热电阻输入模块，接收来自铂电阻的信号，测量水温，输出 RS485 信号；

4060 模块为继电器输出模块，用于控制电机来控制搅拌装置动作，输出 RS485 信号；

4080 模块为计数/频率模块，接收流量传感器输出的脉冲信号，测量流量，输出 RS485 信号；

4520 模块为 RS232 与 RS485 的转换模块，由于普通 PC 机只具有 RS232 接口，所以在这里要进行一下转化。

计算机为普通 PC 机，具有标准的 RS232 串口，主要功能为数据采集处理和系统控制，是人机交互平台。

系统硬件结构图如图 4 所示。

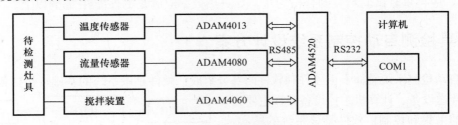

图 4　系统硬件结构图

铂电阻 Pt100 将水温转化为模拟电信号传到 ADAM4013 模块，经过采样处理转化为 RS485 数字信号，在经过 ADAM4520 模块的转换，变成计算机可以接收的 RS232 信号，计算机收到数据后，进行监控。当达到计量流量的温度时，计算机发出 RS232 信号，经过 ADAM4520 模块的转换，变成 RS485 数字信号来控制 ADAM4080 开始/停止计数。当达到搅拌温度时，计算机发出 RS232 信号，经过 ADAM4520 模块的转换，变成 RS485 数字信号来控制 ADAM4060 继电器的开关动作。

5　系统软件

软件主要是通过 VB6.0 对 RS-232 进行串口编程，实现硬件之间的通讯，控制试验的流程，并对采集到的信号进行处理、显示和存储。程序流程如图 5 所示。

图 5　程序流程图

VB6.0 对 RS232 串口编程主要通过 MSComm 控件来实现，MSComm 控件为应用程序提供串行通讯功能，其主要属性：

Comm Port：设置并返回通讯端口号；

Settings：以字符串的形式设置并返回波特率、奇偶校验、数据位、停止位；

Port Open：设置并返回通讯端口的状态。也可以打开和关闭端口；

Input：从接收缓冲区返回和删除字符；

Output：向传输缓冲区写一个字符串。

RS-485 中的指令均是文字格式，ADAM 模块是通过特殊的约定字符来实现相应的操作的，计算机通过传送字符串指令来控制模块，或由模块取得资料。整个的指令流程为：由主控计算机送出的指令透过 RS-232 串行通讯端口传送出去，此讯号经过 232～485 的转换模块将讯号电平及型态转换后，在 485 网络上传播开来；模块收到属于自身模块的指令后，会进行分析控制的动作，最后将结果在送至 485 网络上来，此信号在经由 232～485 模块的转换后，由计算机的 232 串行端口收进来。因此，模块的命令格式可以被分成送出与响应两个部分，送出的部分由计算机下达命令给模块，命令格式为：

（前导字符）（地址）（命令）（CHK）（CR）

（前导字符）：一个字节，用来标明此命令的群组。

（地址）：二个字节，用来表示此命令将要送至的模块。

（命令）：一个至数个字节，用来指定模块要执行的指令。

（CHK）：总和冗余检查码（Checksum）。

（CR）：结尾符，Visual Basic 的语法写出就是 vbCr，表示一段字符串发送完毕。

主控计算机依实际的需求向模块发出指令，要求其执行相应的动作，与送出指令配对的是模块在收到主控计算机的指令后所送回的执行结构，被传回的字符串由以下几部分组成：

（前导字符）（地址）（数据资料）（CHK）（CR）

传回的字符串部分只有（数据资料）是和命令字符串格式不同，其余部分均如上述。表 2 列出了部分模块指令。

部分模块指令　　　　　　　　　　　　　　　表 2

命令格式	响应值	叙述
％AANNTTCCFF	！AA	设定模块组态
＃＊＊	No Response	同步取样
＃AA	＞(data)	读取模块输入值
＄AA0	！AA	作频宽校正
＄AA1	！AA	作零点校正
＄AA2	！AATTCCFF	读取模块组态
＄AA4	！AA（data）	读取同步数值

表 2 中的英文字母都有其特别的意义，要参考 ADAM 模块的使用手册。MSComm 控件

中使用 Outout 属性将所欲传送的字符串送至规定的串行端口，例如要传送上表中组态指令

Buf＝ "％0101400600" ＆·vbCr

MSComm1. Output＝Buf

模块接收到组态指令后会传回执行结果，MSComm 控件要接收传自模块的字符串，使用的是 Input 属性，接收的程序：

Buf＝MSComm1. Input

通过以上方式就可完成系统的串行通信，然后再对采集到的数据的进行后续处理、计算、显示和存储生成数据报表，方便以后的查询。

6　自动检测系统与人工检测的比较

6.1　水温测量方面

　　该自动检测系统中选用 Pt100 热电阻作为感温元件，热电阻是中低温区最常用的一种温度检测器。它的主要特点是测量精度高，性能稳定。其中铂热电阻的测量精确度是最高的，而且线性较好。热电阻本身测温的绝对误差为$\pm(0.15+0.002|t|)$（℃），为了进一步提高测温的精确度，本系统用软件方法对其进行修正，使其在试验过程中测量的温差值 Δt 达到更精确的结果，误差最大为 0.1℃相比现在人工测量结果精度明显提高。

6.2　搅拌器的设计

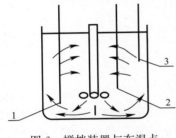

图 6　搅拌装置与布温点

　　该系统的搅拌器由电机通过减速装置传动，在水中作旋转运动，旋桨产生轴向流动，使锅内上下水温均匀。为了证明该旋转搅拌与现行上下搅拌的搅拌效果相同，我们做了以下实验：在锅内布 3 个深度不同的点，如图 6 所示，比较这 3 个点在旋转搅拌与上下搅拌时同一时刻的温度值。实验结果见表 3 和表 4。

上下搅拌（手动）　　　　　　　　　　　　　　　　　表 3

温度 \ 位置		位置 1	位置 2	位置 3
低温段	初始温度	21.6	22.0	22.8
	搅拌时温度	23.0	23.0	23.0
		24.0	24.0	24.0
		25.0	25.0	25.0
		26.0	26.0	26.0
		27.0	27.0	27.0
高温段	初始温度	71.7	72.0	72.4
	搅拌时温度	73.0	73.0	73.0
		74.0	74.0	74.0
		75.0	75.0	75.0
		76.0	76.0	76.0
		77.0	77.0	77.0

	旋转搅拌（自动）			表 4
温度	位置	位置1	位置2	位置3
低温段	初始温度	21.2	22.0	22.6
	搅拌时温度	23.0	23.0	23.1
		23.9	24.0	24.0
		25.0	25.0	25.0
		26.0	26.0	26.0
		27.0	27.0	27.0
高温段	初始温度	71.6	72.0	72.2
	搅拌时温度	73.0	73.0	73.1
		74.0	74.0	74.1
		75.0	75.0	75.0
		76.0	76.0	76.0
		77.0	77.0	77.0

通过实验，可得旋转搅拌与上下搅拌的效果基本相同。同时，还考虑到搅拌器本身的吸热问题可能会对热效率带来一定的影响，因此在设计的搅拌器时，选用比热容尽可能低的材料使其对热效率的影响减到最低。又因为旋转搅拌时搅拌轴在锅的正中位置，为了使温度传感器尽量靠近水的中心位置，应将传感器斜插入水中，如图7所示，搅拌起来以后锅内各点温度基本一致，测温点位置的微小偏移不会对试验结果造成影响。

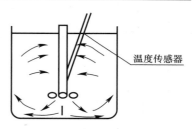

图 7　搅拌器与温度传感的布置图

6.3　流量测量方面

该系统用 ADAM4080 模块对流量计输出的脉冲信号计数，经试验测定对脉冲的计数非常精确，流量测量的精度根据不同的流量传感器有所不同，最高可以达到 0.01L，比人工读数更精确。

由表3、表4可以看出：两种检测的结果误差在 1％以内。

综上所述，采用自动检测系统不仅减少了人的工作量，而且还提高了检测精度，非常值得研究和推广。

7　结束语

本系统实现了灶具检测的自动化，在流量、温度和时间的测量监控上更为精确，避免了人工检测过程中的一些人为因素引起的误差，提高了检测精度，特别是自动搅拌装置的设计虽然与人工搅拌方式不尽相同，但达到的目的是相同的，且不会对试验检测结果带来额外的影响。

在硬件设计上，不需要数据采集卡和硬件驱动程序，只占用 PC 机的一个串口，占用资源少，对硬件要求不高，硬件连接方便，扩展容易，软件编制也比较容易掌握。整个系统调试方便，运行可靠，非常值得研究和推广。

参考文献

[1]　ADAM 采集模块使用手册［C］，研华科技股份有限公司

[2]　范逸之，陈立元. Visual Basic 与 RS-232 串行通讯控制［M］. 北京：清华大学出版社，2002

[3]　范逸之. Visual Basic 与分布式监控系统—RS-232/485 串行通讯［M］. 北京：清华大学出版社，2002

[4]　Microsoft Corporation 微软（中国）有限公司. Microsoft Visual Basic 6.0 中文版程序员指南［CP］，北京希望电脑公司 1998

高海拔地区燃气热水器测试方法探讨[*]

王保友

（樱花卫厨（中国）有限公司）

摘　要：探讨了高海拔地区燃气热水器的测试方法，提出了测试的步骤，在我国昆明地区进行了测试应用。

关键词：燃气热水器；高海拔地区；测试方法

1　引言

　　随着社会的不断发展，热水器逐步走入千家万户，燃气热水器也普及到云、贵、四川以及西藏等高海拔地区，或出口到巴西、哥伦比亚等海拔更高地区，因高海拔地区空气中氧含量偏小，大气压较低，故高海拔地区热水器燃烧特性同平原地区有较大的差异和变化。因目前燃气热水器生产厂商均处于我国东部低海拔地区，对于高海拔地区销售的热水器开发，仍以平原地区的方法进行测试，热水器销售到高海拔地区后，因热水器燃烧特性的变化，可能会出现回火、烟气超标、产率不足等问题，给消费者带来不便，甚至出现安全隐患等。下面讨论燃气热水器高海拔地区进行测试的方法。

2　大气压、海拔高度与空气中氧含量的关系

　　大气压通常随海拔高度与空气密度、相对湿度以及温度变化而有所不同，一般定义在海平面为 1 大气压。

　　（1）大气压与海拔高度的关系

　　当海拔高度不太高时，可按下式计算某海拔高度的大气压力：

$$p = p_0 \times \frac{10000 - h}{10000} \qquad (1)$$

式中　p——某海拔高度的大气压力，kPa；

　　　p_0——标准大气压，101.3kPa；

　　　h——海拔高度，m。

　　由式（1）可知，随着海拔高度的增加，该地区的大气压力下降。

　　（2）空气中氧气含量与大气压的关系

　　由气体状态方程 $pV = nRT$ 可得到：

---

*　选自中国土木工程学会燃气分会应用专业委员会 2007 年会论文集 p135-p138

$$c_{O_2} = \frac{n}{V} = \frac{p}{RT} \tag{2}$$

式中　c_{O_2}——氧气的浓度，$kmol/m^3$；

$\quad\quad\quad n$——氧气量，$kmol$；

$\quad\quad\quad V$——体积，m^3；

$\quad\quad\quad R$——气体常数，$8.31kJ/(kmol \cdot K)$；

$\quad\quad\quad T$——气体温度，K。

标准状况下空气中氧气的浓度为：$c_{O_{2,0}} = \frac{n}{V_0} = \frac{p_0}{RT_0} = 0.21 \times \frac{1.0}{22.4} = 0.0094\ kmol/m^3$

设一定海拔高度下的压力为 p，温度为 T，则在此海拔高度下的氧气浓度为：

$$c_{O_{2,p,T}} = c_{O_{2,0}} \times \frac{p \times T_0}{p_0 \times T} \tag{3}$$

式中　$c_{O_{2,p,T}}$——一定海拔高度下空气中氧气浓度，$kmol/m^3$；

$\quad\quad\quad c_{O_{2,0}}$——标准状况下空气中氧气浓度，$kmol/m^3$。

由式（1）可知，随着一个地区海拔高度的增加，该地区的大气压力下降。由式（3）可知，随着大气压力的下降，气体体积将膨胀，亦即相同体积空气的质量减少，该地区的氧气浓度下降。氧气浓度随大气压力的变化关系见式（4）：

$$C'_{O_2} = \frac{大气压力}{p_0} \tag{4}$$

式中　C'_{O_2}——相对于标准大气压下的氧含量。

由式（4）可以得出，当某海拔高度大气压为 75kPa 时，空气中氧含量为标准大气压力下的 74%（=75/101.3）。

3　高海拔地区 CO 测试方法

在高海拔区测试 CO 时不能用 GB 标准进行测试，因在高海拔地区 O_2 浓度不是 20.9%，应当根据当地实际空气中氧含量 O_{2t} 进行计算：

$$CO = CO_a \times \frac{O_{2t}}{O_{2t} - CO_{2a}} \tag{5}$$

式中　O_{2t}——当地实际空气中氧含量；

$\quad$COa(ppm)——量测之未燃烧废气 CO 之百分比。

在高海拔区测废气 CO 最佳方法应依燃烧时产生 CO_2 进行计算，因此种计算方法不受环境因素而影响。

$$CO = 1.4 \times 10^5 \times \frac{CO_a}{CO_{2a}} \tag{6}$$

式中　CO_{2t}——理论上完全燃烧时 CO_2 之浓度，%；

$\quad\quad\quad CO_{2m}$——燃烧后量测之 CO_2 之浓度，%。

4　测试分析

由于一般实验室，无法仿真大气压变化对燃烧时废气 CO 之变化，故拟订一高海拔测试方法，其测试步骤如下：

（1）了解安规内的 CO 标准值

（2）测试方法

1）在本地实验室以不同之喷嘴，依实地气源资料（高海拔地区气源资料）测试，测出其最大能力达标示值且其 CO 浓度在安规内，喷嘴定为 D_a。测试各种性能：消耗量、热效率、出水能力及燃烧特性（浮火、回火、移火、黄端焰等）。

2）到实地验证测试。

3）依高海拔实地气压、气温及海拔高度三项要素，计算转换成高海拔区使用之喷嘴定为 D_s.

$$规格喷嘴 = 实验室喷嘴 \times \sqrt{\frac{当地大气压}{实验室大气压}} \div \sqrt{\frac{当地燃气消耗量}{实验室燃气消耗量}} \times \sqrt{\frac{实验室燃气华白数}{设计燃气华白数}}$$

燃气流量：

$$\phi = \frac{1}{3.6} \times N \times D^2 \times K \times H_i \times \sqrt{P} \times \frac{101.3 + P_s}{101.3} \times \frac{P_{amb} + P_m}{P_{amb} + P_g}$$

$$\times \sqrt{\frac{273}{273 + t} \times \frac{P_{amb} + P_m - \left(1 - \frac{0.644}{d_a}\right)S}{101.3 + P}}$$

则：

$$D_s = D_a \sqrt{\frac{p_{bs}}{p_{ba}} \times \frac{W_{Ia}}{W_{Is}} \times \frac{T_a}{T_s} \times \frac{K_a}{K_s}}$$

$$K_s = \sqrt{\frac{101.3 + p_{is}}{101.3} \times \frac{p_{bs} + p_{is}}{101.3} \times \frac{288}{T}} \times \sqrt{\frac{(p_{bs} + p_{is} - W_s)d_s + 0.644W_s}{d_s(p_{bs} + p_{is})}}$$

$$K_a = \sqrt{\frac{101.3 + p_{ia}}{101.3} \times \frac{p_{ba} + p_{ia}}{101.3} \times \frac{288}{T}} \times \sqrt{\frac{(p_{ba} + p_{ia} - W_a)d_a + 0.644W_a}{d_a(p_{ba} + p_{ia})}}$$

式中　a——生产厂当地实验试测条件；

　　　S——表转换出高海拔地区测试条件；

　　　P_b——大气压，kPa；

　　　W_I——华白数，MJ/m³；

　　　p_i——燃气测试压力，kPa；

　　　T——燃气温度，K

　　　D——燃气相对于空气的相对密度；

　　　W——饱和蒸压力，kPa；

　　　K——燃气流量修正系数；

　　　H——燃气热值，MJ/m³；

　　　D——喷嘴直径，m；

　　　N——喷嘴数量，个。

以昆明地区测试为例：

昆明地处地经度 102.68 度，纬度 25.02 度。

海拔高度为：1890m

大气压：81（kPa）

常年平均气温：14.9℃

经计算当地空气中氧含量为：17％

当地气源为7R：燃气发热值＝18MJ/Nm，相对密度＝0.38，WI＝35.9MJ/Nm。

7R 燃气瓦斯压力：1.0kPa

以 10L 机器为标准

在公司内部测试数据为：

在满足燃气消耗量、热效率、出水能力、燃烧特性（浮火、回火、移火、黄端焰等）所有性能前提下：

喷嘴规格：$\phi 2.2$。

二次压（喷嘴前燃气压力）：160Pa。

实验室燃气消耗量：3.35m³/h。

实验室温度：15℃。

到昆明实测数据为：

燃气消耗量：4.03m³/h。

二次压（喷嘴前燃气压力）：150Pa。

实地气温：18.5℃。

根据前面说明计算公式：

$$D_s = D_a \sqrt{\frac{p_{bs}}{p_{ba}} \times \frac{W_{Ia}}{W_{Is}} \times \frac{T_a}{T_s} \times \frac{K_a}{K_s}}$$

实际昆明地区喷嘴应为：$\phi 1.95$。

5 结论

对高海拔地区开发燃气热水器是个复杂的过程，另由于高海拔地区气压偏低，空气稀薄，故相同喷嘴前燃气压力，从喷嘴流出气体流速要高，实地测试时应确认每一个燃烧细节，在满足燃气消耗量、热效率、出水能力、燃烧特性（浮火、回火、移火、黄端焰等）的前提下，还要充分考虑当地气源压力的变化，对于国内销售机器高海拔只有 2000m 左右，喷嘴规格和二次压变化范围只有 10％左右，如出口到巴西、哥伦比亚等国家，其海拔高度在 2600～3000m，其相关燃特性变化更复杂、变化更大。

参考文献

[1] 赵楚秦. 热水器创新设计、生产制造新技术、新工艺与产品质量检验标准实用手册 [M]. 北京：当代中国音像出版社，2004

[2] 同济大学、重庆建筑大学、哈尔滨建筑大学，等. 燃气燃烧与应用（第三版）[M]. 北京：中国建筑工业出版社，2000

对 GB 16410—2007 中灶具热效率检测的分析[*]

龙　飞，杨丽杰，刘　彤，胡　宇

（中国市政工程华北设计研究总院，国家燃气用具质量监督检验中心）

摘　要： 本文针对《家用燃气灶具》GB 16410—2007 标准中热效率测试方法进行了分析，并与 GB 16410—1996 版灶具热效率测试方法进行了比较，用试验的方法说明了两者测试结果的一致性。

关键词： 家用燃气灶具；热效率

1　引言

燃气灶具的热效率是指燃气灶具的热能利用率。我国是一个能源消耗大国，也是能源匮乏的地区，热能利用率高，既能节省宝贵的资源，又有利于环保。因此热效率是灶具的一项重要性能指标。新版《家用燃气灶具》标准 GB 16410—2007[1] 中热效率的检测方法在旧版 GB 16410—1996[2] 的基础上做了较大的调整，这些调整对灶具热效率测试结果带来哪些影响，本文就这方面进行了一些必要的分析。

2　热效率检测方法的分析

新标准中规定的热效率试验方法：燃烧稳定后坐上锅，水初温应取室温加 5℃，水终温应取水初温加 30℃。水温由初始温度前 5℃时，开始搅拌，到初温时开始计量燃气消耗。在比初始温度高 25K 时又开始搅拌，比初始温度高 30K 时，关掉燃气继续搅拌，所达到的最高温度作为最终温度。

该试验方法中，当水温升到比初始温度高 30K 时，关闭燃气继续搅拌是为了让水吸收周围的余热。通常情况下，水温会上升 0.5～10K。新标准中采用的试验方法与《便携式丁烷气灶及气瓶》GB 16691[3] 中 6.13 热效率试验中的方法类似。GB 16691 中 6.13.2 规定：试验方法是在注入水的试验锅上加上实验用盖，点燃燃烧器，水温自初温 t_1 上升 45K 时开始搅拌，由初温升 50K 时断掉燃气，继续搅拌，所能达到的最高温度为水的最终温度 t_2。在这一条款中，水是由冷态开始计量燃气耗量，所以要将燃气关闭后水所能吸收的周围的余热计算进去。而灶具新标准中，是先从室温搅拌到室温加 5℃时，才开始记录燃气耗量，没有考虑水温从室温上升 5K 过程中，水周围所积聚的热量，在关闭燃气后又考虑水周围的余热，这点值得商榷。

　＊　选自中国土木工程学会燃气分会应用专业委员会 2009 年会论文集 p80-p83

在热效率测试方法上，新标准与旧标准的区别，主要体现在这三个方面：一是温升由原来的50K改为30K；二是加热水重减为原来的一半；三是考虑了关闭燃气后的余热的吸收量。对同一台灶具而言，热效率测试方法在这三个方面的变化对试验结果带来哪些影响，下面通过试验来进行对比分析。在做热效率试验之前，应先对烟气进行测量，因为烟气的含量对热效率的高低影响显著。为了真实反映热效率试验状态下的烟气含量，烟气测试过程中的水重应与热效率试验过程中的水重相等。为了更好地研究对比新旧标准下的热效率，所有测试过程均在同一试验环境中进行，采用相同的测量仪器设备。

3 测试结果与分析

（1）烟气测量分析

样品A右眼燃烧器：

该火眼热负荷3736W，选用ϕ28和ϕ30锅插值进行两个标准下的热效率检测。烟气测试选用ϕ28锅进行试验，实验结果见表1。

样品A右眼燃烧器实验结果 表1

加水重	CO	CO_2	O_2	$CO_{a=1}$
8kg	13	5.2	11.1	0.003
4kg	14	5.1	11.3	0.003

样品B右眼燃烧器：

该火眼热负荷4143W，选用ϕ30和ϕ32锅插值进行两个标准下的热效率检测。烟气测试选用ϕ30锅进行试验，实验结果见表2。

样品B右眼燃烧器实验结果 表2

加水重	CO	CO_2	O_2	$CO_{a=1}$
10kg	24	6.0	9.4	0.004
5kg	21	5.6	10.1	0.004

表1、表2中，两种样品在不同水重下烟气测试结果基本相同，这表明水重的不同对锅支架下移没有产生多大影响。两种水重下的加热过程可以近似看作是在离火焰同一高度的位置进行。

（2）不同加热过程热量传递分析

每台灶具在加热过程中热量传递都是相似的，下面以样品A为例来进行分析。用ϕ28锅分3组进行3种不同情况下的热效率测试，来研究试验过程中的热量传递。测试结果见表3。

测试结果 表3

	水重 G（kg）	温升 ΔT（K）	热效率 η（%）		
			第一次	第二次	第三次
第一组	8	50.0	51.61	51.25	51.41
第二组	8	30.0	52.87	52.52	52.76
第三组	4	30.8	51.02	51.46	52.18

结果分析：

1）在三组热效率测试中，前两组试验的区别是温升不同，第一组 $\Delta T_1 = 50K$，第二组 $\Delta T_2 = 30K$。由传热学知识，我们知道：同一传递介质中，热量传递的快慢与温差成正比。在热量由锅底不断地向水传递的过程中，我们将锅底近似看作一个恒温源，水温低时锅底温度与水温的温差要大于水温高时两者的温差，所以水温低时的热量传递要快于水温高时的热量传递。即对于 50K 温升过程，前 30K 温升速度要快于后 20K 温升速度。同理，对于锅壁向周围的散热情况而言，我们将周围环境近似于一个恒温场，后 20K 温升过程中锅壁散热速度要快于前 30K 温升锅壁的散热速度。综合吸散热两种情况，后 20K 温升过程均导致温升速度的下降，进而导致了热效率的下降，所以 $\eta_1 < \eta_2$。

2）在三组热效率测试中，后两组试验的区别是加热水重不同，第三组水重是第二组水重的一半。水重的不同导致水与锅壁的接触面积减小，示意图如图 1 所示。第三组试验中，锅壁上侧的 h 部分向周围空气散热，空气导热系数远远小于水的导热系数（空气的导热系数约为 0.024W/(m·K)，水的导热系数约为 0.54W/(m·K)，锅壁上侧通过空气传递给水的热量微乎其微，所以这种情况下水有效吸收热量减少，导致热效率下降，但该组试验中又加上了关闭燃气后余热的吸收量，从而使热效率在原来的基础上又上升了。这两个因素中哪个对热效率的影响更大一些，在理论上很难给出一个确切的结论，所以也就很难比较出第三组热效率与第二组热效率的高低。

从以上的两点分析来看，第一组热效率即旧标准热效率与第三组热效率即新标准热效率很难比较出高低。从试验结果来看，也是如此，两者没有明确的大小关系，第一次的试验结果 $\eta_1 > \eta_3$；第二次和第三次试验结果 $\eta_1 < \eta_2$。

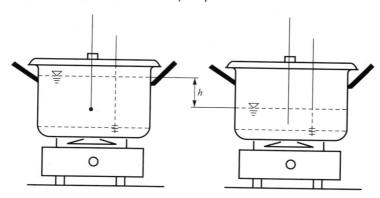

图 1　示意图

（3）新旧标准下插值热效率分析

样品 A 与样品 B，分别按照新旧标准进行插值热效率试验，测试结果分别见表 4 与表 5。

样品 A 测试结果　　　　　　　　　　　　　　　　　　　　表 4

	新标准热效率测试结果	旧标准热效率测试结果
第一组	51.8%	52.0%
第二组	52.2%	52.8%
第三组	51.8%	51.6%
平均值	51.9%	52.1%

样品 B 测试结果 表5

	新标准热效率测试结果	旧标准热效率测试结果
第一组	57.3%	57.1%
第二组	57.8%	58.0%
第三组	57.6%	57.3%
平均值	57.6%	57.5%

从以上的几组测量数据来看，同一台灶具在新旧两种标准测试方法下的测试结果没有很大的差别。

4 结语

通过以上的试验及分析可以看出，虽然新旧标准中热效率的试验方法不尽相同，而且试验过程中的吸散热情况也有很大差别，但最终的试验结果相差并不大且没有明确的大小关系。新标准与旧标准的测试值具有一致性。

参考文献

[1] 家用燃气灶具 GB 16410—2007 [S]
[2] 家用燃气灶具 GB 16410—1996 [S]
[3] 便携式丁烷气灶 GB 16691—1996 [S]

北美用户外用燃气具认证及测试概要[*]

张建海[1]，周庆芳[2]，李文硕[1]

（1. 中国市政工程华北设计研究总院；2.CSA 集团上海分公司）

摘　要： 北美户外燃气具市场的规模为中国燃气具出口企业提供了舞台；燃气具出口商只有获得了产品认可证书才能叩响北美市场的第一扇门；通过认证之前产品应该注意有关的问题以及测试中会涉及的测试项目。

关键词： 户外燃气具；认证；测试

0　引言

户外用燃气具为用在户外且能源消耗以燃气为主的器具产品，整机类产品包括烧烤炉、炸鸡锅、台式烧烤炉、熏肉炉、各类取暖器、户外用壁炉、热水器、野营用炉、野营用煤气灯等。零部件作为整机的重要组成部分也是不可缺少的，零部件包括各类阀门、软管、点火器、调压器等。燃气整机与零部件都有严格的安全要求和不同的标准。

1　北美户外燃气具市场及燃气具认证测试

北美地区对室外用燃气具的需求量相当惊人，下面仅以燃气烤炉消耗量为例进行说明。据美国海关数据显示，北美 2011 年的燃气烤炉进口总量为 1100 多万台，而从中国出口的约 840 万台，中国地区以外的其他国家生产约 200 多万台，平均出厂价约为 120 美元。北美的生活习惯使得该地区对燃气烤炉消耗量基本维持在这个水平；由于户外燃气具是大部分北美家庭不可或缺的产品，即使 2008 年金融危机也没有使北美家庭对户外燃气具的需求缩水，足见以美国为主的北美地区对户外燃气具的惊人的需求量。以上事实及数据支撑了中国燃气具出口商的前赴后继，众燃气具生产厂商看到商机的时候也充满了竞争。

国内燃气生产厂商开拓北美市场的同时，其生产的产品须符合相应的技术标准，并通过北美地区燃气具认证。CSA 为北美地区主要从事燃气具认证的机构，并被业内广泛认可的一个认证组织。2004 年开始，国家燃气具检测中心作为 CSA 的认可实验室，时至现在国内相当数量的燃气具整机及零部件厂商先后从我中心实验室顺利通过该机构的测试并取得了该机构的认可证书，获得了通往北美市场的第一准入证。作为测试工程，下面把近些年在国外认证测试过程中积累的点滴分享给大家。

---

* 选自中国土木工程学会燃气分会应用专业委员会 2012 年会论文集 p277-p280

2 认证及测试注意事项

（1）户外用燃气整机上的重要零部件需取得认证

燃气调压器、阀门、温控器、熄火保护装置等作为燃气器具整机的重要组成部分，在整机取得认证测试以前都需要提前取得相应的认证。若随机配备的重要零部件没有取得相应的资质，那么这些零部件将要进行随机测试。所谓的随机测试是指这些零部件将会按照零部件标准规定的性能测试安排测试。在已知零部件的测试中，大部分零部件认证测试周期都很长；这样的话，随机测试延缓了整机测试的进度，继而增加了测试不通过测试的概率。对于时间就是效益的当今，燃器具整机厂家切勿为了成本问题，影响整机的测试进度。

（2）整机上采用的认证零部件性能要满足整机性能的要求

燃气具使用的每个零部件都获得认证，也并不代表燃气具整机可以自动获得认证。零部件获得认证仅表明该部件在性能、安全方面达到了该零部件标准的要求，不等同于认证的零部件可以无条件的使用在任意整机中，而不用在整机上进行必要的测试。若采用的认证零部件不能满足整机性能要求，也需要进行更换认证过且适合整机性能要求的部件。

（3）整机结构需要满足标准的要求

在燃气具整机方面，安全标准主要针对产品构造、性能测试和周期测试3个部分。首先，整机的结构设计需要满足标准的基本要求，在以往的测试中；整机生产商的模仿其他认证过的机器。同时融入了自己新的创意，而一些结构上小的改动已违背了标准对结构的要求，这种例子举不胜举；例如：户外烤炉气瓶箱体开口面积的设计、燃气气瓶空间设计、燃气管道管径设计、整机滑轮的位置、非允许材料的运用、燃烧器风门设计等。这里不反对模仿、不反对创意，但是前提一定要遵循标准结构的基本要求。

（4）使用气源及压力的区别

目前国内使用的燃气以液化石油气（20Y）、天然气（12T）为主，相对于北美地区使用的气源种类还是有一定区别的，表1为北美及中国主要气源在15℃、101.325kPa 大气压下的气源特性及该气源对应的使用压力。北美燃气热值为101.325kPa、15.5℃条件下，饱和湿燃气的高热值。

北美及中国主要气源的使用压力　　　　　　　　　　　　　　　　　表1

	燃气种类	高热值（MJ/m³）	相对密度	低压（kPa）	额定压力（kPa）	高压（kPa）
北美	A	40.1	0.65	0.97	1.74	2.61
	D	119.2	2.0	1.99	2.74	3.23
	E	93.1	1.55	1.99	2.74	3.23
中国	12T	37.78	0.555	1.00	2.00	3.00
	20Y	103.29	1.682	2.00	2.80	3.30

（5）热负荷计算公式解析

北美户外燃气具负荷的计算式如下：

干式流量计的修正系数为：$C_f = \dfrac{p \times 288.5}{101325 \times (273 + t)}$

湿式流量计的修正系数为：$C_f = \dfrac{(p - p_s) \times 288.5}{99577 \times (t + 273)}$

热负荷计算公式为：$\Phi = \dfrac{V_g \times Q_s \times C_f}{\tau}$

式中　C_f——流量计及燃气温度修正系数；

$\quad\quad p$——试验气绝对压力（即大气压力与流量计表压之和），Pa；

$\quad\quad t$——燃气温度，℃；

$\quad\quad p_s$——燃气温度下的饱和水蒸气压，kPa；

$\quad\quad \Phi$——燃气具热负荷，kW；

$\quad\quad V_g$——燃气消耗量，m^3；

$\quad\quad Q_s$——燃气的高热值，kJ/m^3；

$\quad\quad \tau$——消耗 V_g 燃气量所需要的时间，s。

判定依据为单个（组）炉头热负荷允许偏差小于±5%；所有炉头热负荷允许偏差小于±15%。

（6）燃气具烟气的计算

$$y_{CO,c} = \frac{y_{CO_2,t}}{y_{CO_2,p}} \times y_{CO,p} \times 10^{-4}$$

式中　$y_{CO,c}$——烟气中折算一氧化碳体积分数，%；

$\quad\quad y_{CO_2,t}$——燃气燃烧后烟气中的理论二氧化碳体积分数，%；

$\quad\quad y_{CO_2,p}$——实测二氧化碳含量，%；

$\quad\quad y_{CO,p}$——实测一氧化碳含量，ppm。

烟气换算公式与国标通过氧气进行换算所得结果是一致的，唯一要注意的是测试过程中要保证收集到的烟气中二氧化碳含量需超过 2%。其中天然气完全燃烧后的理论 CO_2 含量为 12.2，液化气完全燃烧后的理论 CO_2 含量为 14.0。

（7）性能测试满足的要求

1）燃烧器性能要能满足高中低压冷热态下基准气及界限气的使用；

2）点火的设计要能满足火焰在 4s 以内保证传到各个燃烧器火孔；

3）20% 负荷下要能正常燃烧，不发生回火现象；

4）抗风测试在额定压力下进行该测试；风速为 4.47m/s（距离燃气具 457mm），每个角度吹风 5min；测试时，如发生熄火、回火，则认为测试失败；如果火焰烧到炉头下方，造成点火系统故障或者液化气罐温度急剧升高，也认为测试失败；关闭、打开烤炉盖子时，应轻开轻放，如果在打开或关闭盖子的过程中火焰熄灭，则认为不合格；

5）器具在 0.035MPa 的喷淋测试后静置 15min 后能正常点燃且各个燃烧器火孔充满火焰；

6）温升测试中，燃器具零部件温升小于部件认证时的声明值；燃器具周围环境的温升小于标准的要求，燃气具距离周边环境的距离由厂家声明；

7）食物烹饪的性能测试过程不能造成燃烧器熄灭；

8）熄火保护装置的安全开闭阀时间要满足要求。

（8）周期性测试

户外燃气烤炉在经历 6×8h 的连续燃烧测试后，不能有影响燃气烤炉正常使用的结构变形和损坏；户外燃气壁炉经历 24h 的连续燃烧后不能有积炭，且连续燃烧后的烟气不能超过800ppm。类似这种周期性测试目标是为了考核燃气具耐久后能否满足持续工作的性能。

（9）认证测试通过以后的衔接工作

此外，北美市场的相关安全标准也会定期更新，新的标准会定期起草，以反映新的技术和新的产品安全事项。为了保证出口产品在北美市场持续稳定的销售，燃气具生产厂商必须持续的关注产品标准的更新；若发现产品标准更新后应及时对自己的后续生产的产品加以符合性验证以规避市场及管理部门的监察。

3　结语

户外燃气具北美市场的出口潜力是很大；对于燃气具出口厂商而言，为了更快的取得认证机构的证书需要以质量为依托，以标准为准绳把任何妨碍认证测试进度的情况扼杀在萌芽之中。标准是国家贸易保护的一部分；不过也是个双刃剑；只要我们充分了解了标准的要求，未来我们在户内燃气具的北美出口上也一定会取得不小的份额。

参考文献

[1]　ANSI Z21. 58-2005 CSA 1. 6-2005 OUTDOOR COOKING GAS APPLIANCE［S］

冷凝式燃气热水器冷凝器可靠性的试验研究[*]

李盛朝

（华帝股份有限公司）

摘　要： 产品、部件在一定时间内、在一定条件下无故障地执行指定功能的能力或可能性，可通过可靠度、失效率、平均无故障间隔来衡量产品可靠性。产品的可靠性包含了适用性、可维修性、设计可靠性、耐久性等要素。本文重点从试验验证的角度研究冷凝燃气热水器冷凝器可靠性，通过制定适用性强的试验方案来验证产品的可靠性是本文讨论的重点。

关键词： 冷凝器；适用性；耐腐蚀性；耐压力冲击；耐冷热冲击；耐久性；可靠性试验

1　引言

随着人们生活水平的不断提高，燃气热水器的应用越来越普遍。而节能的燃热产品已深入人心，越来越受到消费者的青睐。普通燃气热水器的热效率在 $80\%\sim85\%$ 之间，要进一步提高热效率，必须采用冷凝式燃气热水器。冷凝式热水器是当前最节能、最环保的产品。冷凝式燃气热水器跟普通燃气热水器相比，多增加了一个冷凝换热器。通过吸收高温烟气而预热冷水，充分利用普通燃气热水器作为废气排走的热量使热效率提高 15% 以上；比传统的燃气快速热水器具有更高的热效率，达 96% 以上，而在国家标准《家用燃气快速热水器》GB 6932—2001 中，对传统燃气快速热水器的热效率要求，仅为 84% 以上。同时采用中和剂对排放的冷凝水进行无害处理，真正实现节能环保。

目前常用的冷凝器的材质有紫铜材料冷凝器、铝合金材料冷凝器、不锈钢材料冷凝器，它们各有自己的特点。紫铜材料做成的冷凝器耐腐蚀性能优越，导热能力强，韧性好，耐水压性能好；铝合金材料做成的冷凝器耐腐蚀性能优越，导热能力、韧性比铜材料稍差，耐压性能也比紫铜材料稍差但成本比铜材料做成的冷凝器低。不锈钢钢材料冷凝器目前主要有 3 种：绕管式冷凝器（一般是工程塑料外壳）、管壳式冷凝器和管翅式冷凝器，这 3 种冷凝器目前在产品上都有应用。这 3 种冷凝器的优点是耐腐蚀或耐高温，一般的耐酸性介质，还有耐热性能的，抗高温氧化且成本比铜和铝合金做成的冷凝器都低，但导热性能比铜材料和铝合金材冷凝器都差。但不锈钢冷凝器加工成型难度大，工艺要求高，不锈钢不耐碱性介质的腐蚀。目前，只有一些低端产品在使用，但是，随着不锈钢钢冷凝器制造工艺水平的提高，不锈钢钢冷凝器越来越成熟，在不久的将来有取代紫铜材料冷凝器、铝合金材料冷凝器的潜力和趋势。

综合目前厂家所用冷凝器，主要有紫铜冷凝器、铝合金冷凝器。紫铜冷凝器由于紫铜

---

* 选自中国土木工程学会燃气分会应用专业委员会 2012 年论文集 p357-p360

材料本身具有很多优越性能，在业界应用已毋庸置疑。而铝合金冷凝器和不锈钢钢冷凝器由于其成本低，按市面上的价格，铝合金每吨约 10000 元（RMB），不锈钢（耐腐性更强的 316L）22000 元（RMB），紫铜材则铝合金每吨约 50000 元（RMB），无疑铝合金冷凝器和不锈钢钢冷凝器有卓越的成本优势，而且大多带铝合金冷凝器和不锈钢钢冷凝器的冷凝燃气热水器热效率同样满足《家用燃气快速热水器和燃气采暖热水炉能效限定值及能效等级》GB 20665—2006 中 1 级能效标准要求，因此，铝合金冷凝器和不锈钢冷凝器的应用正成为越来越多厂家追逐的新宠。

2 冷凝器可靠性要求

部件在具体的设计和使用中通常都会明确地提出可靠性指标或破坏极限等具体的可靠性要求，例如：一个产品在设计和制造环节中，其总的失效率或产品缺陷率要求为 100ppm，那么该产品在保修期内的可靠度则为 99.99%，而产品中使用的部件在保修期内的可靠度则应高于 99.99%。

部件的可靠性要求包括：工作寿命、性能极限和工作条件等。其中，工作寿命与产品保修期时间相关。冷凝器的设计寿命按燃气热水器的使用年限应为 8 年，实际使用的时间可以这样计算，例如：冷凝热水器为一家 3 口人使用，每人每次使用时间为 15min，则每天使用的时间为 45min，那么，8 年的总使用时间约为 2300h。

根据冷凝器实际使用条件，我们可总结出冷凝器在设计中应考虑解决的可靠性问题：冷凝器的耐腐蚀；冷凝器的耐压；冷凝器的耐高低温冲击以及冷凝器的适用性。

首先，如何解决冷凝器的防腐蚀，是个技术性很强的话题，尤其是铝合金冷凝器和不锈钢冷凝器，由于其具有明显的成本优势，自然也是燃气热水器行业在冷凝应用领域的一个热门和努力方向。如何保证冷凝器的使用的可靠性呢？对于紫铜材料冷凝器除了表面要做氧化处理提高耐腐蚀性能外，因盘管成型后有弯折，因此，通过提高冷凝器管壁厚度来提高其机械强度也应考虑。合金冷凝器通常的做法在表面喷酚醛树脂，同时通过提高冷凝器铝管壁厚度来提高耐腐蚀性能和机械强度。不锈钢冷凝器通过提高工程塑料的耐温、抗高低温冲击性能和提高冷凝器管壁厚度和前面提到的通过提高不锈钢冷凝器制造工艺水平来提高其可靠性。本文探讨的重点不是如设计耐腐蚀性强、机械强度高且耐用的冷凝器，而是研究的如何通过设计试验方案来验证冷凝器使用的可靠性，并且重点探讨冷凝器的耐腐蚀、耐压、耐高低温冲击性能以及冷凝器的适用性试验方案。

根据冷凝水形成机理，我们知道，普通热水器的高温烟气（一般在 180～260℃左右）会通过电机的动力直接排出室外，而冷凝技术的关键在于高效冷凝换热器，热水器的进冷水管紧贴着冷凝换热器，排放的高温烟气经过冷凝换热器的时候，绝大部分热量被冷凝换热器吸收，旋即用以预热进水管内的冷水，相当于在普通燃气热水器加热冷水之前进行了一次预先加热，值得注意的是用以预热冷水的热量不是通过燃烧燃气获得，而是利用了原本无法回收的烟气中的热量，从而达到节能效果，兼具环保，这样最终排出的烟气温度在 55～60℃。同时，高温烟气在释放热量过程中，冷凝器表面会产生冷凝水。我们知道，燃气热水器烟气的主要有害成分有一氧化碳、二氧化硫以及氮化物（CO、SO_2、NO_x）等废气，这些废气与空气中的水蒸气遇冷会形成冷凝水，这些冷凝水会附在冷凝热水器的表面，而这些冷凝水中融有烟气中的 NO_x 和 SO_3 成分，NO_x 和 SO_3 融在水中主要电离出 H^+、NO_X^{-1} 和 SO_4^{-2}，实验数据表明，冷凝水的 pH 值在 $2.9\sim3.8$ 之间，故冷凝水是酸性，而由于 NO_X^{-1}、SO_4^{-2} 的存在导致冷凝水有很强的腐蚀性。

家电产铝金属材料表面覆盖层耐腐蚀性试验通常做法是依据《电工电子产品基本环境试验规程，试验 Ka：盐雾试验方法》GB/T 2423.17—2008，该标准规定试验条件为：试验溶液为 $(5\pm1)\%$（质量比）的氯化钠溶液，pH 值在 $6.5\sim7.2$ 之间，试验箱温度 $35\pm2℃$ 的盐雾试验。显然，中性盐雾试验方法并无法确保冷凝器的防腐蚀性能满足使用要求。实际上，冷凝器的可靠性试验除了考察铝金属和不锈钢材料表面覆盖层耐腐蚀性能外，更重要的是铝金属材料和不锈钢材料表面覆盖层被腐蚀后对压力的承受力，这关系到冷凝热水器的适应性、安全性等可靠性指标。

除了耐腐蚀性能外，冷凝器可靠性要解决的另一个重点是耐压的可靠性，大多数燃气热水器的泄压压力在 $0.75\sim0.80MPa$ 左右，而紫铜材料的耐腐蚀性和耐压性能均比铝合金材料都要好，这就是铜材料冷凝器被首先广泛应用的原因。铝合金冷凝器和不锈钢冷凝器有卓越的成本优势，通过工程技术人员的不断努力，现阶段已经逐步解决铝合金材料在应用上耐腐蚀性和耐压性能，铝合金冷凝器和不锈钢冷凝器将会迎来更广泛的应用空间。

冷凝器可靠性还要解决耐高低温冲击性能以及冷凝器的适用性，特别是工程塑料外壳内嵌不锈钢波纹管材料冷凝器，因为在实际应用中，烟气的温度一般在 $180\sim260℃$ 左右，而冷凝水的温度在 $55\sim60℃$ 左右，考虑到冬天的北方，热水器周围的温度更低，有可能在 $-20℃$ 以下。

最后，冷凝器的适用性常常是设计人员容易忽视的一个重点，冷凝热水器在实际应用中，特别是在相对低温（$15\pm5℃$），高湿度的环境下使用，常有用户投诉说冷凝热水器出现"漏水"问题，虽然这不是冷凝器本身存在的问题，但确实是由于设计时忽视冷凝器在整机上的适用性引起，讲白了就是设计冷凝器时，没有重视对冷凝水的收集和引流，导致在阴冷潮湿的环境下使用冷凝热水器时，冷凝器表面凝结形成的冷凝水无法完全被收集引流，因而出现"漏水"现象。

3　冷凝器可靠性试验方案

3.1　耐腐蚀性能

3.1.1　耐酸性腐蚀性能

我们知道家电产品金属材料表面覆盖层耐腐蚀性试验通常做法是依据《电工电子产品基本环境试验规程，试验 Ka：盐雾试验方法》GB/T 2423.17—2008，也分析了中性盐雾试验方法并无法确保冷凝器的防腐蚀性能满足使用要求的原因。那么如何设计有针对性并且合理的可靠性试验方案呢？首先，试验方案应包括两个必要条件：试验溶液为的 pH 值应在 $2.9\sim3.8$ 之间，溶液应有带腐蚀性较强的硫酸根离子和硝酸根离子（NO_X^{-1} 和 SO_4^{-2}），溶液（或试验箱）温度在 $55\sim60℃$ 左右。其次，应考虑试验所需的时间。前面提到冷凝器的设计寿命按燃气热水器的使用年限应为 8 年，按冷凝热水器为一家 3 口人使用，每人每次使用时间为 15min，则每天使用的时间为 45min，那么，8 年的总使用时间约为 2300h。实际试验中，冷凝水还会停留在冷凝器上一段时间，并且有可能一直保留着残留腐蚀物，故试验设计应留有余量。根据冷凝热水器使用环境和试验之间的经验值，可靠性试验方案规定了的试验时间为 2800h。

试验方法：

(1) 在测试用的不锈钢容器中倒入纯净水，加入少量硝酸和硫酸溶液，配置溶液 pH 值为 2.9～3.8。

(2) 用堵头把冷凝器接头封住，防止配置液进入冷凝器管内，按安装状态放入密封器皿中，浸没深度为冷凝器全身。

(3) 通过电加热器装置加热冷凝水温度至 55～60℃ 左右，在此温度和溶液浓度下累计浸泡 2800h，温度和时间的控制由专门的系统完成控制。

(4) 试验在密闭的空间进行，15 天为一个浸泡周期，每个周期内进行耐水压测试。

(5) 试验中溶液 pH 值应始终保持在 2.9～3.8 左右。

(6) 试验过程中和试验后，冷凝器密封性应满足满足 1.5MPa 水压下持续 1min，冷凝器无漏水。

3.1.2 耐碱性腐蚀试验

我们都知道次氯酸钠（英文名称：Sodium Hypochlorite，化学式：NaClO），是钠的次氯酸盐。次氯酸钠与二氧化碳反应产生的次氯酸是漂白剂的有效成分。家用的饮用水主要是经过次氯酸钠消毒后方可引到用户使用。次氯酸的化学式是 HClO，结构式 H－O－Cl，仅存在于溶液中，浓溶液呈黄色，稀溶液无色，有非常刺鼻的气味，极不稳定，是很弱的酸，比碳酸弱，和氢硫酸相当。有很强的氧化性和漂白作用，它的盐类可用做漂白剂和消毒剂，次氯酸盐中最重要的是钙盐，它是漂白粉（次氯酸钙和碱式氯化钙的混合物）的有效成分。漂白粉溶液呈碱性，而漂白粉溶液对不锈钢冷凝器和铝合金冷凝器造成腐蚀的最主要元凶是氯离子（Cl^-），基本的化学反应方程式为：

$$Fe^{2+} + 2Cl \longrightarrow FeCl_2$$
$$Al^{3+} + 3Cl \longrightarrow AlCl_3$$

经过消毒后的自来水中含有对不锈钢等金属有腐蚀的氯离子（Cl^-），同时，有些地区的地下水呈碱性，经检测分析水中含（Ca^+）、钾（K^+）和（Cl^-）等离子会明显高于其他地区。前面提到不锈钢冷凝器加工成型难度大，工艺要求高，不锈钢不耐碱性介质的腐蚀，而正是水中含有的氯离子（对铁（Fe）等金属有腐蚀）、钙离子和钾离子等呈碱性金属离子的存在，严重影响了铝合金冷凝器和不锈钢冷凝器的可靠性。实际生活中也存在个别地方的冷凝器式热水器使用没多久（南方某个地区有记录的最短时间是 1 个月）就发生漏水现象，通过抽样当地的饮用水分析，发现该地区的氯离子（Cl^-）和钙（Ca^+）、钾（K^+）离子等呈碱性金属离子等明显偏高，甚至超出标准要求。因此，冷凝器可靠性试验试验必须考虑使用水中氯离子（Cl^-）和呈碱性的水对铝合金冷凝器和不锈钢冷凝器的影响。

那么，耐碱性腐蚀可靠性试验（实际上主要是漂白粉溶液中氯离子（Cl^-），因溶液呈碱性故称为耐碱性腐蚀可靠性试验）方案怎么定呢？某公司实验室设计了浓度分别为：0.125‰（pH：7.32）、0.25‰（pH：8.41）、0.5‰（pH：9.92）、1.0‰（pH：10.32）、2‰（pH：11.19）、3‰（pH：11.50）、4‰（pH：11.55）、5‰（pH：11.65）漂白粉溶液浸泡试验，结合实际的使用环境，规定溶液（或试验箱）温度在 40～45℃ 之间，试验中溶液 pH 值应始终保持在规定值的±0.25 之间，试验时间仍然为 2800h，试验条件和方法等与耐酸性腐蚀试验均相同，试验后对结果进行统计分析。

结合冷凝热水器实际应用和大量的试验和统计，提出冷凝器的加速可靠性试验最佳方案，方案考虑了温度对不锈钢和铝合金冷凝器腐蚀性的加速影响。根据氯离子常引起两种方式的不锈钢 SCC，即穿晶 SCC 和晶间 SCC。其中穿晶 SCC 更常见。对穿晶 SCC 而言温度是最重要的影响因素之一，温度较高时在较低的氯离子浓度下穿晶 SCC 就可能发生。基于装置上使用不锈钢容器和管道的经验，穿晶 SCC 几乎总在温度高于 55～60℃时发生。该可靠性试验方案大大缩短了试验时间（由 2800h 缩短为 720h），其试验结果能满足冷凝式燃气热水器使用年限内的可靠性要求。

试验方法：

（1）在测试用的不锈钢容器中倒入纯净水，加入次氯酸钠，配置溶液 pH 值在 11.0± 0.25 之间。

（2）用堵头把冷凝器接头封住，防止配置液进入冷凝器管内，按安装状态放入密封器皿中，浸没深度为冷凝器全身。

（3）通过电加热器装置加热冷凝水温度至 55～60℃左右，在此温度和溶液浓度下累计浸泡 720h，温度和时间的控制由专门的系统完成控制。

（4）试验在密闭的空间进行，15 天为一个浸泡周期，每个周期内进行耐水压测试。

（5）试验中溶液 pH 值应始终保持在 11.0±0.25 之间。

（6）试验过程中和试验后，冷凝器密封性应满足满足 1.5MPa 水压下持续 1min，冷凝器无漏水。

3.2 耐压力冲击性能

冷凝器热水器的冷凝器承受的压力在 0.75～0.80MPa 左右（冷凝器热水器的泄压压力在 0.75～0.80MPa 左右），按《储水式电热水器内胆》QB/T 4101—2010 对内胆的耐冲击标准要求，剔除在加热使用中的泄压次数，则设计耐压力冲击试验次数为 50000 次。

试验方法：

（1）水压范围：0.68～0.8MPa。

（2）将待测样品，进行额定压力下的检漏，容器在额定压力 100±5％的必须密封。

（3）以常规方法或类似方法支撑冷凝器组件，将待测试容器连接到脉冲压力试验台上，并调节脉冲压力试验台上参数使之符合要求。

（4）在冷凝器注入环境温度的水，排空容器内的空气，按额定压值的 15％到（100± 5）％之间的数值交替对容器加压，试验频率为：每分钟 25～60 次。

（5）内胆必须能经受 5 万次脉冲压力循环，试验后不能出现变形、渗漏。

（6）每 1 万次脉冲压力循环试验结束后，将压力维持在最大工作压力并保持 10min，目测容器不能出现变形、渗漏，再进行下一轮循环试验。试验后，密封性满足 1.5MPa 水压下持续 1min，冷凝器无漏水。

3.3 耐冷热冲击性能

试验方法：

（1）温度范围：－25～260℃。

（2）把冷凝器（内部排空）置于温度为－25℃的低温箱中保持 1h，再把冷凝器放于 260℃的恒温箱中保持 1h，循环 10 次，冷热冲击试验前后检查冷凝器应无变形和损坏，密封性满足 1.5MPa 水压下持续 1min，冷凝器无漏水。

3.4 整机的适用性

试验方法：

（1）温度范围：15±5℃，相对湿度 90%～95%RH。

（2）将样品安装到冷凝热水器整机上，热水器按使用状态安装，热水器的进水压力和燃气压力符合 GB 6932—2001 家用燃气快速热水器规定的额定工作状态，在该状态下通电通气工作 15min，停 30min，此过程为 1 个周期。重复进行 10 个循环。

（3）试验过程中注意观察冷凝热水器是否有滴水或漏水现象，每 5 次试验循环结束时，将热水器外盖取下，观察热水器内部冷凝器对冷凝水的收集是否符合设计要求，不允许有冷凝水除收集装置以外的地方出现滴水或漏水现象。

3.5 耐久性

试验方法：

（1）冷凝热水器按使用状态安装，热水器的额定进水压力和最大燃气压力符合《家用燃气快速热水器》GB 6932—2001 规定的工作状态，在该状态下通电通气累计 96 天，约 2300h（按冷凝热水器为一家 3 口人使用，每人每次使用时间为 15min，则每天使用的时间为 45min）。

（2）耐久性试验后，冷凝热水器应能正常工作，各部件不应有影响安全的损坏。

4 结束语

本文主要从实用角度讨论了冷凝器的组成材料，表面腐蚀形成机理，材料的机械强度以及实际使用中的适用性。同时，对冷凝器的设计了有针对性的可靠性试验方案，通过对这些方案及加速寿命试验，可以定量地确定冷凝器的可靠性相关信息。

基于 GB 25034 的 NOx 不确定度计算[*]

张 华[1,2]，刘文博[1,2]，辛立刚[1,2]，牛 犇[1,2]，于洪根[1,2]

（1. 国家燃气用具质量监督检验中心；2. 中国市政工程华北设计研究总院有限公司）

摘 要： 在燃气采暖热水炉质检过程中，NOx 等级是重要的检测项目。本文对燃气采暖热水炉 NOx 进行了不确定度评定及分析，结果表明，提高烟气分析仪和色谱分析仪的测量精度可以有效地降低 NOx 浓度的不确定度。

关键词： 燃气采暖热水炉；NOx；不确定度

1 引言

随着环保政策的要求越来越严格，燃气采暖热水炉面临着减少污染物特别是 NOx 排放的挑战，而且最近北京发布了《锅炉大气污染物排放标准》DB11/139-2015，将 NOx 的排放限值由现行的 150mg/m³ 降到 80mg/m³，2017 年 4 月 1 日后新建锅炉排放限值降到 30mg/m³。当今许多企业已经开始利用先进技术来减少 NOx 的排放，取得不错的进展。国家标准 GB 25034—2010 对 NOx 浓度和排放等级有明确的计算说明，但是还没有涉及对 NOx 测量不确定度的计算。

1995 年，国际标准化组织（ISO）起草了测量不确定度表示指南（Guide to the Expression of Uncertainty in Measurement 简称 GUM）。我国参照 GUM，于 1999 年发布了《测量不确定度评定与表示》[1]JJF 1059—1999。2012 年对该规范进行了修订，修订后，该规范为：《测量不确定度评定与表示》JJF 1059.1—2012。2011 年 11 月 1 日中国合格评定国家认可委员会颁布了《测量不确定度的要求》CNAS-CL 07-2011，该要求规定"检测实验室应有能力对每一项有数值要求的测量结果进行测量不确定度评定"。NOx 等级是燃气采暖热水炉的一项重要性能指标，但目前还没有关于燃气采暖热水炉 NOx 不确定度的报道，因此本文基于 GB 25034—2010 标准探讨 NOx 浓度不确定度的计算方法。

2 不确定度原理

2.1 概述

测量不确定度简称不确定度，是测量结果不确定的程度，用来表征赋予被测量值分散性的非负参数。不确定度的评定主要包括 A 类不确定度评定、B 类不确定度评定、合成标

---

[*] 选自中国土木工程学会燃气分会应用专业委员会 2015 年会论文集 p230-p234

准不确定度的评定、扩展不确定度的评定 [1]。

（1）A 类不确定度评定需要进行大量的重复实验，以获得大量的实验数据，在此基础上通过统计方法得到。

（2）B 类不确定度评定的信息来源主要包括以前观测到的数据、校准证书、检定证书或其他文件提供的数据、准确度的等级和级别、手册或某些资料给出的参考数据及其不确定度，规定实验方法的国家标准或类似技术文件给出的重复性限等。本文标准不确定度的计算均为 B 类不确定度。

（3）标准不确定度评定。对于被测量 Y，是关于直接测量量 X_i 的函数：

$$Y = f(X_1, X_2, X_3, \ldots, X_n) \tag{1}$$

式中　　　　　　　　Y——间接测量量，也称作被测量；

X_1，X_2，X_3，$\ldots$，X_n——直接测量量，也称作输入量。

被测量 Y 的标准不确定度 $u_c(y)$ 按其他各输入量 X_i 的标准不确定度 $u_c(x_i)$ 来确定：

$$u_c^2(y) = \sum_{i=1}^{N}\sum_{j=1}^{N}\frac{\partial f}{\partial x_i}\mathrm{g}\frac{\partial f}{\partial x_j}u(x_i, x_j) = \sum_{i=1}^{N}\left(\frac{\partial f}{\partial x_i}\right)^2 u^2(x_i) + 2\sum_{i=1}^{N-1}\sum_{j=i+1}^{N}\frac{\partial f}{\partial x_i}\mathrm{g}\frac{\partial f}{\partial x_j}u(x_i, x_j) \tag{2}$$

式中　　$u_c(y)$——被测量 Y 的估计值 y 的标准不确定度；

x_i，x_j——输入量 X_i、X_j 的估计值；

$u(x_i$，$x_j)$——协方差；

$u(x_i)$——x_i 的标准不确定度，可通过 A 类或 B 类评定获得。

式中偏导数 $\frac{\partial f}{\partial x_i}$ 为 $X_i = x_i$ 时导出的，称为灵敏系数，记为 c_i。协方差 $u(x_i$，$x_j)$ 可通过式（3）确定：

$$u(x_i, x_j) = u(x_i)u(x_j)r(x_i, x_j) \tag{3}$$

式中　$r(x_i$，$x_j)$——输入量 x_i 与 x_j 的相关程度。

$r(x_i$，$x_j)$ 指输入量 x_i 与 x_j 的相关程度，且 $-1 \leqslant r(x_i, x_j) \leqslant 1$，如果 x_i 与 x_j 不相关，则 $r(x_i$，$x_j) = 0$，表示两个输入量之间无线性关系。

用灵敏系数表示，式（2）可表达为：

$$u_c^2(y) = \sum_{i=1}^{N}c_i^2 u^2(x_i) + 2\sum_{i=1}^{N-1}\sum_{j=i+1}^{N}c_i c_j u(x_i)u(x_j)r(x_i, x_j) \tag{4}$$

式中　c_i、c_j——第 i 个、j 个输入量的灵敏系数。

（4）扩展不确定度是确定测量结果区间的量，用符号 U 表示。扩展不确定度可分为两种：

1）表达形式是 $U = ku_c(y)$，k 是包含因子，一般取 $2\sim3$，本文采用该方法计算燃气采暖热水炉的扩展不确定度。

2）表达形式是 $U_p = k_p u_c(y)$，k_p 是给定概率 p 的包含因子，数值大小与 y 的分布状态有关，通常情况下 p 值取 99% 或 95%。

2.2　B 类标准不确定度的评定

当我们没有时间和精力对各输入量进行独立的重复测量时，宜按 B 类方法对各输入量进行标准不确定度的评定，方法如下：

2.2.1 评定方法

标准不确定度的 B 类评定是借助于一切可利用的有关信息进行科学判断得到估计的标准偏差。通常是根据有关信息或经验，判断被测量的可能值区间，假设被测量值的概率分布，然后根据概率分布和要求的概率 p 确定 k 值，则 B 类评定的标准不确定度 $u(x)$ 可由式（5）计算得到。

$$u(x) = u_B(x) = \frac{a}{k} \tag{5}$$

式中 a——被测量可能值区间的半宽度，一般根据被测量的最大偏差、设备最小刻度、设备分度值、设备测量误差确定；

k——置信因子或包含因子。根据概率论获得的 k 称置信因子，当 k 为扩展不确定度的倍乘因子时称为包含因子。

2.2.2 区间半宽度 a 的确定

一般情况下，可根据如下信息确定：

（1）生产厂提供的技术说明书

（2）校准证书、检定证书、测试报告或其他文件提供的数据；

（3）手册或某些资料给出的数据；

（4）以前测量的数据或实验确定的数据；

（5）对有关仪器性能或材料特性的了解和经验；

（6）校准规范、检定过程或测试标准中给出的数据；

（7）其他有用的信息。

2.2.3 概率分布的假设

（1）均匀分布

一些情况下，只能估计实测量的可能值区间的上限和下限，被测量的可能值落在区间外的概率几乎为零。若被测量的值落在该区间内的任意值的可能性相同，则可假设为均匀分布。如果对被测量的可能值落在区间内的情况缺乏了解时，一般假设为均匀分布。由数据修约、测量仪器最大允许误差或分辨力、参考数据的误差限、平衡指示器调零不准、测量仪器的滞后或摩擦效应导致的不确定度，通常假设均匀分布。本文涉及各变量的不确定度多是因为测量仪器示值误差或分辨力等导致的，因此应按照均匀分布来求解。根据《测量不确定度评定与表示》JJF 1059.1—2012，均匀分布的置信因子 $k=\sqrt{3}$。

（2）其他分布

包括正态分布、反正弦分布、三角分布、梯形分布、两点分布等，一般鲜有涉及，故本文不予讨论。

3 燃气采暖热水炉 NOₓ 测量不确定度的评定

3.1 NOₓ 浓度计算方法及不确定度分析模型

《燃气采暖热水炉》GB 25034—2010 附录 E 对 NOₓ 浓度的计算方法作了说明。具体计算过程如下（以最小热输入大于 $0.20Q_n$ 的热输入可连续调节的器具为例，气源为天然气 12T）：

首先，计算干燥、空气系数 $\alpha=1$ 时，烟气中 NO_x 的含量 $[mg/(kW \cdot h)]$：

$$(NO_x)_{\alpha=1} = 1.7554 \times (NO_x)_m \times \frac{(CO_2)_N}{(CO_2)_m} \tag{6}$$

式中　　$(NO_x)_m$——取样试验的 NO_x 含量的数值，ppm；

$(CO_2)_N$——干燥、空气系数 $\alpha=1$ 时烟气中 CO_2 的最大含量的数值，体积分数（%）；

$(CO_2)_m$——取样试验的 NO_x 含量的数值，体积分数（%）。

第二步，计算基准条件下的 NO_x 折算值：

$$(NO_x)_{折算} = (NO_x)_{\alpha=1} + \frac{0.02 \times (NO_x)_{\alpha=1} - 0.34}{1 - 0.02 \times (h_m - 10)} \times (h_m - 10) + 0.85 \times (20 - T_m) \tag{7}$$

式中　　$(NO_x)_{折算}$——基准条件下的 NO_x 折算值，$mg/(kW \cdot h)$；

h_m——测量 NO_x 时的相对湿度，g/kg；

T_m——测量 NO_x 时的温度，℃。

第三步，计算 NO_x 权重值：

$$(NO_x)_{权重} = [(NO_x)_{折算}]_{Q_{min}} \times \sum F_{pi(Q \leqslant Q_{min})} + \sum [(NO_x)_{折算} \times F_{pi}] \tag{8}$$

式中　　$[(NO_x)_{折算}]_{Q_{min}}$——基准条件下最小热输入时（热输入可调器具）的 NO_x 折算值，$mg/(kW \cdot h)$；

$\sum F_{pi(Q \leqslant Q_{min})}$——小于最小可调输入热量的部分热输入 Q_{pi} 所对应的加权因子 F_{pi} 相加；

F_{pi}——对应部分热输入 Q_{pi} 的权重。

式（8）就是 NO_x 浓度的不确定度模型。

由式（2）可知，为计算 NO_x 浓度的不确定度，需先通过式（7）求得 $(NO_x)_{折算}$ 的不确定度。而计算 $(NO_x)_{折算}$ 不确定度的前提是求得 $(NO_x)_{\alpha=1}$、h_m、T_m 的不确定度，$(NO_x)_{\alpha=1}$ 的不确定度又是根据式（6）求得的。这样，通过逐层计算，最终得到 NO_x 浓度的标准不确定度。

3.2　NO_x 浓度的测定

选用一台额定热负荷 30kW、燃气种类为 12T 天然气的燃气采暖热水炉，参考 GB 25034—2010 的要求选用检验设备，在 70%、60%、40% 额定热负荷和最小热输入工况下对其进行 NO_x 的浓度测定，结果见表 1。

3.3　NO_x 浓度的标准不确定度计算

（1）$(NO_x)_{\alpha=1}$ 的标准不确定度计算

$(NO_x)_m$ 和 $(CO_2)_m$ 的测量不确定度均由 A 类和 B 类不确定度合成而来（其中 A 类不确定度按照贝塞尔公式法求得，B 类不确定度是在假设测量值符合均匀分布的条件下求得的，JJF 1059.1—2012 4.3，在此不再赘述。）

各部分热输入工况下 $(NO_x)_{\alpha=1}$ 的标准不确定度计算见表 2。

（2）$(NO_x)_{折算}$的标准不确定度计算

在计算$(NO_x)_{折算}$的标准不确定度时，需提前计算空气含湿量h_m的标准不确定度，其结果见表3。

燃气采暖热水炉 NO_x 浓度的测算结果　　　　　表1

项目名称	单位	热负荷			
		70%	60%	40%	Q_{min}（35%）
$(CO_2)_N$	%	11.89	11.89	11.89	11.89
大气压力 p_a	kPa	103.24	103.24	103.32	103.32
饱和水蒸气压力 p_s	kPa	2.2917	2.3058	2.4361	2.4361
干球温度 T_m	℃	21.9	24.1	24.5	20.2
湿球温度 T_{abu}	℃	11.1	12.5	12.5	10.1
空气含湿量 h_m	g/kg	3.59	4.04	3.87	3.35
加权系数	—	0.15	0.25	0.30	0.30
O_2	%	14.5	15.4	17.4	17.9
$(CO_2)_m$	%	4.2	3.5	2.2	2.1
$(NO_x)_m$	ppm	23	20	17	10
$(NO_x)_{\alpha=1}$	mg/(kW·h)	114	119	161	99
$(NO_x)_{折算}$	mg/(kW·h)	101	105	141	89
$(NO_x)_{pond}$	mg/(kW·h)	110			
等级	—	3			

$(NO_x)_{\alpha=1}$的标准不确定度计算结果　　　　　表2

项目名称	70%		60%		40%		Q_{min}（35%）	
	c_i	u_i	c_i	u_i	c_i	u_i	c_i	u_i
$(NO_x)_m$	4.9565	1.0542	5.9500	1.0542	9.4706	1.0542	9.9000	1.0542
$(CO_2)_N$	9.5879	0.4399	10.0084	0.4399	13.5408	0.4399	8.3263	0.4399
$(CO_2)_m$	−27.1429	0.1477	−34.00	0.1477	−73.1818	0.1477	−47.1429	0.1477
$(NO_x)_{\alpha=1}$	—	4.3894	—	4.5767	—	6.0144	—	5.0463

空气含湿量 h_m 的标准不确定度计算结果　　　　　表3

项目名称	70%		60%		40%		Q_{min}（35%）	
	c_i	u_i	c_i	u_i	c_i	u_i	c_i	u_i
饱和水蒸气压 P_s	6.0945	0.06	6.1033	1.0542	6.0952	0.06	6.0852	0.06
干球温度 T_m	−0.0041	0.029	−0.0041	0.029	−0.0041	0.029	−0.0041	0.029
湿球温度 T_{abu}	0.0041	0.029	0.0041	0.029	0.0041	0.029	0.0041	0.029
大气压 P_a	−0.0789	0.0115	−0.0866	0.0115	−0.0864	0.0115	−0.0736	0.0115
空气含湿量 h_m	—	0.3657	—	0.3662	—	0.3657	—	0.3651

根据已计算出的$(NO_x)_{\alpha=1}$和h_m的标准不确定度，$(NO_x)_{折算}$的标准不确定度计算结果见表4。

（NO_x）折算的标准不确定度计算结果　　　　　　　　　　　表 4

项目名称	70%		60%		40%		Q_{min}（35%）	
	c_i	u_i	c_i	u_i	c_i	u_i	c_i	u_i
（NO$_x$）$_{\alpha=1}$	0.8864	4.3894	0.8935	4.5767	0.8908	6.0144	0.8826	5.0463
空气含湿量 h_m	1.5242	0.3657	1.6286	0.3662	2.2853	0.3657	1.2776	0.3651
干球温度 T_m	−0.85	0.029	−0.85	0.029	−0.85	0.029	−0.85	0.029
（NO$_x$）折算	—	4.0667	—	4.2716	—	5.5722	—	4.5786

（3）（NO$_x$）权重的扩展不确定度计算

在求得各部分热输入工况下（NO$_x$）折算的标准不确定度后，NO$_x$ 浓度的权重值（NO$_x$）权重的合成标准不确定度以及扩展不确定度计算结果见表5。

根据表1和表5，检测报告中关于燃气采暖热水炉 NO$_x$ 浓度的不确定度表述应是：NO$_x$ 浓度为（110±9.4）mg/（kW·h）（包含因子 $k=2$，对应约 95% 的置信概率）。

（NO_x）权重的扩展不确定度计算结果　　　　　　　　　　　表 5

项目名称	c_i	u_i	扩展不确定度
（NO$_x$）折算(70%)	0.15	4.0667	—
（NO$_x$）折算(60%)	0.25	4.2716	—
（NO$_x$）折算(40%)	0.30	5.5722	—
（NO$_x$）折算(Qmin)	0.30	4.5786	—
（NO$_x$）权重	—	4.7232	9.4（$k=2$）

3.4 评价分析

$c_i u_i$ 的绝对值可以衡量某一输入量的不确定度对测量结果不确定度的影响程度。在对影响（NO$_x$）折算不确定度的各因素进行权重分析的过程中，我们暂不考虑各输入量间的相关性，以 70% 的额定热输入为例，计算各输入量的 $c_i^2 u_i^2(x_i)$ 在（NO$_x$）折算不确定度中的比值，结果如图 1 所示。

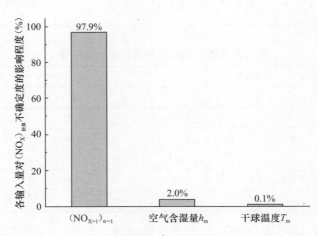

图 1　各输入量对（NO_x）折算不确定度的影响程度

由图 1 可以看出，$(NO_x)_{\alpha=1}$ 度对 $(NO_x)_{折算}$ 标准不确定度的影响最大，达到了 97.9%，而空气含湿量 h_m 和干球温度 T_m 对 $(NO_x)_{折算}$ 标准不确定度影响甚微，分别为 2.0% 和 0.1%。同样的方法分析 $(NO_x)_m$、$(CO_2)_N$、$(CO_2)_m$ 对 $(NO_x)_{\alpha=1}$ 标准不确定度的影响程度可发现：$(NO_x)_m$ 的不确定度对 $(NO_x)_{\alpha=1}$ 不确定度影响最大，达到 44.6%；$(CO_2)_N$ 和 $(CO_2)_m$ 的不确定度对 $(NO_x)_{\alpha=1}$ 不确定度影响分别为 29.1% 和 26.3%。$(NO_x)_m$ 和 $(CO_2)_m$ 的不确定度来源于烟气分析仪的测量误差，$(CO_2)_N$ 的不确定度主要是由气相色谱分析仪测量产生的，因此提高烟气分析仪和色谱分析仪的测量精度对降低 NO_x 浓度的不确定度将有着重要的意义。

4　结论

本文根据 GB 25034—2010 的要求选用检验设备，基于 GB 25034—2010 附录 E 的 NO_x 浓度计算方法对其进行了不确定评定，该计算方法还有待深入探讨。此外，对影响 NO_x 不确定度的各因素进行了权重分析，我们发现，提高烟气分析仪和色谱分析仪的测量精度可以有效地降低 NO_x 浓度的不确定度。

其他

燃气调压器自动调压装置的设计与实现[*]

陈 晓，王 启，翟 军，杨振坤

（国家燃气用具质量监督检验中心）

摘 要： 通过分析现有燃气调压器手动调压的工作原理，详细论述了如何设计开发出基于单片机的可自动调压的蜗轮丝杠精进装置，该装置使得调压精度大幅度提高，并且具有远程数据传输接口，能够实现远程测控，从而为构建复杂燃气工业系统提供一种可以借鉴的方法。

关键词： 单片机；滚珠丝杠副；步进电机；RS485

在目前的燃气调压系统中，大多使用调压器来实现系统的调压要求，但是目前的调压器控制器基本上都是手动完成，无法实现远程自动监控，给工业现场的自动控制带来了不少麻烦。另外，在一些特殊场合，也经常要求一些频繁调压，如果利用人工来实现不仅浪费许多人力资源，而且调压精度也无法满足高精度的要求。

为了提升调压器的技术含量，在不改变原有调压器控制器基本结构的情况下，通过在燃气调压器控制器上安装带有远程通信接口的单片机控制的蜗轮丝杠精进装置，来降低成本实现调压器自动调压的要求，希望这一思路给调压器行业的技术人员起到抛砖引玉的作用。

1 系统构成

该系统利用单片机来实现调压器的自动调压，其系统原理如图 1 所示。

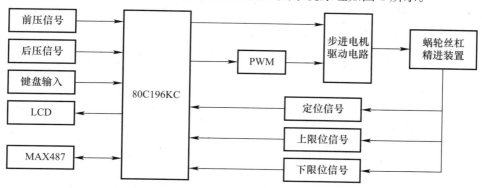

图 1 系统原理图

80C196KC 芯片的特点如下：振荡信号频率为 16MHz，指令的运算速度更快；8 个 A/D 通道，可以方便地实现被控对象多点电压和电流采样；具有三路脉宽调制（PWM）

* 选自中国土木学会燃气分会应用专业委员会 2004 年会论文集 p70-p74

输出；通过 CPU 的串行口除了可实现异步串行口通信，还增加了同步串行口，可以支持多种标准同步串行传输协议。

80C196KC 系统中通过测量调压器入口、出口侧的压力值，即入口压力信号和出口压力信号，显示在 LCD 屏幕上；操作者可以通过键盘来输入要求设定的出口压力值，也可以通过 RS485 通信来实现设定后的压力值；CPU 在接收到要求设定的压力之后，先要和入口压力值对比，如果高于入口压力值就提示设定值高于入口压力值，显示设定错误，若设定值小于入口压力值，就产生 PWM 方波和正转信号给步进电机驱动电路，使得蜗轮丝杠精进装置开始运动；在该装置精进过程中，出口压力到达设定值时，CPU 停止发送 PWM 方波，完成设定压力调节。为了保护调压器控制器防止执行机构超出额定行程，在该装置上安装了一个滑动电位器来定量测定执行器顶端在整个行程中的位置，另外利用上、下限位开关来实现当滑动电位器失灵情况下的装置的保护。

2 蜗轮丝杠精进装置

蜗轮丝杠精进装置是该系统的核心部分，主要组成部分有：步进电机、蜗轮减速器、滚珠丝杠副、顶柱、滑动电位器、限位开关、箱式直线轴承和光轴等。由于调压器控制器顶柱的行程非常小，通常就在几十毫米左右，所以系统利用步进电机来精确控制旋转角度和圈数，蜗轮减速机来增大输出力矩同时减速，采用滚动丝杠副是根据数控机床的精进位移原理来实现细小位移。其原理如图 2 所示。

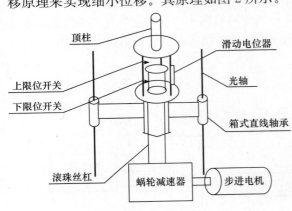

图 2 机械原理图

该装置的结构是步进电机转动带动蜗轮减速器，蜗轮减速器的输出轴和滚动丝杠相连，箱式直线轴承和光轴的作用是用来固定滚珠丝杠螺帽的转动，从而使其产生垂直运动推动上端顶柱的移动。在滚珠丝杠的顶部安装一个略大于丝杠直径的圆铁片，其作用在于触发旁边支柱上安装的滑动电位器和两个限位开关。由于每次调压时，前压值都不恒定，那么顶柱的移动距离也就不恒定，这样就无法通过判断流过滑动电位器的电流来进行调压，但是考虑到该装置具有远程通信接口，上位机可以利用这些参数构建智能系统，从而建立在不同前压状况下流过滑动电位器上的电流与丝杠精进位移之间的闭环反馈，形成除了利用后压值与丝杠精进位移之间闭环反馈的第二种反馈，但该装置仍然以后压值与丝杠精进位移之间的闭环反馈为主要控制形式，第二种反馈形式可以用作数据监测或数学建模所用，不直接作用于输出。

在该装置中没有选用普通的滑动丝杠，原因是丝杠在工作时要反复地旋转，并且承受比较大的轴向力，在工作一段时间后普通丝杠就会在经常滑动的那一段上出现磨损，直接导致控制精度大幅度下降，无法满足系统性能的要求，而滚珠滑动丝杠把普通丝杠中的滑动改为滚动，使得机械性能得到很大的提高，而且其移动精度也非常高，完全可以保证控制要求，所以选择滚动丝杠作为把旋转运动转换为直线运动的执行元件。在滚动丝杠副承选择上，采用了 HIWIN

的产品，其特点是导程小，精度高，机械强度高，在实际使用中也验证了这一点。

3 控制算法

控制算法是整个系统中的灵魂，算法的优劣直接影响到整个系统的调压特性。限于篇幅所限，压力数据采集、键盘输入和 LCD 显示部分的控制算法略去，可以参考相关资料。这里主要叙述蜗轮丝杠精进装置的控制算法。

步进电机虽然是把电脉冲信号变换为相应的角位移或直线位移的元件，它的角位移和线位移量与脉冲数成正比，转速或线速度与脉冲频率成正比；在负载能力的范围内，这些关系不因电源电压、负载大小、环境条件的波动而变化，误差不长期积累，步进电动机驱动系统可以在较宽的范围内，通过改变脉冲频率来调速，实现快速起动、正反转制动。但是，步进电机也有一些缺点，比如在低速转动时噪声和振动比较大，在该系统中步进电机的转速是比较慢的，所以就必须避免这个问题。所采取的措施是利用细分控制技术，步进电机的细分控制，从本质上讲是通过对步进电机的励磁绕组中电流的控制，使步进电机内部的合成磁场为均匀的圆形旋转磁场，从而实现步进电机步距角的细分。具体内容可以查看参考文献 [1]。

在该系统中步进电机的步进角是 $1.5°$，蜗轮减速机的减速比是 $1/20$，滚珠丝杠的导程是 1.5mm，忽略考虑前面所说的步进电机细分控制，顶柱要移动 0.1mm，就需要 $\frac{360}{1.5} \times 20 \times \frac{0.1}{1.5} \equiv 320$ 个 PWM 方波。当然，通过软件参数的设置还可以更加精确，该系统中 0.1mm 已经可以完成要求。

图 3 为控制步进电机的流程图。

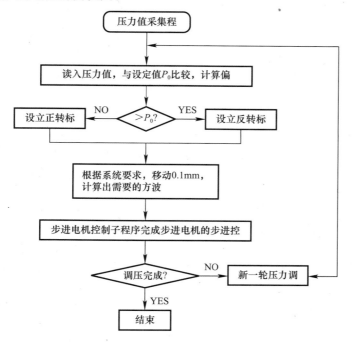

图 3　控制步进电机的流程图

在实际运行中，往往对调压精度没有特别苛刻的要求，而且该装置往往是整个管道控制系统中的一部分，系统根据所铺设管道的不同，对调压特性的要求也不一样，在管道中压力的数学模型是个比较复杂的含有惯性环节的模型，如果根据系统进行数学建模，不但复杂，而且就会有许多工程中的实际因素来影响该模型的准确度，使得所建立的数学模型与实际的工程现场相距甚远，所以通常可以根据系统实际需要通过键盘或串行通信设定允许的调压误差，从而使该精进装置更好地与其他控制系统相配合。

4　通信

为了使该系统可以和上位机进行通信实现远程测控，利用 80C196KC 的串口和 MAX487 芯片组成 RS485 通信端口。MAX487 是 MAXIM 公司生产的含有一个驱动器和一个接收器的用于 RS485 通信的差分总线小功率收发器，输入阻抗为 1/4 负载（>48kW）。其数据传输速率为 0.25Mbps，静态工作电流为 120uA，5V 单电源工作。MAX487 的驱动器设计成限斜方式，使输出信号边沿不至于过抖，以避免在传输线产生过多的高频分量，从而有效抑制了干扰现象。

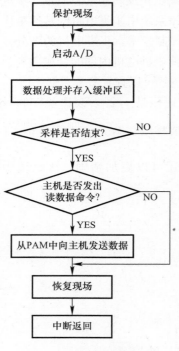

图 4　中断服务程序流程图

80C196KC 串行通信的软件设计可以采用查询和中断两种方式，查询方式通过访问串行口控制/状态寄存器的标志位 TI 和 RI，检查发送寄存器 SBUF（TR）是否空或者接收寄存器 SBUF（RX）已经接收一帧数据。查询方式程序设计简单，但由于 CPU 不断查询标志位，就不能再作其他工作，所以程序效率不高，不能适合于对实时性要求高的系统，利用串行中断设计程序就可以有效地克服这些缺点。串口初始化程序完成波特率的设定，使本机处于侦听地址状态等功能。图 4 是中断服务程序流程图。

集散式控制系统在工程实际运用中运用的相当广泛，系统可以通过串行通信直接对该精进装置进行数据采集和调压控制，考虑到燃气调压器的使用场合大多距离控制室较远，所以采用了 RS485 的通信接口，方便技术人员进行系统集成，提高开发效率。

5　结论

本文提出并实现的具有远程测控能力的燃气调压器调压装置在实际运行中稳定可靠，控制精度高，完全能够达到精确调压的性能要求，特别适用于实验室、工厂检测设备中对自动化程度要求高、需要反复调压等场合，对燃气设备的检验、开发具有重要的现实意义。

参考文献

[1]　赵勇. 步进电机多级细分驱动方法研究［J］. 江苏电机工程，第 22 卷，第 1 期
[2]　程军. Intel 80C196 单片机应用实践与 C 语言开发［M］. 北京：北京航空航天大学出版社，2000
[3]　徐灏. 新编机械设计师手册［M］. 北京：机械工业出版，1995

燃气快速热水器能效测试分析与节能潜力研究[*]

刘　彤，何贵龙

（国家燃气用具质量监督检验中心）

摘　要： 通过对目前国内市场上各类快速型燃气热水器的热效率的测试结果，进行了统计和测试研究，提出目前产品在热效率方面存在的问题，并提出在节能方面的发展方向。

关键词： 燃气应用；快速热水器；能效分析；节能潜力

我国目前能源大量依赖进口，液化石油气价格随着国际原油价格不断攀升，2004 年冬季京津地区也出现了天然气紧缺的局面。国家花了很大努力寻求石油和天然气资源，难以满足日益增长的需求，开源节流并举是当前我国的基本能源政策。家用电器类产品已率先开展节能措施，空调冰箱能效标准 2005 年 3 月 1 日正式实施，国家将陆续出台一系列强制性能效标准，促进各类产品提高能效利用率。

燃气快速热水器是家用燃气具类产品中普及率最高、耗能量最大的产品，也是将来强制性能效标准推行的重点产品。了解目前市场上各类产品的热效率水平，分析各类产品的节能途径，为将来制订能效标准提供科学依据，并帮助热水器生产企业重视并提高产品的节能指标。另外现行《家用燃气快速热水器》GB 6932—2001 中，热效率属于推荐性项目，相关的测试条件和方法对热效率测试的准确性有一定的影响，在本次研究中提出了改进意见。

1　对热效率测试结果的统计分析

按照《家用燃气快速热水器》GB 6932—2001 标准的热效率测试方法，对以往的测试结果进行统计分析，所有统计结果的平均热效率达到 86.7％，但影响热效率的因素很多，需要分类进行统计分析。

1.1　按照排气方式统计结果

目前我国市场上比较常见的热水器主要有烟道式、强排式和强制给排气式 3 种，从统计数据可以看出，烟道式和强排式的平均热效率都在 85％左右，水平有待提高，特别是相当一部分强制排气式是在原烟道式产品上加装风机，降低了容积热强度，烟气的过剩空气系数较高，产品的结构也有待改进；强制给排气式平均热效率达到 88.8％，明显高于其他形式的产品，产品设计结构比较合理，多数带有供暖、恒温和稳压等功能，而且，由于带有同轴式给排气管，起到空气预热的作用，热效率较高。

---

* 选自中国土木工程学会燃气分会应用专业委员会 2005 年会论文集 p39-p50

1.2 按照燃气种类统计结果

按燃气种类统计结果表明：人工气和液化气所统计的热效率在85%左右；天然气统计的平均热效率为88.2%，在3种气源中最高。天然气由于性能和燃烧比较稳定，产品设计易于实现提高热效率，另外供暖类等高档产品比较集中在天然气市场也是主要原因。

1.3 按照产品功能统计结果

产品功能与价格相关，燃气稳压与热效率没有直接关系，但一般带稳压装置的产品档次较高，热交换器铜材使用量能够保证足够的换热面积，因此，平均热效率明显高于不带稳压器的产品。带自动恒温功能的产品具有同样的上述规律，另外在低负荷下运行时的节能效果更加明显。不同功能热水器的热效率见图1。

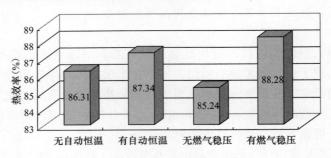

图1 不同功能热水器的热效率

1.4 按照热水产率统计结果

热水产率与热效率的关系十分明显，这与市场价格因素密切相关，热水产率越低，单位价格（元/升）越低，使用材料（热交换器等）和产品的功能越少。但总体消耗燃气量也相应减少，小产率的产品适用于华南地区，节能的潜力较大。不同热水产量热水器的热效率见图2。

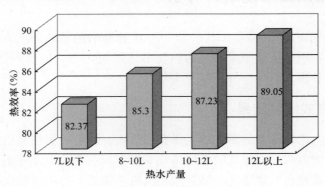

图2 不同热水产量热水器的热效率

1.5 排烟温度和空气系数

排烟温度和空气系数是对热效率影响最大的两个因数，控制其范围是提高热效率的主要手段。

（1）排烟温度

排烟温度对热效率的影响非常明显，如何有效控制排烟温度是企业提高产品节能水平的关键因素。GB 6932—2001 标准中规定了排烟温度的范围为 110～260℃，企业通过有效控制排烟温度可以大幅度提高热效率。各类热水器不同排烟温度的热效率见图 3。

目前强排和烟道式产品绝大多数为国产产品，平均排烟温度在 180℃ 以上，而强制给排气式中的主要产品供暖/热水两用型主要来自欧洲和韩国，平均排烟温度为 139℃。

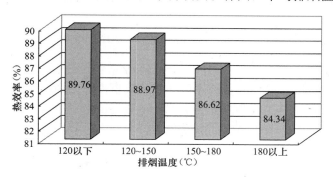

图 3　不同排烟温度热水器的热效率

（2）空气系数

不同排烟方式的热水器取烟气的空气系数不一样，烟道式空气系数为 1.67，强排式空气系数为 1.97，强排给排气式的空气系数为 2.04。降低空气系数可以减少烟气中的过剩空气量，减少烟气的排放量，同时可以降低排烟热损失，提高热效率。图 4 为强制给排气式供暖/热水两用型热效率与空气系数的统计数据。图 5 为烟道式热效率与空气系数的统计结果。图 6 为强排式热效率与空气系数的统计结果。

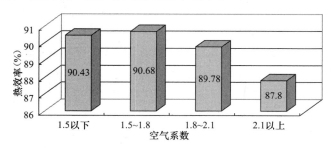

图 4　强制给排气式供暖/热水两用型热效率与空气系数的统计结果

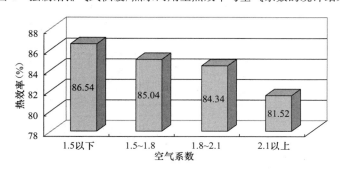

图 5　烟道式热效率与空气系数的统计结果

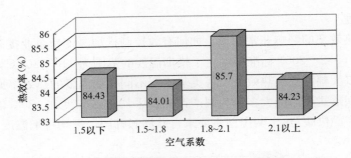

图 6　强排式热效率与空气系数的统计结果

从统计结果看，我国市场上的产品热效率总体水平不高，生产企业应在产品设计过程中重视热效率水平，并吸收欧洲和韩国等产品在热效率提高方面的经验，促进燃气热水器节能水平。另外在市场竞争比较激烈的情况下，单纯靠价格竞争、降低材料成本不可能长期生存下去，必须靠技术进步提高产品的竞争能力。

2　典型样机的测试研究

2.1　不同样机的测试结果

（1）强制排气式热水器测试结果见表 1；
（2）强制给排气式供暖/热水两用热水器测试结果见表 2；
（3）烟道式供暖/热水两用热水器测试结果见表 3。
以上共 7 台样机，气源种类覆盖液化气、天然气和人工气 3 种气源。

强制排气式热水器测试结果　　　　　　　　　　　　　　　　　　表 1

（1）JSQA 型强制排气式热水器：该样机属于具有日本风格的国产机型，属于高档产品	型号：JSQ21（天然气 12T）	供电电压：市电～220V
	热水额定热负荷（kW）：20.3	产热水能力（kg/min）：10
	热水自动恒温功能：比例调节（40%～100%）	燃气稳压装置：有
	风机位置：风机在热交换器后，转速可随燃气流量自动调节	给排气方式：强制排气式～JSQ
（2）JSQB 型强制排气式热水器：该样机属于具有日本风格的国产机型，属于高档产品	型号：JSQ22（天然气 12T）	供电电压：市电～220V
	热水额定热负荷（kW）：22	产热水能力（kg/min）：11
	热水自动恒温功能：比例加分段调节（40%～100%）	燃气稳压装置：有
	风机位置：风机在热交换器前，转速可随燃气流量自动调节	给排气方式：强制排气式～JSQ；
（3）JSQC 型强制排气式热水器：该样机属于具有国内风格的机型，属于中低档产品	型号：JSQ16（天然气 12T）	供电电压：市电～220V
	热水额定热负荷（kW）：16	产热水能力（kg/min）：8
	热水自动恒温功能：无（手动 40%～100%）	燃气稳压装置：无
	风机位置：风机在热交换器后，转速不能随燃气流量自动调节	给排气方式：强制排气式～JSQ

强制给排气式供暖/热水两用热水器测试结果 表 2

(1) 强制给排气式供暖/热水两用热水器 JLGA：属于欧洲产品，高档两用产品	型号：JLG31（天然气 12T）	供电电压：市电～220V 供暖系统结构形式：密闭式～B
	热水额定热负荷（kW）：30.5	产热水能力（kg/min）：16.1
	供暖额定热负荷（kW）：30.5	供暖热输出（kW）：28.03
	热水自动恒温功能：比例调节（40%～100%）	燃气稳压装置：有
	风机位置：风机在热交换器后，转速不能随燃气流量自动调节	给排气方式：强制给排气式，供暖热水两用～JLG
	供暖热水分为两路水系统，供暖水系统经过燃烧室与烟气换热，再与板式热交换器在燃烧室外部与热水系统经过二次换热供应生活热水。	
(2) 强制给排气式供暖/热水两用热水器 JLGB：属于韩国产品，中档两用产品	型号：JLG19（天然气 12T）	供电电压：市电～220V 供暖系统结构形式：开放式～K
	热水额定热负荷（kW）：18.1	产热水能力（kg/min）：8.7
	供暖额定热负荷（kW）：18.1	供暖热输出（kW）：15.1
	热水自动恒温功能：无	燃气稳压装置：有
	风机位置：风机在热交换器后，转速不能随燃气流量自动调节	给排气方式：强制给排气式，供暖热水两用～JLG
	供暖热水分为两路水系统，供暖水系统在小型储罐中与燃烧室内立管式热交换器换热，热水经过储罐内的盘管与供暖水换热供应生活热水。	

烟道式热水器测试结果 表 3

(1) 烟道式热水器 JSDA：属于国内设计风格的机型，属于中低档产品	型号：JSD20	产品适用燃气种类：液化石油气 20Y
	热水额定热负荷（kW）：20	产热水能力（kg/min）：10
	热水自动恒温功能：无（冬夏型，手动 17%～100%）	燃气稳压装置：无
	给排气方式：自然排气式～JSD	供电电压：干电池～3V
(2) 烟道式热水器 JSDB：属于国内设计风格的机型，属于中低档产品	型号：JSD14	产品适用燃气种类：人工煤气 6R
	热水额定热负荷（kW）：14	产热水能力（kg/min）：7
	热水自动恒温功能：无（冬夏型，手动 0～100%）	燃气稳压装置：无
	给排气方式：自然排气式～D	供电电压：干电池～3V

2.2 热效率测试值的比较

热效率测试值的比较见表 4。由 7 种典型样机的测试结果看，JLGA 和 JLGB 供暖、热水两用型的热效率明显高于其他样机，达到 90% 的水平，从以上数据可以看出影响热效率最关键的两个指标是空气系数和排烟温度。

各种样机在不同热负荷下的热效率测试值 表 4

热负荷		全负荷热效率（%）	空气系数	排烟温度（℃）	CO（%）
样机型号	JSQA	82.8	2.15	199	0.012
	JSQB	84.0	2.41	186	0.011
	JSQC	85.3	2.26	161	0.009

热负荷		全负荷热效率（%）	空气系数	排烟温度（℃）	CO（%）
样机型号	JLGA	89.9	1.62	177	0.017
	JLGB	91.0	1.46	125	0.020
	JSDA	84.8	1.32	227	0.009
	JSDB	80.7	2.06	222	0.006

2.3 不同热负荷下热效率测试结果

各样品分别在20%、40%、60%、80%、100%、120%等不同的热负荷下，测定热效率值。热水器的热负荷变化范围是用户根据季节及习惯的变化采用手动或自动调节的，不考虑气源压力波动变化，一般情况下热负荷调节范围为40%～100%额定热负荷，带冬夏功能（手动控制关闭部分燃烧器）的热负荷调节范围为20%～100%额定热负荷。本试验的调节范围为20%～120%，另外增加了1台样机，属于普通强排式，编号为JSQD。各机在不同热负荷下热效率的测试值见表5。各机热效率随热负荷变化曲线见图7、图8和图9（横坐标为热负荷）。

各机在不同热负荷下的热效率　　　　　　　　　　　　　　　　　　表5

热负荷	20%	40%	60%	80%	100%	120%
JSQA	74.6	77.4	80.4	82.0	82.8	84.8
JSQB	85.9	83.3	83.9	84.1	84.0	—
JSQC	35.7	74.9	79.5	82.6	85.3	86.2
JLGA	69.1	81.7	85.7	87.8	89.9	90.9
JLGB	—	—	38.4	89	91	85.4
JSDA	79.4	80.7	82.8	83.9	84.8	85.5
JSDB	72.1	73.9	77.0	79.3	80.7	81.5

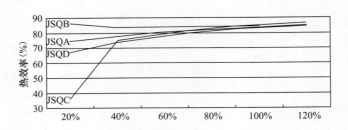

图7 强排式JSQ型热效率随热负荷变化曲线

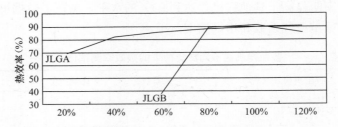

图8 强制给排式JLG型热效率随热负荷变化曲线

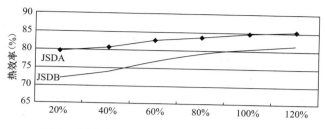

图 9　烟道式 JSD 型热效率随热负荷变化曲线

从以上数据和图表可以看出，由于排气方式的不同，热负荷对热效率的影响有很大差别，带有辅助排烟（JSQ 和 JLG 型）装置的热水器排烟装置的适应范围与热负荷的变化范围能否适应是节能的关键所在。下面根据分类进行分析。

（1）强制排气式 JSQ 型

JSQA 和 JSQB 产品最大特点是具有排烟风机转速随热负荷自动调节功能和自动恒温功能，过剩空气系数在 20％热负荷下能够控制在 8.75 以下，减少了大量过剩空气带走的排烟热损失，热效率差最大为 12.3％；烟气一氧化碳含量基本能够符合标准的要求，在整个热负荷变化区域内燃烧是稳定运行的。其中 JSQB 产品还具有分段调节功能，热效率和一氧化碳更加稳定。

JSQC 和 JSQD 产品由于没有排烟风机转速随热负荷自动调节功能，过剩空气系数在 20％热负荷下分别达到 30 和 11.7，大量过剩空气降低了热效率，分别为 35.7％和 66.8％，与额定负荷下差值为 59％和 21％；烟气一氧化碳含量超过标准的要求。

排烟风机转速随热负荷自动调节功能对于强排式热水器保持热效率稳定非常重要，在用户可调节的热负荷范围内（JSQA、JSQB、JSQC 为 40％～100％，JSQD 为 30％～100％），现有产品达到 80％的热效率是比较困难的。

（2）强制给排气式 JLG 型

这类产品在额定状况下的热效率明显高于其他产品，燃烧室的密闭式结构有利于控制过剩空气量，同轴式给排气管可以起到空气预热的作用，另外产品的设计注重节能的要求。JLGA（欧洲）明显比 JLGB（韩国）产品的性能稳定，韩国产品在 70％负荷以下不能正常工作。20％热负荷下欧洲产品的性能没有日本产品好。欧洲产品的设计注重采暖功能，使用范围应为 40％～100％，在此范围内热效率能够达到 80％以上，值得注意的是欧洲产品没有风机转速随热负荷自动调节功能，也能够实现热效率稳定。

（3）烟道式 JSD 型

烟道式热水器在 20％～120％热负荷范围内热效率变化比较平稳，由于国内特别是南方地区普遍流行冬夏型热水器，热水器的热负荷范围更大，最大达到 17％～100％。这两种产品热效率水平不高，排烟温度接近 200℃，热效率还有提高的潜力，另外热交换器使用的材料量偏低，传热面积应进一步提高。烟道式产品的数量占有市场大多数份额，节能效果对总量影响很大。

对比 JSQ、JLG、JSD 三类产品，热负荷对于热效率的影响很大，国内生产的产品包括外资企业在风机转速、排烟温度、过剩空气等方面控制上都有待提高，对节能的重视程度也需要加强。能效标准除了要重视热效率指标的提高外，还应该在各种使用条件下都能够满足要求，例如，可以规定在 50％～100％的热负荷调节范围内符合热效率的规定值，这样才能真正实现节能的目的。各类典型排气方式热效率随热负荷变化曲线见图 10（横坐标为热负荷）。

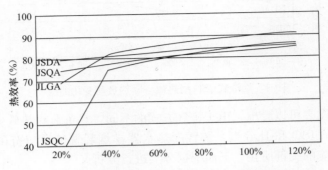

图 10　各类典型排气方式热效率随热负荷变化曲线

3　测试条件和方法对热效率的影响

各样品分别在进水温度为 8℃、20℃ 和 30℃ 条件下测定热效率值。由于现行国家标准热效率的测试方法中没有规定冷水温度的波动范围，测试的目的是考察冷水温度对热效率的影响。

冷水温度对于热效率的影响平均达到 2.7 个百分点，比例为 3.2%，各类产品的影响规律基本相同，目前热水器的热效率范围在 80%～92%，并进行分级评定，2.7 个百分点的测试误差会影响结果的判定。如果以 20℃ 为基准，按差值法计算平均 5℃ 的冷水偏差带来的热效率偏差会达到 0.5 个百分点。因此，应在能效标准中增加对实验室冷水温度的要求，如规定冷水温度应在 20±5℃，可以避免测试方法造成的结果误判。热效率随进水温度变化曲线见图 11（横坐标为进水温度）。

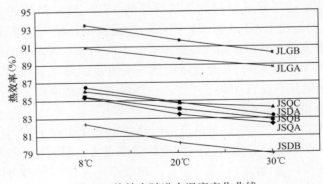

图 11　热效率随进水温度变化曲线

另外实验室的环境温度和相对湿度对热效率的测试结果有一定的影响，但由于测试数据较少，还难以掌握规律。在能效标准中应规定实验室湿度的范围，可以参考其他标准的要求。另外现行标准中的实验室温度范围 20±15℃ 的太宽，可能会造成对检测数据的影响，可考虑为 20±5℃。

4 关于国家能效标准的建议

以上研究成果为国家能效标准的制订提供了部分参考，初步提出以下建议：

（1）合格评定值为84%（强制性规定）；

（2）二级节能评价值为88%（节能认证评价）；

（3）一级节能评价值为98%（节能认证评价）；

（4）热效率测试条件规定：室温20±5℃，冷水温度20±3℃，温升40±1℃。

其中（1）～（3）项的要求为100%额定热负荷下的测定值；在50%额定热负荷下实测热效率降低不得超过4个百分点。

燃气热泵运行过程㶲分析与热经济学优化研究[*]

项友谦[1]，刘凤国[2]，王　启[1]

（1. 中国市政工程华北设计研究总院，天津 300384；

2. 天津城市建设大学热能动力学院，天津 300382）

摘　要： 对天然气发动机驱动热泵过程进行了㶲分析，得出了系统与子系统的热效率与㶲损，建立了㶲流图，进行了初步分析。并建立了天然气发动机驱动热泵过程的数学模型，进行了模拟计算与优化分析。

关键词： 天然气应用；燃气热泵；制冷；供热；㶲分析

0　引　言

随着我国国民经济的发展和人民生活水平的提高，能源的消耗量也急剧增长。在一次能源的消耗当中，建筑物供冷供热占有相当大的比例。目前，制冷绝大多数采用电为能源，城镇供热多以燃煤为主，辅以电供暖或燃天然气供暖。但是燃煤或燃天然气直接供作低品位的供暖用能，未能达到能量的梯级利用，一次能源的利用效率较低。热泵技术是一种节能技术，由于天然气的大量开采，我国城市能源的结构有了很大的变化，天然气为一次能源的热泵技术开始在我国得以发展[1-6]。本文拟对空气源天然气发动机驱动热泵的运行过程进行㶲分析，以寻找提高热泵性能的方向。

1　燃气热泵工艺流程

天然气发动机热泵与电动热泵的原理基本相同，只是驱动能源不同而已。天然气发动机热泵是用天然气发动机驱动压缩机完成热泵循环。该系统主要由天然气发动机、工质压缩机、冷凝换热器、蒸发换热器、节流阀以及发动机余热利用系统等部件组成。同时，发动机的余热可用于制造生活热水，如供热能力不够，还可增加天然气补热燃烧器和烟气热交换器。在冬季制热时，燃烧烟气可作为蒸发换热器的热源，即可避免严寒天气时空气在换热器表面结霜，又能提高装置的能源利用效率，还能保证常年提供热水[6]。

（1）天然气发动机热泵制冷、制热流程

天然气发动机热泵制冷、制热流程见图 1。制冷时以空气为热汇，制热时以空气或其他介质为热源。热力循环的 *T-S* 图见图 2。

---

* 选自中国土木工程学会燃气分会 2006 论文集 p1-p18

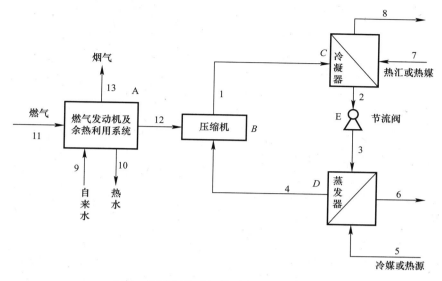

图 1   天然气发动机热泵制冷、制热流程

（2）天然气发动机驱动热泵运行参数

夏天制冷时工质蒸发温度 5℃，冷媒温度 7～12℃，空气温度 30～45℃；工质冷凝温度 50℃，生活热水温度 35～45℃。

冬天供热时工质冷凝温度 50℃，热媒温度 45～50℃，空气温度 10～-5℃；工质蒸发温度 -5℃，生活热水温度 40～45℃。

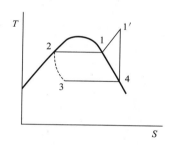

图 2   天然气发动机热泵
循环 T-S 图

2   烟平衡计算与烟流图建立

基于热力学第一定律热量平衡原理的热效率分析方法，对于评价能源利用过程的效率曾经发挥过巨大的作用。随着社会的发展，可利用能源不断增加，不同能源的品质相差很大，但人们生活需要的冷能和热能却属于低品位的能量，用热效率的指标评估将高品位能转化为低品位能的过程，存在不合理的问题。为了确定天然气热泵制冷、制热过程运行参数，提高热泵运行的效率，必须对系统进行烟平衡的计算和烟流图的绘制。下面对以 R22 为工质的空气为热源天然气热泵进行计算。

2.1   状态参数的确定

为了计算天然气热泵运行过程各点的烟流及烟损，首先要确定各点的状态参数。对于液态工质，$V=$const，则 H、S、E 可用下述公式计算[7]：

$$H(T,p) = C_p(T-T_0) + V(p-p_0) \tag{1}$$

$$S(T,p) = C_p\ln(T/T_0) \tag{2}$$

$$E(T,p) = C_p(T-T_0)\left(1 - \frac{T_0}{T-T_0}\ln\frac{T}{T_0}\right) + V(p-p_0) \tag{3}$$

对于气体，当压力不太高，温度较高时，可按理想气体处理，则 H、S、E 可用下述公式计算。

$$H = \int_{T_0}^{T} C_p \mathrm{d}T \tag{4}$$

$$S = \int_{T_0}^{T} C_p \frac{\mathrm{d}T}{T} - nR \ln \frac{p}{p_0} \tag{5}$$

$$E = \int_{T_0}^{T} C_p \left(1 - \frac{T_0}{T}\right) \mathrm{d}T + nRT_0 \ln \frac{p}{p_0} \tag{6}$$

如有现成的 H，S 数据，则可直接得出：

$$E(T,p) = (H - H^0) - T_0(S - S^0) \tag{7}$$

直接确定状态参数的方法是查有关热力学性质表，根据各点的温度与压力可直接得到天然气发动机热泵制冷、制热运行过程各点的焓、熵值，并根据式（7）计算㶲值。各种状态参数的计算还要确定基准状态，在基准状态时状态点的㶲值为零。制冷运行时的基准状态为：$T_0 = 30℃$，$p_0 = 101.33\text{kPa}$，$H^0 = 433.0\text{kJ/kg}$，$S^0 = 1.995\text{kJ/(kg·K)}$；制热运行时的基准状态为：$T_0 = 0℃$，$p_0 = 101.33\text{kPa}$，$H^0 = 413.0\text{kJ/kg}$，$S^0 = 1.925\text{kJ/(kg·K)}$。工质压缩过程可视为等熵过程，冷凝过程为等压冷却和等温冷凝两个过程组成，节流过程可视为等焓过程。各点状态的计算结果见表 1。

天然气发动机热泵运行工况各点参数   表 1

工况	工况点	温度（℃）	压力（kPa）	比焓（kJ·kg⁻¹）	比熵（kJ·kg⁻¹·K⁻¹）	比㶲（kJ·kg⁻¹）
制冷过程	压缩机出口 1	70	1942	432.8	1.745	71.01
	冷凝器出口 2	50	1942	263.3	1.208	64.22
	节流阀出口 3	5	584	263.3	1.228	58.16
	蒸发器出口 4	5	584	407.0	1.745	45.21
制热过程	压缩机出口 1	75	2175	433.1	1.759	65.70
	冷凝器出口 2	55	2175	270.3	1.229	47.59
	节流阀出口 3	−5	422	270.3	1.262	38.58
	蒸发器出口 4	−5	422	403.5	1.759	35.90

2.2 设备㶲效率和㶲损的计算

2.2.1 制冷工况

2.2.1.1 物料流量计算

燃气发动机效率按 0.35 计，压缩机效率按 0.80 计，冷凝器效率按 0.80 计，蒸发器效率按 0.80 计，燃气发动机供生活热水效率按 0.45 计。

(1) 制冷量：$Q_{0,c} = q_c A_{A,c}/1000 = 25 \times 2000/1000 = 50\text{kW}$

(2) 冷媒流量：$G_{m,c,c} = 50/(4.186 \times 5) = 2.39\text{kg/s}$

(3) 工质流量：$G_{m,c} = 50/(407.0 - 263.3)0.80 = 0.435\text{kg/s}$

(4) 冷凝用空气流量：$G_{m,air,c} = 0.435 \times 0.8 \times (432.8 - 263.3)/(1.004 \times 15) = 3.92\text{kg/s}$

(5) 压缩机消耗功率：$W_c = 0.435 \times (432.8 - 407.0)/0.8 = 14.03\text{kW}$

（6）天然气耗能量：$W_{g,c}=W_c/\eta_a=14.03/0.35=40.09kW$

（7）生活热水流量：$G_{m,hw,c}=40.09\times0.45/(4.186\times20)=0.215kg/s$

2.2.1.2 㶲流量计算

㶲流量、冷媒及生活热水的净㶲流量计算结果见表2。

㶲流量、冷热媒及生活热水的净㶲流量计算结果（kJ/s） 表2

	E_1	E_2	E_3	E_4	E_{6-5}	E_{10-9}	E_{11}	E_{12}	E_{13}
制冷工况	32.86	29.91	27.27	21.64	3.57	0.28	40.09	14.03	25.78
制热工况	28.46	20.58	16.66	15.58	7.64	2.04	46.00	16.10	27.86

2.2.1.3 设备㶲效率与㶲损失计算

（1）压缩机

因为 $E_{12,c}=W_c$，㶲效率计算公式为：

$$\eta_{B,c}=\frac{E_{1,c}-E_{4,c}}{E_{12,c}}=\frac{G_{m,c}(e_{1,c}-e_{4,c})}{W_c} \tag{8}$$

㶲损计算公式为：

$$\Delta E_{B,c}=E_{12,c}-(E_{1,c}-E_{4,c})=W_c-G_{m,c}(e_{1,c}-e_{4,c}) \tag{9}$$

（2）冷凝器

空气净带走的㶲也计入㶲损，则㶲损计算公式为：

$$\Delta E_{C,c}=E_{1,c}-E_{2,c}=G_{m,c}(e_{1,c}-e_{2,c}) \tag{10}$$

（3）节流阀

因为节流过程为等焓过程，即 $h_{2,c}=h_{3,c}$。所以，㶲损计算公式为：

$$\Delta E_{E,c}=E_{2,c}-E_{3,c}=G_{m,c}(e_{2,c}-e_{3,c}) \tag{11}$$

（4）蒸发器

㶲效率计算公式为：

$$\eta_{D,c}=\frac{E_{6,c}-E_{5,c}}{E_{3,c}-E_{4,c}}=\frac{G_{m,c,c}(e_{6,c}-e_{5,c})}{G_{m,c}(e_{3,c}-e_{4,c})} \tag{12}$$

㶲损计算公式为：

$$\Delta E_{D,c}=E_{3,c}-E_{4,c}-(E_{6,c}-E_{5,c})=G_{m,c}(e_{3,c}-e_{4,c})-G_{m,c,c}(h_{6,c}-h_{5,c}) \tag{13}$$

（5）发动机及其余热利用系统

发动机包括余热利用系统。㶲效率计算公式为：

$$\eta_{A,c}=\frac{E_{12,c}+E_{10,c}-E_{9,c}}{E_{11,c}}=\frac{W_c+G_{m,hw,c}(e_{10,c}-e_{9,c})}{q_{m,c}Q_g} \tag{14}$$

㶲损计算公式为：

$$\Delta E_{A,c}=E_{11,c}-E_{12,c}-(E_{10,c}-E_{9,c})=q_{m,c}Q_g-W_c-G_{m,hw,c}(e_{10,c}-e_{9,c}) \tag{15}$$

（6）系统效率

制冷 $COP=50.00/40.09=1.25$。

总热效率＝（供冷量＋生活热水热量）/ 一次能源耗热量

$=(50.00+40.09\times0.45)/40.09=169.72\%$

制冷运行时各个设备㶲效率和㶲损的计算结果见表3。系统㶲流图见图3。

工况	设备	㶲损（kJ·s⁻¹）	㶲效率（%）	工况	设备	㶲损（kJ·s⁻¹）	㶲效率（%）
制冷	发动机	25.78	35.69	制热	发动机	27.86	39.43
	压缩机	2.81	79.82		压缩机	3.22	80.00
	冷凝器	2.95	—		冷凝器	0.79	94.67
	节流阀	2.64	—		节流阀	3.92	—
	蒸发器	2.06	63.41		蒸发器	1.16	—
总热效率		169.72%		总热效率		168.17%	
COP		1.25		COP		1.413	

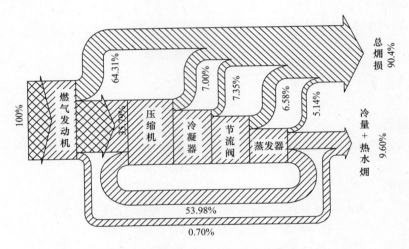

图3　天然气发动机热泵制冷过程㶲流图

2.2.2 制热工况

2.2.2.1 物料流量计算

（1）工质流量：$G_{m,h} = G_{m,c} = 0.435$kg/s

（2）制热量：$Q_{0,h} = = 0.435 \times (433.1 - 270.3) \times 0.8 = 56.66$kW

（3）热媒流量：$G_{m,h,h} = 56.66 \times 0.8/(4.186 \times 5) = 2.71$kg/s

（4）蒸发用空气流量：$G_{m,air,h} = 0.435 \times 0.8 \times (403.5 - 270.3)/(1.004 \times 15) = 3.08$kg/s

（5）压缩机消耗功率：$W_h = 0.435 \times (433.1 - 403.5)/0.8 = 16.10$kW

（6）天然气耗能量：$W_{g,h} = 16.10/0.35 = 46.00$kW

（7）生活热水流量：$G_{m,hw,h} = 46.00 \times 0.45/(4.186 \times 30) = 0.165$kg/s

2.2.2.2 㶲流量计算

㶲流量、热媒及生活热水的净㶲流量计算结果见表2。

2.2.2.3 设备计算

（1）压缩机

㶲效率计算公式为：

$$\eta_{B,h} = \frac{E_{1,h} - E_{4,h}}{E_{12,h}} = \frac{G_{m,h}(e_{1,h} - e_{4,h})}{E_{12,h}} \tag{16}$$

因为 $E_{12,h} = W_h$，烟损计算公式为烟损计算公式为：

$$\Delta E_{B,h} = W_h - (E_{1,h} - E_{4,h}) = W_h - G_{m,h}(h_{1,h} - h_{4,h}) \tag{17}$$

（2）冷凝器

烟效率计算公式为：

$$\eta_{D,h} = \frac{E_{6,h} - E_{5,h}}{E_{1,h} - E_{2,h}} = \frac{G_{m,h,h}(e_{6,h} - e_{5,h})}{G_{m,c}(e_{1,h} - e_{2,h})} \tag{18}$$

烟损计算公式为：

$$\Delta E_{D,h} = E_{1,h} - E_{2,h} - (E_{6,h} - E_{5,h}) = G_{m,c}(e_{1,h} - e_{2,h}) - G_{m,h,h}(e_{6,h} - e_{5,h}) \tag{19}$$

（3）节流阀

因为节流过程为等焓过程，即 $h_{2,h} = h_{3,h}$。所以，烟损计算公式为：

$$\Delta E_{E,h} = E_{2,h} - E_{3,h} = G_{m,h}(e_{2,h} - e_{3,h})_{e,h} \tag{20}$$

（4）蒸发器

空气净带走的烟也计入烟损，则烟损计算公式：

$$\Delta E_{C,h} = E_{3,h} - E_{4,h} = G_{m,h}(e_{3,h} - e_{4,h}) \tag{21}$$

（5）发动机及其余热利用系统

发动机包括余热利用系统。烟效率计算公式为：

$$\eta_{A,h} = \frac{E_{12,h} + E_{10,h} - E_{9,h}}{E_{11,h}} = \frac{W_h + G_{m,hw,h}(e_{10,h} - e_{9,h})}{q_h Q_g} \tag{22}$$

烟损计算公式为：

$$\Delta E_{A,h} = E_{11,h} - W_c - (E_{10,h} - E_{9,h}) = q_{m,h}Q_g - W_c - G_{m,hw,h}(e_{10,h} - e_{9,h}) \tag{23}$$

（6）系统效率

总热效率＝（供热量＋生活热水热量）/ 一次能源耗热量

＝（56.66＋46.00×0.45）/46.00 ＝ 168.17%

制热运行时各个设备烟效率和烟损的计算结果见表 3。天然气发动机热泵制冷过程烟流图见图 4。

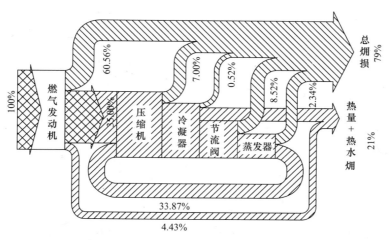

图 4 天然气发动机热泵制热过程烟流图

3 燃气热泵热经济学分析模型

3.1 数学模型的建立[7-9]

3.1.1 制冷过程

（1）目标函数

目标函数有多种表示，如净收入最高、还本年限最短、总成本最低、烟价格最低等，本文是在产品烟一定（即制冷、制热量品质和数量一定）的前提下，以总成本或单位面积总成本最低为目标函数：

$$\min\phi_{0,c} = C_g Q_{g,c} + \Sigma Z_x \tag{24}$$

$$\min\phi_{0,c} = (C_g Q_{g,c} + \Sigma Z_x)/A_{A,c} \tag{25}$$

（2）成本估算方程

设备折旧费用主要与工艺参数、结构参数、装置规模、装置性能等有关，现参照有关资料，下面分别给出发动机、压缩机、冷凝换热器、蒸发换热器的成本估算方程：

$$Z_a = (A_a + B_a Q_{0,c})(K_a - \eta_a)^{-1} \tag{26}$$

$$Z_b = (A_b + B_b Q_{0,c})(K_b - \eta_b)^{-1}\beta\ln\beta \tag{27}$$

$$Z_c = (A_c + B_c Q_{0c}) \tag{28}$$

$$Z_d = (A_d + B_d Q_{0,c})(K_d - \eta_d)^{-1} \tag{29}$$

（3）约束方程

决策变量为 y，状态变量为 x，其表达式如下：

$$y = \{y_1, y_2, y_3, y_4, y_5, y_6\} = \{C_{dd}, A_{A,c}, T_{h,i}, T_{c,o}, \eta_b, \eta_a\} \tag{30}$$

$$x = \{x_1, x_2, x_3, x_4, x_5, x_6, x_7, x_8, x_9, x_{10}, x_{11}\} = \{q_c, Q_{0,c}, T_1, p_1, T_4, p_4, H_3, H_4, G_c, W_c, Q_{g,c}\} \tag{31}$$

状态变量与决策变量的关系式如下：

$$q_c = 16.8 + 0.06C_{dd} \tag{32}$$

$$Q_{0,c} = q_c A_{A,c}/1000 \tag{33}$$

$$T_1 = T_{h,i} + 20 \tag{34}$$

$$r_1 = -9.601 \times 10^{-3} T_1^2 + 4.851 \times T_1 - 410.94 \tag{35}$$

$$p_1 = p_0 \exp\left[\frac{r_1 M}{R}\left(\frac{T_1 - T_0}{T_1 T_0}\right)\right] \tag{36}$$

$$T_4 = T_{c,o} - 3 \tag{37}$$

$$r_4 = -3.086 \times 10^{-3} T_4^2 + 0.878 \times T_4 + 195.27 \tag{38}$$

$$p_4 = p_0 \exp\left[\frac{r_4 M}{R}\left(\frac{T_4 - T_0}{T_4 T_0}\right)\right] \tag{39}$$

$$H_3 = 2.12 \times 10^{-3} \times T_1^2 - 6.03 \times 10^{-3} \times T_1 + 43.2 \tag{40}$$

$$H_4 = -2.85 \times 10^{-3} \times T_4^2 + 1.95 \times T_4 + 84.9 \tag{41}$$

$$G_{m,c} = \frac{Q_{0,c}}{(H_4 - H_2)\eta_d} \tag{42}$$

$$W_c = RT_4 \times \frac{G_{m,c}}{M} \frac{k}{k-1} \times \left[\left(\frac{p_1}{p_4} \right)^{(k-1)/k} - 1 \right] / \eta_b \tag{43}$$

$$Q_{g,c} = W_c \tau / \eta_a \tag{44}$$

3.1.2 制热过程

（1）目标函数

$$\min\phi_{0,h} = C_g Q_{g,h} + \Sigma Z_x \tag{45}$$

$$\min\phi_{0,h} = (C_g Q_{g,h} + \Sigma Z_x)/A_{A,h} \tag{46}$$

（2）成本估算方程

$$Z_a = (A_a + B_a Q_{0,h})(K_a - \eta_a)^{-1} \tag{47}$$

$$Z_b = (A_b + B_b Q_{0,h})(K_b - \eta_b)^{-1} \beta \ln\beta \tag{48}$$

$$Z_c = (A_c + B_c Q_{0,h})(K_c - \eta_c)^{-1} \tag{49}$$

$$Z_d = (A_d + B_d Q_{0,h}) \tag{50}$$

（3）约束方程

决策变量为 y，状态变量为 x，其表达式如下：

$$y = \{y_1, y_2, y_3, y_4, y_5, y_6\} = \{H_{dd}, A_{A,h}, T_{h,i}, T_{c,o}, \eta_b, \eta_a\} \tag{51}$$

$$x = \{x_1, x_2, x_3, x_4, x_5, x_6, x_7, x_8, x_9, x_{10}, x_{11}\}$$
$$= \{q_h, Q_{0,h}, T_1, p_1, T_4, p_4, T_1', \Delta H_{1'-1}, G_h, W_h, Q_{g,h}\} \tag{52}$$

状态变量与决策变量的关系式如下：

$$q_h = 3.5 + 0.0082 \times H_{dd} \tag{53}$$

$$Q_{0,h} = q_h A_{A,h}/1000 \tag{54}$$

$$T_1 = T_{h,i} + 20 \tag{55}$$

$$r_1 = -9.601 \times 10^{-3} T_1^3 + 4.851 \times T_1 - 410.94 \tag{56}$$

$$p_1 = p_0 \exp\left[\frac{r_1 M}{R} \left(\frac{T_1 - T_0}{T_1 T_0} \right) \right] \tag{57}$$

$$T_4 = T_{c,o} - 3 \tag{58}$$

$$r_4 = -3.086 \times 10^{-3} T_4 + 0.878 \times T_4 + 195.27 \tag{59}$$

$$p_4 = p_0 \exp\left[\frac{r_4 M}{R} \left(\frac{T_4 - T_0}{T_4 T_0} \right) \right] \tag{60}$$

$$T_1' = T_4 \left(\frac{p_1}{p_4} \right)^{(k-1)/k} \tag{61}$$

$$c_p = -1.0571 \times 10^{-6} [(T_1' + T_1)/2]^2 + 1.8015 \times 10^{-3} [(T_1' + T_1)/2] + 0.2039 \tag{62}$$

$$\Delta H_{1'-1} = c_p (T_1' - T_1) \tag{63}$$

$$G_{m,h} = \frac{Q_{0,h}}{(r_1 + \Delta H_{1'-1})\eta_c} \tag{64}$$

$$W_h = RT_4 \frac{G_{m,h}}{M} \frac{k}{k-1} \left[\left(\frac{p_1}{p_4} \right)^{(k-1)/k} - 1 \right] / \eta_b \tag{65}$$

$$Q_{g,h} = W_h \tau / \eta_a \tag{66}$$

3.2 热经济学优化计算

3.2.1 制冷过程

模型中有 7 个决策变量，11 个状态变量，状态变量均可由决策变量求得。模型属于由约束的多元函数。

（1）优化计算

7 个决策变量的范围为：$C_{dd}=150\sim300℃\cdot d$；$A_{A,c}=1500m^2$；$T_{h,i}\geqslant303K$；$T_{c,0}\leqslant280K$；$\eta_a=0.25\sim0.40$；$\eta_b=0.50\sim0.95$；$\eta_d=0.50\sim0.95$。

经过优化计算得出的结果为：$C_{dd}=150℃\cdot d$；$A_{A,c}=1500m^2$；$T_{h,i}=303K$；$T_{c,0}=280K$；$\eta_a=0.34$；$\eta_b=0.70$；$\eta_d=0.88$；总费用为 24048 元/年，其中燃料费用为 14648 元/年，非燃料费用为 9400 元/年（发动机 2375 元/年，压缩机 5115 元/年，冷凝器 787 元/年，蒸发器 1122 元/年）；单位建筑面积供冷费用 16 元/m²。

（2）单个决策变量改变的影响

在上述优化条件下，改变单个决策变量，计算出对于目标函数的影响规律：$C_{dd}=80\sim300℃\cdot d$ 时，$q_{0,c}$ 随 C_{dd} 的增加呈直线上升；$A_{A,c}=1000\sim2000m^2$，时，$q_{0,c}$ 随 $A_{A,c}$ 的增加呈直线下降；$T_{h,i}=303\sim313K$ 时，$q_{0,c}$ 随 $T_{h,i}$ 的增加呈直线上升；$T_{c,0}=268\sim280K$ 时，$q_{0,c}$ 随 $T_{c,0}$ 的增加呈直线下降。$\eta_a=0.30\sim0.38$ 时，制冷优化成本 $q_{0,c}$ 随发动机效率的变化趋势见图 5 的左边；η_b、η_d 为 $0.60\sim0.90$ 时制冷优化成本随压缩机效率、蒸发器效率的变化趋势见图 5 的右边。

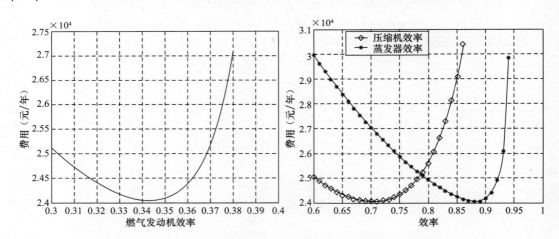

图 5　制冷成本随燃气发动机效率、压缩机效率、蒸发器效率变化

3.2.2 制热过程

（1）优化计算

7 个决策变量的范围为：$C_{dd}=2000\sim3000℃\cdot d$；$A_{A,h}=1500m^2$；$T_{h,i}\geqslant313K$；$T_{c,0}\leqslant278K$；$\eta_a=0.25\sim0.40$；$\eta_b=0.50\sim0.95$；$\eta_c=0.50\sim0.9$。

经过优化计算得出的结果为：$C_{dd}=2000℃\cdot d$；$A_{A,h}=1500m^2$；$T_{h,i}=307K$；$T_{c,0}=313K$；$\eta_a=0.34$；$\eta_b=0.68$；$\eta_d=0.83$；总费用为 21886 元/年，其中燃料费用为 12842.3 元/年，非燃料费用为 9044 元/年（发动机 2117 元/年，压缩机 5189 元/年，冷凝器 1038 元/年，蒸发器 698.5 元/年）；单位建筑面积供冷费用 14.6 元/m²。

（2）单个决策变量改变的影响

在上述优化条件下，改变单个决策变量，计算出对于目标函数的影响规律：$C_{dd}=$ 2000～3000℃·d 时，$q_{0,h}$ 随 C_{dd} 的增加呈直线上升；$A_{A,h}=1000～2000m^2$，时，$q_{0,h}$ 随 $A_{A,h}$ 的增加呈直线下降；$T_{h,i}=313～323K$ 时，$q_{0,h}$ 随 $T_{h,i}$ 的增加呈直线上升；$T_{c,o}=278～$ 282K 时，$q_{0,h}$ 随 $T_{h,o}$ 的增加呈直线下降。$\eta_a=0.30～0.38$ 时，$q_{0,h}$ 随 η_a 的变化见图 6 的左边；η_b，$\eta_d=0.60～0.90$ 时，$q_{0,h}$ 随 η_b，η_d 的变化见图 6 的右边。

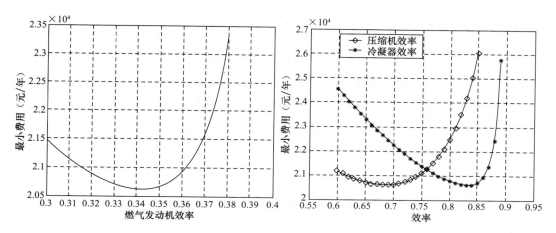

图 6　制热成本随燃气发动机效率、压缩机效率及冷凝器效率的变化趋势

4　结语

（1）我国大部分地区，冬季需要供暖，夏季需要空调，分别建设制冷、制热装置，不但一次性投资高、能源利用率低，而且扩大了用电和用燃气的峰谷差，不利于电与燃气的季节调峰。采用热泵式制冷、制热的装置，总热效率分别为 169.72％和 168.17％，比直接燃烧应用的效率将近高一倍。

（2）由单个设备的㶲效率比较可看出，燃气发动机的㶲效率最低，为提高热泵的㶲效率，首先要选用效率高的发动机。

（3）发动机余热的回收对㶲效率有一定影响，为 1％～4％，对热效率的提高影响很大，增加 45％，对于以供热和供应生活热水为目的的用户具有重要的意义。

（4）通过该优化模型模拟计算，可以得到燃气热泵单位面积制冷或供热成本的最小值，以及该情况下燃气热泵的各个运行参数。

（5）通过该优化结果的分析，可以清楚地反映出，主要决策变量对单位面积制冷或制热成本的影响，并以曲线图的形式表示出来。

（6）上述对燃气热泵热经济学模拟计算结果，对于燃气热泵的设计和参数的选择有一定的指导意义。

符号说明：

C_p——工质定压热容，kJ/K；

C_v——定容压热容，kJ/K；

C_g——燃气价格，元/kWh；

C_{dd}——空调度日数，（℃·d）；

COP——热泵性能系数；

E——烟，kJ；

e——比烟，kJ/kg；

$G_{m,c}$——制冷工质流量，kg/s；

$G_{m,h}$——制热工质流量，kg/s；

H_{dd}——采暖度日数，（℃·d）；

H——焓，kJ/kg；

H^0——基准态工质焓，kJ/kg；

h——比焓，kJ/kg；

h^0——基准态工质比焓，kJ/kg；

H_i——i 点工质焓，kJ/kg；

k—定熵指数；

n——工质摩尔数，kmol；

p——工质压力，kPa；

p_1——压缩机出口压力，kPa；

$Q_{0,c}$——冷负荷，kW；

q_c——冷指标，W/m²；

$Q_{0,h}$——热负荷，kW；

q_h——热指标，W/m²；

$Q_{g,c}$——制冷耗燃气烟量，kWh/年；

$Q_{g,h}$——制热耗燃气烟量，kWh/年；

R——通用气体常数，8.314kJ/(kmol·K)；

S——熵，kJ/K；

S——比熵，kJ/(kg·K)；

S^0——基准态比熵，kJ/(kg·K)；

T——温度，K；

t—温度，℃；

T_1'——压缩机出口温度，K；

T_1——冷凝温度，K；

T_2——压缩机出口温度，K；

T_3——节流出口温度，K；

T_4——冷凝出口温度，K；

T_0——基准温度，273K；

T_4——压缩机进口温度，K；

V——体积，m³；

v——比体积，m³/kg；

W_c——制冷用功，kW；

W_h——制热用功，kW；

希腊字母符号：

η——设备设计效率。

注：下角标中的 A、B、C、D、E 分别代表发动机、压缩机、冷凝器、蒸发器及节流阀。

参考文献

[1] 侯根富，王威，穆春峰. 燃气热泵式冷热水机组运行特性分析 [J]. 煤气与热力，2001，21（2）：133-135

[2] 凌云，程惠彬，李明辉. 天然气发动机驱动热泵装置利用效率的分析 [J]. 煤气与热力，2003，23（1）：11-14

[3] 任家龙，秦朝葵. 天然气发动机驱动的制冷技术 [J]. 煤气与热力，2003，23（2）：118-121

[4] 马一太，梁兆惠，谢英柏. 燃气机热泵一次能源利用率的分析 [J]. 煤气与热力，2004，24（3）：133-135

[5] 项友谦. 天然气联合供热、制冷及供生活热水 [J]. 煤气与热力，2005，25（12）：27-30

[6] 毕明树. 工程热力学 [M]. 北京：化学工业出版社，2001

[7] 宋之平，王加璇. 节能原理 [M]. 北京：水利电力出版社，1985

千瓦级天然气热电联产系统的流程模拟与分析 [*]

彭 昂，解东来

（华南理工大学传热强化与过程节能教育部重点实验室）

摘 要： 以天然气为原料，集制氢、燃料电池发电、余热利用的千瓦级热电联产系统能够实现能量的梯级利用，满足居民及小型商业用户的能源需求。设计了以自热重整为制氢技术的千瓦级热电联产的工艺流程，建立了 1kW 的热电联产系统的模型，采用化工模拟软件 Aspen Plus 对流程进行了模拟分析。分析了一个典型案例的输入、输出及流程中的关键节点的工艺数据。分析了水碳比、氧碳比、进料温度对系统性能，包括发电效率、燃料处理系统效率、氢气产量、合成气中 CO 含量和热水产量的影响。分析结果表明，当自热反应器的进料温度为 450～500℃，水炭比为 1.75，氧炭比为 0.5 时，系统的发电效率为 28.2％，燃料处理效率 73.3％，运行性能较优。

关键词： 热电联产；自热重整；模拟；氢气

0 引言

以天然气为原料的燃料电池分布式热电联供系统是一种建立在能量的梯级利用概念基础上，将制氢、供热水及发电过程有机结合在一起的能源利用系统，能很好地满足居民家庭及小型商业用户对热量和电力的需求。千瓦级燃料电池系统具有清洁环保，能源高效利用的特点，能够独立或并存于现有的供电网络，具有很大的经济效益和社会效益以及广阔的发展空间。

氢气生产有多种技术路线，目前主要有 3 种制氢方法：甲烷蒸汽重整（SMR），甲烷部分氧化（POX）和甲烷自热重整（ATR）[1-3]。相对于其他两者制氢方法而言，自热重整制氢耦合了吸热的蒸汽重整反应和放热的部分氧化反应，实现了体系的自供热，能源得到了合理的应用，而且启动速度快，对运行过程中供热与供电负荷变化的适应能力强[4]，适用于千瓦级热电联产系统中重整制氢。本文采用自热重整作为系统中的制氢方法[5]。对于质子交换膜燃料电池供氢过程，可采用富氢气体（H_2：40％～70％）[6]，但是为避免燃料电池中毒，要求富氢气体中 CO 的含量低于 10ppm，这就需要对重整后的富氢气体进行净化，使其达到供氢要求，采用高低温水汽变换及 CO 优先氧化的方法来净化合成气。

建立了 1kW 的热电联产系统的模型，并且通过化工模拟软件对其进行了模拟分析，确定了合理的系统操作条件，为实际产品研发提供了指导。

---

* 选自中国土木工程学会燃气分会应用专业委员会 2010 年会论文集 p72-p80

1　系统描述

燃料电池热电联产系统主要包含 3 个子系统：燃料处理系统、燃料电池系统及辅助单元系统[8]。

燃料处理系统主要包括天然气自热重整制氢反应器（ATR），高低温水汽变换反应器（HTS，LTS），CO 优先氧化反应器（PROX），该系统主要为燃料电池提供 CO 含量低于 10ppm 的富氢气体。自热重整反应得到富氢混合气（30%～38%H_2），经高温变换后，混合气中 CO 的含量降低到 2.0%～4.0%，再经过低温变换使 CO 的含量降到 0.4%～0.9%，最后进入 PROX，使混合气中的 CO 含量降到 10ppm 以下，供给到 PEM 燃料电池。表 1 中列举了燃料处理系统中各个反应器中发生的主要反应[7]。

燃料处理系统中各个反应器发生的主要反应　　表 1

反应器	主要反应	反应温度（℃）
ATR	$CH_4 + H_2O \Longrightarrow CO + 3H_2$　　$\Delta H = 206.2 kJ/mol$（蒸汽重整） $CH_4 + 2H_2O \Longrightarrow CO_2 + 4H_2$　　$\Delta H = 164.9 kJ/mol$（蒸汽重整） $CH_4 + 0.5O_2 \Longrightarrow CO + 2H_2$　　$\Delta H = -35.7 kJ/mol$（部分氧化） $CH_4 + 2O_2 \Longrightarrow CO_2 + 2H_2O$　　$\Delta H = -802.7 kJ/mol$（完全氧化）	400～800
HTS	$CO + H_2O \Longrightarrow CO_2 + H_2$　　$\Delta H = -41.2 kJ/mol$	350～450
LTS	$CO + H_2O \Longrightarrow CO_2 + H_2$　　$\Delta H = -41.2 kJ/mol$	200～300
PROX	$CO + H_2 + O_2 \Longrightarrow H_2O + CO_2$　　$\Delta H = -524.8 kJ/mol$	120～180

燃料电池系统主要包括：质子交换膜燃料电池堆（PEMFC），直流/交流变换器，冷却与增湿单元[8]。模拟过程中，PEM 燃料电池工作条件设定为恒温（80℃）恒压（常压），氢气利用率为 80%。

辅助单元系统主要包括：水蒸气发生器、鼓风机、换热器、燃烧炉及热水储罐，该单元在整个热电联产系统中是一个很重要的组成部分，对整个系统的效率起着重要的作用。模拟过程中，设定鼓风机在等熵压缩条件下工作，效率为 80%。换热器的最小传热温差为 25℃，燃烧炉处于绝热条件，燃料完全燃烧。千瓦级热电联产系统的组成及流程原理见图 1。

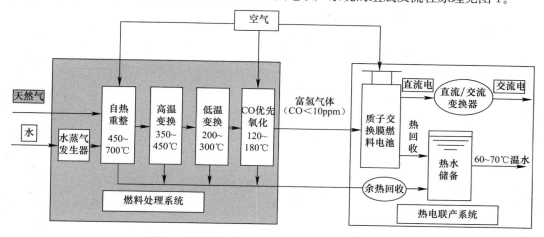

图 1　千瓦级热电联产系统的组成及流程原理图

2 流程、反应器模型及相关参数设定

采用广泛应用的化工模拟软件 Aspen Plus 对燃料电池热电联产系统进行模拟计算。燃料采用天然气，其摩尔组成为 CH_4：96.4%，C_2H_6：1.97%，C_3H_8：0.54%，C_4H_{10}：0.19%，N_2：0.9%；空气的摩尔组成为 O_2：21%，N_2：79%。冷却水的温度设定为25℃。对天然气的脱硫过程不进行讨论，模拟流程见图2。1kW 的燃料电池的耗氢量据文献介绍为 37～40mol/h[9]，在模拟过程中取 39mol/h。

ATR，HTS，LTS 和 PROX 反应器在模拟过程中处理为绝热系统，ATR，HTS，LTS 反应器出口的合成气处于出口温度下的化学平衡状态，出口温度由入口物流温度及绝热温升决定。表2列举了各个反应器在模拟过程中 Aspen 内置的模块及相关的参数。

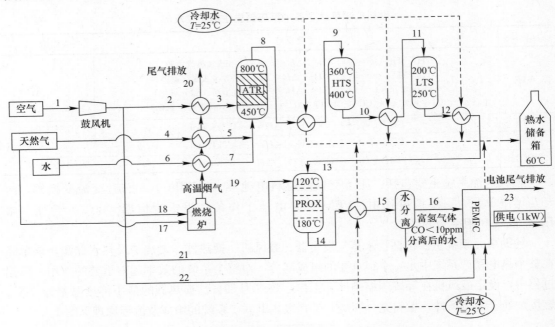

图2 模拟流程图（图中实线为反应物流，虚线为冷却水，数字物流点具体含义见表3、表4）

各个反应器的模拟模型及相关参数　　　　　　　　表2

反应器名称	Aspen 内置模块	反应参数	模拟设定
ATR	RGibbs Reactor	$T_{in}=464℃$，$T_{out}=663℃$，$p=1.035bar$	压降为 0.005atm，出口合成气实现化学和相平衡
HTS	Requil Reactor	$T_{in}=360℃$，$T_{out}=402℃$，$p=1.028bar$	压降为 0.003atm，出口合成气实现化学和相平衡
LTS	Requil Reactor	$T_{in}=200℃$，$T_{out}=232℃$，$p=1.025bar$	压降为 0.003atm，出口合成气实现化学和相平衡
PROX	Rstoic Reactor	$T_{in}=120℃$，$T_{out}=182℃$，$p=1.022bar$	压降为 0.003atm，CO 的转化率固定在 0.998，选择性约为 50%[10]
PEMFC	Rstoic Reactor	$T=80℃$，$p=1.013bar$	无压降，H_2 的转化率为 0.8[11]
燃烧炉	Rstoic Reactor	绝热燃烧，$p=1.013bar$，空气系数为 1.2	天然气完全燃烧

ATR 定义的模块是最小吉布斯自由能的平衡反应器，该反应器适用于化学平衡和相平衡同时发生的反应，对气-液-固系统计算相平衡，通过吉布斯自由能最小来达到化学和相平衡。HTS 与 LTS 定义的模块是平衡反应器，该反应器也适用于化学平衡和相平衡同时发生的反应，通过化学计量计算实现两种平衡。PROX 和 PEMFC 定义的模块均是化学计量反应器[11]，PROX 模块通过定义 CO 的转化率与对 CO 的选择性氧化，达到 PEM 燃料电池所需要富氢气体的要求（CO<10ppm），PEMFC 模块通过 H_2 的转化率，与实际过程中的情况相吻合。

3 典型案例分析

（1）系统输入

案例中系统主要输入为天然气、自来水、空气及鼓风机运行所需要的电力（可由电池提供）。天然气分两路，1 路与水一起作为自热重整的原料，另外 1 路作为燃烧器的燃料。空气分为 4 路，分别作为自热重整、燃烧炉、CO 选择性氧化及燃料电池这四个单元操作的氧化剂。ATR 原料进口温度为 464℃，水碳比 2.0，氧碳比 0.5，在 PROX 反应器中氧气的摩尔流量为合成气中 CO 流量的 2 倍[12]，系统输入与关键节点的主要数据见表 3，尾气排放主要数据见表 4。

系统输入与关键节点主要数据　　　　　　　　　　　　　　　表 3

	物流点	2	4	6	17	18	21	22
系统输入	温度（℃）	45	25	25	25	45	45	45
	压力（10^5Pa）	1.20	1.034	1.013	1.034	1.20	1.20	1.20
	流量（mol/h）	33.3	14.0	28.0	3.0	33.1	1.9	97.1
	热流量（kJ/h）	1.5	−80.5	−617.5	−17.2	1.5	0.1	4.3
	气体摩尔组成（%） H_2							
	CO							
	CO_2							
	H_2O			100.0				
	CH_4		96.4		96.4			
	N_2	79.0			0.9	79.0	79.0	79.0
	O_2	21.0				21.0	21.0	21.0
	C^{2+}		2.7		2.7			
	物流点	7	8	10	12	14	16	19
关键节点	温度（℃）	550	662.9	394.4	232.0	181.6	80.0	1834.8
	压力（10^5Pa）	1.013	1.028	1.025	1.022	1.019	1.019	1.013
	流量（mol/h）	28.0	96.4	96.4	96.4	97.8	83.1	36.1
	热流量（kJ/h）	−481.7	−512.0	−590.8	−638.2	−665.0	−417.0	−15.0
	气体摩尔组成（%） H_2		36.3	40.1	42.7	41.7	49.1	
	CO		6.8	3.0	0.4	4ppm	5ppm	
	CO_2		7.7	11.6	14.2	14.3	16.9	8.5
	H_2O	100.0	21.3	17.5	14.9	15.0	0	16.8
	CH_4		0.4	0.4	0.4	0.4	0.4	
	N_2		27.5	27.5	27.6	28.5	33.6	72.4
	O_2		0	0	0	0	0	2.3
	C^{2+}							

物流点	温度 (℃)	压力 (10⁵Pa)	流量 (mol/h)	热流量 (kJ/h)	气体摩尔组成（%）						
					H_2	CO	CO_2	H_2O	CH_4	N_2	O_2
20	100.2	1.013	36.1	-200.1			8.5	16.8		72.4	2.3
23	80.0	1.013	156.4	01016.2	4.7	3ppm	8.5	20.0	0.3	63.7	2.8

（2）系统输出

系统输出主要有电力输出，热水供应，尾气及冷凝水的排放，此例中电力输出为1kW，热水供应量为42.6kg/h（以水温升35℃水计），冷凝水为0.26kg/h，温度为80℃，燃料电池和燃烧炉的尾气的各项参数见表4。

（3）系统关键节点工艺参数

系统内节点的参数能体现系统的工艺特点及可行性，关键节点的模拟数据见表3。

（4）能量平衡

能量平衡计算基准：温度25℃，基准时间是1h。以燃料的燃烧低热值来计算热量平衡，表5列出了系统能量输入与输出。

系统能量输入与输出 表5

项目	能量输入（kJ）	能量输出（kJ）
进入 ATR 的天然气	11200	
进入燃烧炉的天然气	2400	
电量	160.8（鼓风机）	3740.4（PEMFC）
热水		6223.4
燃烧炉尾气		218.1
PEMFC 尾气		3518.0
冷凝水排放		60.9

4 运行参数对系统性能的影响

运行参数，如水碳比、氧碳比、反应温度等参数的选择会直接影响系统的运行性能。采用模型可以迅速、经济地对运行参数对系统性能的影响进行研究，并且所研究的参数范围可以超出一般试验研究所能达到的范围之外。系统性能主要由以下几个参数来表示：天然气的氢气产量（$molH_2$/molNG）、热水产量（以水温升35℃水计，kg 热水/molNG）、ATR 合成气中 CO 含量、发电效率及燃料处理系统的热效率。发电效率定义为：

$$\eta_E = \frac{P_{PEM}}{\Delta H_{NG} \times (N_{NG-r} + N_{NG-b})}$$

燃料处理系统（FPS）的热效率定义为：

$$\eta_{FPS} = \frac{\Delta H_{H_2} N_{H_2}}{\Delta H_{NG} \times (N_{NG-r} + N_{NG-b})}$$

式中　　P_{PEM}——燃料电池的发电功率（W），天然气和氢气燃烧热值都利用低热值（kJ/mol）来计算；

　　　　N——物流的摩尔流量（mol/h）。

N_{NG-r}，N_{NG-b}——分别表示在自热重整器与燃烧炉中消耗的天然气摩尔流量。

4.1 ATR反应器进料温度的影响

S/C＝2，O/C＝0.5时，进料温度对氢气产量及合成气中CO含量的影响如图3所示。随着进料温度T_{in}的增大，蒸汽重整反应的平衡转化率提高，系统产氢量有所增加，但是同时，也产生了更多的CO，这样就会增加下游合成气净化系统的负荷。当$T_{in}<500℃$时，随着T_{in}的增大，氢气产量增加的幅度较大，当$T_{in}>500℃$时，氢气产量的增加趋势趋于平缓；ATR出口混合气中CO的含量与T_{in}基本呈线性增加。对于整个系统而言，随着T_{in}的增大，系统的能耗也将增大（燃烧的天然气增多）。从图4可以确定，在所研究的操作条件下，T_{in}较为合理的范围是450～500℃。

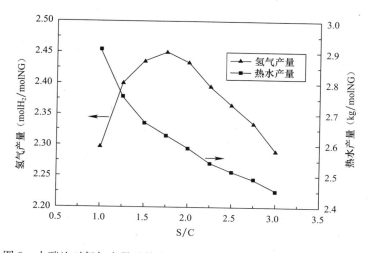

图3　水碳比对氢气产量及热水产量的影响（$T_{in}=500℃$，O/C＝0.5）

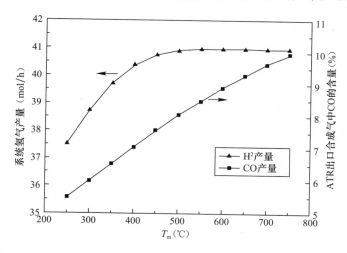

图4　反应器进料温度对系统产氢量和合成气中CO含量的影响（S/C＝2，O/C＝0.5）

4.2 水碳比S/C的影响

对于整个系统来说，水碳比是重要的操作参数，对系统的效率会产生重要的影响。高水碳比可以防止重整催化剂上积碳的产生，有利于重整反应向产物方向进行，从而提高氢气的产率，但是高水碳比会导致整个系统的能耗较大，需要很多额外的能量来产生高温蒸汽，因而可能会降低燃料处理系统的热效率。所以要从系统效率的角度去考虑合适的水碳比。图 3、图 5 和图 6 显示了自热重整进料温度为 500℃，氧碳比为 0.5 时，水碳比对发电效率、燃料处理系统（FPS）热效率、氢气产量（molH₂/molNG）、系统热水产量（kg/molNG）及 ATR 出口合成气中 CO 含量的影响。

随着水碳比的增大，会提高 H₂ 的产量，降低合成气中 CO 的含量，高水碳比抑制了 CH₄ 氧化反应的进行，使 ATR 出口的合成气温度降低，导致热水产量下降，如图 3、图 6 所示。同时高水碳比也增加了系统额外的能量消耗（产生高温水蒸气），从图 3 可以看出，当 S/C=1.75，时系统发电效率和热效率达到最大（分别为 28.2% 与 73.3%），氢气产量也达到最大（2.45molH₂/molNG），因此 S/C=1.75 是一个较合理的比值。

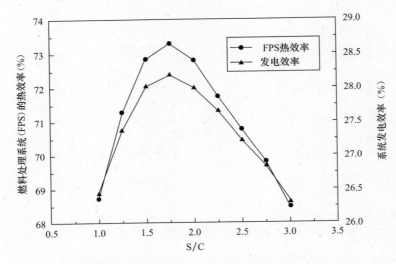

图 5　水碳比对系统发电效率和 FPS 热效率的影响（T_{in}＝500℃，O/C＝0.5）

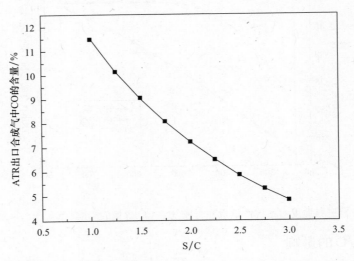

图 6　水碳比对 ATR 出口合成气中 CO 的影响（T_{in}＝500℃，O/C＝0.5）

4.3 氧碳比 O/C 的影响

氧碳比也是一个重要的操作参数，图7～图9表示，当水碳比为1.75，重整入口温度为500℃的时候，氧碳比对系统发电效率、燃料处理系统的热效率、氢气产量、热水产量和ATR合成气中CO含量的影响。

氧碳比对于自热重整制氢技术是一个重要的参数。随着氧碳比的增大，甲烷氧化反应增强，因此ATR合成气中CO的含量也会增大，如图9所示。氧化反应的进行使反应温度升高，ATR出口合成气温度升高，热水产量也会随之增大，如图8所示。反应温度的提高也会使强吸热的蒸汽重整反应加强，H_2产量也会有所提高，但是当O/C>0.5以后，过多的氧气在高温状况下会消耗氢气，这样会导致H_2产量的下降。O/C=0.5时，H_2产量达到最大（2.45molH_2/molNG），系统发电效率和FPS的热效率都在峰值处（28.2%，73.3%），如图7所示。

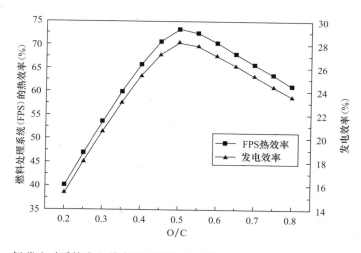

图7 氧碳比对系统发电效率和FPS热效率的影响（T_{in}=500℃，S/C=1.75）

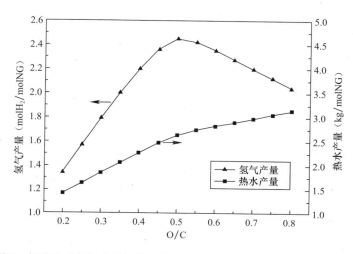

图8 氧碳比对氢气产量、热水产量的影响（T_{in}=500℃，S/C=1.75）

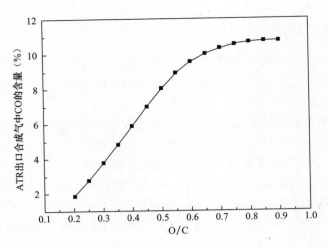

图9 氧碳比对 ATR 出口合成气中 CO 含量的影响 (T_{in}＝500℃，S/C＝1.75)

5 结语

本文建立了 1kW 家庭用燃料电池热电联产系统的模型，通过化工模拟软件 Aspen Plus 对流程进行了模拟分析，着重分析了两个主要的运行参数：水碳比（S/C）和氧碳比（O/C）对系统发电效率、燃料处理系统热效率的影响，并且分析这些运行参数对 H_2 产量，系统热水产量及 ATR 出口合成气中 CO 含量的影响。讨论了 ATR 入口温度对系统的影响。结果表明：ATR 入口温度在 450～500℃当 S/C＝1.75，O/C＝0.5，为系统合理的操作参数。发电效率为 28.2％，燃料处理系统热效率为 73.3％。

在以后的研究中，随着新型高耐性重整催化剂、氢气净化系统及燃料电池技术的发展，热电联产系统的效率会不断升高，这种高效环保的能源利用系统会得到迅速的发展，广泛应用在家庭生活中。

参考文献

[1] Docter A，Lamm A. Gasoline fuel cell systems [J]. Journal of Power ources, 1999；84：194-200

[2] Megedezur D. Fuel processors for fuel cell vehicles [J]. Journal of Power Sources，2002, 106：35-41

[3] A L Dicks. Hydrogen generation from natural gas for the fuel cell systems of tomorrow [J]. Journal of Power Sources，1996，61：113-124

[4] M Echigo, N Shinke, S Takami, T Tabata. Performance of a natural gas fuel processor for residential PEFC system using a novel CO preferential oxidation catalyst [J]. Journal of Power Sources，2004；132；29-35

[5] A. Ersöz, H. Olgun, S. Ozdogan, C. Gungor, F. Akgun, M. Tlrls. Autothermal reforming as a hydrocarbon fuel processing option for PEM fuel cell [J]. Journal of Power Sources, 2003, 118, 384-392

[6] 章炎生，许沅. 关于固体高分子型燃料电池（PEFC）的应用发展情况 [J]. 中国气体，2007，2；55-59

[7] 李文兵，齐智平. 甲烷制氢技术研究进展 [J]. 天然气工业，2005，25（2）：165～168

[8] A. Ersöz. Investigation of hydrocarbon reforming processes for micro-cogeneration systems [J]. Int J Hydrogen Energy，2008，33：7084-7094

[9] Özgür Tan，Emre Maşalacl，Z. Ilsen Önsan，Ahmet K. Avcl. Design of a methane processing system producing high-purity hydrogen [J]. Int J Hydrogen Energy. 2008，33：5516-5526

[10] LIU Zhixiang，MAO Zongqiang，XU Jingming，Natascha，Hess-Mohr and Volkmar M. Schmidt. Operation Conditions Optimization of Hydrogen Production by Propane Autothermal Reforming for PEMFC Applicatio [J]. Chinese J. Chem. Eng.，2006，14（2）：259-265

[11] M. Benito，R. Padilla，J. L. Sanz，L. Daza. Thermodynamic analysis and performance of a 1 kW bioethanol processor for a PEMFC operation [J]. Journal of Power Sources，2007，16：123-130

[12] M. Echigo，T. Tabata. A study of CO removal on an activated Ru catalyst for polymer electrolyte fuel cell applications [J]. Applied Catalysis A：General，2003，251：157-166

燃料电池微型天然气热电联产能量与㶲分析[*]

解东来，王子良

（华南理工大学传热强化与过程节能教育部重点实验室）

摘　要： 利用 Aspen Plus 软件模拟了千瓦级的微型燃料电池热电联产系统的工艺流程，借助能量和㶲分析方法对该系统的整体性能和系统各组成部分的性能进行了详细的分析。对典型案例下的各组成单元的能量损耗和㶲损耗进行了详细分析。对水碳比、氧碳比、氢气利用率、发电效率和甲烷进料量对整个系统性能影响也进行了能量与㶲分析。

关键词： 微型热电联产系统；氢气；能量分析；㶲分析

0　引言

微型燃料电池热电联产系统（micro-CHP）是一种建立在能量的梯级利用概念基础上，将制氢、发电和产热水有机结合在一起的能源利用系统，能很好地满足家庭及小型商业用户对电力和热量的需求，在减少二氧化碳排放、减少化石能源消耗和维护国家能源安全有很广阔的前景[1]。

㶲分析是分析能量转换过程的一种重要的工具，是有别于能量分析的另外一种分析手段。通过能量和㶲分析，可以直观的考察系统的每个单元性能情况。其结果被认为是一个更有意义，更能准确代表一个系统的能量利用效率[2]，更有利于指导改进一个特定系统的部件或过程[3]。

㶲分析广泛地被应用在化学工程和机械工程方面[2,4-6]。Rosen 和 Scott[4] 利用能量分析和㶲分析对一系列的制氢过程进行了分析比较，包括碳氢化合物制氢、非碳氢化合物制氢和碳氢化合物和非碳氢化合物的混合物。分析最后得出，不同系统的能量效率在 $21\%\sim86\%$，㶲效率在 $19\%\sim78\%$ 之间。Simpson 和 Lutz[9] 利用㶲分析评价了水蒸气制氢体系的性能，主要包括：㶲流损失、不可利用能和㶲效率等。分析发现整个系统的㶲损主要集中在化学反应和热传递两个过程，㶲耗主要集中在尾气。Ishihara[6] 等人利用㶲分析研究了一个典型的甲醇聚合物电解质燃料电池系统。他们对甲醇水蒸气重整进行了物料衡算和能量衡算，并且计算出每一股物流的㶲值。分析了系统的每一个操作单元的㶲情况，并且讨论了系统的焓和㶲情况。Hussain[7] 等人利用能量分析和㶲分析工具对用于运输系统的质子交换膜燃料系统进行了分析。他们发现最大的㶲损是在燃料电池堆。

---

[*] 选自中国土木工程学会燃气分会应用专业委员会 2012 年会论文集 p10-p20

1　微型燃料电池热电联产系统介绍

微型燃料电池热电联产系统主要由燃料处理单元、产电单元和其他一些辅助单元构成。燃料处理单元主要包括：自热重整（ATR）、高温水煤气变换（HTS）、低温水煤气变换（LTS）和 CO 优先氧化（PROX）。微型燃料电池热电联产系统流程见图 1，天然气、水和空气在 ATR 中发生重整反应生成合成气；合成气进入 HTS 后，CO 与 H_2O 发生水煤气变换反应将 CO 浓度降低到 $2.0\%\sim4.0\%$；然后合成气进入 LTS，CO 与 H_2O 再次发生水煤气变换反应，CO 浓度降低到 $0.3\%\sim0.6\%$；最后合成气进入 PROX，CO 被空气优先氧化，使得最后出口的合成气 CO 含量小于 140ppm。ATR，HTS 单元内发生的主要反应见表 1。产电单元包括燃料电池，DC/AC 转换器，冷却和加湿器。辅助单元包括空气压缩机，燃烧器，混合器，换热器和蓄水池。

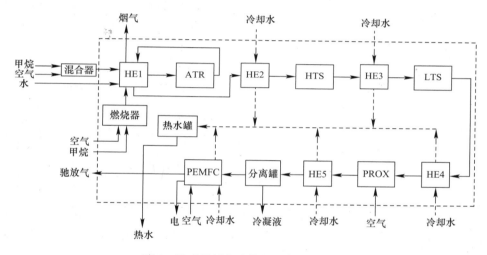

图 1　微型燃料电池热电联产系统流程

各单元内发生的主要反应　　　　　　　　　　　　　　　　表 1

单元	主要反应	温度（℃）
ATR	$CH_4 + H_2O = CO + 3H_2$　　$\Delta H_{298K} = 206.2\,\text{kJmol}^{-1}$ $CH_4 + 2H_2O = CO_2 + 4H_2$　　$\Delta H_{298K} = 164.9\,\text{kJmol}^{-1}$ $CH_4 + 0.5O_2 = CO + 2H_2$　　$\Delta H_{298K} = -35.7\,\text{kJmol}^{-1}$ $CH_4 + 2O_2 = CO_2 + 2H_2O$　　$\Delta H_{298K} = -802.7\,\text{kJmol}^{-1}$	$400\sim800$
HTS	$CO + H_2O = CO_2 + H_2$　　$\Delta H_{298K} = -41.2\,\text{kJmol}^{-1}$	$350\sim450$

2　能量与㶲分析方法

㶲即系统由一任意状态可逆地变化到与给定环境相平衡的状态时，理论上可以最大转换为任何其他能量形式的那部分能量[16]。与传统的能量分析方法相比㶲可以用来评价能量的品质，㶲分析法是以热力学第一和第二定律为基础，为提高系统或者系统某一个单元的能量利用率提供直观的、更有效的指导[17]。㶲的计算公式为：

$$e = (H - H_0) - T_0(S - S_0) \tag{1}$$

首先，假定甲烷、空气和水是在一定温度和压力进入系统。环境基准态是 25℃，0.1MPa。微型燃料电池热电联产系统的能量与㶲平衡关系如图 2 所示，系统输入的能量与㶲（E_i，e_i）包括了甲烷的能量与㶲（E_m，e_m）、空气的能量与㶲（E_a，e_a）和水的能量与㶲（E_w，e_w）。系统输出的能量与㶲包括两部分：有用物流的能量与㶲（E_u，e_u）和无用物流的能量与㶲（E_s，e_s）。其中，有用物流的能量与㶲包括：电的能量与㶲（E_l，e_l）和热水的能量与㶲（E_h，e_h），无用物流的能量与㶲包括：从换热器 HE1 中出来的烟道气的能量与㶲（E_f，e_f），从燃料电池出来的尾气的能量与㶲（E_g，e_g）和从冷凝器出来的冷却水的能量与㶲（E_c，e_c）。有一部分能量与环境交换产生了热损耗（E_d，e_d）。冷却水最后变成了热水带走了能量（E_h）与㶲（e_h）。

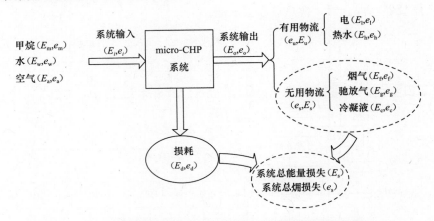

图 2　微型燃料电池热电联产系统的能量与㶲平衡关系

系统能量平衡关系式为：

$$E_m + E_a + E_w = E_l + E_h + E_f + E_g + E_c + E_d \tag{2}$$

系统㶲平衡关系式为：

$$e_m + e_a + e_w = e_l + e_h + e_f + e_g + e_c + e_d \tag{3}$$

能量损失总和 E_r 定义为能量损耗 E_d 和被不可利用能 E_s 之和。同样，㶲损失总和 e_r 定义为能量损耗 e_d 和被不可利用能 e_s 之和。同时，电能效率和热水的能量效率分别定义为 η_l 和 η_h 如式（4）和式（5）：

$$\eta_l = \frac{E_l}{E_m + E_a + E_w} \tag{4}$$

$$\eta_h = \frac{E_h}{E_m + E_a + E_w} \tag{5}$$

整个系统效率总和 η_t 是电的能量效率 η_l 和热水的能量效率 η_h 总和，如式（6）所示：

$$\eta_t = \eta_h + \eta_l \tag{6}$$

电的㶲效率 ξ_l，热水的㶲效率 ξ_h 和系统总的㶲效率 ξ_t 定义如式（7）、式（8）和式（9）所示：

$$\xi_l = \frac{e_l}{e_m + e_a + e_w} \tag{7}$$

$$\xi_h = \frac{e_h}{e_m + e_a + e_w} \tag{8}$$

$$\xi_t = \xi_h + \xi_l \tag{9}$$

能量与㶲分析同样可以应用在系统中的某一个单独的部件上。单个部件（k^{th}）的能量与㶲平衡关系图如图 3 所示。输入部件的能量（$E_{i,k}$）与㶲（$e_{i,k}$）等于部件输出的能量（$E_{o,k}$）与㶲（$e_{o,k}$）。系统输出的能量与㶲（$E_{o,k}$，$e_{o,k}$）包括：有用物流的能量与㶲（$E_{u,k}$，$e_{u,k}$）与无用物流的能量与㶲（$E_{s,k}$，$e_{s,k}$）。部件与所处环境之间存在热交换产生了一部分的能量与㶲损耗（$E_{d,k}$，$e_{d,k}$）。

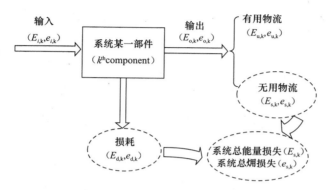

图 3　micro-CHP 某部件的能量与㶲平衡关系图

部件的能量与㶲平衡关系式，以及能量与㶲效率定义如式（10）～式（13）所示：

$$E_{i,k} = E_{u,k} + E_{s,k} + E_{d,k} \tag{10}$$

$$e_{i,k} = e_{u,k} + e_{s,k} + e_{d,k} \tag{11}$$

$$\eta_k = \frac{E_{u,k}}{E_{i,k}} \tag{12}$$

$$\xi_k = \frac{e_{u,k}}{e_{i,k}} \tag{13}$$

同样，系统中的某一个部件中，能量损失总和 $E_{r,k}$ 等于能量消耗 $E_{d,k}$ 和不可利用能 $E_{s,k}$，㶲损失总和 $e_{r,k}$ 等于㶲消耗 $e_{d,k}$ 和被不可利用㶲 $e_{s,k}$。

3　典型案例分析

3.1　基本参数

借助 Aspen Plus™软件对 mirco-CHP 系统进行模拟，其流程如图 1 所示。假定如下：

（1）ATR，HTS，LTS，PROX 和 PEMFC 为绝热系统，并且维持在稳态条件；

（2）ATR 内反应同时达到化学和相平衡；

（3）换热器向环境散热损失为输入换热器总能量的 2%；

（4）燃烧器散热损失为产热的 3%；

（5）PEMFC 氢气利用率为 80%，产生能量中 50% 用于发电，其余 50% 用于产热水。

Micro-CHP 系统输入与输出的具体参数如表 2 所示。水碳比为 2.0，氧碳比（即：空气与甲烷的摩尔比）为 2.4 时，系统产生 3868kJ/h 的电和 6605kJ/h 的热能，产生的热能够使得 45.1kg/h 的水从 25℃ 加热到 60℃，能量效率为 68.4％，㶲效率为 30.7％。

典型案例的系统输入与输出   表 2

物流		压力（atm）	温度（℃）	质量流量（kg/h）	摩尔流量（kmol/h）	焓值（kJ/h）	㶲值（kJ/h）
系统输入	甲烷（ATR）	1.02	25	0.225	0.014	12464.90	11616.64
	甲烷（Burner）	1.02	25	0.051	0.003	2671.05	2489.28
	（ATR）	1.02	25	0.504	0.028	0	0
	空气（ATR）	1.2	45	0.962	0.033	33.71	12.33
	空气（Burner）	1.2	45	1.055	0.037	37.79	13.83
	空气（PROX）	1.2	45	0.048	0.002	2.04	0.75
	空气（PEMFC）	1.2	45	2.774	0.096	98.06	35.88
系统输出	烟气	1.02	110	1.106	0.04	522.90	383.22
	驰放气	1.0	80	4.239	0.162	3884.13	2907.36
	冷凝液	1.0	80	0.273	0.015	62.75	5.58
	电	—	—	—	—	3868	3868
	热水	1.02	60	45.1	2.50	6604.93	480.64
损耗					—	365.33	6524.38

3.2　系统各部件的能量与㶲损分析

系统中每一个部件的能量总损耗（$E_{d,k}$）包括向外散热损失和被无用物流带走的能量即不可利用能（$E_{s,k}$）。同样，系统中每一个部件的㶲能总损耗（$e_{d,k}$）包括向外散热损失的㶲和不可利用㶲（$e_{s,k}$）。表 2 是 micro-CHP 系统中各部件的能量与㶲评价。

系统总的能量损耗是 2289.4kJ/h，其中散热损失约为 365.3kJ/h，无用物流带走的能量约为 1924.1kJ/h。系统中无用物流，包括：换热后的燃烧器尾气、PEMFC 尾气和冷凝器的冷凝水等，这些带走的不可利用能占系统能量总损耗的 84％。其中，PEMFC 尾气带走 1556.2kJ/h 能量，因为该尾气中含有未反应完全的 H_2，CH_4 和 CO。经过 HE1 换热后的燃烧尾气带走 305.1kJ/h 能量，冷凝罐处消耗 62.7kJ/h 能量。

系统总的㶲能损耗是 9838.3kJ/h，其中包括 6542.2kJ/h 散热㶲损和 3296.2kJ/h 被无用物流等带走的㶲能。散热㶲损占系统总㶲损的 66％，被尾气等无用物流带走的㶲大约占总㶲损的 34％。各部件中 PEMFC 的㶲损最大，为 5876.4kJ/h，约占总㶲损的 60％。ATR，HE1 和燃烧器的㶲损分别占总㶲损比大小的第二、第三和第四位。

系统所有部件中，PEMFC 的能量效率和㶲效率是最低的，分别为 65.14％ 和 41.22％。换热器 HE1 和分离罐的㶲效率也很低，这是因为这两个反应器都有不可利用的物流带走了一部分的㶲。因此，想要提高系统的能效，应该从 PEMFC、换热器 HE1 和分离器这三处着手。PEMFC 的氢气利用率和发电效率也必须有所提高。例如：从 PEMFC 出来的尾气可以直接通入到燃烧器进行燃烧重新利用其能量。从分离罐中出来的冷却水可以作为热水的原料来源之一。从换热器 HE1 出来的燃烧尾气可以用来直接加热冷却水。当然这些举措可能带来系统制造成本的增加，因此需要从节能与经济两方面区考虑这些措施。

4 操作条件对系统性能的影响

考察了水碳比（S_C）、氧碳比（A_C）、PEMFC 氢气利用率（u）、PEMFC 发电效率（v）、甲烷进料量（F）和散热对系统性能的影响。

4.1 水碳比

进入 ATR 原料的水碳比对整个系统性能的影响比较复杂。当氧碳比一定时，越高的水碳比有利于甲烷转化和增加氢气产量，同时由于水变成水蒸气需要吸收大量的热量，因此，重整反应器的催化剂床层温度就越低。当水碳比越低时，ATR 出口合成气比较高的能量进入换热器 HE1，氢气收率随水碳比增加而增加。因此，高水碳比下系统性能越好。然而，当水碳比太高时，ATR 出口合成气所携带的能量不足以使水气化，这个时候需要燃烧更多的甲烷。因此，太高的水碳比会造成氢气产量下降，系统的能量效率和㶲效率下降。如图 4 所示，当水碳比从 1.0 变化到 3.0 时，氢气产量从 2.24mol/molCH$_4$ 增加到 2.60mol/molCH$_4$，而重整反应器床层温度从 688℃ 降到 667℃。当水碳比从 1.0 增加到 2.0 时，氢气产量有稍微的增加。当水碳比从 2.0 增加到 3.0 时，氢气产量有稍微地减少。如图 5 所示，系统在水碳比为 1.5 时热能效率最高为 25.3%，在水碳比为 2.0 时电的能量效率最高为 43.1%。整个系统在水碳比为 2.0 时，能量效率达到最高为 68.4%。系统在水碳比为 2.0 时，热㶲效率达到最大为 3.5%，水碳比为 1.5 时电㶲效率达到最大为 27.3%。系统总㶲效率在水碳比为 1.5 时达到最大 30.8%。为了防止积碳的出现，水碳比不能太低。

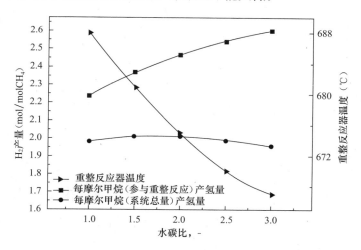

图 4　水碳比对氢气产量和重整反应器温度的影响
（甲烷进料 14mol/h，氧碳比 2.4，氢气利用率 80%，发电效率 50%）

4.2 氧碳比

氧碳比是影响 micro-CHP 系统性能的关键因素之一。当氧碳比增加时，发生的氧化反应的速率增加，因而使得反应器温度有很大的上升，也可以产生更多的热水。然而，氧碳比太高，过多的氧气会消耗一部分去氢气，减少的氢气产量进而使得电的产量减小。从

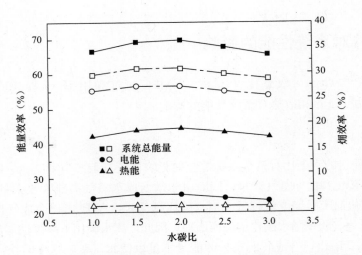

图 5 水碳比对系统能量效率（实线）和㶲效率（虚线）的影响
（甲烷进料 14mol/h，氧碳比 2.4，氢气利用率 80%，发电效率 50%）

图 6 中可以得到，随着氧碳比从 1.4 增加到 3.9，反应器的催化剂床层温度从 555℃ 增加
到 1115℃。在氧碳比小于 2.4 时，氢气产量和整个系统的甲烷需求量随氧碳比增加而增
加，当氧碳比大于 2.4 时，氢气产量和整个系统的甲烷需求量下降。如图 7 所示，当氧碳
比从 1.4 增加到 2.4 时，系统的热能效率、电能效率和总的能量效率都有所增加。当氧碳
比从 2.4 变化到 3.9 时，系统的热能效率，电能效率和总的能量效率有所下降。最大的热
能效率，电能效率和总的能量效率分别是 25.3%，43.1% 和 68.4%。同样，当氧碳比变
化时，系统的热㶲效率，电㶲效率和总的㶲效率与能量效率变化趋势一致。系统的热㶲效
率，电㶲效率和总的㶲效率最大时分别为 3.4%，27.3% 和 30.7%。

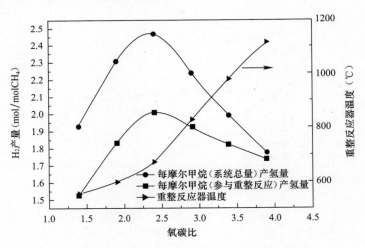

图 6 氧碳比对氢气产量和重整反应器温度的影响
（甲烷进料 14mol/h，水碳比 2.0，氢气利用率 80%，发电效率 50%）

4.3 PEMFC 氢气利用效率

氢气的利用率对整个系统性能有很大的影响。当 PEMFC 中氢气利用率提高，相应的

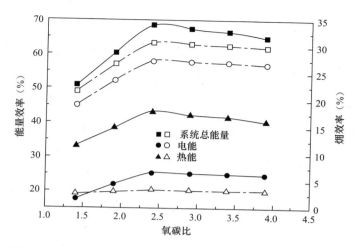

图 7　氧碳比对系统能量效率（实线）和㶲效率（虚线）的影响
（甲烷进料 14mol/h，水碳比 2.0，氢气利用率 80%，发电效率 50%）

产电量和产热水量会提高，整个系统的效率也就会提高。如图 8 所示，系统的电能效率、热能效率、电㶲效率和热㶲效率随着氢气利用率的增加呈现出线性增加。因为，PEMFC 产生的能量只有一部分产热水，绝大部分是用来产电，而电能的能级为 1，所以氢气利用率对能量利用率的影响要大于对㶲能量利用率的影响。

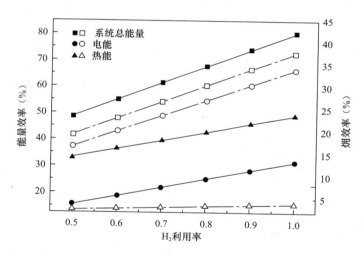

图 8　氢气利用率对系统能量效率（实线）和㶲效率（虚线）的影响
（甲烷进料 14mol/h，水碳比 2.0，氧碳比 2.4，氢气利用率 80%）

4.4　PEMFC 发电效率

如表 2 所示，PEMFC 在整个系统中能量损耗和㶲损耗最大。因此，研究 PEMFC 的性能对整个系统的优化起很重要的作用。如图 9 所示，当 PEMFC 更多的能量用来发电而不是产热水，即电池发电效率增大，系统的电能效率和电㶲效率将增加，而系统的热能效率和热㶲效率减小。系统总的能量效率随发电效率增加变化比较小，但是系统总的㶲能效率随发电效率增加而有显著的增加。这是因为电能的能级高，而水的能量虽然大但是㶲很小。尽管在模拟中燃料电池发电效率达到100%，但是实际过程中因为受到热力学的限制发电效率不可能达到100%，这就是利用Aspen Plus模拟的优势所在。

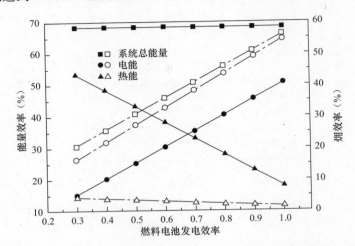

图9 燃料电池发电效率对系统能量效率（实线）和烟效率（虚线）的影响
（甲烷进料14mol/h，水碳比2.0，氧碳比2.4，氢气利用率80%）

5 小结

利用Aspen Plus软件对基于PEMFC的微型热电联产系统进行了能量分析和烟分析研究。主要研究了典型案例下整个系统的性能和各个部件的能量损耗和烟损耗情况。典型案例研究结果如下：

（1）由换热器HE1出来的燃烧烟气，PEMFC的尾气，和冷凝罐出来的水带走的能量占整个系统能量损耗绝大部分；

（2）在所有无用物流中，由PEMFC尾气带走的能量和烟最大；

（3）系统各部件烟损耗之和占总烟损失的66%，由无用物流带走的烟占总烟损的34%；

（4）系统所有部件中，PEMFC的能量效率和烟效率最低。换热器HE1和冷凝器的烟效率分别位于倒数第二和倒数第三位。

同时，研究了水碳比、氧碳比、PEMFC氢气利用率、和PEMFC发电效率对系统性能的影响。结论如下：

（1）在$F=14\text{molh}^{-1}$，$A_C=2.4$，$u=0.8$，$v=0.5$条件下，系统总能量效率在S_C为2.0下达到最大，系统总烟效率在S_C为1.5时达到最大；

（2）在$F=14\text{molh}^{-1}$，$S_C=2.0$，$u=0.8$，$v=0.5$条件下，系统的能量效率和烟效率在A_C为2.4时分别达到最大；

（3）系统的电能效率、热能效率、电烟效率和热烟效率随PEMFC氢气利用率增加几乎线性增加；

（4）系统的电能效率和电烟效率随着PEMFC发电效率增加而增加，但是热能效率和烟效率是呈现下降趋势。系统总的能量效率随PEMFC发电效率增加几乎没有变化，但是系统总的㶲效率呈现出增加的趋势。

参考文献

[1] Hawkes A. D., Brett D. J. L., and Brandon N. P., Fuel cell micro-CHP techno-economics:. Part 1- model concept and formulation [J]. Int. J. Hydrogen Energy, 2009. 34 (23): 9545-9557

[2] Cownden R., Nahon M., and Rosen, M. A. Exergy analysis of a fuel cell power system for transportation applications [J]. Exergy Int. J, 2001. 1 (2): 112-121

[3] Chan S. H., Low C. F., and Ding O. L., Energy and exergy analysis of simple solid-oxide fuel-cell power systems [J]. Journal Power Sources, 2002. 103: 188-200

[4] Rosen M. A. and Scott D. S., Comparative efficiency assessments for a range of hydrogen production processes [J]. Int. J. Hydrogen Energy, 1998. 23 (8): 653-659

[5] Simpson, A. P. and Lutz A. E., Exergy analysis of hydrogen production via steam methane reforming [J]. Int. J. Hydrogen Energy 2007. 32: 4811-4820

[6] Ishihara, A. and Mitsushima S., Exergy analysis of polymer electrolyte fuel cell systems using methanol [J]. Journal of Power Sources, 2004. 126: 34-40

[7] Hussain M. M., Baschuk J. J., and Li X., et al, Thermodynamic analysis of a PEM fuel cell power system [J]. Int. J. of Thermal Sciences, 2005. 44 (9): 903-911

[8] Rosen M. A, Thermodynamic investigation of hydrogen production by steam-methane reformation [J]. Int J Hydrogen Energy, 1991. 16 (3): 207-217

[9] Jean L., Mikhail S., and Jean P., Analysis of oxygen-enriched combustion for steam methane reforming SMR [J]. Energy, 1997. 22 (8): 817-825

[10] Sorin M., Lambert J., and Paris J., Exergy flows analysis in chemical reactors [J]. Chemical Engineering Research and Design, 1998. 76 (3): 389-395

[11] Simbeck D. R., Hydrogen costs with CO_2 capture [C], in the 7th international conference on greenhouse gas control technologies (GHGT-7) September 6-10, 2004: Vancouver, British Columbia, Canada

[12] Lutz A., Bradshaw R., and Keller J., et al., Thermodynamic analysis of hydrogen production by steam reforming [J]. Int J Hydrogen Energy, 2003. 28 (2): 159-67

[13] Silvia B., Marco R., and Sergio U., Comparison of thermodynamic and environmental indexes of natural gas, syngas and hydrogen production processes [J]. Energy, 2004. 29 (12-15): 2145-2159

[14] Wang S. and Wang S., Exergy analysis and optimization of methanol generating hydrogen system for PEMFC [J]. Int J Hydrogen Energy, 2006. 31 (12): 1747-1755

[15] Simpson A. P. and Lutz A. E., Exergy analysis of hydrogen production via steam methane reforming [J]. Int J Hydrogen Energy, 2007. 32 (18): 4811-4820

[16] Kotas T. J., The Exergy Method of Thermal Plant Analysis [B] 1985 Jan 01, Untied States: Butterworth Publishers, Stoneham, MA

[17] Rosen M. A. and Dincer I., Exergy-cost-energy-mass analysis of thermal systems and processes [J]. Energy Conversion and Management, 2003. 44 (10): 1633-1651

[18] Xie, D. and Peng A., Modeling of KW-scale fuel cell combined heat and power generation systems [J], in Power and Energy Engineering Conference (APPEEC) 2010: Asia-Pacific

[19] Ersöz A., Investigation of hydrocarbon reforming processes for micro-generation systems [J]. Int. J. Hydrogen Energy, 2008. 33 (23): 7084-7094

[20] Tan Ö. , Emer M. , Önsan Z. , et al. , Design of a methane processing system producing high-purity hydrogen [J]. Int. J. Hydrogen Energy, 2008. 33 (20): 5516-5526

[21] Liu Z. , Mao Z. , and Xu J. , et al. , Operation conditions optimization of hydrogen production by propane autothermal reforming for PEMFC Application [J]. Chinese J. Chem. Eng. , 2006. 14 (2): 259-265

[22] Benito M. , Padilla R. , and Sanz J. L. , et al. , Thermodynamic analysis and performance of a 1 kW bioethanol processor for a PEMFC operation [J]. Journal of Power Sources, 2007. 169 (1): 123-130

[23] Echigo M. and Tabata T. , A study of CO removal on an activated Ru catalyst for polymer electrolyte fuel cell applications [J]. Applied Catalysis A: General, 2003. 251 (1): 157-166

燃气工业炉燃烧过程空气系数的比例阀控制[*]

严荣松[1]，赵自军[1]，郝冉冉[1]，张振刚[2]
（1. 中国市政工程华北设计研究总院；2. 国家燃气用具质量监督检验中心）

摘　要： 通过采用空/燃比例阀供气系统的功能研究，表明在工业炉进行焦炉煤气与天然气混空气转换应用时，空气/燃气的燃烧一次空气系数不会受到影响，并对理论分析进行实际试验验证，结果表明气质转换后燃气能正常燃烧。
关键词： 比例阀；焦炉煤气；空燃比；空气系数

1　引言

随着世界和我国经济的发展，对工业产品质量和生产环境质量的要求提高，为洁净的天然气作为工业燃料提供了机遇和发展空间。随着全国大型天然气工程的建成运行，以及国家对节能和环境的要求，许多工业用户燃料向天然气转变。本文以太原重工改造供气气源，采用天然气混空气或天然气混空气与焦炉煤气互混替代焦炉煤气为基础，分析比例阀在气质转换过程中的作用，并进行实际试验验证。

2　燃气转换现状

太重生产用焦炉煤气由煤气公司供应，测试用焦炉煤气、天然气的组分与燃烧特性见表1和表2。考虑工业炉的正常使用，必须保证炉体的热力温升等因素，转换燃气的华白数在基准华白数在10％以内。经计算符合要求天然气混空气特性参数见表3。

测试用气组分　　　　　　　　　　　　表1

序号	名称	煤气组分（％）								
		CO_2	O_2	C_nH_m	CO	CH_4	H_2	N_2	其他	合计
1	焦炉煤气	2.2	0.4	1.9	7.0	22.4	60.1	6.0	—	100%
2	天然气	0.16	0.05	0.01	—	98.98	—	0.79	0.02	100%

测试用气燃烧特性　　　　　　　　　　表2

序号	相对密度 d	热值（MJ/m^3）		华白数（MJ/m^3）		燃烧势	理论空气量（m^3/m^3）
		高热值	低热值	高华白数	低华白数		
1	0.3497	17.83	15.77	30.15	26.67	122	4.03
2	0.5600	37.39	33.70	49.96	45.03	40	9.43

---

* 选自中国土木工程学会燃气分会应用专业委员会 2012 年会论文集 p93-p97

天然气（%）	空气（%）	相对密度	热值（MJ/m³）		华白数（MJ/m³）		理论空气量（m³/m³）	燃烧势
			高热值	低热值	高华白数	低华白数		
65	35	0.7146	25.51	22.99	30.18	27.19	6.094	29.80
66	34	0.7102	25.90	23.34	30.73	27.70	6.188	29.96
67	33	0.7059	26.29	23.70	31.30	28.20	6.282	30.13
68	32	0.7015	26.69	24.05	31.86	28.71	6.376	30.30
69	31	0.6971	27.08	24.40	32.43	29.23	6.470	30.47
70	30	0.6927	27.47	24.76	33.01	29.75	6.564	30.64

从表2、表3的计算数值可以看出，当完全燃烧时，焦炉煤气的理论空气量约为 4m³/m³，天然气的理论空气量约为 10m³/m³，天然气混空气的理论空气量约为 7m³/m³。

3 比例燃烧技术的原理与应用

3.1 技术原理

根据比例燃烧的原理，改变空气压力同时通过空气/燃气比例阀按照设定比例调整燃气压力。空气管路设置压力变送器及压力开关，用以监测风压，同时在风机处加装电动调节阀，由上位机控制保证系统风压始终保持在设定值。燃气管路在总管设调压阀，保证燃气压力稳定。每台燃烧器的燃气流量由安装在该燃烧器的空气/燃气比例阀控制。燃烧器前空气、燃气管道路图见图1。

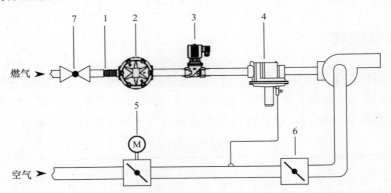

图1 燃烧器前空气、燃气管路图

1—波纹管；2—过滤器；3—电磁阀；4—空气/燃气比例阀；5—执行器；6—手动蝶阀；7—手动球阀

根据不同炉型对炉膛内温度的不同要求，需对空气管道进行分区设置，而加装了空气/燃气比例阀的燃气管路，可以通过比例阀进行相应调整，则不需要进行分区。

3.2 理论分析

工业炉炉温的控制主要是对进入炉膛的燃料量及助燃空气量的控制。比例燃烧技术就是使用空气/燃气比例调节阀设定燃烧器助燃空气进口压力与燃气进口压力的比值，在调节助燃空气压力同时按照设定的比值调节燃气压力，保证空燃比恒定不变进而实现炉温的自动控制。根据流体力学原理可知，通过燃烧器的燃气量和助燃空气量可由式（1）、式（2）计算。

$$q_{v,g} = A_g \times C_g \times \sqrt{\frac{2\Delta p_1}{\rho_g}} \times \sqrt{\frac{T_g}{T_{gt}}} \tag{1}$$

$$q_{v,a} = A_a \times C_a \times \sqrt{\frac{2\Delta p_2}{\rho_a}} \times \sqrt{\frac{T_a}{T_{at}}} \tag{2}$$

式中　$q_{v,g}$，$q_{v,a}$——通过燃烧器的燃气量和助燃空气量，m^3/h；

　　　　A_g，A_a——燃烧器前燃气和助燃空气管路上最后阀门流通面积，m^2；

　　　　C_g，C_a——燃气和助燃空气管道的流量系数；

　　Δp_1，Δp_2——燃烧器前后燃气和助燃空气的压力差，考虑到燃烧器出口处燃气及助燃空气的压力与管道压力相对可忽略，则该压差可用燃烧器前管道压力代替；Pa；

　　　　ρ_g，ρ_a——标准状态下燃气和助燃空气的密度，kg/m^3；

　　　　T_g，T_a——标准状态下的绝对温度，K；

　　　T_{gt}，T_{at}——进入燃烧器前的燃气和助燃空气温度，K。

为控制炉温，需要进行燃气流量调节并保持稳定的空气与燃气的比例，单位燃气体积的实际空气供给量与管道压力的关系为：

$$空燃比 = \frac{q_{v,a}}{q_{v,g}} = \frac{A_a \times \sqrt{\Delta p_2}}{A_g \times \sqrt{\Delta p_1}} \times \left(\frac{C_a}{C_g} \times \sqrt{\frac{\rho_g \times T_a \times T_{gt}}{\rho_a \times T_g \times T_{at}}} \right) \tag{3}$$

在实际使用时上式括号内的变量在工况确定后保持不变，阀门流通面积 A_a 与 A_g 在调试完毕后保持不变。

改变燃烧器助燃空气进口压力时，空气/燃气比例调节阀调节燃气压力使 $\Delta p_2/\Delta p_1$ 比值保持不变，根据以上公式调节空气压力可以改变燃气及空气流量，同时实际空气供给量可以保持一定值，这就是比例控制燃烧，即燃烧过程的空气系数 α（实际空气供给量与理论空气需要量之比）保持一定值。

当工业炉的气源工况确定后，燃烧过程的空气系数 α 可通过式（4）计算：

$$\alpha = \frac{q_{v,a}}{q_{v,g} \times V_0} = \frac{A_a \times \sqrt{\Delta p_2}}{A_g \times \sqrt{\Delta p_1}} \times \left(\frac{C_a}{C_g} \times \sqrt{\frac{\rho_g \times T_a \times T_{gt}}{\rho_a \times T_g \times T_{at}}} \right) \times \frac{1}{V_0} \tag{4}$$

式中　α——空气系数；

　　　　V_0——燃气的理论空气量，m^3/m^3。

其余符号意义同前。

燃气理论空气量可以按热值计算，烷烃类燃气（天然气、石油伴生气、液化石油气）的理论空气量计算式为：

$$V_0 = 0.24 H_h \tag{5}$$

式中　H_h——燃气的高位热值，MJ/m^3。

将式（4）与式（5）联立得：

$$\alpha = \frac{A_a \times \sqrt{\Delta p_2}}{A_g \times \sqrt{\Delta p_1}} \times \left(\frac{C_a}{C_g} \times \sqrt{\frac{\rho_g \times T_a \times T_{gt}}{\rho_a \times T_g \times T_{at}}} \right) \times \frac{1}{0.24 \times H_h} \tag{6}$$

简化式（6）可得：

$$\alpha = \frac{A_a \times \sqrt{\Delta p_2}}{A_g \times \sqrt{\Delta p_1}} \times \left(\frac{C_a}{C_g} \times \sqrt{\frac{T_a \times T_{gt}}{T_g \times T_{at}}} \right) \times \frac{1000}{0.24 \times W_s} \tag{7}$$

式中　W_s——燃气的高热值华白数，MJ/m^3；

其余符号意义同前。

当工业炉的气源转换时，假定调整前气源为1号，调整后为2号，则此时在两种气源工况下的空气系数的关系为：

$$\frac{\alpha_1}{\alpha_2} = \frac{\dfrac{A_{a1} \times \sqrt{\Delta p_{21}}}{A_{g1} \times \sqrt{\Delta p_{11}}} \times \left(\dfrac{C_{a1}}{C_{g1}} \times \sqrt{\dfrac{T_{a1} \times T_{gt1}}{T_{g1} \times T_{at1}}} \right) \times \dfrac{1}{0.24 \times W_{s1}}}{\dfrac{A_{a2} \times \sqrt{\Delta p_{22}}}{A_{g2} \times \sqrt{\Delta p_{12}}} \times \left(\dfrac{C_{a2}}{C_{g2}} \times \sqrt{\dfrac{T_{a2} \times T_{gt2}}{T_{g2} \times T_{at2}}} \right) \times \dfrac{1}{0.24 \times W_{s2}}}$$

$$= \frac{\dfrac{A_{a1}}{A_{g1}} \times \left(\dfrac{C_{a1}}{C_{g1}} \times \sqrt{\dfrac{T_{a1} \times T_{gt1}}{T_{g1} \times T_{at1}}} \right) \times \dfrac{1}{0.24 \times W_{s1}}}{\dfrac{A_{a2}}{A_{g2}} \times \left(\dfrac{C_{a2}}{C_{g2}} \times \sqrt{\dfrac{T_{a2} \times T_{gt2}}{T_{g2} \times T_{at2}}} \right) \times \dfrac{1}{0.24 \times W_{s2}}} \tag{8}$$

当工业炉燃烧系统不做任何变动时，会出现如下情况：

（1）燃烧器前燃气和助燃空气管路上最后阀门流通面积不变，$A_{a1}/A_{g1} = A_{a2}/A_{g2}$。

（2）空/燃比例阀的设定值不变，燃烧器前燃气和助燃空气的压力差比例保持不变，即：$\Delta p_{21}/\Delta p_{11} = \Delta p_{22}/\Delta p_{12}$。

（3）燃气和助燃空气管道的流量系数不变，$C_{a1}/C_{g1} = C_{a2}/C_{g2}$。

则式（8）转化为：

$$\frac{\alpha_1}{\alpha_2} = \frac{W_{s2}}{W_{s1}} \tag{9}$$

则当采用压力式比例调节阀，且比例调节阀不做改动的情况下，若两种燃气的华白数相当，其燃气的空燃比随之变化，并满足燃烧的一次空气系数。

4　测试结论

采用表3数据计算的天然气混空气组分并与焦炉气在工业炉上进行混合燃烧，燃烧测试状况见表4。

在实际测试期间，通过调节，所有测试工业炉在气源变换时其火焰稳定性合格，满足生产要求，工业炉运行正常。工业炉窑的火焰状况见表4。

在测试全过程中，除工业炉的火焰颜色与使用焦炉煤气时的火焰颜色相比有一定变化外，其稳定性及火焰的长短均无明显变化。

燃烧测试状况　表4

天然气：空气	焦炉气：天然气混空气	工业炉窑的火焰状况
—	100：0	

天然气∶空气	焦炉气∶天然气混空气	工业炉窑的火焰状况
65∶35	60∶40	
65∶35	56∶44	
65∶35	53∶47	
70∶30	20∶80	
67∶33	5∶95	
69∶31	0∶100	

参考文献

[1]　王秉铨. 工业炉设计手册 [M]. 北京：机械工业出版社，1996
[2]　孔珑. 工程流体力学 [M]. 北京：水利电力出版社，1979
[3]　庞丽君，孙恩召. 锅炉燃烧技术及设备 [M]. 哈尔滨：哈尔滨工业大学出版社，1991
[4]　同济大学，重庆建筑大学，哈尔滨建筑大学，等. 燃气燃烧与应用 [M]. 北京：中国建筑工业出版社，2000

壁挂炉和地暖供暖系统的匹配性研究[*]

黄志飞，胡旭，王克军，史玉军

（万家乐热能科技有限公司，壁挂炉技术部）

摘　要： 目前，在供暖行业特别是地暖行业对燃气壁挂炉与地暖系统的匹配性提出了质疑，同时也掀起了对壁挂炉和地暖系统的研究热潮。本文将从壁挂炉和地暖系统在供水温度，供水流量和寿命等方面的匹配性进行研究。

关键词： 壁挂炉；地暖供暖；匹配性

1　引言

目前供暖通过末端区分主要有：地暖供暖、散热器供暖、风机盘管供暖 3 种方式。地暖供暖全称为低温地板辐射供暖，用不高于 60℃ 的热水为热媒在加热管内循环流动，加热地板，地面以辐射和对流的传导方式向室内供热的供暖方式。散热器一般装在墙上，以 80℃ 左右的进水加热散热器，散热器周围空气受热上升，在室内形成冷热空气对流，从而使室内温度保持在 20℃ 左右。风机盘管采暖工作原理在于，风机将室内空气或室外混合空气通过表冷器进行冷却或加热后送入室内，使室内气温降低或升高，以满足人们对舒适度的要求。从供暖原理可以看出，地暖供暖舒适性最高。三种供暖末端如图 1 所示。

 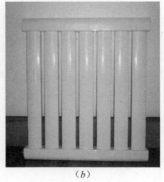 

(*a*)　　　　　　　　　　(*b*)　　　　　　　　　　(*c*)

图 1　各种供暖末端

(*a*) 地暖供暖；(*b*) 散热器供暖；(*c*) 风机盘管供暖

随着人们对供暖舒适性要求的提高，地暖成为越来越多家庭供暖的选择，同时分户供暖也慢慢成为一种主流供暖方式。这样，壁挂炉和地暖相结合的供暖方式越来越受到人们的青

---

* 选自中国土木工程学会燃气分会应用专业委员会 2014 年会论文集 p321-p328

昧。由于早期的壁挂炉基于高温供暖系统设计、加上人们对壁挂炉了解不够，供暖市场上出现了壁挂炉不适合地暖的声音。概括起来，主要有以下3点：壁挂炉供暖出水温度和地暖运行所需温度不匹配，壁挂炉提供给地暖运行所需水流量过小，壁挂炉用于地暖燃烧室可能产生冷凝水。本文针对这些市场质疑，对壁挂炉和地暖供暖系统匹配性进行分析研究。

2　壁挂炉和地暖运行温度的匹配性

早期的壁挂炉基于高温供暖系统设计，最高供暖出水温度为80℃。虽然出水温度可以在30～80℃之间进行调节，可是部分用户对地暖了解不够，在地暖供暖时将壁挂炉出水温度设置在较高的温度，导致地暖舒适性下降，使用寿命降低。

目前市场上绝大多数壁挂炉都具有散热器供暖和地暖供暖两种模式，地暖模式将最高出水温度设定在50℃或60℃。工作人员安装地暖时，根据实际需求将壁挂炉出水温度设定在40～50℃。以目前市场上常见的一款壁挂炉主板为例（见图2），将主板上的"拨码4"拨在ON侧为散热器供暖模式，拨在另一侧为地暖模式。

图2　壁挂炉主控板图

3　供回水温差、流量的匹配性

壁挂炉原基于高温供暖系统设计，地暖供暖系统和高温供暖系统相比具有大流量、小温差的特点。通过热工学公式：$Q=Q=c \times m \times \Delta t$，由于高温供暖系统进出水温差 $\Delta t = 20℃$、地暖供暖系统进出水温差 $\Delta t \leqslant 10℃$，在住房需求热负荷相同的情况下，地暖所需水量是高温供暖系统所需水量的2倍以上。现阶段设计的壁挂炉通过增加内置水泵扬程等措施，加大供暖水流量，从而满足地暖供暖水量需求。以下通过比较壁挂炉输出的扬程—流量曲线、不同住房面积的地暖系统运行时压力损失—流量曲线，分析壁挂炉、分集水器、地暖盘管这一常见地暖连接方式是否能够满足普通家庭供暖需求。

3.1　描绘壁挂炉可输出扬程—流量曲线

（1）描绘曲线的原理

壁挂炉可输出的扬程—流量曲线是确定的。将壁挂炉和外接水路组成一个封闭的供暖回路，其中外接水路上带有可改变其压力损失—流量特性的装置（如：阀门等）。让壁挂炉正常运行，测量外接水路在某一流量下的压力损失。此压力损失、流量点即为相应状态下，外接水路压力损失—流量特性曲线、壁挂炉可输出扬程—流量特性曲线的交点，即为壁挂炉可输出扬程—流量曲线上的一个固有工作点。因此通过改变外接水路压力损失—流量特性曲线，从而可以得出一系列壁挂炉可输出扬程—流量特性曲线上的工作点，根据这一系列工作点可间接描绘出壁挂炉可输出扬程—流量特性曲线。

（2）实验测量及描绘曲线

将壁挂炉和外接水路组成封闭的供暖回路。此供暖回路串联流量计，且在壁挂炉的出、回水端并联上精密压力表测量壁挂炉出、回水端压力，装置如图3所示。

图3 实验装置图

调节外接水路阀门的开度大小得出一系列壁挂炉供暖出回水端压力差及其对应的水流量。通过这一系列点集，描绘出内置不同水泵的壁挂炉可输出的扬程—流量曲线，如图4所示。

图4中：内置5m泵，内置6m泵，内置7m泵的曲线图，在热负荷为25.6kW的同一普通强排壁挂炉上获得。现有普通家用壁挂炉功率相差不大，其内部水压损失相差不大，因此可以将上述3条曲线近似的理解为内置5m泵、内置6m泵、内置7m泵的壁挂炉可输出的扬程—流量曲线。内置双6m泵的曲线图，在热负荷38kW的某强排式壁挂炉获得。

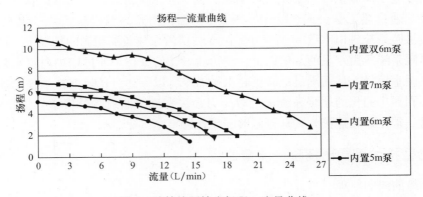

图4 壁挂炉可输出扬程—流量曲线

3.2 地暖系统水力计算

3.2.1 计算说明

整个地暖系统采用壁挂炉、分集水器、地暖盘管连接的方式，如图 5 所示。

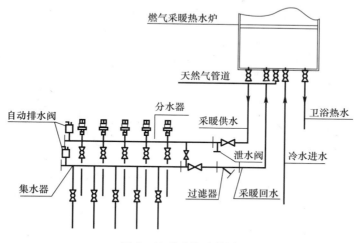

图 5 地暖系统连接图

其中管件、分集水器、球阀等采用家庭地暖采暖的主流配置，具体参数如下。

主管：$DN32×2.9mm$。为了满足不同的连接方式，主管共计 10 个弯头，其中主管长度为 10m。

主管和分集水器间连接 4 个球阀，一个过滤器。采用 $DN25$ 的分集水器。

地暖盘管：$DN20×2.0mm$，采用回字形铺设，盘管间平均间距为 0.25m。取最长盘管回路为 90m，每个盘管回路上带有两个球阀。

热负荷指标为：$70W/m^2$（根据《城镇供热管网设计规范》CJJ 34—2010 指出节能采暖热负荷指标的推荐值为 $40\sim45W/m^2$，考虑到有些地区供暖环境比较恶劣，这里取较大值）。

供暖出回水温差为 10℃。

3.2.2 计算及其结果

地暖系统的水力损失，通过计算最不利的地暖盘管回路运行的水力损失获得。

下面以地暖铺设面积为 120m² 的住房为例，计算最长盘管为 90m 的回路获得此地暖系统水力损失。

（1）供暖热负荷计算[1]

地暖管铺设面积 $S=120m^2$（住房面积约为 170m²）。室内温度设定为 20℃，热负荷指标 $\Delta Q=70W/m^2$。

地暖所需总热量 $Q=170×70≈12kW$。

主干管 $DN32×2.9mm$，地暖盘管 $DN20×2.0mm$。

地暖管采用回字形铺设。地暖管间距为 250mm，即整个地暖盘管的长度约为 480m。

（2）水阻计算

地暖管内进回水温差 $\Delta t = 10℃$ 时；

整个系统水流量 $G = \dfrac{0.86 \times Q}{\Delta t} = 1032 \text{kg/h} = 17.2 \text{L/min}$。

1）最长地暖盘管、分集水器、地暖盘管回路两个球阀的压力损失 Δp

查表可得 $DN20 \times 2.0 \text{mm}$ 管球阀局部阻力系数 $\zeta_1 = 4$，压力损失为 Δp_1。

分集水器可分别视为分流三通，合流三通。通过查表得出分流三通、合流三通的局部阻力系数，均为 $\zeta_2 = 3$，分集水器压力损失为 Δp_2。

地暖盘管的流量 $q_1 = \dfrac{90 \times G}{480} = 193.5 \text{kg/h}$；地暖盘管水流速 $v_1 = 0.28 \text{m/s}$；

地暖盘管压力损失：$\Delta p_3 = \Delta p_y + \Delta P_j = \Delta p_y + 0.3 \Delta p_y = R_m \times L + 0.3 \times R_m \times L = 1.3 \times R_m \times L$

式中　Δp_y——沿程阻力损失，Pa；

　　　Δp_j——局部阻力损失，Pa；

　　　　L——地暖盘管长度，m，这里为 90m；

　　　R_m——比摩阻，Pa/m，和盘管材质、管径大小、流量有关，这里约为 113.18Pa/m。

最后可得：$\Delta p = \Delta p_1 + \Delta p_2 + \Delta p_3 = (1.3 \times L + \xi_1 \times 2 + \xi_2 \times 2) \times R_m = 14826.58 \text{Pa}$。

2）壁挂炉与分集水器连接管（主干管）、4 个球阀、过滤器的压力损失 $\Delta P'$

查表可得 $DN32 \times 2.9 \text{mm}$ 的管球阀局部阻力系数 $\zeta_3 = 2$，压力损失为 Δp_4。

过滤器的局部阻力系数 $\zeta_4 = 2.2$，压力损失为 Δp_5。

主干管的流量 $q_2 = G = 1032 \text{kg/h}$；

主干管水流速 $v_2 = 0.51 \text{m/s}$；

主干管（$DN32 \times 2.9 \text{mm}$）弯头的局部阻力系数为：$\zeta_5 = 1.5$；

主干管的压力损失为：$\Delta p_6 = \Delta p_y + \Delta p_j \times N = R_m \times (L + \zeta_5 \times N)$

式中　Δp_y——沿程阻力损失，Pa；

　　　Δp_j——局部阻力损失，Pa；

　　　R_m——比摩阻，Pa/m，和主干管材质、管径大小、流量有关，在这里为 173.09Pa/m；

　　　　L——主干管总长度，m，在这里为 10m；

　　　ζ_5——弯头局部阻力系数，在这里为 1.5；

　　　　N——弯头个数，在这里 $N = 10$。

最后可得：$\Delta p' = \Delta p_4 + \Delta p_5 + \Delta p_6 = R_m \times (L + \zeta_5 \times N + 4 \times \zeta_3 + \zeta_4) = 6092.768 \text{Pa}$。

3）地暖回路总水力损失：$p = \Delta p + \Delta p' = 20919 \text{Pa} = 2.09 \text{m}$ 水柱。

（3）计算结论

上述住房地暖供暖时要使得住房温度保持 20℃、地暖管进出水温差 $\Delta t = 10℃$，那么壁挂炉需要提供 17.2L/min 的水流量，此时相应的地暖回路水力损失为 2.09m 水柱。

（4）计算不同住房面积地暖系统的水力损失

采用上述方法计算同理可以得出不同住房面积地暖系统所需水流量及其对应的水力损

失，结果见表1。

不同住房面积地暖系统的水力损失　　表1

住房面积（m²）	地暖系统水力损失（m水柱）	地暖系统水流量（L/min）
130	1.83	12.9
140	1.87	13.62
145	1.91	14.33
150	1.95	15.05
160	2.00	15.77
165	2.04	16.48
170	2.09	17.20
180	2.14	17.92
190	2.19	18.63
195	2.25	19.35

注：实际地暖管铺设面积约为住房面积的0.7倍。

3.2.3　壁挂炉可供暖的住房面积

将表6所得不同住房面积的地暖系统水力损失、水流量数据反应到壁挂炉可输出的扬程—流量曲线上，得到如图6所示的扬程—流量曲线图。

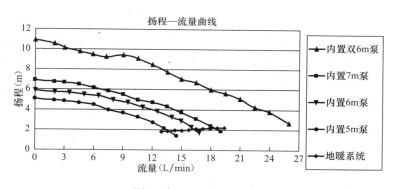

图6　扬程—流量曲线图

图6中，壁挂炉可输出扬程—流量曲线和地暖系统水力损失—流量曲线的交点，即表示壁挂炉可供暖的最大住房面积。整理曲线交点的数据，即可以得出采用壁挂炉、分集水器、地暖盘管这一连接方式，内置不同水泵的壁挂炉，从水力损失—流量角度考虑可供暖的最大住房面积见表2。

壁挂炉可供暖住房面积表　　表2

壁挂炉内置水泵扬程（m）	能供暖的住房面积（m²）
5	140
6	165
7	190
双6m泵	250

注：内置双6m泵、输入功率为38kW的壁挂炉可供暖面积的计算过程与内置一个水泵的计算过程基本相同。

4 烟气冷凝水析出问题分析

普通壁挂炉（不具备倒置燃烧技术）用于供暖时，若供暖回水温度过低，这部分低温水回到主换热器就会造成热交换器表面温度过低。高温且含有大量水蒸气的烟气和热交换器表面接触时，就会产生冷凝水。这部分冷凝水和烟气中的 NO_x、CO_x、SO_x 接触就会形成酸性物质，对壁挂炉的燃烧室内部结构进行腐蚀。以下通过理论和实验分析在地暖系统运行过程中，普通壁挂炉在集烟罩和热交换器表面是否会产生冷凝水。

4.1 理论分析

目前国内绝大多数壁挂炉以天然气为燃料，天然气（主要成分 CH_4）燃烧过程如下：

$$CH_4 + 2 \times \alpha O_2 + 2 \times 3.76 \times \alpha N_2 \longrightarrow CO_2 + 2H_2O + 2 \times (\alpha - 1)O_2 + 2 \times 3.76 \times \alpha N_2$$

式中　α——空气系数。

燃烧后，烟气中水蒸气分压 $p_n = 2/[1 + 2 + 2(\alpha - 1) + 3.76 \times 2\alpha] = 2/(9.25\alpha + 1)$。经查表，燃烧后水蒸气分压和露点温度关系如图 7 所示。

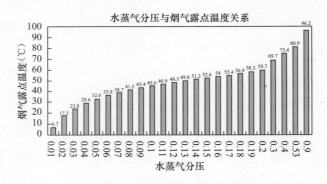

图 7　水蒸气分压和露点温度关系图

因此，通过空气系数，可以大致得出壁挂炉燃烧后烟气的理论露点温度。当壁挂炉内某处烟气遇到冷壁，冷壁迅速将该处烟气温度降低到其露点温度以下，此时烟气中的水蒸气将析出变成冷凝水。如果燃烧后风机出风口烟温小于计算所得的露点温度，表明在壁挂炉集烟罩或热交换器表面有大量冷凝水产生。随着空气系数 α 降低，水蒸气分压 p_n 升高，烟气露点温度升高，容易产生冷凝水。随着热负荷降低，燃烧产生烟气温度降低，容易产生冷凝水。对于普通强排壁挂炉，在供暖回水温度较低，以最小热负荷燃烧时最容易产生冷凝水。下面结合理论通过实验验证普通强排壁挂炉在供暖状态下，以最小热负荷燃烧是否产生冷凝水。

4.2 实验论证

（1）实验一

实验方法：选用万家乐某一台 20kW 的普通强排壁挂炉，在供暖状态，使其处于最小热负荷燃烧，在某一回水温度下使其稳定燃烧 30min，之后熄火。通过比较燃烧后烟气温度与计算所得露点温度的大小、燃烧室内是否有水痕，综合判定壁挂炉在该回水温度下燃烧是否会产生冷凝水。之后，逐渐降低回水温度，采用同样的方法进行试验得到的数据见表3。

供暖回水温度和燃烧产生烟气关系表　　表3

供暖回水温度 （℃）	供暖出水温度 （℃）	燃烧时间 （min）	环温 （℃）	烟温 （℃）	烟气中 O_2 含量 （％）	烟气露点 （℃）	燃烧室有 无水痕
33.4	43.7	30	24.9	85.3	17.10	28.6	无
29.2	39.8	30	24.9	84.0	17.00	28.6	无
25.0	35.9	30	26.4	83.7	16.80	28.6	无
18.2	29.0	30	26.4	79.4	16.70	28.6	无

（2）实验二

为了使得模拟实验更贴合用户实际供暖，接着在环境实验室（见图8）进行实验一所述的实验，其中环境实验室温度设定为0℃，得到结果见表4。

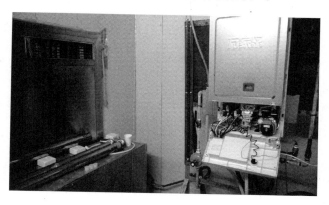

图8　环境实验室图

供暖回水温度和燃烧产生烟气关系表　　表4

供暖回水温度 （℃）	供暖出水温度 （℃）	燃烧时间 （min）	环温 （℃）	烟温 （℃）	烟气中 O_2 含量 （％）	烟气露点 （℃）	燃烧室有 无水痕
18.4	27.5	30	0	71.8	16.8	28.6	无

实验后，燃烧室内状况见图9（燃烧室内无水痕）。

图9　环境实验室燃烧后燃烧室图

（3）验结果分析

通过上述实验可知，即使将普通强排型壁挂炉置于环境温度为 0℃、供暖回水温度 18.4℃这样极端恶劣的条件下，持续燃烧 30min 也不会产生冷凝水。因此，其作为热源用于地暖系统中，当地暖系统稳定运行时，壁挂炉燃烧室等处也不会出现冷凝水。采用倒置燃烧壁挂炉就更适合地暖系统，在此不再分析。

5 结论

壁挂炉是完全适用于普通家庭地暖供暖的。生活中采用壁挂炉作为热源的地暖系统用户反应地暖不热的原因，大部分都是地暖施工不力造成的。对于独立供暖系统来说，壁挂炉只是系统中的一个热源，要想地暖系统有效的运转，必须将壁挂炉与地暖系统中的其他部件相匹配起来。这就要求对于地暖系统必须做到设计要严谨，施工要精细，后期需定期维护。

参考文献

[1] 贺平主编. 供热工程（第四版）[M]. 北京：中国建筑工业出版社，2009
[2] ［意］Miche Vio. 散热器采暖与地板采暖系统之比较 [M]. 北京：中国建筑工业出版社，2010

一种可提高壁挂炉洗浴效率的新型水路[*]

黄志飞，王克军

（万家乐热能科技有限公司）

摘　要： 本文将介绍一种新型的壁挂炉水路，同现有传统板换水路进行对比分析，通过理论分析、实验数据，综合得出运用该新型水路可提升现有烟气回收型壁挂炉洗浴热效率。

关键词： 新型水路；传统板换水路；热效率；烟气回收型冷凝壁挂炉

1　背景

　　壁挂炉作为一种洗浴、供暖两用产品，洗浴是一项非常重要的功能，随着节能意识的不断加强，对洗浴热效率的要求也不断提高。从常规产品，到烟气回收型冷凝产品，再到全预混冷凝产品，洗浴热效率得到了稳步提升。

　　GB 25034—2010 规定额定负荷下洗浴热效率的测试要求为：洗浴进水温度约为 20℃，洗浴出水温度比进水温度高 40℃，即洗浴出水温度约为 60℃。烟气回收型壁挂炉在该洗浴出水温度下，受限于现有传统板换水路，导致供暖小循环进入二次换热器水温较高，烟气大部分无法达到露点，不能充分吸收烟气中的热量，从而限制了洗浴热效率。于是部分厂家开始积极探索如何进一步提高壁挂炉洗浴热效率，如：欧洲有些厂家在全预混冷凝壁挂炉的洗浴水路上配备一个专用的换热器，收集经主换热器换热的烟气来预热洗浴水。以下将提供一种新型水路，整合套管和板换式壁挂炉水路的优势，可提升烟气回收型冷凝壁挂炉洗浴热效率。

2　水路结构及换热原理

　　为更好的阐述该新型水路的工作原理、性能，将该新型水路与现有传统板换水路一同作对比分析。

2.1　两种水路结构、工作原理

　　（1）传统板换水路

　　传统板换水路的结构可简化为如图 1 所示，图中箭头方向表示洗浴模式下，洗浴水路和供暖小循环水路的水流运行方式。其中 t_1 是洗浴进水温度（℃），t_2 是流出板换器的洗浴水温（℃）；T_1 是流入板换器的供暖小循环水温（℃），T_2 是流出板换器进入二次换热器的供暖小循环水温（℃），T_3 是流入主换热器的供暖小循环水温（℃）。

---

*　选自中国土木工程学会燃气分会应用专业委员会 2015 年年会 p203-p206

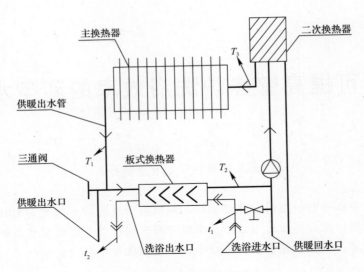

图1 传统水路结构示意图

洗浴水的加热原理为，洗浴水经板式换热器直接加热到目标温度后流出壁挂炉。此时洗浴水路的运行方式为：洗浴进水 $\xrightarrow{t_1}$ 板式换热器 $\xrightarrow{t_2}$ 洗浴出水；供暖小循环水路的运行方式为：流出主换热器供暖水 $\xrightarrow{T_1}$ 板式换热器 $\xrightarrow{T_2}$ 二次换热器 $\xrightarrow{T_3}$ 主换热器 $\xrightarrow{T_1}$ 板式换热器。

（2）新型水路

现介绍一种新型水路，其结构原理可简化为图2。图2箭头方向表示洗浴模式下，洗浴水路和供暖小循环水路的水流运行方式。其中 t_1' 是洗浴进水温度（℃），t_2' 是流出板换器的洗浴水温（℃），t_3' 是流出主换热器的洗浴水温（℃）；T_1' 是流入板换器的供暖水温（℃），T_2' 是流出板换器进入二次换热器的供暖水温（℃），T_3' 是流入主换热器的供暖水温（℃）。

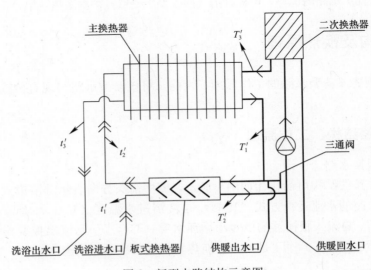

图2 新型水路结构示意图

在供暖状态，该新型水路和传统水路运行换热原理大体相同。

洗浴水的加热原理为，洗浴水经板式换热器预热，之后进入套管主换热器被加热；最后从壁挂炉流出供用户使用。此时洗浴水路的运行方式为：洗浴进水 $\xrightarrow{t_1'}$ 板式换热器 $\xrightarrow{t_2'}$ 主换热器 $\xrightarrow{t_3'}$ 洗浴出水；供暖小循环水路的运行方式为：流出主换热器供暖水 $\xrightarrow{T_1'}$ 板式换热器 $\xrightarrow{T_2'}$ 二次换热器 $\xrightarrow{T_3'}$ 主换热器 $\xrightarrow{T_1'}$ 板式换热器。

2.2 两种水路换热效率对比分析

以上两种水路在供暖模式下，运行换热原理大体一致，具有相同的热效率；下面重点分析洗浴状态下两种水路的区别，设定洗浴进、出水温度相同（即 $t_1'=t_1$，$t_3'=t_2$），且洗浴水流量一致。

在洗浴状态，由以上两种水路的运行原理可知，流出板式换热器的洗浴水温 $t_2'<t_2$，即新型水路中流出板式换热器的供暖水温大幅下降。若两水路配备相同的板换器，新型水路的板换器实际换热量小，原因在于 $(t_2'-t_1')<(t_2-t_1)$，供暖小循环水的热量更能被洗浴水充分吸收，有利于降低流出板换器流入二次换热器的供暖水温。

新型水路中，在套管主换热器内，可以理解为燃烧产生的烟气几乎同时加热了供暖水和洗浴水，此时 $t_3'\approx T_1'$。对于采用现有传统水路的壁挂炉在板换器换热过程中，$t_2<T_1$；所以 $T_1'<T_1$。

在主换热器中，$T_1'\ll T_1$；在板式换热器中，对比现有水路，新型水路的实际换热量较小，有利于降低流出板式换热器的供暖小循环水温；因此 $T_2'\ll T_2$，新型水路的供暖小循环水进入二次换热器使得烟气中更多的水蒸气冷凝，可以吸收烟气中更多的热量，提高洗浴热效率。

3 实验

通过上述理论分析，该新型水路可以提升烟气回收型壁挂炉的洗浴热效率，接着用实验予以验证；同时对传统水路与现有水路进行优劣势对比分析。

3.1 实验论证

对同一台烟气回收型壁挂炉，先装上传统板换水路，待传统水路相关实验完成，再改装上新型水路试验，其他零部件不发生变化。表 1 为洗浴模式下，壁挂炉在额定负荷燃烧进行测试得出的数据。

洗浴模式两种水路性能对比　　表1

水路类型	洗浴水路			供暖小循环水路		排烟温度（℃）	额定负荷热效率
	洗浴进水温度（℃）	流出板换器的洗浴水温（℃）	流出主换热器的洗浴水温（℃）	流入板换器的供暖水温（℃）	流入二次换热器的供暖水温（℃）		
传统水路	18.2	59.6	/	78.3	56.6	71.5	96.3%
新型水路	17.3	50	60.1	61.2	46	64.3	100.2%

从表 1 可以得出：洗浴模式下，在相同的洗浴出水温度（例如：60℃），该新型水路流出套管式主换热器的供暖小循环水温大幅降低，相应地降低了进入二次换热器的烟温。对于新型水路，在板式换热器内，由于供暖小循环水只需预热洗浴水，有利于降低流出板式换热器的供暖小循环水温。当洗浴出水温度为 60℃，此时流入二次换热器的水温为 46℃，进入二次换热器中可以使烟气冷凝，吸收大量水蒸气潜热，从而提高洗浴热效率。

3.2　优劣势对比分析

该新型水路在结构方面与现有水路相比变化在于：将单管主换热器调整为套管主换热器，同时改变水路的连接方式，成本有所上升。为了对比两水路的优劣势，表 2 从供暖机性能、价格等方面对新型水路与传统水路进行综合对比分析。

新型水路与传统水路综合对比 表 2

水路类型	价格对比	供暖性能	洗浴性能
传统水路	较便宜	与新型水路相同	洗浴热效率较低
新型水路	将单通道的主换热器变为套管式主换热器，成本有所增加	与传统水路相同	新型水路洗浴效率提升约 4%，加热时间等其他性能与传统水路相同

4　小结

相比传统的板换水路，该新型水路成本有所升高，但洗浴热效率较现有烟气回收型冷凝壁挂炉提高了约 4%，在额定热输入状态洗浴效率可达到 100%，可比肩全预混产品。因此，该新型水路为壁挂炉节能研究提供了一个比较好的方向。

参考文献

[1]　燃气采暖热水炉 GB 25034—2010［S］.

太阳能-燃气供暖热水炉互补供热技术研究[*]

王 启[1]，张 欢[2]，陈志炜[2]，高文学[1]

（1 国家燃气用具质量监督检验中心；2. 天津大学环境科学与工程学院）

摘 要：本文在基于国内外太阳能-燃气供暖热水炉互补供热系统的研究以及太阳能集热器、供暖壁挂炉相应规范标准基础上，提出一种集成程度较高的太阳能-燃气供暖热水炉互补供热系统、相应设计计算方法及系统评价指标。

关键词：燃气供暖热水炉；太阳能集热器；多能互补；节能评价

1 前言

近年来，随着我国经济高速发展和能源短缺、环境污染等问题的日益突出，节能减排成为各行各业的发展趋势[1,2]。使用传统能源的基础上加大对可再生能源的利用正顺应了这一趋势。燃气供暖热水炉能够方便迅速地为人们提供供暖及生活热水，太阳能集热器可以低成本为人们供热及提供生活热水。如果单独采用燃气供暖热水炉供热，需要消耗大量的能源；而单独采用太阳能加热系统，又存在负荷难以保证、受天气情况变化影响大等问题；国内外将太阳能和燃气供热系统进行集成研究的也比较多，但是他们对太阳能集热和燃气供热两种系统的结合存在结构简单、集成程度低、自动化控制程度低、使用局限性大等缺陷。本文提出一种集成程度较高的太阳能-燃气采暖热水炉互补供热系统、相应设计计算方法及系统评价指标。

2 系统方案

2.1 系统流程图

该系统由太阳能集热板、燃气壁挂炉、双盘管储水箱、循环泵及辐射供暖地板组成。系统原理如图 1 所示。

2.2 系统控制策略

（1）太阳能运行控制

设定太阳能集热器出口水温 T_{so} 与蓄热水箱底部探测器温度 T_t 的差值（启动温差值预设 10℃，停止温差值预设定 2℃）。系统达到启动温差值，太阳能循环水泵被打开，此时

---

* 选自中国土木工程学会燃气分会应用专业委员会 2015 年会论文集 p101-p108

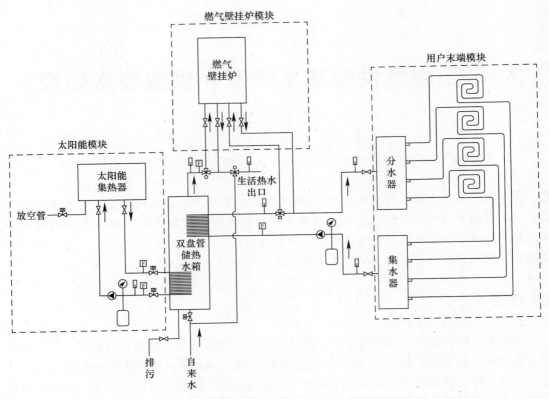

图 1   太阳能-燃气供暖热水炉互补供热系统原理图

太阳能蓄热水箱的热水通过蓄热水箱底部盘管开始给蓄热水箱加热；系统达到停止温差值，水泵关闭，循环停止。

（2）供暖系统控制策略

当储热水箱供暖换热盘管底部温度 T_t（供暖热水回水口）大于供暖末端回水温度 T_h（40℃）时，电动三通阀控制供暖回水进入供暖换热盘管；当储热水箱供暖换热盘管底部温度 T_t 小于供暖末端回水温度 T_{hc}（40℃）时，电动三通阀将回水水路切换到供水水路，短路供暖盘管。当储热水箱供暖热水出水温度 T_h 小于供暖末端设计供水温度 T_{hh}（50℃）时，电动阀动作，供暖热水供水流入燃气壁挂炉进行二次加热至供暖末端设计供水温度 T_{hh}（50℃）；当储热水箱供暖热水出水温度等于或大于供暖末端设计供水温度 T_{hh}（50℃）时，不再开启燃气壁挂炉，同时旁通恒温电动阀通过控制旁通水量，使得供水温度保持恒定。

（3）供暖泵

室温达到室内设计温度（18℃）时开启。

（4）生活热水系统控制策略

当生活用水出口水温 T_w 小于用户需求 T_u（规范里 <60℃）时，电动阀动作，生活热水流入燃气壁挂炉进行二次加热至用户需求 T_u；当从储热水箱流出的生活用水水温 T_w 大于用户需求 T_u 时，不再开启燃气壁挂炉，通过恒温混水阀调节冷热水比例，使得生活热水可以满足用户需求保持温度恒定。

498

3 系统设计计算

3.1 直接式太阳能系统集热器面积

直接式太阳能系统集热器面积的计算方法如下：

$$A_c = \frac{q_{rd}\rho_r c(t_{end} - t_L)f}{J_T \eta_{cd}(1 - \eta_L)} \tag{1}$$

式中 A_C——热水器集热器总面积，m^2；

q_{rd}——平均热水用量，L；

ρ_r——水的密度，kg/L；

C——水的比热容，取值 $4.187kJ/(kg \cdot ℃)$；

t_{end}——蓄热水箱内水的终止设计温度，℃；

t_L——水的初始平均温度，℃；

J_T——系统使用期的当地在集热器平面上的平均日太阳能辐照量，kJ/m^2。

3.2 间接式太阳能系统集热器面积

间接式太阳能系统集热器面积的计算方法如下：

$$A_{in} = A_c \times \left(1 + \frac{F_R U_L A_c}{U_{hx} A_{hx}}\right) \tag{2}$$

式中 A_{in}——间接系统集热器总面积，m^2；

F_R——集热器转移因子（集热器实际输出能量与假定整个吸热体处于进口温度时输出能量之比）；

U_L——集热器总热损系数，平板型集热器取值 $4\sim6W/(m^2 \cdot K)$，真空管集热器取值 $1\sim2W/(m^2 \cdot K)$，或根据集热器产品的实际检测结果选取；

U_{hx}——换热器传热系数，$W/(m^2 \cdot K)$；

A_{hx}——间接系统换热器换热面积，m^2。

3.3 热水热负荷

热水热负荷的计算方法如下：

$$Q_d = mq_r\rho_r c(t_r - t_L)/86400 \tag{3}$$

式中 Q_d——日耗热量，W；

m——用水计算单位数（人数或床位数）；

q_r——为热水用水定额，按《建筑给水排水设计规范》GB 50015 取值，L；

t_r——规范中选取的热水计算温度，取值60℃；t_L 为规范中选取的冷水计算温度，按最冷月平均水温确定。

3.4 供暖热负荷

（1）单位体积热指标法

$$Q_n = a \times q_n \times V \times (t_n - t_w) \tag{4}$$

式中 Q_n——供暖热负荷，W；

　　　 t_n——室内空气温度，℃；

　　　 t_w——室外供暖计算温度，℃；

　　　 V——建筑体积，m^3；

　　　 q_n——体积热指标，根据建筑的保温情况宜取 $0.4\sim0.7$；α 为修正系数，参见表1。

采暖热负荷修正系数[3]　　　　　　　　　　　　　表1

供暖室外计算温度	0℃	-5℃	-10℃	-15℃	-20℃	-25℃	-30℃
α	2.46	2.00	1.74	1.55	1.40	1.30	1.20

（2）单位面积热指标法

$$Q_n = q_v \times S \times (t_n - t_w) \qquad (5)$$

式中 S——建筑面积，m^2；

　　　 q_v——单位面积热指标，参见表2。

不同建筑单位面积热指标[3]　　　　　　　　　　　　表2

建筑类别	单位面积热指标（W/m^2）
住宅	45~80
节能住宅	35~55
办公室	60~90
旅馆	60~80
图书馆	45~75
商店	65~75
单层住宅	80~105
食堂、餐厅	110~140
影剧院	79~150
一、二层别墅	100~125

（3）单位建筑面积通过围护结构的传热耗热量

$$Q_{HXX} = (t_i - t_o) \times \left(\sum_{i=1}^{m} \varepsilon_i \times K_i \times F_i \right) / S \qquad (6)$$

式中 T_i——全部房间平均室内计算温度，一般住宅建筑取 16℃；

　　　 t_o——供暖期室外平均温度，℃；

　　　 ε_i——围护结构传热系数的修正系数；

　　　 K_i——围护结构的传热系数，$W/(m^2 \cdot K)$；

　　　 F_i——围护结构的面积，m^2。

3.5 储水罐容积

储水罐的设计容积取有效容积的 1.3 倍[5]。

3.6 膨胀罐

闭式太阳能系统常用的是隔膜式压力膨胀罐。膨胀罐容积计算涉及太阳能系统工质膨胀量。工质膨胀量与太阳能系统防过热措施有关。

（1）系统含有防过热散热装置，该系统膨胀量主要是工质因温度变化产生体积变化，按式（7）计算：

$$V_u = V_c ek \tag{7}$$

式中　V_u——系统膨胀量，L；

　　　　V_c——太阳能系统工质容积，L；

　　　　e——工质膨胀系数，根据工质物性和温差计算，水可取值 0.045，水/乙二醇溶液取 0.07；

　　　　k——安全系数，通常取 1.1。

（2）系统工作压力较高，一般为 0.8～1MPa，工质汽化温度高于系统水泵停止运行后平衡温度，从而保证系统工质维持在液态。该类系统的膨胀量是工质因温度变化产生体积变化，按上式计算。

（3）其他闭式系统。系统水箱温度达到温度上限后，水泵停止工作，集热器被阳光加热后气化，集热器液体工质被排出，集热器内部分或全部工质为气态，最后集热器散热与吸热达到平衡，即集热器进入滞止状态，其温度为集热器最高工作温度，一般可达到 130～155℃。该类系统的膨胀量包括工质因温度变化导致体积变化和集热器进入滞止状态时气态工质所占容积，按式（8）计算：

$$V_u = (V_c e + V_p)k \tag{8}$$

式中　V_u——膨胀罐的有效容积，L；

　　　　V_p——集热器工质容积，L。

膨胀罐额定容积可依据膨胀罐预充压力和最高压力确定，按式（9）计算：

$$V_n = V_u(p_f + 1)/(p_f - p_i) \tag{9}$$

式中　V_n——膨胀罐额定容积，L；

　　　　p_i——膨胀罐起始压力，又称为预充压力，bar，按式（10）选取（通常安全阀的开启压力为 0.5bar）；

　　　　p_f——膨胀罐最高压力，bar，按式（11）选取：

$$p_i = H_m/10 + 0.3 \tag{10}$$

式中　H_m——系统最高点到膨胀罐的垂直距离，m；

$$p_f = p_s + (H_s - H_p)/10 - 0.5 \tag{11}$$

式中　p_s——安全阀开启压力，bar；

　　　　H_s——安全阀安装高度，m；

　　　　H_p——膨胀罐安装高度，m。

3.7　辅助加热量

辅助加热量按下式计算：

$$P = \frac{24Q_d}{\eta_a(1 - \eta_L)T} \tag{12}$$

式中　P——辅助热源加热功率，W；

　　　　Q_d——日均加热负荷，W；

η_a——辅助热源加热设备热效率，%；天然气为 60%～90%；

η_L——管道及贮水箱热损失率，一般取值 0.05～0.1；

T——设计辅助热源的每日加热时间，h。

$$Q_m = 1.1 \sum q_s (t_r - t_L) \times 60/25 \qquad (13)$$

式中 Q_m——水温升为 25℃时，壁挂炉每分钟产热水量，L/min；

q_s——器具的额定秒流量，L/s；

t_r——使用时的热水温度，℃；t_L 为冷水温度，℃。

4 系统性能评价指标

4.1 集热器日平均效率 η_d

集热器日平均效率为一定集热面积条件下，日集热得到的有用太阳能占可用太阳能的比值[6]：

$$\eta_d = \frac{3600Q_S}{\int A_C (1 - \eta_L) I_t dt} \qquad (14)$$

式中 Q_s——太阳能循环集热量，kWh；

A_C——集热器的采光面积，m^2；

η_L——管路及水箱热损失率，一般取 0.15～0.3；

I_t——单位面积集热器采光面上的瞬时总太阳辐射能，kW/m^2。

4.2 太阳能保证率

太阳能保证率为太阳能热水系统中由太阳能部分提供的能量占系统总负荷的百分率。太阳能保证率的计算见下式：

$$f = \frac{Q_s}{Q_T} \qquad (15)$$

式中 Q_s——太阳能集热器集热量，J；

Q_T——系统总耗热量（$Q_T = Q_s + Q_F$，$Q_T = Q_w + Q_c$），J；

Q_F——辅助能源提供热量，J；

Q_w——生活热水耗热量，J；

Q_C——建筑供暖耗热量（地板辐射供暖），J。

4.3 单位热水能耗

单位热水能耗的计算方法如下：

$$G = \frac{W}{M} \qquad (16)$$

式中 W——系统总耗电量，kWh；

M——用户热水用量，t。

4.4 热能节能率

热能节能率为在太阳能带辅助热源系统中，因使用太阳能加热系统所节约的常规能源占原有耗能量的百分率。

节能率＝[1-(使用太阳能加热系统时的辅助能量/使用常规能源加热系统时的能量)]×100%

式中，假定太阳能带辅助热源系统和使用常规能源加热系统都使用同一种常规能源，而且在给定时间内给用户提供相同的热量及相同的热舒适度。

4.5 系统 COP

对整个燃气壁挂炉辅助太阳能供热系统，其系统 COP 可由式（17）求得：

$$COP = \frac{系统总集热量}{不可再生能源耗量} = \frac{Q_s + Q_B}{W_b + W_p} \tag{17}$$

式中　Q_s——太阳能单元集热量，MJ；

　　　Q_B——燃气壁挂炉单元集热量，MJ；

　　　W_b——燃气壁挂炉燃气热值，MJ；

　　　W_p——水泵能耗，MJ。

4.6 系统节能效益分析

太阳能系统寿命期内总节省费用按式（18）计算[4]：

$$S = K_Z(\Delta Q_{save} C_c - AD_J) - A \tag{18}$$

式中　S——寿命期内总节省费用，元；

　　　K_Z——折现系数；

　ΔQ_{save}——全年太阳能系统节能量；

　　　C_C——系统评估当年的对比能源热价，元/MJ；

　　　A——太阳能系统总增投资，元；

　　　D_J——太阳能系统年均维修费用占总投资的比率，包括太阳集热器维护、集热系统管道维护和保温等费用占总增投资的百分率，一般取1%。

折现系 K_Z 数按下式计算：

$$K_Z = \frac{1}{d-e}\left[1 - \left(\frac{1+e}{1+d}\right)^n\right] \quad (d \neq e) \tag{19}$$

$$K_Z = \frac{n}{1+d} \quad (d = e) \tag{20}$$

式中　d——年市场折现率，可取银行贷款利率；

　　　e——年燃料价格上涨率；

　　　n——系统分析年限，系统寿命从系统开始运行算起，集热系统寿命一般为10～15年。

4.7 太阳能系统投资的动态回收期

太阳能系统投资的动态回收期按下式计算[5]：

$$N_e = \frac{\ln[1 - P_e(d-e)]}{\ln\left(\frac{1+e}{1+d}\right)} \quad (d \neq e) \tag{21}$$

$$N_e = P_e(1+d) \quad (d = e) \tag{22}$$

式中　$P_e = \dfrac{A_d}{\Delta Q_{save} C_c - A_d D_J}$

4.8　热水系统环保效益对比

评价某个系统的环保效益主要是看其 CO_2 减排量的多少。目前常用的 CO_2 减排量的计算方法是将系统寿命期内的节能量折算成标准煤质量，然后根据系统所使用的能源，乘以该种能源所对应的碳排放因子，将标准煤中碳的含量折算成该种能源的含碳量后，再计算该系统的 CO_2 减排量。CO_2 减排量公式如下：

$$Q_{CO_2} = \frac{Q_{SAVE} \times n}{W E_f} \times F_{CO_2} \times \frac{44}{12} \tag{23}$$

式中　Q_{CO_2}——系统寿命周期内的 CO_2 减排量，kg；

　　　Q_{save}——系统的年节能量，MJ；

　　　n——系统寿命，年；

　　　W——标准煤热值，29.308MJ/kg；

　　　E_f——各能源热水加热装置的效率；

　　　F_{CO_2}——碳排放因子，kg 碳/kg 标准煤（见表3）。

二氧化碳排放因子　　　　　　　　　　　　表3

辅助常规能源		煤	石油	天然气	电
二氧化碳排放因子	$kgCO_2$/kg 标准煤	2.662	1.991	1.481	3.175

5　结语

随着国民经济的发展，能源需求量日益增加，常规能源的大规模使用必将对环境造成不利影响。将传统能源与可再生能源结合使用，在保证建筑环境热舒适的同时节约能源，是对建设环境友好型社会的践行，是未来能源系统应用的趋势。本文提出一种集成程度较高的太阳能-燃气供暖热水炉互补供热系统，对其设计计算方法进行了详细的阐述，并提出了对此系统性能进行衡量的评价指标，以期对国内相关标准的建立及此系统的应用推广提供一定借鉴。

参考文献

[1]　江亿，熊安元，朱燕君等. 中国建筑热环境分析专用数据集 [M]. 中国建筑工业出版社，2005

[2]　王默涵，杨前明，孔祥强等. 太阳能供暖在建筑中的应用 [J]. 中国建设信息供热制冷，2006 年第 11 期 33-36

[3]　陆耀庆. 使用供热空调设计手册（第二版）[M]. 中国建筑工业出版社，2008

[4]　何梓年，朱敦智. 太阳能供热采暖应用技术手册. 北京：化学工业出版社，2009

[5]　Hawlader M，Chou S K，Ullah M. The performance of a solar assisted heat pump water heating System [J]. Applied Thermal Engineering，2001，21：1049-1065